激光器件

马养武　陈钰清　编著

浙江大学出版社

内容简介

本书系统和全面阐述现有的各类主要激光器的工作原理、工作特性、输出特性以及基本的设计操作方法和应用场合，全书内容共分四篇，分别讲授了气体激光器、固体激光器、半导体激光器、液体激光器以及其他一些正在发展之中的新颖激光器。

本书在内容编排上注意到重点突出、内容连贯、力求尽可能及时反映当今激光器的发展水平，同时也介绍了一些最新的科研成果，以便于教学和实用。

本书是高等院校有关激光器件的专业教材，它可作为光电子技术、激光技术、应用光学、应用物理、近代光学等专业本科生或研究生的教材，也可供从事光电子、激光技术研究和应用的人员，从事激光医学、生物工程研究的人员以及高等院校的其他有关专业的师生参考。

图书在版编目（CIP）数据

激光器件／马养武，陈钰清编著．—杭州：浙江大学出版社，1994.11（2015.1 重印）
ISBN 978-7-308-01332-1

Ⅰ.激… Ⅱ.①马…②陈… Ⅲ.激光器—基本知识 Ⅳ.TN248

中国版本图书馆 CIP 数据核字（2001）第 095138 号

激光器件
马养武　陈钰清　编著

出版发行　浙江大学出版社
（杭州市天目山路 148 号　邮政编码 310007）
（网址：http://www.zjupress.com）
责任编辑　杜希武
排　　版　浙江大学出版社电脑排版中心
印　　刷　杭州丰源印刷有限公司
开　　本　787mm×1092mm　1/16
印　　张　19.5
字　　数　499 千
版 印 次　1994 年 11 月第 1 版　2015 年 1 月第 6 次印刷
书　　号　ISBN 978-7-308-01332-1
定　　价　39.00 元

前　言

本书是高等院校《激光器件》专业教材，也是一本关于激光器的专门书籍。

本书系统和全面地讲授了现有的各类主要的激光器的工作原理、工作特性、输出特性以及基本的设计和应用场合。随着激光技术领域的不断扩大，激光器件的种类和水平也日益增多和迅速提高，为此，本书在内容上作了扩充，力求尽可能多和尽可能新地反映当今激光器的发展水平和趋势，并尽可能地将最新的科研成果结合到教材中去。本书在内容编排上注意到突出重点、讲究层次、以及叙述简洁，以便于教学，利于实用。

全书共分四篇，第一篇为气体激光器，重点讨论He-Ne激光器和CO_2激光器等的工作原理、结构形式、主要特性，并指出它们的新发展趋势，在这一篇中还介绍了其他的一些重要的气体激光器，如Ar^+激光器，Cu激光器，准分子激光器等；第二篇为固体激光器，重点讨论以YAG、钕玻璃、红宝石为代表的典型中小功率固体激光器的基本结构、工作原理和主要特性；第三篇为半导体激光器，重点讨论同质结和异质结激光器的基本原理和工作特性、输出特性，以及半导体激光器的各种最新发展；第四篇是液体激光器和其他激光器，重点讨论有机染料液体激光器的工作原理，基本结构和工作方式、输出特性，并且也介绍其他一些正在发展中的新型激光器，如自由电子激光器、X射线激光器、光纤激光器等。

本书的第一篇、第三篇和第四篇由马养武编写，第二篇由陈钰清编写。

本书可作为光电子技术、激光技术、应用光学、技术光学、应用物理、现代光学等专业的激光器件课程教材，也可供从事激光、光电子技术、光通信、激光医学、激光生物学、激光加工等的研究人员和技术人员以及高等院校的其他有关专业的师生参考。

目　录

第一篇　气体激光器

第二篇　固体激光器

第四篇　液体激光器及其他激光器

第一篇　气体激光器

气体激光器是以气体或蒸气为工作物质的激光器。它是目前种类最多、波长分布区域最宽、应用最广的一类激光器。根据气体工作物质的性质状态，气体激光器可分为三大类：原子、分子和离子气体激光器。

气体激光器的突出优点是：它所发射的谱线的波长分布区域宽，已观察到的上万条谱线，其波长覆盖了从紫外到远红外整个光谱区，目前已向两端扩展到X射线波段和毫米波波段。气体激光器输出光束的质量相当高，其单色性和发散度均优于固体和半导体激光器，是很好的相干光源。目前气体激光器是最大功率连续输出的激光器，如二氧化碳激光器连续输出量级已达数十万瓦。与其他激光器相比，气体激光器还具有转换效率高，结构简单，造价低廉等优点。因此，气体激光器被广泛应用于工农业、国防、医学和其他科研领域中，例如，准直导向、计量、材料处理加工，全息照相，激光光谱、激光医学，激光育种等各个方面。

第一章　气体激光器的放电激励基础

大部份气体激光器的激励方式都采用气体放电激励方法，在某些特殊的情况下，也采用电子束激励、热激励、化学能激励、光激励等其他激励方法。本章主要讨论气体放电过程、选择激发过程和其他激励方式。

第一节　气体放电的基本过程

一、气体放电的基本参量

1. 碰撞截面与自由程

气体放电中决定放电情况的基本物理因素是电子、原子、分子和离子之间的碰撞，描述这种碰撞过程的两个基本物理量是碰撞截面和自由程。

电子、原子等粒子间的碰撞过程是粒子间力场的相互作用过程，其碰撞的距离没有明确的分界线，因此表征粒子间相互作用的物理参量称为“有效碰撞截面”，其定义为：

当一束速度均匀的电子通过dx厚度的气体薄层时，某一个电子在单位面积上与气体粒子发生一次碰撞的几率

$$f = n\sigma dx/1 = Qdx \tag{1-1}$$

式中　σ是单个气体粒子的有效截面(cm^2)；n是气体密度(cm^{-3})；Q是气体的单位体积内的总有效截面(cm^{-1})。这里，f也是具有n_e电子浓度的电子同这个气体薄层发生n_e次碰撞的几率。总有效截面Q数值的大小直接表征着碰撞几率的大小。

气体放电中，运动粒子的平均自由程与碰撞截面有关。令电子在气体中运动的平均自由程

是 $\bar{\lambda}_e$，则在 dx 距离内与气体粒子发生碰撞的次数应为 $dx/\bar{\lambda}_e$，因此，由(1-1) 式，有

$$\bar{\lambda}_e = 1/n\sigma = 1/Q \tag{1-2}$$

可见平均自由程与气体粒子总有效截面成反比。

在粒子间的碰撞过程中，除了弹性碰撞外，还能引起粒子的激发或电离。因此，气体粒子的总截面应是弹性碰撞截面、激发截面和电离截面的总和，即

$$Q_{总} = Q_{弹性碰撞} + Q_{激发} + Q_{电离} \tag{1-3}$$

粒子间的碰撞过程是一个很复杂的过程。碰撞截面除了与粒子密度有关外，还与粒子的种类和碰撞时的相对速度(能量) 有关，这种变化关系统称为碰撞截面函数，通常由实验测得。

2. 碰撞的类型

粒子的碰撞通常可分为弹性碰撞和非弹性碰撞。

(1) 弹性碰撞

弹性碰撞是指粒子在碰撞中只交换动量和动能，任一粒子的内能(电离、激发等) 不发生变化，即粒子碰撞前后的动量和动能总和保持不变，在电子与原子的弹性碰撞中，电子仅改变运动方向，能量损失极小，而在原子与原子间的弹性碰撞中，一个粒子可将其全部能量传给第二个粒子。通常的辉光放电中，大量的碰撞是弹性碰撞，因此，在辉光放电等离子体中，电子温度会比气体温度高得多。

(2) 非弹性碰撞

非弹性碰撞是指粒子的总动能在碰撞前后其内能发生了变化，亦即碰撞粒子发生了电离、激发等内部过程的碰撞。非弹性碰撞可分为两类：一个粒子的动能转变为另一个粒子的内能的碰撞称为第一类非弹性碰撞；一个粒子的内能转变为另一粒子的内能或动能的碰撞称为第二类 非弹性碰撞。气体激光器中的工作物质的激发和电离过程中的电子 - 电子、电子 - 原子(分子)，原子(分子)- 原子(分子) 间的碰撞都属于非弹性碰撞。

第一类非弹性碰撞　最常见的形式是高速电子与气体粒子发生的碰撞激发和电离。在碰撞过程中，电子失去能量，速度变慢，气体粒子得到能量而被激发到高能态或被电离。当电子的能量大于或等于气体粒子的激发态能量时，即可能发生碰撞激发过程，亦即

$$A + e(快) \longrightarrow A^* + e(慢)$$

其中　A 表示基态气体粒子(原子、分子)；A^* 表示激发态气体粒子；e(快) 表示快速电子；e(慢) 表示慢速电子。

当电子能量等于或大于气体粒子的电离能时，便可能发生碰撞电离过程。亦即

$$A + e(快) \longrightarrow A^+ + e(慢)$$

这里，A^+ 表示离子。电子与气体粒子的碰撞也可以使粒子从一个激发态跃迁到另一更高的激发态，或使激发态粒子发生电离，分别称为逐级激发或逐级电离。

在气体放电中，发生上述过程的程度大小，除电子能量必须达到激发或电离阈值外，还与气体粒子特定能级的激发或电离截面(即激发几率或电离几率) 有关。

第二类非弹性碰撞　最通常发生于激发态粒子之间以及激发态粒子与电子之间的两体碰撞中。碰撞形式有很多种 ，主要包括有能量转移、电荷转移和潘宁电离等。第二类非弹性碰撞的主要特点是，在碰撞中，激发态粒子把能量转移给另一粒子或电子，而使自己的内能发生变化。这些具体过程将在第二节中讨论。

3. 激发速率

在气体激光器中，工作物质粒子数反转分布的建立和维持依赖于两种基本的碰撞过程。一

是电离过程，这是为维持放电所必不可少的。二是激励过程，这是为建立粒子数反转分布所必需的。激励过程要求只对特定的激光上能级有特别的激发作用，这过程包括电子碰撞激发、能量转移、电荷转移过程外，还应包括仅对激光下能级消激发而不会对激光上能级产生不利影响的那些过程。

气体激光器在进行这两种基本的碰撞过程中，起重要作用的因素是基态粒子数密度 n，电子浓度 n_e、电子速度分布、电离和激发截面等。对于某特定的激励反应过程（见第二节），激发态反应的速率 R 可写成：

$$R = n\int_0^{\infty} \delta(E) f(E) \cdot dE \tag{1-4}$$

式中　　$\sigma(E)$ 是特定反应的截面，它是粒子能量的函数；$f(E)$ 是粒子按能量的分布函数。

二、气体放电的方式

气体放电可分为直流连续放电、射频放电和脉冲放电等方式。

1. 直流连续放电

气体激光器放电管内的直流连续放电过程可由气体放电的伏安特性来说明。如图 1-1(*a*)

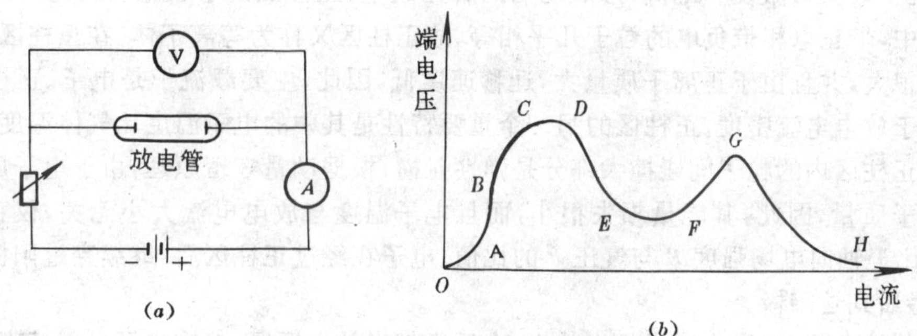

图 1-1　气体放电的伏 - 安特性

(*a*) 放电器与电路　(*b*) 伏安特性

所示，是放电管和电路。放电管两端电极上加上可调的直流电压，管内充入适量的气体，改变两端的电压，即可测得不同电压下的电流，从而获得图 1-1(*b*) 所示的气体放电的伏 - 安特性曲线。曲线 *OABCD* 段所对应的放电形式称为非自持放电。因为这一阶段放电的维持主要靠外界因素（紫外线、宇宙射线）作用使气体产生微弱电离，外因去除后放电立即停止。曲线上 *D* 点所对应的电压称为着火电压，或叫起辉电压，即电压升到 *D* 点后，放电管的电流突然增加，管压迅速降低，同时放电管中出现辉光，曲线的 *DE* 段对应着非自持放电到自持放电的转换过程，过了着火电压后，即使没有外因作用，放电也能维持，这是因为这时气体中的正离子在电场作用下已达到很高的速度，正离子碰撞阴极使阴极产生二次电子发射，二次电子又引起气体的连锁电离，这就使放电能自持进行。*DE* 段放电呈不稳定的负阻特性，即随电流增大，管压反而降低，若外电路没有串联电阻来限流，电流就会一直增加，直到烧坏放电管，因此使用时必须注意。

伏 - 安特性曲线 *EF* 段对应着正常辉光放电。由于二次电子随电场的增加而迅速增加，因此放电管电压略有增加时，电流随之增加很多。辉光放电是一种稳定的小电流自持放电，起辉后，从侧面看放电管内整个辉光放电空间，可看到明暗交替的 8 个区域，如图 1-2 所示。电子在电场作用下，由阴极向阳极运动，其起始时能量很小，不足于产生电离和激发，因此在靠近阴极区域内形成阿斯顿暗区。紧靠阿斯顿暗区是一个微弱发光层，称为阴极辉区，这是由于电子经

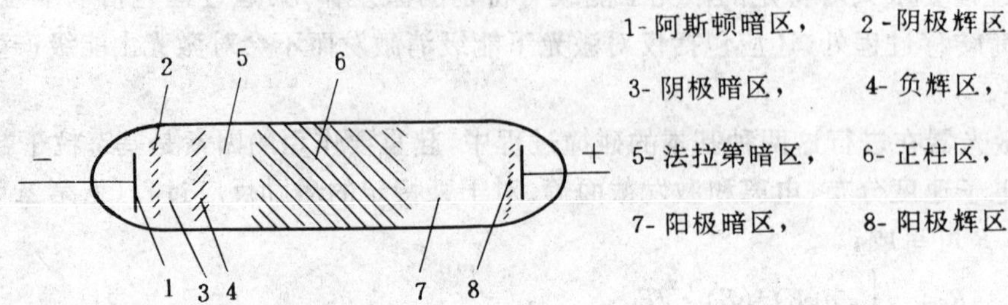

图 1-2　正常辉光放电的光区

前一区的加速，动能有所增加，而使得部分粒子激发发光所致。电子经前二区的加速而具有更大的动能，足以产生强电离，但激发发光粒子相对减少，而使在阴极辉区后形成阴极暗区，电子经过阴极暗区后，能量稍有降低，能有效地使气体激发发光，即形成负辉区，电子的能量在负辉区里消耗很多，以致在进入下一区域后不能再激发气体发光，而形成法拉第暗区。电子经过法拉第暗区的加速，能量得以增大，而在法拉第暗区后形成最主要的放电区域正柱区。在正柱区里，气体粒子被大量激发和电离，形成均匀的辉光放电，正柱区占了放电管的绝大部份，并且，在正柱区中，带正电和带负电的粒子几乎相等，故正柱区又称为等离子体。在正柱区里，带电粒子的浓度很大，并且由于正离子质量大，迁移速度低，因此，主要载流子是电子。正柱区的电子浓度对应于放电电流密度。正柱区的另一个重要特性是其中的电子温度比气体温度高得多，这是因为在正柱区内的粒子间碰撞大部分是弹性碰撞，根据动量守恒原理，由于电子质量远小于原子和离子质量，因此，其能量损失很小，而且电子温度与放电电流大小无关，仅正比于 E/P 值，即正比于轴向电场强度 E 与气压 P 的比值。电子在经过正柱区后，继续穿过阳极暗区和阳极辉区，最后到达阳极。

伏安特性曲线 FG 段为反常辉光放电。在反常辉光放电区段，二次电子发射速率接近最大，阴极溅射强烈，因此，应避免激光器工作于反常辉光放电状态。GH 段对应于弧光放电，G 点对应的电压称为弧光着火电压。相对于辉光放电而言，弧光放电是一种低电压大电流的自持放电。辉光放电的电流密度通常在几毫安到数百毫安之间，而弧光放电的电流密度可达数十安培到数千安培。

弧光放电有热阴极弧光放电、冷阴极弧光放电和人工热阴极弧光放电三种类型。

热阴极弧光放电电极材料的熔点很高(镍、石墨等)，高能量的正离子频繁轰击阴极，使阴极温度升高并发射热电子而维持放电、电流越大，阴极温度就越高，发射的热电子就越多。

冷阴极弧光放电电极材料熔点较低。弧光放电所需要的大量电子是靠阴极附近强电场引起的阴极场致发射来维持的。这种强电场的产生机制是由于带电粒子轰击阴极而使其表面蒸发出高密度的金属蒸气层，蒸气被电离后即在阴极表面附近形成空间正电荷层。

人工热阴极弧光放电是指人为的预热阴极使之发射热电子，一旦撤去加热源，放电即停止，所以是一种非自持弧光放电。

2. 射频放电

射频放电也称高频放电，是一种近年来应用前景日益广泛的放电形式。其方式是在两电极间施加高频(1 兆到数百兆) 交变电场，使电场变化周期远小于带电粒子在两电极间的渡越时间，电子只能在某个固定位置附近作振荡，并与气体粒子碰撞，产生电离和激发来维持放电。由于这种的放电形式，使两电极间施加的电压较直流放电大大降低，并且，电子不断来回运动使电子飞越路程增大，与气体粒子碰撞次数增加，电离能力提高，而使得放电可以用内电极，或外电极，也可不用电极也能进行，这对某些特别的场合提供了应用前景。因此，射频放电激励技术的引入为气体激光器带来一些极为重要的新概念和新技术。例如，射频激励技术引入所出现的“增加大面积”概念，使封离型 CO_2 激光器得以突破性进展。

射频放电也工作于辉光放电区。

3. 脉冲放电

脉冲放电也是一种气体激光器常采用的放电方式。当在两电极间加脉冲电场时，即产生脉冲放电，按放电电流密度大小，可分为脉冲辉光放电和脉冲弧光放电；按电场交变状态，可分为直流脉冲放电和交流脉冲放电；按脉冲持续时间可分为短脉冲放电和长脉冲放电。金属蒸气激光器，准分子激光器等都采用脉冲放电方式。

除此外，还有火花放电和电晕放电等，它们在某些特别应用中也被采用。

第二节　气体放电中的选择激发过程

选择激发是指在气体放电中有选择地使粒子被激发到有关的激光上能级中，气体激光器中主要选择激发过程有共振激发、电荷转移、潘宁电离和电子碰撞等。

一、共振激发能量转移

共振激发能量转移适用于原子 - 原子，分子 - 分子碰撞过程中的内能转移，属第二类非弹性碰撞。激发粒子与基态粒子相碰撞，使基态粒子激发到高能态，而原激发态粒子则跃迁到较低能态或返回基态。

1. 原子的激发态能量转移过程

$$A^* + B \longrightarrow A + B^* \pm \Delta E_\infty \tag{1-5}$$

式中　A^*、B^* 表示激发态原子；A、B 表示基态原子；ΔE_∞ 表示 A^* 和 B^* 之间的激发能态差。此类能量转移过程的进行程度快慢可用碰撞截面 σ 的大小来表征，其碰撞截面 σ 具有下列特征：(1) ΔE_∞ 愈小或趋于零，能量转移截面 σ 愈呈现共振特性，能量转移愈容易，当 ΔE_∞ 为 0.001eV 时，$\sigma = 10^{-14}\text{cm}^2$，而 $\Delta E_\infty > 0.1\text{eV}$ 时 $\sigma = 0$；(2) 截面 σ 的大小与碰撞原子的相对运动速度有关；(3) 碰撞中，遵守自旋守恒定则，自旋守恒的碰撞反应截面比不守恒的要大，可用下式表示：

$$A^*(\uparrow\uparrow) + B(\downarrow\uparrow) \xrightarrow{\sigma_1} A(\uparrow\downarrow) + B^*(\uparrow\uparrow) \pm \Delta E_\infty \tag{1-6a}$$

$$A^*(\uparrow\uparrow) + B(\downarrow\uparrow) \xrightarrow{\sigma_2} A(\uparrow\downarrow) + B^*(\uparrow\downarrow) \pm \Delta E_\infty \tag{1-6b}$$

上式中，反应守恒的 $\sigma_1 >$ 不守恒的 σ_2。

He-Ne 激光器的激发机理主要基于这种激发态粒子间的能量共振转移。

2. 分子间的激发态(共振态)能量转移

有类似原子激发态能量转移的特性。例如，CO_2 激光器的激光上能级激发过程中的 N_2 与 CO_2 分子间的振动能态转移：

$$N_2(v=1) + CO_2(00^0 0) \longrightarrow N_2(v=0) + CO_2(00^0 1) - 18\text{cm}^{-1} \tag{1-7}$$

由于 $N_2(v=1)$ 与 $CO_2(00^0 1)$ 的振动能态差仅是 $\Delta E_\infty = 18\text{cm}^{-1}$，因此，这种碰撞的共振能量转移截面相当大，而使此转移过程进行得十分有效。

二、电荷转移

电荷转移是离子与中性气体粒子之间的碰撞过程，离子 A^+ 与中性粒子 B 相碰撞，A^+ 获得一个电子而成为中性粒子 A，中性粒子 B 则成为正离子 B^+，即

$$A^+ + B \longrightarrow A + B^+ \pm \Delta E_\infty \tag{1-8}$$

许多电荷转移反应还包括同时激发和电离：

$$A^+ + B \longrightarrow A + (B^+)^* \pm \Delta E_\infty \tag{1-9}$$

这里 $(B^+)^*$ 是离子激发态，ΔE_∞ 是离子 A^+ 与 B^+ 或 $(B^+)^*$ 之间的位能差，类似于粒子的共振激发能量转移过程，电荷转移截面 σ 的大小也依赖于 ΔE_∞ 的大小，同时，电荷转移截面还同碰撞粒子间的相对速度有关，随着速度增加，反应截面增大，并存在最大值，相应的速度为 v_m。

许多离子激光器（如 He^+-Hg、He^+－Zn，He^+－Ne 等），就是利用电荷转移机制作为激励手段的。

三、潘宁效应

潘宁效应是利用激发态粒子的碰撞，使中性气体粒子产生电离或电离激发的过程：

$$A^* + B \longrightarrow A + B^+ + e(\text{慢}) \tag{1-10a}$$

$$A^* + B \longrightarrow A + (B^+)^* + e(\text{慢}) \tag{1-10b}$$

式中　A^* 是激发态；B^+ 和 $(B^+)^*$ 表示离子态和激发离子态。潘宁效应的最大特点是，只要激发态粒子 A^* 的激发能大于粒子 B 的电离能或电离激发能，反应就能顺利进行，即使 A^* 与 $(B^+)^*$ 之间的位能差高达 20eV，上述反应仍具有共振性，这是因为反应的生成物－慢电子把碰撞体系反应前后的能量差以动能形式所带走。

许多金属蒸气离子激光器（如 He^*-Hg、He^*-Cd、He^*-I_2 等）的激励机理就是基于这种潘宁效应过程。电荷转移和潘宁效应都属第二类非弹性碰撞。

四、电子碰撞

在气体激光器中，直接利用高速电子的碰撞，使气体粒子激发和电离，是一种常用的和有效的选择激励手段。电子与气体粒子的碰撞激发过程是典型的第一类非弹性碰撞。

快电子 e 与基态粒子 A 的碰撞激发过程为：

$$A + e(\text{快}) \longrightarrow A^* + e(\text{慢}) \tag{1-11}$$

当快电子能量远大于基态粒子的激发阈值时，电子碰撞使粒子由基态 Ⅰ 激发到激发态 Ⅱ 的有效截面 σ_{12} 可表示为：

$$\sigma_{12} \propto \left| \int \psi_1 \psi_2^* r dr \right|^2 \tag{1-12}$$

称为波恩公式。方程右边比例于激发态至基态偶极跃迁矩阵元，其中 ψ_1、ψ_2 分别是基态和激发态波函数，r 是电偶极距，在偶极近似条件下，有效截面又可表示为：

$$\sigma_{12} \propto A_{21} \tag{1-13}$$

这里，A_{21} 是自发跃迁几率。此式表明，具有光学联系的跃迁能级对应着有最大的电子碰撞激发截面，因此宜采用直接电子碰撞的方式作为其有效的激励手段。

金属蒸气原子激光器、N_2 分子激光器、Ar^+ 激光器等都是采用直接电子碰撞机制作为激励手段的。当电子能量超过粒子的电离能时，就能使粒子发生电离或电离激发：

$$\begin{aligned} A + e(\text{快}) &\longrightarrow A^+ + e(\text{慢}) \\ A + e(\text{快}) &\longrightarrow (A^+)^* + e(\text{慢}) \end{aligned} \tag{1-14}$$

电子与气体粒子的碰撞也可使粒子从一个激发态跃迁到另一个更高的能态上去，或使激发态粒子发生电离，分别称这种过程为逐级激发和逐级电离。这是气体激光器选择激发过程中

常常采用的方式。

第三节　其他的激励方式

气体放电激励是气体激光器采用最多的方式，除此以外，在某些场合，还采用其他一些激励方式。

一、电激励

电激励主要有二种形式，除上述所讨论的气体放电外，还有采用电子枪产生高速电子来激励气体的方式，称为电子束激励。电子束激励具有一些不同于放电激励的特点。例如，电子束激励准分子激光器以获得较大的激励体积和高的能量转换效率。有些要求高气压或高重复频率运转的气体激光器采用电子束激励或电子束预电离放电激励相结合的方式，可使激光器的效率、功率和重复频率都得以提高。

二、光激励

光激励是指用特定波段的光照射工作物质，在吸收对应波长的光能后，产生粒子数反转。固体激光器和液体激光器，通常都采用光激励方式。光激励也称为光泵浦。采用光激励方式的气体激光器种类不多，主要是工作于远红外和亚毫米波段的激光器，通常称为"光泵远红外激光器"和"光泵亚毫米激光器"。远红外和亚毫米激光器的激光辐射产生于分子的转动能级间的跃迁，分子的转动能级相当密集，其能量间隔很小，因而采用放电激励的方式在转动能级间建立粒子数反转很困难。但采用光泵激励却显得十分有效，只要选用光子能量与被激励分子的吸收波长相匹配的光源，就能实现有效的激励，且具有很高的效率。自可调谐 CO_2 激光器问世后，作为一种高效的光泵激励源，使得光泵远红外激光器取得显著进展。如，CH_3F 远红外激光器，在 $TEACO_2$ 激光器的 10.6μm 波长的脉冲激光泵浦下，获得波长为 496μm 兆瓦级脉冲激光输出。

三、热激励

热激励是指采用某种高温加热的方式使整个气体工作物质体系温度升高，从而使较多的气体粒子处于高能级状态，然后再通过某种方式，如气体绝热膨胀的方式，使热弛豫时间较短的某些较低能级上的粒子去空，而热驰豫时间较长的某些较高能级上的粒子得以积累，从而实现这些能级间的粒子数反转。热激励方式的典型实施实例是气动 CO_2 激光器。气动 CO_2 激光器的粒子数反转建立机制明显不同于普通放电激励的 CO_2 激光器，首先，采用高温燃烧方法把 CO_2 气体温度提高到 3000K 左右的高温状态，这时，CO_2 的处于激光上、下能级上的粒子数都比室温时多得多，但由于整个体系仍处于热平恒状态，因此，依照玻尔兹曼分布规律，高能级上的粒子数始终小于低能级上的粒子数，还达不到粒子数反转。然后，再通过绝热膨胀的方法（高温、高压的 CO_2 气体通过一个喷口到膨胀工作室）使气体温度骤降到 300K 左右。这个骤降过程使体系由热平衡状态转为非热平衡状态，由于这绝热膨胀的特征时间小于 CO_2 分子激光上能级的热驰豫时间，因此降温过程对激光上能级的粒子数影响不大，而下能级的驰豫时间与降温特征时间具有相同量级，温度的降低使得下能级上的粒子数急剧减少，从而实现粒子数反转。

四、化学能激励

采用化学能激励的激光器通常称为化学激光器。化学能激励是利用某些工作物质本身发生化学反应而释放的能量来激励工作物质，从而实现粒子数反转。为促成工作物质的化学反应，一般还需采用一些引发措施，如光引发、电引发、化学引发等。

化学能激励的最大优点是：由于对工作物质的激励是依靠反应本身生成的化学能，所以原则上可不需再输入其他能源。同时，激光器的运转效率也较高，且某些化学反应中可获的能量相当大，为此，也可望得到高功率激光输出。目前，典型的化学激光器有氟化氢(HF)激光器和碘原子(I)激光器等。

五、核能激励

核能激励是利用核反应产生的放射线，高能粒子和裂变碎片来激励工作物质，实现粒子数反转。目前，虽然仍是一种处于探索阶段的激励方式，但高功率、大能量激光器发展的需要，势必促使这种激励方法的发展和尽早实用。利用核能激发气体激光器的方式可有如下几种：用放射性同位素发射的高能粒子直接激励；热核反应的热能作热激励；核能先转换成电能，再作通常的电激励。

目前，由核能激励的CO激光器已获得实验性运转，效率达50%。

第二章 原子激光器

原子激光器的工作物质是中性原子气体，其激光跃迁发生于中性原子的不同激发能态之间。能产生激光跃迁的原子种类很多，主要有惰性气体（氦、氖、氩、氪、氙）和某些金属原子蒸气（铜、锰、锌、铅等）。本章主要阐述惰性气体类中的 He-Ne 激光器和金属原子蒸气类中的 Cu 激光器。

第一节 氦氖激光器的工作原理

一、氦－氖激光器结构

He-Ne 激光器于 1960 年研制成功，是最早问世的气体激光器。He-Ne 激光器是连续波运转，在其激光跃迁区域中分布有 100 多条谱线，主要波段在可见光区或近红外区。通常运转的谱线波长为6328埃，单横模输出功率在50毫瓦／米量级水平，He-Ne激光器是最早实现系列商品化的激光器。其最主要的特点是输出光束的单色性、方向性好，输出功率和频率稳定度高，并且具有结构简单紧凑，制作容易，使用方便，寿命长等优点，因而 He-Ne 激光器已被广泛应用于准直、检测、导向、精密计量、全息、信息处理、医学等各个方面。

Ne-Ne 激光器的基本组成是放电管、电极和光学谐振腔，如图 2-1 所示。

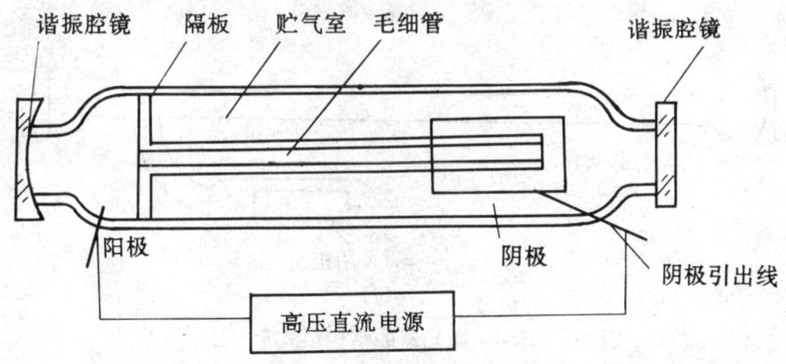

图 2-1 氦－氖激光器的基本结构

光学谐振腔由一对高反射率的多层介质膜反射镜组成，一般采用平凹腔形式，平面镜为输出镜，透过率依赖于激光器长度，约为 1-2%，凹面镜为全反射镜，要求反射率接近 100%。

放电管由毛细管和贮气管构成。毛细管在增益介质工作区，因此毛细管的尺寸和质量是决定激光器输出性能的关键因素。贮气管与毛细管相连，并且毛细管的一端有隔板，这是为了使放电只限于毛细管，贮气管里不发生放电，贮气管的作用是增加了放电管的工作气体总量，使毛细管内的气体得以不断更新，减缓了毛细管放电时产生的杂质气体增加和 He-Ne 气体气压比的变化速率，延长了器件寿命。普通的 He-Ne激光器的放电管一般用GG17 硬质玻璃制成，对输出功率和波长要求稳定性高的器件通常用热胀系数更小的石英玻璃制作。

连续工作的 He-Ne 激光器多采用直流放电激励的方式，起辉电压和工作电压与激光器的结构参数和放电条件有关，放电长度为1米的激光器，起辉电压在8千伏左右，He-Ne激光器的工作电流在几毫安到几百毫安的范围内。

He-Ne激光器的放电电极多采用冷阴极形式，冷阴极材料多用溅射率小和电子发射率高的铝或铝合金。为了增加电子发射面积和减低阴极溅射，阴极通常制成圆筒状，并有尽可能大的尺寸，阳极一般用钨针制成。

He-Ne激光器具有多种结构形式，按放电管和谐振腔的放置方式不同，可分为内腔式、外

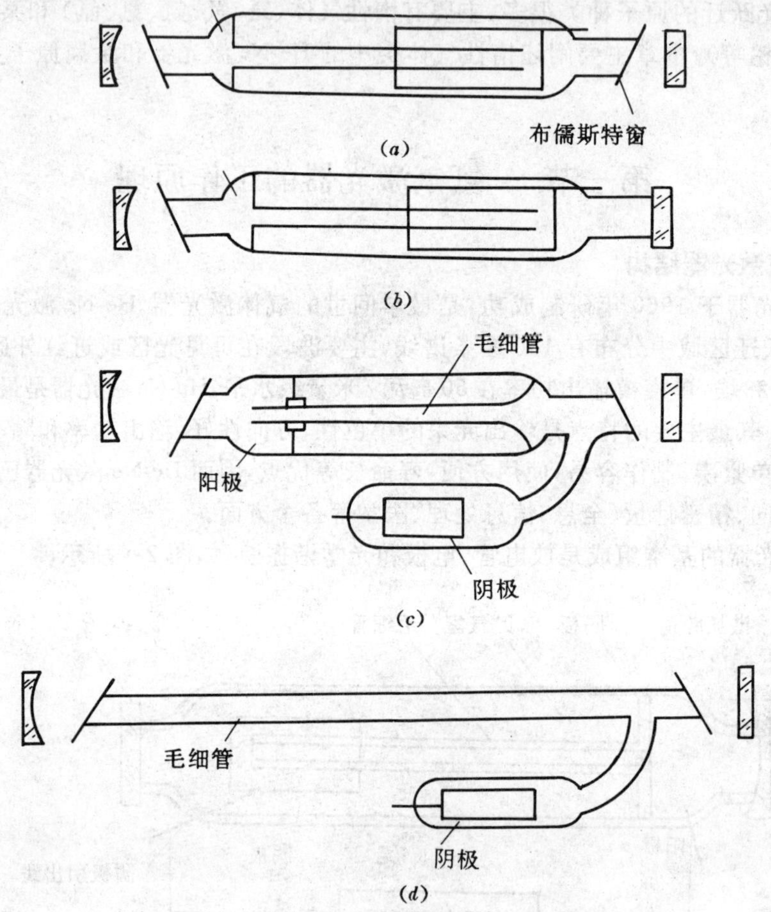

图 2-2 He-Ne激光器的结构形式示意图

(a) 外腔式 (b) 半内腔式 (c) 旁轴式 (d) 单毛细管式

腔式、半内腔式，分别见图2-1和图2-2。图2-1为内腔式激光器构型，谐振腔的两块反射镜调整好后就直接胶接固定于放电管的两端，因此，内腔式激光器使用时不需作任何调整，十分方便。而且，毛细管口到反射镜之间不再加其他密封窗片，使得腔内损耗减小、增益区长度与腔长之比增大，因此，激光输出功率提高。内腔式激光器的缺点是激光器运转过程中由于各种因素影响而发生变形时，会使原校准的谐振腔状态失准，而引起输出特性变差。通常内腔式激光器的长度不超过一米，因为激光管越长，热稳定性就越差。

图2-2(a)、(c)、(d)所示为外腔式结构，放电管与谐振腔反射镜是分离的两体，放电管由两端胶贴的布儒斯特窗片所密封。布儒斯特角度大小由窗片材料折射率所决定。布氏角的误差容应限在1°之内，以确保腔内振荡光的损耗尽可能小。同时，布氏窗的放置，也可使激光器得到线偏振激光输出。外腔式构型的优点是：由于谐振腔镜与放电管分离，放电管的热变形对谐振

腔影响较小；谐振腔镜可以调整，再设计成高稳定结构，可使激光器保持长时间稳定输出；外腔式构型可在腔内插入其他光学元件，并可制成调频、调幅激光器，扩大了应用场合。

图 2－2(*b*) 所示为半内腔式构型；其中一块腔镜直接胶贴在放电管上，另一块腔镜与放电管分离，放电管口由布儒斯特窗片密封。半内腔构型的优缺点介于内、外腔式之间，输出线偏光，也可在腔内插入各种调制元件，用于多种研究应用场合。

近年来，放电管与反射镜片，窗片的封接工艺技术取得显著的进展，目前，用玻璃粉加热的“硬封接”工艺已替代以往的环氧树脂封贴，大大提高密封可靠性，从而提高了 He-Ne 激光器的工作和存放寿命。

二、He 和 Ne 原子的能级结构

He-Ne 激光器的工作物质是 Ne 原子和 He 原子气体，激光跃迁产生于 Ne 原子的不同激发态之间，He 原子是辅助气体，用作对 Ne 原子的共振激发能量转移。

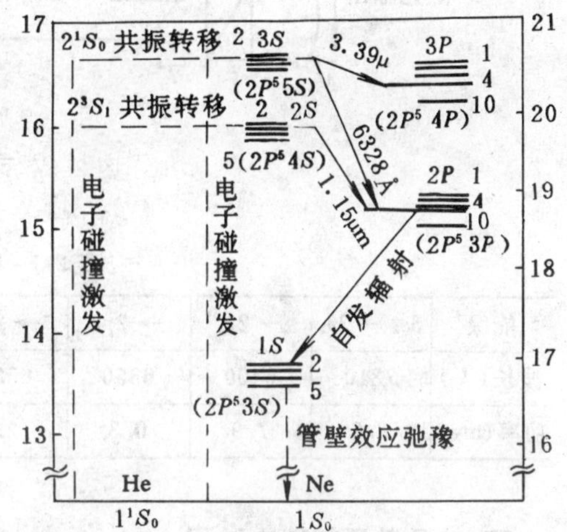

图 2-3　He-Ne 原子的部分能级图

图 2-3 示出了与激光跃迁有关的 He 原子和 Ne 原子的部分能级图，He 原子只有二个电子，其基态的电子组态为 $1s1s$，其基原子态能级符号是 $^1S_0$，当其中的一个电子被激发到 $2s$ 电子层即形成 He 的第一激发态，这时的电子组态是 $1s2s$，这两个价电子的 LS 耦合，形成 He 原子的第一激发态的两个亚稳能级（$^1S_0$ 和 $^3S_1$）

Ne 原子中有 10 个电子，基电子组态是 $1s^22s^22p^6$，组成原子态 $^1S_0$，基态以上的激发态是由 $2p$ 壳层中的一个电子受激发跃迁所形成的。原壳层留下 5 个 $2p$ 电子。Ne 原子的几个与激光跃迁有关的电子激发组态是：

$$1s^22s^22p^53s, 1s^22s^22p^53p, 1s^22s^22p^54s, 1s^22s^22p^54p, 1s^22s^22p^55s,$$

其原子激发态，即是由这些电子组态中的价电子的 LS 耦合所形成。原 $2p$ 壳层中的 5 个 p 电子属同科电子，只构成一个 ^2p 态，相当于 1 个 p 电子。因此，上述几种电子组态形成原子激发态的状况可归属成二种类型：$2p^5ns(n=3,4,5)$，即 1 个 p 电子与 s 电子耦合；$2p^5nP(n=3,4,5)$，即 1 个 p 电子与 p 电子耦合。据 LS 耦合法则，$2p^5ns$ 组态组成 4 个能级：

$$^1P_1, {}^3P_{0,1,2}$$

$2p^5np$ 组态组成 10 个原子能级：

$$^1S_0, {}^1P_1, {}^1D_2, {}^3S_1, {}^3P_{0,1,2}, {}^3D_{1,2,3}$$

通常，Ne 原子能级用帕邢符号表示，帕邢符号与上述电子组态的对应关系是：

电子组态	$2p^53s$	$2p^54s$	$2p^55s$	$2p^53p$	$2p^54p$	$2p^55p$
帕邢符号	$1s$	$2s$	$3s$	$2p$	$3p$	$4p$

依照对应关系：帕邢符号表示的 Ne 原子激发态 $1s$，$2s$，$3s$ 各由 4 个子能级组成，如 $2s$ 由 $2s_2$、$2s_3$、$2s_4$、$2s_5$ 组成；$2p$ 和 $3p$ 各由 10 个子能级组成，如 $2p$ 由 $2p_1$，$2p_2$，……$2p_{10}$ 组成。

已经在 Ne 原子 $3s$ 与 $3p$、$2p$ 态之间，以及 $2s$ 与 $2p$ 态之间的许多对能级之间获得 100 多条

谱线，其中最强的三条谱线：6328Å，3.39μm 和 1.15μm，分别对应于能级 $3s_2 \rightarrow 2p_4$，$3s_2 \rightarrow 3p_4$ 和 $2s_2 \rightarrow 2p_4$ 之间的跃迁。

普通的 He-Ne 激光器都以 $3s_2 \rightarrow 2p_4$ 跃迁的 6328Å 谱线输出，近年来，对能级 $3s_2 \rightarrow 2p$ 激发态其他能级跃迁的发射谱线的研究进展也相当快。表 2-1 给出 $3s_2 \rightarrow 2p$ 跃迁谱线的对应能级、波长和相对功率。激光器装置如图 2-4 所示，放电管增益区长度为 1 米，谱线由旋转腔内所置的光学棱镜进行选择。

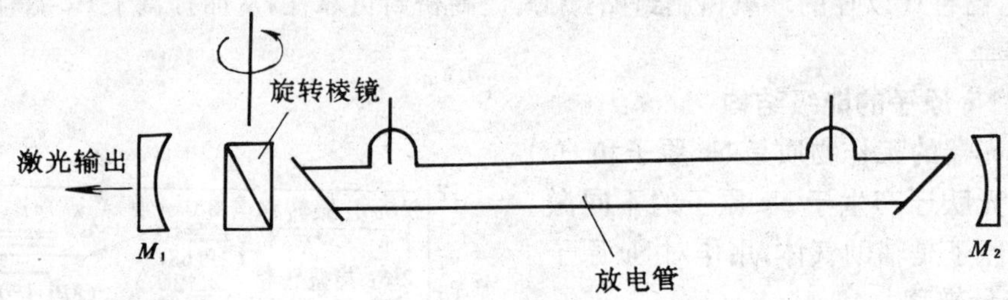

图 2-4 可调谐 He-Ne 激光器

表 2-1 $3s_2 \rightarrow 2p$ 跃迁谱线

能级	$3s_2 \rightarrow 2p_1$	$\rightarrow 2p_2$	$\rightarrow 2p_3$	$\rightarrow 2p_4$	$\rightarrow 2p_5$	$\rightarrow 2p_6$	$\rightarrow 2p_7$	$\rightarrow 2p_8$	$\rightarrow 2p_{10}$
波长(Å)	7310	6400	6350	6330	6290	6120	6050	5940	5430
功率(mw)	0.6	7.9	0.3	23	1.5	15	0.9	1.6	0.25

三、粒子数反转建立过程

He-Ne 原子的能级图表明，运转于这些跃迁线的 He-Ne 激光器是一种典型的四能级系统，对于 $3s_2 \rightarrow 2p_4$ 的 6328Å 跃迁，其实现粒子数反转的阈值条件是：

$$R_3 > g_3\tau_2R_2/g_2\tau_3 \tag{2-1}$$

式中 R_3 和 R_2 分别是 $3s_2$ 能级和 $2p_4$ 能级的激发速率；τ_3 和 τ_2 分别表示 $3s_2$ 和 $2p_4$ 能级的寿命；g_3 和 g_2 分别是 $3s_2$ 和 $2p_4$ 能级的简并度。把这些参量的有关数据，即 $\tau_3 = 96\text{ns}$，$\tau_2 = 19\text{ns}$，$g_3 = 3$，$g_2 = 5$，代入到式(2-1)可以发现，即使 $R_3 = R_2$(单位时间激发到 $3s_2$ 和 $2p_4$ 上的粒子数相等)，$3s_2$ 能级与 $2p_4$ 能级间也能实现粒子数反转。

He-Ne 激光器实现粒子数反转的主要激发过程有二个：一是上述的电子直接碰撞激发 Ne 原子的过程；二是激发态 He-Ne 原子间的共振能量转移过程。理论和实验研究表明，第二种激发过程是建立 $3s_2$ 与 $2p_4$ 能级间粒子数反转的最主要过程，其贡献相当于第一种过程的 60-80 倍。

1. Ne 原子激光上能级的激发

如图 2-3 能级图所示，由适当能量的电子与基态 He 原子碰撞，建立 He 原子第一共振激发态的两个亚稳能级 $2\,^1S_0$ 和 $2\,^3S_1$，即

$$He(1\,^1S_0) + e \rightarrow He^*(2\,^1S_0) + e'$$
$$He(1\,^1S_0) + e \rightarrow He^*(2\,^3S_1) + e' \tag{2-2}$$

$He^*(2^1S_0)$ 和 $He^*(2^3S_1)$ 是寿命分别为 5×10^{-6} 秒和 3×10^{-4} 秒的亚稳能级，并具有大的电子碰撞激发截面，因此，易于积累较多的 He 激发态粒子数。

Ne 原子的激光上能级是 $3s_2$ 和 $2s_2$，这两个能级的激发主要是经由使基态 Ne 与激发态 He 的共振激发能量转移过程实现。

$$H^*(2^1S_0) + Ne(^1S_0) \longrightarrow Ne^*(3S_2) + He(1\,^1S_0) - 0.048eV$$

$$H^*(2\,^3S_1) + Ne(^1S_0) \longrightarrow Ne^*(2S_2) + He(1\,^1S_0) + 0.039eV \qquad (2\text{-}3)$$

He 原子的 $2\,^3S_1$、$2\,^1S_0$ 态和 Ne 原子的 $3s_2$ 和 $2s_2$ 态能量相当接近，其能态差仅为 0.048eV 和 0.039eV，都在原子热运动动能 kT 范围内，(气体辉光放电温度 T 在 400K 左右，$k = 8 \times 10^{-5}$eV/K) 因此，共振能量转移几率相当高，达 95% 以上。

2. Ne 原子激光下能级的消激发

按跃迁选择定则，Ne 原子激光下能级 $3p_4$、$2p_4$ 回基态属禁戒跃迁，所以 $3p_4$、$2p_4$ 态不能直接向基态跃迁，而是以极快的速率自发发射跃迁到 $1s$ 态，$1s$ 态向基态跃迁也属禁戒性质，不能靠辐射过程返回到基态，而必需经过扩散到放电管壁，通过与管壁碰撞能量交换方式，返回基态。这个过程需相对较多的时间，形成整个粒子数反转过程中的“瓶颈效应”。要提高反转粒子数的绝对值，必须加速 $Ne^*(1s)$ 的排空，这就要求减小放电管管径 d 的尺寸，而 d 的减小又使激活模体积减小，使输出功率下降，这就是 He-Ne 激光器 6328Å 输出线的小信号增益系数存在最佳值的原因：

$$G_m \doteq 3 \times 10^{-4}/d \quad (\text{cm}^{-1}) \qquad (2\text{-}4)$$

四、增益与放电条件关系

激光器的增益是与激光上、下能级粒子数密度差额 Δn 成正比。这粒子数差额可以通过求解 Ne 原子激光上能级 $3s_2$ 和下能级 $2p_4$ 的粒子数密度速率方程得出。

Ne 的 $3s_2$ 能级粒子数密度 n_3 与 He 的 $2\,^1S_0$ 能级粒子数密度 n_4 有关。对于 $Ne^*(3s_2)$ 能级上粒子数密度的速率方程为：

$$\frac{dn_3}{dt} = Kn_1n_4 - Kn_0n_3 - \frac{n_3}{\tau_3}$$

式中　Kn_1n_4 表示 He 向 Ne 共振转移的激发速率，其中 K 是转移速率常数，n_1 是基态 Ne 的粒子数密度；Kn_0n_3 表示 Ne 向 He 共振转移的激发速率，其中 n_0 是基态 He 的粒子数密度，由于 $He^*(2\,^1S_0)$ 与 $Ne(3S_2)$ 能级很靠近，而近似认为以上两个相反方向的共振转移过程具有相同的速率常数 K；$\frac{n_3}{\tau_3}$ 表示 $Ne^*(3s_2)$ 能级粒子数密度弛豫到其他能级的速率，τ_3 为弛豫时间。

在稳定时，有关系，$\frac{dn_3}{dt} = 0$，因此，由(2-4)式得

$$n_3 = \frac{Kn_1n_4}{Kn_0 + 1/\tau_3} \qquad (2\text{-}6)$$

式中的 $He^*(2\,^1S_0)$ 能级的粒子数密度 n_4 可由求解 n_4 的速率方程得出，n_4 的居集主要是电子碰撞激发过程，其速率方程为：

$$\frac{dn_4}{dt} = n_0n_es_{04} - (n_4n_es_4 + n_4A') \qquad (2\text{-}7)$$

式中　右边第一项表示电子碰撞激发速率，n_e 是电子密度，s_{04} 为使基态 He 激发到 $He^*(2\,^1s_0)$ 的电子激发速率常数；第二项表示电子碰撞消激发速率，即电子碰撞也可能使 He 原子由激发态返回基态，其中 s_4 为消激发速率常数；第三项为因扩散和共振转移过程使 $He^*(2\,^1s_0)$ 粒子减少的速率，A' 是衰减几率。在稳态时，$\frac{dn_4}{dt} = 0$，因此，由(2-7)式，有：

$$n_4 = n_0n_es_{04}/(n_es_4 + A') \qquad (2\text{-}8)$$

把上式代回到(2-6)式，得

$$n_3 = \frac{Kn_1n_0n_es_{04}}{(Kn_0 + 1/\tau_3)(n_es_4 + A')} \tag{2-9}$$

Ne 的激光下能级 $2p_4$ 的粒子数密度 n_2 也是由电子碰撞激励的,其速率方程为:

$$\frac{dn_2}{dt} = n_1n_es_{02} - n_2n_es_2 - n_2A \tag{2-10}$$

式中　右方第一项表示电子碰撞将 Ne 原子从基态激发到 $2p_4$ 态的激发速率,s_{02} 为激发速率常数;第二项表示电子碰撞消激发速率,s_2 为消激发速率常数;第三项为由 $2p \to 1s$ 的自发辐射引起的衰减速率,A 为自发辐射几率。据稳态后的关系:$\frac{dn_2}{dt} = 0$,得

$$n_2 = n_1n_es_{02}/(n_es_2 + A) \tag{2-11}$$

由于自发辐射几率 A 很大,可忽略分母中的第一项,于是

$$n_2 = n_1n_es_{02}/A \tag{2-12}$$

基于(2-9)式和(2-12)式,可定性分析出增益与放电条件的关系。激光器的放电条件是指放电电流、气压、混合比等参量。

1. 增益与放电电流的关系

在气压和充气混合比一定的情况下,电子密度 n_e 与放电电流成正比,即 $n_e = K'i$,K' 为比例系数;在辉光放电中,参与激发的原子比例数很少,因此认为 n_0、n_1、τ_3、A 等均与放电电流无关,据此,(2-9)式和(2-12)式又可分别改写成为:

$$n_3 = K_1i/(K_2i + A') \tag{2-13}$$

$$n_2 = K_3i \tag{2-14}$$

此二式中,K_1、K_2、K_3 都是与电流 i 无关的常数,但分别与下列过程有关,$K_1 = K'Kn_1n_0s_{04}/(Kn_0 + 1/\tau_3)$ 即 K_1 与电子碰撞使 He 从基态激发到 $2\,^1S_0$ 能级的过程有关;$K_2 = K's_4$,即 K_2 与电子碰撞使 $He^*(2\ 1S_0)$ 能级消激发过程有关;$K_3 = K'n_1s_{02}/A$,即 K_3 与使 $He^*(2\,^1S_0)$ 粒子数减少的扩散过程和共振转移过程有关。

(2-13)式和(2-14)式所示的关系已由图 2-5 的实验曲线验证。其结果表明:① 放电电流 i 较小时,K_2i 很小,$n_3 \doteq K_1i/A'$,即 n_3 与 i 之间有图示的成线性变化关系;② 电流 i 较大时,K_2i 随之增大,这时,$n_3 \doteq K_1/K_2$,即 n_3 与 i 的依赖关系不大,呈饱和状态;③ 当电流 i 再增大,n_3 呈饱和,但由于,$n_2 = K_3i$,i 增大使 n_2 也增大,结果使激光上、下能级的粒子密度差 $\Delta n = n_3 - n_2$ 减小,使激光器的增益下降,这就是如图 2-6 所示的,激光器存在与最佳增益所对应的最佳工作电流的缘故。

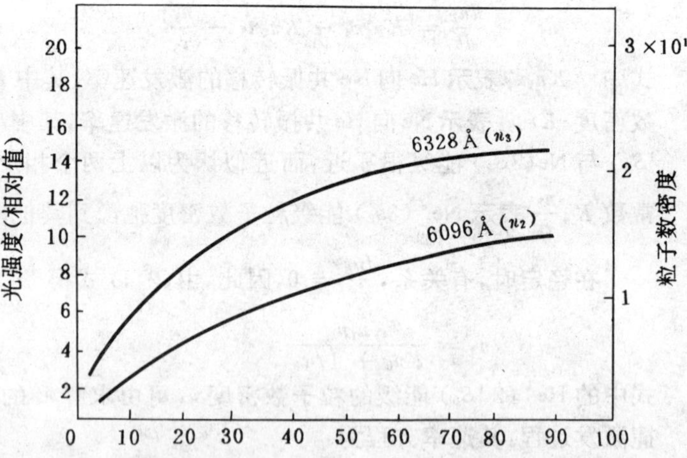

图 2-5　粒子数密度与放电电流关系

2. 增益与 He-Ne 气压的关系

通常 Ne 的 $2p_4$ 能级的原子数 n_2 比 $3s_2$ 能级的原子数 n_3 要小得多,因此,一般认为增益主要与 n_3 有关。当放电电流 i 取成最佳值时,n_3 应取成饱和形式,即(2-8)式有饱和形式:

$$n_3 = Kn_0n_1s_{04}/(Kn_0 + 1/\tau_3)s_4 \tag{2-15}$$

式中　s_{04} 是 $He^*(2\,^1S_0)$ 的激发速率,与电子温度 Te 呈指数增加;s_4 是 $He^*(2\,^1S_0)$ 的去激发速

率，与 Te 的关系可忽略，而电子温度 Te 与 Pd 值（P 为气压，d 为放电管管径）有关，在气体的放电过程中，Te 随 Pd 值的增加而降低。

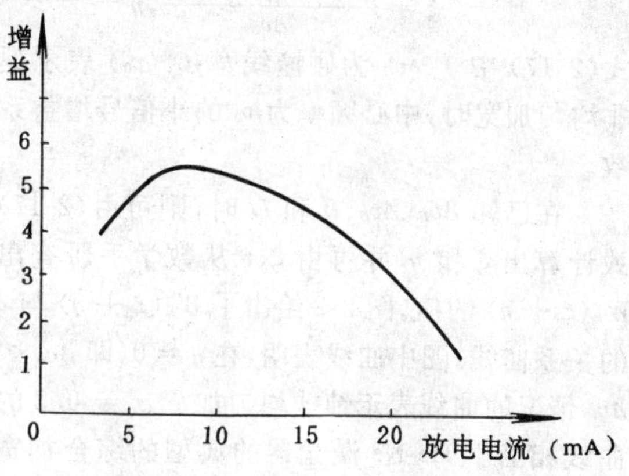

图 2-6　增益与放电电流关系

当充气比例一定时，随着充气总压强 P 的逐渐增加，n_0 和 n_1 也相应成比例增加，而使得 n_3 增大，增益增加，但另一方面，总压强 P 的增加，也使 Pd 值增加，而引起 Te 下降，从而使 s_{04} 也下降，因此，这两方面的综合结果是增益随总气压 P 的增加并在某一个 P 值时达到最大，之后，P 再增加，增益反而下降，即存在所谓的最佳总气压，典型曲线如图 2-7(*a*) 所示。

当充气压强一定（即 Pd 值一定）时，改变 He-Ne 气体混合比，增益变化的曲线如图

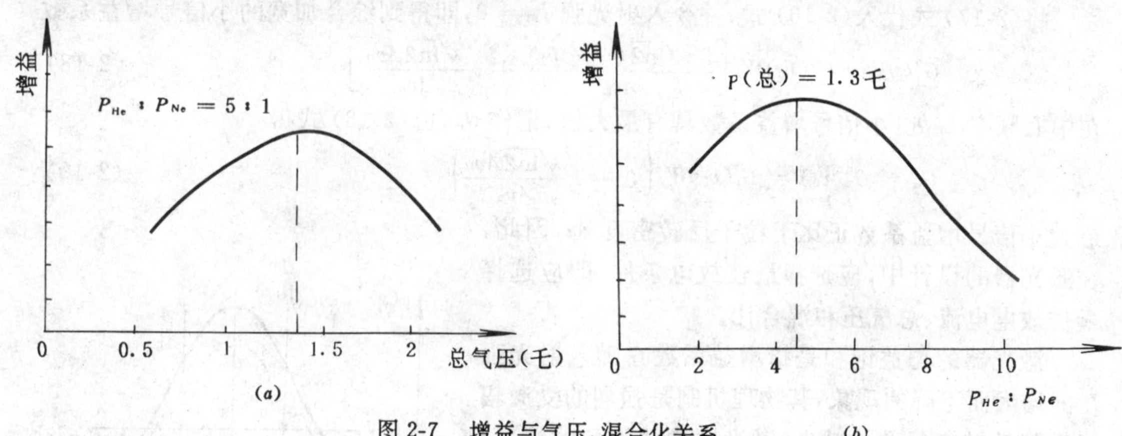

图 2-7　增益与气压、混合化关系

2-7(*b*) 所示。在 Ne 气比例较小时，随着 Ne 比例的增加，增益增加的原因是(2-15) 式中的 n_1 的增加起主要作用，而当 Ne 比例过高时，增益反而下降，其原因是 Ne 的电离电位比 He 低，并且电离截面比 He 大，因此，Ne 比例过高，参与电离的 Ne 就增多，使得电子温度 Te 下降，导致激发速率 s_{04} 下降，使增益下降，因而，He-Ne 激光器也存在最佳充气混合比。

五、增益曲线和增益饱和

激光工作介质的增益系数与谱线加宽的类型有关，He-Ne 激光器的充气气压通常在几乇至几十乇的范围，其谱线加宽属于多普勒非均匀加宽为主，又考虑到碰撞均匀加宽影响的综合加宽。

据激光原理，对于综合加宽的大信号增益系数具有如下形式：

$$G(v,I_v)=\Delta n^0\frac{\lambda_0^2A_{32}}{4\pi^2\Delta v_D}\sqrt{\frac{\ln 2}{\pi}}\frac{1}{\sqrt{1+I_v/I_8}}W_R(\xi+i\eta)$$

$$=\frac{G_i^0(v_0)}{\sqrt{1+I_v/I_8}}W_R(\xi+i\eta) \tag{2-16}$$

式中　Δn 为小信号下单位体积内的反转粒子数；v_0 为谱线中心频率；Δv_D 为谱线 1/2 峰值之间对应的多普勒线宽，对于 Ne 原子的 6328Å 谱线，$\Delta v_D \doteq 1300\text{MHz}$；$I_v$ 是入射的频率为 v 的光强；I_8 是饱和光强；$W(\xi+i\eta)$ 为以 ξ 和 η 为变量的复变误差函数，其实部是 $W_R(\xi+i\eta)$，其中，

$$\xi = \frac{2\sqrt{\ln 2}(v - v_0)}{\Delta v_0}, \eta = \frac{\sqrt{\ln 2}\sqrt{1 + I_v/I_8}\Delta v_H}{\Delta v_D} \tag{2-17}$$

式(2-17)中 Δv_H 为碰撞线宽;$G_i^0(v_0)$ 表示纯非均匀加宽时,中心频率为 v_0 的小信号增益系数。

在已知 Δv_H、Δv_D、I_v 和 I_8 时,则可由(2-17)式计算出 ξ 和 η,并再由 ξ、η 从数学手册查出 $W_R(\xi + \eta)$ 的值。图 2-8 给出了 $W_R(\xi + \eta)$ 与 ξ 的关系曲线。图中曲线表明,在 $\eta = 0$,即 $\Delta v_H \ll \Delta v_D$ 情况的曲线表示纯非均匀加宽。$\eta = 0.2$ 的曲线相当于 He-Ne 激光器的典型的综合加宽的情况。He-Ne 气压越大,Δv_H 越大,则 η 就越大,与纯非均匀加宽的差别也越大。

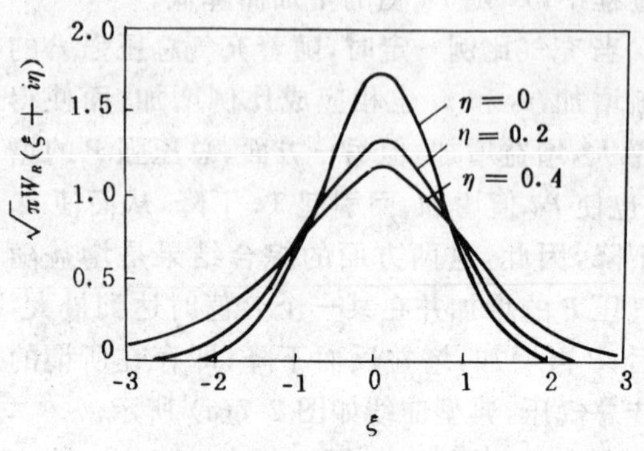

图 2-8 $W_R(\xi + i\eta)$ 曲线

将(2-17)式代入(2-16)式,并令入射光强 $I_v = 0$,即得到综合加宽的小信号增益系数

$$G^0(v) = G_i^0(v_0) W_R\left[\frac{2\sqrt{\ln 2}(v - v_0)}{\Delta v_D} + i\frac{\sqrt{\ln 2}\Delta v_H}{\Delta v_D}\right] \tag{2-18}$$

在中心频率 v_0 处,小信号增益系数具有最大值,记作 G_m,由(2-18)式得

$$G_m = G^0(v_0) = G_i(v_0) W_R\left(0 + i\frac{\sqrt{\ln 2}\Delta v_H}{\Delta v_D}\right) \tag{2-19}$$

最大小信号增益系数正比于粒子反转密度 Δn,因此,在激光器的设计中,应选择最佳放电条件,即应选择最佳放电电流、总气压和混合比。

激光器的增益饱和是指增益系数 G 随入射光强 I_v 的增大而下降的现象,其物理机制是强烈的受激辐射致使反转集居数的减少。激光器增益饱和的情况,决定于其谱线加宽类型。在 He-Ne 激光器中,谱线属非均匀加宽为主的综合加宽,因此增益曲线会出现非均匀加宽谱线增益饱和的纵模"烧孔"现象,"烧孔"有一定的宽度 δv,且 δv 正比于均匀加宽宽度 Δv_H,关系为:

$$\delta v = (1 + 1_v/I_8)^{1/2}\Delta v_H \tag{2-20}$$

图 2-9*a*)是根据实验结果给出的单纵模烧孔的情况,振荡模在增益曲线上烧孔,增益饱和基本上是非均匀的,但由于均匀加宽的影响,振荡模也使整个增益典线产生一定程度的饱和,即整个曲线有所下降,这正是综合加宽增益饱和的特点。图 2-9*b*)He-Ne 激光器多纵模振荡时的增益饱和情况。由于在增益曲线的超过腔损耗的部份内,有多个间隔为 $\Delta v_q = C/2L$ 纵模振荡,因此增益饱和将呈现以下两种情况:

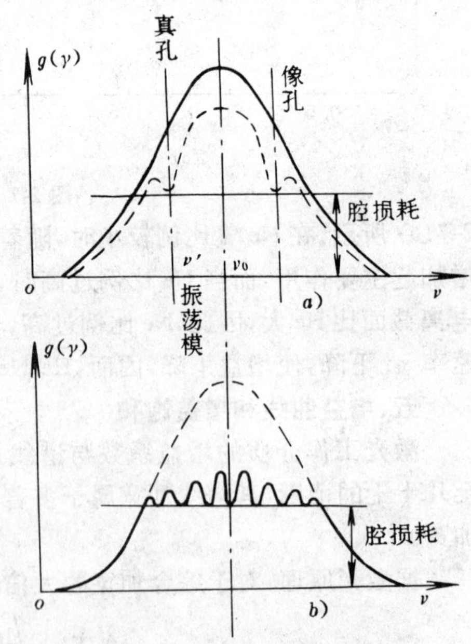

图 2-9 6328 埃 He-Ne 激光器的增益饱和
a)单模情况 *b*)多模情况

(1)$\delta v < \Delta v_q/2$,即相邻纵模烧孔不相重迭,这时各个纵模各自饱和,增益曲线的振荡阈值以上部份不能全部"烧"掉,因此,输出功率较小;

(2)$\delta v \gg \Delta v_q/2$,即各纵模烧孔相重迭,这时曲线的阈值以上部分全部被“烧”掉,因此整个非均匀加宽增益曲线出现类似于均匀加宽谱线的增益饱和。

第二节 He-Ne 激光器的输出特性

He-Ne 激光器的输出特性包括:输出功率、发散度、偏振特性、频率特性等,其中频率特性将在第三节中讨论。

一、输出功率

1. 输出功率公式

He-Ne 激光器单纵模和多纵模运转时具有不同的增益饱和情况,因此其单纵模运转和多纵模运转的输出功率表达式也必然有不同形式。

(1) 单纵模激光器输出功率公式

连续波运转的激光器,当腔内频率为 v 的光 I_v 实现振荡稳定后,必定具有腔内往返一次的饱和增益等于腔内光学总损耗的关系,即

$$2G_8(v,I_v)l \approx a_c + T \tag{2-21}$$

式中 $G_8(v,I_v)$ 是饱和增益系数;l 是增益区长度;T 是输出腔镜的透过率(通常情况下,认为激光器的全反射镜的反射率近于 100%);a_c 为除透过率 T 外的光在腔内往返一次的光学总损耗百分数;I_v 为腔内稳态光强。

激光器的输出功率 P 的公式为

$$P = ATI_\gamma \tag{2-22}$$

这里 A 为光束的有效横截面积,一般情况下,小于放电管截面积,即应为放电管截面积乘以放电管利用系数 η,$\eta = V_m/V_t$,$V_t = \pi d^2 L/4$ 为放电管的体积,V_m 为腔内振荡光束的模体积。对于平凹腔的 TEM_{00} 模,令 $\Gamma = R/L$,则有

$$\eta = \frac{V_m}{V_t} = \frac{\int_0^L \pi\omega^2(z)dz}{\pi d^2 L/4} = \frac{4\lambda L}{\pi d^2}(\Gamma - 1)^{1/2}\left[1 + \frac{1}{3(\Gamma - 1)}\right] \tag{2-23}$$

于是,
$$A = (\pi d^2/4)\eta \tag{2-24}$$

式中 d 是放电管直径。(2-22) 式表明,求激光器输出功率 P 的关键在于求得腔内稳态光强 I_v。这里 L 是谐振腔长度,R 是腔镜曲率半径。

实际上,I_v 不仅与激活介质的物理参数有关,而且也与激光器的设计结构有关,为此可引入一个激发参量。

$$\beta = 2G_m l/(a_C + T) \tag{2-25}$$

式中 G_m 为最大小信号增益系数,将(2-16)式,(2-19)式和(2-21)式代入到(2-25)式,并设定激光器工作于中心频率 v_0 处,即 $v = v_0$,于是得

$$\begin{aligned}\beta &= 2G_m l/(a_c + T) = G_m/G(v,I_v)\\ &= \left(1 + \frac{I_v}{I_8}\right)^{1/2} \frac{W_R(0 + i\sqrt{\ln 2}\,\Delta v_H/\Delta v_D)}{W_R\left(2\sqrt{\ln 2}\,\frac{v - v_0}{\Delta v_D} + i\frac{\Delta v_H}{\Delta v_D}\sqrt{\ln 2}\sqrt{1 + I_v/I_8}\right)}\end{aligned} \tag{2-26}$$

(2-26) 式表示了 β 与 I_v/I_S 之间的关系。图 2-10 是此式给出的,相应于各个 Δv_H 值的 I_v/I_S 与 β 的关系曲线。

对于结构确定的激光器，可以知道其 a_c、T 和 l 值，以及最佳放电条件下的 $G_m = 3 \times 10^{-4}/d$ 值〔2-3式〕，这样由(2-25)式即可算出 β 值，然后利用图 2-10 给出的关系曲线，就可查出 I_v/I_8，再令 $f = \frac{I_v}{I_s}$ 代入(2-22)式即可得出单纵模工作的输出功率公式：

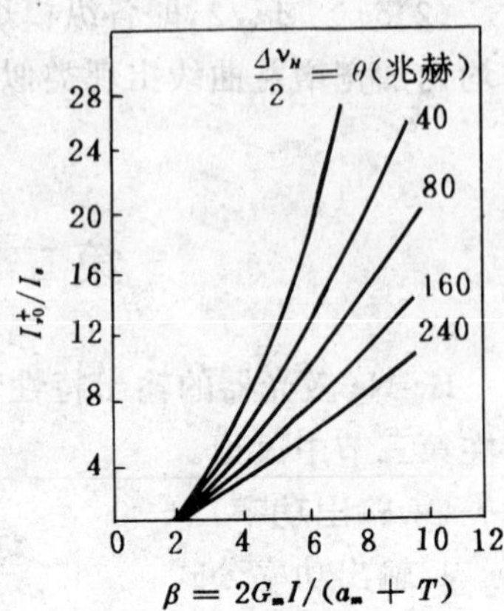

图 2-10　单纵模运转的 I_v/I_8 与 β 关系曲线

$$P = ATI_v = ATfI_8 \qquad (2\text{-}27)$$

式中　I_8 为饱和光强，决定于增益介质性质，可由实验测出。从(2-27)式可见，增大输出镜透过率 T 可使输出功率 P 提高。但另一方面，(2-26)式表明，T 的增大会使 f 下降而导致 P 的减小，因此，必定存在有最佳透过率 T_{opt}，这只需对上式，使 $\frac{dP}{dT}\Big|_{T_{opt}} = 0$，即可求得 T_{opt}。

当输出镜透过率 T 取成 $T = T_{opt}$ 时，激光器的输出功率表示为：

$$P_{opt} = A(TIv_0)_{opt} = AG_m lI_8\varphi \qquad (2\text{-}28)$$

$$\varphi = (TIv_0)_{opt}/G_m I_s l$$

式中　φ 是 G_m/a_c 和 Δv_H 的函数，以 Δv_H 为参变量，在图 2-11 中给出 φ 与 $G_m l/a_c$ 的关系计算曲线，只要知道 Δv_H 和 $2G_m l/a_c$，即可由曲线查出最佳输出功率。

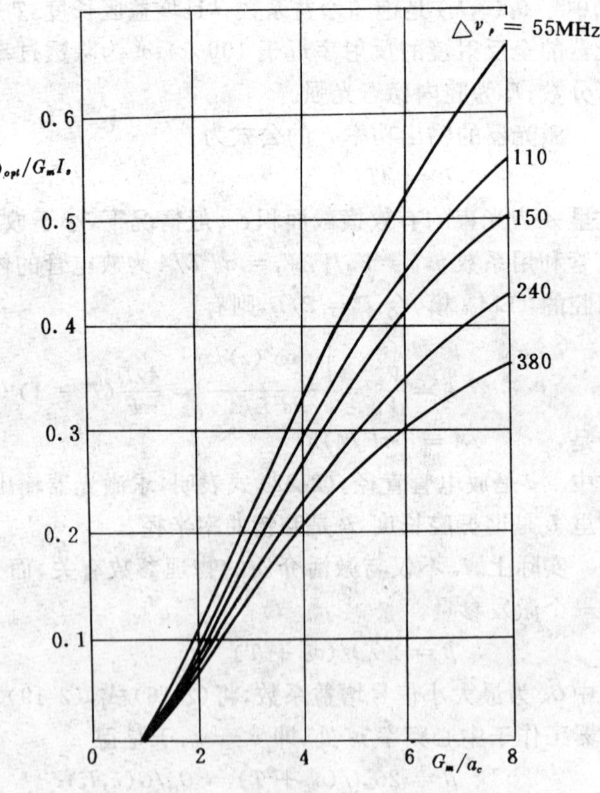

图 2-11　单模工作的 φ 与 $G_m l/a_c$ 的关系的计算曲线

(2) 多纵模激光器输出功率

多纵模运转的 He-Ne 激光器可归类为二种情形；一种是纵模数较少，其纵模间隙 Δv_q 大于烧孔宽度，即烧孔不相重迭，这时可分别计算每个纵模的光强，其总光强即为各纵模光强之和；第二种情形是 $\Delta v_q \ll \Delta v_H$，即烧孔相重迭。

讨论第二种情形：当振荡的纵模数较多，烧孔严重时，增益曲线的阈值 G_t 以上部分均被烧掉，增益饱和类似于均匀加宽的情形。因此在计算输出功率时可等效视作一系列间隔为 δv 的纵模振荡。这样腔内总光强 I_T 可用等效纵模的平均频率 v_1 在腔内的光强 I_1 乘以等效纵模数来获得，即

$$I_T = I_1 \cdot (\Delta v_{ogc}/\delta v) \qquad (2\text{-}29)$$

图 2-12表示了 Δv_{ogc} 与 δv 的关系，Δv_{ogc} 为振荡线宽，He-Ne激光器谱线以非均匀加宽为主，故 Δv_{osc} 可表示为：

$$\Delta\nu_{osc} = 2(\nu_t - \nu_0) = \Delta\nu_D\sqrt{\frac{\ln\beta}{\ln 2}} \tag{2-30}$$

而 $\delta\nu$ 已由(2-20)式给出，因此有

$$\frac{\Delta\nu_{osc}}{\delta\nu} = \frac{\Delta\nu_D}{\Delta\nu_H}\sqrt{\frac{\ln\beta}{(1+2I_1/I_8)\ln 2}} \tag{2-31}$$

把上式代入(2-29)式，得

$$I_r = I_i\frac{\Delta\nu_D}{\Delta\nu_H}\sqrt{\frac{\ln\beta}{(1+2I_1/I_8)\ln 2}} \tag{2-32}$$

接下去再进行类似于单纵模情形时的替代过程，得到关系式

$$\beta = \frac{2G_m l}{a_C + T}$$

$$= \left(1+\frac{2I_1}{I_8}\right)^{1/2}\frac{W_R\left(0 + i\dfrac{\Delta\nu_H}{\Delta\nu_D}\sqrt{\ln 2}\right)}{W_R\left(\dfrac{\sqrt{\ln\beta}}{2} + i\dfrac{\Delta\nu_H}{\Delta\nu_D}\sqrt{\ln 2}\sqrt{1+2I_1/I_8}\right)} \tag{2-33}$$

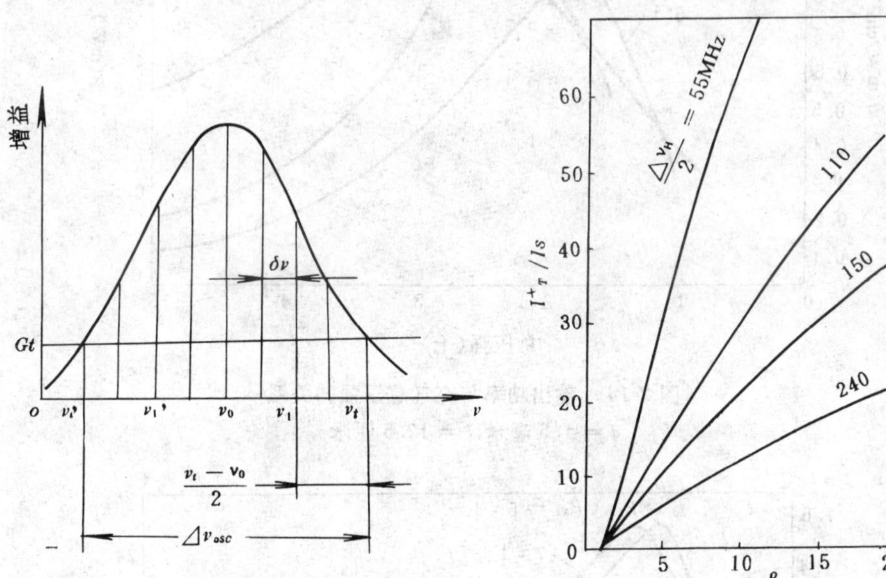

图 2-12　严重烧孔时的等效纵模

图 2-13　多纵模的 I_T/I_S 与 β 的关系

图 2-13 给出了由(2-33)式和(2-32)式计算的在各个不同 $\Delta\nu_H$ 值的 β 与 I_r/I_8 的关系曲线，这些曲线很接近于直线，可用直线方程表示。

$$I_r/I_8 = K(\beta - 1) \tag{2-34}$$

式中 K 为直线的斜率。由此，可得出基横模多纵模 He-Ne 激光器的输出功率为

$$P = ATI_r = ATKI_8(\beta - 1) \tag{2-35}$$

式中　KI_S 称为 6328 Å 有效饱和参量，与气压无关，其值为 $KI_S = (30 \pm 3)$(瓦 / 厘米^2)；$\beta = 2G_m l/(a_c + T)$，$G_m = 3\times 10^{-4}/d(\mathrm{cm}^{-1})$；$A = (\pi d^2/4)\eta$，$\eta$ 由(2-23)式确定，d 为放电管直径，单位应取厘米；将以上参量代入(2-35)式，得到多纵模 He-Ne 激光器在最佳放电条件下的输出功率为

$$P = 7.5\pi d^2\eta T\left[\frac{6\times 10^{-4} l}{(a_C + T)d} - 1\right]\quad (\text{瓦}) \tag{2-36}$$

令 $dP/dT = 0$,可得多纵模激光器最佳透过率

$$T_{opt} = (2G_m l a_c)^{1/2} - a_c \tag{2-37}$$

当输出镜透过率取成 T_{opt} 时,即把 T_{opt} 代入到(2-36)式,得多纵模He-Ne激光器的最佳输出功率表达式为:

$$P_{opt} = 7.5\pi d^2 \eta(\sqrt{6 \times 10^{-4} l/d} - \sqrt{a_c})^2 \quad (瓦) \tag{2-38}$$

计算时,d 用厘米。上述公式的导出条件是 $\Delta\nu_q \ll \Delta\nu_H$,其中 $\Delta\nu_H/2 \doteq [(29.5/d) + 8] \times 10^6$(赫),且应满足条件

$$d < 118L/(3 \times 10^{-4} - 32L) \tag{2-39}$$

不符合此条件时,由于各振荡模的烧孔不重迭,输出功率会降低些。

2. 影响输出功率的因素

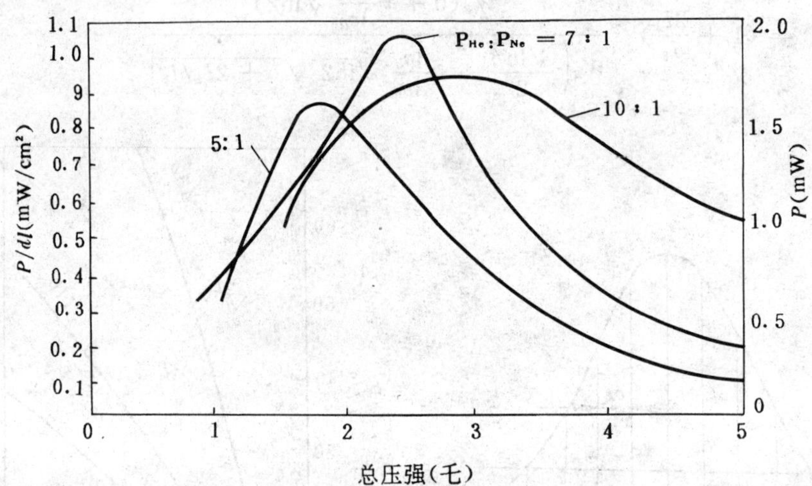

图 2-14 输出功率与充气总压强的关系

$d = 1.5$ 毫米,$l = 12.5$ 厘米

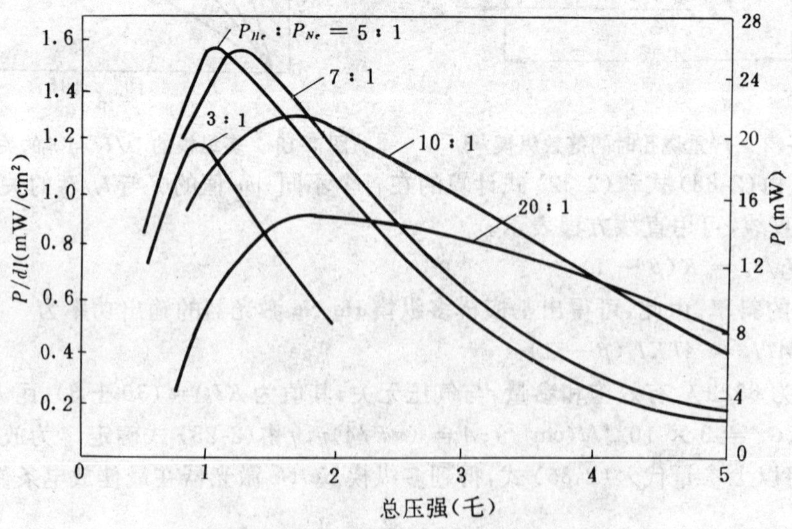

图 2-15 输出功率与充气总压强的关系

$d = 3.0$ 毫米,$l = 55$ 厘米

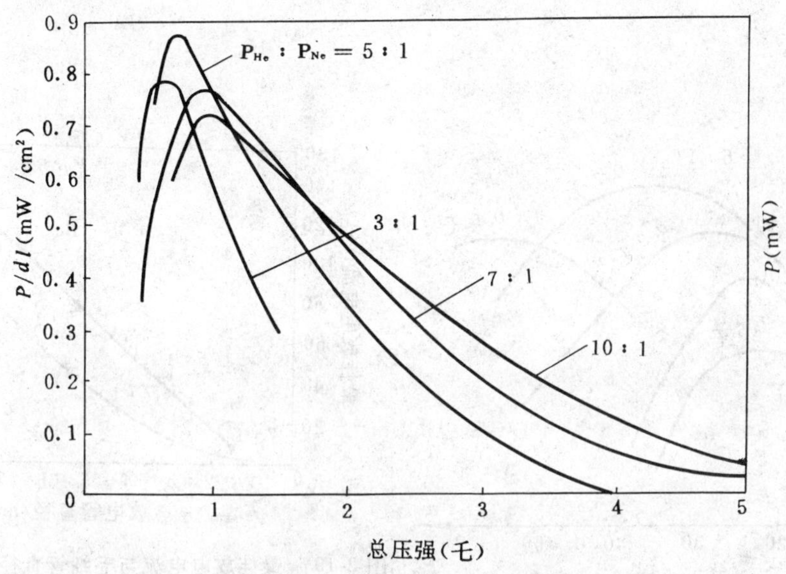

图 2-16　输出功率与充气总压强的关系

$d=5.0$ 毫米　　$l=65$ 厘米

以上公式推导过程表明，影响 He-Ne 激光器输出功率的主要因素包括：放电条件、透过率和腔损耗、谱线竞争效应等。

(1) 放电条件对输出功率的影响

工作介质的增益和激光器的输出功率与放电条件密切相关，所以要得到大的输出功率，必须选择最佳放电条件。

在图 2-14、图 2-15 和图 2-16 中给出三组不同放电管径 d 和长度时的输出功率与充气条件的关系曲线，这些实验曲线对于选择最佳充气条件是很有用的。

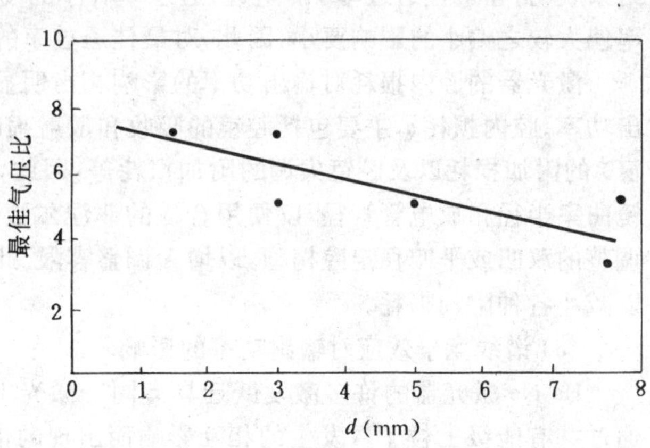

图 2-17　最佳气压比与毛细管直径的关系

以上 3 幅图中的每条曲线对应不同的 He-Ne 气压比，各条曲线都有峰值，这表明对于直径确定的放电管，每一气压比都有一最佳总气压，具有最高峰值的曲线对应的气压比为最佳气压比。最佳总气压和最佳气压比统算作最佳充气条件，比较三组曲线可见，当取成最佳充气条件时，最佳充气压 P_{opt} 与放电管直径 d 的乘积约为常数。在工程设计中，通常取 $P_{opt}d=3.6-4$ 乇 · 厘米，随着放电管直径 d 增大，最佳充气压将随之降低，图 2-17 表示这种关系。

在最佳充气条件下，对应着最大输出功率的放电电流称为最佳放电电流。图 2-18 是输出功率与放电电流的关系曲线，对于每个总气压都存在一个使输出功率最大的放电电流. 最佳放电电流大小随总气压的升高而降低，这是因为气压升高，只需较小的放电电流就能得到相同的电子密度。

最佳放电电流还与放电管直径有关，如图 2-19 所示，最佳放电电流随放电管直径的增大

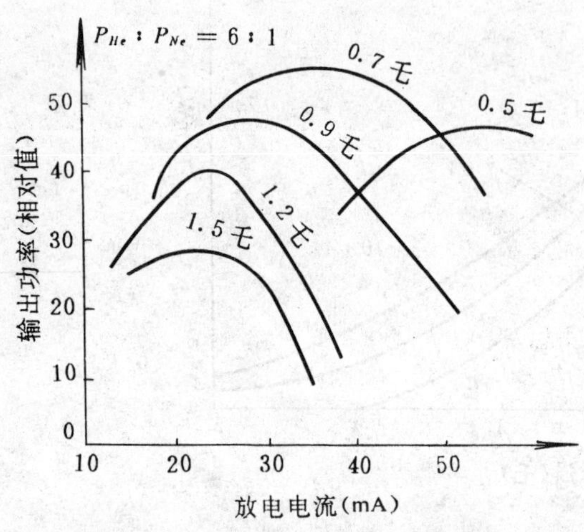

图 2-18　输出功率与放电电流的关系曲线

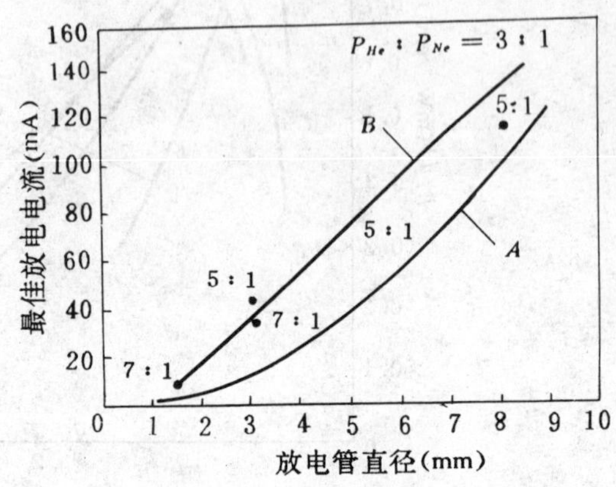

图 2-19　最佳放电电流与毛细管直径的关系

A- 没有抑制 3.39 微米振荡

B- 抑制了 3.39 微米振荡

而增大。图中 A 是没有抑制 3.39μm 振荡的曲线，其关系可近似表示为 $I_{opt}=3.5+1.5d^2$(mA)；B 是抑制 3.39μm 振荡的曲线，可近似表示为 $I=19(d-1)$(mA)。以上电流计算中 d 的单位均用厘米。

(2) 透过率和腔损耗对输出功率影响

激光器的输出功率 P 与输出镜透过率 T 之间关系可由(2-37)式给出或由实验方法测出。结果表明，在最佳透过率 T_{opt} 附近，透过率有小的变化时，输出功率不会有明显变化，并且透过率偏大较之偏小的影响要小，因此，对最佳透过率的要求不必过高。

激光器的腔内损耗对输出功率的影响相当明显，从(2-38)式可见，减小腔损耗 a_c 将提高输出功率。腔内损耗 a_c 主要包括腔镜的吸收和散射损耗、放电管的衍射损耗、腔内光学元件(如布窗)的附加损耗以及腔镜失调的附加损耗等，因此，为尽可能减少腔损耗，要合理选取腔长、腔镜曲率半径和放电管管径，以便用合适的菲涅尔数 N 减少衍射损耗，同时应选用损耗小、易于调整的双凹或平凹稳定腔构型，以增大调整容限。此外，还应选用高质量的放电管和光学元件，以减小各种附加损耗。

(3) 谱线竞争效应对输出功率的影响

He-Ne 激光器的许多激发跃迁具有同一激光上能级(或下能级)，因此在它们之间存在有通过共有能级上粒子数发生的相互影响而出现的谱线竞争效应，即某些谱线产生振荡后会使其他一些谱线的增益和输出功率减弱或被抑制，在这些众多的激光跃迁谱线中，由于 3.39μm 和 6328Å 两激光谱线有共同的激光上能级，并且都具有很高的增益，而使谱线竞争尤为强烈，因此，抑制 3.39μm 的振荡是提高 6328Å 激光输出功率的有效手段。

抑制 3.39μm 振荡的方法主要有如下几种：

第一种方法是腔内置色散棱镜，如图 2-20 所示，由于棱镜的色散作用，3.39μm 偏出腔外，只允许 6328Å 的辐射振荡。棱镜的顶角 α 值与棱镜材料有关。在波长 6328Å 情况下，对熔石英，$\alpha=34°28'$，对 K_8 玻璃 $\alpha=33°24'$。

第二种方法是腔内放置甲烷吸收盒，如图 2-21 所示。甲烷气体在 3.39μm 附近有一强吸收区，而对 6328Å 则透明度甚好。吸收盒内甲烷气压决定于光的吸收长度，通常在几毛到几百毛

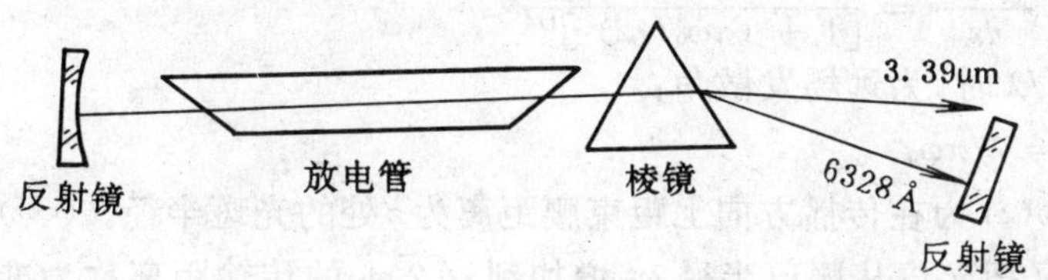

图 2-20 用棱镜消除 3. 39μm 振荡

范围。另外此法对甲烷纯度要求不高。

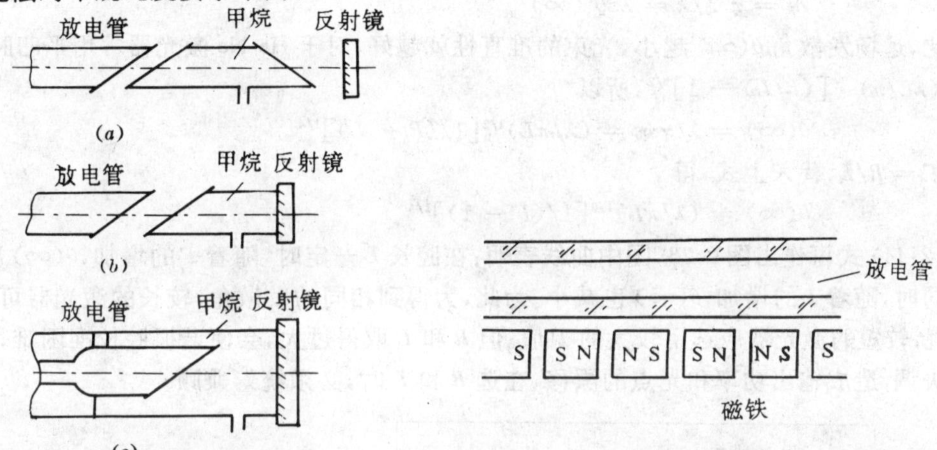

图 2-21 用甲烷吸收盒抑制 3. 39μm 振荡　　　图 2-22 非均匀磁场法抑制 3. 39μm 的振荡

第三种方法是外加非均匀磁场法。基于塞曼效应，磁场会引起谱线分裂，分裂的大小正比于磁场强度。如果所加是非均匀磁场，则各处谱线分裂程度不同，且从弱到强连成一片，相当于谱线变宽，即所谓“塞曼展宽”，如图 2-22 所示，沿放电管轴放置多块磁铁，相邻的极性相同，而在管轴线上形成非均匀磁场，磁场强度 300 高斯左右。在磁场中，6328Å 和 3. 39μm 两根谱线都被加宽约 900MHz，对于 6328Å 谱线，其原谱线半宽度约为 1500MHz，非均匀磁场对它的展宽比例不大，但 3. 39μm 谱线原宽度仅为 300MHz，非均匀磁场加宽比它要大好几倍，由于工作介质 的增益系数反比于线宽，因此，3. 39μm 的增益系数显著降低，而 6328Å 的增益系数下降很少，这样就提高了 6328Å 的竞争能力，实现对 3. 39μm 的抑制。

对于放电管长度不大于 1 米的激光器，用前两种方法就能抑制 3. 39μm 振荡，当放电管更长 时，则需几种方法相结合使用才能有效抑制 3. 39μm 振荡。此外，通过选取窄带反射镜，也是行之有效的方法，即使谐振腔反射镜仅对 6328Å 是高反射的，而对 3. 39μm 是低反射的，于是 3. 39μm 达不到阈值振荡条件。

(4) 同位素 He-3 的使用

He-Ne 激光器内充入的 He 气通常是 He-4。在某些特别要求的应用场合，为提高输出功率，也使用He的同位素He-3，由于He-3原子量小于He-4，在同样的条件下，其运动速度大于He-4，从而可使能量交换速率提高。同时 He-3 的 $2\,^1S_0$ 能级与 Ne 的 $3s_2$ 能级更互为接近，而提高了共振能量转移速率。在充 He-3 条件下可提高输出功率 25% 左右，但 He-3 比 He-4 价格要高得多。

二、激光束的发散角

应用于准直、导向、测距等场合的 He-Ne 激光器，不仅要求是 TEM_{00} 模，且要求具有良好的方向性和准直性。

光束发散角的定义：

$$\theta(z)=\frac{d\omega(z)}{dz}=\frac{\lambda/\pi\omega_0}{[1+(\pi\omega_0^2/\lambda z)^2]^{1/2}} \tag{2-40}$$

在远场，即当 $z\gg\pi\omega_0^2/\lambda$ 时，为远场发散角：

$$\theta(\infty)=\lambda/\pi\omega_0 \tag{2-41}$$

式中 ω_0 为束腰半径，$\omega(z)$ 为在传播方向上距束腰距离为 z 处的光斑半径。$\theta(\infty)$ 愈小，激光束的方向性就愈好。通常又把光斑从腰斑半径 ω_0 增加到 $\sqrt{2}\,\omega_0$ 的传输距离称为准直长度（瑞利距离）Z_R，即

$$Z_R=\pi\omega_0^2/\lambda=\lambda\pi\theta^2(\infty) \tag{2-42}$$

因此，远场发散角 $\theta(\infty)$ 越小，光束的准直性就越好，对于 He-Ne 激光器常用平凹腔，因为有 $\omega_0^2=(\lambda L/\pi)\cdot[(R/L)-1]^{1/2}$，所以

$$\theta(\infty)=\lambda/\pi\omega_0=(\lambda/\pi L)^{1/2}[1/(R-L)]^{1/4} \tag{2-43}$$

令 $\Gamma=R/L$，代入上式，得

$$\theta(\infty)=(\lambda/\pi L)^{1/2}[1/(\Gamma-1)]^{1/4} \tag{2-44}$$

由(2-44)式可作出图 2-23，图中曲线表明：在腔长 L 一定时，随着 Γ 的增加，$\theta(\infty)$ 减小，而当 Γ 相同时，随着 L 的增加，$\theta(\infty)$ 也减小。为此，为得到相同的发散角，较长的激光器可选用较小的 Γ 值，较短的激光器应选用较大的 Γ 值。但 R 和 L 取得过大，会使谐振腔校准困难，工作过程中易失调，造成输出功率和光点的漂移，在选 R 和 L 时，必须统筹兼顾。

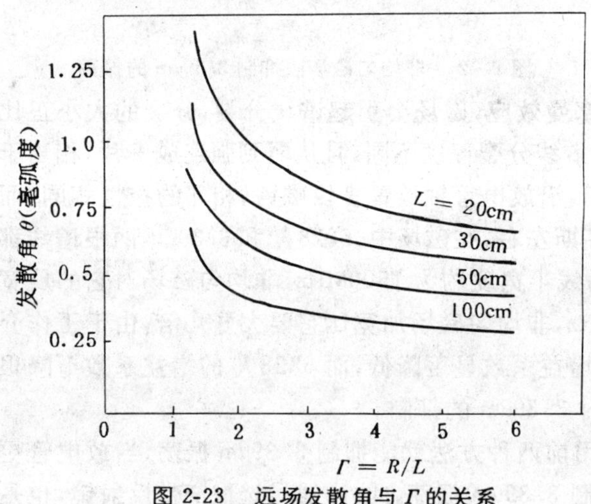

图 2-23　远场发散角与 Γ 的关系

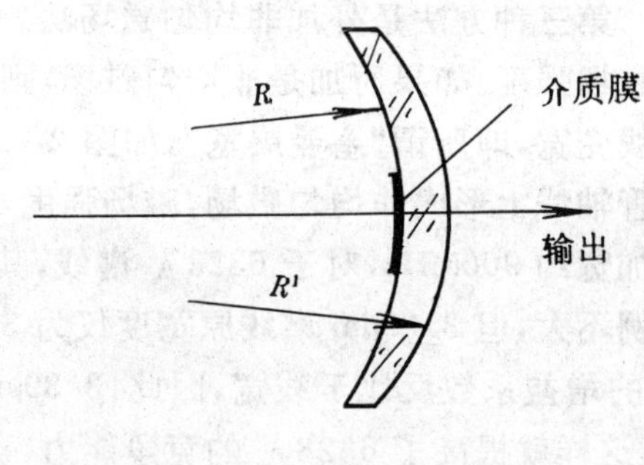

图 2-24　凹凸形输出镜

小尺寸内腔 He-Ne 激光器多采用小曲率半径的凹面镜，以降低调整精度。因此这类激光器的发散角都较大，改善发散角的一种方法是采用凹凸会聚透镜作输出镜。如图 2-24 所示，凹面上镀多层介质膜而使其起反射镜作用。凸面的作用是使球面波阵面变换成平面波面输出，则光束的发散角被很好地压缩。透镜的凸面的曲率半径 R' 可由高斯光束换变定律求出，即 $R'=R(n-1)/n$，其中 R 是凹面的曲率半径。对于折射率 $n=1.5$ 的玻璃，$R'=R/3$，凹凸透镜输出镜可使发散角减小好几倍。

三、He-Ne 激光器的偏振特性

外腔式和半内腔式 He-Ne 激光器，由于布儒斯特窗的存在，输出的激光为线偏振光，其偏振电矢量方向在放电管轴与布氏窗的法线所构成的平面内，称作入射面。光束的偏振度通常定义为

$$P=(I_{\parallel}-I_{\perp})/(I_{\parallel}+I_{\perp}) \tag{2-45}$$

式中 $I_{/\!/}$ 和 $I_{\perp}$ 分别表示光束的电矢量振动方向与入射面平行和垂直的光分量光强，对于外腔式 He-Ne 激光器，$I_{/\!/}/I_{\perp}$ 高达 300：1～500：1，偏振度均在 99% 以上，半内腔式的偏振度稍低一些。引起外腔式和半内腔式 He-Ne 激光器偏振度下降的主要因素是粘贴布氏窗片时，布氏角的偏差以及局部应力所产生的应力双折射等影响。

内腔式 He-Ne 激光器输出的激光表现通常为自然光的性质，但也存在一定的偏振性，其偏振状态较为复杂，与振荡模的数目、腔镜反射率分布情况、振荡谱线种类等因素有关，并且在工作过程中，偏振特性还会发生不规则变化。

图 2-25 所示为磁起偏 He-Ne 激光器，这种激光器保留了内腔式激光器结构紧凑使用方便的特点，又可获得高偏振度的线偏振光输出。其结构是放电管上加上均匀横向磁场，即磁场方向垂直于放电管轴线，基于原子在磁场中发生谱线分裂的塞曼效应，在适当强度的磁场作用下，Ne 原子的 $3s_2 \rightarrow 2p_4$ 跃迁的谱线分裂为完全分开的三条谱线，其中 π 分量谱线的偏振方向平行于磁场方向、并具有 2 倍于其它两个分量的谱线强度，谱线竞争结果使得激光器获得振动方向平行于磁场的 π 分量线偏光输出。

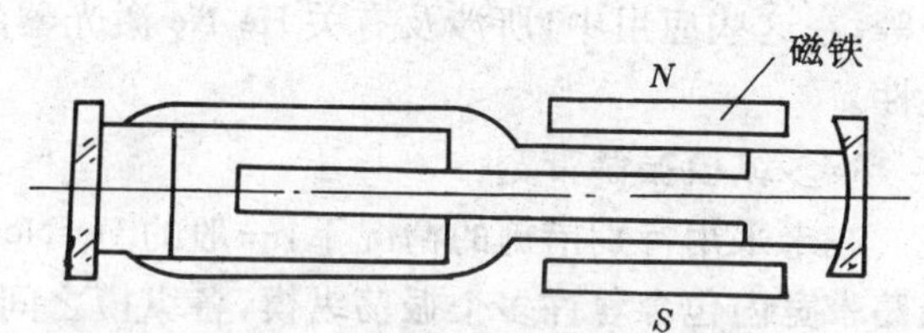

图 2-25　磁起偏 He-Ne 激光器

四、He-Ne 激光器的寿命

通常规定输出的功率下降到启用时功率的 $1/e$ 的使用或搁置时间为激光器的工作寿命。近来，由于制作工艺水平的提高和完善，已使 He-Ne 激光器的寿命大大提高，最长寿命已达数万小时，影响器件寿命的因素有以下几方面。

1. 慢性漏气

激光器出现慢漏气的典型特征是放电辉光颜色由正常时的橙红色变为淡紫色，这是由于空气慢性渗入放电管，氮气放电产生的辉光颜色，最常出现慢性漏气的地方在腔镜片或窗片与放电管胶合处、电极的引出线与玻璃封接处。目前，环氧树脂作胶合剂的粘接工艺由玻璃硬封接工艺所替代，而使慢性漏气的出现率显著下降。

2. 阴极溅射

阴极在正离子轰击下会产生阴极溅射，溅射物会吸收工作气体而导致工作气压下降，同时还会沾污腔镜片或布氏窗片。为减少溅射，应选用溅射率低的金属材料作电极，如铝、钽、锆等，目前认为铝是最理想的电极材料。此外对电极构型也应加以设计，尽可能增大电极表面积，以避免表面放电电流度超过溅射阈值。

3. 工作气压的渗透和吸附

工作气体可被电极和放电管壁吸附和吸收，还会透过管壁渗透逃逸到大气中去。这种渗透和吸附效应会导致总气压和混合比的变化，而使输出功率下降，Ne 的电离电位比 He 低，Ne 更易被吸附和吸收，而 He 原子直径比 Ne 小；He 的渗透逃逸速率比是 Ne 的 4 倍。为减少 He 渗漏，要选用渗 He 低的材料作放电管，如 GG17 玻璃的渗 He 率比石英玻璃低一个数量级。此外，增厚管壁或采用三层套结构（在放电管外再加一层 He 气补偿套管）也是有效方法。

4. 放电管内元件放气

在激光管制作过程中，如果除气不彻底，则激光管内部的元件和管壁吸附的杂质气体，在以后的工作过程中会慢慢释放出来，就会使原工作气体的成分发生变化和沾污反射镜或窗片，从而影响输出功率。因此,对激光管必须作彻底清洁、除气和真空处理,必要时,还可在放电管内放置固体吸气剂,如钡铝镍、钡钛等,以吸收除工作气体外的其他杂质气体。

第三节　He-Ne 激光器的稳频

一、He-Ne 激光器的频率特性

He-Ne 激光器的最主要应用领域是精密计量、全息照相、激光通信、激光频率标准、激光光谱等。在这些应用中,所涉及有关 He-Ne 激光器的重要问题是其频率特性,即单色性和频率稳定性。

1. 多纵模振荡带宽

在未采用特别措施的情况下,一般的 He-Ne 激光器都是多纵模振荡的,如图 2-25 所示,在振荡带宽内包含着许多个振荡纵模,各纵模之间的间隔为 $v_q = C/2L$,L 为腔长。多纵模运转的振荡带宽为

$$\Delta v_{osc} = 2\Delta v_D(\ln\beta)^{(1/2)} \tag{2-46}$$

式中　激励参数 $\beta = 2Gml/(a_c + T)$,在一般情况下 β 取 2;常温下,多普勒带宽 Δv_D 约为 850MHz。这样,可估算出 $\Delta v_{osc} = 2\Delta v_D(\ln\beta)^{1/2} = 1500\text{MHz}$,与 Δv_{osc} 对应的波长间隔$\Delta\lambda = \lambda^2/C\Delta v_{osc} = 2\times10^{-2}\text{A}$,对应的相干长度 $L_C = C/\Delta v_{osc} = \lambda^2/\Delta\lambda = 20\text{cm}$。相比较,$Kr^{86}$ 原子单色光源的相干长度达 75cm,这表明多纵模 N_e-H_e 激光器的单色性是远远不能满足实际使用技术要求的。

当激光器实现单纵模稳频工作(频率稳定度为 10^{-8})时,相应的相干长度可达 $L_C = \lambda/\Delta\lambda = 6328\text{cm}$。因此,上述这些领域中应用的激光器,都要求有尽可能小的振荡带宽,最好是单纵模且稳频运转的。

2. 选单纵模方法

实现激光器单纵模运转有两种方法:

(1) 缩短腔长

以上所述,6328 Å 振荡带宽为 $\Delta v_{osc} = 1500\text{MHz}$,当腔长 $L < 15\text{cm}$ 时,纵模间隔 $\Delta v_q = C/2L \geqslant 1000\text{MHz}$,由于纵模间隔的拉开,使得只允许一个纵模能超过振荡阈值起振,从而获得单纵模运转,但由于腔长的缩短,其输出功率一般约为 0.5mW,使其应用存在一定局限性。

(2) 腔内放置纵模选择器 — F-P 标准具

如图 2-26 所示为腔内放置 F-P 标准具选纵模装置。F-P 标准具 A 材料为石英玻璃,折射率 $n = 1.5$,厚度为 D,两面经光学抛光;放电管轴线与标准具入射面法线的交角为 θ。对于折射率 n 厚度 D 和入射角都已确定的 F-P 标准具,具有确定的透过带 f_m,f_m 是频率的周期函数,相邻两个 f_m 的间隔 Δv_{Free} 为标准具的自由光谱区,有

$$\Delta v_{Free} = C/2nD\cos\theta \tag{2-47}$$

透过带 f_m 的带宽

$$\Delta v_{1/2} = \frac{1-R}{\pi\sqrt{R}}\Delta v_{Free} \tag{2-48}$$

式中 R 是标准具的反射率。以上两式表明,增大厚度 D,将使 Δv_{Free} 变小,且 $\Delta v_{1/2}$ 也随之变小。依据这两式和图 2-27 可以导出单纵模运转条件:

a) 在振荡带宽 Δv_{osc} 内只存在一个透射峰 f_m;

b) 在一个透射峰带宽 $\Delta v_{1/2}$ 内只有一个纵模。

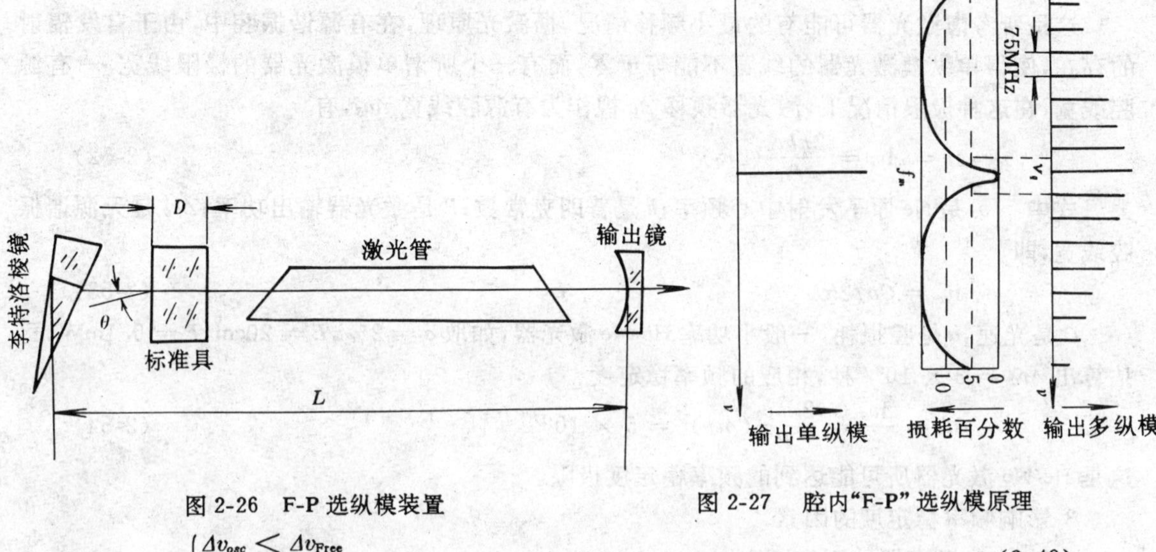

图 2-26　F-P 选纵模装置　　　　图 2-27　腔内“F-P”选纵模原理

即
$$\begin{cases}\Delta\nu_{osc} < \Delta\nu_{Free} \\ \Delta\nu_{1/2} < \Delta\nu_q\end{cases} \tag{2-49}$$

二、He-Ne 激光器的稳频方法

1. 频率的稳定度与再现性

基横模、单纵模运转激光器的纵模频率

$$\nu_q = q\frac{C}{2nL} \tag{2-50}$$

式中　L 是腔长；n 是工作物质的折射率。在激光器的工作过程中，由于各种因素的影响，L 和 n 都可能在微小范围（ΔL 和 Δn）内变化，因此 ν_q 也将有 $\Delta\nu$ 的微小变化

$$\Delta\nu = \frac{\partial\nu_q}{\partial n}\Delta n + \frac{\partial\nu_q}{\partial L}\Delta L = -\nu_q\left(\frac{\Delta n}{n} + \frac{\Delta L}{L}\right) \tag{2-51}$$

激光器输出频率的稳定状态一般由稳定度和再现性这二个量来表征。

通常定义频率的稳定度

$$S_\nu^{-1} = \frac{\Delta\nu}{\bar{\nu}} \tag{2-51b}$$

式中　$\bar{\nu}$ 表示频率的平均值；$\Delta\nu$ 是频率的变化量。稳定度 S_ν^{-1} 的倒数 $S_\nu = \dfrac{\bar{\nu}}{\Delta\nu}$，称为频率稳定性。

通常定义 $R = \delta\nu/\bar{\nu}$ 为频率再现性，其意义是：同一激光器在不同的时间、不同地点条件下频率的重复特性。这里 $\delta\nu$ 为不同条件下的频率变化量。

2. He-Ne 激光器的频率稳定状况

采用选纵模措施，实现单纵模、单横模运转的 He-Ne 激光器，由于线型加宽和振荡频率漂移，使振荡线型具有各种频宽（$\Delta\nu$）和呈现不同的频率稳定状态。以下分析二种极限的情况：

(1) 振荡频率在整个多普勒线宽内移动

这里所考虑的一种最大频移的情况，即一个纵模振荡频率在整个振荡线宽内移动，而把其振荡线加宽 $\Delta\nu$ 视作增益曲线的振荡线宽 $\Delta\nu_D$（多普勒加宽），即 $\Delta\nu = \Delta\nu_D = 7.16\times10^{-7}T/M\cdot\nu$. 因此，激光器的频率稳定度 $S_\nu^{-1} = \dfrac{\Delta\nu}{\nu} = \dfrac{\Delta\nu_D}{\nu} = 7.16\times10^{-7}T/M$，式中：$T$ 为工作物质温度，$T = 400\text{K}$；M 为 Ne 原子质量，$M = 20$。于是 $S_\nu^{-1} = 3.8\times10^{-6}$，这是 He-Ne 激光器的最低的频率稳定度。

(2) 振荡谱线仅有自发辐射线宽

这是所考虑激光器可能有的最小频移情况。据激光原理，在有源谐振腔中，由于自发辐射的存在，使得单纵模激光器的线宽不能等于零，而有一个所谓单模激光器的极限线宽 — 有源腔线宽，在这种极限情况下，激光器频移 Δv 视作为有源腔线宽 Δv_S，有

$$\Delta v = \Delta v_s = \frac{2\pi h v_0}{P}(\Delta v_C)^2 \tag{2-52}$$

式中　v_0 是 Ne 原子发射中心频率；h 是普朗克常数；P 是激光器输出功率；Δv_C 是无源谐振腔线宽，即

$$\Delta v_c = C\alpha/2\pi L \tag{2-53}$$

C 是光速，α 是腔损耗，一般小功率 He-Ne 激光器，如取 $\alpha = 2\%$，$L = 20\text{cm}$，$P = 0.1\text{mW}$，可估算出 $\Delta v_C = 3 \times 10^6$/ 秒，相应的频率稳定度

$$S_v^{-1} = \frac{\Delta v_S}{v} = \frac{2\pi h v_0}{P}(\Delta v_C)^2 = 5 \times 10^{-17} \tag{2-54}$$

这是 He-Ne 激光器所可能达到的频率稳定度极限。

3. 影响频率稳定度的因素

(1)He-Ne 激光器的工作频率

激光原理中，关于"频率牵引"概念表明：在有源谐振腔中，由于工作物质的色散，使有源腔的纵模频率 v 比无源腔的纵模频率 v_q 更靠近原子发射谱线的中心频率 v_0。据此，He-Ne 激光器的工作频率(即有源腔的纵模频率)

$$v = v_q + (v_0 - v_q)\frac{\Delta v_C}{\Delta v_D} \tag{2-55}$$

这里，$v_q = q \cdot \dfrac{C}{2nL}$，$\Delta v_C = C\alpha/2\pi L$，$\Delta v_D$ 是谱线多普勒加宽。由此式可以分析影响工作频率稳定性的各种因素。

(2) 影响频率稳定度的主要因素

He-Ne 激光器的频率稳定度的极限为 5×10^{-17}，而目前实际所能达到的最高的稳定度为 10^{-14} 量级，影响频率稳定度的主要因素有

(Ⅰ) 原子发射中心频率 v_0 的变化。激光器工作时，由于放电电流、气体气压、组份等的变化，而使原子发射中心频率 v_0 发生微小变化，从(2-55) 式可见，v_0 的微小变化也将引起激光器工作频率 v 的变化，对此采取的相应措施是：保持稳定的放电条件、采用稳流放电电路、使激光器置于恒温环境中，等等。

(Ⅱ) 无源腔纵模频率 v_q 的变化。无源腔的纵模频率 $v_q = q\dfrac{C}{2nL}$，微分后，有

$$S_v{}^{-1} = \frac{\Delta v_q}{v_q} = \frac{\Delta L}{L} + \frac{\Delta n}{n} \tag{2-56}$$

可见，$S_v{}^{-1}$ 的大小取决于腔长和折射率的变化量 ΔL 和 Δn。引起变化量 ΔL 和 Δn 的因素可归纳为：(*a*) 环境温度、工作物质温度的变化，即温度变化引起腔长的变化，而使工作频率发生变化；(*b*) 工作物质折射率的变化，即由于环境温度和放电的不稳定，使工作气压发生变化，而引起折射率变化，导致工作频率的变化；(*c*) 由于机械振动，使腔长 L 发生不规则的变化，从而引起输出频率的变化。

4. 激光器的稳频方法

激光器的稳频分为主动稳频和被动稳频两类。

(1) 被动稳频

被动稳频是指在激光器工作时间内，设法使其腔长保持不变，一般采取的措施有

①控制温度　选用热线胀系数小的材料作放电管(石英玻璃的线胀系数 $5\times10^{-7}/C^{\circ}$)，或采用热稳性优越的金属材料(如殷钢)作腔体支承隔离区，然后把整个装置置于恒温环境中(精心设计的恒温箱，当控制温度变化量 $\Delta T = 0.01C^{\circ}$ 时，频率稳定度可达 10^{-8} 量级)。

②腔体材料互补法　采用正、负线胀系数的材料组合，以实现热线胀的互补，而达到腔长的稳定，如图 2-28 所示，采用具有正线胀系数的石英和具有负线胀系数的陶瓷的组合制成谐振腔隔离器，在温度变化 $\Delta T = 1.5C^{\circ}$ 的范围内，频率稳定度可达 10^{-8} 量级。

(2) 主动稳频

主动稳频是指：选定一个稳定的参考标准频率，当外界影响使激光器输出频率偏离这个标准频率时，某一个系统能设法立即鉴别出误差信号并反馈控制腔长，使工作频率自动回复到标准频率。

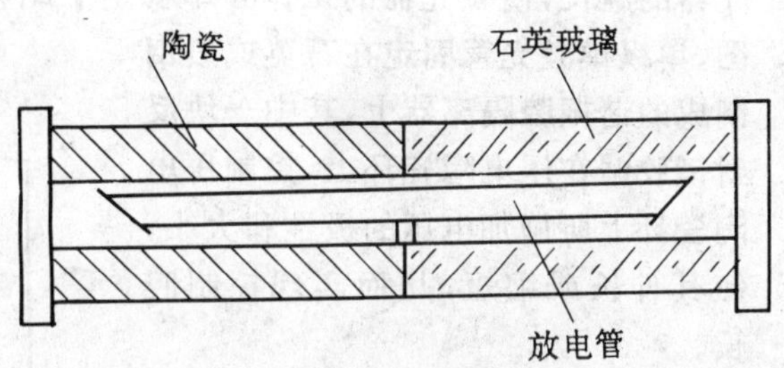

图 2-28　材料互补隔离器

主动稳频法的核心是“零频率鉴别器”。其功能是使“激光器工作频率的起伏值”变换成“误差信号(如功率信号)”，并以误差信号的振幅大小和相位来判别“起伏值”的程度和方向，然后把“误差信号”放大以达到控制腔长。因此，“零频率鉴别器”主动稳频法也称为电子伺服系统稳频法。根据所选用的“零频率”的不同，可分为二类：一类是以原子发射中心频率 ν_0 作为“零频率”，对应有兰姆凹陷稳频法和双频稳频法；另一类是以物质吸收中心频率作为“零频率”，如分子饱和吸收稳频法等。

三、兰姆凹陷稳频激光器

兰姆凹陷法稳频是发展最早且应用最为广泛的稳频方法。

1. 兰姆凹陷

据激光原理，对于象 He-Ne 原子激光器属非均匀加宽线型为主的工作物质，其小信号增益系数大小按频率分布，在中心频率 ν_0 处，对应有最大增益，同时小信号增益曲线也描述了粒子反转集居数 Δn 随粒子运动速度的分布，当某一偏离中心频率 ν_0 的光入射到增益物质中，将引起部分具有相应速度粒子的受激发射。驻波腔中，一束驻波看成是二束相向的行波，由于多普

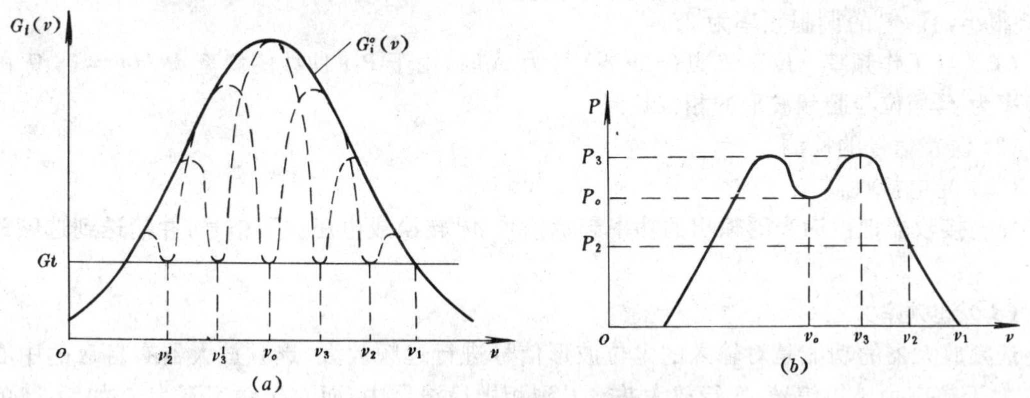

图 2-29　兰姆凹陷的形成

勒效应，就会在增益曲线“烧”出两个孔(图 2-29a)两孔对称于中心频率 ν_0，激光器的输出功率正比于两烧孔面积之和。当入射光波频率与中心频率 ν_0 一致时，虽然对应着最大的小信号增益，但由于两烧孔重合，而使烧孔总面积小于偏离中心频率时的情况，相应的输出功率也降低。

表现在功率 P 与频率 v 的关系曲线上，则在 v_0 处输出功率出现凹陷，称为"兰姆凹陷"，如图 2-29(b) 所示。

兰姆凹陷稳频激光器的稳频原理是：利用 P-v 曲线的凹陷效应，使激光器工作频率 v 的起伏值 Δv 转换成输出功率 P 的起伏值 ΔP，从而取得误差信号。

2. 兰姆凹陷稳频系统

兰姆凹陷稳频法以原子发射中心频率 v_0 为"零频率"，电子伺服系统通过压电陶瓷控制激光器的腔长，使激光器的工作频率稳定于此中心频率(v_0)。图 2-30 为兰姆凹陷稳频系统示意图，单纵模激光管固定在石英或殷钢制成的谐振腔隔离器上，其中一块反射镜胶贴在压电陶瓷环上，控制压电陶瓷环上所施加电压的极性和大小，使其伸长或缩短，从而实现控制腔长。

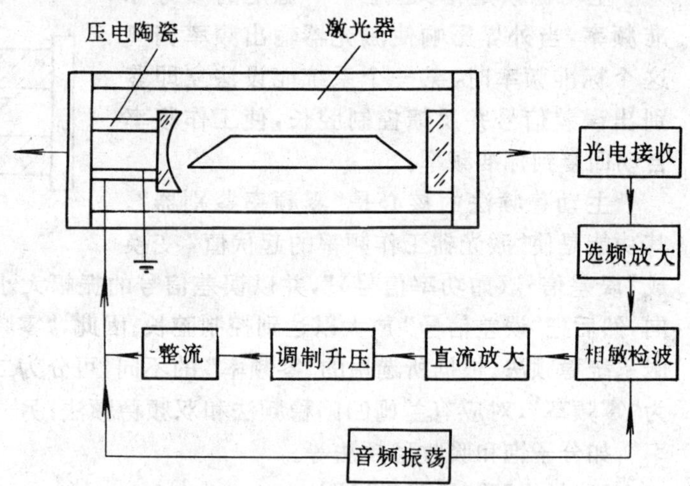

图 2-30 兰姆凹陷稳频系统示意图

3. 稳频原理

(1) 误差信号的产生

音频振荡器产生频率 $f=1\text{kC}$ 的正弦信号并加在压电陶瓷环上，使腔长产生振幅为 ΔL、频率为 f 的调制，相应的产生激光器的工作频率 v 的变量 Δv，从而实现频率为 f 的调制。由于兰姆凹陷 P-v 曲线的斜率，不难看出，激光器的输出功率 P 也产生幅度为 ΔP 的调制。ΔP 的波形和相位反映了工作频率偏离中心频率 v_0 的状态，具体可分析 P-v 曲线上 A、B、C 三种工作频率点，如图 2-31 所示。

(Ⅰ) 当工作频率 v 在 C 点上($v<v_0$)且为 v_C 时，由于 P-v 曲线的斜率 $dP/dv\neq 0$，由图可见，这时 ΔP 的调制频率为 f，相位与腔频调制波形的相位相反。

(Ⅱ) 当工作频率 v 位于 A 点($v=v_0$)时，处于曲线的凹陷最低处，由图可见，这时，$dP/dv\doteq 0$，ΔP 很小，且 ΔP 的调制频率为 $2f$。

(Ⅲ) 当工作频率 v 位于 B 点($v>v_0$)且为 v_B 时，由于 P-v 曲线的斜率 $dP/dv\neq 0$，ΔP 的调制频率为 f，相位与腔频波形的相位相同。

(2) 误差信号的检测

(Ⅰ) 光电接收器

光电接收器把由激光器输出的功率起伏信号 ΔP 转换成电压波形信号，并输送到选频放大器中。

(Ⅱ) 选频率大器

选频放大器的功能是对输入的电位波形信号进行选频放大。选频放大器有自己的中心频率 f，对于频率为 f 的信号，实行放大并输入到相敏检波器中，而对于频率不为 f，如为 $2f$ 的信号，则不予通过(输出为零)，这就"滤"去了激光器工作频率 $v=v_0$ 的情况。

(Ⅲ) 相敏检波器

相敏检波器的功能是：对输入的电位波形信号与音频振荡器发出的正弦信号进行比较，如相位一致，表示 $v>v_0$，这时，相敏检波器输出负电压，经整流升压后，加到压电陶瓷环上，使其缩短，即使激光器的腔长增长而使 v 回复到 v_0 点；如果，相位差为 $\pi(v > v_0)$，这时相敏检波器输出为正电压，亦使 v 回复到 v_0 点。

4. 兰姆凹陷稳频法的特点

兰姆凹陷稳频 He-Ne 激光器的输出功率为有频率为 $2f$ 的调制，为提高其工作频率的稳定性，希望微小的频率漂移就能产生足够大的功率误差信号，这就要求兰姆凹陷有相当的深度。凹陷的深度取决于工作气压，但气压过低就会影响输出功率。采用 Ne 的单一同位素 Ne^{20} 或 Ne^{22} 的方法可使凹陷大大加深。因为普通的 Ne 气包含 Ne^{20} 和 Ne^{22} 两种同位素，两种同位素的中心频率差为 890MHz，它们的混合而使得兰姆凹陷曲线不对称且不够尖锐。

兰姆凹陷稳频法的频率稳定度可达 10^{-8}-10^{-10} 但其频率再显性比较差，仅为 10^{-7}。

四、双频激光器的稳频

双频稳频法的稳频原理是基于原子的“塞曼效应”，为此，也称“塞曼稳频”。塞曼稳频又分为纵向塞曼稳频（外磁场方向与激光管轴线相一致）和横向塞曼稳频（外磁场方向与激光管轴线相垂直）。这里介绍纵向塞曼稳频法。

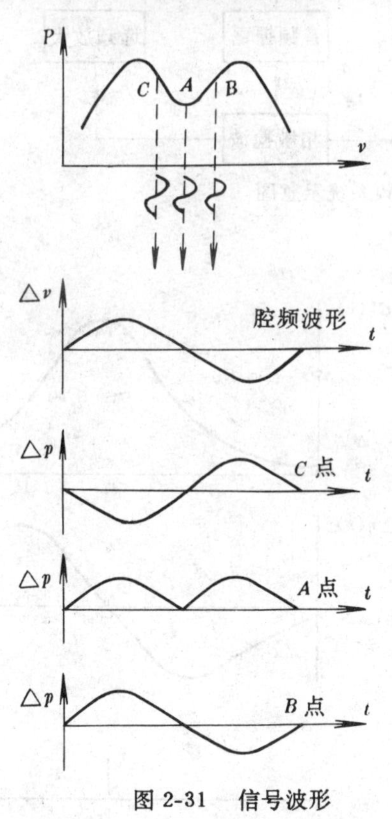

图 2-31　信号波形

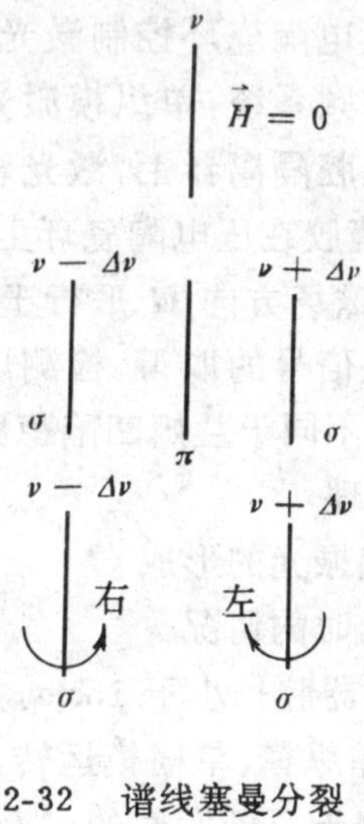

图 2-32　谱线塞曼分裂

1. 塞曼效应

原子光谱学指出，置于外磁场中的光源，原子系统所处的状态因受到磁场的作用，而使原子发射的谱线发生分裂，即所谓“塞曼效应”。塞曼效应分为正常塞曼效应（单重谱线在弱磁场中的分裂）和反常塞曼效应（多重谱线在弱磁场中的分裂）二种，塞曼稳频法是基于正常塞曼效应。

正常塞曼效应注意到如下实验事实：

（Ⅰ）一根谱线分裂成三根。如图 2-32 所示。

（Ⅱ）三根谱线的裂距与磁场强度 H 成正比

$$\Delta v=\frac{e}{4\pi mC^2}H \tag{2-57}$$

式中 C 为光速；m 为电子质量；e 为电子电荷。

（Ⅲ）沿垂直于磁场方向 H 观察，三根谱线都是线偏振光：中间谱线的线偏振方向平行于磁场方向 H，称为“π”分量；左、右两条谱线的线偏振方向垂直于 H，称为“σ”分量，其波数移动量为 Δv，并且，“σ”分量的线偏振方向垂直于“π”分量线偏振方向。

（Ⅳ）沿平行于 H 方向观察，只能看到“σ”分量分布于左右，分别为左旋和右旋偏振光。

2. 双频稳频系统

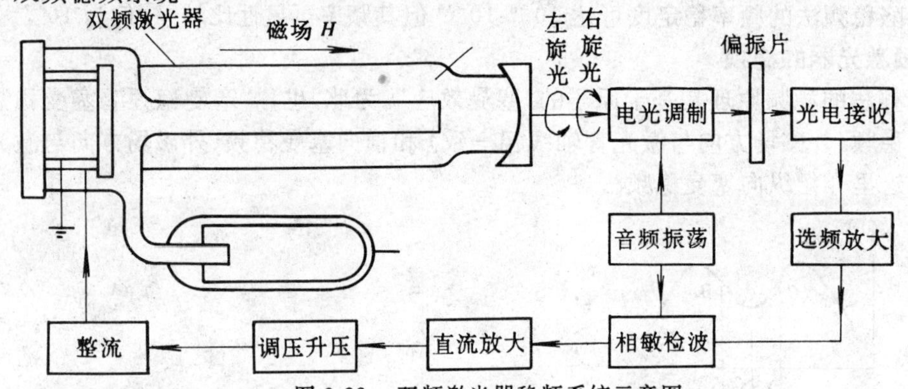

图 2-33　双频激光器稳频系统示意图

双频稳频法也是以原子发射中心频率 v_0 作为“零频率”的，图 2-33 所示为双频稳频系统，其电子伺服系统通过压电陶瓷环控制激光器的腔长，类似于兰姆凹陷稳频系统，单纵模激光管固定于石英或殷钢的谐振腔隔离器上，激光管为内腔式管，其中一块反射镜胶在压电陶瓷环上，环状磁铁套圈在激光管外，磁场方向 H 平行于放电管轴。双频稳频法的误差信号的取得、检测以及激光器的工作状态都明显不同于兰姆凹陷稳频法。

3. 双频稳频原理

(1) 左、右旋偏振光的形成

（Ⅰ）未加磁场时的情况

取 Ne-He 激光器腔长小于 15cm，并适当选取放电管管径，实现单纵模、单横模运转，且假定，谐振腔腔频 v_q 恰好等于原子发射的中心频率 v_0，由激光原理可知其工作物质的频率牵引量为零，激光器的工作频率

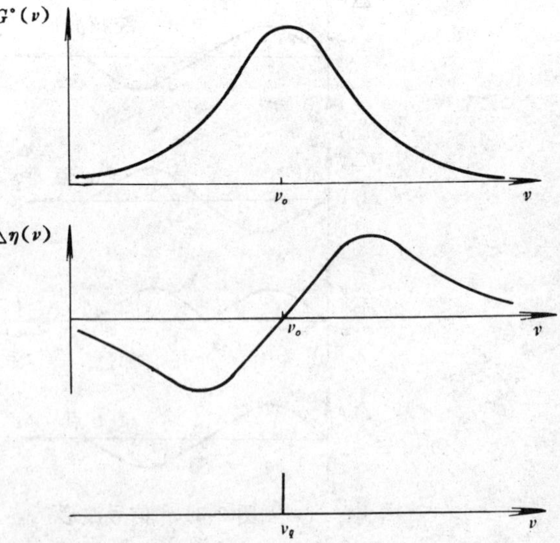

图 2-34　双频激光管的增益、色散曲线及振荡模谱(未加磁场时)

$$v=v_0=\frac{C}{2L}q \tag{2-58}$$

增益曲线和色散曲线如图 2-34 所示。

（Ⅱ）沿放电管轴线方向加磁场

保持腔长不变(腔频 v_q 不变)，而沿放电管轴线方向加磁场，则谱线发生分裂，如图 2-35 所

示，增益曲线和色散曲线分裂成左、右两根，裂距为

$$\nu_{0左} - \nu_0 = \nu_0 - \nu_{0右} = g\frac{\mu_0}{h}H \tag{2-59}$$

$$\nu_{0左} - \nu_{0右} = \Delta\nu_0 = 2g\frac{\mu_0}{h}H \tag{2-60}$$

式中 g 是朗德因子，$g = 1.3$；μ_0 是玻尔磁子，$\mu_0 = 9.27 \times 10^{-21}$ 尔格/高斯；h 是普朗克常数；$\Delta\nu_0$ 称为塞曼分裂值，当磁场强度 $H = 300$ 高斯时，并代入上述各参量的数值，可得 $\Delta\nu_0 = 1100\text{MHz}$。

由于腔长保持不变，腔频 ν_q 仍与中心频率 ν_0 相一致，但增益物质的色散效应，使腔频 ν_q 分别与 $\nu_{0左}$ 和 $\nu_{0右}$ 发生"模牵引"，其结果使得 ν_q 分裂成频率为 $\nu_{q左}$ 和 $\nu_{q右}$ 两束左、右旋偏振光，即

$$\nu_{q左} = \frac{C}{2Ln_{左}}q > \nu_q > \nu_{q右} = \frac{C}{2Ln_{右}} \tag{2-61}$$

在 $\nu_{q左} - \nu_{q右} \ll \nu_{0左} - \nu_{0右}$ 的近似条件下，两束光的频差为

$$\Delta\nu = \nu_{q左} - \nu_{q右} = 2\sqrt{\frac{\ln 2}{\pi}}\frac{\Delta\nu_c}{\Delta\nu_D}\sqrt{1 + \frac{I_1}{I_s}}\Delta\nu_0 \tag{2-62}$$

式中 $\Delta\nu_C$ 为无源腔线宽；$\Delta\nu_D$ 为多普勒线宽；I_s 为饱和光强；I_1 是腔内稳态光强。对于小功率 He-Ne 激光器，取磁场强度 $H = 300$ 高斯，由上式可算得频差 $\Delta\nu = 2.2\text{MHz}$。

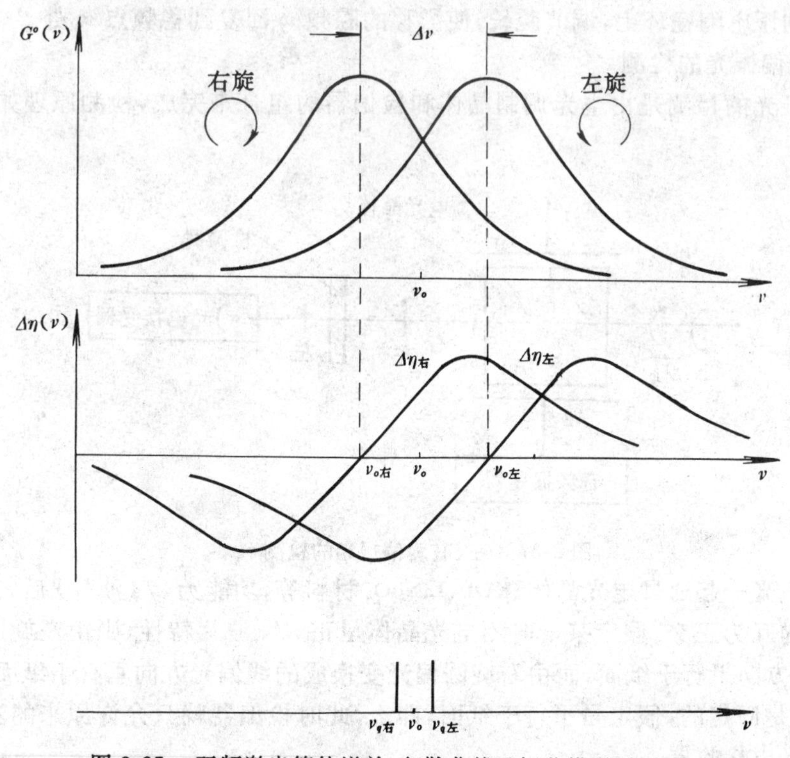

图 2-35 双频激光管的增益、色散曲线及振荡模谱(加纵向磁场)

(2) 误差信号的获取

双频稳频原理是使腔频 ν_q 稳定在塞曼分裂的两条增益曲线的交点(ν_0)上，有关系 $\nu_{q左} - \nu_0 = \nu_0 - \nu_{q右}$。这时，激光器的工作状态是：增益 $G_{右} = G_{左}$，所以右旋偏振光功率 $P_{右}$ = 左旋偏振光

功率 $P_{左}$，当谐振腔长有微小变动时，由式 $\nu_{q左}=\frac{C}{2Ln_{左}}$，$\nu_{q右}=\frac{C}{2Ln_{右}}$ 可见，当腔长 L 变大时，则 $\nu_{q左}$ 变小，$\nu_{q右}$ 也变小，如图 2-36(a) 所示。这时有 $\nu_{q左}-\nu_0<\nu_0-\nu_{q右}$，因而，有 $G_{右}>G_{左}$，即 $P_{右}>P_{左}$。同样，当腔长 L 变短时，出现关系 $\nu_{q左}-\nu_0>\nu_0-\nu_{q右}$。因此有 $G_{右}<G_{左}$，即 $P_{右}<P_{左}$。上述分析可见，激光器工作频率的微小漂移，通过双频稳频原理，转化成功率波动信号，即两束偏振光的功率差异反映了腔频的变化状态，从而取得误差信号。

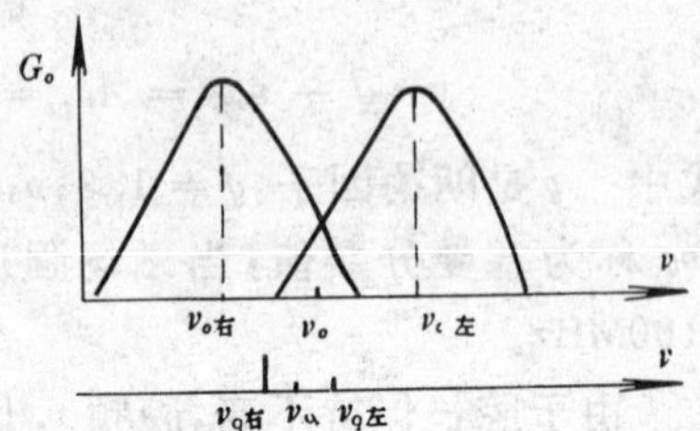

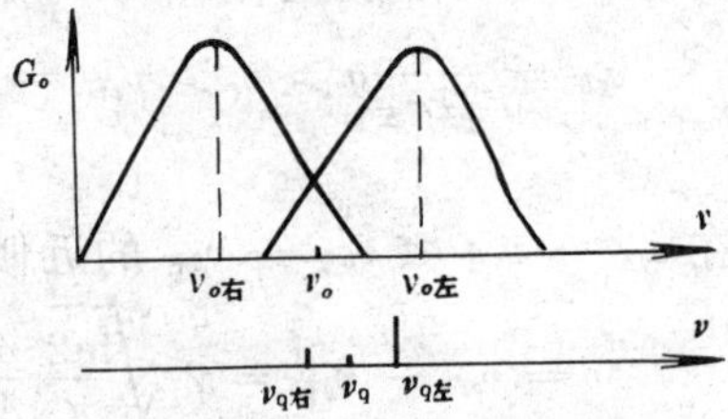

图 2-36　腔频 ν_q 变化的情形

4. 双频稳频过程

由图 2-33 所示，从双频激光器输出的两束不同频率的左、右旋偏振光的光强信号 $P_{右}$ 和 $P_{左}$，经电光调制器和检偏器后，由光电接收器转换为电压信号，并进行合成，合成后形成的电压波形信号输入选频放大器中，进行选频，若 $P_{左}=P_{右}$，则选频放大器的输出为零；若 $P_{左}\neq P_{右}$，则选频放大器输出误差信号，并把这电压波形信号输入到相敏检波器中，与音频发生器发出的正弦波音频信号相比较，根据其相位的情况，输出相应的电压，再经整流升压后，施加到压电陶瓷环上，调节腔长，使漂移的腔频 ν_q 回复到稳频点 ν_0 处。

(1) 左、右旋偏振光的检测

左、右旋偏振光的检测是由电光调制晶体和检偏器的组合来完成，检测原理如图 2-37 所示。

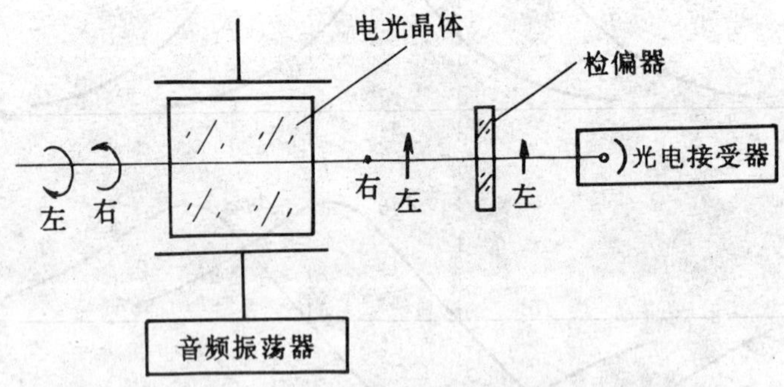

图 2-37　左、右旋偏振光的检测

左、右旋偏振光一起通过电光晶体（KDP、$LiNbO_3$ 材料等，功能为 $\lambda/4$ 波片）后，都变换为线偏光，其线偏方向互为正交。假定某一时刻电光晶体呈正 $\lambda/4$ 波片特性，则由左旋圆偏光转换成线偏光的偏振方向平行于纸面，而由右旋圆偏光变换成的线偏光方向垂直于纸面，光路中检偏器的偏振方向是固定的，假定是平行于纸面，即么，此时检偏器就只允许原来的左旋圆偏光通过，并输入到光电接收器。

在电光晶体上加频率为 f 的音频调制信号，使电光晶体呈现从正 $\lambda/4$ 到负 $\lambda/4$ 的周期调制，由于其调制变化过程是连续和周期性的，从而形成左、右旋圆偏光的光强变化波形，即取得误差信号。

光电接收器对输入的左、右旋偏振光的光强变化波形进行合成，合成过程和合成后输出的电压信号波形如图 2-38 所示。

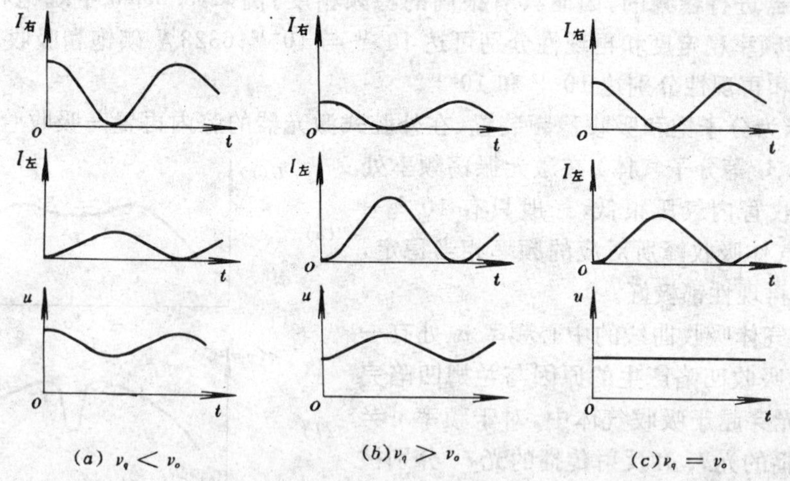

图 2-38　光电接收器输出电压(u)的波形和通过偏振片后左旋圆偏振光及右旋圆偏振光光强($I_左$、$I_右$)的波形

(1) 人为地规定光强变化波形与音频信号波形关系，例如，规定左旋光强波形与音频调制波形同相位，而右旋光波形相位差为 π。

(2) 当腔频 ν_q < 中心频率 ν_0 时，由于 $G_右 > G_左$，则有 $P_右 > P_左$，合成后的输出电压信号波形与音频信号波形相位差为 π，如图 2-38(a) 所示。

(3) 当 $\nu_q > \nu_0$ 时，由于 $G_右 < G_左$，则有 $P_右 < P_左$，合成后的电压波形与音频信号波形相位相同，如图 2-38(b) 所示。

(4) 当 $\nu_q = \nu_0$ 时，由于 $G_右 = G_左$，即 $P_右 = P_左$，因此合成后输出波形为直线，如图 2-38(c) 所示。

以上这三种合成后的输出电信号波形，为电子伺服系统提供了指令。

5. 双频稳频激光器特点

(1) 双频稳频激光器的输出功率和频率均无音频调制。其工作状态为两束偏振光同时输出，频差为 2.2MHz。

(2) 其稳频精度高于兰姆凹陷法，频稳度达 $10^{-10}-10^{-11}$，再现性达 10^{-9}，并且具有结构简单、操作方便、抗干扰能力强、价格较低的明显优点，因而具有广泛的应用价值。

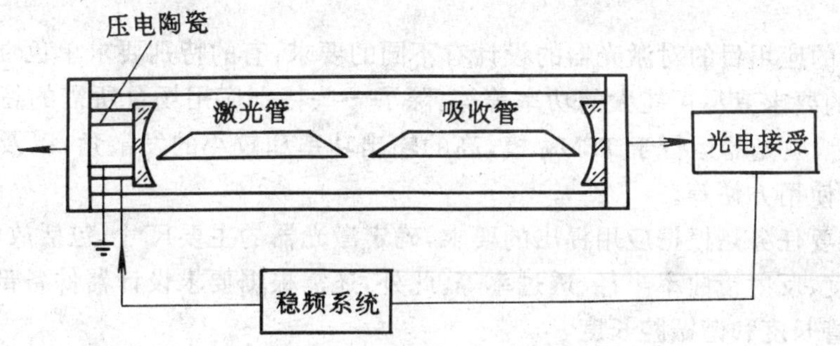

图 2-39　饱和吸收稳频示意图

五、分子饱和吸收稳频

上述两种稳频方法都是以原子发射中心频率 ν_0 为“零频率”的，由于 ν_0 易受放电条件的影

响而发生变化，因而也影响了频率稳定度和再现性。分子饱和吸收稳频法是基于利用外界参考频率标准对激光器进行稳频的，因而具有很高的稳频精度。例如，3.39μm 甲烷饱和吸收稳频 He-Ne 激光器，其频率稳定度和再现性分别可达 10^{-15} 与 10^{-12}；6328Å 碘饱和吸收稳频 He-Ne 激光器的稳频度和再现性分别达 10^{-12} 和 10^{-10}。

图 2-39 所示为分子饱和吸收稳频装置，在外腔式激光器的腔内再置一吸收管，吸收管内所充的气体（CH_4、I_2 等分子气体）在激光振荡频率处有强吸收峰，吸收管内气压很低，一般只有 10^{-2} — 10^{-1} 毛，低气压气体吸收峰所对应的频率相当稳定，因而其稳频度和再现性都极好。

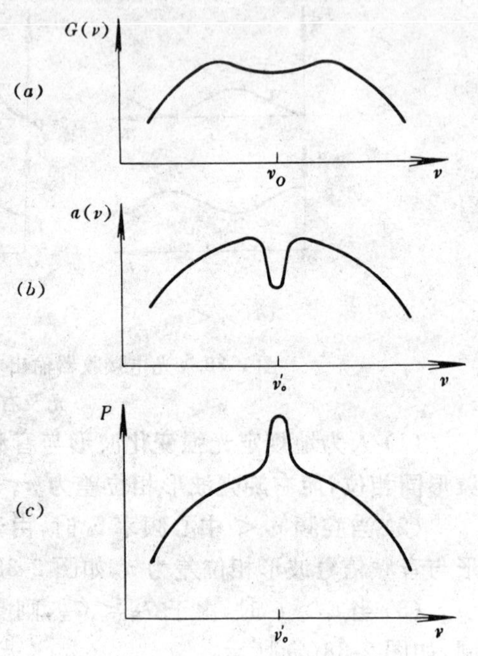

图 2-40　说明反兰姆凹陷形成的图

(a) 增益管增益曲线；(b) 吸收管吸收曲线；(c) 激光器输出功率曲线

在吸收管中气体吸收曲线的中心频率 v_0 处有一凹陷，（图 2-40），吸收凹陷产生的原因与兰姆凹陷完全相类似。振荡光穿越于吸收气体中，对于频率 $v \neq v'_0$ 的光，正向传播的光 I_+ 和反射传播的光 I_- 分别被轴向速度 $v_z = \pm C(v - v'_0)/v'_0$ 的两群分子所吸收。而对于 $v = v'_0$ 的振荡光，I_+ 和 I_- 均被 $v_z = 0$ 的分子所吸收，即 I_+ 和 I_- 作用于同一群分子上，引起显著的吸收饱和，因而在 v'_0 处出现吸收系数曲线的凹陷。

由于激光腔内吸收管的放置，则腔的往返损耗 $2\delta'$ 为

$$2\delta'(v) = a + T + 2\alpha(v)L' \tag{2-63}$$

式中　a 和 T 分别是谐振腔的光学损耗和透过率；L' 是吸收管长度。(2-63) 式表明损耗 $\delta'(v)$ 在 v_0 处有一尖锐凹陷。图 2-40(a) 为增益管的增益曲线，由于吸收曲线的深度凹陷，激光器输出功率在 v'_0 处出现一个尖锐的尖峰，如图 2-40(c) 所示，称为反兰姆凹陷。激光器的输出频率稳定于 v'_0 点，其稳频系统与兰姆凹陷法完全相类似。

第四节　He-Ne 激光器的设计

根据不同的应用目的对激光器的设计有不同的要求：有的特别要求单色性好；有的注重于方向性好；有的要求有尽可能大的功率等等。除了一些特别应用场合所需的特别要求外，总的设计要求包括，激光器运行于 TEM_{00} 模，高的输出功率和较小的发散角，以及寿命长，结构坚固、工作稳定、使用方便等。

设计的主要任务是根据应用提出的要求，确定激光器的主要尺寸，包括放电管的内径和长度、谐振腔长度、反射镜曲率半径、透过率等。此外，还需根据要求设计器件各部分的具体结构。

一、放电管长度和谐振腔长度

在设计中，首先应选定放电管的长度 l。l 主要由要求的输出功率大小而确定，根据经验，运行于 TEM_{00} 模的 6328Å 器件，其 l 与输出功率有如下表 2-1 所示的关系。要达到表所示的输出功率，要求激光器工作于最佳工作条件。l 大于 1 米时，单位长度输出功率有所提高，对设计结

构优良的器件，每米长度可得 40 — 50mW 的 TEM_{00} 模输出。

表 2-1 l 与输出功率关系

l(mm)	100	200	300	400	500	600	800	1000
P(mW)	0.5 — 0.8	2 — 3	4 — 6	5 — 8	6 — 10	8 — 15	14 — 20	20 — 40

谐振腔的长度 L 应大于放电管长度 l，即 $L = l + \Delta L$，ΔL 不能过小，一般 $\Delta L > 2$cm 以防止电极对腔反射镜的影响。l 越长，ΔL 的比例也相应加大些，但也不宜过大，以保持激光器尽可能有紧凑的尺寸。此外，若要求器件为单纵模器件，还应使 L 不大于 15cm。

二、反射镜的曲率半径 R

He-Ne 激光器一般都采用平凹腔构型（只在某些特殊要求场合采用双凹腔构型），凹面反射镜的曲率半径 R 与激光器的发射角、方向稳定性、调整精度、衍射损耗以及输出功率等有密切关系。通常，把 R 与 L 的比值作为一个参量，即 $\Gamma = R/L$，以下讨论 Γ 的选取原则。

对于 R 和 L 组成的平凹腔，TEM_{00} 模的腰斑位于平面镜上，两块腔镜上的光斑尺寸分别为

$$W_{平} = (\frac{\lambda L}{\pi})^{1/2}(\frac{R}{L} - 1)^{1/4} = (\frac{\lambda L}{\pi})^{1/2}(\Gamma - 1)^{1/4} \tag{2-64}$$

$$W_{凹} = (\frac{\lambda L}{\pi})^{1/2}\left[\frac{R^2}{L(R-L)}\right]^{1/4} = (\frac{\lambda L}{\pi})^{1/2}\left(\frac{\Gamma^2}{\Gamma - 1}\right)^{1/4} \tag{2-65}$$

由这两式可给出图 2-41 的曲线。图中曲线表明，在 L 固定情况下，Γ 值越大，$W_{平}$ 与 $W_{凹}$ 就越接近，即激光振荡模越充满放电管，放电管利用率就越高，所以一般要求 $\Gamma > 2$。同时，从(2-43)式可见，Γ 增大，发散角 $\theta_{(\infty)}$ 减小，为此，从方向性的角度考虑也希望 Γ 值取得大一些。但从谐振腔的调整精度（调整容限）、功率和方向的稳定性以及衍射损耗等因素考虑，Γ 应取得小一些。图 2-42 表明，凹面镜倾斜角 β 越大，光轴偏移量 δ_1 就越大 ($\delta_1 = R\beta$)，若规定偏移量 δ_1 应 $\delta_1 \leqslant d/10$，d 是放电管直径，则允许反射镜的最大倾角 β_m（调整容限）为

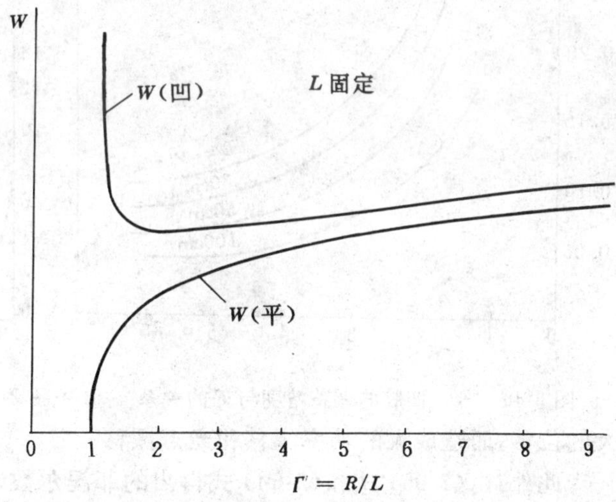

图 2-41 L 一定时，平凹腔镜面上的光斑与 Γ 之间的关系

$$\beta_m = \delta_1/R = d_1/10R\ (\text{弧度}) = 100d/R\ (\text{毫弧度}) \tag{2-66}$$

在激光器的工程设计中，基于不同阶次模具有不同衍射损耗的特性，为得到 TEM_{00} 模，光斑 $W_{凹}$ 与放电管直径 d 之间应取的关系是

$$W_{凹} = 0.3d \tag{3-67}$$

再结合(2-65)式和(2-66)式，有

$$\beta_m = 333(\frac{\lambda}{\pi L})^{1/2}\left[\frac{1}{\Gamma^2(\Gamma - 1)}\right]^{1/4}(\text{毫弧度}) \tag{2-68}$$

由此式作出图 2-43，可见，Γ 越大，容限倾角 β_m 就越小，而使得谐振腔的调整越为困难；同时 Γ 大时，激光器运行过程中，外界因素引起反射镜倾角的较小偏差，即可使光斑在反射镜上有较

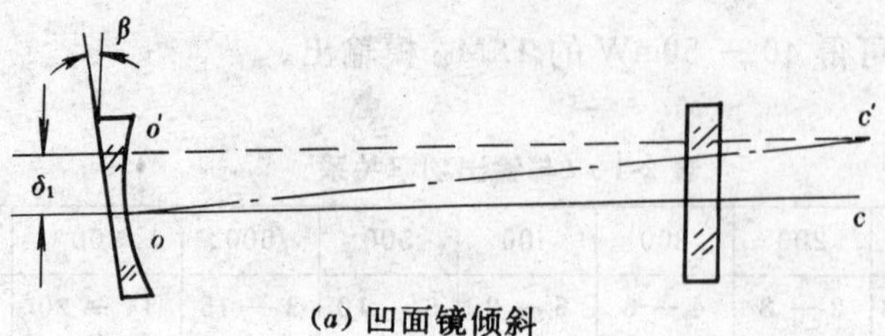

(a) 凹面镜倾斜

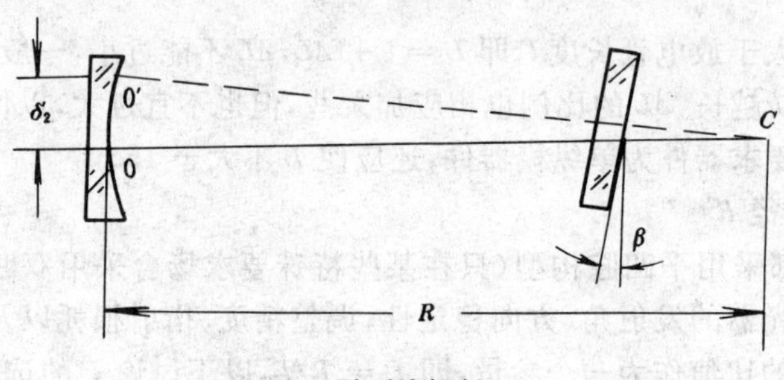

(b) 平面镜倾斜

图 2-42　平面腔的调整容限

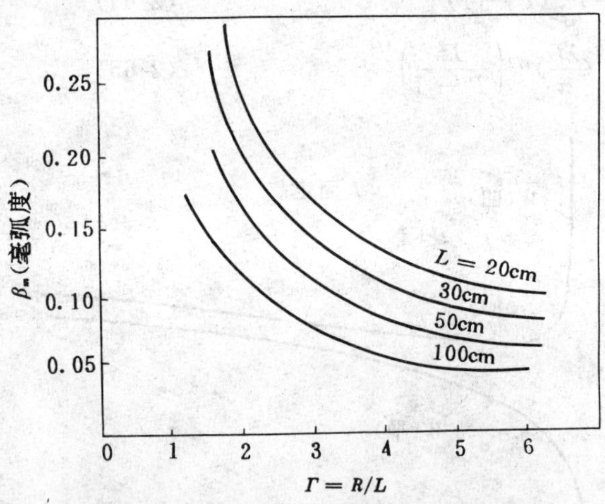

图 2-43　平 - 凹腔的调整精度与 Γ 的关系

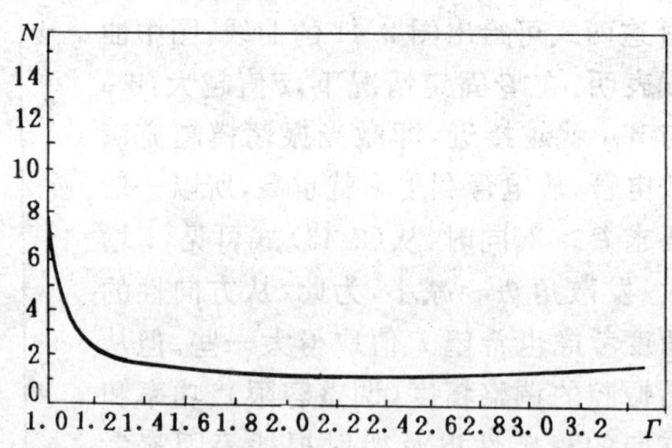

图 2-44　TEM_{00} 模 He-Ne 激光器的 N 与 Γ 的关系

大的位移，而造成大的功率漂移和光点漂移。

此外，由(2-65)式和(2-64)式得出的菲涅尔数

$$N = \frac{d_2}{4\lambda L} = \frac{1}{0.36\pi}\frac{\Gamma}{(\Gamma - 1)^{1/2}} \tag{2-69}$$

以及由此式作出的图 2-44 表明：$\Gamma = 2$ 时，N 最小，约为 1.7，$\Gamma > 2$ 时，N 增加较慢；$\Gamma < 2$ 时，N 增加很快。N 值大衍射损耗小，有利于增加输出功率，从这点考虑，也希望 Γ 小一些。

上述分析可见，输出功率、发散度、调整容限、衍射损耗、输出稳定性等诸方面对 Γ 值的要求是相互矛盾的，因此，在工程设计中对 Γ 值的选取应根据具体要求加以综合考虑，即依据应用的主要特征来选择 Γ 值；若要求发散角较小并具有较大的调整容限，则对于 L 较短的器件，Γ 值可取得大些，对于 L 较长的器件，Γ 值可取得小些；若要求有尽可能大的输出功率，则可选用 Γ 值大的平凹腔结构，并相应设计稳定可靠的腔体结构，来弥补大 Γ 值时输出稳定性差的不足；对于一般用途的小型器件，设计时主要考虑价廉、坚固可靠、易调整等项，这时，也宜选择小的 Γ 值。

Γ 值选定后，即可根据 $R = L\Gamma$ 而确定凹面镜的曲率半径 R。

三、放电管内径 d

He-Ne 激光器的放电管内径 d 是根据横模的选择要求来确定的。为使激光器工作于 TEM_{00} 模，且 TEM_{00} 模的衍射损耗又能够保持在较低值，放电管内径 d 与谐振腔内的最大光斑半径 $W_{凹}$ 之间应满足(2-67)式的关系，$W_{凹} = 0.3d$，这对于平凹腔，可用(2-65)式，代入(2-67)式，得

$$d = (\frac{\lambda L}{0.09\pi})^{1/2}(\frac{\Gamma^2}{\Gamma - 1})^{1/4} \tag{2-69}$$

对于双凹腔，则应选取两块腔镜上光斑尺寸大的 $W_{凹}$ 代入(2-67)式，计算 d 值。

放电管的管壁厚度的选取，应考虑到其长度，刚度、强度等因素，一般在 2-3mm 范围内。

四、最佳透过率 T_{opt}

输出镜透过率的选取也将影响到激光器的输出特性。在工程设计中，输出镜透过率的选取是根据已确定的放电管径管 d 和腔长 L，由式 $N = d^2/4\lambda L$ 和 $g = 1 - L/R$ 算出 N 和 g，从图 3-10 查出单程衍射损耗 a_D，再加上其他估算的光学损耗可得 a_c，然后可用(2-37)式得计算输出镜的最佳透过率 T_{opt}。实际中，激光器对透过率的要求也并不十分严格，根据实践经验，在最佳值附近选取即可。

第五节　其他形式的 He-Ne 激光器和其他的惰性气体原子激光器

一、其他形式的 He-Ne 激光器

1. 红外 1.15μm He-Ne 激光器

Ne 原子由 $2s_2 \rightarrow 2p_4$ 能级跃迁发射波长为 1.15μm，1.15μm He-Ne 激光器的结构形式基本类似于 6328Å He-Ne 激光器，其放电管的直径可由下面经验公式选取：

$$d = \sqrt{4NL\lambda}\ (\text{mm}) \tag{2-70}$$

式中　λ 是激光波长 $\lambda = 1.15\mu m$；N 是菲涅尔数；L 为腔长。

激光器的主要工作条件是：

① 最佳工作总气压 P 和放电管内径 d 的乘积 $Pd = 22 \times 10^3 - 26 \times 10^2$(Pa·mm)；

② 最佳气体混合比 He：Ne = (10 − 4)：1；

③ 最佳放电电流为 3 − 4mA

2. 红外 1.52μm He-Ne 激光器

激光跃迁产生于 Ne 原子 $2s_2 \rightarrow 2p_2$ 能级。结构形式也类同于 6328Å He-Ne 激光器，选择适当带宽的介质膜反射镜构成谐振腔，即可获得激光输出。

激光器的典型工作条件是

① 最佳总气压 P 与放电管内径 d 乘积 $Pd = 2.2 \times 10^2$(Pa·mm)；

② 最佳气体混合比 He：Ne = 11：1；

③ 最佳工作电流　对于 $d = 2.2$mm 的激光器，放电电流为 4-5mA，比相同工作条件的 6328Å 器件要小。

波长为 1.52μm 的激光处于石英光纤和大气传输的最低损耗窗口上，并对应于 Ge 和 InGaAs 探测器尖峰响应处，且这个波长的辐射对人眼是安全的。因此，这种激光器在光纤参数

测量、光纤通信、激光测距等方面有广泛的应用前景。典型的工作特性参量是：腔长 200 — 250mm，线偏振单频稳定功率 1mW，长时间频率稳定度 2×10^{-10}。

3. 绿光和波长可调谐 He-Ne 激光器

输出波长为 5435Å 的绿光 He-Ne 激光器的激光跃迁产生 Ne 原子的 $3s_2$-$2p_{10}$ 能级。5435Å 波长的增益只有 6328Å 波长增益的 1/7，因此，只有采用适当措施，抑制掉其他激光波长的振荡，才可能获得绿光输出。抑制的主要办法是，采用特种光学涂料调节气体成份和采用对绿光有高反射率的反射镜做谐振腔。放电管的直径比 6328Å 激光器要大。

图 2-4 和表 2-1 所示的波长可调谐 He-Ne 激光器，调谐范围在红光与黄光（5940Å）之间。表中所列出的能级、波长和对应的输出功率，反映了这些振荡波长的相对增益状况。

4. 双波长 He-Ne 激光器

一般的 He-Ne 激光器总是以单一波长振荡输出的，在采用特殊措施后，可获得同时有两个波长的光波输出，即双波长激光器

(1) 1.15μm 和 0.63μm 双波长激光器

波长 1.15μm 和 0.63μm 激光跃迁有共同的激光下能级 $2p_4$，因此，两者在激光振荡过程中存在较强的竟争效应，如果总气压较低，Ne 的含量比例也较低，对 0.63μm 激光振荡有利；反之，则有利于 1.15μm 激光振荡，当工作气体混合比取得适当，并使谐振腔反射镜对 1.15μm 和 0.63μm 两个波长都有较高的反射率，则就可实现这两个波长的同时振荡。双波长 He-Ne 激光器结构形式基本类同于普通的 He-Ne 激光器，作为一个实例，这种激光器的工作条件为：放电管长度 180mm，放电管直径 1.2mm，He : Ne = 6 : 1，总气压 4×10^2Pa，工作电流 6mA。

(2) 3.3912μm 和 3.3922μm 双波长激光器

这两条激光波长相差不大，较容易实现双波长同时振荡。

这种激光器主要用于真空检漏、甲烷气体分子只对 3.3922μm 波长的激光吸收，对 3.3912μm 波长则不吸收，利用这种差别可做成灵敏的漏气检测系统。

5. 矩形放电管 He-Ne 激光

由于 Ne 原子 1s 能级扩散弛豫的"瓶颈效应"，He-Ne 激光器的增益系数反比于放电管的内径，所以放电管的直径一般都取得很小，这就限制了激光器输出功率。采用矩形截面放电管是在扩大放电体积同时，又能不影响 1s 能级的弛豫（1s 能级的弛豫过程是：扩散到放电管壁，碰撞交换能量），不致降低激光器的增益。由放电理论可知，矩形截面放电等离子体的电子温度与对应于半径为 r 的圆截面放电等离子体的电子温度相等。于是

$$r = 0.765 \frac{ab}{(a^2 + b^2)^{1/2}} \tag{2-71}$$

式中　a、b 为矩形截面长和宽。当 $a \gg b$ 时，电子温度主要取决于短边 b。所以，只要保留 b 适当短，扩大 a 值，同样地可保持与管径很小的放电管有相同的电子温度。据此，这种矩形截面放电管激光器的工作条件（气压、混合比、放电电流等）也与由 (2-71) 式确定半径的圆形截面放电管相同。采用矩形放电管的激光器，其输出功率比同样放电长度圆形放电管激光器高 50% 以上。

二、其他惰性气体原子激光器

除 Ne 原子外，还已在其他各种惰性原子气体中获得激光跃迁，谱线数多达 200 条以上。如 He-Ar、He-Kr、He-Xe 等激光器，它们在原理、结构和输出特性方面与 He-Ne 激光器相类似，输出功率在几十毫瓦范围内，大部分器件都有"管壁效应"，即增益与放电管径成反比。几种惰性原

子气体激光波长分布情况如下：

氖:波长为 1μm-133μm 左右,计 100 余条谱线。

氩:波长为 1.6μm-27μm 左右,计 25 条谱线以上。

氪:波长为 1.6μm-7μm 左右,计 25 条谱线以上。

氙:波长为 1.7μm-18μm 左右,计 30 条谱线以上。

第六节　金属蒸气原子激光器

金属蒸气激光器是利用被加热的金属蒸发出来的蒸气作为工作物质的激光器。目前已在几十种金属蒸气中获得激光辐射,输出激光波长主要在可见光波段,少数在红外波段和紫外波段。

金属蒸气激光器按其激发机理和工作状态可分为二类：

第一类为自终止跃迁金属蒸气激光器,即金属蒸气原子激光器,它属于中性原子系统。

第二类是金属蒸气离子激光器,是属于离子系统。

金属蒸气激光器主要采用气体放电泵浦,少数也采用光泵浦,这一节主要讨论以铜蒸气原子激光器为代表的金属蒸气原子激光器。

一、铜蒸气原子激光器

金属蒸气原子激光器是典型的自终止(自限)跃迁激光器。目前已实现在铜、金、铅、锰、锶等二十多种中性原子金属蒸气中的自终止脉冲受激发射和激光输出。自终止跃迁激光器的主要特点是能量转换效率高,光脉冲线宽窄,并可以高脉冲重复率工作。铜蒸气原子激光器是其中的最典型的代表。

1.自终止跃迁方式

自终止(自限)跃迁方式一般发生于中性原子系统中,(由量子理论可知)在中性原子中,彼此靠近且与基态有光学联系的那些能级,可由电子碰撞有效地进行选择激发。电子碰撞使原子由基态 Ⅰ 激发到基态 Ⅱ 的有效激发截面

$$Q_{12} \propto \left| \int \psi_1 \psi_2^* r dr \right|^2$$

式中　Q_{12} 是激发截面；ψ_1、ψ_2 是电子态波函数。在一级近似下,上式有

$$Q_{12} \propto A_{21}$$

这里,A_{21} 是自发辐射跃迁几率。这表明,自发跃迁几率大(即与基态有光学联系)的能级,激发几率也大。

在中性原子体系中,第一激发共振能级具有最大的电子碰撞激发截面,因而可选作激光上能级,而位于第一激发共振能级之下的激光下能级是一亚稳能级,它与基态之间没有光学联系,属禁戒跃迁性质,因而下能级不能以自发辐射方式向基态弛豫。当系统在短脉冲电流的激发下,形成瞬态粒子数反转,但由于激光下能级的禁戒跃迁性质,系统很快不满足激光振荡条件,跃迁自行终止,故称这一类激光器为自终止跃迁激光器。这类原子系统为三能级系统,激光上能级寿命 $\tau_上$ 只有几百毫微秒,激光下能级寿命 $\tau_下$ 达几个微秒,由于不满足 $\tau_上 > \tau_下$ 的连续激光作用条件,所以只能以脉冲形式工作。

对于图 2-44 的三能级原子系统,可从理论上确定选择具有高效率原子系统的工作物质的五条准则：

(1) 激光上能级是共振能级，与基态有强的偶极跃迁，即具有大的电子碰撞激发截面，因而可采用快放电使上能级强激发。

(2) 激光下能级是原子的亚稳能级，与基态无偶极跃迁，因而下能级的电子碰撞激发截面很小。

(3) 要求激光上能级仅与基态和下能级有光学联系，上能级任何其他跃迁的电偶极矩阵元应比这两个弱得多。同时，为减小上能级到基态的跃迁几率，必须使原子浓度足够高。

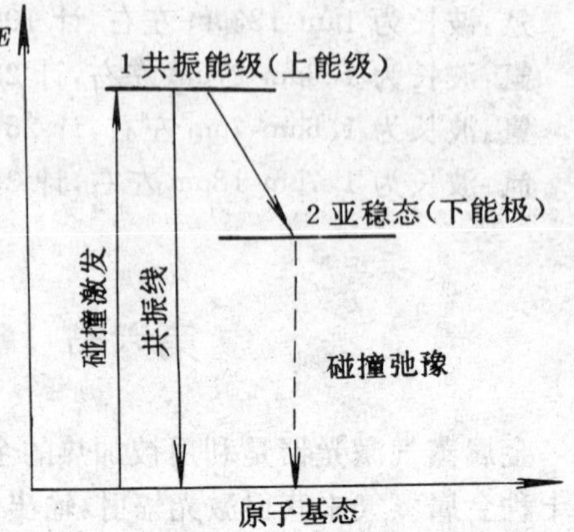

图 2-44 自终止跃迁的三能级系统

(4) 激光跃迁几率应小于激发跃迁几率，但大于弛豫跃迁几率。即(上 → 基)的自发辐射几率 < (上 → 下)的激发跃迁几率 < (基 → 上)激发跃迁几率。如果激光跃迁的辐射寿命比激励电流脉冲上升时间短，那么，自发辐射将在实现足够的粒子数反转前抽空上能级。另一方面，如果激发跃迁几率很小，则就很难达到为得到足够的增益所需的反转密度。

(5) 为使激光效率高，要求系统的量子效率高，即，$\frac{E_3 - E_2}{E_3}$ 足够大。因此，要求激光下能级尽可能地靠近基态，但下能级的玻尔兹曼热分布不能超过原子总数的 0.1%。

2. 铜蒸气原子激光器的基本特性

(1) 铜原子的能级与激光跃迁

Cu 原子的原子序数为 29，其基态的电子组态是，$1s^2 2s^2 2p^6 3s^2 3p^6 3d^{10} 4s$，由于外层仅有一个价电子，其光谱项符号可按类碱金属离子处理，即 Cu 的基态谱项符号为，$^2S_{1/2}$。

Cu 原子的第一共振态(激光上能级)的电子组态是，$1s^2 2s^2 2p^6 3s^2 3p^6 3d^{10} 4p$，即价电子由 $4s$ 激发到 $4p$。因此，其原子态的谱项符号为 $^2P_{1/2、3/2}$。

Cu 原子的亚稳态(激光下能级)的电子组态是：$1s^2 2s^2 2p^6 3s^2 3p^6 3d^9 4s^2$，由于是 d 壳层中的 9 个同科电子相耦合，相当于 1 个 d 电子作用，因此亚稳态的原子态谱项符号为，$^2D_{3/2、5/2}$。

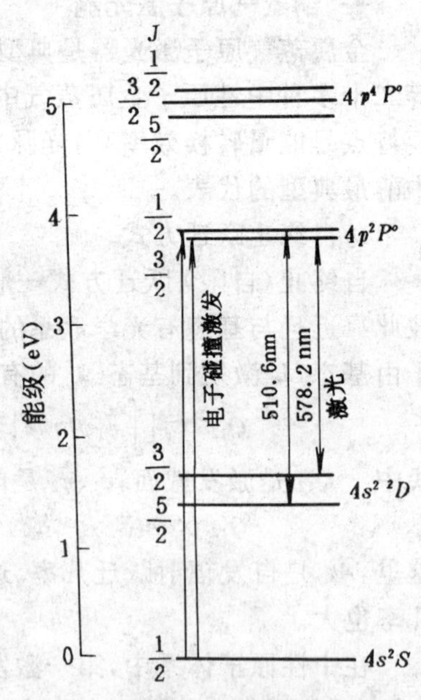

图 2-45 Cu 原子能级与激光跃迁

图 2-45 是 Cu 原子的激光跃迁能级图。Cu 原子的两条主要激光跃迁线是：波长为 5106Å 的绿线，对应于 $^2P_{3/2} \rightarrow {}^2D_{5/2}$ 能级的跃迁；波长为 5782Å 的绿线，对应于 $^2P_{1/2} \rightarrow {}^2D_{3/2}$ 能级的跃迁。能级跃迁图表明，上、下激光能级的距离很远，而下能级很靠近基态，因此，系统具有较高的能量转换效率。

这两条振荡线的增益都很大，5106Å 的绿线，增益达 58dB(m^{-1})；5782Å 的黄线的增益达 42dB(m^{-1})。因此，在绿线(无谐振腔镜时)和黄线(单腔镜时)都能观察到超辐射。

Cu 激光器的发展相当快，据报导；对 80cm 的放电长度，平均功率达 45W，今已有平均功率为 200W 的报导，脉冲峰值功率，可达 300kW，转换效率 > 1%，脉冲重复率也很高，可达 20kHZ。脉宽为几个毫微秒。

(2) 激光工作物质

目前,在 Cu 原子激光器中采用的工作物质有纯铜和卤化铜两种。

(Ⅰ) 纯铜蒸气激光器

纯铜蒸气激光器是以纯铜蒸气为工作物质,图 2-46 是其装置示意图。Al_2O_3 或 BeO 陶瓷管做放电管,放电管内充有 33×10^2Pa 气压的氖气作为缓冲气体。放电管外面加绕白金和铑(40%)的合金加热条。铜粉沿放电管轴均匀放置。放电管的直径 1cm 至 8cm,在 1500℃ 的加热温度下产生的铜蒸气气压约为 0.3 乇。

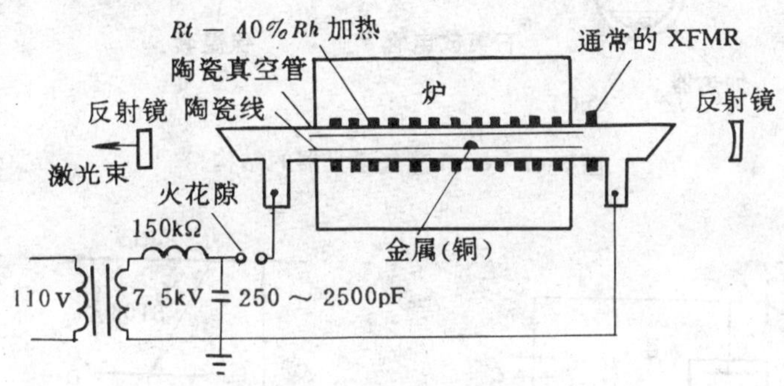

图 2-46　纯铜蒸气原子激光器

在放电管外部还加有保温套,既能屏蔽气体放电产生的热辐射,又能保持工作区的高温状态。放电管两端伸出保温套之外,工作于冷区,并通过法兰圈过渡,用布儒斯特窗片密封。

放电电路为储能电容快速放电形式,放电峰值电流达数百安培,放电脉宽约 400 纳秒。

(Ⅱ) 卤化铜蒸气激光器

由于纯铜蒸气激光器的工作温度高达 1500℃,使激光器的工艺制作颇为繁杂和使用条件受到限制。而以卤化铜为工作物质的铜蒸气激光器,器件的工作温度在 400℃ 左右就可获得激光振荡所需要的铜原子密度,这样的温度利用气体放电自加热就可以达到。因而可采用石英玻璃管做放电管。激光器从开始泵浦到达最佳运转状态的时间比纯铜激光器要短(小于 10 分钟),在相同的工作条件下,其输出功率水平与纯铜激光器大致相同。

卤化铜,包括 CuCl、CuBr 和 CuI 几种。由于卤化铜工作物质在运转过程中存在的一些不可逆过程,会使密封式卤化铜激光器的工作条件急剧变坏,严重影响工作寿命。为此,在卤化铜激光器的运转过程中,需不断加入慢速流动的缓冲气体(氖气);以带走放电过程中产生的不可逆产物,如氯气或溴气等,从而提高激光器的输出功率和工作寿命,并且也有助于放电区的均匀化。

3. 氯化铜蒸气激光器的工作原理与特性

(1) 基本结构

图 2-47 为 CuCl 蒸气激光器结构原理图,放电管由 $\varnothing 28 \times 1000$mm 的石英玻璃管制成,两端由布儒斯特窗密封,为保持工作温度,除布氏窗外,整个放电管用保温套保温。CuCl 粉末置于与放电管相连通的容器中,由加热器加热,缓冲气体 Ne 气慢速流过放电管,保持气压 10 乇 − 50 乇,谐振腔采用平凹腔构型,全反镜曲率半径为 3m,平面输出镜的反射率为 20%,平均输出功率大于 10W。

(2) 基本动力学过程

CuCl 蒸气激光器的激励采用的是快速双脉冲放电激励形式,图 2-48 是典型的储能电容放

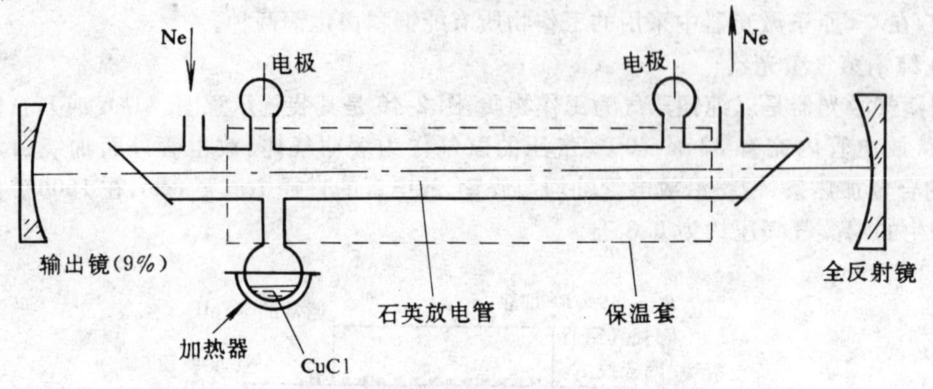

图 2-47　CuCl 蒸气激光器的结构

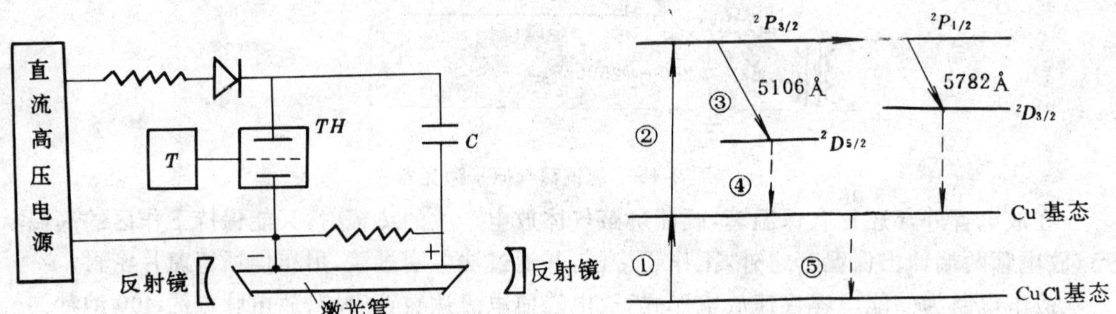

图 2-48　快速脉冲放电电路　　　　图 2-49　Cu/CuCl 的能级跃迁

电电路。T 是脉冲信号发生器，TH 是充氢闸流管，C 为储能电容；L_1、L_2 是充电电感。当 T 未发出脉冲信号时，TH 处于断路状态，直流高压电源通过电感 L_1、L_2 向电容 C 充电，并直至充满后，T 给 TH 一个瞬时信号使 TH 导通，而电感 L_2 在高频下相当于断路，于是电容 C 对激光器两端放电，使激光器起辉。

双脉冲放电激励形式是指一个激光脉冲形成，需二个放电脉冲来激励，这是卤化铜蒸气激光器的特殊的放电激励形式。

（Ⅰ）CuCl 分子的离解

第一个放电激励脉冲作用是离解 CuCl 分子，使其分解为 Cu 和 Cl 原子，激励所需电子能量约为 2.5eV，可用下式表示：

$$\mathrm{CuCl} + \mathrm{e}(\text{快}) \longrightarrow \mathrm{Cu} + \mathrm{Cl} + \mathrm{e}(\text{慢})$$

（Ⅱ）基态 Cu 原子的激发

在第二个电流脉冲的激励下，基态 Cu 原子激发跃迁到激光上能级，电子能量约为 3.8eV。

$$\mathrm{Cu} + \mathrm{e}(\text{快}) \longrightarrow \mathrm{Cu}^*({}^2\mathrm{P}_{1/2\cdot 3/2}) + \mathrm{e}(\text{慢})$$

（Ⅲ）Cu^* 的激光跃迁

图 2-49 所示为 Cu^* 受激跃迁能级图，处于激发态 Cu^* 受激跃迁到激光下能级，发射 5106 Å 和 5782 Å 二条跃迁谱线。同时，由于下能级的禁戒跃迁性质，激光跃迁在 10-50ns 内终止，可用下式表示：

$$\mathrm{Cu}^*({}^2P_{1/2、3/2}) \rightarrow \mathrm{Cu}^M({}^2D_{3/2、5/2}) + h\nu(5106、5782)$$

（Ⅳ）Cu^M 的弛豫

$Cu^M(^2D_{2/3,5/2})$是Cu原子的激光下能级，由于它的禁戒跃迁性质，它向基态的弛豫主要是经由与其他物体或放电管壁的碰撞交换能量过程。这过程所需的时间为10-100μs，可用下式表达：

$$Cu^M(^2D_{3/2,5/2}) \xrightarrow{\text{管壁碰撞}} Cu(^2S_{1/2})$$

（Ⅴ）CuCl分子的复合

激离态的Cu原子和Cl原子复合还原为CuCl分子，即Cu + Cl → CuCl

上述基本过程分析表明，激光跃迁后，Cu原子下能级的弛豫主要靠与放电管和缓冲气体的碰撞过程，因此由上能级跃迁下来的粒子很快地在下能级上聚集，使得在10-50ms时间内激光跃迁终止，第二个光脉冲的形成必须在这些过程全部结束后才能进行，这五个过程中，以“Cu + Cl”复合过程的时间最长（0.1ms），所以对于实际运行的激光器，通过不断抽走光作用后的气体和补充CuCl的方法，即可舍去了“复合过程”，因此，CuCl激光工作物质的循环过程一般只包含前四个过程：

$$CuCl \rightarrow Cu + Cl \rightarrow Cu^* \rightarrow Cu^M \rightarrow Cu$$

通过加热CuCl，不断向放电管提供CuCl分子蒸气。

(3) 放电条件

（Ⅰ）放电脉冲波形与频率

为提高输出功率和重复频率，要求放电激励的电流脉冲的上升时间足够窄，约20ns，以利于建立瞬态粒子数反转。同时，对两个电脉冲之间的延迟时间间隔应加以精细考虑（定性地看）。两个电脉冲相隔时间过长，则会使已离解的Cu和Cl重新复合；如两个电脉冲延时间隔过短，则激光下能级的Cu^M来不及倒空，而不能建立粒子数反转。

（Ⅱ）电脉冲的能量密度

输出的激光脉冲能量密度与输入的电脉冲能量密度之间有最佳的关系。定性地看，随着电子能量密度的提高，激发态的Cu原子数目提高，因此输出功率也得以提高。但另一方面，随着电子能量密度的提高，由于激发态Cu原子数增加而使电子温度下降，引起激发速率的下降，同时，下能级Cu^M的弛豫速度也下降，这就又会使激光器输出功率下降。为此，必定有一个最佳的输入电流脉冲的能量密度值。

二、其他的金属蒸气原子激光器

近年来，除Cu原子外的其他一些金属蒸气原子激光器发展和应用也相当迅速和广泛，其中较重要的有以下几种：

(1) 金蒸气原子激光器

金蒸气原子激光器是为人们所特别关注的激光器，它具有高增益和高功率的输出。这种激光器输出的二条主要跃迁谱线的波长为紫外区的3122Å和可见区的6278Å，特别是6278Å输出线，平均输出功率已高达几十瓦，是目前可见红光波段中最强的激光器，这条谱线在激光光敏治疗癌症方面很有应用价值。3122Å线的输出功率在数瓦的量级。

图2-50是金原子的部分能级和有关的激光跃迁。金原子建立粒子数反转的机制与铜原子相似，金蒸气原子激光器的结构与铜原子激光器也相类似。金蒸气原子激光器的工作温度为1500-1600℃，比纯铜激光器还略高，激光器运转一定时间后，还需给放电管中补充金粉末。

(2) 铅蒸气原子激光器

在金属蒸气原子中，首先实现自终止脉冲受激发射的金属元素是铅原子。图2-51是铅原子的部分能级与跃迁图。Pb原子的从共振态到亚稳态有多条跃迁线可实现振荡，其中首先实

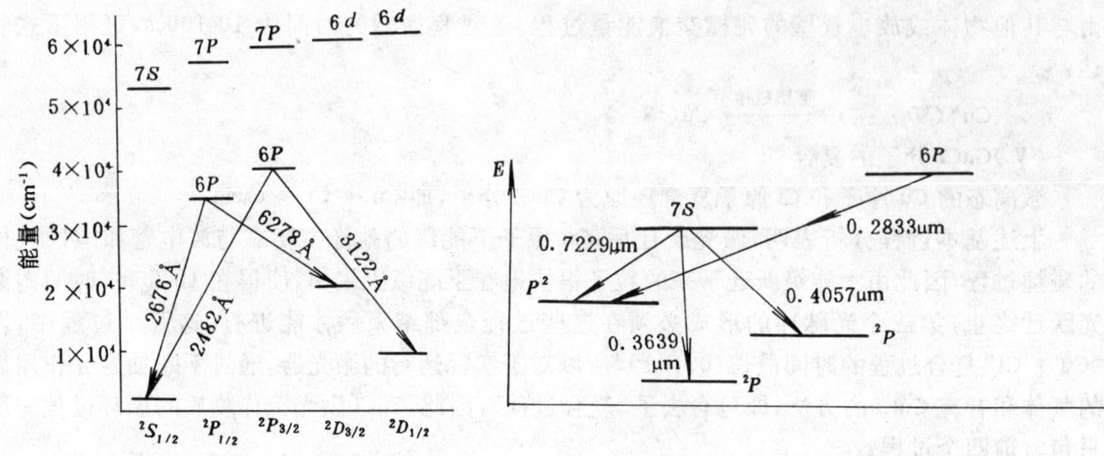

图 2-50　金原子能级与跃迁　　　　图 2-51　铅原子的能级与跃迁

现振荡的是 7229Å 线，此线的增益达 60dB/m，Pb 原子的激光上能级的寿命很短，最短的仅为 10ns，因此，要求放电激励速度非常快，才能在多数的跃迁中实现瞬态粒子数反转。铅蒸气原子激光器的激发机理和工作过程与铜原子激光器相似，其结构形式也类似。由于 *Pb* 原子激光器的工作温度比铜激光器要低，因此，放电管可采用石英玻璃管。目前，全热封闭式石英放电管 Pb 蒸气原子激光器的工作寿命已达数百小时，特别是采用 Pb ＋ *I* 混合的工作物质，其放电管的工作温度还可更低，工作寿命更长。

(3) 锶蒸气原子激光器

锶蒸气激光器输出的激光波长属于原子自终止跃迁的波长 $\lambda = 6456$Å，另外的 1.033μm、1.092μm、3066Å 和 3011Å 属于锶离子能级的跃迁。波长 6456Å 正处于水的吸收带，因此，这种激光器可被用作遥测当地大气湿度。图 2-52 是锶原子能级和激光跃迁图。

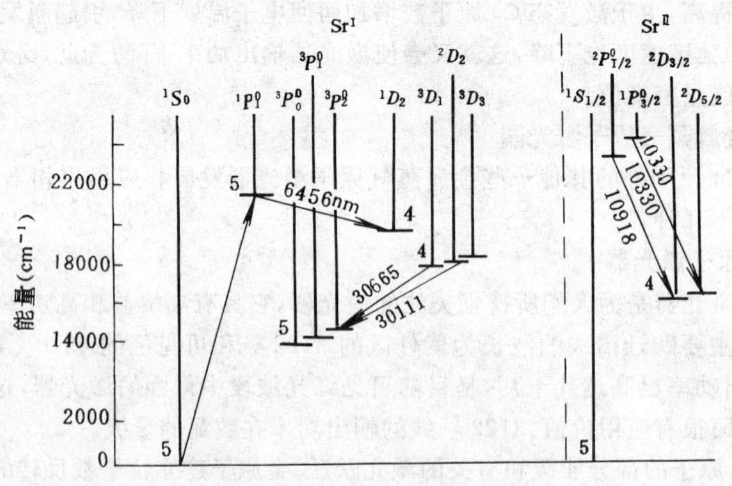

图 2-52　锶原子的能级与跃迁

激光放电管的结构是在石英管内加置氧化钡衬管，沿衬管放锶金属粒，用 He 和 Ne 气作缓冲气体，采用 Blumlein 电路放电泵浦。

激光器输出功率与放电管的工作温度有密切依赖关系，温度稍有变化，都会引起激光输出功率的大幅度波动，因此激光器结构中必须考虑到温度的控制。此外，缓冲气体的气压将影响振荡谱线的数目，例如，对于内径为 ∅7mm － 10mm 放电管，He 的气压为 13×10^3Pa 时，波长为 6456Å、1.033μm，1.092μm 的三条谱线发生激光振荡，而波长 3.011μm 线不出现。而且，He 或是 Ne 作缓冲气体，对激光输出功率也会有影响。

(4) 锰蒸气原子激光器

Mn 原子在 5 条绿线和 6 条红外线上都获得脉冲振荡：5 条绿线的波长（Å）是 5241、5420、5471、5517、5538；6 条红外线的波长(nm) 是 1299.0、1329.4、1331.9、1386.4、1342.7、1399.8。其中最主要的 5341Å 线，对应于 Mn 原子的$^6P_{7/2} \rightarrow {}^6D_{3/2}$ 能级的跃迁。锰激光器的缓冲气体为 He，且 He 气也如同在 He-Ne 激光器中一样，也起辅助气体的作用，在研究 Mn-He 混合物受激发射中，发现，Mn 与 He 原子的非弹性碰撞对 Mn 原子的受激发射有相当大影响，致使相互靠近的能级间激发转移而引起各跃迁线竞争，结果使得输出能量的 70% 以上集中于 5341Å 线。

Mn 原子激光器的激发机理和工作特性与铜激光器相类似，所以结构也相近。放电管工作温度 1300℃ 左右时，输出功率水平和频率重复率也相近。

第三章　分子激光器

分子气体激光器所产生的激光作用是没有电离的气体分子。近年来，分子激光器发展十分迅速，并受到广泛重视。分子激光器主要特点是，它们的电子基态的振 — 转能级非常接近基态，因而其能量转换效率很高，而且分子振动能级的激发截面一般都比较大，能够获得绝对值较高的粒子数反转值。因此，利用分子的振 — 转能级作为红外激光的工作系统，有可能获得高功率和高效率。

能够用作激光工作物质的分子种类相当多，主要有 CO_2、CO、N_2、O_2、N_2O、H_2O、H_2 等分子气体，以及准分子 XeF^*、KF^* 等。其中最典型的代表是 CO_2 分子激光器。本章将重点讨论普通型 CO_2 激光器和波导 CO_2 激光器，同时也介绍准分子、N_2 分子等具代表性的重要分子激光器。

第一节　普通型(封离型)二氧化碳激光器

CO_2 分子激光器是目前实际应用中最重要的激光器，其发展极为迅速，应用最为广泛，自1964年问世以来，封离型、流动型、气动型、大气压型、横向激励型、波导列阵型等各种形式的 CO_2 激光器相继出现，并已使其中的大部分器件实现系列化和商品化。CO_2 激光器的主要特点是输出功率和能量相当大、可连续波工作和脉冲工作。目前，连续波输出功率已达数十万瓦，2×10^4W 的连续波功率器件已成商品，是所有激光器中连续波输出功率最高的激光器。脉冲输出能量达数万焦耳，脉宽可压缩到毫微秒级，脉冲功率密度高达 10^{12}W，可以与高功率固体激光器的水平相媲美。CO_2 激光器的能量转换效率可高达 20 — 25%，是能量利用率最高的激光器之一。CO_2 激光器的输出谱带也相当丰富，主要波长分布在 9-11μm 区间，正好处于大气传输窗口，十分适宜于在制导、测距、通讯上的应用，以及用作激光武器。同时，用作研究物质在 10.6μm 区域内的非线性光学现象，和在工业加工(切割、焊接、热处理等)及激光医学(手术刀、探感器等)方面都具相当诱人的应用前景。

一、二氧化碳激光器的工作原理

1. CO_2 分子 的能级与能级的振 — 转跃迁

CO_2 分子是线性对称排列的 3 原子分子，它有一条对称轴 C_∞ 以及垂直于对称轴的对称平面。CO_2 分子所发射的 9-11μm 光谱，是由 CO_2 分子基电子态振 — 转能级的跃迁所产生的。

(1)CO_2 分子的基本振动模

基本振动模即是基本振动方式，通常认为：n 个质点就有 3n 个空间自由度，但对直线型结构的分子只存在 2 个转动自由度和(3n-5)个振动自由度。因此，CO_2 分子只有 2 个转动自由度和 4 个振动自由度。同时，CO_2 分子还是线性对称分子，(中间是碳原子，两边对称排列氧原子)，其基本振动方式可少于振动自由度，所以 CO_2 分子只有 3 种基本振动方式(也称简正振动)和 4 个振动自由度(其中一种振动方式有 2 个自由度)。图 3-1 表示了这 3 种基本振动方式。

(i) 反对称振动

组成 CO_2 分子的 3 个原子沿对称轴 C_∞ 振动，其中碳原子的振动方向与两个氧原子的运动方向相反。通常用 υ_3 来标记这种振动运动相应的振动频率，并称为 υ_3 振动模，其基振动角频率

$\omega_3 = \sqrt{(1 + \frac{2M_o}{M_c})\frac{k_3}{M_o}}$,式中,$M_c$、$M_o$ 分别是碳原子和氧原子质量,k_3 为力常数,其基振动频率波数 $\tilde{v}_{30} = 2349.3\text{cm}^{-1}$,相应的振动特征温度 $\theta_{30} = \frac{h\tilde{v}_{30}C}{k_3} = 3380\text{K}$。

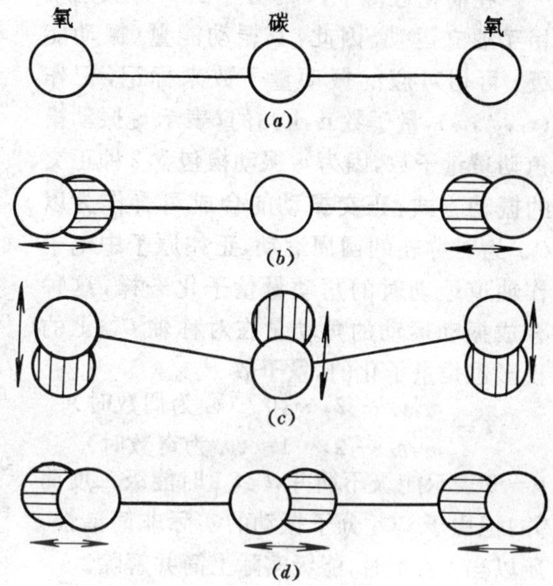

图 3-1 CO_2 分子振动模型

(ii) 对称振动

CO_2 分子的 3 个原子也是沿对称轴 C_∞ 振动的,但碳原子保持在平衡位置上,两个氧原子则同时向着或背着碳原子作振动,用 v_1 标记这种振动方式的振动频率,简称 v_1 振动模,其基振动角频率 $\omega_1 = \sqrt{\frac{k_1}{M_0}}$,$k_1$ 是力常数,M_0 为氧原子质量,其基振动频率波数为 $\tilde{v}_{10} = 1388.3\text{cm}^{-1}$,相应的振动特征温度 $\theta_{10} = 1960\text{K}$。

(iii) 形变振动

CO_2 分子的 3 个原子不沿对称轴 C_∞,而是沿垂直于对称轴振动,并且碳原子的运动方向与两个氧原子的运动方向相反,用 v_2 来标记这种振动频率,并简称 v_2 振动模,其基振动角频率 $\omega_2 = \sqrt{(1 + \frac{2M_0}{M_c})\frac{2k_2}{M_0}}$,$k_2$ 是力常数,其基振动频率 $\tilde{v}_{20} = 667.3\text{cm}^{-1}$,相应的特征振动温度 $\theta_2 = 980\text{K}$。v_2 振动模是二度简并的,相同的振动频率 v_2 对应于 2 种振动自由度:一是 3 个原子作上下形变振动;一种是作前后形变振动。只有在受到外作用时,这两种振动的能量 才会稍有不同,即此时才解除简并。

(2)CO_2 分子的振动能级

在简谐近似条件下,CO_2 分子的 3 种基本振动可看作为简谐振动,CO_2 分子的振动能量即可由相应的简谐振子的振动能量来描述:3 种不同的振动方式,使简谐振子处于不同的势能场 $V(r)$ 中,

$$V(r) = \frac{1}{2}k_i X_i^2 = \frac{1}{2}\mu_i\omega_i^2 x_i^2 \tag{3-1}$$

式中 $i = 1,2,3$,分别表示对称、形变和反对称振动,k_i 是振动力常数,$k_i = \mu_i\omega_i^2$,μ_i 是振子质量,ω_i 是振动角频率。X_i 是振动位移,把(3-1)式代入到描述粒子运动状态的波动方程

$$H\psi_i = E\psi_i \tag{3-2}$$

式中 H 是能量算符;ψ_i 是波函数;E 是 H 的本征值。即方程的解

$$E_i = (v_i + \frac{1}{2})hv_i \tag{3-3}$$

表示了振子的振动能量,式中 $v_i = 0,1,2,3\cdots$,称为振动量子数,由上式可见 $\triangle E_i = hv_i$,表示在一级近似下,同一种振动模中,相邻振动能级间的间隔是相等的,并且这三种振动模是相互独立的。

CO_2 分子的振动能级可用 2 种符号来标记,图 3-2 给予 CO_2 分子的部份由 2 种符号标记的能级。

(i) 用振动量子数(v_1,v_2^l,v_3)标记

在简化近似下，CO_2 分子的 3 种振动模相互独立运动。因此，其振动能量（振动能级）可用对应的振动量子数来标记，记作 (v_1, v_2^l, v_3)，量子数 v_2 上角的 l 表示 v_2 振动模角动量量子数，因为 v_2 振动模包含 2 种正交的振动方式，正交振动的合成可看作为以 C_∞ 为对称轴的圆周运动，正如原子中电子作轨道运动时的角动量量子化一样，这种合成振动运动的角动量在对称轴 C_∞ 上的投影也是量子化的，量子数

$$l = \begin{cases} v_2, v_2-2, \cdots, 0 & (v_2 \text{ 为偶数时}) \\ v_2, v_2-2, \cdots 1 & (v_2 \text{ 为奇数时}) \end{cases}$$

$l=0$ 表示能级不简并，$l \geqslant 1$ 时能级二度简并。但由于 CO_2 分子振动的实际非简谐性，所以当 $l>1$ 时，能级实际上简并解除。

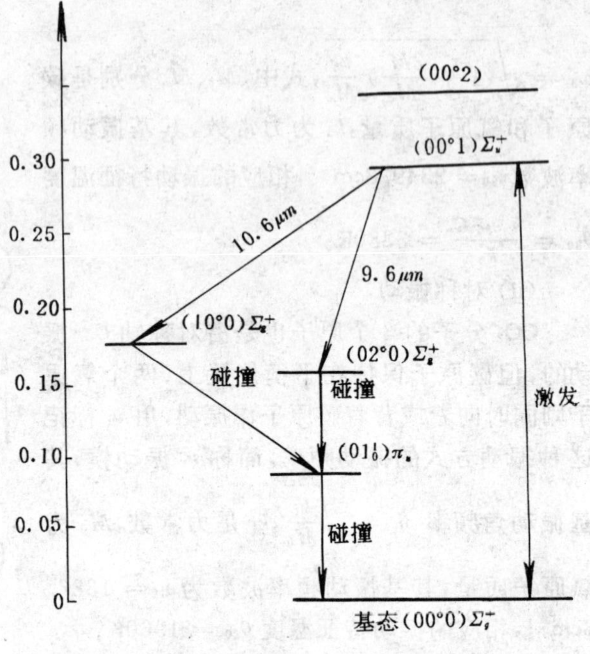

图 3-2 CO_2 分子部分能级跃迁图

(ii) 用振动模角动量量子数标记

CO_2 分子的振动能级也可以用相似于分子电子态的 Λ 命名法来标记，即

角动量量子数 $l=0,1,2,3\cdots$

能级标志符号为 $=\Sigma, \pi, \Delta, \Phi, \cdots$ 符号上角 +、− 和下角的 g、u 是表示能级对称性的记符；

“+”、“−”表示通过 CO_2 分子对称轴 C_∞ 任一平面作坐标反演时，振动态波函数的变化状态，反演后，状态不变，即为正态，记作“+”；反演后，状态变反，即为负态，记作“−”。

“g”“u”表示通过 CO_2 分子对称中心作坐标反演后，波函数的变化状态，反演后，状态不变，为偶态，记作“g”；反演后，状态改变，为奇态，记作“u”。

(3) CO_2 分子的振－转跃迁

根据分子的振动能级跃迁的选择定则，对于 CO_2 分子的 v_3 和 v_2 振动模，在振动时，分子的偶极矩发生变化，即产生偶极跃迁，而观察到发射光谱，在一级近似下，应遵守：$\Delta v = \pm 1$，而对于 v_1 振动模，由于振动时分子的偶极矩不发生变化，即不产生偶极跃迁，而不能直接观察到振动光谱。

由于 CO_2 分子的线性对称性质，其振动能级的跃迁还应遵守对称性选择定则，即

跃迁只能在正、负态之间，同态为不允许

$+ \leftarrow \rightarrow -$，　$+ \leftarrow$、$\rightarrow +$，　$- \leftarrow$、$\rightarrow -$

跃迁只能在偶、奇态之间，同态为不允许

$u \leftarrow \rightarrow g$，　$u \leftarrow$、$\rightarrow u$，　$g \leftarrow$、$\rightarrow g$

此外，还要求：$\Delta l = 0, \pm 1$

据分子光谱理论，分子振动能级间的跃迁，必定伴随着转动能级间的跃迁，产生带状光谱，即振－转光谱，振－转跃迁的选择定则为

对振动能级：$\Delta v = 0, \pm 1$

对转动能级：$\Delta J = 0, \pm 1$

这里，J 是 CO_2 分子的转动能级量子数，J 的取值为 $0,1,2,3,\cdots$。处于某种振动状态的 CO_2 分

子转动时，具有不同的转动能量，即形成转动能级，其转动能级也是量子化的：

$$E_r = hcBJ(J+1) \tag{3-4}$$

式中，B 为转动常数，$B = 0.3925\text{cm}^{-1}$。

振一转跃迁选择定则规定：

$\Delta J = +1$，称为 R 支跃迁

$\Delta J = -1$，称为 P 支跃迁

$\Delta J = 0$，称为 Q 支跃迁，由于 CO_2 分子的对称性质，Q 支跃迁不存在。

(4)CO_2 分子转动能级的缺位

图 3-3 给出 CO_2 分子 00°1 → 10°0 两能级间的振－转跃迁的 R 支与 P 支谱线的标记方法，由图可见，在 00°1(Σ_u^+) 振动能级上，只有 J 为奇数的转动能级；在 10°0(Σ_g^+) 振动能级上只有 J 为偶数的转动能级，即 CO_2 分子的各个振动能级上并非存在有全体的转动能级，这称为转动能级的缺位，原因是分子态波函数对称性的要求。

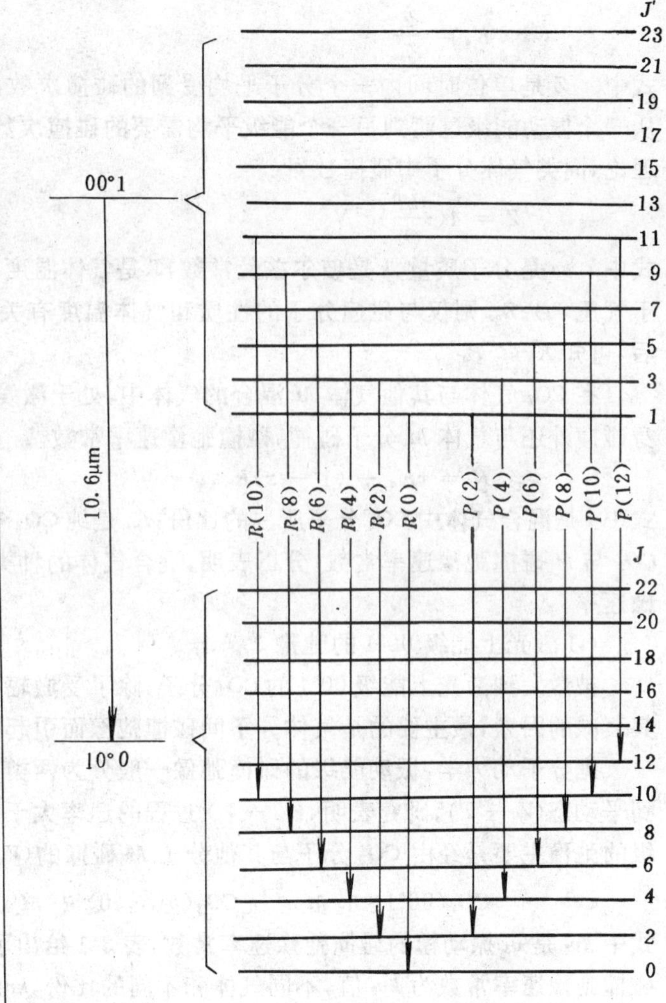

图 3-3 CO_2 分子 00°1 和 10°0 的振－转能级及跃迁

在一级近似下，分子态总的波函数 ψ 可由四个运动态波函数之积来表示

$$\psi = \frac{1}{r}\psi_l\psi_v\psi_r\psi_s$$

式中，ψ_e、ψ_s、ψ_v 和 ψ_r 分别为电子态、自旋态、振动态和转动态波函数；r 是碳、氧核间距。由于 CO_2 分子是线性对称分子，其总的波函数 ψ 是对称的，又因为，振一转跃迁是处于基电子态，所以 ψ_e 是对称的。CO_2 分子的总自旋量子数 $s = 0$，所以 ψ_s 也是对称的。对于振动能级 00°1(E_u^{+1})，ψ_v 是反对称的，对于 10°0(Σ_g^+)，ψ_v 是对称的，对于转动能级，J 为奇数时，ψ_r 是反对称的，J 为偶数时，ψ_r 是对称的。

综上所述，要使 ψ 保持对称，$\psi_r\psi_v$ 必须同时是对称，是或同时是反对称的，所以，在奇态的振动能级上只有 J 为奇数的转动能级，在偶态的振动能级上只有 J 为偶数的转动能级。

2. 粒子数反转过程

CO_2 激光器输出的两条最强的振－转光谱带是(00°1)→(10°0)跃迁的波长 10μm－11μm 的谱带和(00°1)→(02°0)跃迁的波长 9μm-10μm 的谱带，包括一百多条分立的振荡谱线。激光

上能级是 00°1 能级，激光下能级是 10°0 能级和 02°0 能级。

可以用量子力学方法计算出与激光跃迁有关能级的自发辐射寿命，它们分别是：能级(00°1)为 2.4×10^{-3} 秒，能级(10°0)为 1.1 秒，能级(02°0)为 1.0 秒，(能级 01^10)为 1.1 秒。可见，在上、下激光能级粒子数反转过程中，自发辐射过程并不起主导作用，理论分析和实验研究表明，起主导作用的是分子间的碰撞激发和弛豫过程。

(1)CO_2 分子振动能级的弛豫过程

在纯 CO_2 气体中，振动能级的碰撞弛豫速率

$$K_a=\frac{Z}{Z_{aa}} \tag{3-5}$$

式中　Z 是单位时间内一个分子平均受到的碰撞次数；Z_{aa} 是在同类分子碰撞中，使一个分子从一个振动能级过渡到另一个能级平均需要的碰撞次数，称为有效碰撞数目。据气体分子碰撞理论，同类气体分子中碰撞数目

$$Z=4(\frac{\pi kT}{m})\sigma^2N \tag{3-6}$$

式中　m 是分子质量，k 是玻尔兹曼常数，T 是气体温度；σ^2 是碰撞截面；N 是分子密度(即对应于气压 P_a)。Z_{aa} 则仅与碰撞分子的性质和气体温度有关，与气压 P_a 无关。因此，比较上述二式后，可知 $K_a\propto P_a$

在 CO_2 气体与其他气体 M 混合的气体中，处于激发态的 CO_2 分子除了与 CO_2 气体分子本身碰撞外还与气体 M 分子碰撞，碰撞弛豫速率常数

$$K=xK_a+(1-x)K_{a-M} \tag{3-7}$$

式中 x 是混合气体中 CO_2 分子所占的比份；K_a 是纯 CO_2 气体的互相碰撞弛豫速率常数；K_{a-M} 是 CO_2 与 M 碰撞弛豫速率常数。分析表明，混合气体的种类和比份将影响到 CO_2 分子振动能级弛豫速率。

(i) 激光上能级 00°1 的弛豫

被激发到激光上能级 00°1 的 CO_2 分子，除了受激辐射跃迁到激光下能级外，还存在其他使其衰减的因素，最主要的是气体分子间碰撞弛豫而引起的消激发。

据分子动力学，振动能级的碰撞弛豫一般分为两类，即振动态到振动态($V-V$)和振动态到平动态($V-T$)。研究表明，($V-V$)过程的速率大于($V-T$)过程的速率。CO_2 分子 00°1 能级的弛豫主要是经由 CO_2 分子与其他分子 M 碰撞的($V-V$)过程，即

$$CO_2(00^\circ1)+M\xrightarrow{kv_3}CO_2(v_1,v_2^l,0)+M'+\Delta E(\text{平动}) \tag{3-8}$$

式中 kv_3 是 v_3 振动模的碰撞弛豫速率常数，表 3-1 给出了某些气体温度在 300K 时使 00^01 能级碰撞弛豫速率常数为 kv_3 值，不同气体和不同的比份，kv_3 值会有很大差异，特别是 H_2 和 H_2O 分子对(00°1)的消激发速度非常快。当 H_2 含量超过 1 乇时，$CO_2(00^01)$ 的寿命就短于自发辐射所决定的值。而 He、N_2 和 Xe 气对 CO_2 的 00^01 能级的消激发速率比较低，当 He、N_2 气压小于 8 乇，Xe 气气压小于 1 乇时，对 00^01 能级寿命的影响可以略去。这表明，合理地控制空气成份和气压比，可使 CO_2 分子 00^01 能级的由碰撞引起的消激发速率减小到尽可能小的程度。

表 3-1　$CO_2(00^01)$ 的消激发常数 K_{v3}(300K)

混合气体	p_{CO_2}(托)	$p_{其他}$(托)	k_{v3}(托$^{-1}$秒$^{-1}$)
CO_2	1～8	——	370
CO_2-H_2	3	0.5～3.0	4.2×10^3
CO_2-H_2O	2	0.05	3.4×10^4
CO_2-N_2	1	1～7	110
CO_2-CO	2	1～5	193
CO_2-He	1	1～8	0～60
CO_2-Xe	2	0.1～1.0	0～40

(ii) 激光下能级 10^00 和 02^00 能级的弛豫

CO_2 分子的 10^00 能级的波函数和 02^00 能级的波函数是处于费米共振状态，它们的能量十分接近(仅差几十个波数)，能级相互混合，而形成 2 个混合态$(10°0,02°0)'$ 和$(10°0,02°0)''$，这两个能态与基态之间的偶极跃迁是禁戒的，因而处于这两个混合态的 CO_2 分子主要靠经由与基态 CO_2 分子或其他气体分子的(V-V) 过程迅速地弛豫到 $01'0$ 能级，即

$$
\begin{aligned}
&(10°0,02°0)' + CO_2(00°0) \xrightarrow{k'_{v_2,v_1}} 2CO_2(01'0) - 50\text{cm}^{-1} \\
&(10°0,02°0)'' + CO_2(00°0) \xrightarrow{k''_{v_2,v_1}} 2CO_2(01'0) + 50\text{cm}^{-1}
\end{aligned}
\tag{3-9}
$$

表 3-2 给出了 CO_2 分子这两个能态与几种气体碰撞的弛豫速率 k_{v_2,v_1}。

表 3-2　$CO_2(10°0,02°0)'$、$(10°0,02°0)''$ 的碰撞弛豫速率

混合气体	p_{CO2}(托)	p_M(托)	$k_{v_2v_1}$(托$^{-1}$·秒$^{-1}$)
CO_2	1～8	——	2.2×10^3
CO_2-H_2	3	0.5～3.0	3.3×10^4
CO_2-H_2O	2	0.05	1.2×10^6
CO_2-N_2	1	1～7	26
CO_2-He	1	1～8	4.7×10^3
CO_2-Xe	2	0.1～1.0	5×10^3
CO_2-CO	2	1～5	4.1×10^3

(iii) $CO_2(01'0)$ 能级的弛豫

CO_2 分子从 $01'0$ 态到基态的弛豫是(V-T) 过程，总体上讲弛豫速率小于(V-V) 过程，$01'0$ 能级的弛豫也是靠与基态 CO_2 分子和其他分子碰撞，或扩散到放电管与管壁碰撞来实现，即

$$
\begin{aligned}
&CO_2(01'0) + CO_2(00°0) \xrightarrow{kv_1} 2CO_2(00°0) + 667\text{cm}^{-1} \\
&CO_2(01'0) + M \longrightarrow CO_2(00°0) + \Delta E
\end{aligned}
\tag{3-10}
$$

式中 M 代表其他分子或管壁。表 3-3 列出 $CO_2(01'0)$ 能级的碰撞弛豫速率 kv_1，由表可见，在纯 CO_2 分体分子的碰撞中，$01'0$ 弛豫到 $00°0$ 的速率比 $10°0$ 弛豫到 $01'0$ 的速率低得多，因此，$01'0$ 能级上的粒子将被"堆积"起来。由于(3-9)式所示的过程是可逆的，这又使得 $10°0$ 和 $02°0$ 能级上的粒子数增加，而造成激光上、下能级间的反转粒子数密度下降，即所谓"瓶颈" 效应，瓶颈效应对激光器的运转很不利。因此，加速 $01'0$ 能级的排空是提高 CO_2 激光器输出功率的关键所

在，对于封离型 CO_2 激光器，最常采用的方法是添加辅助气体，表 3-3 所列的数据表明，利用辅助气体分子的碰撞，可使 01′0 能级的弛豫大大加快，特别是 H_2O、H_2 和 CO 气体的影响最大，但由于它们对 00°1 能级的消激发作用也很大，因此加入量有严格的限制，而使得所起总的作用变得有限，He 对 01′0 能级的影响虽不及 H_2O 和 H_2，但对 00°1 的影响也小，为此，He 的加入量可以较大，而成为 CO_2 激光器的主要辅助气体。

表 3-3 CO_2(01′0) 的弛豫速率常数 kv_1

气体	k_{v_1}(毛$^{-1}$，秒$^{-1}$)
CO_2	194
CO_2-H_2	6.5×10^4
CO_2-H_2O	4.5×10^5
CO_2-CO	2.5×10^4
CO_2-N_2	6.5×10^2
CO_2-He	3.27×10^3

(2) CO_2 分子振动能级的激发过程

CO_2 分子激光上能级 00°1 的激发主要有如下几种过程：

(i) 电子碰撞激发

CO_2 分子的电子直接碰撞激发截面大小与电子的能量有紧密的依赖关系，具有适当能量的慢速电子与基态 CO_2 分子进行非弹性碰撞，直接将 CO_2 分子由基态激发到 00°1 态：

$$CO_2(00°0) + e \rightarrow CO_2^*(00°1) + e'$$

图 3-4 表示 CO_2 分子几个振动能级的电子碰撞激发截面 σ 与电子能量的关系。由图所示结果表明，00°1 能级与 01′0 能级的电子碰撞截面十分靠近，且有相当的重迭区域，使得在由电子碰撞激发 00°1 能级的同时，往往也激发了相当的 01′0 能级。因此，为使得电子激发有利于 00°1 能级，并减少对 01′0 能级的激发，则应把电子能量提高到 1eV 以上，这样，虽然 00°1 能级的激发截面降低了，但 01′0 能级的截面降得更多，例如，对于 1.9eV 的电子能量，两能级的激发截面之比 $\sigma_{010}/\sigma_{001}\approx0.35$。但，当电子能量过高时，会使 CO_2 分子的电离分解加剧，因此合适的电子能量范围在 1-3eV 之间。

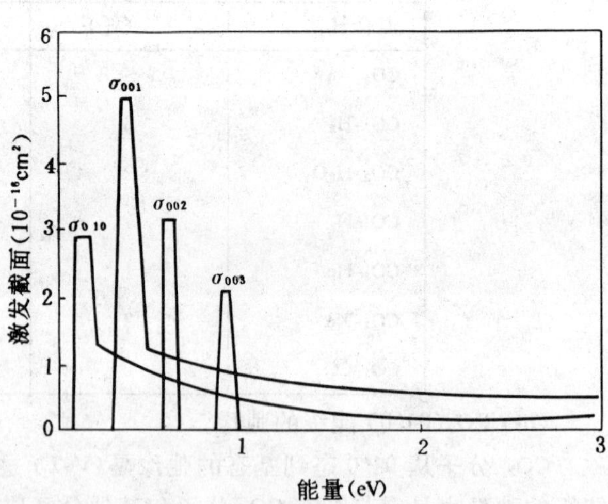

图 3-4 CO_2 分子分子几个振动能级的电子激发截面与电子能量的关系

(ii) 串级跃迁激发

直接电子碰撞激发还能使部分 CO_2 分子激发到比 00°1 更高的能级上，如 00°2，00°3，00°4，……，处于这些能级的 CO_2 分子会逐级迅速地跃迁到 00°1 能级，并把逐级降低时发出的能量转移给基态 CO_2 分子，使基态 CO_2 分子激发跃迁到 00°1 态，此过程具有共振性质，能量转移率很高，可用式表达如下。

$CO_2(00^\circ 0) + e \rightarrow CO_2^*(00^\circ v_3) + e'$

$CO_2^*(00^\circ v_3) + CO_2(00^\circ 0) \rightarrow CO_2^*(00^\circ v_3 - 1) + CO_2^*(00^\circ 1)$

(iii) 共振转移激发

CO_2 分子激光上能级 $00^\circ 1$ 激发的最重要过程是基态 CO_2 分子与激发态 N_2 分子的共振激发能量转移过程。N_2 分子的激发振动态 $N_2^*(v = 1,2,3,\cdots)$ 的固有偶极矩为零，所以寿命很长，并且 N_2^* 与 $CO_2^*(00^\circ v_3)$ 的能量差很小，它们之间极易发生能量的共振转移，实际上形成为 $N_2(v = 1)$ 和 $CO_2(00^\circ 1)$ 的混合态，使得 $CO_2(00^\circ 1)$ 寿命几乎提高一倍。其共振转移激发过程如下：

$$N_2^*(v = 1,2,3,\cdots) + CO_2(00^\circ 0) \rightarrow N_2(v = 0) + CO_2^*(00^\circ v_3) \pm 18\text{cm}^{-1}$$

然后 $CO_2^*(00^\circ v_3)$ 再逐级跃迁到 $CO_2^*(00^\circ 1)$。

N_2 分子的电子碰撞激发截面对电子能量的依赖性不象 CO_2 分子那么强烈，因此，只需把电子能量控制于 1 － 3eV 内，就可基本避开 CO_2 分子两个激发截面 $\sigma_{00^\circ 1}$ 和 $\sigma_{01^1 0}$ 的竞争，并且通过 N_2^* 的共振转移，而使得 70% 以上的实际电子能量被用于 $CO_2(00^\circ 1)$ 能级的激发。

二、普通(封离型)CO_2 激光器的工作特性

1. 基本结构

普通型(也称封离型)CO_2 激光器是指工作气体如 He-Ne 激光器一样被密封于放电管内，CO_2 激光器的构型很多，除密封离型外，还有流动型、气动型等。封离型 CO_2 激光器结构紧凑可靠，使用方便，制作简单、成本低，但由于封离型器件的输出功率为每米几十瓦量级，远低于流动型或气动型器件，通常的封离型器件的输出功率范围多不大于 200 瓦。

同 He-Ne 激光器一样，封离型 CO_2 激光器的基本结构也分为全内腔、半内腔和全外腔三种。图 3-5 是全内腔和半内腔纵向放电激励封离型连续 CO_2 激光器的典型结构。

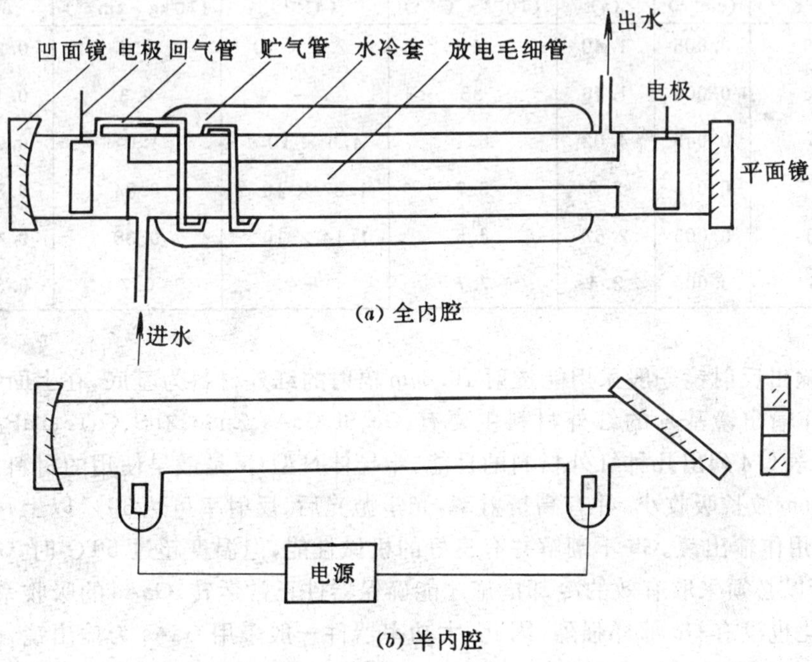

图 3-5　纵向放电封离型 CO_2 激光器的典型结构

(1) 放电管、水冷套、储气套和回气管

封离型 CO_2 激光器通常为三层套管结构，最里面的是放电毛细管，大多采用硬质玻璃(如GG17)制成，对于有特殊要求(要求输出功率和频率稳定性好)的器件，也采用石英玻璃管。CO_2 激光器的工作气压和放电电流都高于He-Ne激光器，激光管工作时，需对放电毛细管冷却，以防止发热而影响激光器的输出功率和使用寿命。最外一层是储气套，它的作用是增大工作气体的体积，提高器件的输出功率稳定性和延长器件的使用寿命。贮气套与放电管之间通过一根回气管连通。

回气管的作用是为了消除或减轻气体放电过程中的"电泳"现象，在直流放电激励的气体放电过程中，由于管壁的双极扩散效应，在气体内部会产生一种使气体从阴极向阳极的迁移的力，而使得阳极端气压高于阴极端气压，并沿放电管形成气体密度梯度分布，即所谓"电泳"，电泳的存在，会引起放电不稳定，使激光功率产生波动。回气管是连通阳极和阴极回路以平衡阳极和阴极之间气压差，就提高回气效果来说，回气管应做得粗短一些，但为防止在回气管中产生气体放电，则又要求回气管细长一些，，因此在激光管的制作中，对这两个参数必须加以合适的选择。

(2) 谐振腔结构

CO_2 激光器的谐振腔最多采用大曲率半径的平－凹腔构型，以增大模体积和输出功率，由于 CO_2 激光器的增益较高，大曲率半径谐振腔的高调整精度已不是主要矛盾。

谐振腔的全反镜一般是以光学玻璃或金属片为基底，表面镀金膜，金膜反射镜在 10.6μm 附近的反射率达 98% 以上，大功率器件或大能量脉冲器件，特别强调采用金属材料基底的镜片，如铜或不锈钢材料，金属基底反射镜导热性能好，可避免器件高同功率运转时对镜片的热损伤和热形变。

表 3-4　几种红外材料的性能　在 10.6μm 附近)

材料	导热系数 (W·cm^{-1}K^{-1})	吸收系数 (cm^{-1})	折射率 (n)	热胀系数 (10^{-6}·℃$^{-1}$)	d_n/dT (℃$^{-1}$)	杨氏模量 (10^4kg·cm^{-2})	泊松比
NaCl	0.065	0.005	1.40	44	-2.5×10^{-5}	0.4	0.20
KCl	0.066	0.003	1.46	36	—	0.3	0.13
Ge	0.59	0.045	4.02	6.1	4.6×10^{-4}	1.01	0.27
GaAs	0.37	0.015	3.3	5.7	1.87×10^{-4}	0.84	0.33
CdTe	0.041	0.006	2.67	4.5	1.14×10^{-4}	0.38	0.40
ZnSe	0.13	0.005	2.4	7.7	—	0.7	0.37

谐振腔的输出反射镜一般采用能透射 10.6μm 辐射的红外材料为基底，在上面镀多层介质膜而制成，用作输出镜基片的红外材料主要有：Ge、Si、GaAs、ZnSe、ZnS、CdTe、BaF_2、CaF_2 以及KCl和NaCl等，表3-4列出几种红外材料的性能，半导体N型Ge是最早使用的材料，在室温下，N型Ge对10.6μm波长吸收小，并有高折射率，光学抛光后，反射率可达60%以上，一般不用再镀 介质膜即可用作输出镜。Ge不潮解并有良好的机械性能，但温度超过 50℃ 时，Ge的吸收系数急剧上升，所以必须采取有效的冷却措施才能确保器件正常运转。GaAs的吸收系数也很小，并随温度的变化也没有Ge那样强烈，因此，大功率器件一般采用GaAs为输出镜，但它的价格比Ge高得多。NaCl和KCl材料对10.6μm的吸收系数最小，但它们极易潮解，机械性能也差，并且光学加工难度高，工作过程中易破裂。ZnSe和ZnS是目前较理想的红外材料，它们由气相沉

积法制备，较易获得大块晶体材料，吸收系数也相当小，导热性能较好，不潮解，化学稳定性和机械性能也都较好，且对可见光也部分透明，便利于谐振腔的装调，因此它们被广泛采用。目前，激光管的布氏密封窗片也采用 ZnSe 或 ZnS 材料。

(3) 电极结构和电极材料

CO_2 激光器一般采用冷阴极，形状为圆筒形，阴极材料的选用，对激光器的寿命有很大影响，对阴极材料的基本要求是：溅射率低，气体吸收率小，常用的金属材料有镍、铝、铜、银铜合金，钽以及不锈钢等。

在气体放电过程中，会有部分 CO_2 分子被离解为 O_2 和 CO，这是影响 CO_2 激光器输出功率和寿命的主要因素之一。当采用镍材料的电极时，被离解的 O_2 和 CO 会与 Ni 反应，在电极表面形成 NiO、$Ni(CO)_4$ 和碳酸盐的 $CO_3^=$ 络合物。这些化合物在 300℃ 条件下会再生成 CO_2，而减少了 CO_2 的离解率。铜在 CO 与 O_2 反应形成 CO_2 的过程中有"催化作用"，但要求工作气体的组份为 $CO_2 + CO + He + Xe$，在这种组份中，铜电极能有效地降低 CO_2 气体的损耗速率。银铜合金 (Ag − 95%，Cu − 5%) 是较好的阴极材料，银铜合金经氧化处理后，一部分铜变成氧化铜，在激光器的工作过程中它慢慢地分解出氧来 ($4CuO \rightleftharpoons 2Cu_2O + O_2$)，而银在高温下对氧是透明的，由 CuO 析出的 O_2 可渗透出来，补充管内损失的氧，采用这种电极的激光器，寿命已超过一万小时。

特定组份的不锈钢是近年来被采用的新型的阴极材料，它在气体放电中使 CO 和 O_2 反应形成 CO_2 分子的催化作用和催化机制与银铜合金相类似。不锈钢组份对激光器的工作寿命有明显的关系，实验表明，最好的组份是 Fe − Cr − Ni − Si − Mn 为 69 − 18 − 10 − 1 − 2，不锈钢材料的电极特别适用于做高气压封离型波导 CO_2 激光器的阴极。在气压 100 乇的 $CO_2 - N_2 - He$ 混合气体、6mA 的工作电流时，激光器的工作寿命可超过一万小时。

提高封离型 CO_2 激光器工作寿命主要途径是降低 CO_2 分子的离解速率和对 $O_2 + CO$ 合成的促复催化，除选择电极材料的措施外，目前还采用附加气体促复和附加固体催化剂促复的方法，用作促复的气体主要有 H_2 和 CO，H_2 的促复机制：

$$H_2 + O \longrightarrow HO + O, HO + CO \longrightarrow CO_2 + H$$

CO 的促复机制；$CO_2 \rightleftharpoons CO + O$，是可逆过程，当 CO 含量增大时，平衡式向左移。固体催化剂的催化机制相类似于阴极材料的催化作用，固体催化剂的材料有 Pt、Pd、Ag 等金属，$Al_2O_3 + Pt$，$Sn + Pd$，$CuO + MnO_2$ 多孔陶瓷等。在 Al_2O_3 中掺入适量 Pt 的陶瓷小球是最常用的固体催化剂，固体催化剂需加温到 250℃ 时才有催化作用，因此催化室与放电管之间通道中应设置冷却系统。多孔陶瓷、玻璃、石墨等材料具有相当大的表面而呈现大的物理和化学的吸附作用，促使 $CO + O \longrightarrow CO_2$ 复合反应的几率和速度大大增加，而起到促复作用，因此，工作时，不必加温催化剂，称为常温固体催化剂。

(4) 激光器电源

连续 CO_2 激光器大多采用直流辉光放电的激励电源，图 3-6 为电源简图，直流高压电源能提供数万伏的电压。由于辉光放电的负阻特性，放电电路中必须串联限流电阻才能使放电稳定和激光管免受损坏，限流电阻的阻值约为放电管等效阻抗的几分之几，限流电阻越大，放电越稳定，但功率消耗增大。作为一个实例，长度为 1 米、内径为 10mm 的放电管的等效内阻抗约为 600K，相应的限流电阻达 200K 左右。

2. 封离型 CO_2 激光器的工作特性

(1) 增益系数和饱和光强

增益系数 g_0 和饱和光强 I_s 是激光器的二个重要参量，g_0、I_s 乘积值大则表示工作介质具有大的放大系数，并且可允许强光通过放大介质而不致使增益有明显的下降，因而激光器有大的输出功率。

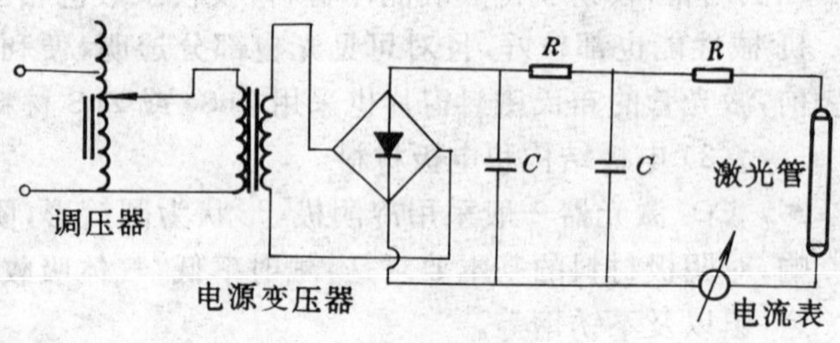

图 3-6 CO_2 激光器激励电源

要求算出增益系数和饱和光强，必须定量计算出 CO_2 分子激光上、下能级上的粒子数，由于在含有多种混合气体的粒子数反转中，包含着大量的复杂过程，精确处理相当繁复，这里仅作一般定性的分析。

封离型 CO_2 激光器的工作气压在几乇到几十乇范围，谱线加宽属综合加宽线型，中心频率 v_0 处的小信号增益系数 g_0 为

$$g_0(v_0)=\sigma(v_0)(N_2-N_1\frac{g_2}{g_1}) \tag{3-11}$$

式中 $\sigma(v_0)$ 为受激发射截面，N_2、N_1 是上下能级粒子数密度。g_2、g_1 是上、下能级统计数重。受激发射截面 $\sigma(v_0)$ 是分析和计算 CO_2 分子的辐射 和碰撞过程一个必需知道的确切参量。若已知 $\sigma(v_0)$ 值，即可计算出谱线中心增益 g_0、粒子数反转密度 ΔN、谱线加宽 Δv 等一系列跃迁强度参量。浙江大学科研人员近来曾对 CO_2 分子一些常规跃迁线的激发发射截面 σ_{v_0} 进行了研究，测量出一系列确切的 $\sigma_{(v_0)}$ 值* 对于某一支跃迁线，$\sigma_{(v_0)}$ 值与粒子数反转 ΔN 无关，而与气压 P 和气体温度 T_g 有关。激光上、下能级 N_2，N_1 是与电子密度 n_e、气体温合比、上下能级的弛豫速率等参量密切相关。

(i) 增益系数 g_0 与气体温度 T_8、电子密度 n_e 的关系

图 3-7 给出根据分子动力学模计算的在各种电子密度下，g_0 与温度 T_g 的关系曲线。曲线表明：在恒定温度 T_g 下，电子密度 n_e 提高，增益 g_0 也增大；在恒定电子密度 n_e 下，气体温度 T_g 越低，增益 g_0 越大。

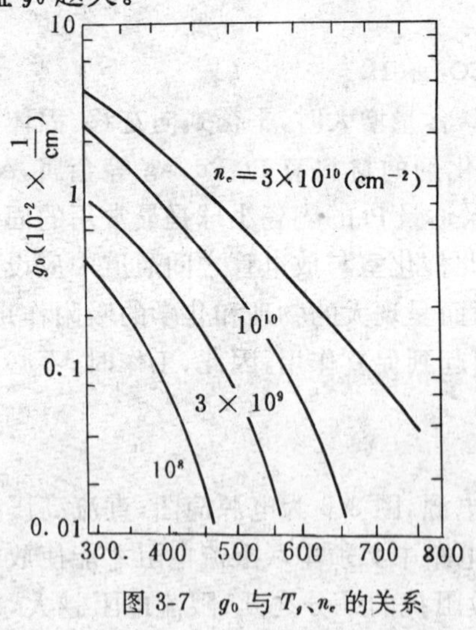

图 3-7 g_0 与 T_g、n_e 的关系

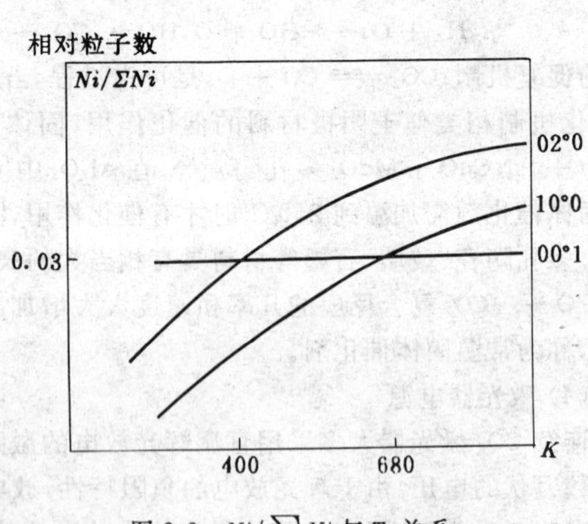

图 3-8 $Ni/\sum Ni$ 与 T_g 关系

图 3-8 为 CO_2 分子的某些振动能级的相对粒子数 $N_i/\Sigma N_i$ 与气体温度的依赖关系，纵坐标

* "中国激光"Vol. 15 No. 4，1988，P221 — 226

$N_i/\Sigma N_i$ 表示某能级粒子数与总粒子数之比，并假定由于 N_2 分子的共振转移，在 00^01 能级上的相对粒子保持在 3%。由图可见，气体温度较低时（小于 400K）00^01 与 02^00、10^00 能级间具有较大的粒子数反转分布。当 T 大于 400K 时，仅在 00^01 与 10^00 间有粒子数反转分布，这就是通常所观察的 00^01-10^00 的跃迁压倒 $00^01\rightarrow02^00$ 跃迁的原因。

(ii) 增益 g_0 与放电管管径 d 的关系

由于 CO_2 分子激光能级的振一转跃迁中的 01^10 能级的"瓶颈"效应，激光器的增益系数 g_0 在很大程度上为 01^10 能级与管壁的碰撞弛豫过程所限制。一般认为：

振动态（01^10）到基态（00^00）的（$V-T$）过程特征时间 = 分子扩散到放电管壁的特征时间 τ_D。

设放电管内径为 d，气体分子运动的平均自由程为 λ，气体分子的热运动速度为 v_t，则据分子运动论，有

$$\tau_D=\frac{d^2}{\lambda v_t} \tag{3-12}$$

单位体积内，可获得的最大输出功率

$$P_L \alpha \frac{\rho}{\tau_D}=\rho\cdot\lambda v_t/d^2 \tag{3-13}$$

式中 ρ 是工作气体密度。(3-13) 式表明，气体密度 ρ 提高所导致的输出功率 P_L 的正效应，与因 ρ 提高而使自由程 λ 减小并导致 P_L 下降的负效应所抵消；同时，放电管径 d 的提高，使介质模体积的增大而导致 P_L 增加的正效应，也将由 d 的提高而导致 P_L 下降的负效应所抵消。因此，激光器 不仅有一个最合适的工作气压，而且，增益 g_0 与放电管内径 d 无明显的依赖关系，根据大量的实验研究数据，在最佳的工作条件下，封离型 CO_2 激光器的小信号增益系数有如下的经验公式：

$$g_0=0.012-0.0025d \quad (\text{cm}^{-1}) \tag{3-14}$$

公式的适用放电管管径范围是 $0.4\leqslant d\leqslant3.4$(cm)。

CO_2 激光器的饱和光强 I_s 依赖于工作物质的增益饱和效应，一般的表示式为

$$I_s=hv/\sigma_{(v_0)}(\tau_2+\tau_1) \tag{3-15}$$

式中 $\sigma(v_0)$ 是受激发射截面，τ_2、τ_1 分别是上、下能级的寿命。影响饱和光强 I_s 的因素很多，实验研究表明，电子密度 n_e 和气体温度 T_g 升高都将导致 I_s 增大，这是由于 n_e 和 T_g 的上升使激光上、下能级寿命 τ_2、τ_1 缩短的缘故；工作气压的增高也会导致 I_s 的增加，这是因为上、下能级的弛豫速率和谱线宽度都是随气压的增加而增加的缘故。此外，I_s 还与放电管管径等参量有关。

上述分析表明，I_s 值与激光器工作条件有关，激光器的 I_s 值通常由实验方法测出，对于小功率的封离型 CO_2 激光器，I_s 值有如下经验公式

$$I_s=72/d^2 \quad (\text{W/cm}^2) \tag{3-16}$$

放电管直径 d 的取值范围是 $0.4\leqslant d\leqslant2$(cm)。

(2) 气体成份与气压

为提高输出功率，CO_2 激光器中工作气体除 CO_2 外，还充入多种辅助气体，其作用是提高激光上能级 00^01 的激发速率和加速激光下能级 10^00、02^00 以及 01^10 能级的弛豫。实验研究表明，与上述过程有效的辅助气体有 N_2、CO、He、H_2、H_2O、Xe 等，通常将混合组份分为含 N_2 和含 CO 的两种组份。

含 N_2 的组份为 $CO_2+N_2+He+Xe+H_2$，这种组份的输出功率较大，放电电极材料为镍、不锈钢等，含 CO 的组份为 $CO_2+CO+He+Xe$，采用纯铜或银铜合金材料的阴极，有利于提高

激光的工作寿命，但输出功率稍低于前者。

气体组份的混合比对输出功率有很大影响。放电管管径较小时，N_2和He的含量应低一些，放电管管经较大时N_2和He的含量要高些。Xe和H_2的含量要很低，分别为CO_2含量的40%和10%左右。当放电管内径小于8～7mm时，CO_2的含量应大于N_2的含量。作为两个典型的实例，有如下的混合比例：

放电管内径	混合比例
20(mm)	$CO_2:N_2:He:Xe:H_2=1:2.5:10:0.6:0.1$
14(mm)	$CO_2:N_2:He:Xe:H_2:=1:1.5:8:0.3:0.05$

CO_2激光器有个最佳充气总气压，原因是气压升高虽然可使激活粒子增多而增加输出功率，但气压升高的同时，输入功率亦要增加，从而使气体温度升高而导致输出功率的下降。实验表明，最佳气压与放电管内径有关，它们的乘积近于为一常数。对于直流放电激发：

$P_{opt}d=23\sim26$ 乇·厘米（不加H_2或H_2O）

$P_{opt}d=19\sim22$ 乇·厘米（加约0.3乇Xe）

各种气体成分的作用介绍如下：

(*i*) 氮　N_2是CO_2激光器的最主要的辅助气体，其主要作用除增大CO_2分子$00^\circ1$能级的激发速率外，还有增加$01'0$能级的弛豫速率的作用。加入适量N_2后，输出功率明显提高，但N_2含量亦不能过高，因为总气压一定时，N_2含量高，CO_2含量就相应降低。同时，放电时，CO_2离解出的O会与N_2发生化学反应而生成N_2O和NO，它们对$CO_2(00^\circ1)$能级有消激发作用。

(*ii*) 一氧化碳　CO的作用与N_2相似，含量过高时会使$00^\circ1$能级消激发。

(*iii*) 氦　在CO_2+N_2混合气体中，加入适量He就可使输出功率大幅度提高。这主要有三个方面原因：一是轻质量的He原子的导热率比CO_2和N_2高出一个数量级，因此，He的加入而使气体温度下降，输出功率提高；二是He对CO_2分子$10^\circ0$、$02^\circ0$、$01'0$能级的弛豫作用比对上能级$00^\circ1$的弛豫作用影响大得多，这就有利于粒子数反转，即有利于输出功率的提高；三是He的电离电位较高，加入He后可使放电中电子温度提高，从而增加对$CO_2(00^\circ0)$能级的激发速率。

(*iv*) 氙　在CO_2+N_2+He混合气体中，加入少量Xe后，可使输出功率提高30－40%，能量转换效率提高10－15%。原因在于：Xe的电离电位较低，加入后，可增加放电气体中的电离度，从而使E/N值降低，含有Xe的放电管管压降可下降20%，Xe的含量有最佳值，它的分压强一般在0.8－1.2乇之间，Xe含量过多，虽可使电子密度增多，但电子碰撞机会也增多，而使电子温度下降。

(*v*) 水蒸气和氢　在CO_2+O_2+He混合气体中再加入少量水蒸气或氢气，能提高激光器的输出功率和工作寿命。其机理是：H_2O分子显著地增大了CO_2的$10^\circ0$，$01'0$能级的弛豫速率，H_2O的振动能级与CO_2的$10^\circ0$，$01'0$能级很接近，极易进行碰撞能量转移，且H_2O的振动能级寿命很短，很快返回基态。H_2的作用与H_2O相同，因放电时，CO_2离解的O与H_2合成为H_2O、H_2O或H_2的含量应加严格控制，一般在0.1－0.3乇之间，不能过高，因为它们除了对$10^\circ0$和$01'0$能级抽空很有效之外，对上能级$00^\circ1$也有很强的消激发作用。

如前所述，H_2O或H_2还对CO_2离解的CO和O有重新合成CO_2的催化促复作用，因此它们还能延长CO_2激光器的运转寿命。

(3) 放电特性

CO_2激光器的能量转换效率与E/P值有关，E/P值低时转换效率高。但E/P值过低，放电管难以维持正常放电，因此，E/P值近似于有一个恒定值：

$$E/P = \frac{V/l}{P} = 10 \sim 20 \quad (\text{V} \cdot \text{cm}^{-1} \cdot \text{毛}^{-1}) \tag{3-17}$$

式中　V 是管压降，l 是有效放电长度。由(3-17)式可确定激光器的最佳放电电压，例如 1 米长的放电管在充气压 10 毛时，最佳放电电压约为 V ＝ 10 ～ 20 千伏。

CO_2 激光器的最佳放电电流与放电管管径、工作气体总气压、混合比等条件有关，放电管管径增大，最佳工作电流也随之增加。例如，管径小于 ∅10mm 时，最佳放电电流约为 20-30mA；管径为 ∅20-30mm，最佳放电电流约为 30-50mA；管径为 ∅50-90mm 时，最佳放电电流约为 120-150mA。

三、输出功率

通常激光谐振腔内存在的辐射场是驻波场，可视为由两列传播方向相反的行波组成，但由于 CO_2 激光器的增益较高，而不能认为腔内这两列行波的光强相等，即 $I^+ \neq I^-$，必须找出它们的关系才能运用饱和增益公式求出输出功率。

令激光腔中两列相反方向传播的行波的光强分别为 I^+ 和 I^-，为便于讨论，引入归一化光强 $\beta^+ = I^+/I_s$ 和 $\beta^- = I^-/I_s$。如图 3-9 所示，谐振腔两块反射镜 M_1 和 M_2 的反射率分别为 R_1 和 R_2，β_2^+ 为沿 Z^+ 方向传播的光到达镜 M_2 面上的归一化光强；β_1^- 为沿 Z^- 方向传播的光到达镜 M_1 面上的归一化光强，β_1^+ 为经 M_1 反射后的归一化光强。这样，两镜面上的光强应有下面关系：

$$\begin{aligned} \beta_2^- &= R_2\beta_2^+, \\ \beta_1^+ &= R_1\beta_1^-, \end{aligned} \tag{3-18}$$

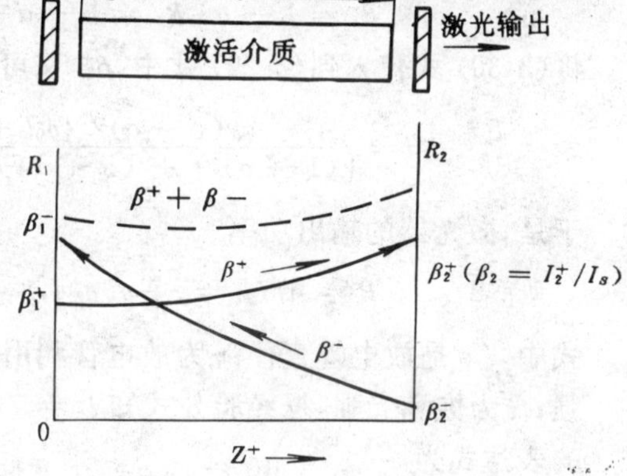

图 3-9　激光腔内两行波的传播

当激光器达到稳定振荡时，激光器内的增益应等于谐振腔的光学损耗，这时腔内存在的一个稳定的归一化光强为 $\beta = \beta^+ + \beta^+$，由激光原理知介质的饱和增益系数

$$g_s = \frac{g_0}{1 + I/I_s} = \frac{g_0}{1 + (I^+ + I^-)/I_s} = \frac{g_0}{1 + \beta^+ + \beta^-} \tag{3-19}$$

式中　g_0 是小信号增益系数；I_s 是饱和光强。根据 g_s 的定义，g_s 又可写成

$$g_s = \frac{dI}{IdZ} = \frac{d\beta^+}{\beta^+\, dZ^+} = -\,\frac{d\beta^-}{\beta^-\, dZ^+} \tag{3-20}$$

为此，有关系

$$\frac{d\beta^+}{dZ^+} = g_s\beta^+ = \beta^+\, g_0/(1 + \beta^+ + \beta^-) \tag{3-21}$$

$$\frac{d\beta^-}{dZ^+} = -\, g_s\beta^- = -\, \beta^-\, g_0/(1 + \beta^+ + \beta^-) \tag{3-22}$$

将这两式求和，并将 β^+ 和 β^- 相乘，可得

$$\beta^+\,\beta^- = C(C\text{ 为常数}) \tag{3-23}$$

于是有

$$\beta_1^+\beta_1^- = \beta_2^+\beta_2^- = C \tag{3-24}$$

再将(3-18)式代入(3-23)式，得

$$\frac{\beta_2^+}{\beta_1^-} = \left(\frac{R_1}{R_2}\right)^{1/2} \tag{3-25}$$

根据(3-19)式、(3-20)式和(3-23)式，得

$$\frac{d\beta^+}{\beta^+ dZ} = \frac{g_0}{1 + \beta^+ + (C/\beta^+)} \tag{3-26}$$

将此式积分，可得

$$g_0 l = \ln\frac{\beta_2^+}{\beta_1^+} + (\beta_2^+ - \beta_1^+) - C\left(\frac{1}{\beta_2^+} - \frac{1}{\beta_1^+}\right) \tag{3-27}$$

同理，可求得沿 z^- 方向上的增益为

$$g_0 l = \ln\frac{\beta_1^-}{\beta_2^-} + (\beta_1^- - \beta_2^-) - C\left(\frac{1}{\beta_1^-} - \frac{1}{\beta_2^-}\right) \tag{3-28}$$

将(3-27)和(3-28)两式相加，并把(3-18)、(3-24)和(3-25)三式代入其中，得

$$\beta_2^+ = \frac{[g_0 l + \ln(R_1R_2)^{1/2}]R_1^{1/2}}{(R_1^{1/2} + R_2^{1/2})[1 - (R_1R_2)^{1/2}]} \tag{3-29}$$

令镜 M_1 为全反射镜，M_2 为输出镜，透过率为 T；谐振腔的单程光学损耗为 α。令完全反射率为 1 时，可把 M_1 和 M_2 的反射率 R_1 和 R_2 表示为：

$$R_1 = 1 - \alpha,\ R_2 = 1 - \alpha - T \tag{3-30}$$

将(3-30)式代入到(3-29)式中，β_2^+ 又可写为：

$$\beta_2^+ = \frac{(1-\alpha)^{1/2}\{g_0 l + \ln[(1-\alpha)(1-\alpha-T)]\}^{1/2}}{[(1-\alpha)^{1/2} + (1-\alpha-T)^{1/2}][1 - (1-\alpha)^{1/2}(1-\alpha-T)^{1/2}]} \tag{3-31}$$

于是，激光器的输出功率

$$P = ATI_2^+ = \frac{\pi d^2}{4}\eta T\beta_2^+ I_s \tag{3-32}$$

式中　d 是放电管直径；η 为放电管利用率[(2-23)式]；I_2^+ 为镜 M_2 面处的向 Z^+ 方向传播的光强；I_s 为饱和光强，据经验公式知 $I_s = 72/d^2$。再把(3-31)式代入(3-32)式，最后得到输出功率的表达式为

$$P = 18\pi\eta T\frac{(1-\alpha)^{1/2}\{g_0 l + \ln[(1-\alpha)(1-\alpha-T)]\}^{1/2}}{[(1-\alpha)^{1/2} + (1-\alpha-T)^{1/2}][1 - (1-\alpha)^{1/2}(1-\alpha-T)^{1/2}]} \tag{3-33}$$

上式表明，激光器的输出功率与透过率 T、腔的光学损耗以及增益 g_0 等有关。

四、中小型 CO_2 激光器的设计方法

中小型 CO_2 激光器的设计是根据使用的要求进行的。要设计和选择的参数主要包括：放电管的直径和长度，最佳透过率，谐振腔的长度和反射镜的曲率半径等。这些参量的计算方法和设计步骤类似于 He-Ne 激光器，不同的仅是一些经验数据。

放电管长度的确定根据于所需的输出功率的大小，中小型 CO_2 激光器单位长度的基模输出功率约为 $\kappa = 30\text{W/m}$，多横模时输出功率 $\kappa = 50\text{W/m}$。为此，放电管长度 l 可由下式大致估计：

$$l = P/\kappa \tag{3-34}$$

式中 P 是所需的激光器输出功率

谐振腔的长度 L，考虑到结构上的各种因素，应比放电管长度再加长 Δl，Δl 量约为 l 的 10－30%，即 $L = l + \Delta l$。

CO_2 激光器的增益较高，一般可采用大曲率半径的平一凹谐振腔构型，Γ 值($\Gamma = R/L$)取 2～35。这样，就可确定凹面镜的曲率半径 R。

放电管内径 d 的选取，可依据于激光器所需的运转模式，先求出凹面镜上的光斑尺寸

$$\omega_{凹} = \left(\frac{\lambda L}{\pi}\right)^{1/2}\left[\frac{R^2}{L(R-L)}\right]^{1/4} \tag{3-35}$$

若要求 TEM_{00} 的模运转，则取 $d = 3\omega_{凹}$；若要求多模运转，则取 $d > 4\omega_{凹}$。

一般，输出镜的最佳透过率 T_{opt}，可按(3-33)式计算得。(3-33)式中的主要参量可由经验公式或图表曲线查得，公式中的小信号增益系数 g_0 由经验公式 $g_0 = 0.012 \sim 0.0025d(\text{cm}^{-1})$ 给出，公式中的损耗 α 可按下法求取：由已确定的 d、L、R 计算菲涅尔数 $N = d^2/4\lambda L$ 和谐振腔几何

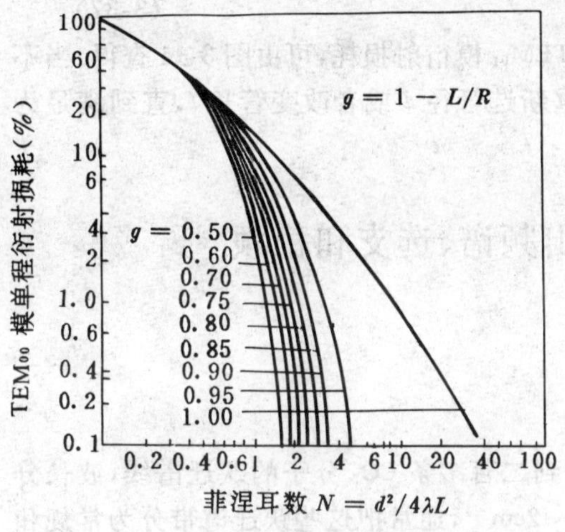

图 3-10　平凹腔 TEM_{00} 模平均单程衍射损耗与菲涅耳数的关系

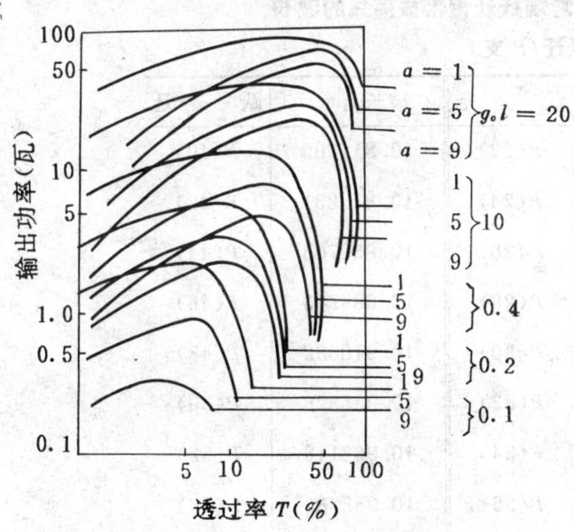

图 3-12　输出功率与反射镜透过率、损耗及单程增益的关系

参数 $g = 1 - L/R$，再由 N 和 g 值从图 3-10 查出 TEM_{00} 的模的衍射损耗 α_{00}，再根据经验或实际测量确定出反射镜的吸收、散射等损耗 α_s，于是得到总光学损耗 $\alpha = \alpha_{00} + \alpha_s$，将得出的这些参量代入(3-13)式，并改变透过率 T 计算输出功率 P，然后画出 $P-T$ 曲线，曲线中具有最大输出功率 P 所对应的 T 即为 T_{opt}。

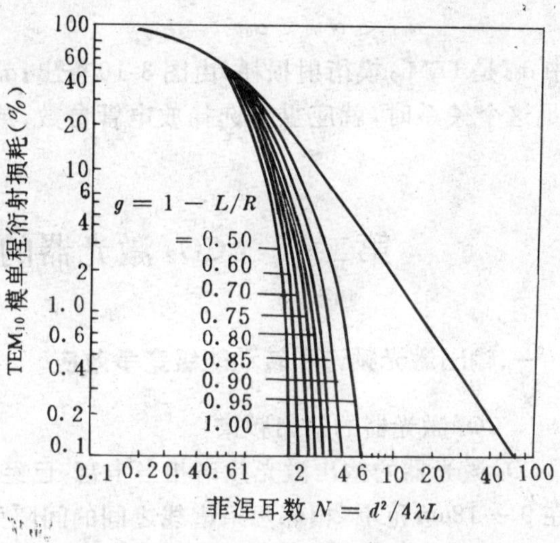

图 3-11　平凹腔 TEM_{10} 模平均单程衍射损耗与菲涅耳数的关系

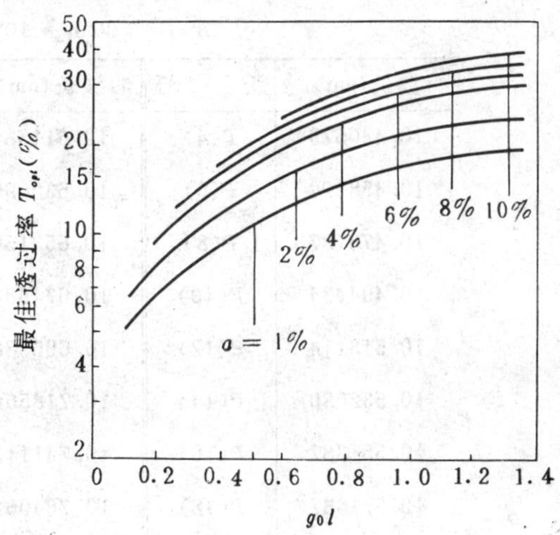

图 3-13　最佳透过率与单程增益的关系

在工程设计中，计算量较多时，可先作出如图 3-12 所示的不同 g_0l 值和 α 值情况下的一组 $P-T$ 曲线，再由图 3-12 取得的 T_{opt} 与 g_0l 的对应值作出图 3-13 曲线。这样，在实际设计中，只要根据已知的 g_0l 和 α，即可利用图 3-13 方便地查出 T_{opt} 的值。

内径尺寸确定的放电管对不同的横模衍射损耗是不同的，因此，输出功率也不同，令 $P=0$，即可由(3-33)式得到阈值条件下的衍射损耗

$$\alpha'_D = 1 - \alpha_m - \frac{T_{opt}}{2} - \left(\frac{T_{opt}^2}{4} + e^{-2g_0l}\right)^{1/2} \tag{3-36}$$

由此式可以得出要求激光器工作于 TEM_{00} 模的运转条件，即

$$\alpha_{00} < \alpha'_D < \alpha_{01} \tag{3-37}$$

式中 α_{00} 是 TEM_{00} 模衍射损耗，由图 3-10 查出；α_{01} 是 TEM_{01} 模衍射损耗，可由图 3-11 查得。当不满 足这个关系时，就应重新选择放电管参数，或者重新选管径 d 或者改变管长 l，直到满足为止。

第二节　CO_2 激光器的输出频谱、选支和稳频

一、输出激光频谱和转动能级竞争效应

1. CO_2 激光器的输出频谱

CO_2 激光器的输出激光频谱相当丰富，已经观察到二百多条 CO_2 分子的跃迁谱线，波长分布在 9－18μm 范围，相邻两条谱线之间的间隔为 1－2cm^{-1}，通常把这些跃迁谱带分为常规和非常规带。

常规谱带是指 00°1－10°0 的 P、R 支跃迁和 00°1－02°0 的 P、R 支跃迁的两个振转跃迁带。

非常规谱带包括：01′1－11′0 跃迁(中心波长 11μm)，01′1－03′0 跃迁(中心波长 11μm)，21′0－12′0 跃迁(中心波长 13.5μm)，14°0－13′0 跃迁(中心波长 16.6μm)等。

表给出常规跃迁谱带和几个非常规跃迁谱带振荡线的波长。

表 3-5　常规跃迁谱带和几种非常规跃迁谱带振荡线的波长

00°1 → 10°0 跃迁(P 支)

波长(μm)	跃　迁	波长(μm)	跃　迁	波长(μm)	跃　迁
10.440579	$P(4)$	10.611385	$P(22)$	10.811105	$P(40)$
10.458220	$P(6)$	10.632090	$P(24)$	10.835231	$P(42)$
10.476187	$P(8)$	10.653156	$P(26)$	10.859765	$P(44)$
10.494484	$P(10)$	10.674586	$P(28)$	10.884713	$P(46)$
10.513114	$P(12)$	10.696386	$P(30)$	10.910082	$P(48)$
10.532080	$P(14)$	10.718560	$P(32)$	10.935879	$P(50)$
10.551387	$P(16)$	10.741113	$P(34)$	10.962110	$P(52)$
10.571037	$P(18)$	10.764052	$P(36)$	10.988783	$P(54)$
10.591035	$P(20)$	10.787380	$P(38)$	11.015906	$P(56)$

00°1-10°0 跃迁(*R* 支)

波长(μm)	跃迁	波长(μm)	跃迁	波长(μm)	跃迁
10.057875	*R*(54)	10.147246	*R*(36)	10.260381	*R*(18)
10.066650	*R*(52)	10.158637	*R*(34)	10.274438	*R*(16)
10.075698	*R*(50)	10.170323	*R*(32)	10.288797	*R*(14)
10.085041	*R*(48)	10.182301	*R*(30)	10.303458	*R*(12)
10.099476	*R*(46)	10.194574	*R*(28)	10.318424	*R*(10)
10.104665	*R*(44)	10.207142	*R*(26)	10.333696	*R*(8)
10.114826	*R*(42)	10.222006	*R*(24)	10.349277	*R*(6)
10.125340	*R*(40)	10.233167	*R*(22)	10.365168	*R*(4)
10.136146	*R*(38)	10.246625	*R*(20)		

00°1 — 02°0 跃迁(*R* 支)

波长(μm)	跃迁	波长(μm)	跃迁	波长(μm)	跃迁
9.428886	*P*(4)	9.458052	*P*(8)	9.488355	*P*(12)
9.443328	*P*(6)	9.473060	*P*(10)	9.503937	*P*(14)
9.519808	*P*(16)	9.657416	*P*(32)	9.814487	*P*(48)
9.535972	*P*(18)	9.675797	*P*(34)	9.835523	*P*(50)
9.552428	*P*(20)	9.694831	*P*(36)	9.856876	*P*(52)
9.569179	*P*(22)	9.713998	*P*(38)	9.878544	*P*(54)
9.586227	*P*(24)	9.733474	*P*(40)	9.900531	*P*(56)
9.603573	*P*(26)	9.753259	*P*(42)	9.922835	*P*(58)
9.621219	*P*(28)	9.773356	*P*(44)	9.945458	*P*(60)
9.639166	*P*(30)	9.793764	*P*(46)		

00°1 — 02°0 跃迁(*R* 支)

波长(μm)	跃迁	波长(μm)	跃迁	波长(μm)	跃迁
9.126866	*R*(52)	9.157446	*R*(44)	9.191612	*R*(36)
9.134184	*R*(50)	9.165645	*R*(42)	9.200733	*R*(34)
9.141719	*R*(48)	9.174070	*R*(40)	9.210092	*R*(32)
9.149471	*R*(46)	9.182725	*R*(38)	9.219690	*R*(30)
9.229530	*R*(28)	9.282444	*R*(18)	9.341758	*R*(8)
9.239615	*R*(26)	9.293786	*R*(16)	9.354414	*R*(6)
9.249946	*R*(24)	9.305386	*R*(14)	9.367339	*R*(4)
9.260526	*R*(22)	9.17246	*R*(12)		
9.271358	*R*(20)	9.329370	*R*(10)		

01′1 — 11′0 跃迁

波长(μm)	跃　迁	波长(μm)	跃　迁	波长(μm)	跃　迁
10.9730	$P(19)$	11.0385	$P(25)$	11.1073	$P(31)$
10.9856	$P(20)$	11.0529	$P(26)$	11.1238	$P(32)$
10.9944	$P(21)$	11.0610	$P(27)$	11.1309	$P(33)$
11.78	$P(22)$	11.0762	$P(28)$	11.1483	$P(34)$
11.0164	$P(23)$	11.0840	$P(29)$		
11.0306	$P(24)$	11.0999	$P(30)$		

01°1 — 03′0 跃迁

波长(μm)	跃　迁	波长(μm)	跃　迁	波长(μm)	跃　迁
10.9735	$P(19)$	11.1000	$P(30)$	11.2035	$P(39)$
10.9951	$P(21)$	11.1070	$P(31)$	11.2235	$P(40)$
11.0165	$P(23)$	11.1235	$P(32)$	11.2295	$P(41)$
11.0300	$P(24)$	11.1315	$P(33)$	11.2495	$P(42)$
11.0385	$P(25)$	11.1485	$P(34)$	11.2545	$P(43)$
11.0535	$P(26)$	11.1555	$P(35)$	11.2770	$P(44)$
11.0610	$P(27)$	11.1736	$P(46)$	11.2804	$P(45)$
11.0760	$P(28)$	11.1791	$P(37)$		
11.0850	$P(29)$	11.1980	$P(38)$		

尽管 CO_2 激光器可以在许多波长上获得激光振荡，但对未采取适当选择措施的普通 CO_2 激光器，通常只能在某几条强线上发生激光振荡，输出谱线往往是 00°1-10°0 跃迁的 $P(18)$、$P(20)$、$P(22)$ 三条或其中一条，其原因就是激光器内发生的转动能级跃迁竞争效应。

2. 转动能级竞争效应

CO_2 激光器所能输出的众多谱线中，首先获得振荡的是具有增益最大的振转跃迁线。振转跃迁线的增益大小取决于转动能级的粒子数分布状态。振动能级的弛豫时间较长，一般为 μs 量级，而转动能级的弛豫时间较短，约在 10^{-7} 量级，因此，在振动能级的弛豫时间内，振动能级上的各转动能级的粒子数服从波尔兹曼分布，各转动能级上的粒子数

$$n_j = n_T\left(\frac{hcB}{kT}\right)g(j)\exp\left\{-\left[F(j)\,\frac{hc}{kT}\right]\right\} \tag{3-38}$$

式中　n_T 是某一振动能级的总粒子数；$g(j)$ 是统计权重，$g(j) = (2j+1)$，j 是转动量子数；$F(j) = BJ(J+1)$，B 是转动常数，T 是气体温度。

由上式对 J 求导且令 $dn_j/dj = 0$，则得当气体温度为 T 时，粒子数最多的转动能级量子数

$$J_{\max} = \left(\frac{kT}{2hcB}\right)^{1/2} - \frac{1}{2} \tag{3-39}$$

普通 CO_2 激光器的气体温度 $T = 400\text{K}$，可知 $J_{\max} = 19$，即对应 $P(20)$ 谱线的振动跃迁具有最高增益。

一旦在跃迁中具有最高增益的跃迁线（如 $P(20)$）获得首先振荡后，就能一直维持这种优

势，并自行抑制其他振荡跃迁线的振荡，原因是同一振动能级上的各转动能级之间能量交换的速率相当迅速（10^7-10^8cm/s），与振动能级的受激发射跃迁速率可相比较，因此一旦 $P(20)$ 首先起振，J_{19} 能级上的粒子数倒空，这样其他转动能级上的粒子数立即补充到 J_{19} 能级上，以"支援"$P(20)$ 线的继续跃迁，而所有其它能级跃迁的增益同时下降，即 $P(20)$ 跃迁获得了 00^01 振动能级上的大部分能量，这就是"转动能级的竞争效应"。

图 3-14 是 00^01-10^00 振转跃迁中，P 支谱线（实线）和 R 支谱线（虚线）的增益系数按转动量子数 J 的分布。图中，一组曲线表示 N_{00^01}/N_{10^00} 取不同数值，N_{00^01} 和 N_{10^00} 分别是 00^01 和 10^00 能级的粒子数密度。由图可见，对于相同的 N_{00^01}/N_{10^00} 值，P 支谱线的增益高于 R 支谱线。因此，由于竞争效应，一旦 P 支起振，R 支的振荡就往往被抑制了。

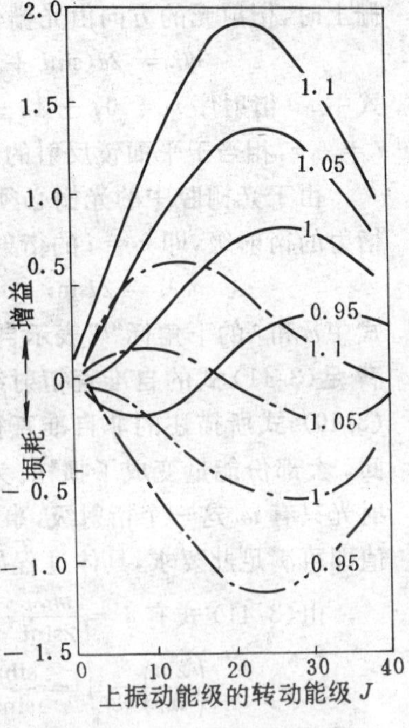

图 3-14 00^01-10^00 跃迁的增益分布

二、谱线的选择 —— 可调谐（选支）CO_2 激光器

普通 CO_2 激光器，由于转动能级的竞争效应，仅能输出 200 多条分立谱线中的 1 或 2 条，为获得其他一系列特定波长的输出，必须在谐振腔内加置波长选择器。它的功能是增大哪些具有高增益的振荡线的损耗，从而获得所需的单一波长输出。

波长选择器一般有二类：一类是光谱吸收型波长选择器，即在腔内加置吸收池，有选择地吸收高增益的跃迁，而有利于低增益跃迁线的振荡；另一类是光学色散型波长选择器，即在腔内放置光学色散元件，如光栅、棱镜、"$F-P$"标准具等，这里讨论以光栅为色散元件的光学色散型波长选择器的工作原理。

1. 光栅腔可调谐（选支）CO_2 激光器装置

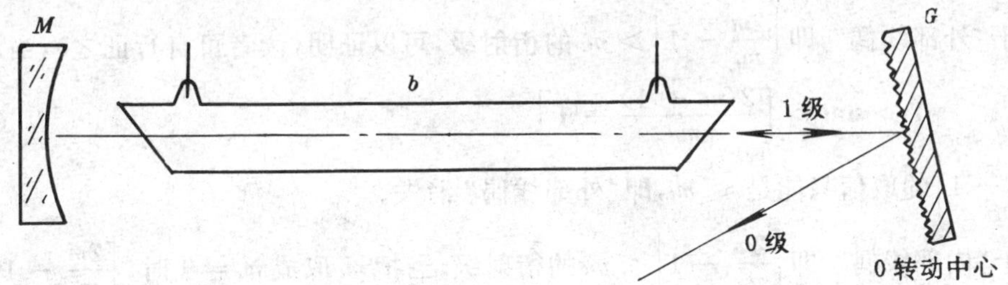

图 3-15 光栅腔选支 CO_2 激光器

图 3-15 是光栅腔选支 CO_2 激光器装置，这种装置结构的选支系统也应用于其他众多的激光器中，如 CO、N_2O、远红外、染料激光器等。如图所示，由衍射光栅 G 和反射镜 M 组成的腔为光栅谐振腔，简称光栅腔，要在光栅腔内形成激光振荡，光栅 G 必须具备有二种作用：

（1）具有谐振腔反射镜的反射作用，即对沿轴光线有足够的准直反馈能力；

（2）具有色散元件作用，即能有效进行不同波长的选择。

光栅腔具有很多优异的性能，除了具有良好的波长选择性之外，还具其他优点，例如，在远红外激光器中用作耦合输出。有关光栅腔的理论分析工作早在 1968 年就已开展。目前，这项研究还在进行之中，这里仅讨论光栅的选支原理和耦合输出形式，更进一步的理论分析可参看有关文献。

2. 光栅选支原理

光栅腔中的光栅是具有定向衍射能力的自准直光栅 —— 通常称为李特洛(Littrow)光栅。波长为 λ 的单色光,以 i 角入射到光栅常数 d(光栅常数定义为相邻两条刻线的间距)的衍射光栅上时,衍射光的方向由光栅公式描述。

$$m\lambda = 2d(\sin i + \sin r) \tag{3-40}$$

式中　衍射序 $m = 0, \pm 1, \pm 2, \cdots, r$ 是衍射角。$m = 0$ 时的衍射,称为零级衍射,这时有关系 $i = -r$,相当于平面镜反射的情形,对任何衍射光栅,零级衍射总是存在的。

由于光栅腔中的光栅必须具有腔反射镜作用,显然对光栅腔有意义的是能沿入射光反向衍射的衍射级,即 $r = i$ 的衍射级,这时(3-40)式改写为

$$m_l\lambda_l = 2d\sin i \tag{3-41}$$

式中 m 和 λ 的下角标"l"表示自准直结构,对于给定波长 λ_l,通过改变光栅常数 d 值,总可以找到满足(3-41)式的自准直衍射级 m_l。但这时在光栅的衍射光中,除了自准直 m_l 级外,还存在由(3-40)式所描述的非自准直衍射级,因此,入射到光栅上的光能量,只有一小部份按原路返回,大部份能量变成了损耗。为使损耗减到最小,希望所有衍射光的能量都集中于 m_l 级,或衍射光只有 m_l 这一个衍射级,事实上,由(3-40)和(3-41)式不难看出,通过适当选择光栅常数 d 值即可满足此要求,具体过程如下:

由(3-41)式有 $d = \dfrac{m_l\lambda_l}{2\sin i}$,代入(3-40)式,并令 $\lambda = \lambda_l$,得

$$\left(\frac{2m}{m_l}\right) - 1 = \frac{\sin r}{\sin i} \tag{3-42}$$

此式表明,由于式中 $\left|\dfrac{2m}{m_l} - 1\right|$ 项的存在,方程式将有除 m_l 以外的一系列成对的解,称为"线偶",即光栅除了自准直的 m_l 衍射级外,还有其他衍射级,成对地排列在光栅法线两侧,以法线和 m_l 级为界限,把与法线夹角大于 m_l 级夹角的衍射级称为"外部线偶",小于 m_l 级夹角的衍射级为"内部线偶"。

对于"外部线偶",即 $\left|\dfrac{2m}{m_l} - 1\right| > m_l$ 的衍射级,可以证明(读者可自行证之),当满足判据

$$1 > \sin i > \left[\frac{2(m_l + 1)}{m_l} - 1\right]^{-1} \tag{3-43}$$

时,$\left|\dfrac{2m}{m_l} - 1\right|$ 的取值只能是 $\leqslant m_l$,即"外部线偶"消失。

对于"内部线偶",即 $\left|\dfrac{2m}{m_l} - 1\right| < m_l$ 的衍射级,当把 m_l 取成 $m_l = 1$ 时,$\left|\dfrac{2m}{m_l} - 1\right|$ 的取值也只能是小于等于 $m_l = 1$,即"内部线偶"也不复存在,此时,判据(3-43)式变为

$$1.5\lambda_l > d > 0.5\lambda_l \tag{3-44}$$

而(3-41)式有

$$\lambda_l = 2d\sin i \tag{3-45}$$

形式。(3-44)式是选择光栅常数 d 的判据,即 d 若选取由判据所限定范围内的值时,光栅腔的调谐角 i(即光栅腔光轴与光栅法线的角度)与振荡波长 λ_l 之间的对应关系由(3-45)描述。

任何可调谐激光器都有自己特定的输出激光频谱区域,设其起始波长为 λ_f,终止波长为 λ_t,显然,根据(3-43)式只要光栅常数 d 取值在 $1.5\lambda_f > d > 0.5\lambda_t$ 范围时,分布于 λ_f 到 λ_t 波段内的所有振荡波长与光栅腔调谐角的对应关系都可用(3-45)式描述。例如,CO_2 激光器输出的常

规谱带为 9-11μm，选取光栅常数为 d 为$\frac{3\times 9}{2}(\mu m) > d > \frac{11}{2}(\mu m)$ 范围内的一个值，如 $d=10\mu m$，则谱带内的所有波长，都存在对应的光栅调谐方位角 i，它们之间关系用 $\lambda = 2d\sin i$ 表示。在对应的光栅方位角 i 上，光栅对入射波长为 λ 的光能量大部分按原路返回，即光栅腔中仅能允许满足上述关系的光波长作光振荡，要获得其他波长的振荡，就必须改变光栅的谐调方位角。

3. 光栅的效率和闪耀角

自准直光栅的效率定义为

$$\eta = \frac{\text{自准级光强}}{\text{入射光强}} \tag{3-46}$$

光栅的效率由光栅的闪耀角和槽线的刻制工艺所决定，图 3-16 示出常见的槽线形状和闪耀角 α 的定义。

实验表明，对于非线偏振光，在入射角 i 等于闪耀角 α 时光栅的效率最大；对线偏光，在 i 稍大于 α 时光栅效率最大。因此，在整个选择波长的范围内，光栅效率仅有一个最大值，一块常数 d 和闪耀角 α 都确定的光栅，其效率与调谐波长关系的经验公式为

$$\left.\begin{aligned} \lambda_s &= \frac{2}{3}\lambda_l \\ \lambda_E &= 2\lambda_l \end{aligned}\right\} \tag{3-47}$$

式中是假定在 λ_l 处的最大效率为 1，λ_s 和 λ_E 是效率降到 0.5 时所对应的起始和终止波长。

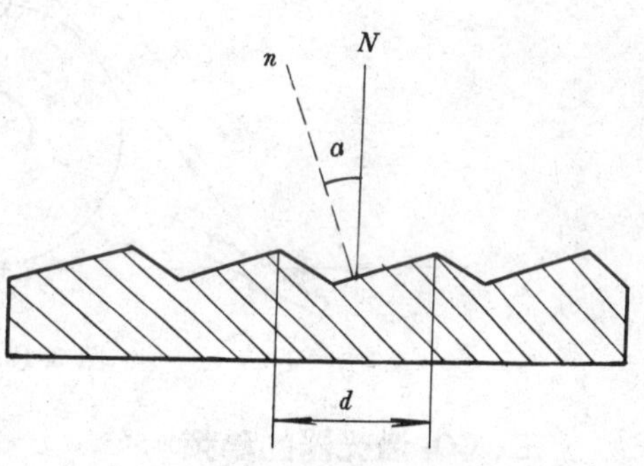

图 3-16　闪耀光栅的槽线形状

4. 光栅腔的输出耦合形式

光栅腔的输出耦合形式有二种：一种称为“一级振荡，一级输出”；另一种称为“一级振荡，零级输出”，它们各具特色，分别讨论如下：

(1)“一级振荡，一级输出”形式

这种输出耦合形式类似于普通的谐振控，如图 3-17 所示，光栅 G 在腔中等效为全反射镜，M 为输出镜。这种结构形式的特点是：结构简单，输出光束方向不变，但由于光栅的效率一般不可能达到全反射的程度，所以腔损耗大，影响激光器输出功率。

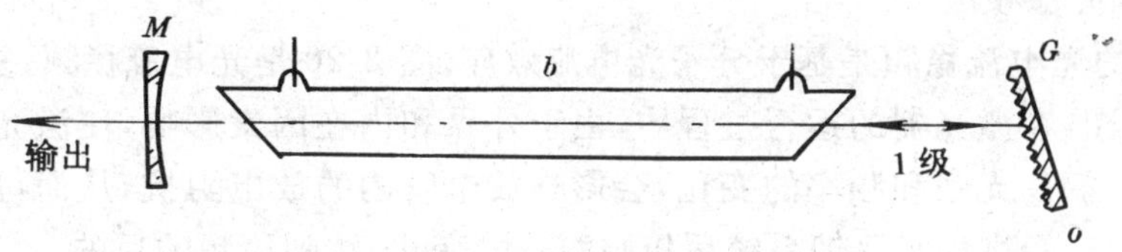

图 3-17　光栅腔“一级振荡，一级输出”耦合形式

(2)“一级振荡，零级输出”形式

前面讨论已经指出，任何衍射光栅的零级衍射总是存在的，即零级衍射损耗是不可避免的。因此，把零级衍射作为光栅腔的输出耦合，是一种合理的结构形式，图 3-15 是结构示意图。这种输出耦合形式所存在的一个问题是：由于零级衍射与入射光(轴线上)成镜面反射关系，因此在光栅腔调谐方位角 i 的选支过程中，输出光束会以 2 倍于调谐角的量而移动，这给实际应用带来不便。为此，出现了克服这种缺陷的光栅调谐装置，图 3-18 和图 3-19 是二种最常见的

"联合耦合"装置。

在图 3-18 中,G 是平面光栅,M 是平面反射镜,S 是球面反射镜,它的圆心在 O 点。装置结构上要求光栅表面、M 的反射面和圆心 O 同处于过直径 EF 的平面内,无论直径 EF 怎样绕 O 点旋转(即改变光栅方位角进行选支),入射和出射光束方向保持不变,其几何原理,读者可由图自行分析。

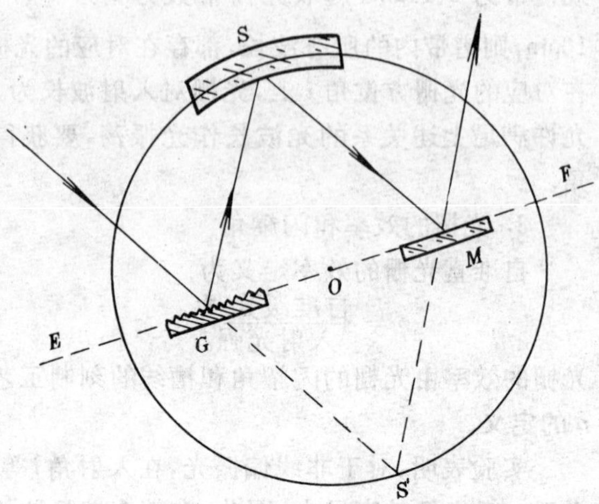

图 3-18 光栅腔"联合耦合"装置 1

在图 3-19 中,G 是平面光栅,M 是平面反射镜,O 是光栅转台转动中心,M 与 G 两平面的夹角为 α,相交于 O 点,入射光线与出射光线的夹角为 β。G 和 M 一起相对固定于光栅转台上,转台无论怎样绕 O 点转动,出射光线方向始终不变,其几何原理,读者可自行分析。

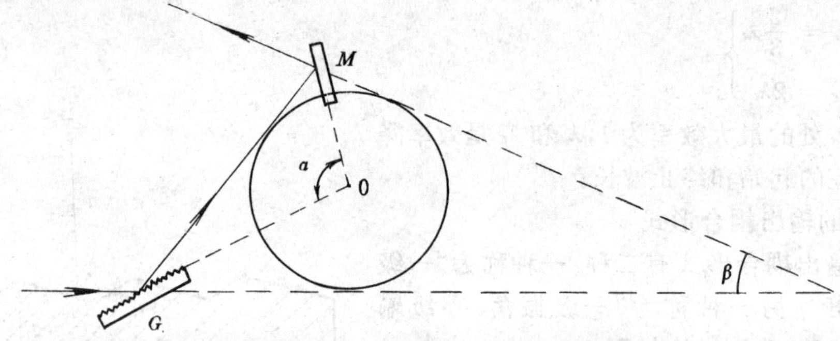

图 3-19 光栅腔"联合耦合"装置 2

三、CO_2 激光器的稳频

封离型 CO_2 激光器的稳频方法有很多种,主要包括:光电流稳频法、分子荧光兰姆凹陷稳频法、光声稳频法、共振吸收法,偏频锁定法等。以下介绍其中的几种:

1. 分子光电流稳频法

CO_2 激光器的光电流稳频是基于分子光电流效应。图 3-20 是光电流稳频、复合腔调谐 CO_2 激光器装置原理图,在激光器的运行过程中,由于外界和内在因素影响,使激光腔长发生变化时,会产生的腔内振荡光强和频率的变化,会影响放电管内的放电阻抗,从而可取得对应的光电流变化误差信号,经过伺服反馈系统后控制腔长的变化,达到稳频的目的。

分子光电流信号的成因机理可归纳为:由于放电管中的激光加热(冷却)过程和放电体粒子间的非弹性碰撞而引起放电气体中电子迁移率 b_e 的变化。

$$b_e = C(e\lambda/mE)^{1/2} \cdot X^{1/4} \tag{3-47}$$

式中 e 是电子电荷;m 是电子质量;E 为电场强度,λ 是电子平均自由程;X 为运动粒子每次碰撞的平均交换能量;C 为与电子分布函数有关的常量。放电电流密度为

$$i = n_e \cdot A \cdot Eb \tag{3-48}$$

式中 A 是放电管横截面积;n_e 是电子密度。由(3-48)式可知激光辐射场作用于放电体后可能

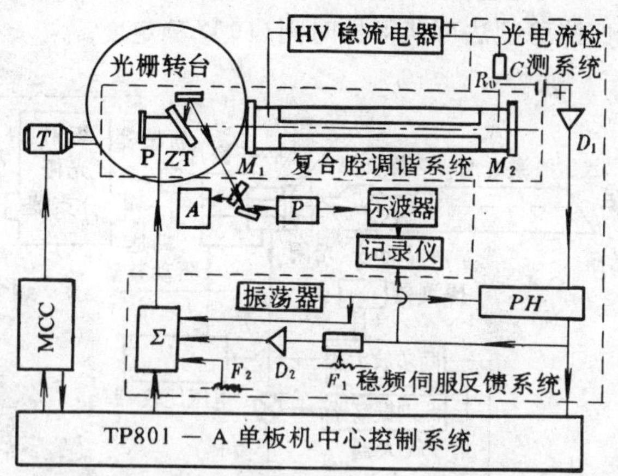

图 3-20 光电流稳频、复合腔调谐 CO_2 波导激光器装置原理图

R_0C— 光电流信号检测网络 PH— 相敏检波与同步积分电路 P—CO_2 功率计 D_1— 前置选频放大器 T— 步进马达 G— 原刻光栅 D_2— 电压转换、功率放大器 MCC— 步进马达控制电路 PZT— 压电陶瓷 F_1— 微分补偿放大器 A—CO_2 谱线分析仪 F_2— 直流偏压调整器 $\sum$— 信号总成

引起的放电电流变化为

$$\Delta i/i = \frac{1}{2}\Delta\lambda/\lambda + \frac{1}{4}\Delta x/x \tag{3-49}$$

由此式可见，当强度经调制的辐射场与放电气体相作用，使放电气体中电子平均自由程的变化($\Delta\lambda$)和粒子间非弹性碰撞动量的变化(Δx)，从而引起放电电流变化(Δi)，这是取得光电流误差信号的主要因素。

由 CO_2 分子激光能级速率方程导出光电流信号总响应的数学表达式为

$$S(t) = S_{01}(1 - e^{-t/\tau_{1A}}) - S_{o2}(1 - e^{-t/\tau_{2A}}) \tag{3-50}$$

式中 S_{01}、S_{02} 表示光电流信号的高频和低频响应部份；τ_{2A}、τ_{1A} 分别是 CO_2 分子激光上、下能级的弛豫时间；t 是光场作用时间；ω 是光场调制频率。

如图所示，振荡器输出 $f = 1000$Hz 正弦波调制电压作用于支撑光栅 G 的压电陶瓷环上，引入腔长调制，即实现激光腔内振荡光强的调制。放电管内产生的光电流信号由“R_{oc}”网络取捡，经前置选频放大器 D_1 放大后，输入伺服反馈系统，实现腔长的控制。

光电流稳频法可达到长时间(10^{-10})的稳定度，由于光电流信号响应值随气压升高而增大，因此，特别适用于高气压封离型 CO_2 波导激光器的稳频，浙江大学科研人员率先进行了 CO_2 波导激光器的光电流稳频研究，并获得成功运转*。

2. CO_2 分子荧光兰姆凹陷稳频

在激光器的谐振腔内放入 CO_2 气体吸收池，利用吸收池内低气压 CO_2 分子气体的荧光兰姆凹陷原理进行稳频。图 3-21 是实验装置系统图，放电管和吸收池由布儒斯特窗密封，吸收盒内壁镀金，反射部分做成二维曲面，焦点位于接收器接收面的抛物线上、吸收盒内充的 CO_2 气压为 10Pa 左右，荧光兰姆凹陷半极大值全宽度 Δv 以及荧光兰姆凹陷深度 H 与荧光信号强度的

* 发表于“中国激光”，1992，Vol 19. NO3，p161.

比值 R 和吸收盒内的 CO_2 气压有关，前者随气压升高而增大，后者随气压升高而下降，并都有近线性关系。荧光兰姆凹陷稳频法可获得长时间(10^{-9})稳定度。

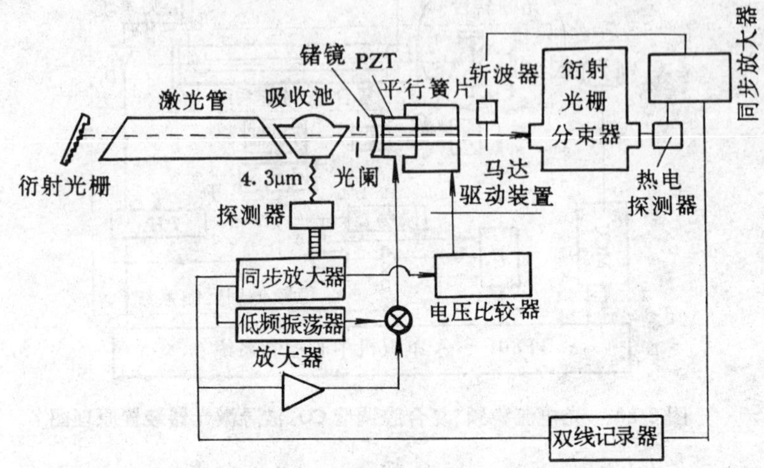

图 3-21　CO_2 分子荧光兰姆凹陷稳频装置的示意图

3. 分子束稳频

单模，可调谐的 CO_2 激光束与分子束成直角相交，用探测器接收从分子束透出的光信号，并用锁定放大器放大。由于激光频率被调制，观察到的吸收信号成导数形式，它可被用作频率鉴别信号，鉴别信号经升压放大后，加到 CO_2 激光器的压电陶瓷环上，调整腔长，使激光器的振荡频率锁定在吸收线的中心。

分子束频率法的特点是具有极好的信噪比，且能获得很好的长期频率稳定度，并具有良好的频率重复性。

4. 饱和吸收稳频法

饱和吸收稳频法是在 CO_2 激光器的谐振腔内放置含有 SF_6、SiF_4 气体的吸收管，吸收管内气体的气压很低，利用吸收介质的反转兰姆凹陷效应，使激光频率稳定在吸收峰的中心。这种稳频法的原理和系统装置与分子饱和吸收稳频的 He-Ne 激光器相同。

第三节　流动二氧化碳激光器

一、流动二氧化碳激光器的工作特性

如前所述，封离型 CO_2 激光器的单位长度可获得的最大输出功率实际上是受到 01^10 能级的扩散碰撞弛豫速率的限制。气体分子的扩散特征时间 $\tau_D = \frac{d^2}{\lambda v_t}$，单位体积可获得最大输出功率 $P_{ul} \propto \frac{\rho}{\tau_D} = \rho \cdot \lambda v_t / d^2$，因此，提高 CO_2 激光器输出功率最有效的途径是降低气体温度，加速工作中“废热能”的排除速度。利用高速流动工作气体方法可使得激光器的输出功率和效率大大提高。

在工作气体以高速度 v 流动的系统中，废热能排除的特征时间

$$\tau_F = d/v \tag{3-51}$$

式中 d 是放电管管径，这时的输出功率关系为

$$P_{LF} \propto \frac{\rho}{\tau_F} = \rho \frac{v}{d} \tag{3-52}$$

式中 ρ 是气体密度。由式可见，在流动系统中，只要提高流动速度和气体密度，输出功率就能提高，而不同于封离型激光器，输出功率的提高是依赖于放电管的长度。

流动 CO_2 激光器的工作特性可用二能级系统作定性分析。设：N_2、N_1 分别是上、下能级的粒子数密度；R_2、R_1 分别为激发速率；τ_2、τ_1 分别为弛豫时间，气体在厚度为 a 的放电空间中的流动速度为 v，流动特征时间 $\tau_F = a/v$，N_1 和 N_2 的变化速率方程为：

$$\frac{\partial N_2}{\partial t} = R_2 - \frac{N_2}{\tau_2} - (N_2 - N_1)\frac{\sigma I}{hv} + \frac{N_{20} - N_2}{\tau_f} \tag{3-52}$$

$$\frac{\partial N_1}{\partial t} = R_1 - \frac{N_1}{\tau_1} + (N_2 - N_1)\frac{\sigma I}{hv} + \frac{N_{10} - N_1}{\tau_f} \tag{3-53}$$

式中 I 是光强；σ 是受激发射截面；N_{20}、N_{10} 是 $I=0$ 时的上、下能级粒子数密度。达到稳态时，有 $\frac{\partial N_2}{\partial t} = \frac{\partial N_1}{\partial t} = 0$ 的关系。解方程(3-52)和(3-53)，可分别求得增益系数 g_0 和饱和光强 I_s：

$$g = \frac{g_0}{1 + I\frac{\sigma}{hv}\left[\frac{\tau_2\tau_1}{\tau_2 + \tau_f} + \frac{\tau_1\tau_f}{\tau_1 + \tau_f}\right]} \tag{3-54}$$

$$g_0 = \sigma(R_2\tau_2 - R_1\tau_1)$$

$$I_s = \frac{hv}{\sigma}\frac{1}{\left[\frac{\tau_2\tau_f}{\tau_2 + \tau_f} + \frac{\tau_1\tau_f}{\tau_1 + \tau_f}\right]} \tag{3-55}$$

当流速较低($\tau_f > \tau_2$、τ_1)时，上两式可简化为：

$$g = \frac{g_0}{1 + \frac{I\sigma}{hv}(\tau_1 + \tau_2)} \tag{3-56}$$

$$I_s = \frac{hv}{\sigma(\tau_2 + \tau_1)} \tag{3-57}$$

上两式虽没有给出增益系数、饱和光强与气体流速间的依赖关系，但流动工作比密封型的增益系数要高。当流速很高($\tau_f << \tau_2, \tau_1$)时，有关系：

$$g = \frac{g_0}{1 + \frac{2I\sigma}{hv}\frac{a}{v}} \tag{3-58}$$

$$I_s = \frac{hv}{\sigma}\frac{v}{2a} \tag{3-59}$$

此两式表明，g 和 I_s 都随着流速 v 的增加而增加。

在流动 CO_2 激光器，放电电流强度、总气压都比封离型的高，并且混合气体中氦的比例也可降低，因为在流动体系中，工作中的废热能主要是通过流动气体来排除的。

二、流动 CO_2 激光器类型

流动 CO_2 激光器分为轴向流动和横向流动二种类型。

1. 轴向流动 CO_2 激光器

图 3-22 是轴向流动 CO_2 激光器结构图，气流方向，电流方向和光轴方向在同一轴线上，工作气体从放电管一端连续输入，在另一端由抽气机抽走，由于工作气体的不断更换，工作时放电管内气体温度不会升高，因而能长时间稳定工作。工作气体的冷却效果由 CO_2 分子在放电区

域内停留时间 τ_f 来量度，因为放电路径长度 L 比较长，要减小 τ_F，势必要求有高的气体流速。

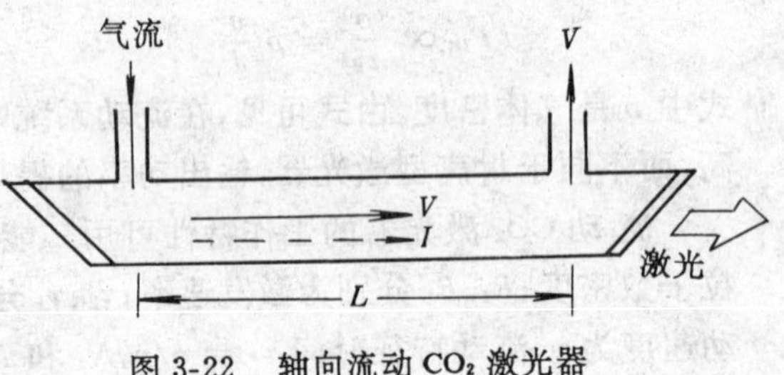

图 3-22　轴向流动 CO_2 激光器

目前高速轴流型 CO_2 激光器的进展十分迅速。采用大型涡轮鼓风机，使放电管内的气流速度达 200m/s 量级，实际中已获得每米放电长度有 3kW 的激光输出，能量转换效率达 25%，激光器输出功率的稳定性和光束质量也相当好。

2. 横向流动 CO_2 激光器

横流 CO_2 激光器的特征是气体流动方向与放电通道、光轴方向相互垂直。由于气体流过放电区域的路程缩短，而使工作气体渡越放电区的特征时间 τ_F 大大缩短。因此，工作气体的冷却效果明显变好，输出功率也大幅度提高。目前，每米放电长度可达到数千瓦的输出功率。

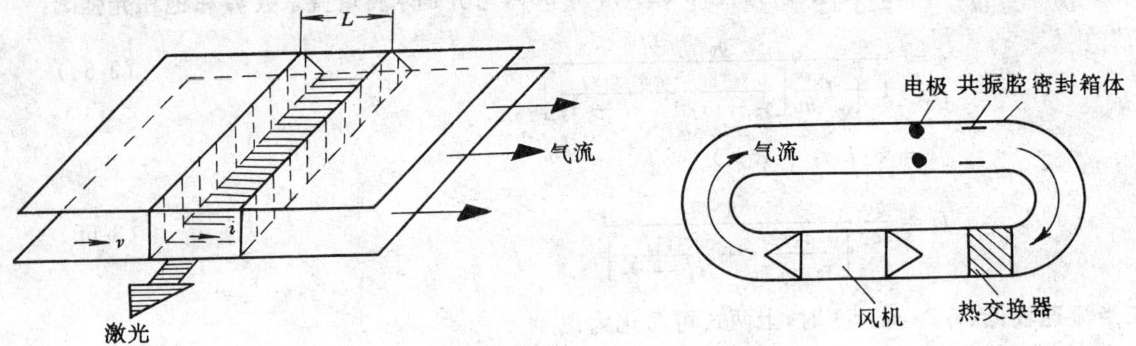

图 3-23　横向流动二氧化碳激光器示意图

图 3-24　闭合循环横流 CO_2 激光器

图 3-23 是横向流动 CO_2 激光器的气流、放电、激光输出三者的方向示意图，激光增益区的截面是矩形的，因此，谐振腔镜片通常也用矩形腔片。

图 3-24 是闭合循环千瓦级横流 CO_2 激光器装置结构示意图，激光系统的总体结构由封闭箱体、激光谐振腔和放电室、热交换器、风机等几部份组成。

(1) 封闭壳体。由钢板焊接组装而成的封闭壳体，放电室、谐振腔、热交换器、风机等组件都安装在这封闭壳体内，壳体具有很好的密封性，以保持较高的真空度(约 1Pa)。

(2) 放电室和电极结构。有两种电极结构和放电形式：一种是管板式放电，电极结构如图 3-25 所示，其特点是制造工艺较为简单，着火电压较低；另一种是针板式放电，阳极是针状的，阴极是板状的，结构形式如图 3-26 所示，每根针状电极串联一只镇流电阻，以使辉光放电均匀稳定。

(3) 激光谐振腔光轴垂直于电场方向和气流方向，整个谐振腔有独立稳定的机械结构：全反射镜一般用不锈钢或铜合金基片，表面镀金，反射率达 98% 以上；输出镜由 ZnSe 或 GaAs 等材料为基片，表面镀介质膜，透过率在 20% 以上。

(4) 热交换器。热交换器的作用是使流过放电区的工作气体迅速冷却，其交换热量能力视激光器的输出功率大小而定。例如，对于输出功率 2-5kW 的激光器，要求交换热量能力为 3×10^6J/h 左右。

(5) 风机。通常采用高速轴流风机，使放电区中的工作气体的流动速度达到 40-50m/s。

(6) 气压与混合比。工作气体的总气压混合比与激光器的放电特性、输出功率大小有关。

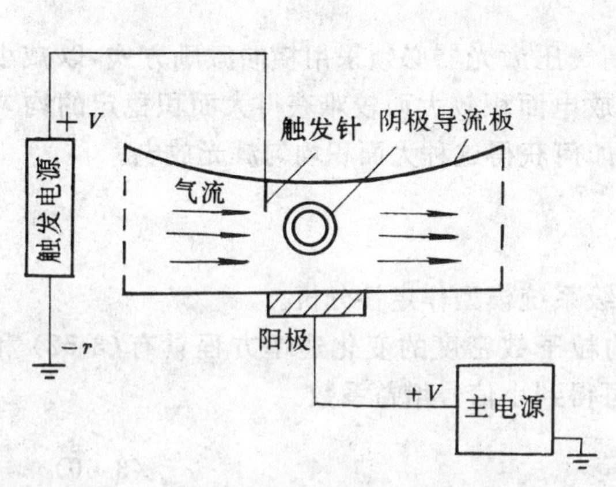

图 3-25　管板式放电结构

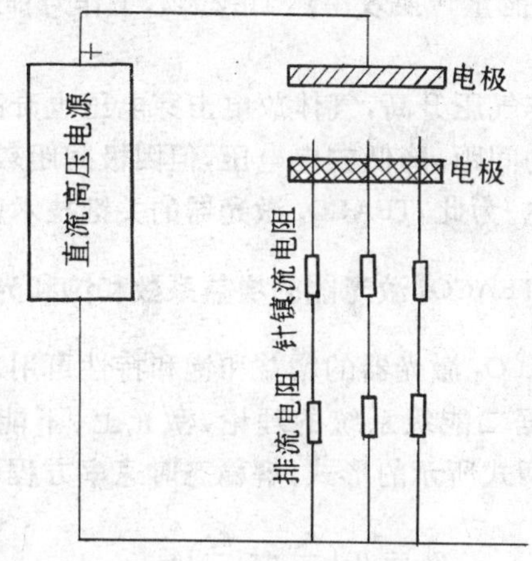

图 3-26　针板式放电结构

对于输出功率 2kW 的器件，总气压为 60-80 乇，气体混合比为 CO_2 ∶ N_2 ∶ He = 1 ∶ 7 ∶ 11；对于 5kW 的器件，总气压为 50-60 乇，气体混合比为 CO_2 ∶ N_2 ∶ He = 1 ∶ 7 ∶ 13。

第四节　横向激励高气压(TEA)CO_2 激光器

CO_2 激光器是连续输出功率最高的激光器，但在某些特殊要求的应用中，(如核聚变、同位素分离、非线性光学等)，都需要更高峰值功率的光束。横向激励的高气压 CO_2 激光器就是一种能输出大能量和高峰值功率的脉冲气体激光器。

高气压 CO_2 激光器都在 1 至 2 个大气压下工作的，并且都采用横向放电激励形式，为此，把这种激光器称为横向激励高气压(或大气压)CO_2 激光器，通常写作 TEACO_2 激光器。

从理论上说，气体激光器的脉冲峰值功率小于固体激光器，其主要原因是单位体积粒子数密度低，象普通 CO_2 激光器的 CO_2 粒子数密度为 $4\times10^{16}/cm^3$，钕玻璃激光器的 Nd^{3+} 离子密度为 $10^{20}/cm^3$，因此，要提高 CO_2 激光器的输出能量，就必须增加粒子数密度，即提高工作气压。工作气压 P 的提高使得 00^01 能级的激发速率和 10^00 能级的弛豫速率都提高，即可使增益介质的饱和光强 I_s 得以增大，同时，气压 P 的升高，使得能级弛豫速率提高，从而引起激光脉冲宽度的变窄。为此，总体来说，激光器的输出脉冲峰值功率正比于气压的平方。

但如前所述，普通 CO_2 激光器存在一个"最佳工作气压"，大于最佳气压时，输出功率将明显下降，其主要原因在于：气压的升高使激光器的输入泵浦功率也随气压的平方增长。因此，如仍采用通常的连续泵浦功率工作方式，激光器达到稳定工作状态时，工作气体温度也是正比于泵浦功率的，所以工作气体温度上升，就会使激光器输出功率下降。而 TEACO_2 激光器虽然具有很高的工作气压，但它是以脉冲方式工作的，在选择适当的激励放电脉冲宽度和间隔的条件下，可使激光过程的时间 Δt 小于激光下能级的弛豫时间 τ，即把激光跃迁后余下的"废热能"储存于下能级，使得在激光过程时间内工作物质仍保持低温，并且，在脉冲不太高时工作气体的总体温度也比连续工作方式低得多。

TEACO_2 激光器发展迅速，应用广泛，特别是在军事上的应用，是激光测距、目标指示、激光雷达、制导的理想光源。目前器件已发展成系列化、商品化，具有多种形式。如陶瓷全金属封离式、单纵模运转式、光栅可调谐式等。器件输出的峰值功率高达 10^{10}W，脉宽几十个纳秒

$(10^{-9}s)$，能量转换效率达10-20%，工作寿命大于2×10^7次，存放寿命大于10年，脉冲频率达1.5kHz。

工作气压升高，气体放电击穿电压也升高。高气压激光器必须采用横向激励方式，以减小两极间的间距，降低放电电压，但因极间距较短、放电面积较大而较难获得大面积稳定的均匀辉光放电。为此，TEACO_2激光器的关键技术就是如何获得这种大面积均匀辉光放电。

一、TEACO_2激光器的增益系数和饱和光强

TEACO_2激光器的增益和饱和特性可用二能级系统模型作定性分析。

根据二能级系统的理论，激光上、下能级的粒子数密度的变化速率方程具有(3-52)和(3-53)两式所示的形式，解稳态时速率方程，即可得到小信号增益系数

$$g_0=\sigma_s(\frac{k_u}{\lambda_u}-\frac{k_1}{\lambda_1})n_e \tag{3-60}$$

饱和光强

$$I_s=\frac{hv}{\sigma_s}(\frac{1}{\lambda_u}+\frac{1}{\lambda_1})^{-1} \tag{3-61}$$

式中σ_s是受激发射截面，即

$$\sigma_s=\frac{c^2}{8\pi^2\tau_{sp}}f(v) \tag{3-62}$$

上两式中　v是振荡频率；τ_{sp}是上、下能级的自发辐射寿命；$f(v)$是线形函数；$K_1=k_1N_{CO_2}$，k_1是电子碰撞使00°1能级弛豫的速率常数；λ_1是10°0能级的弛豫速率；λ_u是00°1能级弛豫速率。$K_u=k_u(CO_2)N_{CO_2}+ku(N_2)N_{N_2}$，其中$k_u(CO_2)$和$k_u(N_2)$分别是$CO_2$(00°1)和$N_2(v=1)$能级的泵浦速率常数，$N_{CO_2}$和$N_{N_2}$分别是基态$CO_2$和$N_2$分子密度。

TEACO_2激光器的谱线属均匀加宽，中心频率v处的$f(v)$与气压P成反比，即σ_s与气压P成反比，而K_u、K_1、λ_u、λ_1等与气压P成正比，因此小信号增益系数g_0与气压P成反比，而饱和光强I_s是与气压P的平方成正比。由实验得到的结果是

$$\begin{aligned} g_0 &\propto p^{-0.8} \\ I_s &\propto p^{1.9} \end{aligned} \tag{3-63}$$

(3-63)式适用的气压范围是0.13-1大气压。

二、TEACO_2激光器的均匀放电技术

1.激光器放电电极的设计

为在放电空间获得大面积均匀辉光放电，要求放电电极截面有合适的形状，以使电极表面有均匀的电场分布。最为常用的电极形状是罗科夫斯基(Rogowski)电极和张氏(T·Y·Chang)电极。

(1) 罗科夫斯基电极

在等位面$\psi=\pi/2$时，罗氏电极形状由下式确定：

$$\chi=\frac{D_0}{2}+(1+\log h)a/0.6812 \tag{3-64}$$

式中　a为主电极极间距的一半，D_0为电极截面平直部分的宽度；$h=y-a$为电极边缘向上弯曲值$h>0$。

(2) 张氏电极

张氏电极等位剖面由下式给出

$$\begin{cases} x = u + k\cos v\sinh u \\ y = v + k\sin v\cosh u \end{cases} \tag{3-65}$$

由这种曲面的电极确定的电场正分布形式为

$$E^{-2} = (1 + k\cos v\cosh u)^2 + (k\sin v\sinh u)^2 \tag{3-66}$$

上两式中,参数 $k > 0$,$|v| < \pi$,u 为运算参数。一般来说,k 值越大,电极形状越紧凑,但电场的不均匀性也越严重,通常取 $k \approx 0.02$。

由于罗氏和张氏电极的加工都颇为繁杂。故在有些场合,也采用平板状电极,把边缘棱角处用圆弧过渡,效果也较好。

2. 预电离快速放电技术

实验研究表明,在脉冲放电期间是否会出现"弧光放电",与放电脉冲宽度密切相关,如果放电脉冲很窄,放电时间小于"成弧"时间,则可在两极间获得均匀辉光放电,为得到很陡的窄脉冲,放电回路中应选用快速开关(如火花隙开关),并还应使放电回路的电感也尽可能地小。

为获得均匀放电及降低着火电压的另一重要措施是采用预电离技术,即在主电极放电之前,先使气体产生弱电离,随后再进行主放电,预电离方法有双放电、紫外线、电子束、射频放电等许多种,最常采用的是其中的前三种。

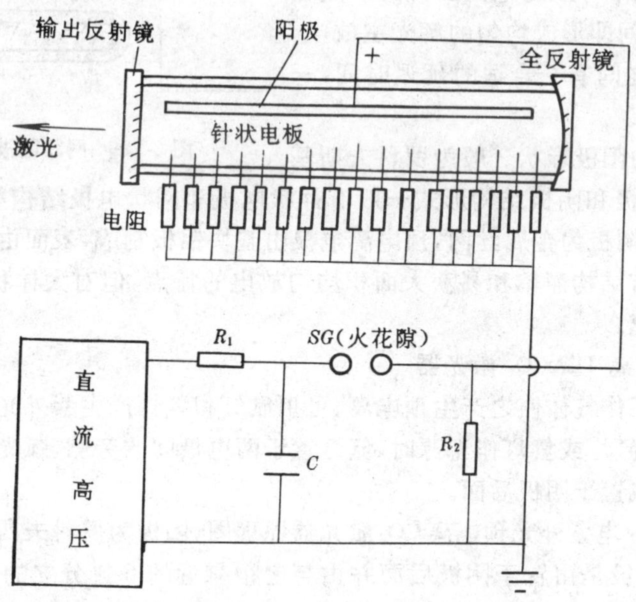

图 3-27　$TEACO_2$ 激光器结构原理

(1) 双放电 $TEACO_2$ 激光器

图 3-27 是 $TEACO_2$ 结构简图,图 3-28 为双放电激光器的工作原理图,在阳极和阴极之间靠近阴极附近再插入预电离电极,在主放电之前,预电离电极和阴极间先施加高压,使它们之间发生电晕放电,从而在阴极附近形成均匀的电离层,然后即在阴极和阳极间加上高压并发生主放电,因此称这种工作方式的器件为双放电 $TEACO_2$ 激光器。图中,由 R_1、R_2,…C_1、C_2、C_3 和 SG_1、SG_2 组成三级麦克斯(Marx)发生器,以产生窄的高压放电脉冲。首先高压直流电流对电容 C_1、C_2、C_3 充电,当火花隙 SG_1、SG_2 在外加触发信号作用下导通后,C_1、C_2、C_3 上的电压串联起来,形成三倍于一个电容上的高压,将 SG_3 击穿,而使串联电压对电容 C_s 和 C_f 充电,由于 C_f 容量小于

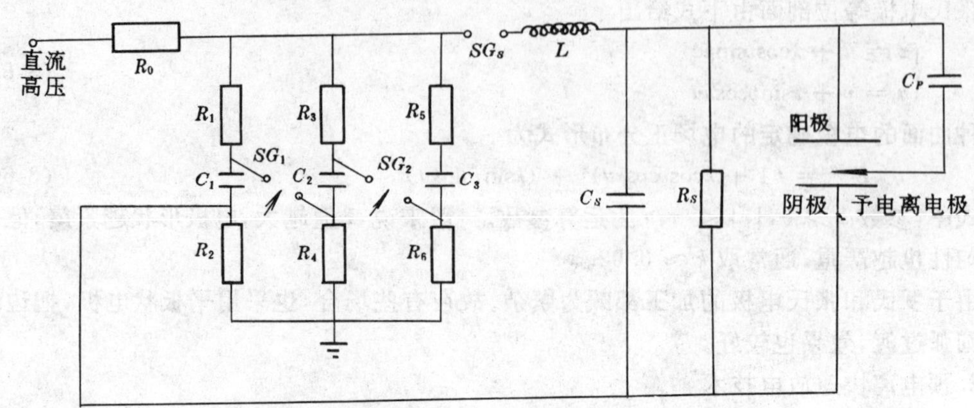

图 3-28 双放电高气压激光器工作原理图

C_s很多，而且阳极与阴极距离比预电离电极与阴极之间的距离又大得多，因此在C_s上的电压还未充到能击穿阳、阴极时，预电离电极与阴极之间已可产生电晕放电，并在阴极附近形成具有足够浓度的带电粒子层，待到C_s上的电压上升到一定程度后，阳极和阴极之间即形成均匀的辉光主放电。从预电离到主放电之间有一合适的延迟时间，一般控制在 2-3μs 左右。

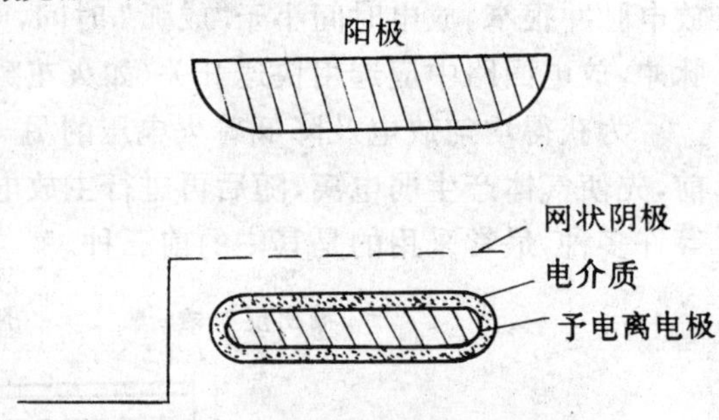

图 3-29 网状阴极结构(横截面)

双放电激光器的阳极形状一般为罗科夫斯基电极形状，预电离电极和阴极结构形式一般有片状电极和网状电极结构等几种，图 3-29 是网状阴极结构示意图，阴极为金属丝网，预电离电极由整块铝板制成，表面由绝缘薄膜覆盖。

双放电结构具有结构简单和易获大面积均匀放电的特点，但对大体积放电不如紫外光预电离和电子束预电离。

(2) 紫外光预电离 $TEACO_2$ 激光器

用紫外光照射工作气体使之产生预电离。可用氙灯和氢灯产生紫外光，但更多的是采用弧光放电或火花放电。氙灯或氢灯作光源时，氙灯置于两电极间的旁侧。弧光或火花放电机构时，置在两电极的两侧或置于阴极后面。

图 3-30 是弧光放电紫外光预电离 CO_2 激光器原理图，阳极为罗科夫斯基电极形状，阴极为网状结构，预电离电极是由置于阴极后面并由与之很靠近的 6 排分立的点电极列阵(每排有 1000 个点电极)组成，点电极通过电容 C_t，耦合在麦克斯发生器上。高压放电脉冲形成电路由两级麦克斯发生器组成，电路的工作过程是：先对电容 C_s 充电，而后触发火花隙 SG_2，使之两个串联起来的 C_s 上的电压击穿 SG_1，并在预电离电极与阴极网之间形成弧光放电，所产生的紫外线穿过网状阴极使两主电极间的气体发生预电离，当达到最佳电离度后，SG_3 触发导通，实现阴极与阳极间的主放电。

(3) 电子束预电离 $TEACO_2$ 激光器

由电子枪产生的高速电子，通过窗口进入激光器放电空间，使其中的工作气体电离，待预电离达到最佳状态时，开始两电极间的主放电。图 3-31 是这种激光器的结构简图。

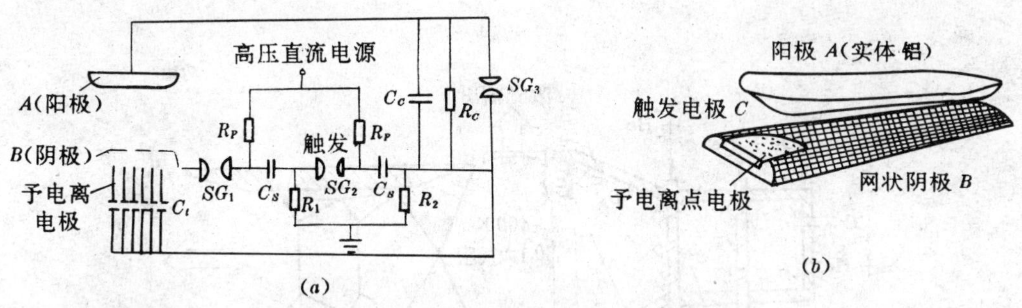

图 3-30　多弧放电紫外预电离 $TEACO_2$ 激光器

C_s:储能电容器,0.1 微法;C_t:触发电容,160 微微法;C_c:100 微微法;SG_{1-3} 为充 N_2 火花隙。

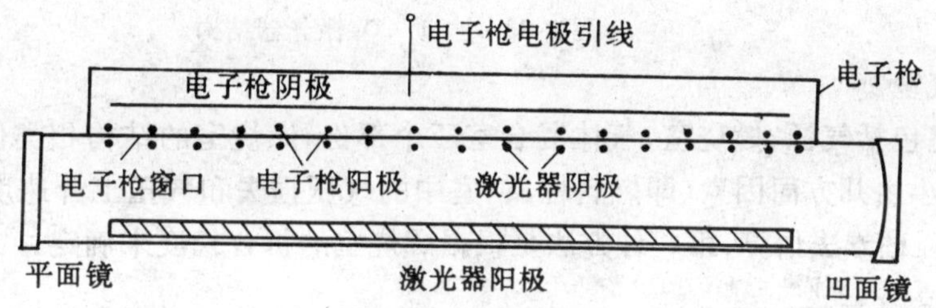

图 3-31　电子束预电离激光器

第五节　气动 CO_2 激光器

气动 CO_2 激光器是目前连续输出功率最大的激光器,输出功率达 40 万瓦以上。其粒子数反转机理是:利用气体动力学方法使由电或燃烧加热的高温 CO_2 混合气体突然冷却,冷却过程中因高低能级的不同的热弛豫速率而实现上、下能级间的粒子数反转。

使高温 CO_2 混合气体迅速冷却的装置是超声喷管(马赫数为 4)。图 3-32 是 CO_2 的 (00°1) 能级粒子数与基态粒子数比值 $N_{00°1}/N_{00°0}$,以及 10°0 能级粒子数与基态粒子数比值 $N_{10°0}/N_{00°0}$ 沿超声喷管下游的分布。从图可见,在喷管下游离开喷口某距离开始,气流中的 CO_2 分子实现了能级的粒子数反转。

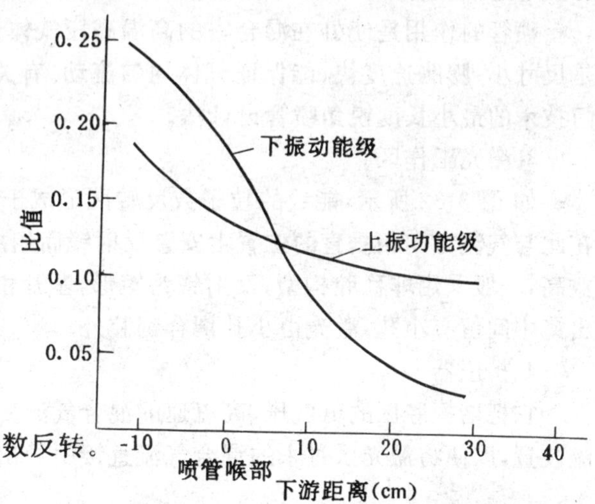

图 3-32　粒子数分布与喷口距离关系

一、气动 CO_2 激光器的结构

气动 CO_2 激光器的工作方式有连续和脉冲两种:连续工作的器件一般用电弧加热和气体燃烧的方法泵浦;脉冲工作的器件一般用激波管加热和爆炸的方法泵浦。这里主要介绍燃烧型气动 CO_2 激光器的结构。

图 3-33 是气动 CO_2 激光器结构示意图,主要由四部分组成:进气室,超声喷管,激光工作区,扩压室。激光系统的结构很类似于超声风洞,不同之处是在喷管出口处安置了一对光学谐

振腔。

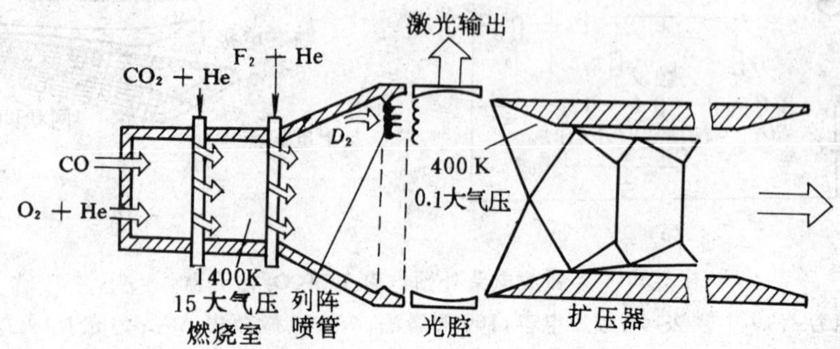

图 3-33　气动 CO_2 激光器结构

1. 进气室

进气室包括气源、燃烧室、气体混合室三个部份，燃烧室的结构相类似于火箭发动机的燃烧室，其大小由几方面因素(即燃料性质、室中的气压损失和气压上升速度)决定。燃烧室的体积 V_c 可用两种方法估算：第一种方法是根据燃烧室的折合长度来确定：

$$l = \frac{Vc}{A^*} \tag{3-66}$$

式中 A^* 是超声喷管喉部的截面积，在使用CO和空气的混合气体做燃料时，折合长度 l 约为 1.5-3 × 10cm³；第二种方法是根据燃料在燃烧室内的停留时间 τ 来确定。容积 V_c 与 τ 的关系是

$$Vc = \dot{m}\, v_c \tau \tag{3-67}$$

式中 $\dot{m}$ 是气体的质量流，v_c 是比容。

2. 超声喷管

喷管的作用是使处在混合室的高温高压气体迅速膨胀而被冷却。对喷管设计的基本要求是尺寸小、膨胀速度快，能保证气体均匀流动。有关气动激光器的超声喷管的设计方法属于专门技术的最小长度锐角喷管设计法。

3. 激光工作区

如图 3-32 所示，能级的粒子数反转区形成于距喷管下游、离喉部一定距离的区域，因此，在此与气流方向相垂直的位置上安置反射镜而组成谐振腔，即可获得激光输出。谐振腔由于增益高，一般采用非稳腔构型，反射镜为矩形，基片由铜或不锈钢金属材料制成，表面镀金膜，输出镜中间留有小孔，激光由小孔耦合到腔外。

4. 扩压器

它把谐振腔区的低气压、高流速的混合气流变成低流速、气压增高到超过一个大气压的气流装置，以便将激光区过来的混合气流直接引导出激光器之外。

二、气动 CO_2 激光器的工作原理和工作特性

1. 在混合超声气流中 CO_2 分子振动模的能量交换过程

在 $CO_2 + N_2 + He$ 的混合气体超声流中，CO_2 分子振动模的弛豫过程主要包括如下各振动模之间的碰撞能量交换过程

(1) $CO_2^*(v_2) + M \rightleftharpoons CO_2 + M + 667\ (cm^{-1})$

$N_2^* + M \rightleftharpoons N_2 + M + 2331\ (cm^{-1})$

(2)$CO_2^*(v_3) + N_2 \rightleftharpoons CO_2 + N_2^* + 18\ (cm^{-1})$

(3)$CO_2^*(v_3) + M \rightleftharpoons CO_2^{***}(v_2) + M + 416\ (cm^{-1})$

(4)$CO_2^*(v_1) + M \rightleftharpoons CO_2^{**}(v_1) + M + 102\ (cm^{-1})$

式中 M 表示分子碰撞的第三者，CO_2^*、CO_2^{**}、CO_2^{***} 表示 CO_2 分子的某振动模的一个、二个、三个量子被激发。

2. 超声流中的 CO_2 分子能级的粒子数反转过程

(1)CO_2 分子振动模的能量变化方程

对于 v_3 振动模，振动能 E_3 变化速率方程为

$$\frac{dE_3}{dt} = E_3^0 \left\{ \begin{array}{l} \frac{2}{\tau_{3,21}(1-\theta_1)}[(1-\theta_3 x_3)(1-x_1) - (1 \\ -\theta_1 x_1)(1-x_3)] + \frac{\varnothing_N}{\tau_{3N}} \frac{1}{(1-\theta_N)} \\ \times [(1-\theta_3 x_3)(1-x_N) - (1-\theta_N x_N)(1-x_3)] \end{array} \right\} \tag{3-68}$$

对于 v_1、v_2 振动模，振动能 $E_{1,2}$ 变化速率方程为

$$\frac{dE_{12}}{dt} = E_{12}^0 \left\{ \frac{2x_2}{\tau_2} + \frac{4}{\tau_{3,21}} \frac{(\theta_3/\theta_2)(1-\theta_2)}{(1-\theta_1)(1-\theta_3)} \times [(1-\theta_1 x_1)(1-\theta_3 x_3)(1-x_1)] \right\} \tag{3-69}$$

对于 N_2 分子的 v_N 振动模，振动能 E_N 变化速率方程为

$$\frac{dE_N}{dt} = E_N^0 \frac{\varnothing_0}{\tau_{3N}} \frac{\theta_3/\theta_N}{1-\theta_N}[(1-\theta_N x_N)(1-x_3) - (1-\theta_3 x_3)(1-x_N)] \tag{3-70}$$

气体温度 T 的变化方程为

$$\frac{dT}{dt} = \frac{\frac{u}{A}\frac{dA}{dx} + \left(\frac{1}{RT} - \frac{1}{u^2}\right)\frac{d}{dt}(E_{12} + E_3 + E_N)}{(C_p/u^2) - C_v/RT} \tag{3-71}$$

以上四式中 t 是时间；$x_i = 1 - E_i/E_i^0$（i 代表振动模 v_3, v_{12}, v_N）；E_i^0 是各振动模的平衡振动能量；R 是气体常数；C_p、C_v 是气体的定压、定容比热；θ_i 是各振动模的玻尔兹曼因子，$\theta_i = \exp(-hv_i/kT)$，$v_i$ 是振动模频率；A 是超声喷嘴的截面积；u 是在相应截面上的流速，$\varnothing_c$、$\varnothing_N$ 分别是 CO_2、N_2 的质量比；$\tau_2, \tau_{3,21}, \tau_{3N}$ 分别是振动模 v_2、$v_3 \rightarrow v_2$、v_1、$v_3 - v_N$ 交换能量的弛豫时间。

(2)CO_2 分子振动模的粒子数反转值

在超声喷管下游处的混合气体中，CO_2 分子 00^01 能级与 10^00 能级间的粒子数差值可由下式给出：

$$\frac{N_{00^01} - N_{10^00}}{N_0} = \frac{PT_0}{P_0 T}\varnothing_c \left\{ \frac{\exp[-\theta_3(v)/T_3(v)] - \exp[-\theta_1(v)/T_1(v)]}{Q} \right\} \tag{3-72}$$

式中 P_0, T_0 分别为滞止气压和滞止温度；P、T 分别为在喷管下游的气压和温度；Q 是 CO_2 分子的振动配分函数，$\theta_3(v)$、$\theta_1(v)$ 分别是 v_3 和 v_1 振动模的特征温度值（$\theta_3(v) = hv_3/k, \theta_1(v) = hv_1/k$）；$T_3(v)$、$T_1(v)$ 分别是振动模 v_3 和 v_1 的非平衡温度，它们可通过求解(3-68)—(3－71)式获得。

3. 增益系数

考虑到 CO_2 分子振动模 v_3 和 v_1 弛豫速率的关系，激光工作区的小信号增益系数 $g_o(J)$ 可写成

$$g_o(J) = \frac{\lambda_0^2}{8\pi\tau_{辐射}}\left(N_{00^01}^J - N_{10^00}^{J'}\frac{g_L}{g_u}\right)f(v) \tag{3-73}$$

式中 $f(v)$ 是频率分布函数，$f(v)=\frac{2}{v_c{}'}$，$v_c{}'$ 是 CO_2 分子与 N_2 或其他分子的碰撞频率；g_u 和 g_L 分别是上、下激光能级的统计权重；N'_{00^01} 和 N''_{10^00} 分别是 00^01 和 10^00 能级的粒子数密度，它们的差值由(3-72)式给出。

第六节　波导二氧化碳激光器

波导激光器，典型代表有 CO_2、CO、染料波导激光器等，是一类具有特殊构型的激光器。由于所具有的适应现代化仪器向高性能、多功能和微型化方向发展的要求，而在军事、光通信、光雷达、光制导、微加工、生物工程等方面展示出广泛的应用前景。

这一节将主要讨论有关波导激光谐振腔的基本原理，以及波导激光器的主要特性和设计的基本原则。关于波导谐振腔的理论，不仅对于了解和设计波导激光器（适用于 CO_2、CO、染料、远红外等所有属于波导类的激光器）具有指导意义，而且对理解光在介质波导中的传输过程以及进一步学习集成光学都是十分重要的。

一、波导激光器的结构和主要特点

波导激光器与普通激光器根本性的不同在于：在波导谐振腔内电磁场往返传播路径的某一部分（或全部）上，场被波导所导引而不服从自由空间的传播规律。因此，以电磁场在自由空间的传播规律为基础的开放式谐振腔理论，不能描述波导激光器的振荡模式，波导激光器本征模的特征不再是主要由反射镜的曲率半径、模尺寸及反射镜的间距决定。

波导激光谐振腔通常包含两个组成部分，即波导系统和光学反馈系统。图 3-34 是气体波导激光谐振腔的典型结构。

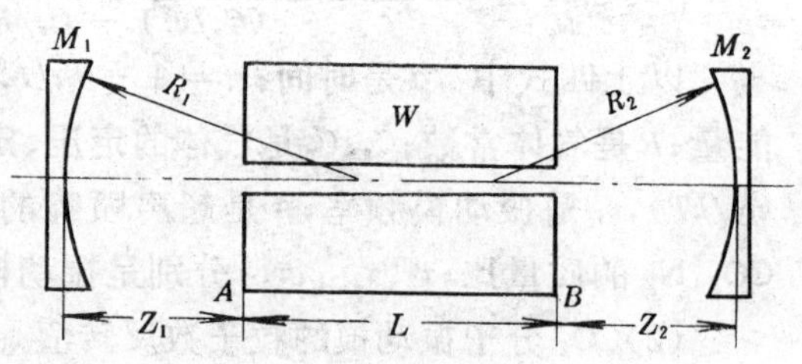

图 3-34　波导激光谐振腔

图中　W 是空心介质波导管，波导管的空心管径一般较小且内壁被抛光，作为波导谐振腔的波导系统；反射镜 M_1、M_2 构成波导腔的光学反馈系统。两反射镜都紧贴波导管口，称为内腔式波导激光器；反射镜与波导管口相距一定间隔，称为外腔式波导激光器。反馈系统除了图示的两镜腔构型外，还有复合腔、环形腔、分布反馈等多种构型。

某些固体激光器（如光纤激光器）和半导体激光器以及远红外气体激光器、某些染料激光器也属于波导类激光器，其中固体激光棒、光纤、半导体的 P-N 结区、放电管；染料池管等组成波导系统，光学反馈系统可以是内腔式（如光纤、半导体），也可以是外腔式的（如远红外、固体、染料）和分布反馈式的。

波导管的横截面形状一般有圆形、矩形和平板波导几种，其中平板波导可视作是矩形波导的某一方向的横向尺寸无限扩展的情形。

波导激光器的特征通常还可以以菲涅尔数值的大小来表征，研究（激光技术，1992，*Vol* 16，No. 4，*p*210）表明，谐振腔的菲涅尔数 $N(=a^2/L\lambda)$ 小于或近于 1 的激光器都是工作于典型的波导激光器状态，而按普通开放腔的观点，当 $N\leqslant 1$ 时，由于衍射损耗太高，腔内不可能形成光振荡。

在波导管中，电磁场存在于一系列分立的本征状态之中，称之为波导管的本征模。从波导管口向外，场又将在自由空间传播并可被腔镜所反射。因此，关于波导谐振腔的理论分析包含两个方面：

1. 波导系统 — 空心介质波导管中本征模的场分布及其传输特性。

2. 光学反馈系统 — 反馈系统对波导模的耦合。

二、空心圆柱波导管中的本征模

1. 空心介质波导管中低损耗模传输的一般概念

与普通的介质波导（和光纤、固体激光棒）不同的是，气体波导激光器的波导管都为空心介质波导管，管内气体物质的折射率 η，通常总比管壁材料的折射率 $\eta=\sqrt{\frac{\varepsilon}{\varepsilon_0}}$ 要小，因此，光在空心介质波导管内传输时，在管壁上不可能发生全内反射，必有一部分光因折射而进入管壁介质之中，形成一定的能量损耗。但是，当波导管的横向尺寸 $2a\gg\lambda$（λ 为光波长）时，对于波导管中一些最低阶的本征模，由于其传输方向十分接近于波导管的轴线，在管壁上形成掠入射，从而将有很高的反射率，因此这些模的传输损耗必定很小，这就是空心介质波导传输低损耗模式的物理图像。

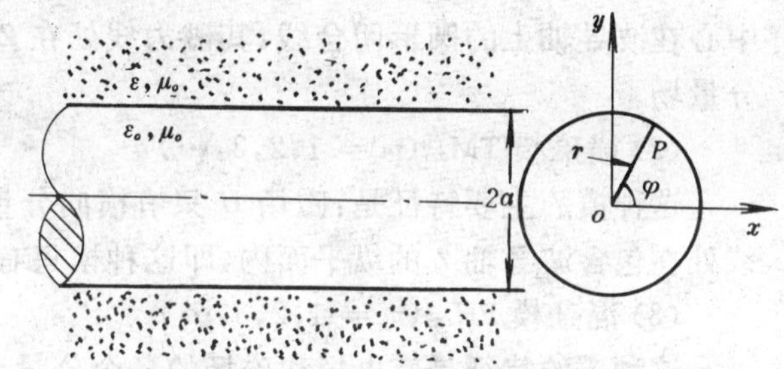

图 3-35　圆柱形空心介质波导管

2. 空心介质圆波导管中的场方程及其解

图 3-35 是圆柱形空心介质波导管，内直径为 $2a$，管内为直空（或气体工作物质），电磁特性以 ε_0、μ_0 表征；管壁的介质假定是均匀的，并假设管壁为无限厚，以 ε,μ_0 表征。

空心圆柱内部和外部可能存在的电磁场均应满足麦克斯韦方程组：

$$\left.\begin{aligned}&\nabla\times E=-\frac{\partial B}{\partial t}\\&\nabla\times H=j+\frac{\partial D}{\partial t}\\&\nabla\cdot D=\rho\\&\nabla\cdot B=0\end{aligned}\right\}\tag{3-74}$$

圆柱内、外的场还必须满足相应的边界条件：(1) 圆柱内的场应是单值、连续和有限的；(2) 在波导边界上（$r=a$ 处），电场的切分量 E_A 及磁场的切分量 H_t 均应连续；(3) 当波导管长度 $L\gg a$ 时，将其视作均匀无限长的圆柱波导，波导两端口对波导内部的场的影响不予考虑；(4) 波导管壁中的场满足无限远条件。

由于圆柱波导的对称性，管内的任何一个场分量均应为坐标 φ 的周期函数。对于沿 Z 方向均匀无限长的圆柱波导，待求的场分量具有形式。

$$A(r,\varphi,z,t)=A_0(r,\varphi)e^{i(\gamma z-\omega t)}\tag{3-75}$$

式中　$A(r,\varphi,z,t)$ 代表场 E 和 H 的任何一个分量；$A_0(r_0,\varphi)$ 表示场分量在横截面内的振幅分布；因子 $e^{i(\nu z-\omega t)}$ 描述场沿 Z 方向的传输，r 为传输常数，r 通常为复数。由于圆对称性，故有

$$A_0(r,\varphi)=R(r)e^{in\varphi}$$

$$= R(r)\begin{Bmatrix}\cos n\varphi \\ \sin n\varphi\end{Bmatrix} \tag{3-76}$$

式中 n 为整数。

满足方程组(3-74) 及边界条件的电磁场将是一系列分立的波导本征模，它们各自具有不同的场分布，其场分量为

$$\begin{aligned} A_{nm}(r,\varphi,z,t) &= A_{0nm}(r,\varphi)e^{i(\gamma_{nm}z-\omega t)} \\ &= R_m(r)\begin{Bmatrix}\cos n\varphi \\ \sin n\varphi\end{Bmatrix} e^{i(\gamma_{nm}z-\omega t)} \end{aligned} \tag{3-77}$$

分析表明，在圆柱波导中可以存在三种类型的本征模：

(1) 横电模 $TE_{om}(m = 1,2,3,\cdots)$

这种模的特征是，电场 E 只有横向分量，电力线处在与波导管轴垂直的横平面内，而且是中心在波导轴上的圆形闭合线，其磁力线处在 Z 轴的纵平面内，即这种模只有 E_φ、H_r，H_z 三个分量场。

(2) 横磁模 $TM_{om}(m = 1,2,3,\cdots)$

这种模的主要特征是：磁场 H 只有横向分量，磁力线是中心在波导轴上的闭合圆，电场 E 线处在包含波导轴 Z 的纵平面内，即这种模只有 H_φ、E_r、E_z 三个分量场。

(3) 混杂模 $EH_{nm}(m = 1,2,3,\cdots)$

这种模的特征是有电场和磁场的各个分量。

3. $a \gg \lambda_0$ 条件下波导模场分布特征

当满足条件

$$\left.\begin{aligned} & ka = 2\pi\frac{a}{\lambda_0} \gg |\eta| u_{nm} \\ & \left|\frac{\gamma}{k} - 1\right| \ll 1 \end{aligned}\right\} \tag{3-78}$$

时，圆柱波导本征模的表达形式将大为简化。

式中　$k = \omega\sqrt{\varepsilon_0\mu_0} = \dfrac{2\pi}{\lambda_0}$ 为光在自由空间传播常数；λ_0 是光在自由空间的波长；η 为波导管材料的折射率；γ 为波导模沿波导轴向的传输常数。上述的第一个条件要求波导半径远大于工作波长，第二个条件限定了只考虑低损耗的本征模。因此，满足(3-78) 式的条件下，即可略去包含(λ_0/a) 及其高次幂项。圆波导中三种类型本征模的场分量可表示成

(a) 横电模 $TE_{om}(n = 0, m \geqslant 1)$

$$\left.\begin{aligned} & E^i_{\varphi om} = -\sqrt{\frac{\mu_0}{\varepsilon_0}}H^i_{rom} = J_1(u_{0m}\frac{r}{a})e^{i(\gamma_{om}z-\omega t)} \\ & E^i_z = E^i_r = H^i_\varphi = 0, H^i_z \text{ 及 } E^e, H_e \to 0 \end{aligned}\right\} \tag{3-79}$$

式中　上标“i”表示管内的场；“e”表示管外的场。

(b) 横磁模 $TM_{0m}(n = 0, m \geqslant 1)$

$$\left.\begin{aligned} & E^i_{rom} = \sqrt{\frac{\mu_0}{\varepsilon_0}}H^i_{\varphi om} = J_1(u_{0m}\frac{r}{a})e^{i(\gamma_{om}z-\omega t)} \\ & E^i_\varphi = H^i_r = H^i_z = 0, E^i_z \text{ 及 } E^e, H^e \to 0 \end{aligned}\right\} \tag{3-80}$$

(c) 混杂模 $EH_{nm}(n \neq 0, m \geqslant 1)$

$$E^i_{\varphi nm} = -\sqrt{\frac{\mu_0}{\varepsilon_0}} H^i_{rnm} = J_{n-1}(u_{nm}\frac{r}{a})\cos n\varphi e^{i(\gamma_{nm}z-\omega t)}$$

$$E^i_{rnm} = \sqrt{\frac{\mu_0}{\varepsilon_0}} H^i_{\varphi nm} = J_{n-1}(u_{nm}\frac{r}{a})\sin n\varphi e^{i(\gamma_{nm}z-\omega t)} \tag{3-81}$$

E^i_z, H^i_z 以及 $E^e, H^e \to 0$

式中 u_{nm} 表示 $n-1$ 阶贝塞尔函数的第 m 个根 $J_{n-1}(u_{nm})=0$。表 3-6 是 u_{nm} 几个数值，它们为一些有限大小的实数。

表 3-6 u_{nm} 的数值

n \ m	1	2	3	4
1	2.405	5.52	8.654	11.796
2 或 0	3.832	7.016	10.173	13.324
3 或 −1	5.136	8.417	11.62	14.796
4 或 −2	6.380	9.761	13.015	16.223

图 3-36 是圆柱波导中的若干本征模，由图和(3-81) 式可见，圆波导本征模的场分布具有以下特征：

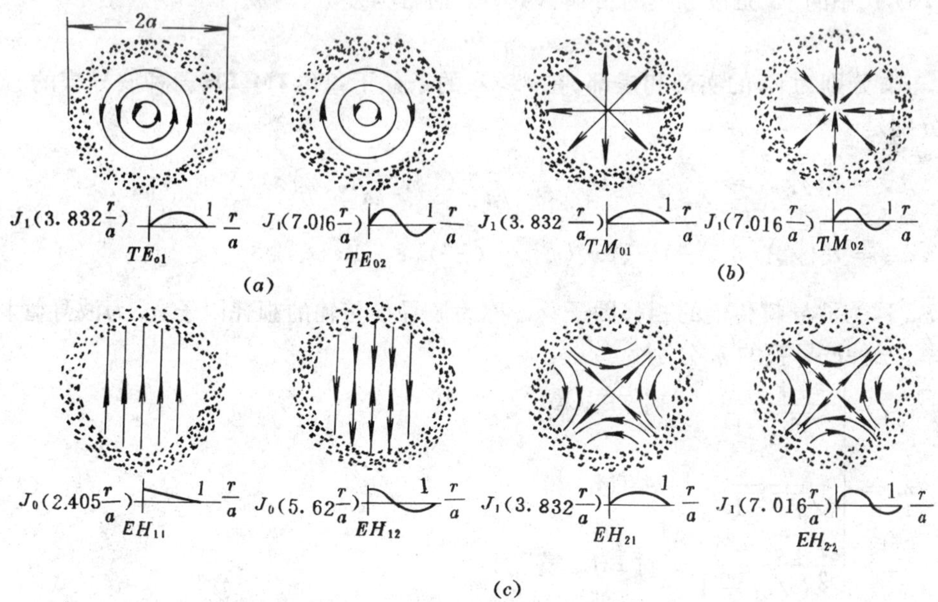

图 3-36 圆柱波导中的若干本征模

(*a*) 横电模；(*b*) 横磁模；(*c*) 混杂模。

1. 波导管内的场仅有横向分量，故可近似认为是 TEM 模场。

2. 在波导管壁处($r=a$ 处) 各本征模的振幅都降为零，在波导外部($r>a$ 处) 场的幅度小到可以忽略。

3. 当 $n=0$ 时，波导模式或者是 TE_{om} 模或者是 TM_{om} 模；当 $n\neq 0$ 时，为混杂模，n 可为正、负

整数，其大小表示场沿 φ 角方向变化的周期数($0-2\pi$)，m 为大于等于 1 的正整数，表示场沿 r 方向出现的最大(或最小)值的数目(在 $0-a$ 范围内)，即节线圆的数目。

在这三种圆波导模中，EH_{nm} 是最重要的模式，具有下述的特点：

(1). EH_{nm} 模的每一特定模式(即 n、m 为一定值)的所有场分量随 r 的变化关系都由贝塞尔函数 $J_{n-1}(\frac{u_{nm}}{a}r)$ 来描述。

(2). EH_{1m} 模是线偏振的，且具有圆对称场分布，即因为 E 为

$$\left.\begin{aligned} E^i_{\varphi 1m} &= J_c(u_{1m}\frac{r}{a})\cos\varphi \\ E^i_{r1m} &= J_c(u_{1m}\frac{r}{a})\sin\varphi \end{aligned}\right\} \tag{3-82}$$

二个分量，所以

$$E^i_{1m} = \sqrt{(E^i_{\varphi 1m})^2 + (E^i_{r1m})^2} = J_0(u_{1m}\frac{r}{a}) \tag{3-83}$$

即 E_{1m} 的大小和方向与 φ 无关。

(3). EH_{11} 模的场在波导管轴线($r=0$)上具有最大值，从中心向管壁按 $J_0(u_{11}\frac{r}{a})$ 所描述的关系衰减。由于这个特点，最低阶混杂波导模 EH_{11} 成为实际中最重要的模式。

三、圆波导本征模的传输常数和损耗特征

1. 圆波导本征模的传输常数

(3-78) 式中的 γ_{nm} 是波导模的传输常数，γ_{nm} 通常为复数，写成

$$\gamma_{nm} = \beta_{nm} + i\alpha_{nm} \tag{3-84}$$

式中，β_{nm}、α_{nm} 分别为 γ_{nm} 的实部和虚部。在 $a \gg \lambda_0$ 的条件下，TE、TM、EH 三种波导模的 γ_{nm} 的实部和虚部分别是

$$\begin{aligned} \beta_{nm} &= \text{Re}\{\gamma_{nm}\} = \frac{2\pi}{\lambda_{nm}} = k[1-\frac{1}{2}(\frac{u_{nm}}{ka})^2(1+\frac{2}{ka}I_m\{\eta_n\})] \\ \alpha_{nm} &= I_m\{\gamma_{nm}\} = (\frac{u_{nm}}{k})^2\frac{1}{a^3}\text{Re}\{\eta_n\} = (\frac{u_{nm}}{2\pi})^2\cdot\frac{\lambda_0^2}{a^3}\text{Re}\{\eta_n\} \end{aligned} \tag{3-85}$$

式中　β_{mn} 称为波导模传输的相移因子；α_{nm} 称为波导模传输的损耗因子；η_n 为波导管材料的折合折射率。三种波导模的 η_n 分别为

$$\eta_n = \begin{cases} \dfrac{1}{\sqrt{\eta^2-1}} & \text{对 } TE_{0m} \text{ 模} \\ \dfrac{\eta^2}{\sqrt{\eta^2-1}} & \text{对 } TM_{0m} \text{ 模} \\ \dfrac{1}{2}\dfrac{\eta^2+1}{\sqrt{\eta^2-1}} & \text{对 } EH_{nm} \text{ 模} \end{cases} \tag{3-86}$$

式中 $\eta = \sqrt{\dfrac{\varepsilon}{\varepsilon_0}}$ 为管壁材料的相对折射率。

2. 影响传输损耗的因素

由(3-85) 式可见，波导模传输损耗由下列因素决定：

(1) $\alpha_{nm} \propto \dfrac{\lambda_0^2}{a^3}$

在波导管中传输的任何一个模式的损耗都随 λ_0/a 比值的增大而迅速增大。

(2)$\alpha_{nm} \propto \mathrm{Re}\{\eta_n\}$

波导模的传输损耗与波导管壁材料的折射率 η 有关，当 η 为实数时，有

$$\alpha_{nm} = \left(\frac{u_{nm}}{2\pi}\right)^2 \frac{\lambda_0^2}{a^3} \begin{cases} \dfrac{1}{\sqrt{\eta^2 - 1}} & \text{对 } TE_{0m} \text{ 模} (n = 0) \\ \dfrac{\eta^2}{\sqrt{\eta^2 - 1}} & \text{对 } TM_{0m} \text{ 模} (n = 0) \\ \dfrac{1}{2}\dfrac{\eta^2 + 1}{\sqrt{\eta^2 - 1}} & \text{对 } EH_{nm} \text{ 模} (n \neq 0) \end{cases} \tag{3-87}$$

此式表明：TE_{om} 模的损耗随 η 的增大而下降；对 TM_{om} 模，当 $\eta = \sqrt{2}$ 时 α_{nm} 有最小值；对 EH_{nm} 模，$\eta = \sqrt{3}$ 时 α_{nm} 有最小值。

(3)$\alpha_{nm} \propto u_{nm}^2$

不同阶次的波导模具有不同的传输损耗，因此波导管本身亦能提供适当的模式鉴别，由表 3-6 给出的数值，表明了 α_{nm} 与 u_{nm} 的关系。

从物理机制看，空心介质波导模的传输损耗主要是由于管内的 n_0 小于管壁的 η 而产生的，当 $n_0 < \eta$ 时，在管壁上不可能形成全反射，总有一部份能量因折射而“漏入”管壁材料之中，为此也称波导模的损耗为“漏模”损耗。

3. 圆波导中的最低损耗模式

由(3-86)式不难证明，对 η 为实数的情形，当 $\eta > 2.02$ 时，波导管中损耗最低的模是 TE_{01} 模；当 $\eta < 2.02$ 时，EH_{11} 模的损耗最低，对于 η 为复数的情形，只要满足条件

$$u_{11}^2 \mathrm{Re}\left\{\frac{\frac{1}{2}(\eta^2 + 1)}{\sqrt{\eta^2 - 1}}\right\} < u_{01}^2 \mathrm{Re}\left\{\frac{1}{\sqrt{\eta^2 - 1}}\right\}$$

$$u_{11}^2 \mathrm{Re}\left\{\frac{1}{2}\frac{(\eta^2 + 1)}{\sqrt{\eta^2 - 1}}\right\} < u_{01}^2 Re\left\{\frac{\eta^2}{\sqrt{\eta^2 - 1}}\right\} \tag{3-88}$$

时，EH_{11} 模具有最低损耗，波导 CO_2、CO、He-Ne 激光器等的波导管材料均能满足上述条件，因此它们通常工作于 EH_{11} 模。

EH_{11} 模是实际应用中最重要的本征模式，其场分布的表述和传输损耗的计算分别综述如下：

$$\left.\begin{aligned} E_{\varphi 11}^i &= -\sqrt{\frac{\mu_0}{\varepsilon_0}} H_{r11}^i = J_0\left(u_{11}\frac{r}{a}\right)\cos\varphi \\ E_{r11}^i &= \sqrt{\frac{\mu_0}{\varepsilon_0}} H_{\varphi 11}^i = J_0\left(u_{11}\frac{r}{a}\right)\sin\varphi \\ E^i &= \sqrt{\frac{\mu_0}{\varepsilon_0}} H^i = J_0\left(u_{11}\frac{r}{a}\right), r \leqslant a \\ E^e &= H^e = 0 \qquad r > a \end{aligned}\right\} \tag{3-89}$$

$$\alpha_{11} = \left(\frac{u_{11}}{2\pi}\right)^2 \frac{\lambda_0^2}{a^3} Re\left\{\frac{1}{2}\frac{(\eta^2 + 1)}{\sqrt{\eta^2 - 1}}\right\} = 0.1465 \frac{\lambda_0^2}{a^3} Re\left\{\frac{1}{2}\frac{(\eta^2 + 1)}{\sqrt{\eta^2 - 1}}\right\} \tag{3-90}$$

表 3-7 给出波导 CO_2 激光器的 BeO 陶瓷、SiO_2 石英为管材料时，$\lambda_0 = 10.6\mu m$ 的波导转输损耗。

表 3-7　$\lambda_0 = 10.6$ 微米时的波导传输损耗

$2a$(毫米)	α_{11}(厘米$^{-1}$)		α_{12}(厘米$^{-1}$)	
	BeO	SiO_2	BeO	SiO_2
0.50	3.46×10^{-4}(0.3dB/m)	1.44×10^{-2}	1.82×10^{-3}	7.59×10^{-2}
1.00	4.33×10^{-5}(0.037dB/m)	1.8×10^{-3}	2.28×10^{-4}	9.48×10^{-3}
1.50	1.28×10^{-5}(0.011dB/m)	5.3×10^{-4}	6.74×10^{-5}	2.79×10^{-3}
2.00	5.4×10^{-6}(0.004dB/m)	2.3×10^{-4}	2.84×10^{-5}	1.21×10^{-3}

四、空心矩形介质波导中的本征模

1. 矩形波导中本征模的场分布

图 3-37 是空心矩形介质波导管的横截面，尺寸为 $2a \times 2b$，管内为真空，电磁特性以 ε_0、μ_0 表征，管外部介质均匀且无限，电磁特性以 ε、μ 表征，$\eta = \sqrt{\dfrac{\varepsilon}{\varepsilon_0}}$ 为波导管材料折射率。

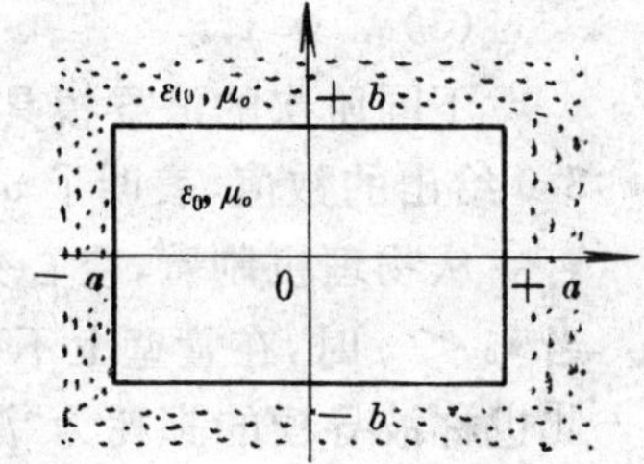

图 3-37　矩形空心介质波导管

相似于求解圆波导中场分布方法，求解在矩形波导边界条件下的麦克斯韦方程，并应用近似条件：

$$m\frac{\lambda}{4a} \ll 1 \qquad n\frac{\lambda}{4b} \ll 1 \tag{3-91}$$

在解中略去包含 λ/a、λ/b 及其高次幂项，即可得出矩形波导本征模的场分布。

(1) 电场沿 Y 方向振动的混杂模 $E^YH^X_{nm}$

$$E^i_{y_{nm}} = \sqrt{\frac{\mu_0}{\varepsilon_0}}H^i_{x_{nm}} = \begin{Bmatrix}\sin\dfrac{m\pi x}{2a}\\ \cos\dfrac{n\pi x}{2a}\end{Bmatrix}\begin{Bmatrix}\sin\dfrac{m\pi y}{2b}\\ \cos\dfrac{n\pi y}{2b}\end{Bmatrix}e^{i(\gamma_{nm}z-\omega t)}\begin{matrix}n\text{ 为偶数},n\text{ 为偶数}\\ m\text{ 为奇数},m\text{ 为奇数}\end{matrix} \tag{3-92}$$

管内其余的场分量为：$E^i_x = H^i_y = 0, E^i_z \to 0, H^i_z \to 0$。

(2) 电场沿 x 方向振动的混杂模 $E^XH^Y_{nm}$

$$E^i_{x_{nm}} = \sqrt{\frac{\mu_0}{\varepsilon_0}}H^i_{y_{nm}} = \begin{Bmatrix}\sin\dfrac{m\pi x}{2a}\\ \cos\dfrac{m\pi x}{2a}\end{Bmatrix}\begin{Bmatrix}\sin\dfrac{m\pi y}{2b}\\ \cos\dfrac{n\pi y}{2b}\end{Bmatrix}e^{i(\gamma_{nm}z-\omega t)}\begin{matrix}n\text{ 为偶数},m\text{ 为偶数}\\ n\text{ 为奇数},m\text{ 为奇数}\end{matrix} \tag{3-93}$$

其余场分量为 $E^i_y = H^i_x = 0, E^i_z \to 0, H^i_z \to 0$。

图 3-38 给出电场沿 Y 方向振动的几个低阶 $E^YH^X_{nm}$ 模的场分布，箭头表示电场 $\boldsymbol{E}$ 方向。场沿 x 方向的节线数(平行于 Y 轴)为 $(m-1)$，沿 Y 方向的节线数为 $(n-1)$。EH_{11} 模在整个横截面内没有节线，其强度在波导轴线上达到最大。

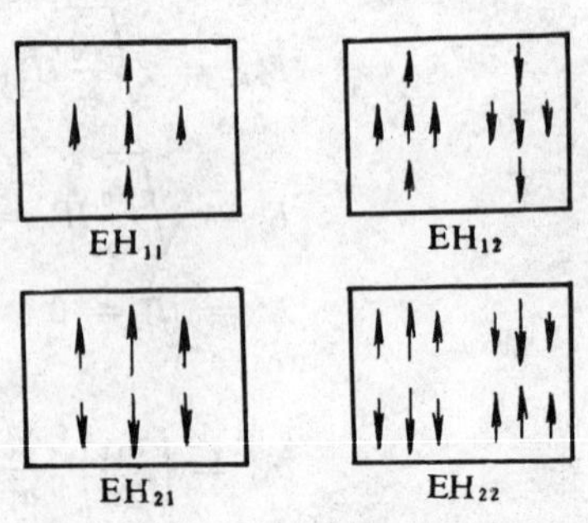

图 3-38　矩形空心波导管中的几个低阶模

2. 矩形波导的传输常数和损耗特性

矩形波导的传输常数

$$\gamma_{nm} = \beta_{nm} + i\alpha_{nm} \tag{3-94}$$

对电场沿 Y 方向振动的 $E^YH^X_{nm}$ 模，有

$$\beta_{nm}=\mathrm{Re}\{\gamma_{nm}\}=\frac{2\pi}{\lambda_0}\left[1-\frac{1}{2}\left(\frac{m\lambda_0}{4a}\right)^2\left(1-\frac{\lambda_0}{\pi a}Im\left\{\frac{1}{\sqrt{\eta^2-1}}\right\}\right)-\frac{1}{2}\left(\frac{n\lambda_0}{4b}\right)^2\left(1-\frac{\lambda_0}{\pi b}Im\left\{\frac{\eta^2}{\sqrt{\eta^2-1}}\right\}\right)\right] \quad (3\text{-}95)$$

$$\alpha_{nm}=Im\{\gamma_{nm}\}=\frac{m^2}{16}\cdot\frac{\lambda_0^2}{a^3}\mathrm{Re}\left\{\frac{1}{\sqrt{\eta^2-1}}\right\}+\frac{n^2}{16}\cdot\frac{\lambda_0^2}{b^3}\mathrm{Re}\left\{\frac{\eta^2}{\sqrt{\eta^2-1}}\right\}$$

对电场沿 x 方向振动的 $E^XH^Y_{nm}$ 模，有

$$\beta_{nm}=\mathrm{Re}\{\gamma_{nm}\}=\frac{2\pi}{\lambda_0}\left[1-\frac{1}{2}\left(\frac{m\lambda_0}{4a}\right)^2\left(1-\frac{\lambda_0}{\pi a}Im\left\{\frac{\eta^2}{\sqrt{\eta^2-1}}\right\}\right)-\frac{1}{2}\left(\frac{n\lambda_0}{4b}\right)^2\left(1-\frac{\lambda_0}{\pi b}Im\left\{\frac{1}{\sqrt{\eta^2-1}}\right\}\right)\right] \quad (3\text{-}96)$$

$$\alpha_{nm}=Im\{\gamma_{nm}\}=\frac{m^2}{16}\cdot\frac{\lambda_0^2}{a^3}\mathrm{Re}\left\{\frac{1}{\sqrt{\eta^2-1}}\right\}+\frac{n^2}{16}\cdot\frac{\lambda_0^2}{b^3}\mathrm{Re}\left\{\frac{1}{\sqrt{\eta^2-1}}\right\}$$

对边长为 $2a\times 2a$ 的方型波导，电场沿 Y 方向振动的 $E^yH^x_{nm}$ 模有

$$\alpha_{nm}=\frac{1}{16}\cdot\frac{\lambda_0^2}{a^3}\left[m^2\mathrm{Re}\left\{\frac{1}{\sqrt{\eta^2-1}}\right\}+n^2\mathrm{Re}\left\{\frac{\eta^2}{\sqrt{\eta^2-1}}\right\}\right] \quad (3\text{-}97)$$

对 EH_{11} 模，有

$$\alpha_{11}=\frac{1}{16}\frac{\lambda_0^2}{a^3}\mathrm{Re}\left\{\frac{\eta^2+1}{\sqrt{\eta^2-1}}\right\}=\frac{1}{8}\frac{\lambda_0^2}{a^3}\mathrm{Re}\{\eta_n\} \quad (3\text{-}98)$$

上述式子表明，与圆波导一样，矩形波导 EH_{nm} 模的传输损耗也与管壁材料折射率 η，波导管截面尺寸 a、b、波长 λ_0，模序数 n、m 等参量有关，表 3-8 给出几种材料的方波导 CO_2 激光器 EH_{11} 模的传输损耗。

表 3-8　方波导二氧化碳激光器 EH_{11} 模的传输损耗

($\lambda=10.6$ 微米)

材　　料	损耗(分贝／米)	
	$2a=1$ 毫米	$2a=1.5$ 毫米
SiO_2	1.40	0.41
BeO	0.032	0.0094
Al_2O_3（E 垂直于 c 轴）	1.60	0.47
Al_2O_3（E 平行于 c 轴）	0.86	0.25

五、波导激光器的反馈方法及耦合损耗

1. 波导激光器的反馈方法

波导激光器的反馈主要有两种耦合方法：

(1) 波导 F-P 谐振腔

波导激光器采用最多的是光学反馈的方法，即在波导管两端与波导管轴垂直放置平面或球面反射镜。

(2) 分布反馈式波导激光器

分布反馈式是使波导管形成空间周期性变化。例如，将波导壁做成波纹状，或将波导管内壁做成“搓板”结构，或者在波导内壁上刻蚀光栅等，当波导的空间变化周期与工作波长之间满足布喇格条件时，就可实现有效的光耦合，因为反馈不是在集总元件(如波导腔端镜)上发生的，而是利用波行进过程中在波导周期结构上的各向布喇格散射而获得的，因此称为分布反馈。

2. 波导腔模与耦合损耗概念

(1) 波导谐振腔的模式

波导谐振腔的模与波导管中的模是不同的。如图 3-34 所示的波导谐振腔，能在谐振腔内构成稳定振荡模，必定是在波导管内传输并在波导端口向谐振腔反射镜发射，经反射镜再重新耦合回到波导内的场分布，在谐振腔内往返一周，模的振幅和相位分布达到自洽。因此，波导腔中的模既不同于波导管中的本征模，也不同于开腔中的自由空间模，任一波导腔模必须能以低的损耗通过波导管，因而当它在波导管中传输时应是各阶波导本征模的线性组合，同时它又必能高效率地被反射镜所耦合。

波导谐振腔模式的获得主要有下述三种方法：

(i) 研究波导本征模在波导管中的传输规律，以波导管本征模为基础，分析波导模由管口发射出去，在管口与腔镜之间的自由空间中的传播规律，以及它们被反射镜所耦合的规律。

(ii) 对给定的谐振腔，重复地计算通过往返大量次数后的电磁场分布，得出的稳定解便代表了这种腔结构的本征模。

(iii) 给出通过谐振腔一次反馈后的电磁场表达式，场分布是由一个展开为有限数目的波导模和传输矩阵来表示，矩阵对角元素给出本征模和相应的模损耗。

在波导激光器的工程设计中，通常(包括以下讨论)采用第一种方法。

(2) 波导模耦合损耗的概念

反射镜对波导本征模的耦合过程中有以下 3 种耦合损耗：

(*i*) 由于谐振腔镜反射面的形状与到达镜面场的相位不匹配，在反射时造成场的扰动，当场返回波导管口时，使得有一部分能量不能重新进入波导中。

(*ii*) 由于场受到扰动，重新进入波导中的那一部份能量也不一定能全部耦合回原来的波导模式，其中有一部能量将耦合到其他模式中去。

(*iii*) 波导本征模从波导口发射出去后，光束尺寸不断扩展，在反射镜横向尺寸有限的情况下，有可能出现的衍射损耗。

实际上，当反射镜的横向尺寸取得足够大时，耦合损耗的产生主要是前两种原因，以下将讨论反射镜对圆波导 EH_{11} 模的耦合损耗。条件是反射镜尺寸足够大而可略去衍射损耗。

六、反射镜对圆波导 EH_{11} 模的耦合损耗按拉盖尔 - 高斯光束展开

圆 波导 EH_{11} 模场在自由空间的传播规律尚不清楚。一种处理方法是：在波导管口面上将 EH_{11} 模按自由空间的拉盖尔 - 高斯光束展开，后者在自由空间的传播和被反射镜变换的规律是众所周知的。

在波导管口面上，EH_{11} 模的电场分布为

$$\left.\begin{aligned} &E(r) = J_0\left(\frac{u_{11}}{a}r\right) \qquad && r \leqslant a \\ &E(r) \approx 0 && r > a \end{aligned}\right\} \tag{3-99}$$

由于电场 $E(r)$ 具有圆柱对称性,如此选择具有圆柱对称性的拉盖尔 - 高斯展开函数簇,即

$$\psi_m(r) = \sqrt{\frac{2}{\pi}}\frac{1}{\omega_0}L_m(\frac{2r^2}{\omega_0^2})e^{-\frac{r^2}{\omega_0^2}} \tag{3-100}$$

式中　$L_m(\frac{2r^2}{\omega_0^2})$ 为 m 阶拉盖尔多项式;ω_0 是基模高斯光束的腰斑半径;$\sqrt{\frac{2}{\pi}}\cdot\frac{1}{\omega_0}$ 为归一化系数,它使得上式中的函数满足如下正交归一化条件:

$$\left.\begin{aligned}&\int_0^\infty \psi_p(r)\psi_q(r)\cdot 2\pi r dr = \delta_{pq}\\&\delta_{pq} = \begin{cases}0 & p\neq q\\1 & p = q\end{cases}\end{aligned}\right\} \tag{3-101}$$

(3-100) 式中的 $\psi_m(r)$ 的意义是 m 阶拉盖尔 - 高斯光束在其束腰平面内的场分布形式。

在波导口面上,EH_{11} 模按拉盖尔 - 高斯光束的展开式表示为

$$E(r) = \sum_{p=0}^{\infty} A_p(\omega_0)\psi_p(r) \tag{3-102}$$

即 EH_{11} 模的场被视作为无限多个拉盖尔 - 高斯光束的迭加,式中 $A_p(\omega_0)$ 是展开系数,表示第 p 个分量 $\psi_p(r)$ 的振幅。利用(3-101) 式,即可写出系数 $A_p(\omega_0)$ 的展开式:

$$\begin{aligned}A_p(\omega_0) &= \int_0^\infty E(r)\psi_p(r)2\pi r dr = \int_0^a E(r)\psi_p(r)\cdot 2\pi r dr\\&= \sqrt{\frac{2}{\pi}}\frac{1}{\omega_0}\int_0^a J_0(\frac{u_{11}}{a}r)L_p(\frac{2r^2}{\omega_0^2})e^{-\frac{r^2}{\omega_0^2}}\cdot 2\pi r dr\end{aligned} \tag{3-103}$$

EH_{11} 模的场的总能量可表示为

$$Q = \int_0^\infty |E(r)|^2\cdot 2\pi r dr = \sum_{p=0}^{\infty}|A_p(\omega_0)|^2 \tag{3-104}$$

同时,由 $E(r)$ 的表达式(3-99) 可算得

$$Q = \int_0^\infty |E(r)|^2\cdot 2\pi r dr = 0.84668a^2 \tag{3-105}$$

EH_{11} 模包含在展开式最初$(p+1)$ 个拉盖尔 - 高斯分量中的能量份额

$$F(p) = \frac{\sum_{j=0}^{p}|A_j(\omega_0)|^2}{\sum_{j=0}^{\infty}|A_j(\omega_0)|^2} = \frac{\sum_{j=0}^{p}|A_j(\omega_0)|^2}{Q} \tag{3-106}$$

式中 ω_0 的合理选择,将会加快此级数的收敛。ω_0 选取原则是,使展开式的第一项的系数 $A_0(\omega_0)$ 取得极大值,即

$$\frac{\partial A_0(\omega_0)}{\partial \omega_0} = 0 \tag{3-107}$$

由此式取得的 ω_0 的取值具有如下关系:

$$\omega_0 = (0.6435 \pm 0.0002)a \tag{3-108}$$

表 3-9 是在 ω_0 的上述取值条件下,由(3-103) 式算得的最初几个拉盖尔 - 高斯分量的振幅 A_p 及相应的 $F(p)$ 值,表中的数值表明,EH_{11} 模的总能量的 98% 以上将辐射到腰斑 $\omega_0 = 0.6435a$ 的自由空间高斯光束中,且前 6 个拉盖尔 - 高斯分量中已包含 EH_{11} 模总能量的 99.86%,因此,通常取展开式中的前 6 个拉盖尔 - 高斯光束的迭加来描述 EH_{11} 模的场已足够。

表 3-9　A_p 及 $F(p)$ 的最初几个值($\omega_0 = 0.6435a$)

p	A_p/a	$F(p)$
0	0.911217	0.9806
1	-5.4×10^{-5}	0.9806
2	-0.11087	0.9952
3	-0.03960	0.9970
4	0.01804	0.9974
5	0.03141	0.9986

2. 匹配反射镜对 EH_{11} 模的耦合损耗

具有如图 3-39 所示位置的反射镜对光场的反射，称为匹配反射，高斯光束的等相位面近似为球面，与束腰相距 z 的等相位面的曲率半径为

$$R'(z) = f\left(\frac{z}{f} + \frac{f}{z}\right) \tag{3-109}$$

式中 $f = \pi\omega_0^2/\lambda$，为高斯光束的共焦参数，如果在 z 位置上放置曲率半径 $R = R'(r)$ 的反射镜，即可构成反射镜对光场的匹配反射。

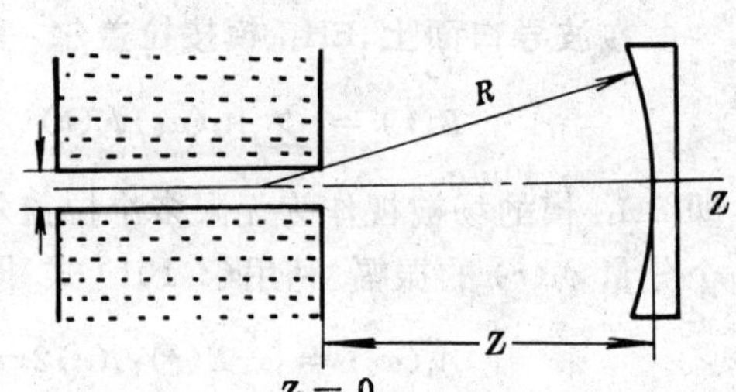

图 3-39　波导激光器的耦合损耗

设 EH_{11} 在波导口面上的场为 $E(r)$，在匹配反射情况下，返回场

$$E'(r) = \sum_{p=0} A_p \psi_p e^{i\Phi_p} \tag{3-110}$$

式中

$$\Phi_p = 2(2p+1)\operatorname{arctg}\frac{z}{f} \tag{3-111}$$

为高斯光束 ψ_p 在波导口与反射镜间往返一次的相移(式中略去对各阶高斯光束都相同的那部分相移)。

EH_{11} 模的耦合损耗 C_{11} 由下式定义：

$$C_{11} = 1 - \frac{\left|\int E(r)E'(r)2\pi r dr\right|^2}{\left|\int E(r)E(r)2\pi r dr\right|^2}$$

利用(3-103)、(3-105) 和(3-110) 式可求得：

$$\left.\begin{aligned} C_{11} &= 1 - \frac{\sum_{p,q}|A_p|^2|A_q|^2\cos(\Phi_p - \Phi_q)}{Q^2} \\ &= \frac{2}{Q^2}\sum_{p,q}|A_p|^2|A_q|^2\sin^2\frac{1}{2}\Phi_{pq} \\ \Phi_{pq} &= \Phi_p - \Phi_q = 4(p-q)\operatorname{arctg}\frac{z}{f} \end{aligned}\right\} \tag{3-112}$$

(3-112) 式表明，EH_{11} 模的耦合损耗主要与各阶高斯模的相移因子 Φ_{pq} 有关，即依赖于反射镜位置 z、管径 a 和波长 λ，图 3-40 是由(3-112) 式计算所得 C_{11} 与 z/f 的关系曲线。

应特别注意以下 3 个低损耗区：

(1) 当 $z \to 0$、$R = R' \to \infty$ 时，$C_{11} \to 0$。即当区配反射镜紧靠波导管口附近时，所引入的 C_{11} 很低。当 $z/f < 0.11$ 时 $C_{11} < 2\%$，原因是当 $z/f \to 0$ 时，相移 $\Phi_{pq} = 4(p-q)\operatorname{arctg}\frac{z}{f} \to 4(p-q)\pi$，各阶拉盖尔-高斯光束将同相位返回波导口。

(2) 当 $z \to \infty$、$R = R' \to \infty$ 时，$C_{11} \to 0$，原因是：$z/f \to 0$ 时，$\Phi_{pq} = 4(p-q)\operatorname{arctg}\frac{z}{f} \to 2\pi(p-q)$，即所有高斯光束以同相位返回波导口。

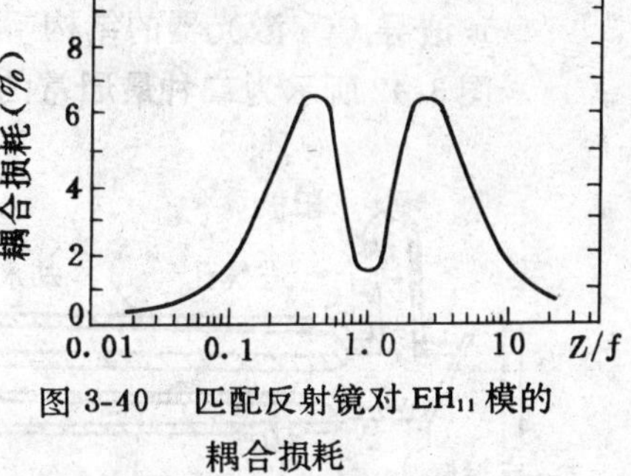

图 3-40　匹配反射镜对 EH_{11} 模的耦合损耗

(3) 当 $z/f = 1$、$R = R' = 2f$ 时，C_{11} 有极小值，约为 1.48%。因为：$z/f = 1$ 时，$\Phi_{pq} = \Phi_p - \varphi_q = (p-q)\cdot\pi$ 各阶高斯模以同相位返回波导口。

图 3-40 所给的匹配反射下的耦合损耗曲线对波导激光器工程设计具有很大的指导意义。通常情况下，是先选取上述 3 种低损耗构型中的 1 种，再确定其他结构参数(a、z、R 等)，以使激光器运行于 EH_{11} 模并有高的效率。

3. 非匹配反射镜对 EH_{11} 模的耦合损耗

如果放置在 z 处的反射镜曲率半径 R 与该处高斯光束的波面曲率半径 $R'(z)$ 不相等。则所有的高斯光束在反射时将受到扰动，耦合损耗增大。R' 与 R 偏离愈远，损耗也愈大。

图 3-41 是在这种非匹配反射情况下 EH_{11} 模耦合损耗与 z/f 的关系。图中，曲线傍的数字是 R/f 值的大小，对于每一个 R 值，耦合损耗的大小随 Z 而变化；而对于每一个特定的 Z 值，不同 R 的反射镜引入的损耗也不同。

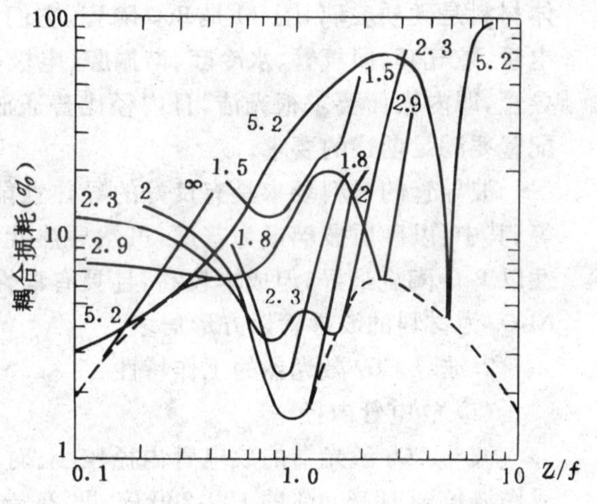

图 3-41　非匹配反射镜对 EH_{11} 模的耦合损耗 -R 一定时，损耗与 z/f 的关系

在 $R > 2f$ 的情况下，每一条曲线与图中虚曲线(前述的匹配耦合线)，有两个交点，其中一个交点的位置 $Z_1 < f$，另一个 $Z_2 > f$，在这两个交点上，由反射镜引入的耦合损耗较低。

当 $R > 2f$ 时，每一条曲线与匹配耦合曲线只有一个交点，位置在 $z = f$ 处，在该点附近的耦合损耗随 Z 的变化比较平缓。

在 $R < 2f$ 时，耦合损耗曲线与匹配耦合曲线无交点。这时，耦合损耗都较高，且 $R/2f$ 的值越小，损耗越高。

在实际应用中，具有特别重要意义的情况是平面反射镜放置在波导口附近的构型。对于这种构型，在 z/f 较小的条件下，EH_{11} 模的耦合损耗可保持较低的值，并可按下述近似公式计算：

$$C_{11} = 0.57\left(\frac{z}{f}\right)^{3/2} \quad (z/f < 0.4) \tag{3-113}$$

综上所述，在圆波导 EH_{11} 模激光器的设计中，计算传输损耗和耦合损耗的公式(3-90)和(3-113)是最主要的计算式。类似的方法可以推广到矩形波导的情形。

七、波导 CO_2 激光器

自 1972 年第一台 CO_2 波导激光器运转以来，发展十分迅速，目前，器件已成系列化、商品化，且有多种结构和运转形式的器件不断出现，如可调谐，稳频、射频激励列阵形式、全金属结构等。已成为波导激光器的典型代表。

1. 波导 CO_2 激光器的结构

图 3-42 所示为二种最通常的纵向放电激励的波导 CO_2 激光器结构示意图，图(*a*)所示的管

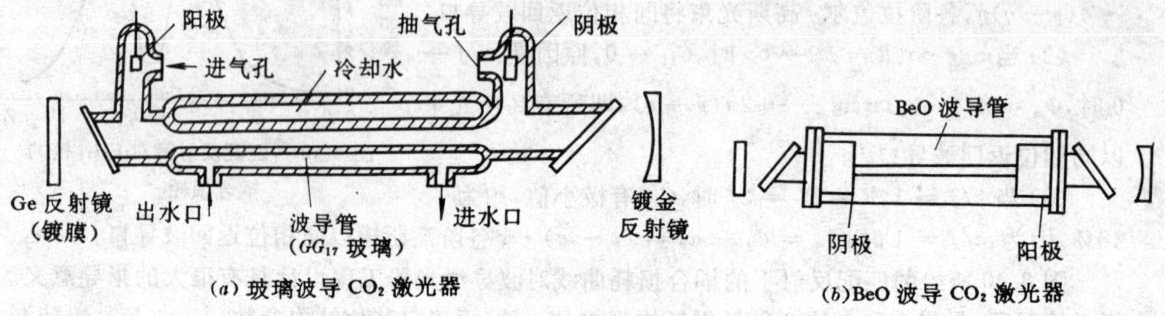

图 3-42　纵向放电激励 CO_2 波导激光器

(*a*) 玻璃波导 CO_2 激光器　(*b*)BeO 波导 CO_2 激光器

体材料是硬质玻璃，图(*b*) 是 BeO 陶瓷。它们的基本结构与普通的 CO_2 激光器相同，通常也由放电管、贮气套、回气管、水冷套、谐振腔、电极等几部份组成。它们主要的不同在于放电管采用波导管，即内表面要求很光洁，且内径比普通放电管要小得多。谐振腔反射镜曲率半径和位置的配置要满足前述的要求。

波导管的材料要求具有良好的导热性能，一般采用硬质玻璃、氧化铍(BeO)、(Al_2O_3) 陶瓷等。其中：以硬质玻璃最为普遍，虽然导热性稍差，但加工方便，成本低廉、结构简单紧凑，导热性以 BeO 陶瓷最好，但成本较高，且具有毒性；以玻璃材料的波导管的截面一般为圆形；BeO 和 Al_2O_3 为材料的波导管以方形居多。

2. 波导 CO_2 激光器的工作特性

(1) 放电管内径

波导 CO_2 激光器的放电管内径较小。对于放电管长 30cm 以下的激光器，放电管内径一般取作波长 λ(10.6μm) 的 100-200 倍，即 2a ＝ 1 － 2mm，对于放电管较长的器件，可按菲涅尔数值 $N=\frac{a^2}{\lambda L}\leqslant 1$ 的原则来确定管内径。

(2) 工作气压、混合比和放电电流

由于放电管内径较小，根据气体相似定律 pd 值的要求，激光器的工作气压较高，通常在 100 毛以上。例如，一台圆形玻璃波导管 CO_2 激光器，其波导管内径 $2a=1.5$mm，放电长度 l 为 20*cm*，采用两平面反射镜靠近波导口对称放置的谐振腔构型，其输出镜透过率为 10%，管口至反射镜间距 z ＝ 1cm，气压比为 CO_2 : N_2 : He : Xe ＝.1 : 0.9 : 3.6 : 0.3，总气压为 120 毛，放电电流为 5mA，输出功率大于 4W。

3. 输出频率特性

由于波导激光器的工作气压很高，谱线加宽为压力均匀加宽。当气压 300 毛时，谱线加宽可达 1500MHz，比普通 CO_2 激光器的 50MHz 提高 30 倍，为此，其可调谐范围将大大增加。例如，一台方孔 BeO 波导 CO_2 激光器，总气压 130 毛，其调谐宽度达 470MHz，连续输出功率大于 1W。

八、可调谐波导CO_2激光器

采用适当的选频和调谐元件，可以实现对波导CO_2激光器的选支和在单支谱线内连续调谐。图3-43是由浙江大学科研人员首先提出的采用三镜复合腔调谐的波导CO_2激光器结构示意图（“中国激光”，13，29，1986）。由镜M_1和光栅Mg组成“子腔”，作用相当于F-P干涉仪，它再与反射镜M_2一起组成复合腔，改变腔长L_1可以实现连续改变F-P干涉仪的总反射率：

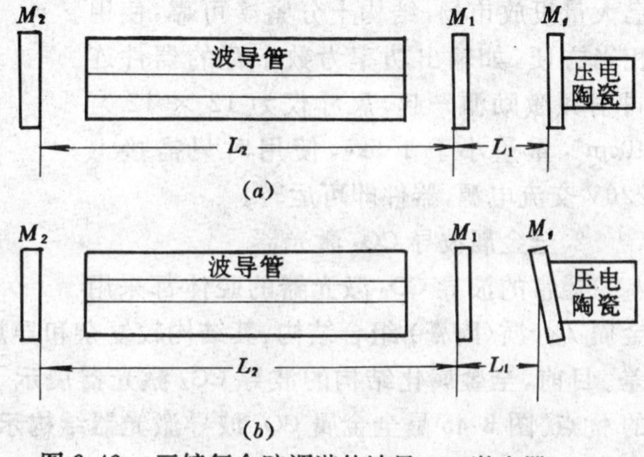

图3-43　三镜复合腔调谐的波导CO_2激光器

$$R_{总}=\frac{(\sqrt{R_1}-\sqrt{R_g})^2+4\sqrt{R_1R_g}\sin^2\delta}{(1-\sqrt{R_1R_g})^2+4\sqrt{R_1R_g}\sin^2\delta} \tag{3-114}$$

式中　R_1和R_g分别为镜M_1和光栅M_g的一级反射率；$\delta=\frac{2\pi L}{\lambda}L_1$，在$L_1$确定后，$R_{总}$随波长$\lambda$而变，即谐振腔内的光学损耗是波长的周期函数。

由光栅零级输出为激光输出功率，即

$$P_{out}=\frac{R_{g0}}{R_{g0}+\alpha}\left\{g_0^l+\ln\left[\frac{\sqrt{R_1}+\sqrt{R_g}}{1+\sqrt{R_g}}\right]\right\}I_s \tag{3-115}$$

式中　g_0为小信号增益系数；l是增益长度；I_s为饱和光强；R_{g0}和α分别为光栅的零级反射率和光学损耗系数。

在结构上，镜M_1应尽可能靠近波导管口，以提高EH_{11}模与TEM_{00}模的耦合效率。

三镜复合腔的调谐范围为

$$2|v_0-v_0|=\Delta v\left\{\frac{g_0 l}{\ln[R_{im}R_1(1-\alpha)^{-1/2}]}-1\right\}^{1/2} \tag{3-116}$$

式中　$R_{im}=(\sqrt{R_1}+\sqrt{R_g})^2/(1+\sqrt{R_1R_g})^2$；$\alpha$为光学损耗系数；$\Delta v$为增益曲线半极大全宽度。放电管长度170mm，内径1.75mm，工作气压100乇，复合腔调谐的波导CO_2激光器，能够调谐63条谱线，单线输出功率为1W，功率起伏$\leqslant 1.5\%$。

九、封离型CO_2激光器的新进展

1. 射频激励技术的引入

近年来，由于一些新技术的发展，使CO_2激光器，特别是封离型CO_2激光器的发展进入到一个崭新的阶段。其中，尤其是射频技术的引入，为CO_2激光器带来一些极为重要的新颖技术设计和新概念。

射频激励技术用于波导CO_2激光器始于1976年，不久扩展应用于工业用大功率CO_2激光器。与直流激励相比，射频激励技术具有一些明显的优点：(1) 提高了激光输出功率的电控程度，脉冲调制频率可达100kHz以上；(2) 射频能量可由激光管外馈入工作气体，不存在电极溅射、腔元件沾污、气体吸附等弊端，器件寿命得以延长；(3) 射频激励气体的功率密度高，从而提高能量转换效率；(4) 工作电压低，操作安全；(5) 易获得大面积横向放电等。

图 3-44 是射频激励波导 CO_2 激光器的结构(横截剖面)和激励电路图。目前数十瓦乃至上千瓦的射频激励波导 CO_2 激光器已大量投放市场,结构十分紧凑可靠,使用相当方便,如输出功率为数十瓦的器件连同射频激励源一起,尺寸仅为 $12 \times 12 \times 40cm^3$,重量小于 1.5kg,使用时只需接上 220V 交流电源,器件即可运转。

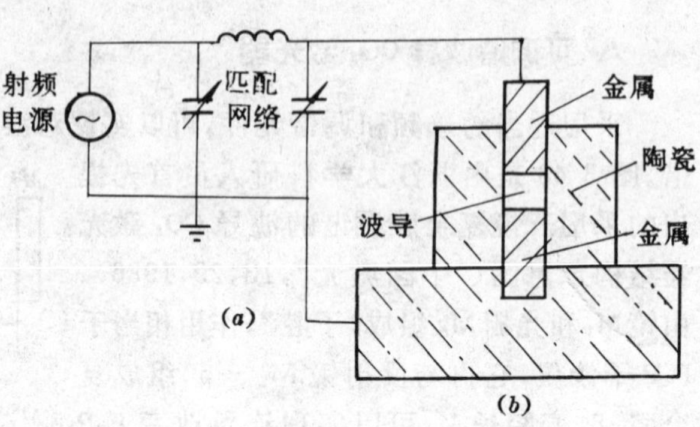

图 3-44 射频激励 CO_2 波导激光器

2. 全金属波导 CO_2 激光器

通常的波导 CO_2 激光器的腔体都采用金属/介质(陶瓷)组合结构,其结构较复杂和导热性能差。目前,全金属化结构的波导 CO_2 激光器展示了独特的优点。图 3-45 是全金属 CO_2 波导激光器结构示意图,其激光管和激光器的主体是用金属铝通过挤压再经过氩弧焊接而成。之所以能在其中形成放电区,是基于射频击穿电压以非线性关系依赖于极间距和气压的原理。因此放电仅发生在电极之间,在很宽的气压和频率范围内则不会发生气体击穿放电。

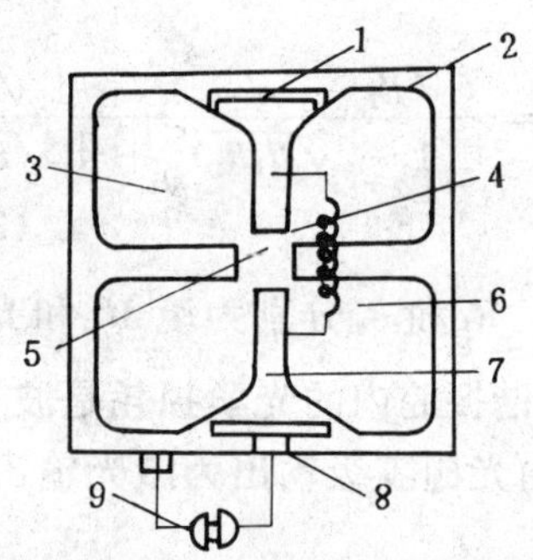

图 3-45 全金属化波导 CO_2 激光器

1. 热转换隙 2. 铝外壳 3. 气体平衡器 4. 小隙缝 5. 等离子体区 6. 调谐线圈 7. 铝电极 8. 真空接口 9. 射频发生器

全金属化结构的特点是:1. 利用这些小缝隙可有效地将废热由等离子体传输到外壳上,明显改善整体器件的导热性能;2. 高频能量纵向传输速率与空气的传输速率相同,从而允许制做较长的激光器,不需附加分流电感来消除纵向驻波;3. 由于全用铝材挤压而成,可大批量生产,成本低;4. 由于可用高温除气,从而可获得长的存放和工作寿命。

3.“面积放大”概念的引入

“面积放大”概念是指:通过增大均匀放电面积(体积)而实现在较短长度上获得高的输出功率。对于 CO_2 激光器,是由于射频激励技术的引入,才使“面积放大”激光器成为现实。

目前,基于此概念而设计的连续波 CO_2 激光器,其定型生产的有波导列阵 CO_2 激光器和混杂腔 CO_2 激光器。

(1) 波导列阵 CO_2 激光器

图 3-46 是一维三通道和 $m \times n$ 维通道的波导列阵 CO_2 激光器示意图,这种激光器是基于射频激励单通道波导 CO_2 激光器技术,将 m 个单通道波导平行排列成一维或多维组合,并采取特定的耦合技术,使各波导单元间实现频率和相位锁定,以达到单模高功率输出,获得极大的远场分布光强。

实现各波导之间相位锁定的耦合方法主要有光学耦合法和注入锁定法两种。特别是前一种,利用波导之间的隔板或桥脊缝隙,使各波导中的场相互漏泄而产生耦合。

目前,商品化器件已达到如下水平:1×5 列阵的空心桥脊(*HBR*)构型的器件,37cm 的增益长度,获 95W 的输出功率;1×7 列阵的空心交错(*SHB*)波导列阵器件,50cm 的增益长度,获 190W 的输出功率。

(2) 二种大面积放电方案和混杂非稳腔 CO_2 激光器

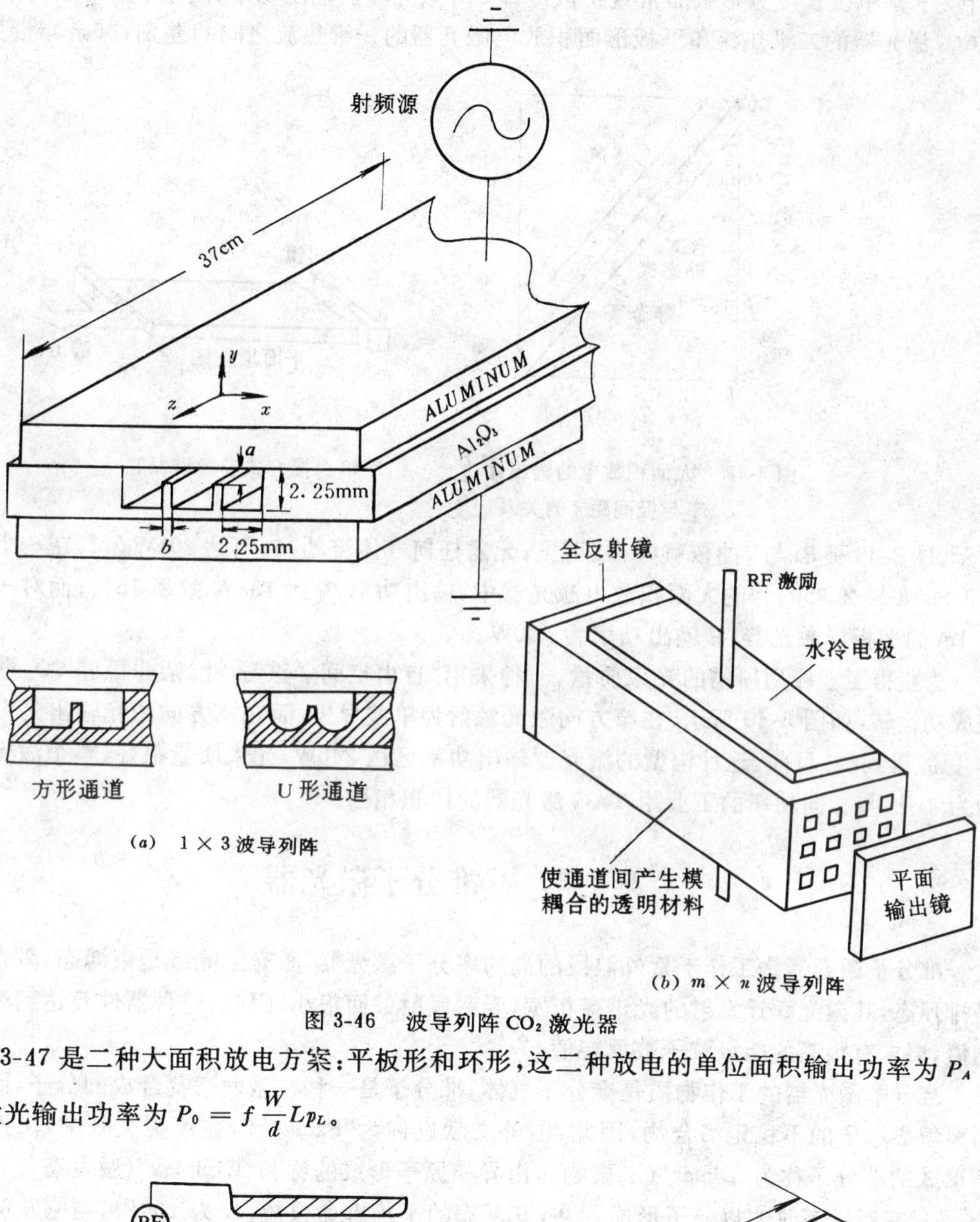

(a) 1 × 3 波导列阵

(b) $m \times n$ 波导列阵

图 3-46 波导列阵 CO_2 激光器

图 3-47 是二种大面积放电方案：平板形和环形，这二种放电的单位面积输出功率为 $P_A = \dfrac{f}{d}P_L$，激光输出功率为 $P_0 = f\dfrac{W}{d}Lp_L$。

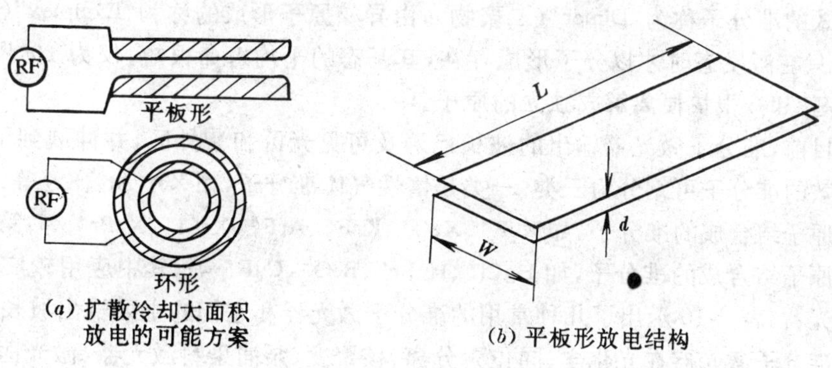

(a) 扩散冷却大面积放电的可能方案

(b) 平板形放电结构

图 3-47 二种“面积放大”结构

式中　p_l是单位长度方形截面常规扩散冷却CO_2激光器的输出功率；因子f是考虑到常规的波导CO_2激光器的二维热流和平板形面积放电激光器的一维热流之间的差别，其余参量见图(b)

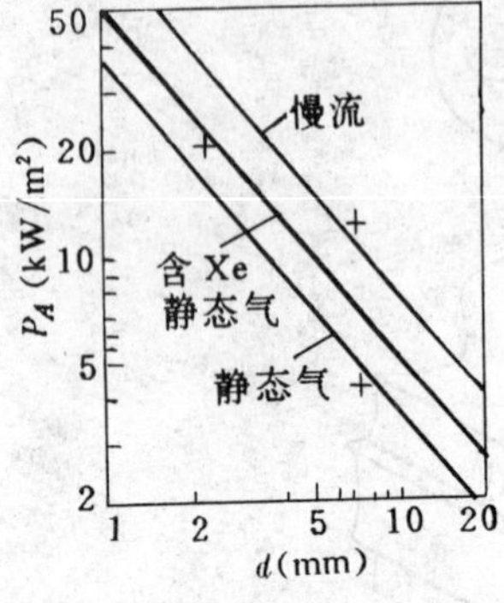

图 3-48　大面积放电的输出比功率与极间距d的关系

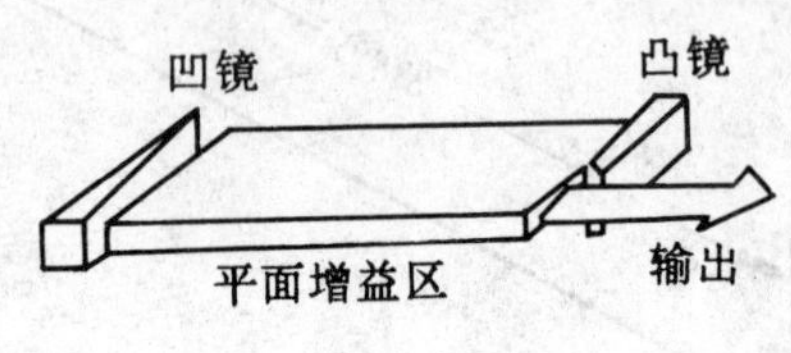

3-49　混合式非稳谐振腔

所示。图3-48是P_A与d的依赖关系。可见，无需任何气体流动，P_A可达20kW/m²，在一个尺寸为376 × 18 × 2.25mm³ 的大面积放电激光器中，输出功率P_0达138W效率15%；而对一个总长为1m的平板形激光器，获输出功率为430W。

为获得工业应用所需的光束质量，一种采用“自由空间/波导”混杂非稳腔CO_2激光器已获成功运转，如图3-49所示，在窄方向激光发射为单波导模，而在宽方向激光输出是由楔耦合非稳腔得到的。目前，这种构型的激光器输出功率已达240W，光束质量很好，整个激光头体积约为4升，与相同功率的工业用YAG激光器的体积相当。

第七节　准分子激光器

准分子激光器是工作于紫外波段的高功率分子激光器，激光上能级是束缚态，激光下能级是排斥态，其激光跃迁发射的光谱带很宽，受激发射截面很小，因此，这种器件要达到激光振荡阈值，要求有很高的能级粒子数反转值。

准分子激光器的工作物质是准分子气体，准分子是一种在激发态复合成的分子，而在基态则离解成原子的不稳定缔合物，因此，国外文献也称为“Excimer”，在英美文献中，又把同核原子形式的准分子称为“Dimer”(二聚物)，由异核原子形成的称为“Exciplex”(激发态复合物)。准分子只在激发态时才以分子形成存在，其基态的平均寿命很短，仅为$10^{-13}s$，当它从激发态跃迁到基态时，很快便离解成独立的原子。

目前，准分子激光器输出的波长已遍及可见光区和紫外区，并伸展到了真空紫外区。与激光有效的准分子可划分为三类：一类是惰性气体准分子，如Xe_2、Ar_2、Kr_2等；一类是惰性原子与卤素原子结合成的准分子，如XeF^*、XeO^*、KrF^*、ArF^*、$XeCl^*$、$XeBr^*$等；第三类是金属原子与卤素原子结合成的准分子，如$HgCl^*$、$HgBr^*$、BeO^*、CuF^*等。其中应用较广泛的是第二类准分子激光器。表3-10示出了几种常用的准分子激光器和它们的主要输出波长。

准分子激光器在光化学、同位素分离、核聚变、泵浦染料激光器、激光医学等方面有着广泛的应用前景。本节将以XeF^*激光器为例，讨论准分子激光器的工作原理和一些工作特性。

表 3-10　准分子激光器输出波长

激光器类型	激光波长(nm)	激光器类型	激光波长(nm)
Ar_2	126	Xe_2	172
Kr_2	146	ArCl	175
ArF	193	XeCl	351,353
KrCl	222	XeF	540
	248	XeO	538,546
KrF	282	ArO	558
XeBr	308	KrO	558

一、XeF^* 的能级结构和能级跃迁

XeF^* 是由异核双原子组成的准分子，当处在高能级时可以形成稳定的分子，而跃迁到基态时即会迅速地由分子离解为独立自由原子，因此，能级的跃迁过程属"束缚态 → 自由态"的跃迁。图 3-50 所示为 XeF^* 的几个电子势能曲线，激发态 $B^3\sum_{1/2}^{+}$，$C^3\pi_{3/2}$，$D^2\pi_{1/2}$ 是强束缚态，基态 $X^1\sum_{1/2}^{+}$ 是弱束缚态。由图可见，对激发态，势能曲线在 r_0 处有极小值，即有势能"凹陷"结构，因而具有 Xe^+ 和 F^- 的强束缚作用，形成稳定分子结构。而对基态，势能曲线无"凹陷"或很浅"凹陷"，即为排斥态或弱束缚态，因此很快离解为独立原子。

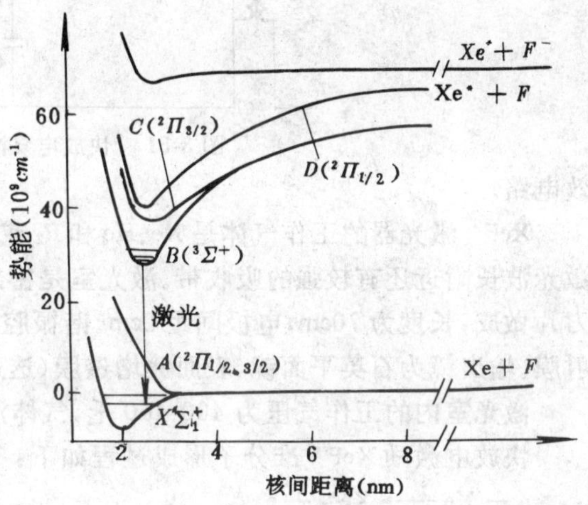

图 3-50　XeF^* 跃迁的势能曲线

$B^3\sum_{1/2}^{+}(v'=0)$ 与 $X'\sum_{1/2}^{+}(v''=0)$ 之间的能量间隔为 2840.9cm^{-1}，$B^3\sum_{1/2}^{+}$ 态的振动常数为 $\omega'_e = 308.63\text{cm}^{-1}$，$\omega' eXe' = 1.516\text{cm}^{-1}$；$X'\sum_{1/2}^{+}$ 态的振动常数 $\omega''e = 186.20\text{cm}^{-1}$，$\omega''eXe'' = 12.003\text{cm}^{-1}$，离解能 $De = 770 \pm 30\text{cm}^{-1}$，从 $B^3\sum_{1/2}^{+}$ 到 $X'\sum_{1/2}^{+}$ 的振动能级跃迁获得的激光波长有：348.7nm，351.21nm，351.36nm，351.49nm，353.15nm，353.26nm，353.37nm，353.49nm，353.62nm。最强线为 351.10nm。

由于准分子存在的寿命较短，因此准分子激光器的泵浦除了要求大面积均匀放电之外，还要求快速泵浦激励。通常采用快速脉冲放电激励和快速脉冲电子束激励两种方式。

二、快放电激励 XeF^* 准分子激光器

1. 激光器的结构和放电电路

图 3-51(*a*) 是采用快放电(Blumlein) 电路泵浦的 XeF^* 准分子激光器。Blumlein 电路是最常用的快脉冲放电电路，也叫行波激励电路。它是用传输线做储能电容器兼做与激光放电室之间的连接线。为使传输线同时也起脉冲形成线作用，通过采用球隙作开关，让传输线在放电室放电之前就被充电到所需的电压，这种放电电路能产生几个 ns 的锐脉冲电压，图 3-51(*b*) 是其等

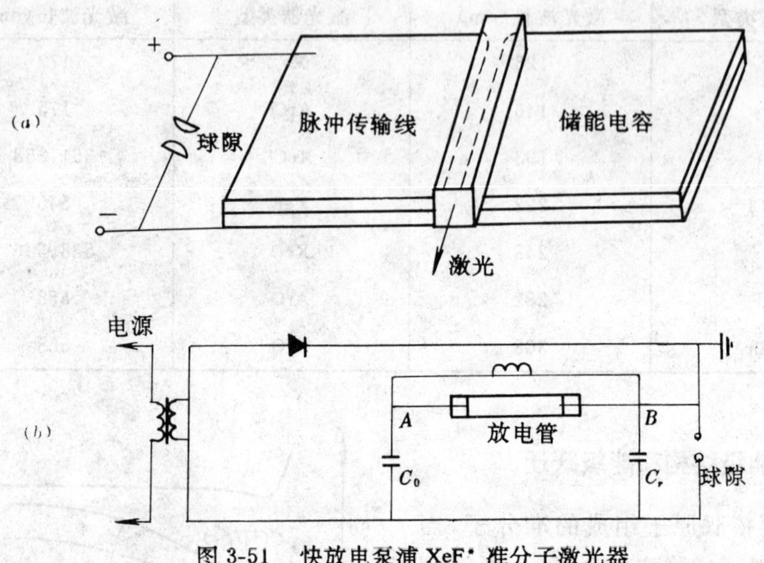

图 3-51 快放电泵浦 XeF^* 准分子激光器

效电路。

XeF^* 激光器的工作气体是 Xe、He 和 F_2 或 NF_3，通常采用 NF_3，因为 F_2 的腐蚀性较强，并在激光波长附近还有较强的吸收带。激光室是密封的玻璃腔体，一对电极是用 0.15mm 厚的铜箔刀片做成，长度为 70cm，电极间距 2cm。谐振腔为半球腔，全反射镜曲率半径为 3-5m，并镀高反射膜。输出镜为石英平面镜，表面镀增透膜(透过率 6-30%)。

激光室内的工作气压为 400-460 乇，气体混合比 He : Xe : NF_3 = 100 : (2 ～ 3) : 1。

快放电激励 XeF^* 准分子形成过程如下：

$$e + Xe \longrightarrow Xe^* + e^- \tag{3-117}$$

$$Xe^* + NF_3 \longrightarrow XeF^* + NF_2 \tag{3-118}$$

$$XeF^* \longrightarrow Xe + F + h\upsilon \tag{3-119}$$

$$XeF^* + h\upsilon \longrightarrow Xe + F + h\upsilon \tag{3-120}$$

$$XeF^* + NF_3(NF_2) \longrightarrow Xe + F + NF_2(NF_3) \tag{3-121}$$

(3-117) 和 (3-118) 两式是 XeF^* 准分子的形成过程，(3-119) 式是 XeF^* 的自发辐射过程。(3-120) 式是 XeF^* 的受激发射过程。(3-121) 式是 XeF^* 的损失过程，并且反应速率较大，它可以使准分子在受激发射之前就消耗掉，因而会使激光器的增益降低，为此应避免或减弱这种过程。采用的方法是添加 Ar 气、控制气体密度或气体温度以达到抑制 NF_3(或 NF_2) 对 XeF^* 的猝灭作用。

快放电 XeF^* 激光器的每个激光脉冲能够得到的最大输出能量：

$$\varepsilon_{max} = 10^4 J/100 \text{乇} \ (F_2) \tag{3-122}$$

假定每升工作气体含 F_2 的气压约为 0.1% 大气压，则每升工作气体能获得的激光能量是每个脉冲 10 焦耳。

激光器的脉冲重复频率约为 $7 \times 10^4 s^{-1}$，能量转换效率的理论值为 20%，实际达 5%。

三、电子束激励 XeF^* 准分子激光器

图 3-52 是电子束激励 XeF^* 准分子激光器结构简图，主要由电子枪和激光腔两部分组成，

经过聚焦的平行电子束在脉冲电压的作用下，透过电子束窗口（采用厚度为 30μm 的铝箔）射进激光腔中，使激光腔中电流密度达到 100 安／厘米²。

工作气体成份为 Ar：Xe：NF_3 = 1000：3：1，以 Ar 气为主要辅助气体，总气压 3.5 大气压。

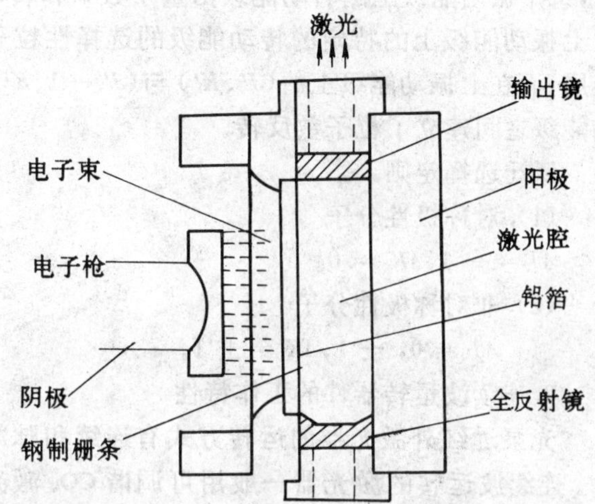

图 3-52　电子束泵浦准分子激光器结构简图

XeF^* 准分子形成过程：

1. 激发态 Ar^*、Xe^* 的形成

$$e + Ar \longrightarrow Ar^* + e^-$$

$$Ar^* + Xe \longrightarrow Xe^* + Ar$$

2. XeF^* 的形成

$$Xe^* + NF_3 \longrightarrow XeF^* + NF_2$$

$$Ar^* + NF_3 \longrightarrow ArF^* + NF_2$$

$$ArF^* + Xe \longrightarrow XeF^* + Ar$$

3. XeF^* 的消激发

$$AeF^* + Ar \longrightarrow Xe + Ar + F$$

$$XeF^* + Xe + M \longrightarrow Xe + F + Xe + M$$

式中 M 是第三体碰撞粒子。

电子束激励的 XeF^* 激光器的实际能量转换效率可达 17%。

第八节　光泵远红外分子激光器

一、远红外激光器的主要特点

远红外激光器是指工作波长从 30μm 到毫米波段的一类分子激光器。由于远红外激光器的激励方式都采用光泵浦，通常称为“光泵远红外激光器”。它的主要特点是：(1) 在远红外波段可得到近瓦级功率的连续输出和兆瓦级功率的脉冲输出，输出光为线偏振光；(2) 由于采用光泵浦，所以不存在放电激励激光器中的分子离解起伏、热漂移等现象；(3) 大部分远红外激光器与泵浦源 CO_2 激光有良好的匹配性；(4) 能量转换效率高和具有很高的增益。

光泵远红外激光器在军事上、光谱学、等离子诊断、频标、光通信方面有广泛应用。

二、基本原理

1. 能级结构与能级跃迁

具有永久偶极矩的极性分子（包括对称极性和非对称极性两类），在其某一特定的振－转吸收谱线与泵浦激光发射谱线之间频率近似相同时，就将导致在一个振动激发态上特定转动能级的选择性的粒子数集居，而在相邻转动能级之间形成粒子数反转，永久偶极矩所提供的大偶极跃迁矩阵元将导致高增益的纯转动能级之间的跃迁，从而发射 30μm → mm 波段的激光谱线。要实现这一点，吸收谱线与泵浦谱线之间的频差须在 ± 60MHz 以内。

图 3-53 给出了对称极性分子部分振－转能级跃迁的简图。图中示出了分子的两个振动能

级，每个振动能级上的转动能级由量子数 J 和转动动能 K 表示。在某一单色光的泵浦下，将导致上振动能级上的特定的转动能级的选择性粒子数集居，而在上振动能级上的(J'、K')与($J'-1$、K')转动能级之间建立了粒子数反转。

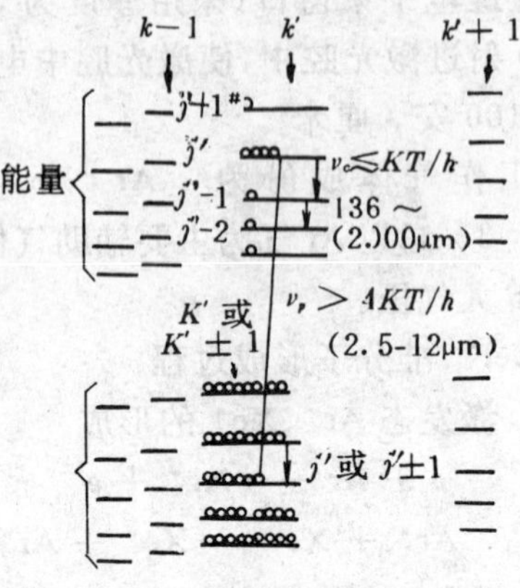

图 3-53　对称分子部分振-转能级跃迁简图

跃迁选择定则：

(1). 对称极性分子

$\Delta J = -1, \Delta K = 0$。

(2). 非对称极性分子

$\Delta J = 0, \pm 1, \Delta K = \pm 1$。

2. 连续波运转器件的工作特性

光泵远红外激光器的运转方式有连续和脉冲两种。连续波运转的激光器一般用可调谐 CO_2 激光泵浦，脉冲激光器一般采用 $TEACO_2$ 激光器泵浦。

(1) 正增益条件和工作气压

由分子的各振-转能级速率方程，可导出产生正增益的条件：

$$\frac{h\nu_F}{kT} f_i \frac{\tau_v}{\tau_{\Delta J}} < 1 \tag{3-123}$$

式中　h 是普朗克常数；ν_F 是远红外激光频率；f_i 是上转动能级的波耳兹曼因子；τ_v 是振动弛豫时间；$\tau_{\Delta J}$ 是一个振动能级上各转动能级之间的碰撞时间，$\tau_{\Delta J} \propto (\pi \cdot \Delta\nu_n)^{-1}$，其中 $\Delta\nu_n$ 是均匀加宽，由于 $\Delta\nu_n$ 正比于气压 P，所以 $\tau_{\Delta J} \propto P^{-1}$。同时，当振动弛豫以扩散为主时，振动弛豫时间 $\tau v \propto Pd^2$，其中 d 为工作物质直径。

由于同时具有 $\tau_{\Delta T} \propto P^{-1}$ 和 $\tau_v \propto Pd^2$ 两种关系，所以由(3-123)式可见，必定存在着一个截止气压 P_c(且 $P_c \propto d^{-1}$)，当工作气压高于 P_c 时，就将不能得到正增益。因此，远红外激光器的工作气压一般很低，在 100 毫乇左右。

(2) 单位体积可获得的输出功率

由各转动能级粒子数变化的速率方程可以预言，远红外激光器的输出功率 P_F 与其泵浦功率的变化换率 β 有关，理论分析表明 $\beta \propto \gamma \cdot a_r^{-1}$，$\gamma$ 为对泵浦光的吸收率，a_r 是腔体的损耗。由于工作气压很低，一般 γ 值很小，约 1%(cm·乇)。因此，要提高激光器的输出功率 P_F，主要途径在于降低 a_r 值和提高 γ 值，即对激光器腔体的合理设计，使其有尽可能小的光腔损耗和尽可能大的吸收率。

连续波远红外激光器单位体积的输出功率可由下式表示

$$\frac{P_F}{V} = \frac{T}{a_r + T} g^\circ{}_F I_F^S \tag{3-124}$$

式中　V 是工作气体体积；T 为反射镜透过率；I_F^S 是饱和光强；$g^\circ{}_F$ 为小信号增益系数。当代入最佳工作条件下的一些基本参数：工作气压 100－200m 乇，吸收系数 $\gamma = 0.01\text{cm}^{-1} \cdot 乇^{-1}$，$g^\circ{}_F = 0.1 \sim 1.0\text{m}^{-1}$，$I_F^S = 1 - 100\text{mW/cm}^2$，$T/(a_r + T) = 0.5$，由(3-124)式可得

$$P_F/V = 0.2 \sim 200 \quad (\text{mW/L}) \tag{3-125}$$

三、谐振腔构型

远红外激光器的输出性能好与差，关键在于谐振腔的合理结构设计。设计时要考虑的主要因素是：(1) 为提高吸收率 v，要求谐振腔既要对振荡光有合理的耦合率，同时也要对泵浦光有足够反射率；(2) 由于远红外激光器的工作波长很大，通常的光腔形式为波导腔类型，即取管径为波长的 100 — 200 倍，为此，应按波导腔的方法进行光腔设计，使其的腔体损耗尽可能的小。

图 3-54 是几种泵常使用的谐振腔构型：图(*a*) 是由带小孔输入的耦合输出的反射镜构成的 $F-P$ 腔，反射镜既是作为泵浦光输入的耦合器，同时又作为远红外激光的输出耦合器；图(*b*) 为电介质和金属波导谐振腔，波导的结构使得泵浦光束和振荡光束的横截面保持恒定值，并避免了高斯型束散，金属波导结构可使大多数波导模的损耗小于 0.05/m，并且结构紧凑，波导壁的作用有利于激光下能级的碰撞弛豫；图(*c*) 是锯齿型谐振腔，它避免了使用小孔耦合器把泵浦光引入远红外激光谐振腔遇到的困难，设计的主要困难是在金属壁上每次反射都产生反射损耗，且对工作物质的泵浦出现不均匀性；图(*d*) 是一种横向泵浦谐振腔，它能使泵浦光与远红外激光分离，但远红外激光的模体积只是被泵浦体积的一小部分，所以其能量的转换效率较低。

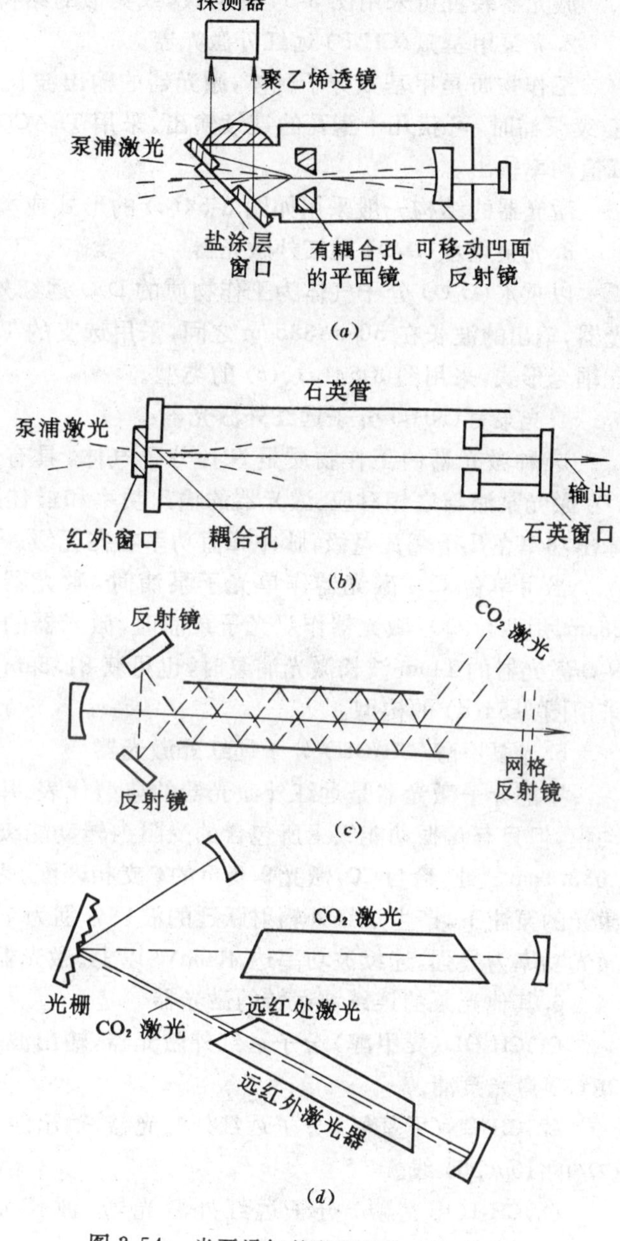

图 3-54　光泵远红外激光器的几种构型

四、几种重要的远红外激光器与输出波长

1. 光泵甲酸(HCOOH) 远红外激光器

工作物质是甲酸分子气体，激光器输出波长在 200 — 800μm 范围，已获得 70 多条谱线输出，其中较强的波长有 393μm、418μm、432μm、513μm 连续波功率在 100mW 附近。

采用选支 CO_2 激光为泵浦源，在 HCOOH 气压为 27Pa 时，用 CO_2 激光器的 $9R(18)$、$9R(20)$、$9R(22)$ 和 $9R(28)$ 的激光束泵浦，可分别获得上述几条远红外波长的激光输出。

HCOOH 分子吸收 CO_2 激光后，在振-转能级间形成粒子数反转；HCOOH 分子有 9 个基本振动模，产生激光跃迁的是在 υ_6 振动模。

激光器装置可采用图 3-54 的形式，或类似的结构形式。

2. 光泵甲基氟(CH_3F)远红外激光器

工作物质是甲基氟分子气体，激光器的输出波长为 496μm，当用 CO_2 激光器的 9*R*(20) 激光连续泵浦时，可获几十毫瓦的连续输出。采用 TEACO_2 激光器的脉冲激光泵浦时，获兆瓦级的峰值功率输出。

激光器的结构一般采用如图 3-54(*a*) 的形式或类似的结构形式。

3. 光泵重水(D_2O)远红外激光器

以重水(D_2O)分子气体为工作物质的 D_2O 远红外激光器是目前输出功率最强的远红外激光器，输出的波长在 50μm-385μm 之间，采用选支的 TEACO_2 激光泵浦，激光器的耦合方式为小孔耦合形式，采用图 3-54(*a*)、(*b*) 的类型。

4. 光泵氨(NH_3)分子远红外激光器

这种激光器的工作物质是 NH_3 分子气体，具有连续、脉冲两种运转形式，有连续和脉冲 CO_2 激光泵浦与之相对应。激光器的输出功率和最佳工作气压随泵浦能量的升高而升高，连续输出功率在几千毫瓦量级，脉冲峰值功率在兆瓦级。

当用单台 CO_2 激光器作单光子泵浦时，激光器的输出波长为 12.08μm、11.06μm 和 12.28μm。用两台 CO_2 激光器作双光子泵浦时，激光器的输出波长范围可扩展到 6-260μm，并且用 N_2O 激光器的 11μm 波长激光浦泵时，也可获 81.5μm 激光的连续输出。激光器的结构形式一般采用图 3-54(d) 的构型。

5. 光泵甲醇(CH_3OH)分子远红外激光器

甲醇分子激光器是远红外激光器的典型代表。甲醇分子属非对称极性分子，它有 12 个振动模，但只有 υ_5 振动能级上所包含的受阻内转动能级(OH 群相对 CH_3 群的受阻内转动)集中在 1033.9cm^{-1} 处，恰与 CO_2 激光 9.6μm 的 P 支相匹配。为此，甲醇在 CO_2 的 9p(32)、9p(34)、9p(36) 激光的泵浦下，产生远红外辐射跃迁的波长分别为 71μm、119μm、265μm，其中以 119μm 波长的激光功率为最强，连续波功率达 400mW 以上。激光器的结构通常为图 3-54(a) 的形式。

6. 其他光泵的连续波运转的激光器

(1)CH_3OD(异甲醇)分子远红外激光器，输出波长为 306μm，功率为数十毫瓦，采用 CO_2 的 9R(8) 激光泵浦。

(2)CH_3CN(甲基氰)分子远红外激光器，输出波长为 372μm，输出功率为毫瓦级，泵浦光为 CO_2 的 10p(20) 线。

(3)CH_3I(甲基碘)分子远红外激光器，波长 447μm，功率几十毫瓦，泵浦光为 CO_2 的 10p(18) 线。

(4)CH_2CF_2(二氟乙烯)分子远红外激光器，波长 554μm，功率为毫瓦级，泵浦光为 CO_2 的 10p(14) 线。

(5)。$^{13}CH_3F$(异甲基氟)分子远红外激光器，波长 1222μm，功率为毫瓦级，泵浦光为 CO_2 的 9*p*(32) 线。

(6)H_2O(水)分子远红外激光器，波长为 27.97Mμ、78.44μm、118.59μm(前者最强)，输出功率为毫瓦级，泵浦方式有 CO_2 光泵和连续放电激励两种。

第九节　其它的分子气体激光器

本节介绍除上几节所介绍分子气体激光器之外的一些较常用和重要的分子激光器。

一、N_2 分子激光器

N_2 分子激光器是一种工作于紫外波段的常用的脉冲激光器，其特点是峰值功率高(可达几十兆瓦)、脉宽窄(可达 0.4ns)、重复频率高(最高可达几十千赫)。

N_2 分子激光器的输出波长主要有 337.1nm 和 357.7nm，后者一般是在工作气体中加 SF_6 才出现，激光跃迁发生于 N_2 分子的第二正常系统的 $C^3\pi_u \rightarrow \beta^3\pi_u$ 能级之间。

N_2 分子激光器的工作气体一般为纯 N_2，有时也添加一些 He 和 Ar。对封离型器件，纯 N_2 时的总气压为几十乇，加 He 时可提高到 100 乇。

图 3-55 是 N_2 分子激光器结构简图，它的谐振腔结构、激励方式与准分子激光器十分类似，主要是采用快放电 Blumlein 泵浦方式。

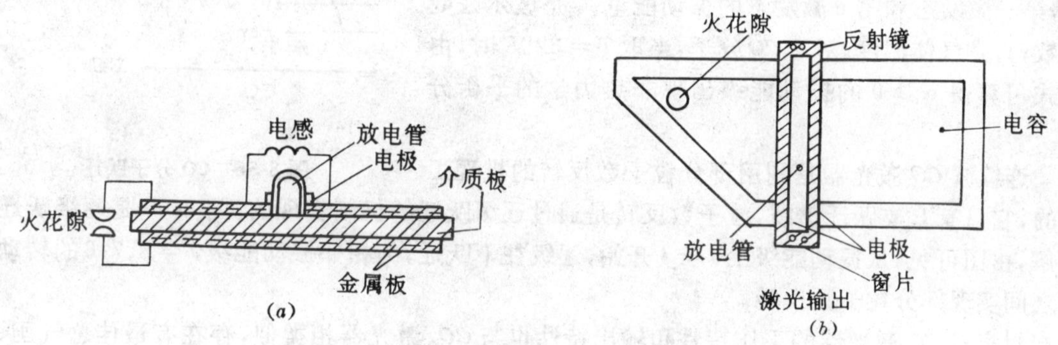

图 3-55　行波激励 N_2 分子激光器结构与放电原理
图中 (a) 侧视图；(b) 顶视图

二、CO 分子激光器

CO 激光器是一种工作于红外波段的大功率分子气体激光器，输出激光波长在 5～6μm 区域，并可扩展到 4.8-8.4μm 范围，激光跃迁发生于 CO 分子基电子态的振 - 转跃迁，目前已具有室温高效率封离式器件、化学泵浦器件和气动器件三种类型。运转方式有连续和脉冲两种，封离式的室温连续 CO 激光器，输出功率已达 30-40W/m，能量转换效率达 15-20%，脉冲放电激发的 CO 激光器，每个光脉冲的能量可达数千焦耳，能量转换效率高达 20 － 50%。

1. CO 激光器的结构形式

封离式 CO 激光器的基本结构与 CO_2 激光器几乎完全相似，通常也由三层套管构成，即放电管、水冷套和储气套，管体材料较多采用石英玻璃。

谐振腔一般采用平凹腔构型，全反射镜通常为 ZnSe、Ge 等基底的镀介质膜反射镜，也可用玻璃基底镀金膜的全反射镜，输出镜为 CaF_2 基底的镜介质膜反射镜，透过率为 10%-30%。

阴极材料的选择，对激光器的能量转换效率和寿命有相当重要的作用。采用金电极可使输出功率提高，并有相当长的工作寿命。也可采用无氧铜电极，并再加入少量氧气，不仅能够增加输出功率，而且提高能量转换效率达 40%。

工作气体为 $CO + He + N_2 + Xe$ 混合气体、混合比为 $Xe : CO : N_2 : He = 1 : 1.5 : 10 : 40$，总气压约 20-30 乇，放电电流为 20-40mA。

2. CO 分子的能级激发和粒子数反转

气体放电中，CO 分子的振动激发能级 $CO(v)$ 主要是通过先形成 CO^-，然后再形成激发态的泵浦过程：

$$
\begin{aligned}
& e + CO \longrightarrow CO^- \\
& CO^- \longrightarrow CO(v) + e
\end{aligned}
\tag{3-126}
$$

高振动激发态的 CO 分子主要通过谐振激发过程形成，即通过分子的非谐振，从某个振动量子数为 v 的能级开始出现能级粒子数的非平衡分布，此振动量子数 v 可由下式给出

$$\Delta E = G(1) - G(0) - G(v) + G(v-1) = kT_g \tag{3-127}$$

式中 ΔE 为非谐振能量；$G(0)$、$G(1)$、$G(v)$ 分别是基态，第一激发态和第 v 激发态的振动能量，k 是玻尔兹曼常数；T_g 是气体温度。对于 CO 分子，当取 $T = 322K$ 时，由上式可算得 $v \geqslant 9$ 的振动能级出现非热力学的平衡分布。

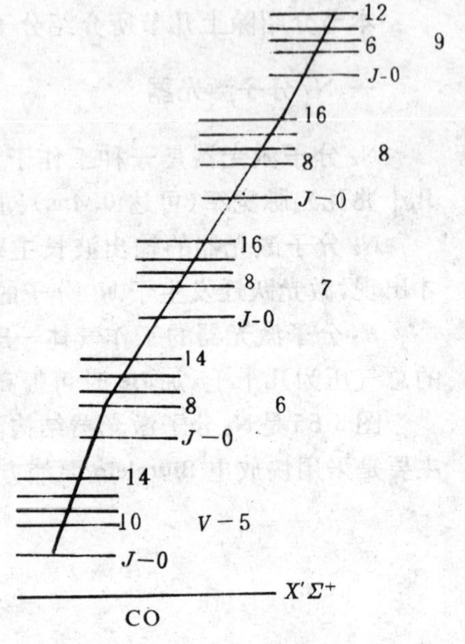

图 3-56 CO 分子跃迁

连续波 CO 激光器是利用部分粒子数反转的机理工作的，它只有 P 支跃迁谱线，粒子数反转是通过逐级跃迁的机制实现的。图 3-56 是逐级跃迁的图解，由图可见，从振动能级上 $J = 4$ 开始，逐级往下跃迁，与相邻振动能级 $J = 8$、7、6 的转动能级之间实现部分粒子数反转。

封离式 CO 激光器的工作特性和输出特性也与 CO_2 激光器相类似，存在有最佳总气压、混合比、放电电流。输出的光谱线也是分立形式，但比 CO_2 激光光谱更为密集。除普通 CO 激光器外，还有选支 CO 激光器和 $TEACO$ 激光器等。选支 CO 激光器一般也采用光栅腔形式，例如，采用光栅常数 $d = 1/150(mm)$、闪跃波长 $\lambda_i = 4.6\mu m$ 的李特洛光栅，可在 5.31-6.02μm 波段内，选支出 60 多条分立的谱线。

$TEACO$ 激光器结构与 $TEACO_2$ 激光器相同，工作气体中加入 Ar、He、Ne 等辅助气体。在 1 个大气压下，每升工作气体可获 $100J$ 光能量，能量转换效率达 60%。

第四章　离子激光器

气体离子激光器是以气态离子在不同激发态之间的激光跃迁工作的一种激光器，气体离子激光器主要有三类：惰性气体离子激光器，分子气体离子激光器；金属蒸气离子激光器。

气体离子激光器的主要特点是：(1) 输出波段遍布真空紫外到近红外，是目前在可见光波段连续输出功率最高的激光器；(2) 惰性气体离子激光器的阈值电流密度相当高，可达几百安培。本章主要讨论氩离子激光器和氦镉离子激光器，以及简要介绍一些其他较重要的离子激光器。

第一节　氩离子激光器

氩离子激光器是一种惰性气体离子激光器，属于惰性气体离子类的还有氪、氖和氙离子激光器。氩离子激光器输出的波长主要是 4880Å 和 5145Å 的蓝绿光，连续输出功率为几瓦到几十瓦，目前最高已达几百瓦，是可见光区连续输出功率最高的激光器，氩离子激光器是实际应用中最常见的激光器，它广泛应用于全息术，信息处理、光谱分析、激光电视、以及工业加工和激光医学等各个方面。

一、氩离子的能级和激发机理

1. 能级和跃迁

Ar 原子的序数为 18，基电子组态为 $1s^2 2s^2 2p^6 3s^2 3p^6$，当最外层 $3p^6$ 失去一个电子即形成基态氩离子 Ar^+ $(3p^5)$。对 Ar^+ $(3p^5)$ 组态，3p 壳层中的 5 个 p 电子形成 ^2p 态相当于一个 p 电子，因此离子基态是一个二重能级，即 $^2P_{1/2、3/2}$。

当 Ar^+ 的 $3p^5$ 壳层中的一个 p 电子被激发到其他的壳层中，即形成 Ar^+ 的离子的不同的激发电子组态，与激光跃迁有关的激发电子组态有 $3p^4 3d$、$3p^4 4s$、$3p^4 4p$、$3p^4 4d$、$3p^4 5s$ 等。图 4-1 是 Ar^+ 的有关能级和激光跃迁的示意图，其荧光谱线可达数百条，其中 $3p^4 4s \rightarrow 3p^5$ 能级间的跃迁辐射为 700Å 左右的真空紫外光。$3p^4 4p \rightarrow 3p^4 4s$ 的跃迁辐射为可见光。

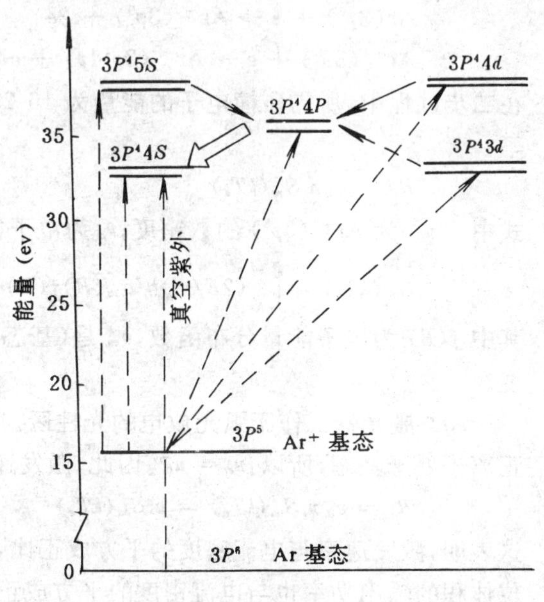

图 4-1　Ar^+ 的能级和跃迁

对 Ar^+ 的 $(3p^4 4s)$ 电子组态，3p 壳层中的 4 个同科 p 电子，相当于 2 个 ^2p 态电子，并与 4s 电子进行 3 个价电子的 LS 耦合，对应有 $^4p_{5/2、3/2、1/2}$，$^2P_{3/2、1/2}$，$^2D_{5/2、3/2}$，$^2S_{1/2}$ 8 个能级。

Ar^+ 的 $(3p^4 4p)$ 电子组态，对应有 $^2s^0_{1/2}$，$^2p^0_{3/2、1/2}$，$^2D^0_{5/2、3/2}$，$^4S^0_{3/2}$，$^2F^0_{7/2、5/2}$，$^4D_{7/2、5/2、3/2、1/2}$，$^2D^0_{5/2、3/2}$，

$^2p^0_{3/2、1/2}$，$^4p^0_{5/2、3/2、1/2}$，19 个能级，其中“0”表示电子态为奇态。

图 4-2 是 Ar^+ 激光器的几条主要激光波长的能级和跃迁图，其中两条最强的跃迁线是

$(4p)^4D^0_{5/2} \rightarrow (4s)^2p_{3/2}$，

5145Å　绿光

$(4p)^2D^0_{5/2} \rightarrow (4s)^2p_{3/2}$，

4880Å　蓝光

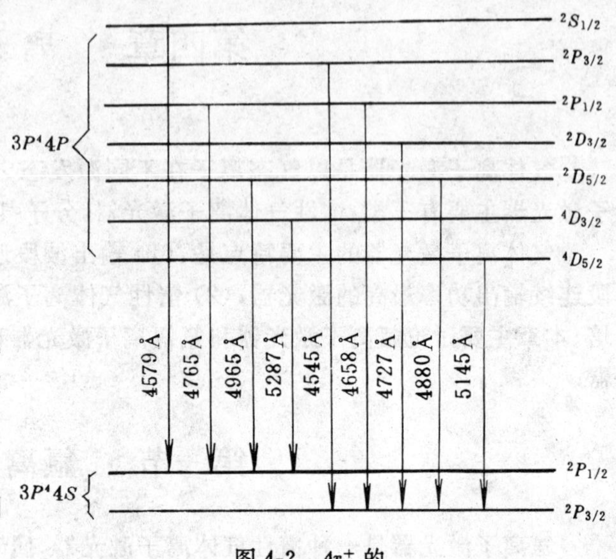

图 4-2　Ar^+ 的几条主要谱线跃迁

2. 激发机理

Ar^+ 的能级的粒子数反转主要是靠气体放电中电子与 Ar、Ar^+ 之间的碰撞激发过程，其碰撞过程有如下三种形式。

(1) 一步过程

高能电子直接将 Ar 原子电离、激发到 Ar^+ $(3p^44p)$，即

$$Ar(3p^6) + e \rightarrow Ar^+(3p^44p) + 2e \tag{4-1}$$

由于上述过程中，所需的电子能量高达 35.5eV，且仅在低气压脉冲放电器件中才能达到这种程度。所以，对于连续放电器件，“一步过程”不是主要的。

(2) 二步过程

电子与 Ar 原子碰撞，将其电离为 Ar^+，然后 Ar^+ 再与电子碰撞而被激发到高能态：

$$\begin{aligned} &Ar(3p^6) + e \rightarrow Ar^+(3p^5) + 2e \\ &Ar^+(3p^5) + e \rightarrow Ar^+(3p^44p) + e \end{aligned} \tag{4-2}$$

在二步过程中，所需碰撞电子的能量为 16-20eV，直接从离子基态激发到离子激发态的激发速率

$$R_u = n_0^+ n_e S_{ou}(kT_e) \tag{4-3}$$

式中　n_0^+ 为 Ar^+ $(3p^5)$ 的数密度；n_e 为电子密度；$S_{ou}(kT_e)$ 是激发速率常数，其计算式为

$$S_{ou}(kT_e) = \int_{E_u}^{\infty} (2E/m)^{1/2} \sigma_{ou}(E) f(E) dE \tag{4-4}$$

其中 $f(E)$ 为电子能量分布函数，σ_{ou} 是(基态 → 上能级) 激发截面，m 是电子质量，T_e 为电子温度。

Ar^+ 激光器工作于弧光放电的光柱区。在光柱区中，正离子浓度 = 电子密度，并且大部份正离子处于基态，所以：$n_e = n_0^+$。因此，激发速率。

$$R_u = n_0^+ n_e S_{ou}(kT_e) = n_e^2 S_{ou}(kT_e) \tag{4-5}$$

这表明，激发速率与电流密度的平方成正比，单位体积单位时间内产生的上能级的粒子数及单位体积的输出功率也与电流密度的平方成正比，这是 Ar^+ 激光器的主要特征。

二步“过程”是连续波运转的 Ar^+ 激光器抽运激光上能级的主导过程。

(3) 联级跃迁

通过电子碰撞先把 Ar^+ 激发到 $3p^45s$、$3p^44d$ 等高能级上，然后通过辐射，跃迁到激光上能级 $3p^44p$ 上；这种过程对电子能量的要求也不如一步过程高。

由于 Ar^+ 激光器的低气压（可获高的电子温度 T_e）大电流（增大电离和激发）的工作特性，使得器件的结构比其他气体激光器要复杂得多。

二、Ar^+ 激光器的结构

Ar^+ 激光器的一般由放电管、谐振腔、轴向磁场和放电电源等几部分组成。

放电管是 Ar^+ 激光器最关键的部分，放电管的核心是放电毛细管。由于 Ar^+ 激光器工作电流密度高达数百安培／厘米²，放电管管壁温度在 1000℃ 以上，故要求放电管的材料要耐高温、导热性好，以及气密性好、吸收率低、机械强度高。常用的材料有石英管、氧化铍陶瓷管、分段石墨管和金属放电管。

石英管虽然耐热性能好，但导热性差，且易局部过热、溅射和腐蚀，为此通常只用于做外壳，而不作毛细管。

氧化铍陶瓷管的导热性，耐热冲击和抗溅射性能都很好，气体清除率也低，是一种理想的材料，但这种材料有剧毒，材料加工工艺的要求和材料成本也较高。

高纯致密石墨是目前广泛使用的放电毛细管材料，其优点是导热性好、气体清除率低、耐热冲击、溅射阈值高，并且加工方便，价格便宜。其缺点是机械强度较小，在离子轰击下易产生

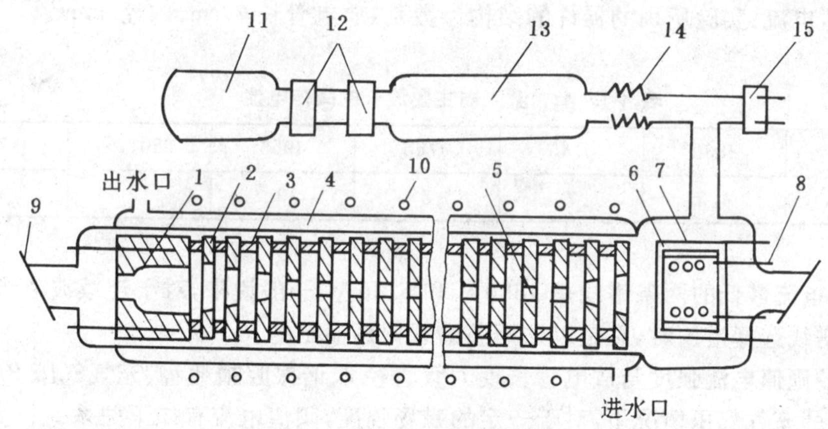

图 4-3　分段石墨结构 Ar^+ 激光器

1. 石墨阳极　2. 石墨片　3. 石英环　4. 水冷套　5. 放电毛细管　6. 阴极　7. 保热屏　8. 加热灯丝　9. 布氏窗　10. 磁场　11. 贮气瓶　12. 电磁真空充气阀　13. 镇气瓶　14. 波纹管　15. 气压检测器

粉末而污染放电管和窗片。图 4-3是分段石墨片结构的 Ar^+ 激光器。放电毛细管由分段石墨片组成，石墨片中心钻孔以作毛细管用。石墨片由两根直径约 3.5mm 的 Al_2O_3 陶瓷杆串联起来，并用小石英环使其每片隔开而使彼此绝缘，整个组件置于有水冷套的石英管内，两端分别为发射电子的阴极和收集电子的石墨阳极。

金属放电管是一种称之“革新”型的放电管结构，主要优点是导热性特好和机械强度高，较好的金属材料是钨。放电管的结构是：把金属钨切成片（称为钨盘），用绝缘片把它们隔开，然后拼成一根管，类似于图 4-3 的分段石墨片结构形式。为保证在各片金属中心孔经内形成均匀弧光放电光柱区，防止串弧，每片金属片的厚度有一定限制，一般取 10mm 左右。两片金属片之间的间隔也有一定限制，间隔过大，会造成金属壁相对轴上电位差增大，造成离子对管壁的轰击严重，同时，也会造成轴向放电的不均匀。

Ar 激光器放电管的阴极采用热阴极结构以提供大的发射电流，通常使用间热式钡钨阴

极，发射面积约20mm²，加热功率为250W，阳极也必须采用能耐高温、导电、导热性良好的材料制作，用得较多的是石墨阳极。

Ar^+ 激光器还必须有回气管，因为在大电流和低气压的放电中，存在严重的气体泵浦效应，即放电管内的气体会被从一端抽运到另一端，造成两端气压不均匀，严重时会产生"激光猝灭"现象。为此，应在放电管处设置一个回气管路，使管内气体形成闭合回路，依靠气体的扩散作用，减小管内的气压差。在图 4-3 中，回路是通过石墨片边缘缺口构成通道而实现的，为增大激光器的工作寿命，放电管上常备有贮气和充气装置。

Ar^+ 激光器的谐振腔反射镜，一般是玻璃基底的镀介质膜镜片，全反射镜的反射率在 99.8%，输出镜的透过率约 12%（4880Å）和 10%（5145Å）。

为了提高 Ar^+ 激光器的输出功率和寿命，通常都要加上一个强度为几百到 1 千高斯的轴向磁场，通常由套在放电管外的螺管线圈产生。

三、Ar^+ 激光器的工作特性

1. 阈值电流强度

Ar^+ 激光器的每一振荡波长都有对应的阈值电流，表 4-1 中列出了由实验得到的几条主要跃迁谱线的阈值电流，实验所用的器件的结构参数是，放电管长 77cm、内径 4mm。

表 4-1　Ar^+ 激光器主要波长的阈值电流

波长（Å）	4880	5145	4765	4965	5017	4727
阈值电流（A）	4.5	7	8	9	12	14

由表可见，阈值电流最低的两条谱线是 4880Å 和 5145Å。一般说来，对于连续波 Ar^+ 激光器，不采取特殊的谱线选择措施时，总是以这两条谱线振荡输出的。

每个波长的阈值电流强度与放电管长度 l、管直径 d、谐振腔损耗 a_C、充气气压 P 和磁场强度有关。在最佳的充气气压情况下，对于一定的磁场强度，阈值电流有如下关系式：

$$I_{th} = cd^2(a_c/l)^{1/2} \tag{4-6}$$

(4-6) 式适用于 d 为 1-5mm 的放电管，此式表明，阈值电流强度随管长 l 的增加和损耗 α 的降低而降低，c 是比例常数。

2. 工作电流

Ar^+ 激光器的输出功率与工作电流密度密切相关，图 4-4 是输出功率与放电电流的关系曲线。由图可见，起始阶段，输出功率的增长与电流强度成四次方关系，而后就正比于电流强度的平方，这是因为在电流密度数低时，以二步过程为主，电流的增加使激发粒子数迅速增加，当电流较高时，虽然激发速率增加，但气体温度升高而使谱线变宽，导致增益下降，因此输出功率随电流增加而增加的速度变缓，而出现曲线顶部的饱和功率。饱和功率的出现与过大的放电电流有关，电流密度须达到 1000A/cm² 以上。在这个电流下工作，激光器的寿命很短，因此此电流实际上不能作为最佳工作电流，通常的最佳工作电流是存在于曲线的上升部份。

3. 充气气压

当放电电流一定时，Ar^+ 激光器存在最佳的充气气压，图 4-5 是实验测得的输出功率与充气气压的关系，在工作电流固定时，(4-5) 式中 n_e 的数值将随着充气气压 P 的增加而增加（因为

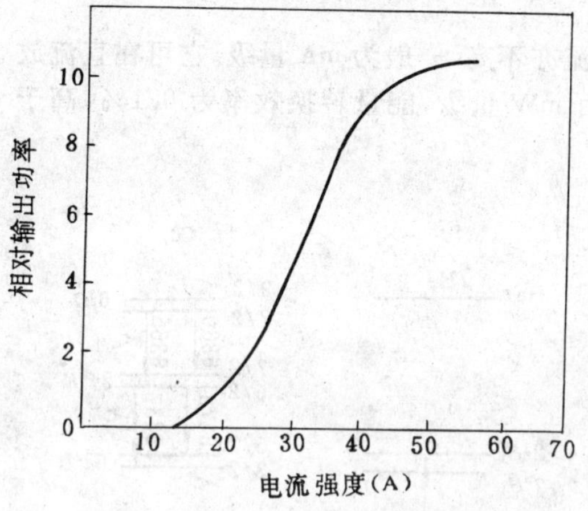

图 4-4 功率与电流关系曲线

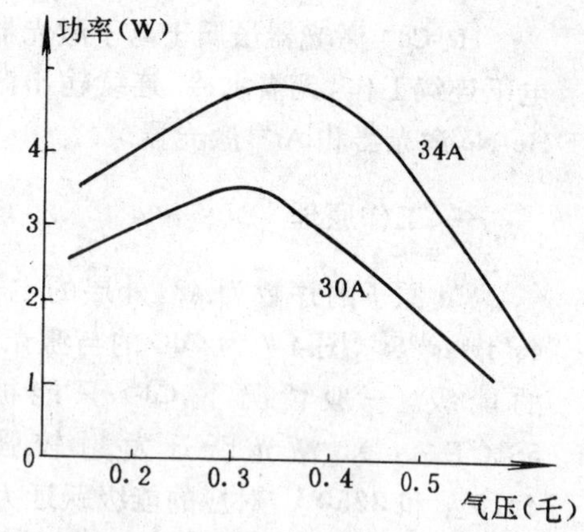

图 4-5 气压与输出功率关系曲线

放电电流 $i\propto n_e v_e$，其中电子漂移速度 v_e 与气压 p 成反比)，但当 P 增加时，电子温度 T_e 会降低，而使式中 $S_{ou}(kT_e)$ 降低，所以必定存在着一个使输出功率最大的气压压强值。对于 4880Å 波长，实验得出的最佳充气压强 P_{opt} 与放电管管径 d 之间有如下关系：

$$P_{opt}d = 5\times 10^{-2}(\text{乇}\cdot\text{cm}) \tag{4-7}$$

此式适用于 d 在 1-20mm 范围，$id < 100\text{A/cm}$ 的情况。

4.轴向磁场强度

轴向磁场可以减少离子对放电管壁的轰击，延长器件的寿命，并且能提高输出功率和效率。这是由于在放电管内向管壁运动的带电粒子在轴向磁场作用下将产生洛伦兹力而使之作螺旋状运动，并向管轴集中，从而减少正离子对管壁的轰击，同时，也减少带电粒子向管壁扩散的损失，使管内的电子密度和离子密度增加，即提高激发速度，使输出功率增加。但磁场也会使谱线变宽，导致增益下降，以及磁场作用使带电粒子密度增加，从而又引起电子温度的下降。为此，Ar^+ 激充器也存在最佳的轴向磁场强度，最佳磁场强度主要取决于充气气压和放电管直径，而与放电电流关系不很大。放电管径一定时，最佳磁场强度随充气气压的增加而减小；而当充气气压一定时，最佳磁场强度随管径的减小而增大，图 4-6 是由实验得出的输出功率与磁场强度的关系。

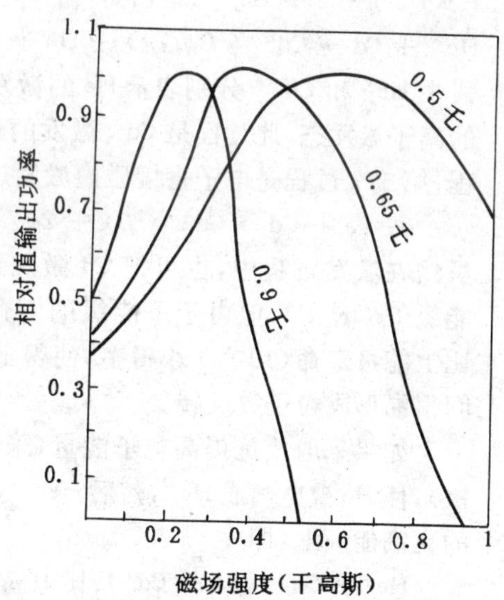

图 4-6 磁场强度与输出功率关系

第二节 氦-镉离子激光器

$He\text{-}Cd^+$ 激光器是一种金属蒸气离子激光器，金属蒸气离子激光器主要还有 $He\text{-}Sr^+$、$He\text{-}As^+$、$He\text{-}Pb^+$、$He\text{-}Hg^+$，Cu^+ 等离子激光器。

$He\text{-}Cd^+$ 激光器的工作物质是金属 Cd 蒸汽和 He 的混合气体，激光跃迁发生于 Cd^+ 离子激发态能级之间，输出波长在 3250Å、4416A°、5338Å、5378Å、6355Å 和 6360Å。在适当的工作条件下，这些激光波长能同时振荡而获得白光输出。

He-Cd^+ 激光器虽属于离子激光器，但其工作电流亦不高，一般为 mA 量级。它可在直流放电下连续工作，无需水冷，连续输出激光功率为几百 mW 量级，能量转换效率为 0.1%，高于 He-Ne 激光器和 Ar^+ 激光器。

一、工作原理

Cd 原子的序数为 48，外层的电子组态为 $4s^2 4p^6 4d^{10} 5s^2$，图 4-7 为 Cd^+ 的与激光跃迁有关的能级。一般情况下，Cd^+ 只能被激发到 $5S^2(^2D_{5/2、3/2})$，激光跃迁发射较强的谱线 4416 Å 和 3250 Å，对应的能级跃迁为

$$4416\text{ 埃}\quad 5s^2(^2D_{5/2}) \rightarrow 5p\ (^2p^0_{3/2})$$

$$3250\text{ 埃}\quad 5s^2(^2D_{3/2}) \rightarrow 5p\ (^2p^0_{1/2})$$

Cd 原子从基态 $5s^2(^1s_0)$ 被激发到离子激发态 $5s^2(^2D_{3/2\ 5/2})$ 要经由两个过程：第一个是潘宁电离过程，即

$$He(1^1s_0) + e \rightarrow He^*(2^1s_0, 2^3s_1) + e'$$

$$He^* + Cd \rightarrow Cd^{+*}(^2D_{3/2,5/2}) + He + e + \Delta E$$

式中 He^* 和 Cd^{+*} 分别表示 He 的激发态和 Cd 的离子激发态，此过程是 Cd^+ 激发的最重要过程；第二个过程是电子直接碰撞激发过程，即

$$e + Cd \rightarrow Cd^{+*}(^2D) + 2e'$$

虽然在激发过程中，也可把 Cd 激发到激光下能级 $5p(^2p^0_{1/2,3/2})$，但由于下能级的寿命($10^{-9}s$)比上能级寿命($10^{-7}s$)小得多，使得上、下能级间很易形成粒子数反转。

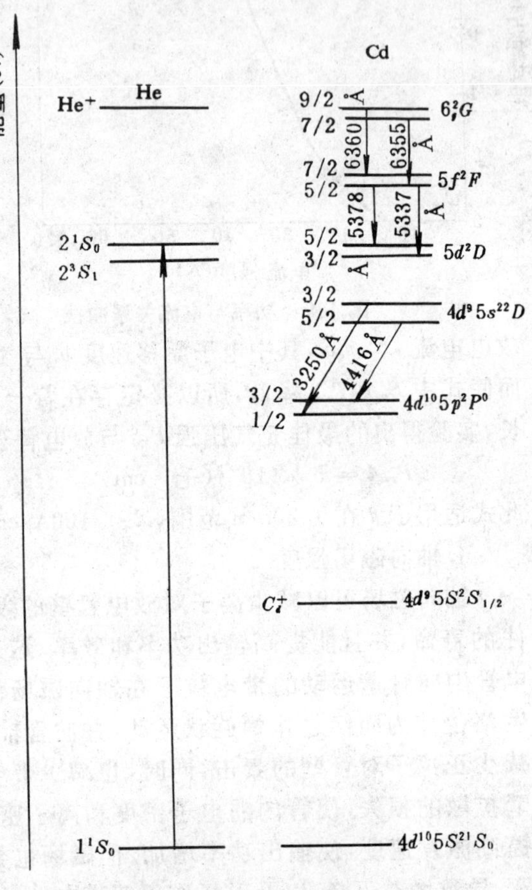

图 4-7 He-Cd 激光器的能级图

如果采取措施提高电子能量(采用空心阴极)，使 He 被电离成 He^+，然后 He^+ 与 Cd 原子碰撞，通过电荷转移过程使 Cd 电离并激发到 Cd^+ 的更高能级上，即

$He^+ + Cd \rightarrow He + Cd^{+*}$ 其中高能态 Cd^{+*} 通常为 $6g(^2G_{9/2}, ^2G_{7/12})$、$5f(^2F_{7/2}, ^2F_{5/2}, ^2D_{3/2})$、$5d(^2D_{5/2})$，它们跃迁产生的四条主要谱线是

红光 6355 埃($6g^2G_{7/2} \rightarrow 5f^2F_{5/2}$)　　绿光 5337 埃($5f^2F_{5/2} \rightarrow 5d^2D_{3/2}$)

6360 埃($6g^2G_{9/2} \rightarrow 5f^2F_{7/2}$)　　5378 埃($5f^2F_{7/2} \rightarrow 5d^2D_{5/2}$)

当谐振腔用宽带反射镜时，可使上述几条线同时振荡，而获得白光输出，即白光激光器。

二、激光器的结构

图 4-8 是 He-Cd^+ 激光器的结构图，放电管的结构和工作过程有些相似于卤化铜蒸气激光器。放电管一般用硬质玻璃或石英管制成，内径为 2-3mm，管内充入几毛的氦气，镉池置于阳极附近，内装高纯度(99.99%)的金属镉粒(分天然镉和同位素镉两种)，镉的熔点为 321℃，在真空中升华温度为 164℃，镉的耗量为 1.5 克 / 千小时，通过管外电炉加热(外热式结构)或管内气体放电加热(自热式结构)，将镉池温度控制在 200-250℃ 即可使镉升华成蒸气，并扩散到放

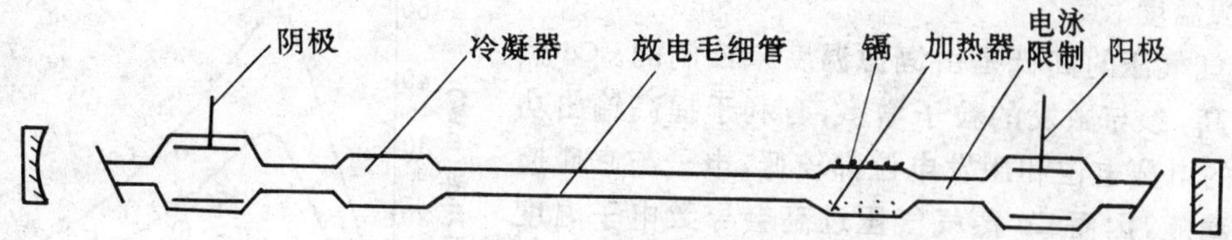

图 4-8 He-Cd 激光器的结构示意图

电区。在放电区中，一些 Cd 原子被电离，并在电场作用下不断地向阴极运动，这个过程称为电泳效应，为使 Cd^+ 在电泳传输过程中不致冷凝在毛细管内壁上，毛细管外要加保温套，使毛细管内壁温度高于 Cd 蒸汽的冷凝温度。为了防止 Cd 蒸汽凝结在腔镜和布氏窗片上，在 Cd 池与阴极之间置一冷凝器，使 Cd^+ 在到达阴极之前，先在此凝结。同时，如图所示，在毛细管两端都有电泳限制区(内径小于毛细管)，限制 Cd 蒸气向两端面扩散。

He-Cd^+ 激光器一般采用全外腔结构，以能方便地更换反射镜，分别获得 4416Å 的蓝色光和 3250Å 的紫外光输出。同一台 He-Cd^+ 激光器，紫外激光的输出功率一般只有蓝色激光的 15% 左右。

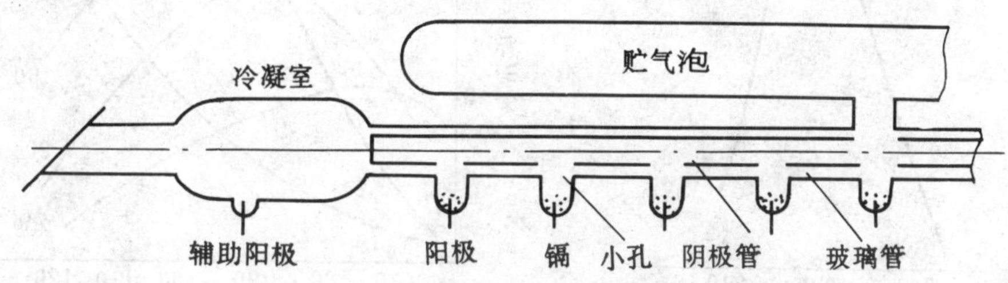

图 4-9 空心阴极结构

为了得到多种色彩的激光同时输出，放电管可采用空心阴极结构，如图 4-9 所示，阴极是一根圆形的无氧铜金属管，侧壁上开有许多小孔，金属管置于玻璃套管中，金属管既是作为阴极，又是放电毛细管，把 Cd 粒放在阳极钨杆处，且靠放电产生的热量使之蒸发。由于这种结构能在靠近阴极的阴极位降区中形成大量的高速电子，通过碰撞使 He 电离，产生大量的 He^+，再经过电荷转移使 Cd 被激发到能位较高的红、绿光的激光能级上，从而获得红、绿激光的振荡和输出。

空心阴极 He-Cd^+ 激光器的输出功率与加热温度，放电电流和 He 的气压有关。实验表明，加热温度在 230℃-320℃ 之间的激光输出变化不大，这就使得激光器能以自加热方式工作。不同波长的最佳气压不同，在大约 6.2 乇-20 乇之间，红、绿、蓝三色激光都能振荡，红色激光在较低气压下，功率较大；蓝色激光在较高气压下功率较大。在较低气压下，激光功率随放电电流的上升而上升；在较高气压下，激光功率随放电电流的上升会趋向饱和，由于采用空心阴极，He-Cd^+ 激光器不仅可同时产生三种色彩的激光，而且各色光的功率可调，因此在彩色记录、彩色全息和彩色激光电视等方面，比其他光源更为优越。

三、工作特性

1. He 气气压

图 4-10 是放电电流和镉源温度一定时，输出功率随 He 压强变化的实验曲线，He 压强对输出功率有很大影响，并且存在有最佳 He 气压强值。实验测量表明，He 气压强的最佳值与放电管直径成反比，且有 $P_{opt}d \approx 10 \sim 12$ 乇·mm 的近似关系。

2. 镉源温度

Cd 蒸气气压的高低是由镉源温度来控制的。Cd 蒸气气压升高，参与激发的粒子增多，有利于提高输出功率，但 Cd 的电离电位和激发电位都较低，电子与它碰撞容易失去动能，因而 Cd 蒸气气压过高会导致电子温度下降，而使输出功率下降。为此，必定有最佳的 Cd 蒸气气压值，也就是存在最佳的镉源加热温度，图 4-11 是输出功率与 Cd 源加热温度的关系。实验发现，最佳加热温度与 He 气气压的关系较小，主要取决于激光管的结构，最佳温度值一般在 200℃ ～ 250℃ 左右，由此估算的 Cd 蒸气压强为 10^{-2} 乇，相应粒子密度约为 $3 \times 10^{14}/cm^3$。

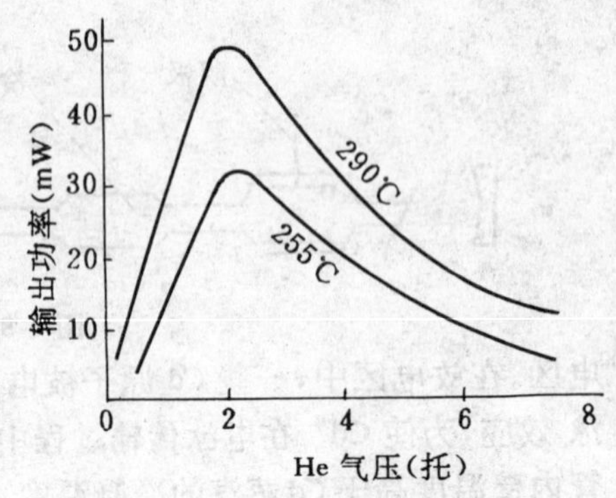

图 4-10　输出功率与 He 气压强的关系

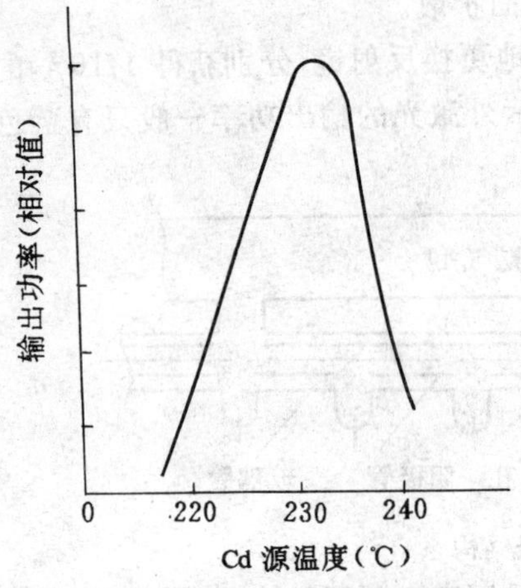

图 4-11　输出功率与加热温度的关系

4-12　输出功率与放电电流的关系

3. 放电电流

图 4-12 是输出功率与放电电流关系的实验曲线，可见存在最佳放电电流值、最佳电流与 He 气压、Cd 源温度和放电管直径 d 有关，在最佳 Cd 源温度和 He 气压时，最佳放电流 I_{opt} 与 d 成正比，经验关系式为

$$I_{opt} = (40 - 50)d \ (mA)$$

其中 d 的单位为 mm。

4. 同位素

天然镉有 8 种同位素，由于它们的原子量不同，导致发射光谱略有差异，镉单一同位素线宽约 1100MHz，而天然镉中存在有多种同位素，相应线宽约 4000MHz，由于增益反比于线宽，为此采用单一同位素镉可使激光器的输出功率提高。实验表明，单一同位素镉的增益比天然镉的增益高四倍左右。

5. 噪声

$He\text{-}Cd^+$ 激光器的噪声较大，其频率从直流到几兆赫的范围，噪声功率达激光输出的百分之几到百分之几十。激光器噪声的来源主要是由于温度起伏、放电电流起伏所引起的。这些起伏导致 Cd^+ 密度的起伏，而使输出功率不稳定。

降低噪声的相应措施：(1) 采用恒温器加热镉池；(2) 把放电管置入套筒内，减小外界温度影响；(3) 采用稳流放电电路，确保放电电流的稳定；(4) 采用空心阴极放电；(5) 适当降低 He 的气压。目前，$He\text{-}Cd^+$ 激光器的噪声可降到小于 1%，接近 He-Ne 激光器的水平。

第三节　其他的离子激光器

一、砷金属离子激光器

As^+ 激光器是一种金属蒸气离子激光器，工作物质为金属砷蒸气，激光器的结构和工作过程与 $He\text{-}Cd^+$ 激光器很相似。

As^+ 激光器输出的波长主要有三条：当使用的 He 缓冲气体气压较高时（65×10^2Pa），振荡波长为 5497Å 和 6512Å；当 He 气压较低时（23×10^2Pa），振荡波长为 6170Å。

连续波输出的 As^+ 激光器，以 He 气为缓冲气体，采用空心阴极放电激励，As^+ 的激光上能级激发过程是

$$He^+ + As \rightarrow (As^+)^*[5d(1/2,3/2)_2] + He + 248\text{cm}^{-1}$$

$$(As^+)^*[5d(1/2,3/2)_2] + e \rightarrow (As^+)^*(6s) + e$$

二、氩-氪白光激光器

$Ar^+\text{-}Kr^+$ 激光器是以 Ar、Kr 混合气体为工作物质的离子激光器，输出白色激光。

激光器谐振腔的反射镜为宽带反射镜，全反镜在 4700Å-6500Å 波段内有很高的反射率，输出镜在这个波段内有适当透过率。在适当的工作条件下，激光器能同时输出 Ar^+ 和 Kr^+ 激光，两种激光的功率与它们在混合气体中的气体分压比成正比，因此通过调整它们的分压比，便可以获得白光输出。在总气压为 680Pa、Ar 与 Kr 的气压比为 2∶8 时可得到颜色接近太阳光的激光束。但在放电过程中，Ar、Kr 的气体消除效应是不相同的，Kr 气的清除速率比 Ar 气高 4 倍，这将使激光器在使用过程中，Kr、Ar 的比例不断发生变化，也导致输出激光色度的变化。

50cm 长、内径 2.5mm 放电管的 $Ar^+\text{-}Kr^+$ 激光器，其输出功率大于 100mW，输出的激光波长有 4765、4880、5145、6471、6570Å，对应的激光功率分别为 1.45、10、16、19、5.3、8.5mW。

$Ar^+\text{-}Kr^+$ 激光器的结构与 Ar^+ 激光器完全相同。

三、氪离子激光器

Kr^+ 激光器是以 Kr 气体为工作物质的惰性气体离子激光器。Kr^+ 激光器和 Ar^+ 激光器在结构上除了谐振腔的两块反射镜不同外（主要指对波段的反射率），其余各部分都完全相同，并且其工作原理、工作特性与 Ar^+ 激光器也十分相似。

Kr^+ 激光器的输出激光波长范围在 4000Å → 9000Å，主要的四条谱线是 4762Å 的蓝光、5208Å 的绿光、5682Å 的黄光和 6471Å 的红光。它们对应的跃迁能级和阈值电流强度为

$$4762\text{Å},\ 5p(^2D^0_{1/2}) \rightarrow 5s(^2P_{1/2}),\ 5.5\text{A}$$

$$5208\text{Å},\ 5p(^4P^0_{3/2}) \rightarrow 5s(^4P_{3/2}),\ 6.5\text{A}$$

$$5682\text{Å},\ 5p(^4D^0_{5/2}) \rightarrow 5s(^2P_{3/2}),\ 4.4\text{A}$$

$$6471\text{Å},\ 5p(^4p^0_{5/2}) \rightarrow 5s(^2P_{1/2}),\ 6.2\text{A}$$

在适当的工作条件下，四条跃迁线同时振荡，而获得白光输出。

四、氦-镉-汞白光激光器

He-Cd$^+$ -Hg$^+$ 激光器是以 He、Cd、Hg 混合气体为工作物质的离子激光器，它能同时输出 Cd$^+$（波长 4416Å）的蓝光，波长 5378Å 和 5337Å 的绿光，以及 Hg$^+$ 的(波长 6150Å)红光。通过改变 Cd、Hg 蒸气的气压和放电电流，能够在较大的范围内调整各谱线的激光强度，获得接近于自然白色光的激光输出。

这种激光器的结构、工作原理和工作特性都相似于 He-Cd$^+$ 激光器，一般采用空心阴极结构，图 4-13 是 $P_{比}$ 光功率与 Hg 蒸气气压的关系曲线。图中，① 为 Cd$^+$ 的 4416Å；② 为 Cd$^+$ 的 5337Å 和 5378Å；③ 为 Hg$^+$ 的 6150Å。金属 Cd 利用气体放电的热量加热至 320℃，而天然同位素 Hg 用单独的加热器加热至 100℃ 左右，在放电电流 2-3A 时(相应地 Cd 蒸气气压约 13Pa，Hg 蒸气气压约 6Pa)得到波长 4416Å 的激光功率 9mW；波长 5337Å 和 5378Å 的激光功率 7mW，波长 6150Å 的激光功率 9mW。

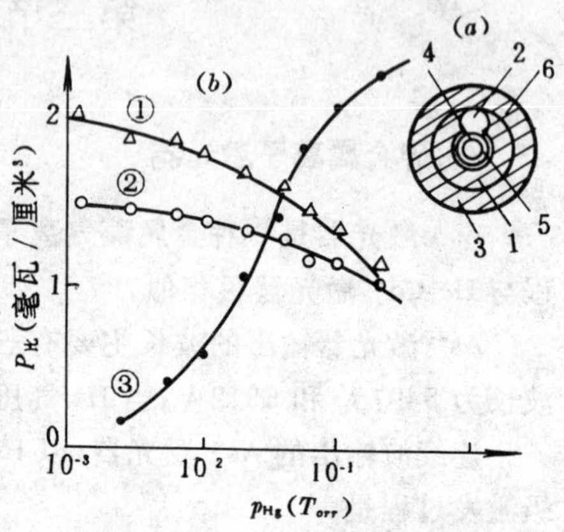

图 4-13 $P_{比}$ 与 Hg 气压关系

五、氦-铅离子激光器

He-Pb$^+$ 激光器是以 He、Pb 混合气体为工作物质的金属离子激光器。激光跃迁发生于 Pb$^+$ 的激发能级之间，主要的两条输出激光谱线的波长是 5609Å 的黄光和 6660Å 的红光，对应的跃迁能级为

$$5609\text{Å}, 7p(^2P^0_{3/2}) \rightarrow 7s(^2S_{1/2})$$

$$6660\text{A}°, 7P(^2P^0_{1/2}) \rightarrow 7s(^2S_{1/2})$$

用 He 气为缓冲气体，Pb$^+$ 的激光上能级的激发是通过潘宁电离过程实现的，即

$$\text{He}^*(^3S_1) + \text{Pb}(^3P_0) \rightarrow \text{He}(^1S_0) + \text{Pb}^{+*}(7p\ ^2P) + e$$

过程中产生的电子 e 的能量约为 3eV。

第二篇　固体激光器

固体激光器是以固体作为激光工作物质的激光器。

1960 年由迈曼(Maiman)制成世界上第一台红宝石脉冲激光器，它标志了激光技术的诞生，从此固体激光器获得了飞速发展。目前，实现激光振荡的固体工作物质已达百余种，激光谱线数千条。脉冲激光能量发展到几千焦耳甚至几十万焦耳，最高峰值功率达 10^{13} 瓦。随着中小功率固体激光器技术的发展，与之有关的光学元件也相应地得到发展，其中包括电光 Q 开关、声光 Q 开光、调制器、宽带调谐、倍频以及锁模技术等装置均已成熟，已形成产品系列。固体激光器的主要优点是能量大、峰值功率高、结构紧凑、坚固可靠和使用方便等，因此被广泛应用于工农业、军事技术、医疗、科学研究等各个领域，随着器件性能的不断提高，其应用范围将继续扩展。

固体激光器的工作物质是掺杂的晶体或玻璃，它在很大程度上决定了固体激光器的性能。最常用的工作物质有红宝石(Cr^{3+}:Al_2O_3)、掺钕钇铝石榴石(Nd^{3+}:YAG)、钕玻璃和掺钛蓝宝石(Ti^{3+}:Al_2O_3)等。这些材料的特点之一是介质内掺杂离子的浓度比较大，一般为 10^{10} ～ $10^{20}/cm^3$，比气体工作物质的浓度高 4 ～ 5 数量级。另外，由掺杂离子决定的激光上能级寿命亦比 较长，一般为 10^{-3} ～ $10^{-4}s$ 量级。因而尺寸小的固体激光器贮能较大，故比较容易获得大能量的输出，并适于使用“Q” 开关技术而产生高功率激光脉冲。

中小型固体激光器采用光泵激励，由于能量转换环节多，输出效率较低，一般约 0.5～3%之间，最高可达 7%。这种激光器通常运转于连续泵浦或脉冲泵浦状态。目前，连续泵浦的固体激光器、单根掺钕钇铝石榴石连续输出功率超过 500W，三根串接的激光器功率已超过 1*KW* 水平。脉冲泵浦固体激光器的激光脉冲可按一定的重复率输出。高重复率工作的器件每秒达到数十 次至上百次。为了使脉冲具有很高的峰值功率，在固体激光器中采用“Q” 开关技术，可将脉宽压缩 4 ～ 5 个量级，约为 $10^{-8}s$，脉冲峰值功率提高 3 ～ 4 个量级，约为 10^9W。若采用“锁模”技术可进一步压缩脉宽，获得微微秒(ps)，甚至更短的毫微微秒(fs)超短脉冲。峰值功率可达几十兆兆瓦。

为了适应空间技术的应用和集成光学发展的需要，加速研究发展小型化激光器件：采用新的长寿命泵浦光源，如激光二极管列阵泵浦、太阳能泵浦等；采用新型结构，如小型面泵浦薄膜激光器、光纤激光器等；研制高掺杂浓度，高增益激光晶体；改善冷却方式和结构，减小器件体积和重量，提高激光器的输出性能等。随着现代科学技术的蓬勃发展，固体激光技术有着广阔的发展前景。

光泵固体激光器通常由三个基本部分组成，即固体工作物质，泵浦光源和光学谐振腔。另外还有电源和聚光腔，图 Ⅱ-1 为一般光泵浦固体激光器的结构示意图。固体激光工作物质是激光器的心脏，其发光中心是激活离子。

因此，激活离子的能级结构决定了激光器的发光特性，通常激活离子能级结构可分为三能级系统和四能级系统两大类，如图 Ⅱ-2(a)、(b)所示。在热平衡状态下，若激光跃迁上能级和

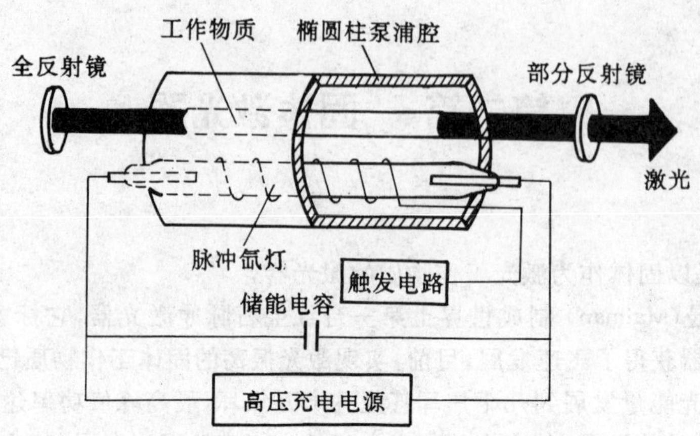

图 Ⅱ-1　光泵浦固体激光器示意图

下能级的粒子数密度分别为n_2和n_1，并假设这两个能级的简并度相等($g_1=g_2$)，则$n_1\gg n_2$。当在光泵激发作用下，基本粒子获得能量，而产生能级 1-3(或 0-3) 的受激吸收跃迁过程。但被激发到能级 3 上的粒子是很不稳定的，其寿命只有 10^{-9}s(红宝石)，它们纷纷放出各自能量，而很快地 跃迁到寿命较长(约 10^{-3} 秒) 的亚稳能级之上，在此能级上可大量积累粒子。在足够强的光泵激发下，可实现粒子数反转分布($n_2>n_1$)。这时在能级 1 和 2 之间便可产生频率 V_{21} 的光放大过程，实际上构成了激光放大器。如果提供适当的反馈，即将激光棒置于由两块平行平面反射镜构成的光学谐振腔的轴线上，这样由自发辐射引发的光子在增益介质内，沿着腔轴方向来回传输，当光束能量在腔内来回一次获得的放大量足以补偿各种损耗，即达到阈值条件。当光泵的激发作用超过阈值时，便形成受激辐射产生激光输出。

由以上分析可知：泵浦光源是形成粒子数反转的外部条件；工作物质是实现粒子数反转构成激光器的内在因素；谐振腔是造成反馈和选模作用的必要条件。从而腔内的光子密度形成雪崩式的光放大过程，使光子的简并度急剧增加，形成具有高单色性、高方向性和高亮度的激光输出。

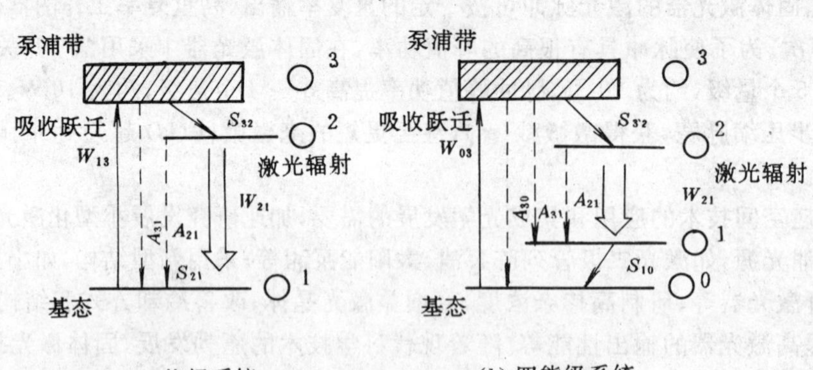

图 Ⅱ-2　工作物质的简化能级模型

W 为受激跃迁(吸收或发射)速率；A 为自发辐射跃迁几率；S 为非辐射跃迁几率。

本篇主要讨论静态输出中小功率固体激光器的基本结构(如激光工作物质、光泵系统和光学谐振腔)，工作原理及其主要特性。

第五章 固体激光工作物质的性质

在激光器中，激光工作物质是产生激光的核心，其物理性质、光谱性质等，在很大程度上决定了激光器的性能。固体激光工作物质被称为固体激光器的心脏。

在固体激光技术中，目前最具实用价值的工作物质是红宝石(Cr^{3+}:Al_2O_3)晶体、钕玻璃、掺钕钇铝石榴石(Nd^{3+}:YAG)晶体和掺钛兰宝石(Ti^{3+}:Al_2O_3)晶体。本章从构成激光器的使用观点出发，着重讨论与这些激光工作物质有关的性能。

第一节 固体激光工作物质的基本要求

固体激光工作物质是由基质材料(晶体或玻璃)和少量掺杂离子(激活离子)两部分组成。工作物质的物理性能主要取决于基质材料，而它的光谱特性主要由激活离子内的能级结构所决定。激光工作物质中的发光中心是激活离子，在这些离子的电子组态中，未满内壳层的电子可以处于不同轨道运动状态，形成一系列的能级。激光工作能级是这些离子的未满内壳层电子能级，由于受到外层电子的屏蔽作用，所以电子发生能级跃迁不会受到晶体场太强的影响，因而在不同基质中的这类离子光谱与自由状态的离子光谱大体相似。这表示这些激光跃迁线宽较窄(激发截面 σ 较大)，而且激光工作能级间无辐射跃迁较弱(能级间跃迁寿命较长)，因此产生激光作用所需阈值泵浦速率较小。

一、基质材料

固体基质材料主要有晶体和玻璃两大类。基质材料应具有优良的光学、机械和热性能，以便能承受实际激光器的苛刻工作条件。同时，还需考虑物理、化学稳定性和易于加工等。理想情况下，掺入离子和它所取代的基质离子的大小和原子价应该匹配。

基质玻璃。其微粒是无序排列，一般认为呈网络结构状态，并且具有近程有序。所谓近程有序是指它的结构单元(如 Si-O 四面体)是规则排列的；而远程无序是指组成玻璃的各结构单元间的彼此排列是不规则的。这后一种不规则性，就决定了激活剂离子在配位场的对称性是很低的。一般认为，作为激活剂掺入的三阶稀土金属离子如 Nd^{3+} 在玻璃中的状态，是处于玻璃网格外的空隙中。周围的网格对激活离子称为配位体，配位体电场(简称配位场)对各个激活离子的影响不完全一致，而使离子谱线呈现非均匀加宽。通常用的基质玻璃可以分别是硅酸盐玻璃，硼酸盐玻璃、硼硅酸盐玻璃、磷酸盐玻璃和氟磷酸盐玻璃等。

基质晶体。晶体中的微粒(原子、分子或离子)是周期性有序地排列的，称为晶格(点阵)。基质晶体适量掺杂后，掺杂离子将取代基质点阵上的部分离子，而成为掺杂的离子型晶体。由于有序的晶格场对各个激活离子的影响基本上相同，因而离子谱线主要为均匀加宽。

选择合适的激光离子基质晶体必须考虑如下关键准则：(1) 晶体必须具有良好的光学性质；(2) 晶体必须具有良好的机械和热性质，在重复脉冲工作(在工作热负荷下)时，不会引起过度应力；(3) 晶体必须具有能够接受掺杂离子的位置，同时它是处在对称的强的晶格场中，以感应所希望的光谱。通常离子在晶体基质中必须达到高的辐射寿命，具有激发截面约 10^{-20} 厘米^2；(4) 必须能够规模生长掺杂晶体，而保持高的光学质量和高的产率。

用作激光工作物质的主要基质晶体有：氧化物晶体是应用最广、研究最多的一类基质晶体，如单一氧化物晶体刚玉（Al_2O_3，又称白宝石）；混合氧化物晶体，主要是各种石榴石型晶体，如钇铝石榴石（YAG），铝酸钇（YAP）；氟化物晶体，如单一氟化物晶体，氟化钙（CaF_2）；混合氟化物晶体，如氟化钇锂（$YLiF_4$）等。

玻璃工作物质和晶体工作物质的主要特点：(1) 晶体的硬度和机械强度一般比较高，不易被损伤；(2) 晶体的热传导比玻璃高，能适应平均功率高的工作方式，而玻璃激光棒在高平均功率下工作会导致热感应双折射和光学畸变；(3) 激光晶体中的离子跃迁谱线主要是均匀加宽，吸收线宽较窄，增益较高，但光学质量和掺杂均匀性较差，激光玻璃的离子跃迁谱线为非均匀加宽，荧光线宽较宽，有利于激活吸收；(4) 玻璃的掺杂浓度一般比晶体高，且易制成大块光学质量好的材料，棒的长度达到1米，直径超过10厘米，盘片的直径达90厘米，厚度几个厘米，适用于大功率、大能量的激光器件。

二、 激活离子

固体激光工作物质中所采用的激活离子可分为四类：

1. 三价稀土金属离子

如钕（Nd^{3+}）、镨（Pr^{3+}）、钐（Sm^{3+}）、铕（Eu^{3+}）、镝（Dy^{3+}）、钬（Ho^{3+}）、铒（Er^{3+}）、镱（Yb^{3+}）等。由于这类离子的未满壳层的电子是内层电子，受到外层电子的屏蔽作用，因而在不同基质中的这类离子光谱与自由状态的离子光谱大体相似。这类离子的能级结构多属于四能级系统。

(1) 钕（Nd^{3+}）在三价稀土离子中被首先用于激光且应用最广。目前，至少有40种不同的基质材料用钕离子掺杂获得受激发射，而且从钕激光器获得的功率较高，大于任何其它四能级材料。在室温下即可实现1.06，1.35和0.9微米的激光振荡。这是由于钕的这些跃迁终态与基态相距较远的缘故。

(2) 铒（Er^{3+}），激光振荡的波长在1.53到1.66微米范围内，感兴趣的是1.6微米附近的受激发射，因为人眼晶体对这些波长的激光辐射的透过率很小，所以不易使视网膜遭受损伤。铒的基质材料主要有YAG和各种不同的玻璃。

(3) 钬（Ho^{3+}），目前至少有20种不同的基质材料掺杂钬（Ho^{3+}）而获得激光作用。

Cr^{3+}-Tm^{3+}敏化的YAG，在液氮温度下，Ho^{3+}在2.1微米处的跃迁可产生4%的效率。二价稀土离子如钐（Sm^{2+}）、铒（Er^{2+}）、铥（Tm^{2+}）、镝（Dy）等。由于价态不稳定，在受到紫外辐射或加热作用下，价态易发生变化（成为三价），或者产生有害的色心，这对激光运转来说是不利的。

2. 过渡金属离子

已实现激光作用的掺杂离子为铬（Cr^{3+}）、钛（Ti^{3+}）、镍（Ni^{2+}）、钴（Co^{2+}）。其中Cr^{3+}掺入Al_2O_3（刚玉）晶体就形成著名的红宝石激光晶体，以及掺钛兰宝石晶体（$Ti^{3+}:Al_2O_3$）。在这类激活离子中，未满电子壳层为最外层电子壳层，没有更外层电子的屏蔽作用，因此激活离子的能级和发光特性受基质晶体场影响比较明显，与非掺杂时的自由金属离子情况差别较大。

3. 锕系金属离子

由于锕系元素多具有放射性，且不易制备，因此只有利用铀（U^{3+}）作掺杂激活离子获得激光作用。

第二节　红宝石晶体

红宝石激光晶体的基质为刚玉晶体，化学式为Al_2O_3，掺入三价过渡金属铬离子Cr^{3+}为激活离子所组成的晶体激光材料。红宝石晶体的化学式为 $Cr^{3+}:Al_2O_3$。

Al_2O_3 本身可有 α、β、γ 等多种异构变体方式，而其中 α-Al_2O_3 形态的晶体在形成后性质十分稳定，因此是通常所采用的红宝石基质晶体。在 α-Al_2O_3 中掺入铬 Cr^{3+} 的浓度为 0.03 ～ 0.07%（重量）时，晶体呈现淡红色。它的发光属于三能级系统，发射波长为 6943Å 或 6929Å。从应用观点看，这些可见光区的激光输出谱线是很有吸引力的，相反大多数稀土元素四能级激光器的输出是在近红外区。对光电探测和照相感光来说，红宝石激光波长比红外波长更灵敏。我们通常采用的是淡红色的红宝石晶体。Cr^{3+} 的重量掺杂比约为 0.05%，离子数平均密度为 $1.58\times10^{19}/cm^3$。

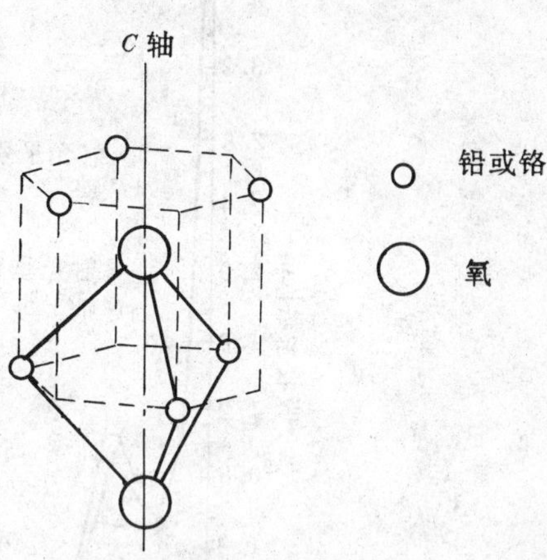

图 5-1　红宝石的晶体结构

一、　晶体的物理性质

α-Al_2O_3 的单位晶胞为六面锐角菱面体，如图 5-1。晶体有一个对称轴，称为 C 轴、它形成单位晶胞的主对角线，属于单轴晶体。当熔融的高纯 Al_2O_3 中加入少量的 Cr_2O_3，即掺入少量的铬离子后，Cr^{3+} 部分地取代 α-Al_2O_3 点阵上的 Al^{3+}，而形成红宝石晶体。

红宝石为各向异性光学单轴晶体，所以具有光学双折射特性。红宝石对红光的寻常光折射率 $n_0=1.763$，对非寻常光折射率 $n_e=1.755$，即为负单轴晶体。

红宝石晶体通常采用火焰法或提拉法生长。提拉法生长的红宝石晶体具有较好的光学质量，单晶生长轴方向可分别取与光轴成 0°、60°、90°。0° 红宝石的发光无偏振特性，60° 和 90° 红宝石，由于受激发射优先发生在垂直于光轴平面的极化，而发射偏振光。对激光红宝石通常使用 60° 取向生长。

红宝石的化学组分与结构十分稳定，机械性能好，质地坚硬，熔点高，热形变小，热导率高，抗激光破坏能力强等优点，尤其在低温下性能更佳。

红宝石晶体的基本物理性质如表 5-1 所示.

表 5-1　α-Al_2O_3 物理性质

分子量	熔(°C)点	密度 (g/cm³)	硬度 (莫氏)	热导率 (W/cm·K)
101.9	2050	3.98	9	0.42(在 300K) 10.0(在 77K)
热膨胀系数 (°C⁻¹，室温)	比　热 (10^3J/g·K)	折射率 (λ = 7000Å)	折射率温度系数 $\frac{dn}{dt}$(λ = 7000Å)	热扩散率 ($cm^2\cdot s^{-1}$)
6.7×10^{-6}(∥ 光轴) 5.0×10^{-6}(⊥ 光轴)	0.75(20°C) 0.104(77K)	$n_0(E\perp C)$1.763 $n_e(E\,/\!/\,C)$1.755	11×10^{-6}°C⁻¹	0.13

二、　红宝石晶体的激光性质

红宝石晶体的激光性质主要取决于激活离子 Cr^{3+}。Cr 的外层电子组态为 $3d^54s^1$，掺入刚玉后失去三个电子，剩下 $3d^3$ 的 3 个外壳层电子，这三个 d 电子完全处在最外层，受基质晶格场的影响很大。

红宝石为各向异性光学单轴晶体，它的光学吸收特性与光的偏振态有关。图 5-2 所示为室

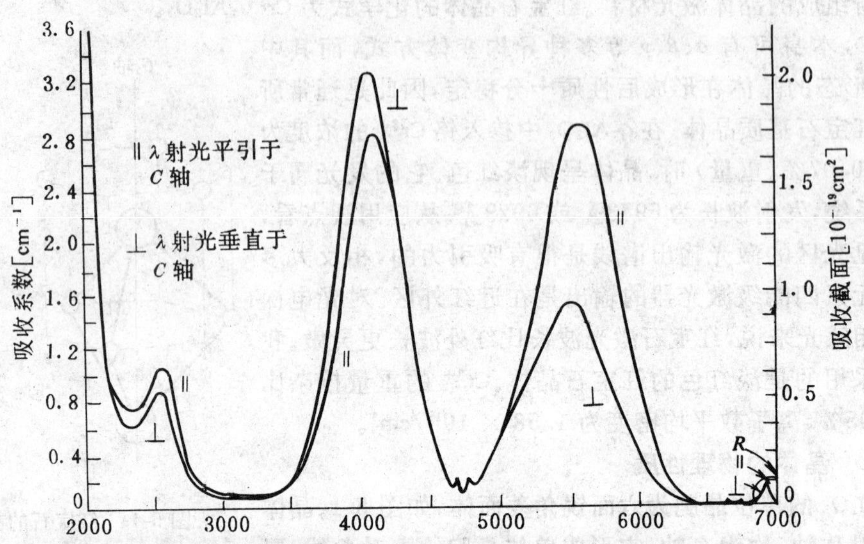

图 5-2 红宝石泵浦带的吸收系数和吸收截面与波长的关系. Cr^{3+} 浓度为 $1.88\times10^{19}cm^{-3}$

温下红宝石晶体的吸收光谱,其中两条吸收曲线分别对应于入射光的偏振方向与晶体光轴相垂直($E\perp C$)或平行($E\parallel C$)这两种情况可由图看出,在可见光谱区有两条主要的强吸收带。峰值波长位于 4100Å 附近的光谱带吸收紫蓝色光,称为 U 带,对平行于和垂直于光轴入射光的吸收系数分别为 $\alpha_{/\!/}=2.8cm^{-1}$ 和 $\alpha_{\perp}=3.2cm^{-1}$;峰值波长位于 5500Å 附近的光谱带吸收黄绿色光,称为 Y 带。它们的带宽均约为 1000Å 左右。上述这两条吸收带都比较宽和强,又都处于可见光谱区,因此能利用脉冲氙灯这类电光源发出的强可见光辐射,进行光泵激励和实现粒子数反转。

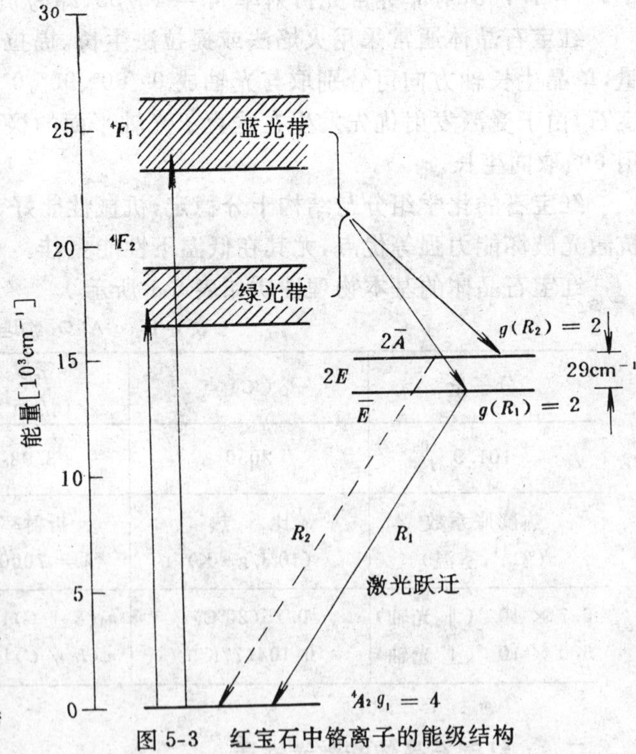

图 5-3 红宝石中铬离子的能级结构

红宝石晶体中三价铬离子的能级结构如图 5-3 所示,由图可见,红宝石的两条强可见光吸收带分别对应于 Cr^{3+} 离子从基态 $^4A_2$ 向两个较高的激发能带 $^4F_1$(25000cm^{-1}) 和 $^4F_2$(17000cm^{-1}) 之间吸收跃迁。处于激发态能带 $^4F_1$ 和 $^4F_2$ 上的铬离子极不稳定,由于晶体内部晶格振动,很快通过非辐射跃迁的形式转移到较低的亚稳激发能级 ^2E 上。弛豫时间约为 $10^{-9}s$,激活离子即将一部分能量转移给它周围的晶格,粒子在该亚稳能级上有较长的停留寿命(几毫秒量级)而得以集居。当铬离子从 ^2E 能级回到基态能级时,便产生了中心波长为 6943Å 和 6929Å 的两条较强荧光线,即 R 荧光线,其中 R_1 线($\bar{E}\rightarrow{}^4A_2$)的荧光强度比 R_2 线($2\bar{A}\rightarrow{}^4A_2$)高。室温下荧光线的寿命比较长,约 3 毫秒,这说明 ^2E 是一亚稳态。R 线的荧光量子效率经测定为 0.5 ～ 0.7。这是一个典型的三能级系统。

图 5-4 表示红宝石晶体 R 线的吸收系数和吸收截面是波长的函数。其中 R_1 线和 R_2 线对应的峰值波长分别为 $\lambda(R_1) = 6943$ Å、$\lambda(R_2) = 6929$ Å，线宽约为 11cm^{-1}(5.3 Å)。R_1 线和 R_2 线相距很近，能量差 $\triangle E = 29\text{cm}^{-1}$，统称为 R 锐线系。

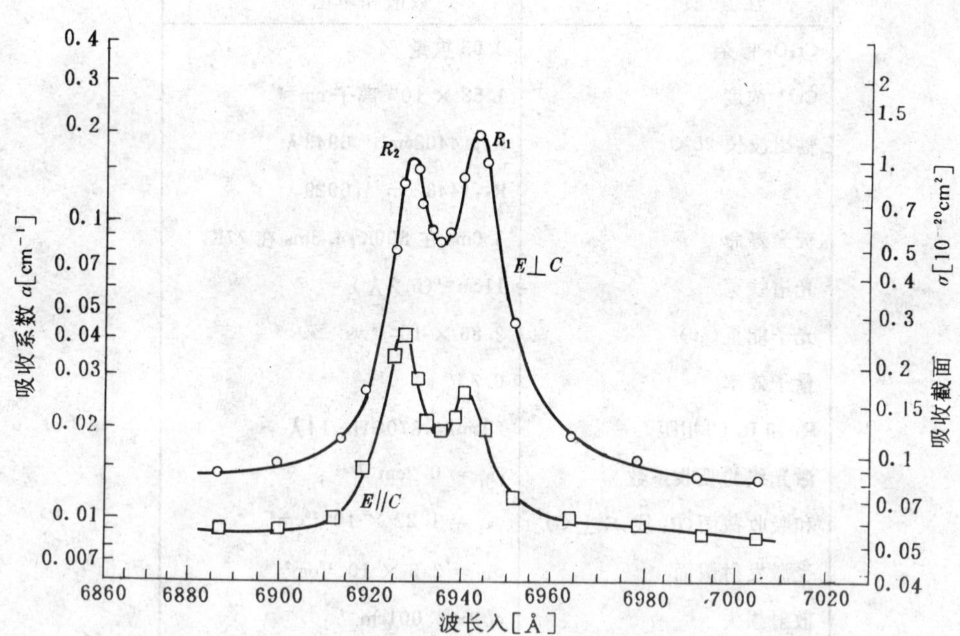

图 5-4　红宝石晶体 R_1 线、R_2 线的吸收系数和吸收截面与波长的关系。Cr^{3+} 浓度为 $1.56 \times 10^{19}\text{cm}^{-3}$

由图可看到：R_1 线的吸收系数($E \perp C$)$\alpha_0 \approx 0.2\text{cm}^{-1}$，吸收截面则为：

$$\sigma_{12} = \alpha_0 / n_{tot} = 1.27 \times 10^{-20} \quad (\text{cm}^2)$$

R_1 线的受激发射截面

$$\sigma_{21} = \sigma_{12} \frac{g_1}{g_2(R_1)} = 2\sigma_{12} = 2.5 \times 10^{20} \quad (\text{cm}^2)$$

由图还可看到 R_1 线的发射截面略高于 R_2 线的发射截面。

还须指出，在红宝石激光器中，一般激光振荡只发生在 R_1 线，而 R_2 线则不能形成振荡。这是由于在室温热平衡情况下。R_1 线比 R_2 线有更高的粒子数，粒子在两个子能级上的分布为 $N(R_2)/N(R_1) = 0.87$；又因 R_1 线的自发辐射跃迁几率比 R_2 线高，因而 R_1 线的荧光强度比 R_2 线高。当光泵辐射足够强时，被激发到亚稳态上的铬离子获得大量积累，故当粒子在 ^2E 能态和基态能级 $^4A_2$ 之间达到反转后，使 R_1 线首先达到阈值而形成激光振荡。同时，由于 R_1 线和 R_2 线相距很近，粒子的交换频繁，一旦 R_1 线起振后，R_2 线上的粒子迅速地(弛豫时间 $\approx 10^{-9}$s) 转移到 R_1 线上去，进而抑制了 R_2 线的振荡。因此，在激光脉冲持续时间远大于 R_2 线与 R_1 线之间的弛豫过程时，亚稳态上的粒子均将通过 R_1 线的受激发射回到基态，于是可以把 $\bar{E}$ 和 $2\bar{A}$ 合起来看成一个简并度 $g_2 = 4$ 的能级。重要的红宝石激光参数如表 5-2 所示。

红宝石晶体荧光谱线的中心波长、线宽、寿命以及量子效率，均是对温度比较敏感的函数。在 300k 时，激光谱线的中心波长为 6943 Å，线宽为 11cm^{-1}。而在 77k 时，谱线移到 6934 Å，线宽只有 0.15cm^{-1}。在室温附近，R_1 线的峰值移到为 0.05Å/℃。在温度从 −80℃ 到 20℃ 范围内，红宝石激光 R_1 线中心波长随温度变化的近似公式表示如下：

$$\lambda(T) = 6943.25 + 0.068(T - 20) \tag{5-1}$$

这里 T 表示温度(℃)，$\lambda(T)$ 单位为 Å。

表 5-2　室温下红宝石晶体的光学和激光性质

性　质	数值和单位
Cr_2O_3 掺杂	0.05 重量 %
Cr^{3+} 浓度	1.58×10^{19} 离子 cm^{-3}
输出波长 25°C	R_1，14403cm^{-1}，6943Å
	R_2，14432cm^{-1}，6929Å
荧光寿命	3.0ms 在 300K；4.3ms 在 77K
光谱线宽	11cm^{-1}(5.3Å)
光子能量($h\nu$)	2.86×10^{-19}ws
量子效率	0.7
R_1 和 R_2 的相距	29cm^{-1}，870GHz，14Å
激光线的吸收系数	$\alpha_{R_1} = 0.2cm^{-1}$
和吸收截面(R_1 线，E ⊥ C)	$\sigma_{R_1} = 1.22 \times 10^{-20}cm^2$
受激发射截面	$\sigma_{21} = 2.5 \times 10^{-20}cm^2$
散射损失	$\alpha_{sc} \approx 0.001cm^{-1}$
主要泵浦带	
绿(4040Å)	$\alpha_{/\!/} = 2.8cm^{-1}$；$\alpha_{\perp} = 3.2cm^{-1}$
蓝(5540Å)	$\alpha_{/\!/} = 2.8cm^{-1}$；$\alpha_{\perp} = 1.4cm^{-1}$
折射率 6943Å	1.763 寻常光线 E ⊥ C
	1.755 非寻常光线 E // C
布儒斯特角	60°37′ 在 6943AÅ
最大可输出的能量	2.35J/cm^3(全部反转)
最大上能态能量密度	4.52J/cm^3(全部反转)
阈值条件下上能态能量	2.18J/cm^3

三、红宝石晶体激光棒

红宝石能够生长成高质量大尺寸，晶体尺寸大的直径可达 ∅20～30mm，长 20～40cm。激光 用的红宝石晶体，通常都磨成细圆棒状，两端面平度约 λ/10，平行度约 30″，在镀增透膜的情况下，两端面可与棒轴垂直(精度约为 5′)；在不镀增透膜情况下，两端面可与棒轴磨斜成几度的角；棒轴与晶体生长轴的平行度要求很低，约为几度。为了避免寄生振荡和使光泵分布均匀，晶体棒侧面均需磨毛。

通常棒的几何结构可以加工成平行平面、楔形表面、布儒斯特角或棱形。激光晶体棒的最好检验方法是采用泰曼－格林干涉，对于质量较好的棒，约为 1 个条纹左右；对于质量中等的棒，约为 2～3 个条纹左右；对质量较差的棒，约为 3～5 个以上的条纹。

第三节　掺钕钇铝石榴石晶体

掺钕钇铝石榴石晶体(Nd^{3+}:YAG) 激光器，由于它有高的增益，好的热性能和机械性能，因此，它是科学技术、医学、工业和军事应用中最重要的固体激光器。

在钇铝石榴石(YAG) 单晶为基质材料中，掺入适量的三价稀土离子 Nd^{3+}，便构成掺钕钇铝石晶体。钇铝石榴石的化学式为 $Y_3Al_5O_{12}$，是由 Y_2O_3 和 Al_2O_3 按 3∶5 克分子比化合生成的，它的结晶点阵上 Y^{3+}、Al^{3+} 和 O^{2-} 按一定的规律排列。当掺入作为激活剂的 Nd_2O_3 后，则在原来是 Y^{3+} 的点阵上部分地被 Nd^{3+} 代换，而形成了淡紫色的 Nd^{3+}:YAG 晶体。Nd^{3+}:YAG 晶体通常采用提拉法生长，晶体在氩气中沿[111] 方向或[001] 方向拉制。为了得到高质量的晶体，生长速度控制很慢，一般为 1mm/h。目前国内已能生长出直径为 50mm，长度为 150～180mm 的优质晶体棒。单根 ∅10×152mm Nd^{3+}:YAG 的激光棒能获得 565W 的连续输出功率，串接的激光器输出功率最高达 1.15kW，效率 3.6% 另一方面单晶 Nd:YAG 光纤激光器吸收小于 1mw 的泵浦功率就可达到阀值。特别是半导体激光器泵浦 Nd^{3+}:YAG 激光器的发展，使 Nd^{3+}:YAG 固体激光器在小型化、全固体化方面取得了突破性进展。

一、晶体的物理性质

掺钕钇铝石榴石晶体的化学表示式为 Nd^{3+}:$Y_3Al_5O_{12}$，简写形式为 Nd^{3+}:YAG，属立方晶系，光学各向同性，不存在自然双折射。在不掺钕时，纯的 $Y_3Al_5O_{12}$ 晶体为无色透明；掺钕后，晶体略呈淡粉紫色；掺钕的浓度一般约为 1% 原子百分比(相当于重量百分比 0.725%)，即在 100 个钇离子中有一个被钕离子所取代。YAG 中的掺钕浓度是有严格限制的，这是由于 Nd^{3+} 离子半径(1.323Å) 和 Y^{3+} 的半径(1.281Å) 并不完全相等，因此 Nd^{3+} 离子掺入 YAG 晶体有其结构上的困难，容易造成光学缺陷，这就是在 YAG 单晶中不能有较高浓度的 Nd^{3+} 取得同形置换的重要原因。

钇铝石榴石晶体的熔点约为 1970°C 左右，这是一种硬度很高的晶体，有优良的热物理性能(表 5-3)，这对连续工作和高重复率工作的激光器是非常有利的。

二、晶体的激光性质

Nd:YAG 晶体中激活离子 Nd^{3+} 的外层电子组态为 $4f^3 5s^2 5p^6$，其中 $4f$ 壳层未填满，其它都是满壳层。未满壳层的三个电子可以处于不同运动状态，结果形成一系列的能级，如图 5-5 所示。Nd^{3+}:YAG 的基态为 $^4I_{\frac{9}{2}}$，其激发态为 $^2k_{3/2}+{}^4G_{7/2}+{}^4G_{9/2}$，$^4G_{5/2}+{}^2G_{7/2}$，$^4F_{7/2}+{}^4S_{3/2}$，$^4F_{5/2}+{}^2H_{9/2}$ 及 $^4F_{3/2}$。处于 $^4F_{3/2}$ 能态的 Nd^{3+} 离子寿命较长，称为亚稳能级。对应于不同波长的辐射跃迁，$^4I_{11/2}$、$^4I_{13/2}$ 和 $^4I_{9/2}$ 等都可以作为终态能级。

图 5-6 列出了 Nd^{3+}:YAG 晶体各激发态对应的吸收光谱。由图可以看出，在波长大于 4000Å 的范围内，主要有五个吸收光谱带，中心波长分别在 5250、5850、7500、8100、8700Å 附近，每个带宽约为 300Å，其中以 7500Å 和 8100Å 为中心的两个吸收带最为重要。

在光泵激励下，处于基态的大量 Nd^{3+} 离子获得相应的能量后跃迁到上述吸收带的各个能级，但由于在这些能级上的离子很不稳定，会很快地弛豫到亚稳态能级 $^4F_{3/2}$，在 $^4F_{3/2}$ 能级上的离子平均寿命较长(约 200μs)，使激活离子得以积聚，它的荧光量子效率很高，一般大于 99.5%。

表 5-3　Nd^{3+}:YAG 的物理和光学性质

性质	数值和单位
YAG 掺杂 Nd 重量 %	0.725
Nd 原子数/厘米³	1.38×10^{20}
熔　点	1970°C
莫氏硬度	8.5
密　度	$4.56g/cm^3$
弹性模量	$3\times10^3kg/cm^3$
热膨胀系数	
[100] 方向	8.2×10^{-6}/°C,0°C-250°C
[110] 方向	7.7×10^{-6}/°C,10°C-250°C
[111] 方向	7.8×10^{-6}/°C,0°C-250°C
线　宽	4.5Å
受激发射截面	$\sigma_{21}=6.5\times10^{-19}cm^2$
弛豫时间($^4I_{11/2}\rightarrow{}^4I_{9/2}$)	30ns
辐射寿命($^4F_{3/2}\rightarrow{}^4I_{11/2}$)	550ms
自发辐射荧光寿命	230μs
1.06μm 光子能量	$h\nu=1.86\times10^{-19}J$
折射率	1.82(在 1.0μm)
散射损失	$\alpha_{sc}\approx0.002cm^{-1}$

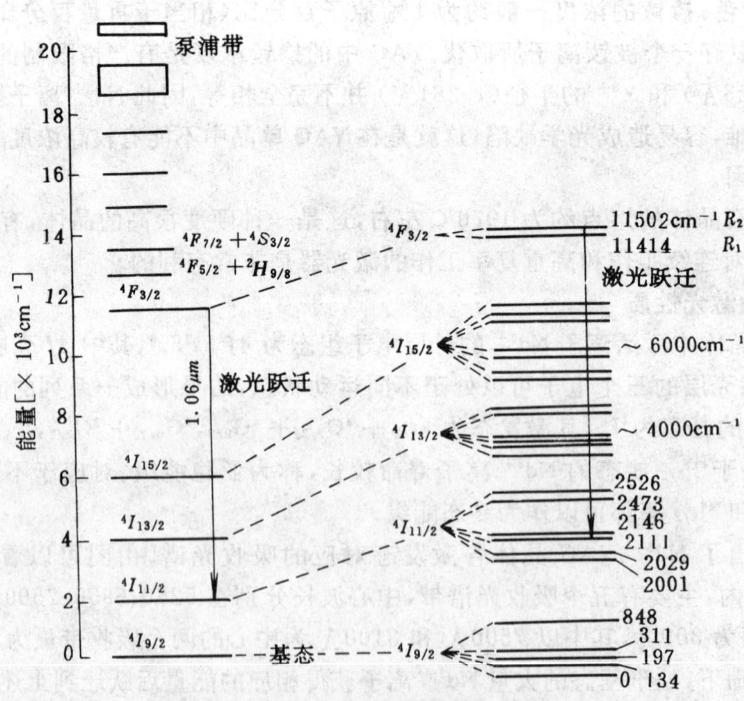

图 5-5　Nd^{3+}:YAG 晶体的能级结构

Nd^{3+}:YAG 晶体在近红外区有三条明显的荧光窄谱带，室温下分别位于下述三个区域：

最强　1.05～1.12μm　($^4F_{3/2}\rightarrow{}^4I_{11/2}$ 跃迁，中心波长 1.06μm)

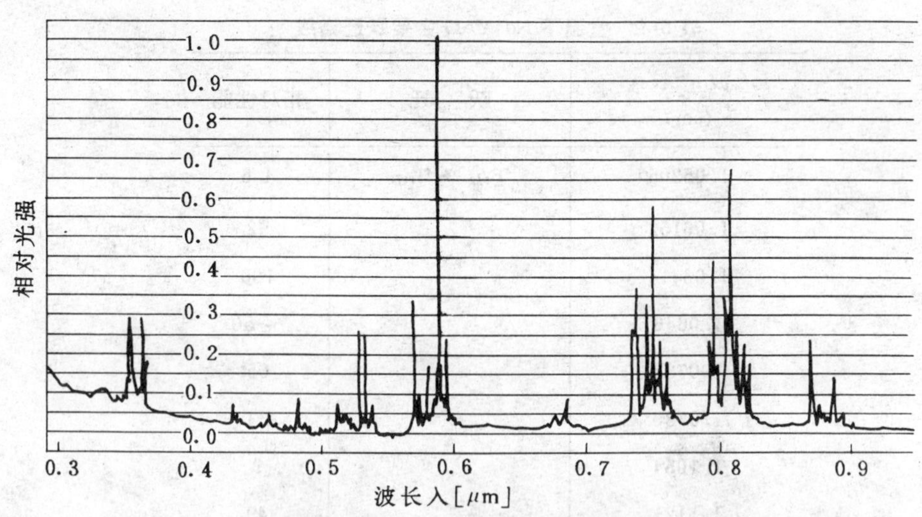

图 5-6　Nd^{3+}:YAG 晶体在 300K 时的吸收光谱

次强　0.87 ～ 0.95μm　($^4F_{3/2} \rightarrow {}^4I_{9/2}$ 跃迁,中心波长 0.94μm)

较弱　～ 1.35μm　($^4F_{3/2} \rightarrow {}^4I_{13/2}$ 跃迁,中心波长 1.35μm)

到达终态能级($^4I_{11/2}$ 和 $^4I_{13/2}$)的离子很不稳定(平均寿命 $\approx 10^{-9}$s),很快弛豫到基态。上述三条主要谱线的荧光强度分支比大约是 0.6:0.25:0.14。

由于 $^4I_{13/2}$ 和 $^4I_{11/2}$ 两能级距离基态 $^4I_{9/2}$ 较远,能量差分别为 3900cm^{-1} 和 2000cm^{-1}。在室温条件下,这两个能级上的离子集居数很少,所以只要 $^4F_{3/2}$ 能级上有少量的激活离子,$^4F_{3/2} \rightarrow {}^4I_{13/2}$ 和 $^4F_{3/2} \rightarrow {}^4I_{11/2}$ 这两组能级均较易实现粒子数反转。对应于 $^4F_{3/2} \rightarrow {}^4I_{9/2}$ 跃迁的 0.914μm 荧光谱线,则由于该跃迁的终态能级距离基态能级之间的间隔很小,在室温条件下难以实现激光振荡。

在室温工作条件下,Nd^{3+}:YAG 激光器只产生最强跃迁 $^4F_{3/2} \rightarrow {}^4I_{11/2}$ 1.064μm 谱线的振荡。对于其它波长,可用下述方法获得振荡:如在谐振腔内插入标准具或色散棱镜;利用特殊设计的谐振反射镜作为输出镜或使用高选择性介质膜反射镜。利用这些元件抑制不希望振荡的波长,并在所希望的波长下得到最佳振荡条件。用这个技术,Nd^{3+}:YAG 激光器可得到超过 20 条激光跃迁谱线。在表 5-4 中,列出了室温下得到的连续工作 Nd^{3+}:YAG 激光跃迁的相对输出。

实际上,Nd^{3+}:YAG 晶体中的 Nd^{3+} 离子由于受基质晶格场的影响,能级将产生斯塔克分裂而有精细结构。在 1.06μm 附近的能级精细结构以及相应的荧光谱线如图 5-7 所示。由图可看出,$^4F_{3/2}$ 分裂为两个子能级,$^4I_{11/2}$ 分裂为 6 个子能级,共产生八条荧光线。在 300K 时以 1.064μm 的荧光最强,即自发辐射几率最大,而且具有低的阈值,能在形成粒子数反转条件下优先起振,产生 1.064μm 的激光振荡。激光跃迁的终态能级与基态能量差为 2111cm^{-1}。

如上所述,一般情况下 Nd^{3+}:YAG 激光器的振荡光谱主要产生在 1.064μm 附近($^4F_{3/2} \rightarrow {}^4I_{11/2}$),振荡谱线宽度范围大约为零点几埃到埃的量级。由于激光跃迁的低能级在基态能级之上足够高的位置(约 $\geqslant$ 2000cm^{-1}),该能级上玻尔兹曼分布的粒子数基本上可以忽略,因此该能级系统可近似为比较理想的四能级系统,故可获得低的激励阈值和较高的连续运转效率。

表 5-4　室温下 Nd:YAG 主要跃迁谱线

波　长 (μm)	跃　迁	相对性能
1.05205	$^4F_{3/2} \rightarrow {}^4I_{11/2}$	4.6
1.06152		92
1.06414		100
1.0646		～50
1.0738		65
1.0780		34
1.1054		9
1.1121		49
1.1159		46
1.12267		40
1.3188	$^4F_{3/2} \rightarrow {}^4I_{13/2}$	34
1.3200		9
1.3338		13
1.3350		15
1.3382		24
1.3410		9
1.3564		14
1.4140		1
1.4440		0.2

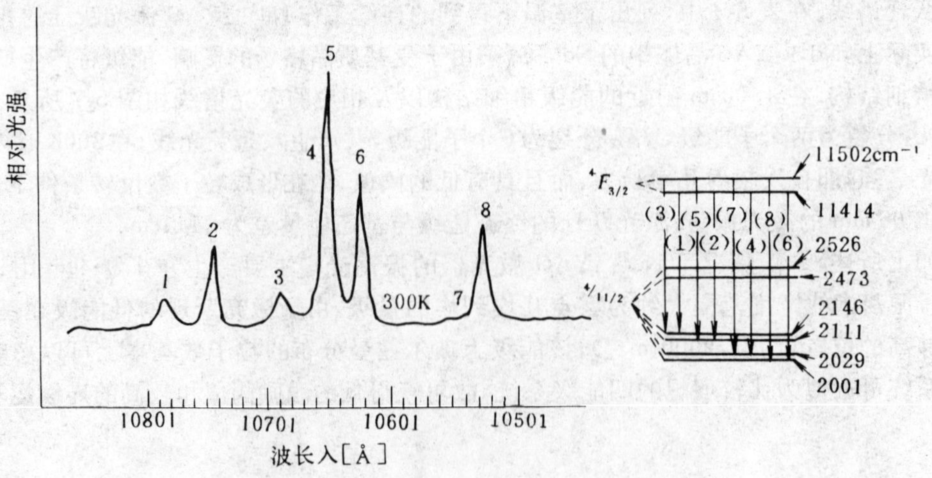

图 5-7　300K 时，1.06μm 附近 YAG 中 Nd^{3+} 的荧光光谱

第四节　钕玻璃

钕玻璃是以玻璃为基质，掺入适量的氧化钕(Nd_2O_3)而制成的固体激光工作物质。标准的掺 Nd_2O_3 量按重量百分比为 1 ～ 5%，对应于 3% 的掺杂量，激活离子 Nd^{3+} 的浓度 $n_{tot} \approx 3 \times 10^{20}/cm^3$ 玻璃基质的成份不同对钕玻璃的光学特性有不同的影响。目前，基质玻璃有硅酸盐玻璃、硼酸盐玻璃、硼硅玻璃、磷酸盐玻璃、氟磷酸盐玻璃等。

钕玻璃的许多特性不同于其它固体激光材料，在成熟的光学玻璃制备工艺的基础上，钕玻璃易获得良好的光学均匀性(各向同性)，具有非常高的掺杂浓度和极好的均匀性，材料性能稳定，玻璃的形状和尺寸有较大的自由度。大的钕玻璃棒可达长 1 ～ 2m、直径 3 ～ 10cm，以及可做成厚 5cm、直径 90cm 的盘片，易于制成特大功率的激光器(用于受控热核聚变等实验中)；小的可以做成直径仅几微米的玻璃纤维，用于集成光路中的光放大或振荡。

钕玻璃作为一种激光工作物质的主要缺点：它的热性能和机械性能较差，它的热传导率比 YAG 晶体约低一个数量级，因而冷却性能较差；热膨胀系数又比较大，受热畸变比晶体严重。由于以上原因，钕玻璃不适用于连续或高重复率的运转情况。

我国已能成批生产高质量的钕玻璃，表 5-5 列出了国产钕玻璃的一些重要物理和光学性质。

表中 N_{1024} 型号具有较高的抗激光破坏强度，其它三种型号有较前者更为良好的光学质量与更高的激光输出功率。

在钕玻璃中，由于三价稀土离子 Nd^{3+} 的 $4f$ 层三个电子被外层的 $5s$、$5p$ 电子所屏蔽，所以玻璃中配位场对它的影响比较小，因而 Nd^{3+} 离子在玻璃基质中和在晶体中的能级结构基本相似，但线宽改变约为 $250cm^{-1}$，比 Nd:YAG 晶体宽得多。

钕玻璃和 Nd:YAG 晶体存在光谱性能方面的差异，这是因为晶体基质的晶格场是均匀的、周期性的，因此每个 Nd^{3+} 离子在晶格场中产生的能级分裂与移动都一样(实际由于晶体存在各种缺陷，使得离子之间并不全同)，由热运动引起的离子谱线增宽是均匀增宽，且谱线较窄。而玻璃的网络是无序结构，各个 Nd^{3+} 离子在玻璃中所处的位置和所受到的配位场作用各不相同，因而对处于不同的环境中的离子引起不同能级移动，于是反映出各个离子总跃迁过程的谱线就是一系列中心频率稍有不同的离子线的叠加。所以离子的谱线加宽，主要属于缺陷加宽，并非均匀加宽。因而钕玻璃激光器比 Nd:YAG 激光器的增益低阈值高。

由图 5-8 所示的简化钕玻璃能级图可见，在室温下 1.06μm 荧光谱是由 $^4F_{3/2} \rightarrow {}^4I_{11/2}$ 能级间的辐射跃迁决定的。激光跃迁高能级 $^4F_{3/2}$ 为亚稳能级，按配位场分裂规则，它由两个子能级组成。其激光跃迁的低能级 $^4I_{11/2}$ 则分裂为六个子能级，相距约 70 ～ $90cm^{-1}$ 左右。因此普通钕玻璃发射的 1.06μm 附近的荧光谱，实际上是由上述两组能级间跃迁的 12 条谱线(各具有一定的非均匀加宽)叠加组成的。钕玻璃在 1.06μm 附近的激光运转具有典型的四能级结构。由图 5-5 可看到，玻璃中的钕 Nd^{3+} 粒子在光泵作用下被激励到 $^4F_{3/2}$ 以上的高能级之上，由这些激励高能级向亚稳能级 $^4F_{3/2}$ 非辐射跃迁的几率很大，转移的时间很快，约为 0.5 ～ 2.5μs 左右，这对 $^4F_{3/2}$ 能级上粒子数的积累是有利的；1.06μm 跃迁的激光下能级 $^4I_{11/2}$ 在基态能级之上约 $1950cm^{-1}$ 处，故在室温下由于热运动造成的粒子数分布可忽略，从而实现到 $^4F_{3/2}$ 能级和 $^4I_{11/2}$ 能级之间的粒子数反转。此外，由于辐射跃迁而到达该能级上的粒子数能迅速地(约经 2 ～ 15ns)通过非辐射声子跃迁回到基态能级 $^4I_{9/2}$，因此有利于维持 1.06μm 激光振荡的持续进行。

表 5-5　国产钕玻璃的物理和光学性质

玻　璃　型　号	N_{0312}	N_{0712}	N_{0912}	N_{1024}
Nd_2O_3 浓度(重量 %)	1.2	1.2	1.2	2.4
荧光寿命(μs)	590	890	750	510
荧光半线宽(Å)	290	240	240	280
激光效率(%)	4.0	3.5	3.8	3.5
1.06 微米处损耗系数($\%cm^{-1}$)	0.10	0.12	0.10	0.22
折射率 $n_{1.06}$	1.5122	1.4955	1.5075	1.5068
n_C	1.51969	1.50290	1.51502	1.51455
n_D	1.5224	1.5054	1.5176	1.5171
n_F	1.52843	1.51134	1.52363	1.52335
在 6328 埃处的热光系数 W($10^{-7}\cdot°C^{-1}$)	58	45	46	54
折射率温度系数($10^{-7}.°C^{-1}$)	16.2	0.2	1.2	8.0
线膨胀系数(15 ～ 200°C)($10^{-7}°C^{-1}$)	80	89	87	89
玻璃密度(g/cm^3)	2.51	2.52	2.50	2.52
显微硬度(kg/mm^2)	606	557	533	585
抗折强度(kg/mm^2)	11.8	9.1	10.2	8.9
弹性模量($10^3kg/cm^2$)	759	647	687	750
玻璃软化温度(°C)	660	560	680	585

钕玻璃 Nd^{3+} 离子产生 1.06μm 的荧光寿命和量子效率，因基质成份的不同而有一定的差异。荧光的寿命较长，约为 0.6 ～ 0.9ms，易于积累粒子。荧光量子效率约为 0.3 ～ 0.7。荧光线宽对温度的变化相当不灵敏，从室温到液氮温度只降低 10%。

图 5-9 所示为钕玻璃的吸收光谱带。比较图 5-9 和图 5-6 可看到：Nd^{3+}：YAG 和钕玻璃中吸收峰的位置大致相同；与 Nd^{3+}：YAG 相比，钕玻璃的峰值宽得多而且精细结构少。

第五节　其他固体激光工作物质

随着激光材料迅速发展，除了上述三种常用的固体工作物质之外，还有能实现激光运转的激光晶体和玻璃。本节仅介绍几种目前认为较有前途的工作物质。

一、掺铒钇铝石榴石晶体

掺铒钇铝石榴石(Er^{3+}：YAG)晶体是将三价铒离子掺入钇铝石榴石基质晶体中而形成，掺铒激光器其性能在效率和输出能量方面并没有诱人之处，所以起先这种激光器在工业和军事上没有受到重视。但近几年，因铒的二个特殊波长发现而重新引起人们的兴趣。用铒高掺杂的 YAG 晶体(Er^{3+}：YAG) 产生激光输出 2.94μm 波长，以及掺铒磷酸盐玻璃产生激光输出波长 1.54μm。这两个波长可被水吸收，特别是 2.94μm 激光引起医学应用的浓厚兴趣。较短的波长对使用军事测距仪的人眼安全和检测光纤传输系统的故障位置有意义。

1975 年苏联最早发现掺铒 YAG 晶体，高掺杂浓度的 Er^{3+}：YAG 晶体(铒的浓度为 50%) 具有激光作用，激光发射波长约为 2.9μm。它可应用于激光医学和作为红外光源而受到重视。在 YAG 中，铒离子(Er^{3+}) 光谱跃迁(2.95μm) 的上能级是由波长小于 0.6μm 的泵浦光源产生的。所以，在这种材料中，泵浦效率不是非常高的，由于下能级的寿命非常长，Er^{3+}：YAG 激光器不能用于调 Q 开关。2.94μm 激光跃迁发生在 Er^{3+} 离子的 $^4I_{11/2}$ 和 $^4I_{13/2}$ 能级之间，其下能级的寿命

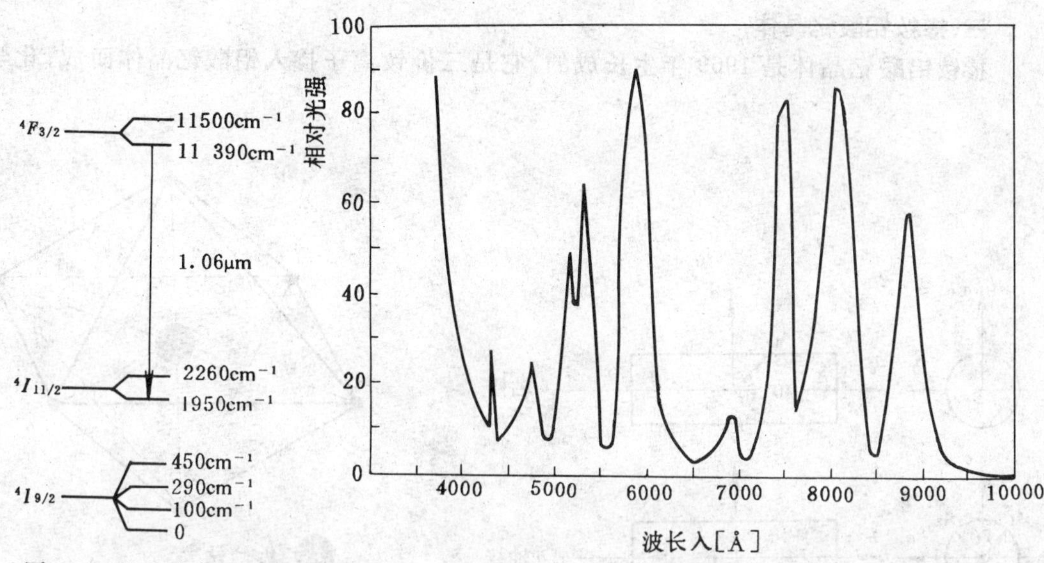

图 5-8　钕在玻璃中的能级结构　　　　图 5-9　钕离子在玻璃中的吸收光谱

比上能级长得多(2ms 与 0.1ms 之比),所以这种跃迁因$^4I_{13/2}$能级上的粒子积聚而中断。尽管有上面提到的这些缺点,这种激光器的由于它的波长与水的吸收线相吻合,故特别引起人们兴趣。又由于组织中水的光吸收特别大(大于 3000cm^{-1}),使其具有潜在的医学作用,如整形外科等。

目前,采用直径 6.4mm、长 26mm 的 Er^{3+}:YAG 激光晶体(含 50% 铒),用闪光灯泵浦,脉宽 200μs,其输出能量 1W 时效率达 1%。

二、掺钬钇铝石榴石晶体

以钇铝石榴石(YAG)单晶为基质材料,掺入适量的三价稀土钬离子(Ho^{3+}),便构成了掺钬钇铝石榴石晶体(Ho^{3+}:YAG)。其激光发射谱线为 2.1μm,属$^5I_7 \rightarrow {}^5I_8$之间跃迁,荧光寿命约 7ms,激光跃迁终态能级在基态能级之上约 400～500cm^{-1},它可在低温 77K 下运转,亦可在室温下运转。

由于 YAG 中 Ho^{3+} 本身对泵光吸收作用较弱,因此实际上常同时掺入其他的敏化剂离子,如 Er^{3+}、Yb^{3+}、Tm^{3+}、Cr^{3+},这些敏化剂离子可加强对光泵的吸收,然后再把激发能量共振转移给产生激光作用的激活离子 Ho^{3+},可显著提高器件的输出功率和效率。由此可知,既然可以加入一种敏化剂离子,那末,当然亦可同时加入几种敏化剂离子。例如,在只有 Ho^{3+} 单独掺杂的情况下,其主要吸收谱峰在 0.64μm 附近(强),其次在 1.15μm(较弱);如果用卤钨灯光泵,它只能吸收灯发光谱 0.6～2μm 区域内光能量的 11% 左右;在单独加敏化剂 Yb^{3+} 后,由于它在 0.8～1μm 内有强的吸收,因此可提高对光泵能量的有效吸收;如果同时掺入 Yb^{3+}、Er^{3+} 和 Tm^{3+} 三种敏化剂离子,则可吸收钨灯光谱区域内的大部分光能,从而可大幅度提高器件的输出功率和效率。在这种组合敏化的 Ho^{3+}:YAG 晶体激光器中,在室温下以卤钨灯光泵进行连续运转,当灯输入 3hW 时,输出功率可达 15W,器件总体效率可达 5%,明显高于 Nd^{3+}:YAG 系统。在液氮低温下,利用不加敏化剂的 Ho^{3+}:YAG 晶体,用 1kW 卤钨灯光泵,亦可实现连续运转,输出功率达 50W,器件总体效率为 5%。其输出波长为 2.1μm,处在大气传输透过窗口内,因此有一定应用和研究发展价值。由于掺钬 YAG 激光对机体的吸收比掺钕 YAG 激光更好,所以,切割能力大为提高,尤其对敏感组织,如肝、胃、结肠等软组织的烧蚀和切割有良好的效果。同时又可用石英光纤传输钬激光。由于钬激光的优越性,它将代替 Nd^{3+}:YAG 激光而用于医学。

三、掺钕铝酸钇晶体

掺钕铝酸钇晶体是 1969 年生长成的，它是三价钕离子掺入铝酸钇晶体而成，化学式为

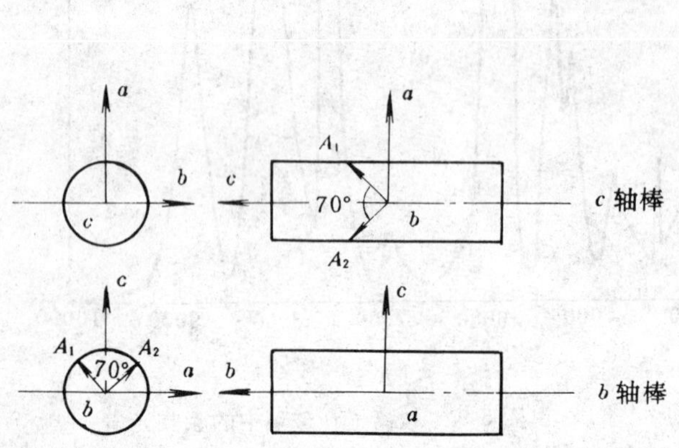

图 5-10 *YAP* 晶体的光轴方向

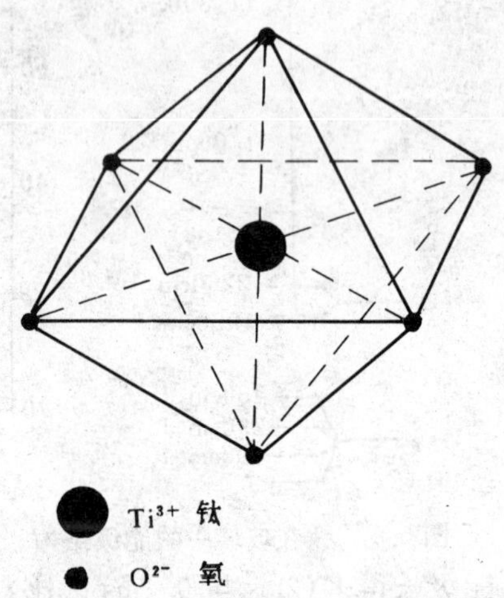

图 5-11 掺钛蓝宝石晶体结构

Nd^{3+}:$YAlO_3$ 英文代号 Nd^{3+}:YAP。基质晶体 YAP 与 YAG 都是 Y_2O_3 和 Al_2O_3 的二元复合晶体，其中 Y_2O_3 与 Al_2O_3 的克分子比，对 YAP 晶体为 1:1，而对 YAG 晶体则为 3:5。Nd^{3+}:YAP 晶体在物理化学、机械等性能方面可以与 Nd^{3+}:YAG 媲美，且能掺入较高浓度的钕或其它稀土离子，贮能较大，转换效率高，生长速度也较快。同时，Nd^{3+}:YAP 晶体具有各向异性的特点，能获得线编振激光。

YAP 晶体为光学负双轴晶体，属于斜方晶系。两光轴在 ac 平面上互成 70° 角，而 c 轴为该锐角等分线。按棒轴相对于晶轴的取向不同有 c 轴棒和 b 轴棒，如图 5-10 所示。当取 b 轴棒时，输出激光的电矢量 E 平行于 OA_1 轴，产生 1.079μm 谱线的增益最大，其阀值和效率可与 Nd^{3+}:YAG 晶体的 1.064μm 激光振荡相比拟，适于作连续激光运转。当用 c 轴棒时，E 平行于 a 轴，产生 1.064μm 谱线的增益最大，但仅为 Nd^{3+}:YAG 1.064μm 谱线的 1/2，故具有低增益，高贮能的特点，因此适合作脉冲调 Q 运转。对连续器件来说，激光器运转性能（阈值、增益、输出功率）与 Nd^{3+}:YAG 连续器件大致相同，或略低一些，器件总体效率可高达 1.8 ～ 2%。对脉冲器件，Nd^{3+}:YAP 激光器的输出能量和效率比 Nd^{3+}:YAG 器件要高。然而，Nd^{3+}:YAP 晶体由于巨脉冲光束引起较低的破坏阈值（实验测得的破坏阀值为 330MW/cm²），以及由晶体热学的各向异性导致热畸变也较严重，这些问题有待进一步解决。

四、掺钛蓝宝石晶体

掺钛蓝宝石晶体是以 Al_2O_3 晶体为基质材料，掺入适量的三价钛离子 Ti^{3+} 而成，其化学表示式为 Ti^{3+}:Al_2O_3。掺钛蓝宝石晶体是目前最有应用价值的可调谐激光晶体，它具有宽的调谐范围（峰值波长 0.8μm，带宽约 0.3μm），相当大的增益截面（在 Nd^{3+}:YAG 峰值的 50% 处），短的荧光寿命。蓝宝石基质材料的最大优点之一，有非常高的热导率，优越的化学稳定性和机械稳定性。

Ti^{3+} 离子的外层电子分布为 $1s^22s^22p^63s^23p^63d^1$ 是一个闭合壳层加一个 $3d$ 电子。当钛离子掺入 α-Al_2O_3 晶体后，Ti^{3+} 离子部分地取代晶体点阵上的 Al^{3+} 离子后，周围由 6 个氧原子包围，

形状为八面体结构(如图 5-11),而 Ti^{3+} 离子即处于晶格场的影响之下。

晶格场影响分解的二个因素是:一个为正交四方对称场(起主要作用),另一个为取斜线的三角对称场。根据实验和理论分析,蓝宝石中 Ti^{3+} 参与激光作用的能级结构,如图 5-12。

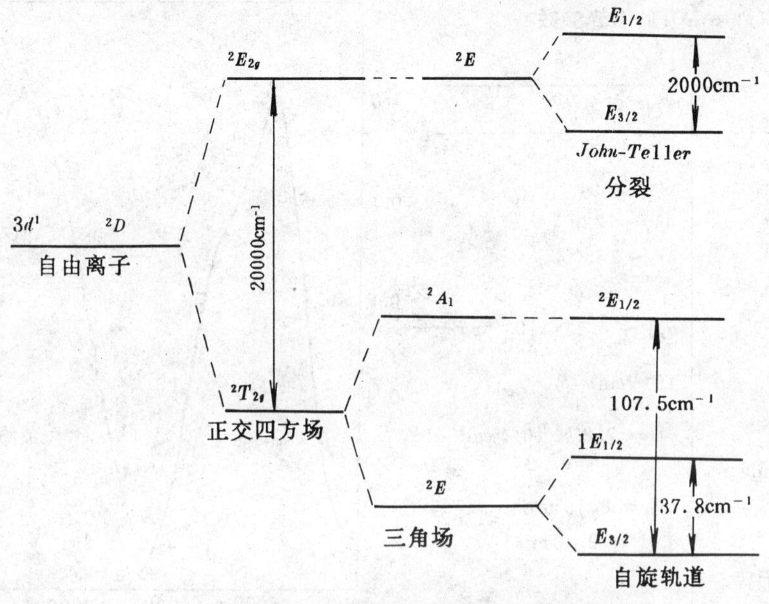

图 5-12 掺钛蓝宝石中钛离子的能级结构

在自由状态下,Ti^{3+} 基态能级是一个简并度为 10 的能级,在四方对称场的作用下,使 Ti^{3+} 的能级分裂成一个三重简并的基态$^2T_{2g}$,简并度为 6 和一个双重简并的激发态$^2E_{2g}$,简度为 4,两者能级间隔为 2000cm^{-1}(5000Å)。三角对称场的作用是使基态$^2T_{2g}$ 能级进一步分裂为一对能级$^2A_1$和^2E,两者能量间隔为 107.2cm^{-1},在常温下,基本上被叠加其上的振动能级所淹没。由于电子自旋角动量与轨道角动量的相互耦合,而使较低能级^2E 进一步分裂成$_1E_{1/2}$ 和 $E_{3/2}$,此两能级的能量间隔为 37.8cm^{-1},激发态能级^2E 发生 John-Teller 分裂而成一对能级 $E_{1/2}$ 及 $E_{3/2}$,两者能量间隔为 2000cm^{-1} 相对较大。Ti^{3+}:Al_2O_3 晶体能级结构具有四能级激光工作系统的特性。

Ti^{3+}:Al_2O_3 的吸收和荧光光谱如图 5-13 所示。由于离子和基质晶格之间强的耦合,引起吸收带和荧光谱带分得较开。Ti^{3+}:Al_2O_3 晶体中的 Ti^{3+} 离子,吸收蓝绿光而从基态$^2T_{2g}$ 激发到$^2E_{2g}$,发射近红外波段的荧光而反回基态,由于热声子的作用,形成近红外荧光谱非常宽的谱带 0.66 ~ 1.20μm,这正是宽带可调谐激光工作的关键。Ti^{3+}:Al_2O_3 激光参数列于表 5-6。

与染料的激光过程相比,没有三重态存在,没有激光态吸收,因而 Ti^{3+}:Al_2O_3 激光器宽阔的可调谐范围 0.66 ~ 1.20μm,一般需要四种染料的可调谐范围才能达到。如用倍频 Nd^{3+}:YAG 激光泵浦,其总体效率达 40%,重复率从 1-10Hz,在脉宽 4ns 时,脉冲能量 100mJ。目前能得到的掺钛蓝宝石晶体其尺寸为直径 3.5cm,长 15cm。

表 5-6 Ti^{3+}:Al_2O_3 的激光参数

性　　质	数值和单位
折射率	$n = 1.76$
荧光寿命	$\tau = 3.2\mu s$
荧光线宽(FWHM)	$\Delta\lambda \sim 1220$ Å
峰值发射波长	$\lambda p \sim 7350$ Å
峰值受激发射截面	
平行于 c 轴	$\sigma_p \parallel \sim 4.1 \times 10^{-19} cm^2$
垂直于 c 轴	$\sigma_p \perp \sim 2.0 \times 10^{-19} cm^2$
受激发射截面	
在 0.795μm(‖c 轴)	$\sigma \parallel = 2.8 \times 10^{-19} cm^2$
吸收系数在 0.795μm	
平行于 c 轴	$\alpha_p \parallel = 0.15 cm^{-1}$
垂直于 c 轴	$\alpha_p \perp = 0.10 cm^{-1}$
把 0.53μm 泵浦光子转化成反转点的量子效率	$\eta_Q \approx 1$
饱和光强在 0.795μm	$E_{sat} = 0.91 J/cm^2$

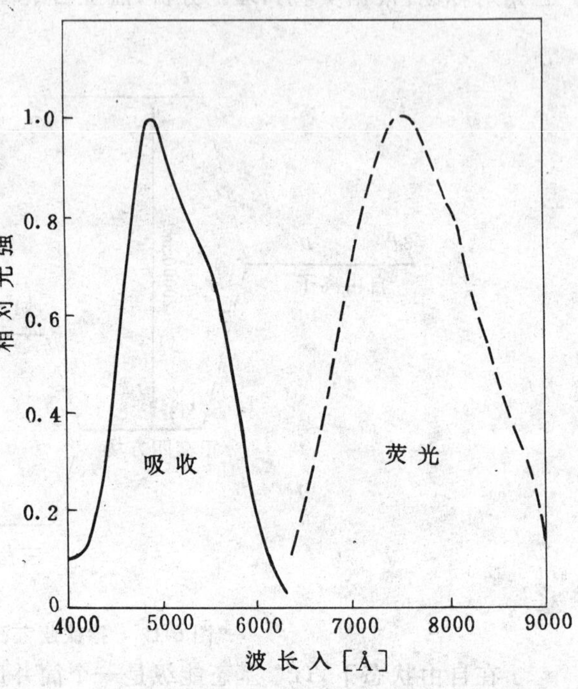

图 5-13 Al_2O_3 晶体中 Ti^{3+} 离子的吸收和荧光光谱

第六章　光泵浦系统

在固体激光工作物质中，粒子数的反转分布一般都是由光泵抽运来实现的。最常用的泵浦光源是电光源。这种光源必须（在激光工作物质吸收光谱范围内）提供尽可能多的光能。泵浦源以连续或脉冲的电流供电，并将电能转换成光辐射。光源与激光工作物质都置于聚光腔中，以便将泵浦光源的辐射集中到激光工作物质上。本章将讨论固体激光器泵浦系统的三个组成部分，即泵浦光源、光源的供电系统、聚光腔的基本特征和性能参数。

第一节　泵浦光源

光泵浦激光器使用光源主要目的是将电能有效地转换为辐射能，首先要求具有较高的辐射效率，且必须具有与激光工作物质吸收带相匹配的辐射光谱分布。另外，考虑激光上能级寿命（即自发辐射和热弛豫的能量损失），光源辐射功率密度（亮度或亮温度）要相当高。为了达到阈值振荡，光源必须具备起码的亮度或亮温度。表 6-1 列出用于泵浦固体激光器的各种光源。

表 6-1　固体激光器的光泵浦源

惰性气体放电灯 (Xe,Kr)		金属蒸汽放电灯		白炽灯	半导体二极管		激光	太阳能
脉冲闪光灯	连续弧光灯	汞弧灯	碱金属灯	卤钨灯	激光	非相干光		
		Hg	Na	碘钨灯		GaAlAs		
		掺汞的金属碘化物	K	溴钨灯	GaAS	GaAsP		
			Rb					
		掺汞的金属	K-Rb					

固体激光器的光泵浦系统可分为：惰性气体和金属蒸汽放电灯、白炽灯、半导体二极管、激光和太阳能泵浦系统。大多数固体激光器普遍采用惰性气体脉冲灯、连续氪弧灯以及白炽灯作为泵浦光源。究竟采用哪种泵浦源必须根据所要求的输出功率、工作方式（脉冲或连续的）、重复率的高低以及需要泵浦的激光材料等因素来考虑。

表 6-2　典型泵浦源的亮温度(K)

白炽灯	2400-3400
太阳	5800
脉冲弧光	5000-15000
连续弧光	4000-5500

惰性气体脉冲灯及半导体二极管适用于脉冲工作的激光器，表 6-1 列出的所有其它光源都是连续或准连续的泵浦源。表 6-2 所示为各种泵浦光源的典型亮度。相应于某些温度的黑体辐射的光谱分布表示在图 6-1 中。

一、惰性气体放电灯

用于激发固体工作物质的光源，最常用的是惰性气体放电灯，即在石英灯管内充以氙气

(Xe) 或氪气(Kr) 等惰性气体,工作于弧光放电状态。按其工作方式又分脉冲灯和连续弧光灯两种。放电灯的结构最常用的为直管状,也有螺旋管状灯管,如图 6-2 所示。下面分别介绍这二种泵灯。

1. 惰性气体脉冲灯

灯管内充以氙气(Xe) 或氪气(Kr) 等惰性气体,工作于弧光放电状态,以脉冲放电辐射光能的气体放电灯称为脉冲灯。该灯在较短的时间(通常为几百微秒到几毫秒) 内通过大电流放电(一般电流密度为几千安培/厘米^2),使管内放电气体等离子体瞬时达到高温(10^4k),从而发出高亮度以连续光谱为主的“白光辐射”,发光犹如闪电,故又称为闪光灯,其亮温度可在 5000 ~ 15000k 之间。脉冲氙灯可单次闪光,也可以一定的重复闪光频率(一般低于 100 次/秒) 持续工作,后者需采取专门的风冷或液冷却措施。脉冲氙灯的发光效率较高,由输入电能向输出光能的转换效率可达 50 ~ 60% 以上,重复率闪光寿命一般可达 10^6 ~ 10^7 次以上。

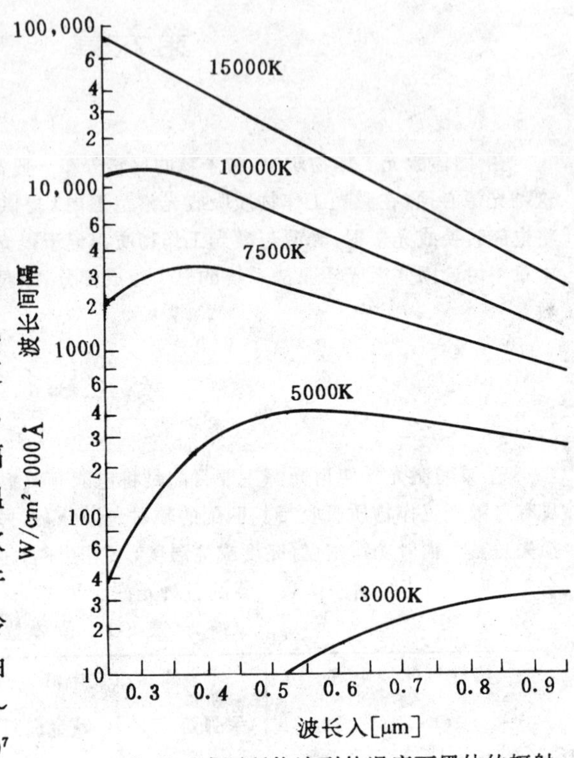

图 6-1 典型泵浦源所能达到的温度下黑体的辐射

标准的直管灯有一个直的放电管,Nd^{3+}:YAG 激光器灯管的尺寸大致与晶体棒尺寸相当,一般直径为 ∅5 ~ 10mm,长度(电极间距)为 50 ~ 150mm,大的脉冲灯甚至达 1m,石英管壁厚为 1 ~ 1.5mm。脉冲氙灯的发光效率随充气气压的升高(从几百托到几千托*)而增大,但气压太高,触发困难,灯管也容易破裂,制造工艺较麻烦,因此用于低重复率 Nd^{3+}:YAG 器件的小型脉冲氙灯,充气气压一般可选择为 500 ~ 1500 托范围之内。螺旋状灯主要用在高能红宝石及钕玻璃激光器中,因为对于给定尺寸的激光棒,这种灯比直管氙灯能给出更大的能量。灯的电极材料,采用钍钨电极(掺 ~ 2% 的氧化钍),灯管寿命长达几百万次以上。灯电极与石英管壁的封接,采用钼箔 — 石英封接,有较好的使用性能和较长的工作寿命。如以每秒几十次到每秒一百次重复率闪光时,灯管能承受的平均能量负载安全范围,在有流动水冷情况下约为 100 ~ 200W/cm^2,在流动的气冷情况下约为 15 ~ 25W/cm^2。

(1) 脉冲放电过程中的发射光谱分布

脉冲灯的工作电路如图 6-3 所示,其放电的基本过程及辐射特性如下:

当直流电源(电源电压为 V_0) 通过限流电阻 R,将储能电容器 C 充电到工作电压 $V_c = V_0$ 后,在辅助电极(灯管外绕的触发丝) 上加以数万伏的高压触发脉冲,使灯管内的气体预电离击穿,形成狭窄的放电通道,电容中的能量开始向通道内释放。灯内带电粒子在轴向电场作用下,形成气体放电的雪崩过程。当输入能量足够大时,整个灯管均成为放电通道(高温等离子体

* 1 托(Torr) = 133.3Pa = $\frac{1}{760}$atm,atm 为标准大气压。

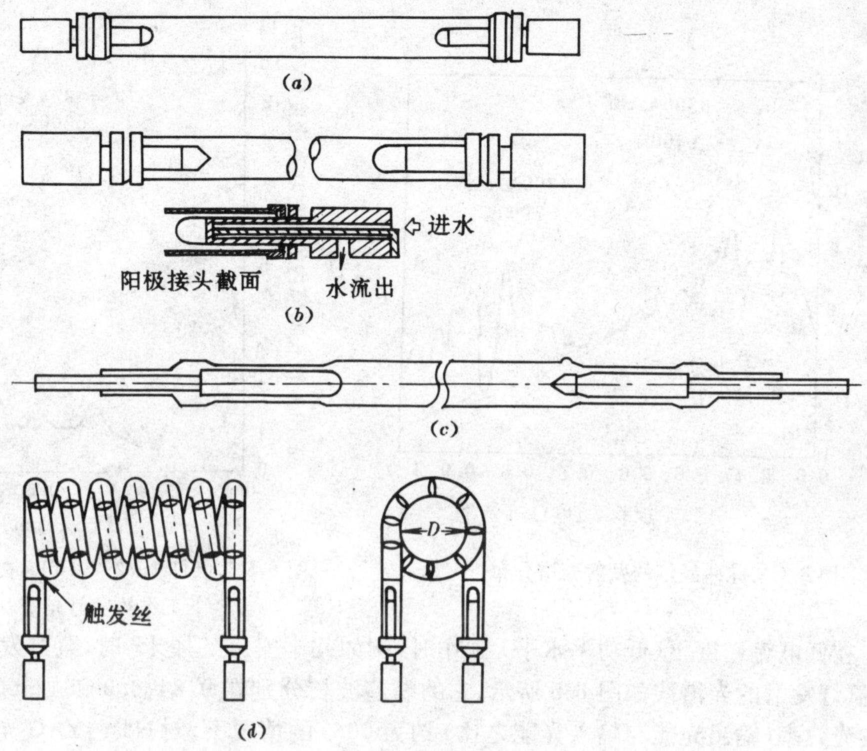

图 6-2　几种泵浦灯的电极与对接结构

(a)(b) 和 (d) 是焊料封接的;(c) 是过渡玻璃封接的。

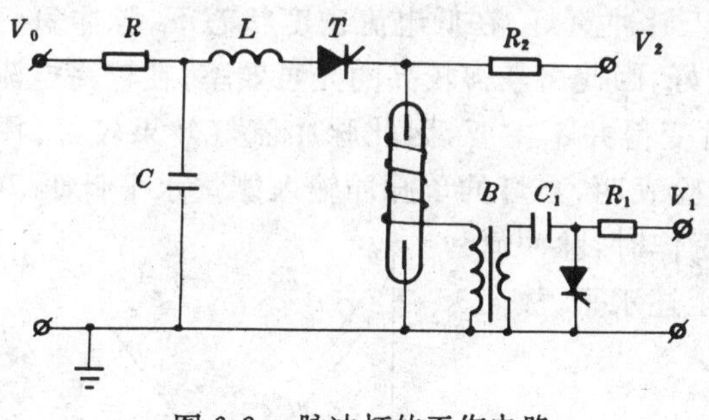

图 6-3　脉冲灯的工作电路

可充满整个灯管)。同时,灯的电导和电流急剧增长。

放电增长到一定程度后,放电电流对灯释放的功率同灯在周围空间所损失的功率趋于平衡,放电等离子体的温度不再增高。脉冲放电便进入类稳放电阶段,电容储能的大部份在这段时间输入灯内,脉冲灯的电阻此时维持在一个基本恒定的最小值上。

随着电容能量的释放接近终了,输入灯功率逐渐减小,当输入功率不足以补偿放电通道的辐射和其它损失时,等离子体便逐渐冷却,直至放电熄灭。这就是脉冲放电发生、发展和终止的过程。

脉冲氙灯的发射光谱通常包括两部分,即线状光谱和连续光谱。线状光谱是由于气体原子或离子在其分立的束缚能级间跃迁过程中产生的;而连续光谱则是由于气体离子与电子的复合以及电子减速发光(韧致辐射) 等过程中产生的。

脉冲氙灯在高电流密度(高功率水平) 下工作,一般为 $j=10^3\text{A/cm}^2$ 量级。灯内电流密度与电离度增高,则复合发光加强,因而使连续谱份量增加,并逐渐掩盖了线光谱。且短波部分的增长速度比长波快,光谱重心移向短波,产生越来越多的短波辐射。图 6-4 所示充气压为 5.33×10^4Pa 的脉冲氙灯在两种电流密度条件下的发射光谱分布,可分别用 7000k 与 9400k 的二个黑体辐射光谱近似表示。

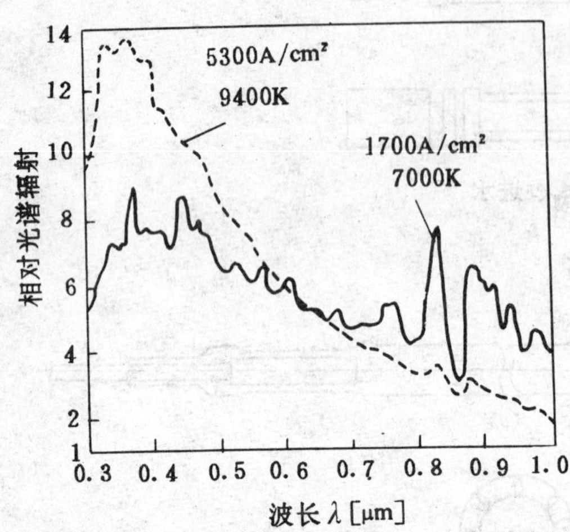

图 6-4 脉冲氙灯的发射光谱分布

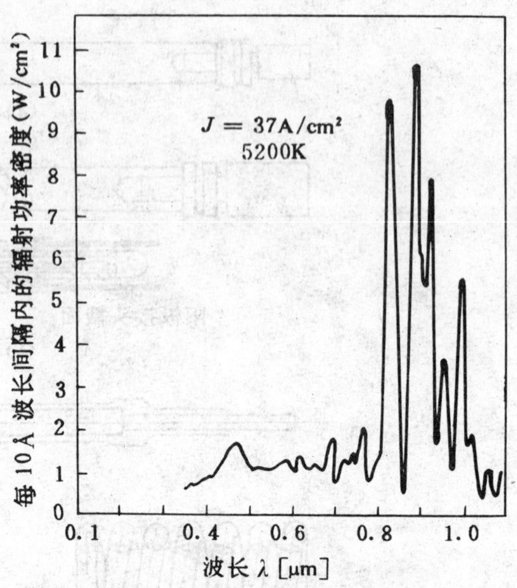

图 6-5 氙灯 1.72×10^5Pa 在低电流密度下工作的发射光谱

在低电流密度下(低功率水平)工作时,例如几十安培/厘米^2 时,泵灯发射的线光谱占优势。氙灯发射的光谱线如图 6-5 所示。它的峰值波长分别在 0.84、0.9 和 1μm 附近。脉冲氙灯的总发光效率(输出光能与输入光能之比)约为 60% 的情况下,对 Nd^{3+}:YAG 光泵有贡献的主要光谱区 0.5 ~ 0.9μm 范围内的发光光能约占全部光能的 50 ~ 60% 左右。

除脉冲氙灯外,亦可采用脉冲氪灯做 Nd^{3+}:YAG 晶体的激励光源,两种灯的工艺条件和工作性能大致相近,只是脉冲氙灯的发光效率略高于脉冲氪灯。在低电流密度状态下,脉冲氪灯的线状光谱与 Nd^{3+}:YAG 的吸收光谱匹配程度较好,因此可获得较高的光泵效率;在较高电流密度状态下工作时,由于灯的线状光谱贡献相对变得并不主要,因此脉冲氙灯效果较好。图 6-6 为同样条件下,脉冲氪灯的发光光谱分布。实验表明,当灯的单脉冲输入能量水平低于 20 ~ 30 J 时,脉冲氪灯效果略好;当高于这个水平工作时,脉冲氙灯效果较好,而一般脉冲石榴石器件的运转高于上述水平,故通常总是采用脉冲氙灯。

(2) 脉冲放电过程中的电特性

脉冲闪光灯放电过程电特性的基本参数是灯管两端的电压降 $V(t)$ 和流经灯内的电流 $i(t)$。由这两个基本参数可获得脉冲放电过程的伏安特性曲线,图 6-6 所示放电回路中不串电感情况下脉冲灯的伏安曲线。图中伏安曲线表明,脉冲灯是非线性元件。曲线的 ab 段代表放电的瞬变过程,$di/dV < 0$,具有负阻特性;曲线的 bc 段对应放电的类稳阶段,具有正阻特性。

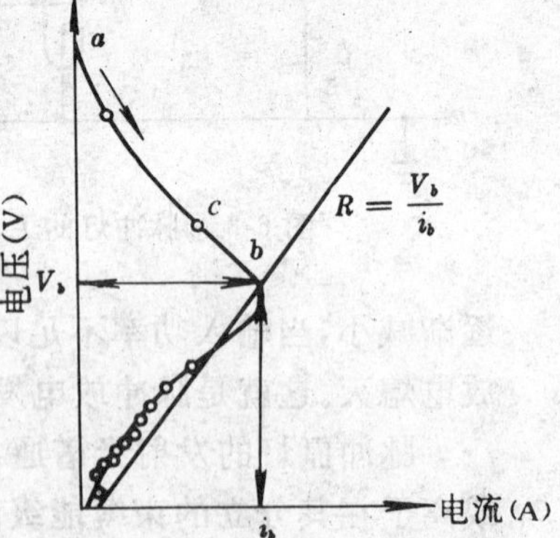

图 6-6 脉冲灯的伏安曲线

由上述放电特性,可得到灯电阻的瞬时值,即 $R(t) = V(t)/i(t)$。对应于放电的类稳阶段,灯电阻保持在一个较为稳定的最小值上,这就是灯的电阻值。如果忽略灯内两电极的电阻,灯电阻实际就是放电等离子体的电阻。类稳阶段的放电等离子体充满灯管,令灯管的长度为 l,截面为 $\pi d^2/4$,这时等离子体电阻

$$R = \rho \cdot 4l/\pi d^2 \tag{6-1}$$

其中电阻率 ρ 是放电电流密度的函数。根据实验测定，在脉冲氙灯所充的气压（$2.66\times10^4\sim5.33\times10^4$）Pa 范围内，电流密度 j_m 在 400～1000A/cm² 之间时，氙灯等离子体的电阻率与电流密度的关系是

$$\rho(j)=1.13j_m^{-1/2}(\Omega/\mathrm{cm}) \tag{6-2}$$

通常脉冲灯的电阻率：$\rho(j)=k\cdot j_m^{-1/2}$，式中 k 为等离子体电阻率系数。于是，灯电阻值

$$R=kj_m^{-1/2}(4l/\pi d^2)=k_0|i_m|^{-1/2} \tag{6-3}$$

当忽略灯电极上的压降后，可得到脉冲灯的伏—安特性表示式：

$$V(t)=k_0|i_m|^{1/2} \tag{6-4}$$

式中 $k_0=k\cdot 2l/\sqrt{\pi}d=k'l/d$，称为灯的电阻系数；常数 $k'=2k/\sqrt{\pi}$，在理论上仅与充气种类和气压有关，实际上还受气体纯度和电极质量的影响。对通常充以 300～400 托氙气的脉冲灯，$k'=1.3\Omega\cdot A^{1/2}$，即 $k_0=1.3l/d$。k' 与气体种类和气压的关系如图 6-7 所示。图中 k' 值比上述的 k' 值偏高，这是由于实验中氙气纯度较高的原因，由图还可看出：氙的 k' 比氪高，氪又比氩高。对于同一种惰性气体，k' 值又随气压的升高而增大。

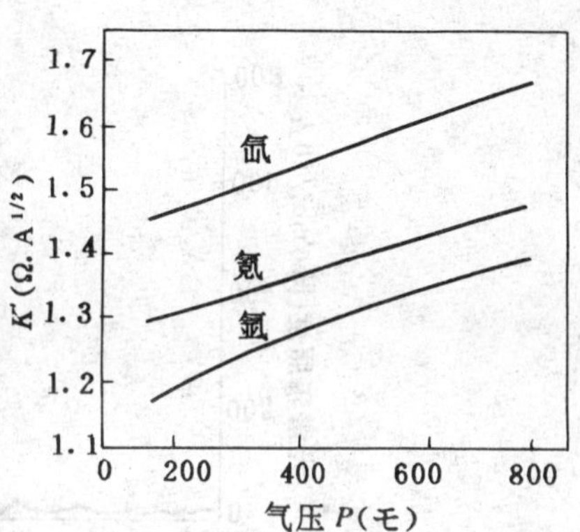

图 6-7　k' 与气体种类和气压的关系

脉冲灯的效率 η_E 等于输入至灯内的能量 E' 和电容储能 $\frac{1}{2}V_c^2$ 之比，即

$$\eta_E=E'/\frac{1}{2}cV_c^2 \tag{6-5}$$

转换效率 η_E 是由于放电线路实际具有电阻损耗所致，设 R_L 为线路电阻，其损耗功率则为 $P_{损}=R_Li^2$。而灯的耗散功率为 $P_{灯}=Vi=k_0i^{3/2}$。于是，η_E 可由下式估计：

$$\eta_E=\frac{P_{灯}}{P_{灯}+P_{损}}=\frac{k_0}{k_0+R_Li^{1/2}} \tag{6-6}$$

由上式可知：灯的电阻系数 k_0 越大，转换效率就越高。若将 $k_0=k'l/d$ 代入(6-6)式可得

$$\eta_E=k'l/(kl'+dR_Li^{1/2}) \tag{6-7}$$

由此可看到，灯的 k' 越大、l 越大、d 越小时，转换效率 η_E 就高。由图 6-7 可见：氙的效率比氪、氩高，气压高时比气压低时高。通常细而长的氙灯效率 η_E 可达到 90%，粗而短的灯 η_E 只有 50～60%。

2. 连续氪弧灯

连续氪弧灯是目前用于连续光泵浦 Nd^{3+}：YAG 激光器的最有效、输入功率水平最高的光源。其工作特点是，通过灯的低电压（一般为百伏左右）、大电流（一般为 20～50A）连续弧光放电，可获得稳定的具有显著线状光谱贡献的光辐射。连续氪弧灯的发光效率也可做到较高，由输入电能向输出光能的转换效率可达 40～50% 以上。灯的充气气压比脉冲灯要高，一般为 2～4 个大气压，气压更高，触发或预燃困难。灯的输入功率一般为 3000 至 8000W 之间，由于连续运转热负载较高，通常均需采用流动水冷却，此时灯的管壁功率负载能力约为 100～200W/cm²。

连续氪弧灯的尺寸应由所使用工作物质棒的尺寸所定，灯管内径应与晶体棒直径相同或略细，灯长（电极间距）应与晶体棒长相同或略长，一般尺寸为 ∅5～10mm，长 50～150mm。灯的结构和制造工艺类似于直管脉冲灯。灯的管壁采用石英玻璃，但壁厚比同尺寸的脉冲灯要薄一些（减小管壁的温度梯度和热应力），一般不超过 1mm，通常用 0.5mm 石英管制造而成。充氪

的气压：对于较小的灯，可充至 $3\times10^5\sim4\times10^5$Pa；对于较大的灯，可充至 $2.5\times10^5\sim3\times10^5$Pa。灯的阴极是由铈钨材料制成，一般加工成尖头形状(夹角一般为 15 ～ 30°，顶部倒角成半径约为 1mm 的圆弧)，阴极制成这种形状，可起到稳定放电电弧，保持电极工作温度和减少溅射等作用。阳极一般制成圆头形状，并可由纯钨材料制成，考虑到它要承受较大的热负载，在某些情况下，可进一步采用阳极单独流动水冷。灯的电极与石英管壁的密封，一般采用钼箔封接，此种方法是先将电极与 0.02 ～ 0.03mm 厚的钼箔圆筒点焊连接，在钼筒内放一石英气泡，钼筒外为灯的石英管壁，在加热封接时，由于气泡的膨胀作用，使钼筒与管壁达到密封作用。

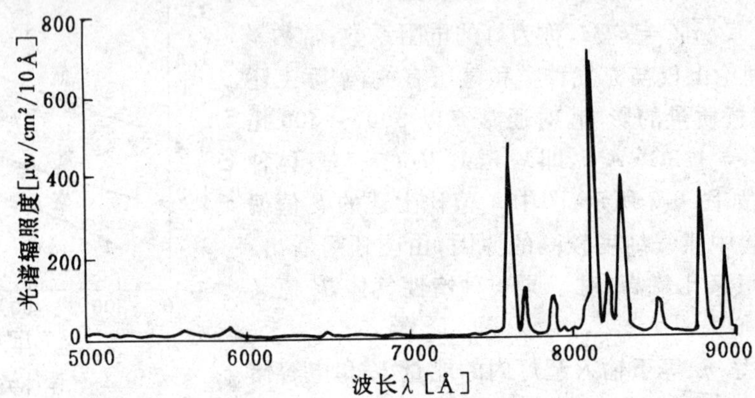

图 6-8　典型的连续泵浦氪弧灯的发射光谱(内径 6*mm*，弧长 50*mm*，充气 4×10^5Pa，输入功率 1.3*kW*)

连续氪弧灯的发射光谱，连续弧光灯与脉冲闪光灯的主要区别是，前者发射光谱中的线状光谱贡献很显著，而后者以连续光谱的贡献为主。图 6-8 为连续泵浦氪弧灯发光的线状光谱分布，灯管内径6毫米，弧长 50mm，充气压 4×10^5Pa 灯管输入功率 1300W。图中的纵坐标为相对单色亮度(单位发光面积、单位立体角、单位波长范围的相对辐射功率)，由于连续谱的相对单色亮度在数量级上低于线状谱(半宽度约 2Å)，因此连续谱的贡献在图中作为基底基本上看不出。由图中还可看出，氪弧灯在 0.75 ～ 0.9μm 范围内有较集中的强谱线分布，与 Nd^{3+}：YAG 晶体的 0.75μm 和 0.81μm 吸收带有较好的光谱匹配(图 5-6)。表 6-3 给出典型氪弧灯的主要光谱数据，从中可以看出，大部分辐射是在 0.7 ～ 0.9μm 之间。

表 6-3　连续氪弧灯的光谱数据

参　数	定　义	数　据
辐射效率	辐射输出 / 电输入	0.45
光谱输出	线状光谱辐射部分	0.40
	连续光谱辐射部分	0.60
光谱功率分布	小于 0.7μm 的辐射部分	0.10
	0.7-0.9μm 的辐射部分	0.60
	0.9-1.4μm 的辐射部分	0.30

3. 惰性气体放电灯的主要参数

着火电压和触发电压是惰性气体放电灯启动的重要参数。着火电压是指正常触发强度情况下，构成弧光放电需加在灯管电极上的最低电压。着火电压与灯本身的结构、充气气压、电极材料及间距、气体纯度等有关。对一个给定的灯，着火电压和触发电压的大小有关。适当提高触发电压，着火电压就可以降低。但着火电压有一个最低值，低于这个最低值时，无论触发电压多高，灯也不会产生闪光。

自闪电压是指不加外界触发，仅增加灯管两端电压到一定程度时，灯即自行闪光。为了使灯能稳定地工作，灯的工作电压应该选在着火电压和自闪电压的中心段上。

实验发现，着火电压 V_z 与气压 P 的平方根成正比，且与极间距 L 成正比，即 $V_z \propto l\sqrt{P}$。对于低气压的灯容易着火，而高气压的灯就难以启动。细长的灯比短粗的灯难以触发。

惰性气体放电灯经一段时间使用后，管壁会出现发黑、发白、龟裂等现象。其光输出将大为降低，工作也变得不稳定，从而丧失使用价值。造成损坏的原因：对脉冲灯主要是冲击波的作用；对连续弧光灯主要是高温作用；对高重复率工作的脉冲灯往往是二者兼而有之。冲击波的形成，是由于放电持续时间太短，电流上升太快，峰值功率很高所致；高温则是由灯的平均耗散功率所决定，并与冷却条件密切相关。

惰性气体脉冲灯的寿命与最大输入能量的关系极大。脉冲氙灯的极限输入能量 E_{ex} 定义为足以造成灯突然破裂的最小输入能量。在放电回路串有电感情况下的经验公式为

$$E_{ex} = k_1 L d t_r^{1/2} \tag{6-8}$$

对纯电容放电回路

$$E_{ex} = k_2 L^3 d^3 / V_c^2 \tag{6-9}$$

式中 L 为脉冲灯的灯弧长(cm)；d 为灯管内径(cm)；t_r 为放电持续时间(μs)；V_c 为储能电容上的充电电压(kv)；k_1、k_2 为与灯的结构、工艺和材料有关的常数，对于内径 $\varnothing 4 \sim \varnothing 28$mm，极间距 150～780mm 的氙灯，在闪光时间 10μs～3ms 的情况下进行试验，测得 $k_1 = 12$。对于充气压 150 托，灯管内径小于 12mm 的氙灯，在 $c \cdot l \leqslant 20000$μF · cm 情况下，测得 $k_2 = 2$。

对应于放电过程中高温导致损坏的条件，用单位面积上平均耗散功率表示：

$$\overline{P}_{ex} = E_0 f / \pi d L \tag{6-10}$$

式中 E_0 为每个脉冲的输入能量(J)；f 为脉冲的重复率(s^{-1})；$\pi d L$ 灯电极间的灯管表面积(cm^2)。管状灯管壳表面容许的温度，对石英约为800℃，相应地 $\overline{P}_{ex} = 10 \sim 15W/cm^2$。当以空气强制冷却时，$\overline{P}_{ex} = 40W/cm^2$；水冷却时，$\overline{P}_{ex} = 150 \sim 300W/cm^2$。而当灯在聚光腔内工作时，$\overline{P}_{ex}$ 的值应适当降低，甚至应下降 30% 左右。

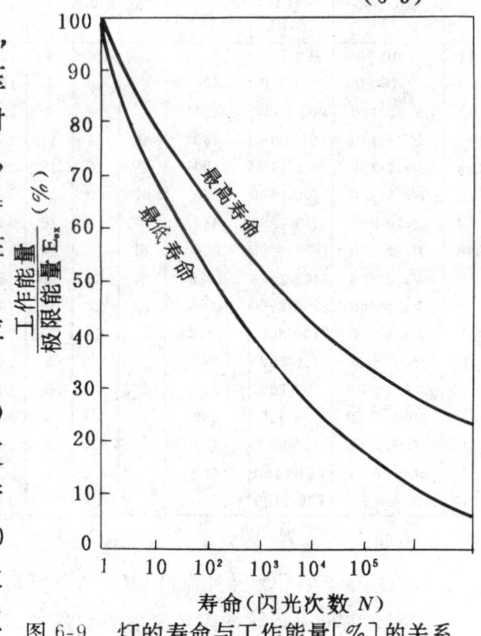

图 6-9 灯的寿命与工作能量[%]的关系

为了使灯能在较长时间内稳定工作，其负载应远离上述极限输入能量值。灯经一段时间使用后，着火电压升高，导致不能正常启动或光输出减少。一般当输入能量值低于初始值的 50% 时，则认为灯的寿命终止。

脉冲灯正常工作的闪光次数(N)称为灯的寿命。根据经验，充氙石英管闪光灯的闪光次数 N 与每个脉冲的输入能量 E_0 的关系可用近似公式表示

$$N = (E_{ex}/E_0)^{8.5} \tag{6-11}$$

由式可知，当工作能量 E_0 远小于极限输入能量 E_{ex} 时灯的寿命愈长. (6-11) 式表示的寿命定义为光输出较最初值减少 50% 时的闪光次数。为了使灯有较长的工作寿命，一般工作能量应选在极限输入能量的 40% 以下。从图 6-9 可看出脉冲氙灯寿命(闪光次数)与灯的输入能量之间

的关系。

目前国内生产的脉冲氙灯和连续氪弧灯的典型工作参数和性能如表 6-4 和表 6-5 所列。

表 6-4　连　续　氪　灯

序号	型　号	额定功率（瓦）	工作电压（伏）	工作电流（安）	主要尺寸（毫米）			冷却方式
					外径	全长	极间	
1	LK-2000	2000	100 ± 10	20 ± 5	7.5	165	50	水
2	LK-3000	3000	103 ± 10	28 ± 5	8.5	200	60	
3	LK-4000	4000	105 ± 10	37 ± 5	9.5	210	70	
4	LK-6000	6000	150 ± 15	40 ± 5	9.5	240	100	冷

表 6-5　脉　冲　氙　灯

序号	型　号	主要参数			主要尺寸（毫米）						输入参数和寿命					
		工作电压（伏）	着火电压（不大于）（伏）	冷却方式	外径 ± 0.5	内径 d	全长 ± 5	极间 l	电极外径	电极长	能量（焦耳）	电压（伏）	电容（微法）	放电间隔时间（秒）	闪光时间（毫秒）	平均寿命（万次）
1	*Mx*10-70	600-800	360		10	7	150	70	2.5	8	600	630	3000	15	0.5	5
2	*Mx*10-80	700-900	420		10	7	160	80	2.5	8	700	840	2000	15	0.5	5
3	*Mx*12-100	800-1000	480		12	9	220	100	3	8	1000	1000	2000	15	0.5	5
4	*Mx*14-130	800-1200	480	必	14	11	250	130	3	8	1500	1000	3000	15	0.5	5
5	*Mx*16-160	1000-1400	600	要	16	13	280	160	3	8	2000	1160	3000	15	0.6	5
6	*Mx*16-180	1200-1600	720	时	20	13	300	180	3	8	2500	1300	3000	15	0.6	5
7	*Mx*20-200	1400-1800	840	采	20	16	340	200	4	10	3500	1530	3000	15	0.6	5
8	*Mx*22-250	1600-2200	960	用	22	18	390	250	4	10	5500	1910	3000	15	1	5
9	*Mx*22-300	1800-2400	1080	水	22	18	400	300	4	10	7000	2160	3000	15	1	5
10	*Mx*22-400	2000-2600	1200	冷	22	18	600	400	4	10	8500	2380	3000	15	1	5
11	*Mx*24-500	2400-3000	1440		24	20	700	500	4	10	12000	2810	3000	15	1	5
12	*Mxc*7.5-30	450-650	270		7.5	5	110	30			40	630	200	1	0.2	20
13	*Mxc*7.5-40	500-700	300		7.5	5	120	40			50	700	200	1	0.2	20
14	*Mxc*7.5-50	600-900	360		7.5	5	130	50			60	775	200	1	0.2	20
15	*Mxc*8.5-60	700-900	420		8.5	6	140	60			80	900	200	1	0.2	20
16	*Mxc*8.5-70	700-1100	420		8.5	6	150	70			100	1000	200	1	0.2	20
17	*Mxc*10-70	700-1100	420		10	7	150	70			120	1100	200	1	0.2	20

说明：

1. 表中 *Mx* 型号为脉冲氙灯，*Mxc* 为重复率脉冲氙灯。
2. 闪光时间是指脉冲闪光波形的半宽度。
3. 着火电压是在触发电压为 15 千伏下测得的。

二、卤钨灯

卤钨灯是一种热炽连续光源，是通过钨灯丝的通电加热产生连续谱的高温热辐射，色温一般为 3200k，它相应于黑体辐射体在 8400Å 处产生最大的辐射。灯内充有少量的卤族元素碘或溴，这样可防止钨灯丝的氧化，延长灯的使用寿命，提高灯的亮度。这是因为灯内充以碘化物后，碘和钨之间产生可逆反应，使蒸发出来的钨又被送回灯丝上，有效地抑制了钨的蒸发。灯的电输入功率约为 1-2kW，工作于激光聚光腔中的卤钨灯，一般寿命几十到上百小时，灯丝发光区直径约为 $\phi 2$-$\phi 3$mm、长约 50 ～ 80mm。

应该注意的是，这种灯的辐射是宽带连续光谱，而 Nd^{3+}:YAG 的泵浦带是很窄的，故只能期望从卤钨灯得到中等的激光效率，最大效率约为 1% ～ 2%。

卤钨灯的优点是制作和使用比较简便，可采用调压 220V 交流电源或滤波直流电源。缺点是色温的提高受到钨丝熔点的限制(＜3400K)，并且由于灯的管壁需保持＞250℃工作温度，而不能直接采用流动水冷，因此灯的输入功率受到限制。这种灯适用于小功率的 Nd^{3+}:YAG 连续激光器。由于这种灯的热惰性较大，抽运较平稳，因而受激辐射不存在尖峰，但在放电抽运下的受激辐射一般都避免不了这种尖峰效应。

三、金属蒸气放电灯

金属蒸气放电灯包括汞弧灯和碱金属弧光灯。汞弧灯是在灯中充以一定量的汞(Hg)和少量的氩(Ar)。氩气放电加热汞，使管内汞蒸气压高于几个大气压从而获得电弧放电。其发射光谱在黄绿光和蓝紫光区有较强的谱线，几乎完全与红宝石的吸收光谱重迭，故适于泵浦红宝石激光器，但不适用于掺钕工作物质，因为它缺乏红光谱线。汞灯通常用于连续工作，直流或交流供电均可。

碱金属弧光灯有钠灯(Na)、钾灯(k)、铷灯(Rb)和钾铷灯等。钾铷灯的发射光谱接近于 Nd^{3+}:YAG 的吸收光谱，其匹配程度要比只用钾或铷的好，采用钾铷灯的激光器的阈值在所有被 试验的灯中是最低的，钾铷灯的效率在功率达 1000W 时高于氪弧灯，约高出 3～3.5%，在 0.7-1.0μm 光谱范围内辐射为输入能量的 38%。因为贮存于灯管内的钾和铷在室温下呈固态，当灯开始工作时，首先用灯内的加热器加热钾和铷，进而形成稳定的弧光放电。通过对碱金属容器温度的仔细控制，来调整灯的压强和光谱。碱金属蒸气灯可能的应用包括空间激光通讯系统，因为该系统需要低阈值及低功率(输入功率 100～200W)器件。

四、激光二极管泵浦

近几年随着 MOCVD(金属有机化学汽相沉积)工艺和量子阱器件结构的问世以及高功率、高效率激光二极管的迅速发展，激光二极管泵浦固体激光技术亦获得相应的发展。

与灯泵浦源相比，激光二极管泵浦源易于用温度调谐来改变发射波长，使其与固体激光棒的激活离子的吸收峰重合、模匹配有效和泵浦密度高，因而其体积小、重量轻、结构紧凑、全固体、效率高、寿命长(1000～50000 小时)。

光泵用的半导体泵浦源是 GaAs 激光二极管、连续波单片 AlGaAs/GaAs 激光二极管列阵以及高功率二维 AlGaAs 激光二极管阵列等。它们的发射波长在 0.806μm 至 0.807μm 之间，恰好在大多数基质材料为 YAG 和玻璃中 Nd 离子的主要吸收峰 0.8087μm 处，最大和最宽的吸收带位于 0.805μm 至 0.810μm 之间。为了实现二极管的峰值发射波长与 Nd:YAG 的吸收带相匹配，可通过二极管或 Nd:YAG 的冷却，或者同时冷却(在 AlGaAs 结构中峰值的变化量 3Å/℃)也可用改变 $Ga_{1-x}Al_xAs$ 的组分来实现。

二极管激光器的泵浦有两种基本结构。1. 纵向泵浦，或称端面泵浦。在这种结构中，泵浦光束通过耦合光学部件，使之聚焦在晶体的一端面上，直径为 100 至 200μm。这种结构有较高的转换效率，其原因是有较长的模式匹配吸收长度，因而能较有效地利用泵浦光以及有较高的泵浦功率密度。但是，本方案的输出功率在根本上受限于能聚焦到 Nd:YAG 棒的端面上的二极管泵浦功率的大小，所有低功率(≤350mW)的商用激光器都采用这种结构，总的电—光转换效率可达 8% 左右。2. 横向泵浦，或称侧面泵浦。在这种结构中，二极管泵浦光束垂直于激光棒的光轴入射。二极管代替了常用的闪光灯，而且效率高和可靠。这种结构的缺点是转换效率稍低，但由于有较大面积供耦合泵浦功率，从而提供了一种简单而可靠的提高输出功率的方法。它不需要耦合光学部件，并不受泵浦光的相位和模结构的影响。但系统的输出功率受恶劣环境下发生波长起伏的影响。二极管横向泵浦的 TEM_{00}- 模连续 Nd:YAG 激光器输出功率 1.8W，其中二极管效率 23%，二极管对 Nd:YAG 的转换效率 12%，则电-光转换效率为 2.76%。二极管泵浦板条 Nd:YAG 激光器总效率(电-光)可高达 9.8%。

根据最近报道：一个典型的泵浦装置含有 288 个激光二极管条，每条有 700 个发射源，以 50Hz 频率发射 200μs 脉冲时，平均泵浦功率 120W。另有 900 多个激光二极管条组成 4.5×9 厘米的阵列，能产生大于 45kW 的峰值功率，在 240μs 脉冲内能量大于 10J。目前，该阵列由三个组件组成，将可产生大于 600kW 的峰值功率。

五、太阳光泵浦

对太阳光泵浦的各种激光器，如钕玻璃和 Nd:YAG 等，太阳光泵浦激光器的一般构造是，用一直径 60-120cm 的卡塞格伦望远镜收集太阳光，然后经过适当的光学系统使之会聚到激光棒的一端，对其进行端面泵浦。如，为空间通讯系统研制成的太阳泵浦的 Nd:YAG 激光器可以产生 5W 的连续输出功率。当装在卫星上的这种激光器得不到太阳光照射的时候，也可由碱金属灯泵浦。太阳泵浦具更长的寿命，适用于空间技术。

第二节 光源的供电系统

根据固体激光器的要求光泵浦灯一般有两种工作方式，即连续式和脉冲式。本节主要介绍连续泵浦灯供电系统以及单次脉冲或多次重复脉冲泵浦情况下工作的脉冲氙灯供电系统的基本特点和要求。

一、连续泵浦源的供电系统

Nd:YAG 连续激光器是应用最广的固体连续激光器。它常用碘钨灯或连续氪弧灯激励。一根功率为 2kW 的碘钨灯，直接用交流电网 220V 供电时，其电流约在 10A 左右。

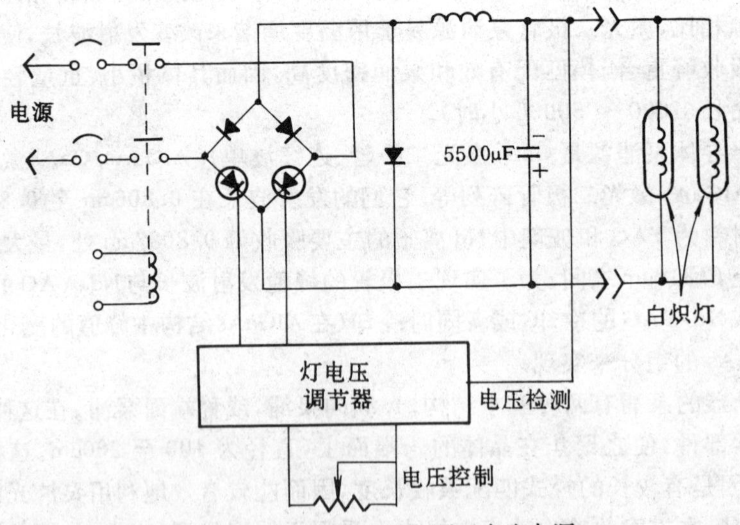

图 6-10　供钨丝灯泡用的调压直流电源

连续氪弧灯的功率和泵浦效率都比碘钨灯要高得多。中、小型连续氪弧灯的功率通常是 3～5kW，点燃后压降约 100V，其电流约在 30～50A。由此可以看出，连续激光器泵浦灯的工作特点是低电压、大电流。

泵浦 Nd:YAG 激光器的碘钨灯的电源是最简单的，该电源必须具有连续可变的直流稳定电压。当灯点燃时，其启动电路能产生一个缓慢上升的电流，当运转的激光器冷却不足或灯损坏时，其连锁系统便关闭电源。图 6-10 就是具有这些特点的供电系统示意图，该电源的主要部件是：可控硅相控整流电桥、灯电压调节装置和LC滤波网络，整流电路是两臂为相控可控硅整流器的电桥，可控硅整流器由来自灯电压调节器的电压脉冲触发导通。电压调节器检测出电源中直流成分对于参考电压的微小变化，将其放大，并用来控制可控硅整流器的相位延迟，从而保证电源的稳定输出。

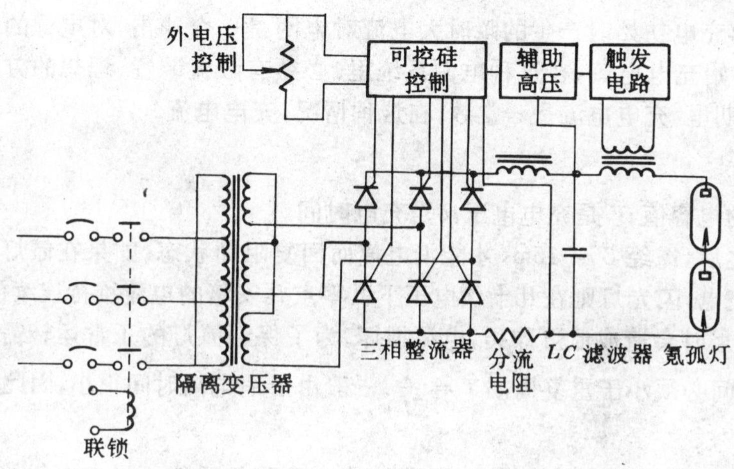

图 6-11　氪弧灯用的相位控制电源

氪灯等连续弧光灯的电源比较复杂。除了一般的控制系统之外，还需附加触发系统和升压系统。触发系统的作用是提供一个电流很小的高压脉冲，用以启动连续弧光灯。升压系统用于充高气压弧光灯的点燃。图 6-11 是广泛用于氪弧灯泵浦 Nd:YAG 激光器中的电源简单示意图。其输入端采用三相隔离变压器，功率为 6kVA。变压器次级绕组每组输出的一端接到三对串接可控硅的中心，另一端连结在一起。可以看出，这就是通常可控硅整流元件的三相桥式整流电路。由电流取样电阻获得的模拟信号与参考电压比较，产生相控脉冲而导通可控硅。控制可控硅的导通时间来改变电源电压，该系统的运行对于交流三相输入而言就象一个时间可变的开关。为了消除直流电压的波动，整流器输出端采用LC滤波网络。触发器发出高压脉冲来触发弧光灯。这是靠一个电容器通过触发变压器的初级及可控硅的放电来实现的，触发变压器将这一电压脉冲升高到 30kV 以上，成功地点燃弧光灯。为了保证弧光灯可靠地启动，在触发相位的期间，主回路的电压必须升高到 600V 至 1kV 左右。通常用一个小的、低电流、高电压电源将滤波电容充电到这一电压来实现。用这种类型的电源、20kW 的连续弧光灯均可点燃。

二、脉冲泵浦灯的供电系统

在这里主要讨论单次脉冲或多次重复脉冲情况下工作的脉冲氙灯供电系统，其工作电路是：小电流、高电压、充电时间较长的充电回路；放电回路是大电流、高电压、放电时间很短暂。在高重复率工作时，脉冲电源，则从满载到空载周期性地运转，电路必须经得起重复充放电的冲击，在工作期间应确保泵浦灯，电源设备的安全，同时还应满足泵浦效率等多方面要求。

一个完整的重复率脉冲泵浦电源系统通常由下列几部分组成：电源变压和整流回路；储能电容的充电回路；储能电容对脉冲泵浦灯的放电回路；氙灯的触发和预燃电路；控制和调节电路。现主要介绍脉冲充电回路、放电回路和触发电路。

1. 储能电容的充电电路

充电电源的功能是对储能电容器充电，以便在一定的时间内达到选定的电压，该时间取决于激光器的重复频率。电容器充电装置通常包括：后接整流电桥的变压器，接在变压器初级的开关元件、限流元件、电压检测器以及控制电路。变压器和整流电桥为储能电容器提供所需的直流电压，为了能够改变这一电压，以获得可变激光能量输出，通常在变压器的初级电路中加半导体开关。这个控制元件或是三端双向可控硅开关，固态继电器，或是一对反向并联可控硅整流器，充电开始时，它便接通，当电容器电压达到预定值时便关闭，控制信号是由电容器中引出。

电源对储能电容充电初始时产生的瞬时大电流对电网是一个冲击，对电源的工作也是很不利的。为了限制初始充电电流，在这种电源系统里，必须有限流装置。理想的方法是恒流充电，即在整个充电周期里，充电电流是一常数。在这种情况，充电电流

$$I = \frac{CV}{t} \tag{6-12}$$

式中 C 是电容器组的电容值；V 是充电电压；t 是充电时间。

氙灯弧光放电之后，需经 3 ～ 15ms 才能消电离而回复阻断状态。如果在氙灯消电离之前就开始对电容再次充电，闪光灯则在几十伏电压下以零点几安培的电流维持连续放电，即称为“连通”。连通现象严重时会造成氙灯炸裂，电源损坏。为了保证氙灯的正常运转需要有足够的消电离时间，充电时间必须小于重复周期 $T = \frac{1}{f}$。一般由于消电离时间很小，因此

$$I \geqslant CVf \tag{6-13}$$

在简单的非恒流充电的电源系统里，为了保护整流回路各元件不受充电起始的峰值电流的损坏，常常采用下面的几种方法，来限制充电电流，如图 6-12 所示。

图 6-12(a) 是一种最简单的方法，在充电回路中串接一限流电阻，此时储能电容 C 上的充电电压按指数规律上升，时间常数是 RC，当充电时间 $t \geqslant 3RC$ 时，电容电压接近电源电压。故电源系统工作的最高重复频率 $f \leqslant 1/3RC$，减小限流电阻 R 有利于提高重复率，但 R 值不能太小，它受灯的“连通”现象限制。

考虑到电源重复率的要求和灯的连通现象限制，限流电阻 R 应满足

$$\frac{V_0 - V_{min}}{I_0} < R \leqslant \frac{T}{(3 \sim 5)C} \tag{6-14}$$

式中 V_{min} 为维持灯辉光放电的最小电压；I_0 为所对应的维持电流；T 为电源重复周期，C 为电容器组的电容值；V_0 为电源电压。对中小型氙灯，限流电阻不小于 1kΩ。这种充电回路只能用于低重复率工作，而且，由于 R 上的有功损耗而降低回路效率，故这种电源系统仅适用于小功率系统。图(b) 是在变压器初级交流回路中串接一限流电感这是一种较简便而又常用的方法。在起始充电的瞬间变压器的次级被电容短路。次级阻抗反射到初级全部交流电压都加在电感的两端。因此，峰值输入电流等于电源电压除以电感的感抗，充电电流得以限制。感抗限流与阻抗限流相比的优点是不耗散热能，这部分能量仍然返回电网，其缺点是体积和重量都要比阻抗大得多。图(c) 是在感抗限流基础上的一种改进。在电路中，利用变压器初级的漏感来限制充电电流。其原理与上述感抗限流一样。图(d) 是谐振充电电路，将在下面作重点介绍分析。图(e) 是铁磁共振变压器限流电路。它利用铁磁共振变压器的恒压和短路电流特性对电容近似恒流充电。图(f) 是倍压限流电路。在交流电的每一周期里，小电容 C_1 把它有限的电荷量传送给主电容 C_2。图(g) 是能量转换限流电路。利用晶体管控制磁储能转换成次级电容上的电能。这两种电路是利用传送少量的有限能量的方法来限制充电电流。其优点是能量损耗很小，缺点是对限流元件的要求较高，故不常采用。

对于 Nd:YAG 和红宝石等晶体工作物质，由于导热性好，其重复率可高达每秒几十次到上百次。高重复率脉冲激光器常用氙灯激励，其充放电的过程与低重复率脉冲激光电源相同，如

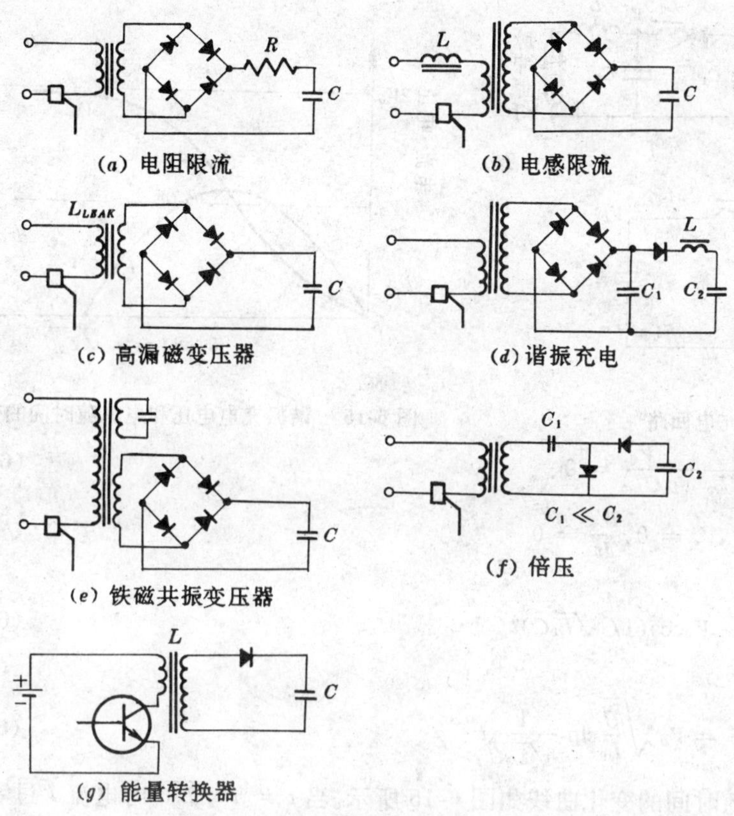

图 6-12　脉冲激光器电源的充电电路的几种限流方法

图 6-13 所示。图中 T_c 是充电时间，T_1 是等待放电时间，T_2 是放电后等待下一次充电时间。$T = T_c + T_1 + T_2$，是重复率脉冲激光器的重复周期。可见，其重复率的上限是受到氙灯消电离时间限制，即 $T \geqslant T_c + T_{消电离}$（$T_{消电离}$ 一般约 $5 \sim 10\mu s$），否则氙灯因“连通”而造成爆炸事故。高重复率脉冲激光电源介于连续电源和低重复率脉冲激光电源之间。其主回路，不论是充电回路还是放电回路，均工作在大电流、高电压状态。

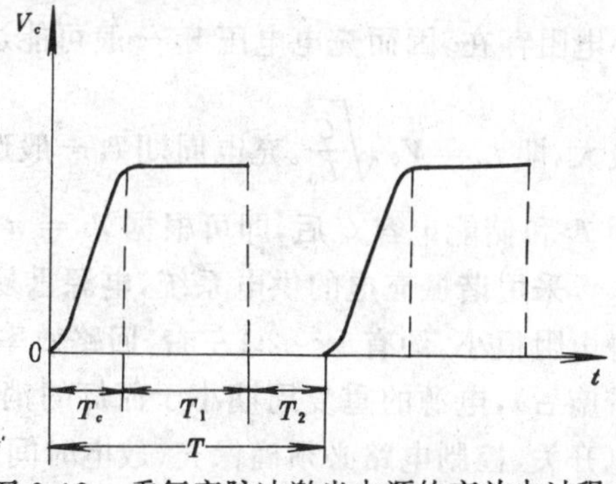

图 6-13　重复率脉冲激光电源的充放电过程

当重复率要求在每秒 20 次以上时，由于在充电周期 T_c 内，电流脉冲的个数受到限制，重复充电要达到所需的输出电压是比较困难的。对于这种情况，一般采用谐振充电回路，如图 6-14 所示，即利用可控硅控制可使氙灯一次闪光之后延时打开充电开关，以保证消电离时间，就可适当减小限流电阻，提高电源重复率。

图(b)谐振充电电路的等效电路可看到，当可控硅导通后即 k 合上，直流电压加在 L_0、C 两端，此时电容 C 上的电压变化可用如下微分方程求得：

$$V_c + CL_0 \frac{d^2V_c}{dt^2} = V_0 \tag{6-15}$$

整理后得

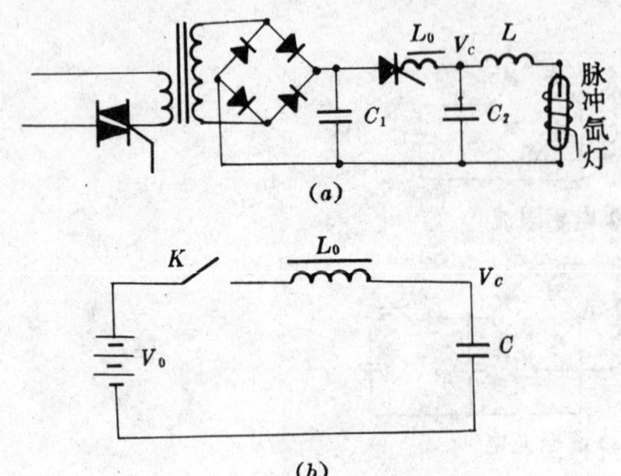

图 6-14　谐振充电回路

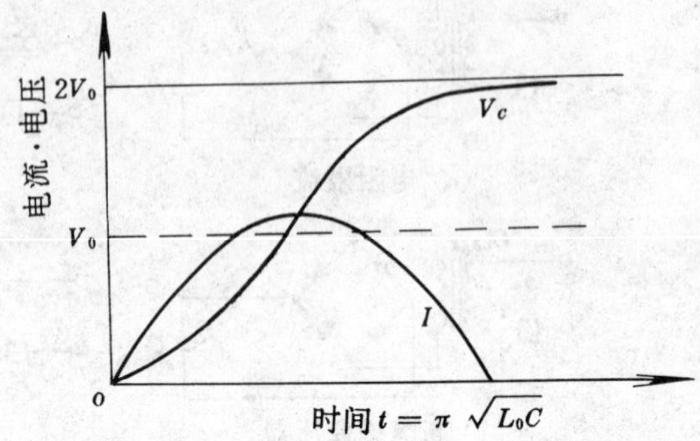

图 6-15　谐振充电电压和电流随时间的变化

$$\frac{d^2V_c}{dt^2}+\frac{V_c}{CL_0}-\frac{V_0}{CL_0}=0 \tag{6-16}$$

初始条件：$t=0$ 时，$V_c=0,\frac{dV_c}{dt}=0$

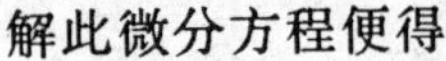

解此微分方程便得

$$V_c=V_0-V_0\cos(1/\sqrt{L_0C})t \tag{6-17}$$

回路电流

$$I=C\frac{dV_c}{dt}=V_0\sqrt{\frac{C}{L_0}}\sin\frac{1}{\sqrt{L_0C}}t \tag{6-18}$$

充电电压 V_c 和电流 I 随时间的变化曲线如图 6-15 所示。当 $t=\pi\sqrt{L_0C}$ 时电流 I 过零，可控硅自动关断，一次充电结束。此时，储能电容上的充电电压 $V_c=2V_0$。实际上，由于回路中总有微小电阻存在，因而充电电压 V_c 一般可能达到的最高值约为 $1.8V_0$。当 $t=\frac{\pi}{2}\sqrt{L_0C}$ 时回路电流最大，即 $I_m=V_0\sqrt{\frac{C}{L_0}}$。充电周期 T_c 一般选在电源重复周期 T 的 1/3 ～ 1/4 之间。当给定充电周期 T_c 和储能电容 C 后，即可根据 $T_c=\pi\sqrt{L_0C}$ 式计算出谐振电感 L_0)。

采用谐振充电的供电系统，电源重复率通常可达每秒几十次到上百次，且由于充电回路本身电阻很小，约有 1 ～ 2Ω左右，回路效率接近 100%。当电源重复率很高时(或采用灯的预引燃措施后)，电源的重复周期小于氙灯的消电离时间，这时在储能电容的放电回路中必须串联放电开关，控制电路必须确保充、放电时间错开。在谐振充电电路中，储能电容上的最高电压的调节可通过调节电源 V_0 来实现。

2. 脉冲放电回路

在脉冲泵浦的激光器中，为提高泵浦效率，要求灯的闪光持续时间要小于工作物质的荧光寿命，从而减少工作物质的自发辐射损失，但过窄的放电脉冲造成极高的峰值功率，影响灯的寿命。通常近似矩形波的放电波形具有较大的负载能量。

脉冲的放电波形与灯的伏安特性以及放电回路的形式和参数有关，下面作进一步讨论。

(1) 电容、电感放电回路这是一种常用的放电回路，它是由一组电容、电感和脉冲泵浦灯串联组成，称为单网孔脉冲形成网络，如图 6-16 所示。当电感加入后，限制了放电电流的上升率，并使放电电流值下降，因而脉冲氙灯能承受较大的输入能量。

当电容器 C 被电源充到某一初始电压 V_c 后，脉冲放电过程的微分方程为。

$$L\frac{di}{dt} + K_0 i^{1/2} + \frac{1}{C}\int_0^t i dt' = V_c \qquad (6\text{-}19)$$

为了讨论方便，作下列替换和归一化：

$$\left.\begin{aligned} Z_0 &= \sqrt{L/C} & T &= \sqrt{LC} \\ i &= I_N V_c/Z_0 & \tau &= \frac{t}{T} \end{aligned}\right\} \qquad (6\text{-}20)$$

此外，电流脉冲形状的阻尼因子 α 定义为

$$\alpha = K_0/(V_c Z_0)^{1/2} \qquad (6\text{-}21)$$

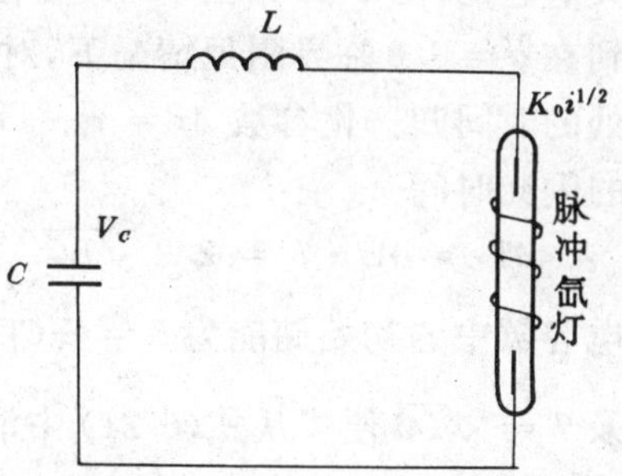

图 6-16 LC 放电回路

式中 K_0 为灯的电阻系数，由(6-4)式确定。于是(6-19)式作上述替换后，即得归一化方程

$$\frac{dI_N}{d\tau} + \alpha I_N^{1/2} + \int_0^\tau I_N d\tau' = 1 \qquad (6\text{-}22)$$

式中 I_N 为电流归一化参数，它是实际放电电流 i 和由 V_c/Z_0 所决的峰值电流之比；Z_0 为非衰减 LC 电路的特性阻抗；τ 为时间归一化参数，它是以时间常数 T 为单位量度时间的参量；α 为电路的阻尼因子，表示输入脉冲灯的功率衰减常数，它依赖于初始充电电压 V_c。

在(6-22)式中仅包含单参量 α，此式无解析解，当给定不同的 α 值，用计算机可求得非线性微分方程灯电流 $I_N(\tau)$ 的一组数值解，图 6-17 示出不同 α 值的电流波形。由这些曲线可以看到以下几种情况。

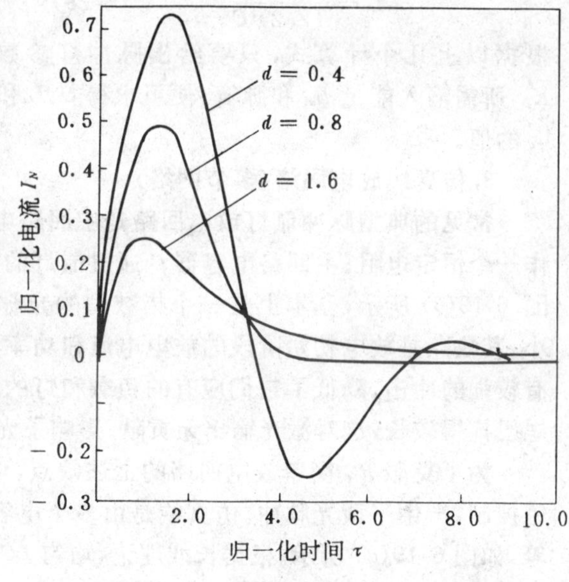

图 6-17 LC 放电的归一化电流曲线

a. 过阻尼。当阻尼因子 $\alpha > 0.8$ 时，如图中 $\alpha = 1.6$ 的情况，这时放电电流峰值较低，而延续时间较长。这种放电情况在给定的时间内，能量的利用率低，故应避免工作于过阻尼放电。

b. 欠阻尼。当阻尼因子 $\alpha < 0.8$ 时，如图中 $\alpha = 0.4$ 的情况，这时放电曲线变为幅值衰减的振荡曲线，这种放电情况也使能量分散。这种放电情况应该避免。

c. 临界阻尼。当阻尼因子 $\alpha = 0.8$，放电能量能够较集中地通过灯电阻释放。这种情况，在设计 LC 放电回路参数时应予保证。

由图 6-17 可看出：临界阻尼时的峰值归一化电流 $I_m \approx 1/2$，因而放电的实际电流脉冲的峰值电流为

$$i_m \approx \frac{V_c}{2Z_0} = \frac{V_c}{2}\sqrt{\frac{C}{L}} \qquad (6\text{-}23)$$

达到该峰值的上升时间

$$t_r = 1.25(LC)^{1/2} \qquad (6\text{-}24)$$

利用功率曲线求得光输出波形。为此，引进功率归一化参数：

$$P_N = \frac{P(t)}{V_c^2/Z_0} \qquad (6\text{-}25)$$

式(6-25)表示，脉冲放电过程中输入灯的瞬时功率与非衰减 LC 电路中可能得到 VI 乘积的最

大值之比。图 6-18 给出了 $P_N(\tau)$ 曲线，由图可得到在 $\alpha=0.8$ 临界阻尼情况下，对应于 1/3 峰值处的时间归一化参数 $\Delta\tau=\tau_2-\tau_1\approx 2.2$。相应的闪光时间

$$\Delta T_L=\Delta\tau\cdot T=2.2\sqrt{LC} \qquad (6\text{-}26)$$

电容器中的初始储能为 $E=\frac{1}{2}CV_c^2$，通过此式以及 $T=\sqrt{LC}$ 便能从式(6-21)中消去 V_c，便得电容器的电容

$$C=\left(\frac{2E_mT^2\alpha^4}{K_0^4}\right)^{1/3} \qquad (6\text{-}27)$$

由式(6-26)计算出电感

$$L=\frac{\Delta T_L^2}{(2.2)^2C} \qquad (6\text{-}28)$$

根据以上几个计算式，只要给出脉冲灯参数 K_0，所需输入能量 E_m 和脉宽，便可求得 C、L 和 V_c 的值。

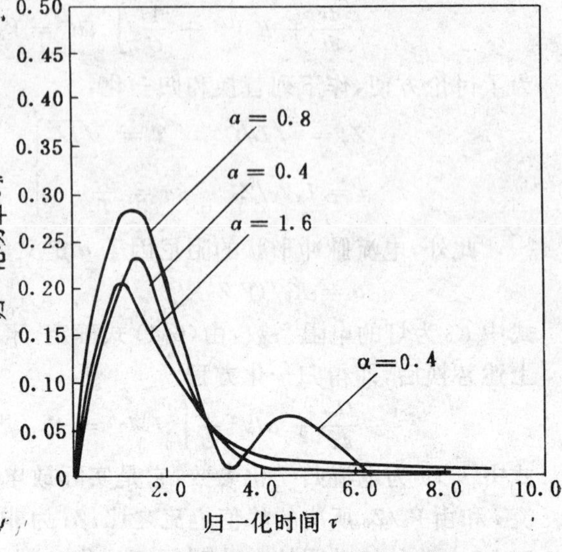

图 6-18 LC 放电的归一化功率曲线

3. 仿真线放电网络(多节网络)

常见的典型脉冲氙灯放电回路是主回路电容器组 C 与氙灯直接连接。通常可以把氙灯看作一个恒定电阻。主回路电容器 C 通过氙灯的放电便是一个线性 RC 放电回路，其放电波形如图 6-19(b) 所示，基本上是一个指数型的光脉冲。这种放电电路接线简单、元件少，回路损耗小。其缺点是放电初始阶段的放电电流和功率上升快、峰值高，较强的尖峰对灯和工作物质都有较强的冲击，降低了它们应有的负载和灯的寿命；放电脉宽较窄，放电后半段的衰减曲线的尾巴拖得较长，这对激光输出无贡献，影响了光能的有效利用率。

为了克服 RC 简单放电回路的上述缺点，可以采用仿真线放电网络，从而实现对脉宽的精密控制，产生平顶光脉冲。仿真线是由多个电容和电感组成、每一节网络中的电容和电感都相等，如图 6-19(a) 所示。根据长线理论，均匀 LC 集中参量仿真线的特性阻抗

$$Z_0=\sqrt{L_i/C_i}=\sqrt{L/C} \qquad (6\text{-}29)$$

式中 $L=nL_i$ 为各级电感总和；$C=nC_i$ 是各级电容的总和；n 是网络的节数。仿真网络可得到接近矩形光脉冲，如图 6-19(b) 所示。

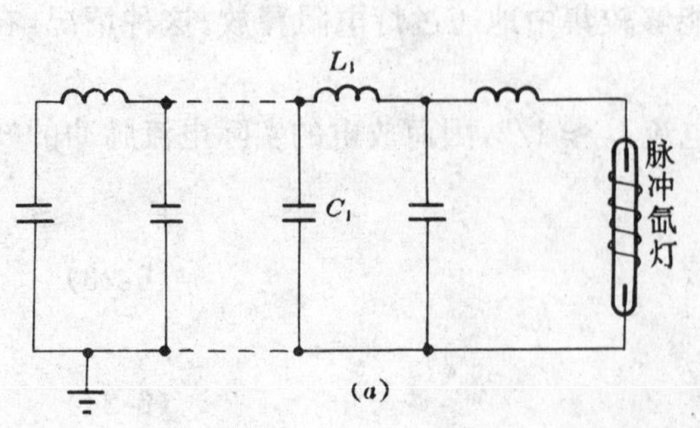

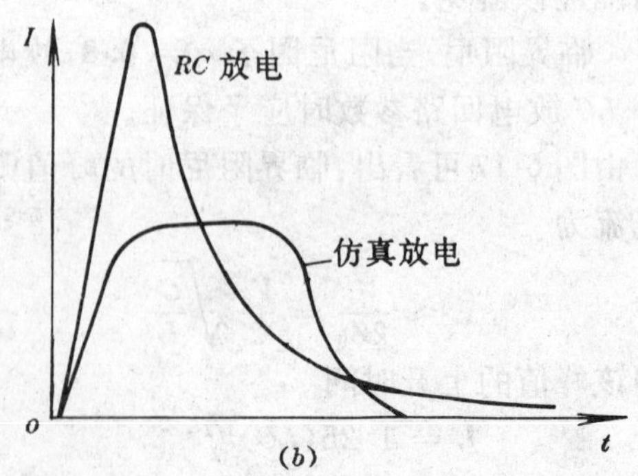

图 6-19 仿真线放电网络

网络总的储能

$$E = \frac{1}{2}(C_1 + C_2 + \cdots\cdots C_n)V_c^2 = \frac{1}{2}nCiV_c \tag{6-30}$$

若已知脉冲氙灯的放电持续时间 T_i 和瞬时功率 $P(t)$，即得矩形波的总能量 $E = P(t)T_i$。流过灯的放电电流：

$$i = (E/K_0T_i)^{2/3} \tag{6-31}$$

脉冲氙灯的等效电阻可表示为

$$R = \frac{K_0}{i^{1/2}} = \frac{K_0}{(E/K_0T_i)^{1/3}} = \left[\frac{K_0^4T_i}{E}\right]^{1/3} \tag{6-32}$$

仿真线放电网络的设计，是从匹配条件出发的，就是网络阻抗与灯的等效电阻相匹配（$Z_0 = R$）的情况下，脉冲放电持续时间为

$$T_i = (Z_0 + R)C = 2\sqrt{LC} = 2n\sqrt{L_iC_i} \tag{6-33}$$

此式是对恒定电阻放电情况的表示式。对于电阻随电流变化的氙灯，由实验得到脉冲灯的闪光持续时间为

$$T_i = 2.1n\sqrt{L_iC_i} \tag{6-34}$$

可见，闪光持续时间将随着网络节数的增多而增长。

若脉宽已知，总电容可由下式求得

$$C_i = T_i/2nR \tag{6-35}$$

总电感

$$L_i = RT_i/2n \tag{6-36}$$

为了释放所需的能量，网络电容器必须充电到的电压

$$V_c = (2E/nc_i)^{1/2} = (4ER/T_i)^{1/2} \tag{6-37}$$

实 验表明，用以上公式计算，对放电持续时间 T_i 和内径 d（毫米）的直管脉冲氙灯。当满足 $10d \leqslant T_i(\mu s) \leqslant 10000$ 的关系时，计算较为精确。脉冲形成网络节数 n 的选择是根据上升时间和合 适的元件数，一般至多采用 4 ～ 5 节，节数越多，输出波形越接近矩形，但结构也变得愈复杂。这种放电网络的优点是脉冲氙灯和工作物质承受负荷的能力将成倍增加，灯和工作物质不易损坏，延长了寿命。同时，在给定时间内，光能利用率也较高。

4.触发电路

一个正常运转的脉冲氙灯，工作电压均应小于自闪电压。因此，当上述电源系统给储能电容充以工作电压时，氙灯不会自行放电和闪光。它基本上处于开路状态。要使氙灯受控放电和闪光，就必须配置一套专门的触发系统，即储能对脉冲氙灯的放电通常由一个高压触发脉冲引发。触发信号的作用是在两电极之间建立起电离火花通道，从而导致主放电的发生。

脉冲氙灯的触发方式有外触发，内触发和预燃触发。

内触发是将触发脉冲直接加在灯电极上而使灯内气体电离。此方法中触发电压与储能电容上的充电电压相串联，所以又称串联触发。

内触发电路如图 6-20 所示，它是利用脉冲变压器 B 产生的脉冲高压触发氙灯的。触发电路所用电源 V_1 一般为几百伏，电容 C_1 为 1 ～ 10μF。当电容 C_1 被充电到 V_1 后，即给出控制信号导通可控硅，C_1 上的电量通过变压器 B 的初级线圈脉冲放电，升压变压器次级线圈便感应出上万伏的高压脉冲，使灯管内气体电离而构成通道，已被充电到 V_c 的储能电容 C 随即以巨大的脉冲电流通过灯和变压器 B 的次级放电。这时由于放电电流很大，变压器饱和，它相当于串联在放电回路中的小电感。

内触发的优点是触发比较可靠，特别是在高重复率情况下，缺点是由于巨大的放电电流通

过变压器次级，因此要求次级绕组导线必须足够粗，以减小放电回路的损耗而又不致使变压器毁坏。因此变压器 B 体积较大，较笨重。

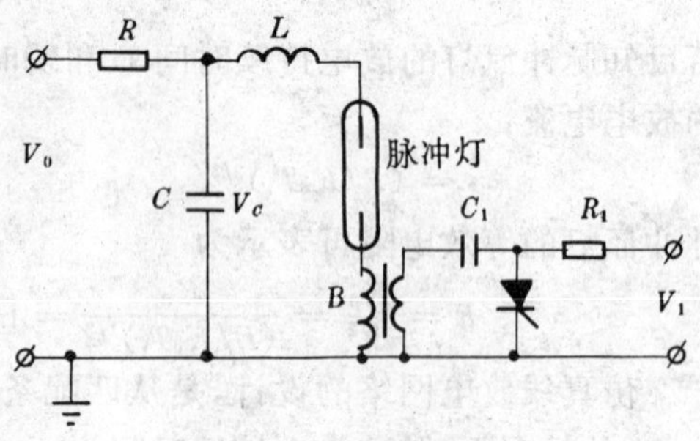

图 6-20　内触发电路

外触发是高压脉冲不直接加在灯电极上的触发方式，统称为外触发，也叫并联触发，如图 6-21 所示。这种触发方式的高压脉冲可以加在缠绕在灯管外壁的镍铬丝上或其它电位参考面上(如金属泵浦腔上)触发电压在5kV-10kV之间。加上触发电压后，灯内电离过程是从其两端向中间发展。一般认为以负极性触发脉冲为好。它能使激光获得稳定的输出。

外触发的优点是结构简单，触发功率消耗极小，这是因为脉冲变压器不串在主回路里，通过它的电流很小、因而触发变压器体积小、重量轻。在中、小型脉冲激光器中得到广泛应用。在重复率较高的情况下，其触发的可靠性不如内触发电路。

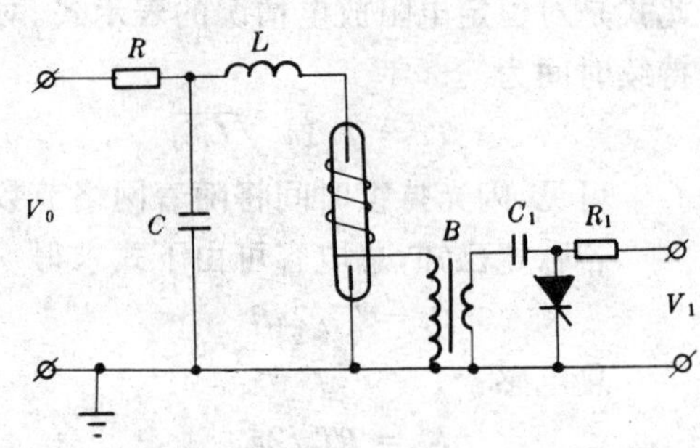

图 6-21　外触发电路

外触发电路如图 6-21 所示。绕在灯管外壁上的触发丝一端与触发变压器的次级相连接。由于存在触发丝，它会遮挡部分光线，且长时间使用后触发丝溅射物将污染灯和泵浦腔，安装不当时，还往往造成触发丝对金属泵浦腔的打火击穿，使触发不可靠。为了消除这种不足，可将触发丝置于和氙灯紧靠的玻璃毛细管内，即能避免触发丝的污染。

上述两种触发方式共同的缺点是氙灯每点燃一次，均需一个高压脉冲触发。因而造成电极溅射，大大缩短灯的寿命，其次氙灯触发脉冲电压非常高，对电子线路产生强的电磁干扰，再次，其击穿电压和电离通道受着传导电流微小变化和灯的不规则冷却的影响，使放电脉冲的幅度和宽度产生显著的抖动。为了克服以上缺点，现普遍采用“预燃”触发电路。

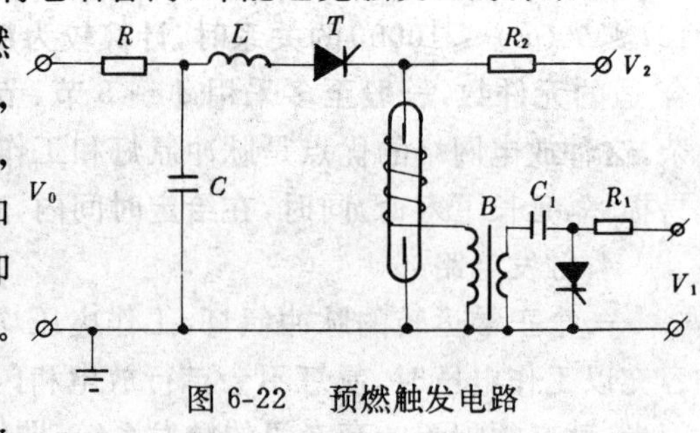

图 6-22　预燃触发电路

“预燃”触法是灯在脉冲的间隙期间保持低电流放电，采用与主电源并联的低电流直流电源，便可实现这种预电离。如图 6-22 所示，腔体经一次触发后，在灯电极上再加一个几百伏的辅助电源 V_2，以便长时间维持灯的小电流辉光放电通道，其电流一般为几十毫安。这样，在重复工作时无需再行触发，只须打开放电开关 T 即可。

采用这种技术，可使系统性能大大改进如下：

(1) 提高了脉冲氙灯的寿命。采用预电离可使灯寿命提高一个数量级，能有效地降低电极溅射。

(2) 减少了电磁干扰和射频干扰辐射。主要是脉冲氙灯点火脉冲干扰，采用预燃方式后可消除。

(3) 提高了效率。由于预燃使灯电阻动态范围变小，因而得到更高的转换效率，提高了光泵浦的稳定性。

(4) 可控制灯状态。通过监控预燃电流，在储能电容放电之前，就能够检测出坏的脉冲灯。这一点在大型系统中或在多灯系统中特别重要。

采用预燃方式。还可消除来自高压点火的紫外辐射对晶体的影响。预燃在重复率激光器中已被广泛采用。但预燃要消耗一部分功率，因而在重复率很低的激光器中不适用。

第三节　聚光腔

固体激光器中，聚光腔(又称泵浦腔) 的作用是将泵浦光源的辐射能有效地传输到激光工作物质上去，以激励激光工作物质产生激光。聚光腔的传输性能在很大程度上决定了激光系统的总效率，聚光腔除了给光源和吸收激活材料之间提供良好耦合之外，还决定激光工作物质上泵浦密度的分布，从而影响激光器输出光束的均匀性，发散度和光学热畸变。

一、泵浦方式及聚光腔的结构

在固体激光器的发展过程中，为了将泵浦光源的辐射能传输到激光工作物质上去，采用了许多不同的投射系统。根据工作物质的形状和采用的泵浦光源类型，聚光腔的型式大致可分为侧面泵浦、端面泵浦或面泵浦等三种方式。

在侧面泵浦系统中，固体工作物质的形状是圆柱体棒或矩形片。圆柱形激光棒与直管灯平行放置或放在螺旋灯的轴线上。泵浦光直接或经泵浦腔面反射后垂直投射于激光棒的侧面上，这是一种最常用的泵浦方式。

在少数特殊应用场合，采用端泵浦或面泵浦方式。例如利用太阳光或半导体激光二极管时，通常用一个透镜系统将泵浦能量会聚到激光棒的一个端面，被激活材料吸收泵浦光，沿着棒的轴向传布，从棒的另一端输出激光，这种方式称为端泵浦。采用端泵浦方式的激光棒，在泵浦光进入的一端镀上能透射泵浦光而全反射激光的镀层，在另一端镀反射泵浦光而部分透射激光的镀层，图 6-23 示出太阳光泵浦钕玻璃激光器的泵浦装置。

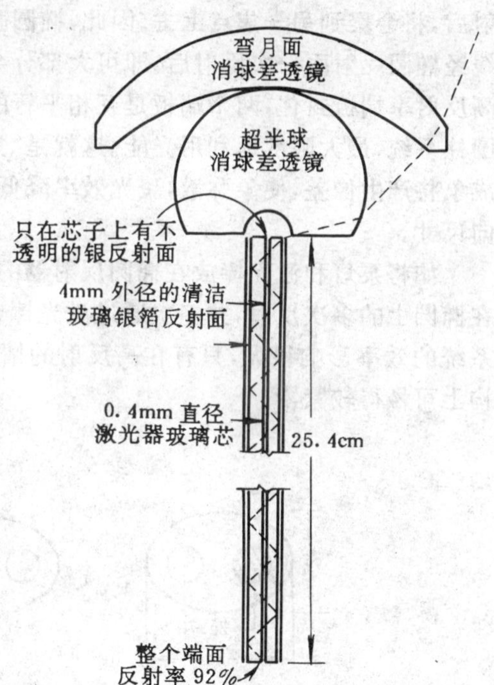

图 6-23　端面泵浦的钕玻璃激光器

由一个 Φ60cm 抛物面反射器收集的太阳光，用单位数值孔径折射元件成象到玻璃激光棒的端面上(取自 Young[6.82])

面泵浦圆盘激光器如图 6-24 所示，它是按布儒斯特角放置玻璃圆盘构成的大型玻璃激光放大器。脉冲氙灯发射的泵浦光通过圆盘表面而不是从边缘进入，这种结构称为面泵浦方式。优点是泵浦光均匀性好，同时由于是薄片结构，散热效果好，因而热畸变较小。面泵浦圆盘激光器适用于泵浦大功率器件。

下面将讨论侧面泵浦激光棒最常用的结构型式。

侧面泵浦所采用的聚光腔结构通常有椭圆柱聚光腔、圆柱聚光腔、椭球聚光腔、球面聚光腔、旋转椭球面聚光腔和紧包式聚光腔。这些聚光腔各具不同的特点，下面分别予以讨论：

(1) 椭圆柱聚光腔具有较高的传输效率，在小型激光器中是最常用的腔型结构，如图 6-25 所示。这种聚光腔主要用于工作物质较长(一般大于 5 ～ 10cm) 的情况。椭圆柱聚光腔的反射

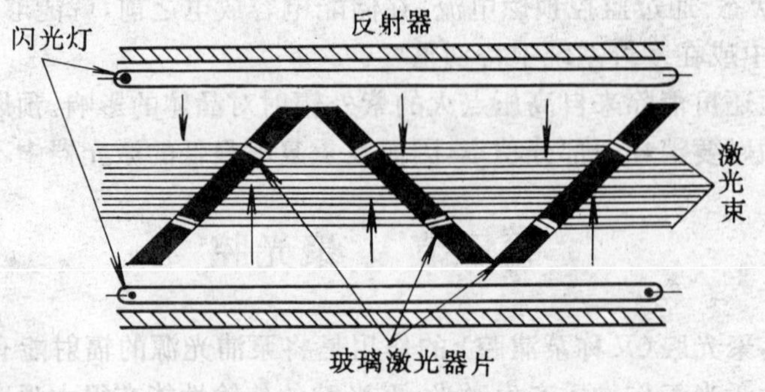

图 6-24　典型的面泵浦钕玻璃圆盘激光放大器结构图

面与腔的横截面交线是一个椭圆，它有两个焦点，焦距为 $2c$，激光棒和泵浦灯分别配置在两个焦线上，如图(*a*) 所示。根据椭圆的几何成象原理可知：由椭圆一个焦点发出的光线经椭圆反射后，将会聚到另一焦点上去。因此，椭圆腔中的能量传输，是从一个焦线上的直管灯发射的光线经椭圆反射面一次反射后，即可大部分会聚到第二个焦线上的激光棒，椭圆柱两端各用一块高反射率端板封住，两个端板是互相平行的，这样近似保证聚光腔在光学上等价于无限长的椭圆柱系统，最大限度地利用光能。这就是“焦上泵浦”。由于泵浦灯具有一定横截面，焦外各点的成象将产生像差，使象弥散，聚光效率降低。为了尽可能克服这些不利因素，椭圆柱要有大的横向尺寸。

如将泵灯和激光棒放在椭圆反射器的焦点外面，这种泵浦方式称为焦外泵浦。是利用光线在椭圆上的多次反射，并多次通过激光棒，而达到较高的能量传输。因此，椭圆腔面的反射率对系统的效率影响很大，只有在高反射的情况下才能得到高的传输效率。采用“焦外泵浦”在结构上可做得较紧凑。

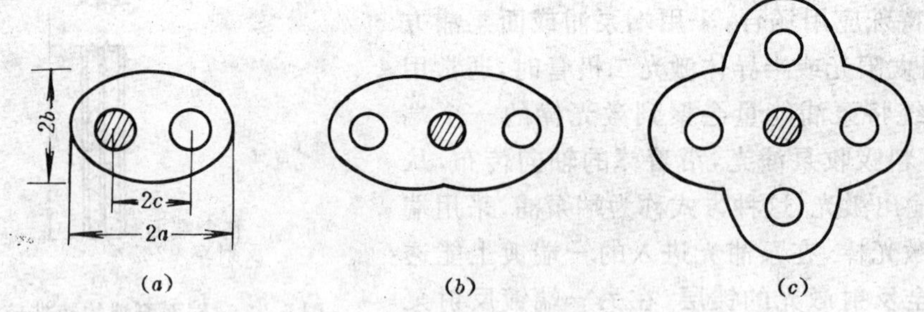

图 6-25　椭圆柱聚光腔

(*a*) 单椭圆柱；(*b*) 双椭圆柱；(*c*) 四椭圆柱聚光腔

上述单椭圆柱腔的单灯泵浦不足之处是；激光棒截面中的光照一般是不均匀的，严重时会引起光学畸变；单灯泵浦的能量不可能很高，因而影响激光器的输出能量。所以采用多灯泵浦单根激光棒的方式加以改善。

图 6-25(*b*) 所示为双椭圆柱聚光腔，用于单棒双灯的情况，其中棒置于两椭圆柱的公共焦线上，而双灯分别置于两个椭圆柱的另外二个焦线上。在连续 Nd∶YAG 激光器和大能量激光器中经常采用双椭圆柱聚光腔。

图 6-25(*c*) 所示为四椭圆柱聚光腔，用于单棒四灯的情况，其晶体放在公共的焦线上。这种由四个局部椭圆柱组合的腔，传输效率更低，加工也更困难，故只有在获取大能量输出时才被采用。

(2) 圆柱聚光腔是椭圆柱聚光腔的特例,焦距和偏心率为零,则椭圆两焦点重合为圆心而形成圆柱聚光腔。根据圆的成象关系,只有圆心一点发射的光线经圆面反射后,仍在圆心上会聚为一个象点。因而要求灯和棒相对于圆柱的中心轴线两侧紧靠对称放置,如图 6-26 所示灯和棒有近似共轭成象关系。为了提高几何成象聚光效率,一方面要求灯的截面尺寸不能大于棒,另一方面则希望聚光腔尺寸显著大于灯和棒的尺寸。从实际应用考虑,聚光腔的尺寸不能做得太大,此外,由于灯和棒需满足冷却和滤光的要求,灯和棒均应适当离开圆心放置,但这会造成照明不均匀的问题。通常可选择中等或略小的圆柱尺寸,$R \geqslant (6 \sim 10) r_{棒}$,$r_{灯}$ 近似与 $r_{棒}$ 相同,棒和灯应尽可能 靠近或稍留一定空隙 $d \approx (2 \sim 4) r_{棒}$。圆柱泵浦腔一般效率较低,棒截面上的光照分布不均匀。但由于它具有结构简单紧凑、体积小、加工和调整方便等优点,故适用于单次工作较大能量的脉冲泵浦系统。

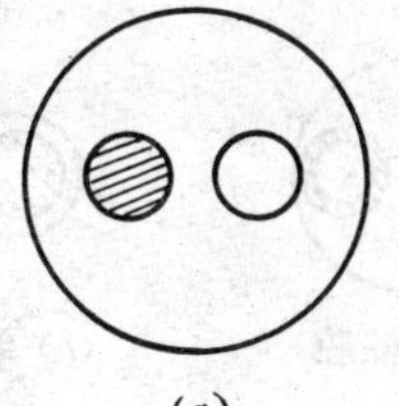
(a)

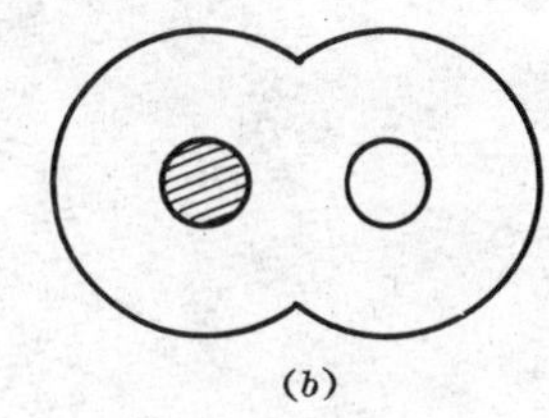
(b)

图 6-26　圆柱聚光腔

(3) 球面和旋转椭球面聚光腔是一种三维成像聚光系统。灯在球面聚光腔中,灯和棒紧靠圆球的中心线对称放置,如图 6-27 所示。由灯发出各个方向的光线,经一次或几次反射后都能被会聚成象在棒的位置上。

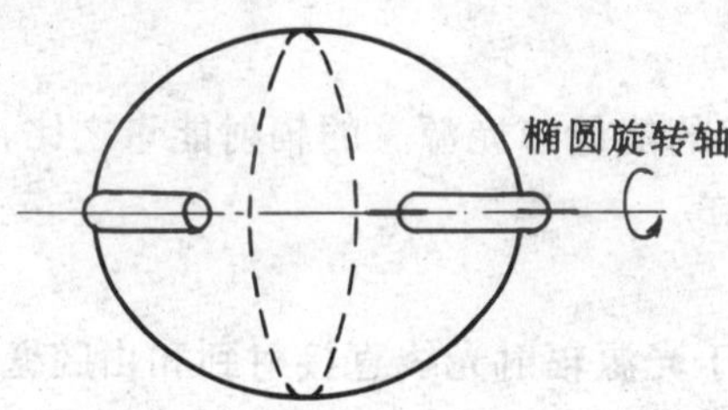

图 6-27　圆球形泵浦腔

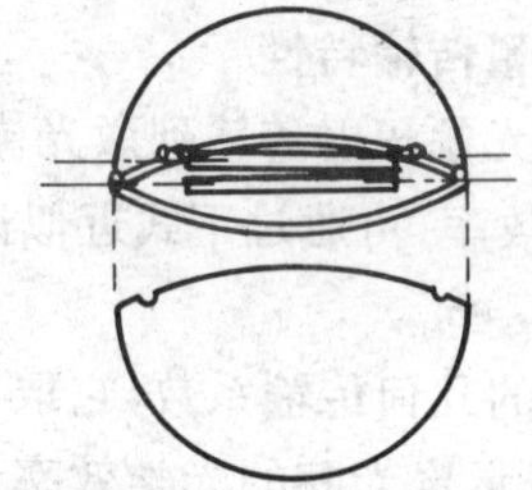
图 6-28　旋转椭球面聚光腔

旋转椭球面聚光腔简称椭球聚光腔,如图 6-28 所示。灯和棒沿旋转轴(椭圆长轴)放置在焦点和顶点之间。在通过旋转轴的任何一个椭圆面上,从一个焦点到顶点发出的光线经椭圆反射均将同样地到达另一焦点至顶点的轴线上,因而它具有三维空间的聚焦作用,传输效率很高。同时,激光棒横截面上的泵浦光是旋转对称的,即具有较高的均匀性,但在棒的轴线方向却是非均匀分布的,在靠近焦点的部位密度较高。

椭球和圆球聚光腔有许多缺点,它们只能用于短激光棒,而且从制造成本、尺寸和重量来看并不十分吸引人。

(4) 紧包式聚光腔

这类聚光腔的聚光作用不是靠几何光学反射成象的,而是主要靠灯光直接照射和聚光腔内空间的高光能密度来实现。其结构特点是灯和棒尽可能紧靠在一起,聚光腔紧紧地围着灯和棒。

聚光腔的结构形式如图 6-29 所示。其结构的截面可以是圆的,也可以是椭圆的,如图(*a*) 和(*b*) 所示。优点是制造简单,缺点是棒截面上泵浦不均匀,图(*c*)(*d*)(*e*) 是典型的多灯紧耦合腔,它对激光棒的泵浦均匀性较之单灯要好得多,用于泵浦长钕玻璃激光棒。利用光滑反射聚光时,聚光腔直接用抛光的银皮或铝皮制成,或者利用金属圆筒内表面抛光或镀高反射金属层。利用漫反射聚光时,可用氧化镁(MgO)、硫酸钡($BaSo_4$) 等粉末材料或洁白陶瓷材料制成漫反射面。

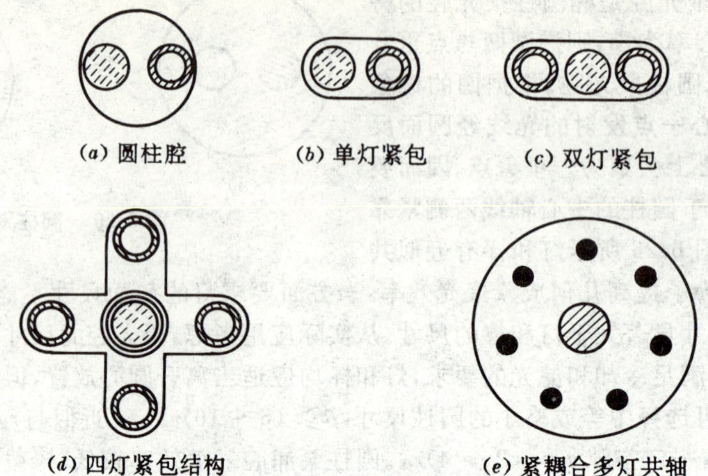

图 6-29　紧包式聚光腔

紧包式聚光腔的优点是结构简单、制作容易、加工精度要求很低，以及体积小和器件装置紧凑等。其主要缺点是聚光腔内空间过于狭小、聚光腔本身热容量过小，因此整个器件的温升比较显著，使得装置的冷却成为很大的问题。鉴于上述特点，这类聚光腔主要适用于输出能量较低和重复脉冲频率较低的固体激光器件中。

二、聚光腔的能量传输特性

在聚光腔中，由光源辐射传输到激光棒上的能量与光源总的辐射能量之比，称为聚光腔的能量传输(或耦合)效率，可通过下式近似计算

$$\eta = \eta_{ge} \cdot \eta_{op} \tag{6-38}$$

式中　η_{ge} 是聚光腔的几何传输系数，它取决于光源辐射光线直接射到和由腔壁反射到达激光棒上的百分比；η_{op} 表示聚光腔的光学效率，基本上反映泵浦系统中反射、散射、吸收等全部损耗。该光学效率 η_{op} 由下式表示：

$$\eta_{op} = R(1 - R_r)(1 - a)(1 - f) \tag{6-39}$$

式中　R 是腔壁在泵浦带的反射率；R_r 是激光棒表面和玻璃冷却液套表面的反射损耗；a 为灯和激光棒之间的光学介质(如隔层、滤光片、冷却液等)中的吸收损耗；f 为腔的非反射面积(开孔等)与总的内表面积之比。以上两式是基于光线一次反射的近似表达式。

下面讨论椭圆柱聚光腔的几何传输系数 η_{ge} 的表达式，为此作如下假设：

(1) 通常认为泵浦源是具有朗伯辐射型的圆柱形辐射体，在横截面上各个方向具有相同亮度。

(2) 腔体在光学上可认为是无限长的椭圆柱聚光腔。作为近似讨论，可以把它们平均分配到横截面中去，因而只须讨论横截面中的成象情况。

(3) 主要考虑一次反射和直接到达激光棒上的光线。

设灯的半径为 r_L，激光棒的半径为 r_R，它们被分别放在椭圆的两个焦点 F 和 F' 上，如图 6-30 所示。椭圆的参数：长轴 $2a$；短轴 $2b$；两焦点间距 $2c$；$c = \sqrt{a^2 - b^2}$；椭圆偏心率 $e = c/a$。

根据几何成象关系，椭圆腔表面任意一点 P 处的一小部分区域将泵浦灯成象在激光棒一方，其放大率等于 l_R/l_L。其中 l_R 是象距(P 点离棒轴的距离)，l_L 是物距(P 点离灯轴的距离)。由于反射角恒定，灯的半径 r_L 经椭圆上任意一点 P 处反射后，所成象的半径 $r'_L = r_L \cdot l_R/l_L$。由此可

知，激光棒所能收集到泵浦光线的份额应等于棒半径与灯象半径之比，为$\frac{r_R}{r_L}\cdot\frac{l_L}{l_R}$。但无论椭圆上哪一点的反射，激光棒所收集到的光线不会比灯辐射的光线多。因而，在椭圆反射区域位于靠近激光棒一边，形成灯象半径比棒半径小的椭圆区域，始终取$\frac{r_R}{r_L}\cdot\frac{l_L}{l_R}=1$；在靠近灯的一边，形成灯象半径比棒半径大的椭圆区域，$\frac{r_R}{r_L}\cdot\frac{l_L}{l_R}\leqslant 1$。在这两部分区域的分界点 P_0 处(对应于角度 α_0 和 θ_0)，所形成的灯象半径等于激光棒的半径。在确定激光棒吸收了多少能量时，必须考虑有这种放大和缩小效应。

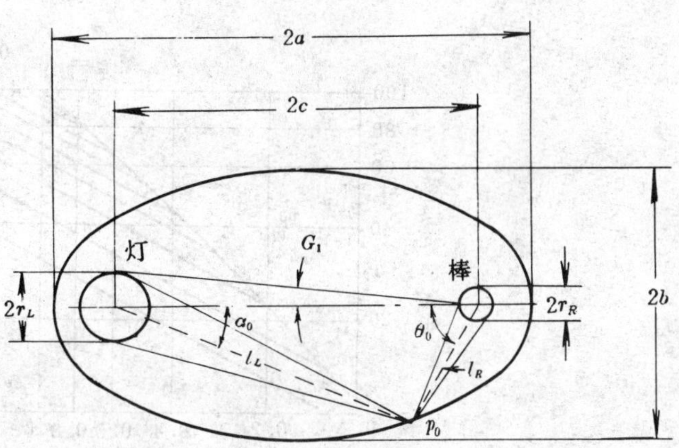

图 6-30　椭圆聚光腔的横截面，偏心率 $e=c/a$；焦点间距 $c=(a^2-b^2)^{1/2}$

这样，几何传输效率以百分数表示，则有

$$\eta_{ge}=\frac{100}{\pi}\int_0^{\pi}(\frac{r_R}{r_L}\cdot\frac{l_L}{l_R})d\alpha \tag{6-40}$$

现考虑 P_0 点到靠近激光棒那一边椭圆顶点的整个区域$\frac{r_R}{r_L}\cdot\frac{l_L}{l_R}=1$，于是有

$$\eta_{ge}=\frac{100}{\pi}[\alpha_0+\int_{\alpha_0}^{\pi}(\frac{r_R}{r_L}\cdot\frac{L_L}{l_R})d\alpha] \tag{6-41}$$

根据椭圆特性 $l_1+l_R=2a=$ 常数，$dl_L=-dl_R$，通过简单的几何关系可求得 $d\alpha=-(\frac{l_R}{l_L})d\theta$，代入式(6-41)可得

$$\eta_{ge}=\frac{100}{\pi}[\alpha_0+(\frac{r_R}{r_L})\theta_0] \tag{6-42}$$

式中 α_0 和 θ_0 可由下面的关系式给出：

$$\cos\alpha_0=\frac{1}{e}[1-\frac{1-e^2}{2}(1+\frac{r_R}{r_L})] \tag{6-43}$$

和

$$\sin\theta_0=(\frac{r_L}{r_R})\sin\alpha_0 \tag{6-44}$$

根据上述关系，效率 η_{ge} 可以表示为与椭圆偏心率 e 和棒灯半径比 r_R/r_L 的关系曲线，如图 6-31 所示。

在实际情况下，由于泵灯后面的一部分椭圆反射面被灯本身隔开，泵灯象一种黑体源，它会吸收因反射而回到灯上的辐射，考虑到这部分光辐射的损失，则应在(6-42)中将 θ_0 减去 θ_1，这里

$$\sin\theta_1=\frac{r_L}{2ae} \tag{6-45}$$

和

$$\eta'_{ge}=\frac{100}{\pi}[\alpha_0+\frac{r_R}{r_L}(\theta_0-\theta_1)] \tag{6-46}$$

效率 η_{ge} 和 η'_{ge} 在不同的 r_R/r_L 和 $2r_L/a$ 情况下，与 b/a 的关系曲线表示在图 6-32 中。图中，上面一组曲线不考虑泵灯遮挡的影响，对应左边刻度的效率 η_{ge}；下面一组曲线和右边刻度表示泵灯遮挡而造成的损耗角 $100\theta_1/\pi$ 的大小，故这种情况下的效率 η'_{ge} 即为上面一组曲线的数值 η_{ge} 减去$\frac{r_R}{r_L}\times 100x\,\frac{\theta_1}{\pi}$。

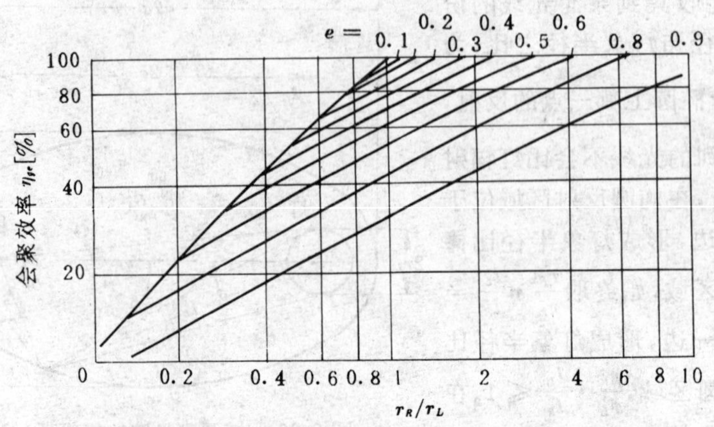

图 6-31　椭圆柱腔的会聚效率与$\frac{r_R}{r_L}$和偏心率 e 的关系曲线

由图 6-31 和图 6-32 可知，传输效率 η_{ge} 在一定的 r_R/r_L 比率下，随偏心率 e 的减小而增加。随着 e 的减小，椭圆接近圆，就是通过椭圆不同小区域成象的放大率减小，象的畸变和弥散也减小，因而为了获得高效率而取较小的偏心率 e。但偏心率 e 减小受到冷却条件和结构的限制，同时还会降低效率和增大腔体的体积等，因此通常偏心率 e 取 0.4 左右为宜。

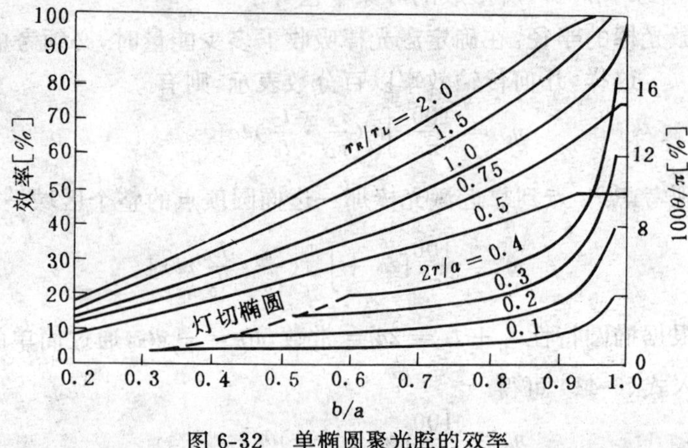

图 6-32　单椭圆聚光腔的效率

上面曲线族是 $2r_L/a = 0$，下面曲线族表示灯的有限直径引起的损耗。损耗乘以 r_R/r_L，再从上面曲线表示的效率中减去。左边刻度只用于上面曲线族。右边刻度只用于下面曲线族

根据上述两图还可以看出，在一定的偏心率情况下椭圆柱泵浦腔的几何传输效率 η_{ge} 随着 r_R/r_L 的增加而增加。但 $r_R > r_L$ 很多时。会降低激光棒外部区域的光线密度，影响 η_{ge} 的提高。通常棒和灯较好的匹配关系取 $r_L \approx r_R$，或 r_L 稍小于 r_R。

根据计算结果表明，直径相同的泵浦源和晶体，单椭圆腔效率最高。然而，如果要获得高功率激光输出，那么要用两个或多个部分椭圆腔体，牺牲一些总效率，但可以向工作物质棒提供较大的总输入光泵能量。

参考单椭圆腔几何传输效率的理论表达式，多灯泵浦的若干局部椭圆腔的传输效率表达式为

$$\eta_{ge} = \frac{100}{\pi}\left[(\alpha_0 - \alpha_1) + \left(\frac{2r_R}{L_L}\right)\theta_0\right] \tag{6-47}$$

式中 α_1 表示被切掉的部分反射壁所对应的角度。假定落在这些区域的光线都损耗掉了，那么利用椭圆方程$\frac{x^2}{a^2} + \frac{y^2}{b^2} = 1$，易求得双椭圆聚光腔

$$\cos\alpha_2 = \frac{2e}{1 + e^2} \tag{6-48}$$

方程式(6-47)的关系绘于图 6-32。

三、激光棒中泵浦光的分布

在固体激光器中，激光棒横截面上泵浦光能的分布情况是以下三种效应（性质）综合的结果。

(1) 泵浦腔的结构和腔面的反射性质

对于镜面反射的椭圆腔，当采用焦上泵浦方式时，圆截面的泵浦灯所成的像将发生畸变，弥散，其能量分布范围是一个椭圆。然而，对于光泵直照作用的影响，使激光棒靠近泵灯那一侧的光能密度比较高。而对漫反射腔，腔内形成一个均匀光场分布，对激光棒的照明是对称的。

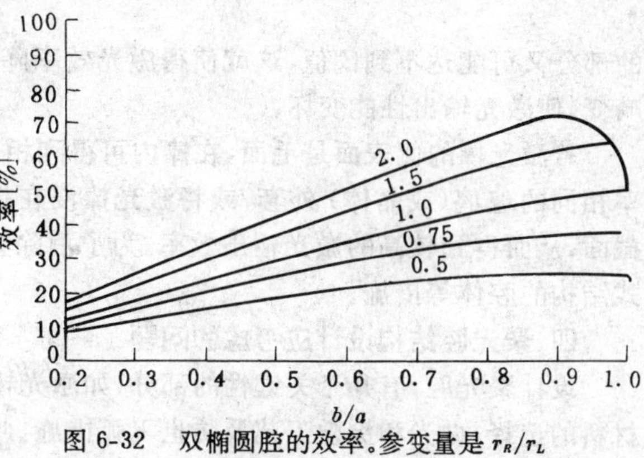

图 6-32 双椭圆腔的效率。参变量是 r_R/r_L

(2) 激光棒表面的光学性

当棒的侧表面为抛光面时，射入棒内的泵浦光因折射而引起非常明显的聚焦作用，使中心部位的光能密度高于边缘部分，但当棒的吸收作用较大时（即 αr_R 较大）会聚作用将被抵消，图 6-33(a) 表示折射光聚焦和泵浦光吸收的补偿作用；在侧面为毛面时，这种圆形分布严格地取决于吸收，而没有聚焦作用，在低吸收值 αr_R 情况下，激光棒中获得相当均匀的泵浦光分布，如图 6-33(b) 所示。

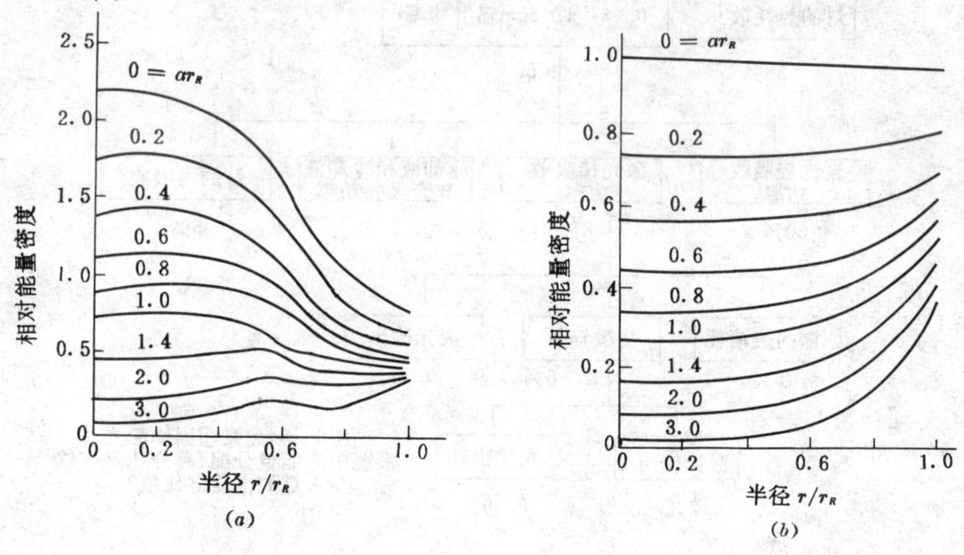

图 6-33 均匀光场中钕玻璃棒中的相对能量密度与归一化半径的函数关系。

(a) 抛光的，(b) 毛侧表面

(3) 泵浦光在棒内的吸收

射入棒内的泵浦光由边缘向中心传播过程中将引起光吸收（主要指激活吸收），而使棒中心部分的泵浦光减弱。

激光棒中泵浦能量的不均匀分布会导致温度分布和增益分布的不均匀。增益较高的部分首先达到阈值而形成激光。

当棒对泵浦光有非常好的透射性时，可获得强的聚焦作用。聚焦的一个重要意义，在于聚焦区的振荡阈值较低。在 TFM_{00} 模运转的激光振荡中，泵浦光需要集中在棒的中心以获得轴对称的最大增益。但这种不均匀泵浦有可能在能量密度大的部分产生饱和效应，而在能量密度小

的部分又可能达不到阈值，这就使得激光效率降低。同时，由于温度的不均匀性还会造成光学畸变，使激光输出性能变坏。

若激光棒的侧表面是毛面，在棒内可得到相当均匀的增益分布。当在激光棒外侧套以折射率相同的玻璃（或晶体）外套，或将激光棒浸在折射率相同的水外套中，可增大激光棒的有效截面，从而得到较高的激光输出效率。为了消除直照造成的不均匀的影响，可采用双灯或紧包式结构的腔体等措施。

四、聚光腔结构设计应考虑的问题

设计聚光腔，有几个关键性的部分，如激光棒、灯和聚光腔的有效冷却及密封，聚光腔基底材料的选择、抛光和涂敷工艺及防止飞弧措施，此外，还必须考虑环境工程学方面的问题，如换灯方便等，下面将讨论这些问题。

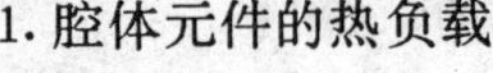

1. 腔体元件的热负载

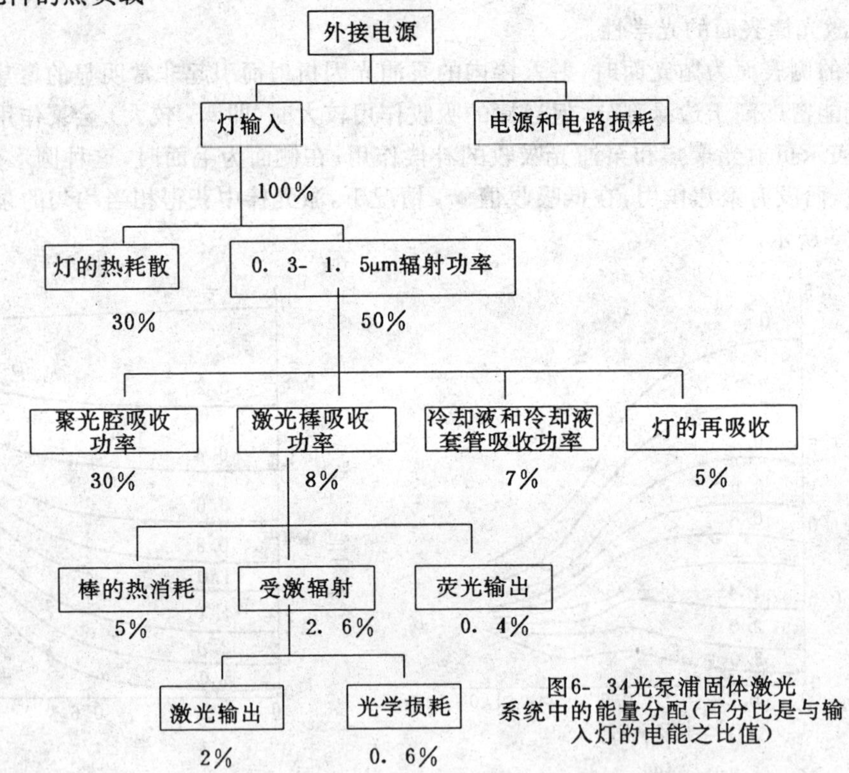

图6- 34光泵浦固体激光系统中的能量分配（百分比是与输入灯的电能之比值）

图 6-34 表示由镀金双椭圆聚光腔、双氪弧灯连续泵浦 Nd:YAG 激光器测量的辐射能量转换过程。灯的电输入功率通过灯管和电极变成热量耗散掉或作为辐射放出。一部分辐射被聚光腔的金属表面吸收，从腔壁反射的辐射被激光棒吸收，或者返回到灯上。由于灯吸收光，使密封在聚光腔中的灯，工作在较高的热负载条件下，结果使这种灯的寿命比采用同样输入电能的敞开工作灯的寿命短。由于绝大多数激光腔是液体冷却的，这就使得棒实际吸收的辐射不同于周围的冷却液，液流套管、滤光片等吸收的辐射。激光棒吸收的泵浦功率引起激光波长的受激辐射和其它主要辐射波段上的荧光。其余部分变成热能，通过激光材料耗散掉。

2. 聚光腔反射面的光谱特性

聚光腔通常是金属构件，常用的材料有铜、铝等，也可用玻璃。但玻璃散热较差，只宜输入功率不大的情况。腔体需要经过精密加工并有精确的面形。内壁反射面必须高度抛光，光洁度

要求达到 $^{0.012}$，然后再镀以高反射率的反光膜层。

由于金属表面反射率以及聚光腔中冷却液的透过率与波长有关，因而射在激光棒上的泵浦光光谱不同于光源辐射的光谱。在理想情况下，从光源发出的辐射到激光棒的传输过程中，希望在激光棒泵浦带上的光学损耗最小，而对激光输出无贡献的那个光谱范围的泵浦能量全部被吸收。这样可以使激活材料中的热负载和与之有关的光学畸变最小。尤其不需要泵浦光的紫外辐射，因为它不利于激光器输出，并且对大多数材料造成损坏。波长比受激辐射波长长的泵浦辐射对激光输出无贡献，但却使激光晶体发热，并导致光学畸变。激光棒的泵浦辐射的强度和光谱成份取决于腔壁的反射率，放在聚光腔内的滤光片和冷却介质。

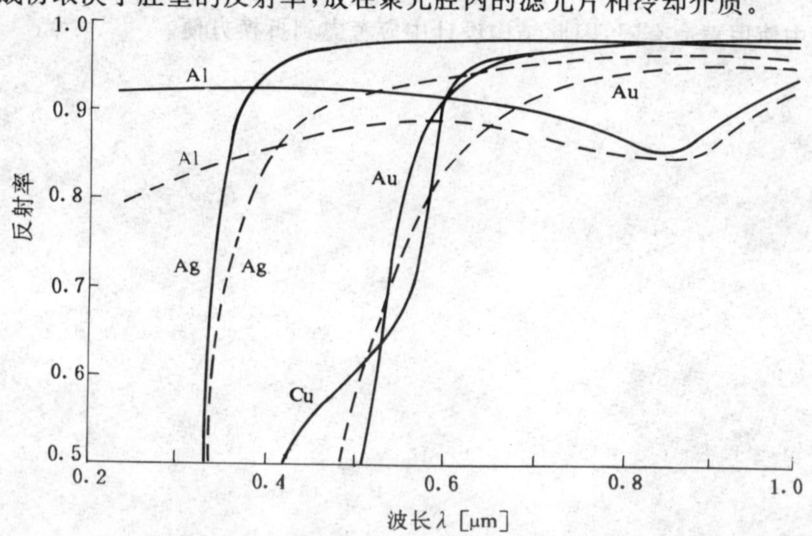

图 6-35 银、金、铝和铜的反射率随波长的变化。实线为真空镀膜，虚线为金属表面抛光

腔壁可由金属反射面、陶瓷漫反射面、由无机材料粉末压制成的漫反射表面构成，或在特殊情况下聚光腔可镀介质膜衬里。现分别说明如下：

金属反射面是在腔面上镀以有高反射率的金属反射膜层构成，常用的金属材料有银(Ag)、金(Au)、铝(Al)、铜(Cu) 等，它们的光谱反射率如图 6-35 所示。由图可以看到，银和铝在可见光到近红外波段都有较高的反射率，银蒸发薄膜可达 98%，铝约为 92%。金在短波部分的反射率较低，而在 $\lambda = 0.7\mu m$ 以后才有高的反射率，因此可用于泵浦掺钕的激光工作物质。金的反射率不如银高。银层的不足之处是易氧化变质、变色，使反射率大为降低。而金则比较稳定，耐腐蚀、使用寿命长。从滤紫外光、防止工作物质产生色心的要求看，金层较银层好，但镀金成本高昂。

漫反射器常用陶瓷材料或压制氧化镁(MgO) 或硫酸钡($BaSO_4$) 粉末制成，陶瓷本身具有漫反射性能，并有耐腐蚀等优点。这些粉末系白色微小颗粒，具有很高的反射率，约为 90%-98%，并且在所关心的范围内与波长无关，同时有很好的散射性能。

在某些特殊情况下，最重要的是把激光棒的热负载降到最小，这时可以选用分色膜作为反射表面。分色膜既可以镀在玻璃上，也可镀在金属表面。设计时，使这种膜反射泵浦辐射，而使紫外和近红外波段的辐射透过。透射的辐射由腔的金属壁吸收，或被玻璃聚光腔周围的吸收层吸收。但此膜层复杂，实际应用较少。

3. 聚光腔结构尺寸的选择

(1) 根据设计要求的能量或功率大小，选择泵浦腔的类型与泵浦方式，达到最高的传输效率和最大的照明均匀性。如采用单灯泵浦还是多灯泵浦，选择聚焦腔还是漫反射腔。

(2) 激光棒、泵浦灯以及泵浦腔三者合理匹配。对圆柱棒和直管泵浦灯尺寸一般按 1:1 选配，泵浦腔的长度一般以不小于棒的长度为宜。

(3) 系统在全面考虑冷却、尺寸和重量、制造成本等要求前提下决定结构设计的最后尺寸。

泵浦灯通常在几百伏到几千伏的电压下工作，触发电压高达万伏以上。因此，结构设计中应注意灯电极和触发电极间的绝缘强度。电极与其相邻导体之间应保持一定间隔，以免产生电击穿。

灯在聚光腔中使用寿命有限，因此结构设计中应考虑到拆换方便。

第七章　激光器的热效应及散热

任何一个连续或脉冲的固体激光器，其输入泵浦灯的能量只有少部分（约百分之几）转化为激光输出，其余绝大部分光能均转化为热损耗。产生热的原因有

（1）固体激光工作物质的泵浦能带和荧光能级间能量差通过无辐射跃迁散失到基质晶格中；

（2）荧光过程的量子效率小于1，包括激光跃迁在内，因而有些光子把它们的全部能量散失到基质晶格中；

（3）泵浦光源的光谱中除少部分与工作物质泵浦能带相匹配的光能为有用泵浦外，其他光谱波段主要分布在紫外和红外区，直接为基质材料所大量吸收，此时，这些光谱区的全部能量转换成热能。

第一节　激光棒的热效应

激光棒由于吸收泵浦辐射而产生的热和由冷却过程造成的热流结合起来，构成了棒的各种热效应。激光材料的加热和冷却导致棒的温度分布不均匀，是折射率随温度和应力的变化引起的激光束畸变。因温度分布不均匀在激光棒中出现光学畸变，其类型有热透镜效应和因热应变光弹性效应，都将引起热致双折射。另外，光学畸变还以棒的延伸和弯曲形式出现。因激光工作物质的温度升高导致荧光谱线加宽、自发辐射寿命缩短，从而使能量转换效率降低，阈值升高，严重时甚至产生“温度猝灭”现象。无功热损耗的上述影响统称为工作物质的热效应。

激光工作物质中特定的温度分布，在很大程度上取决于激光器的工作方式如连续泵浦，单次或重复脉冲泵浦。

在连续工作情况下，长圆柱激光棒若是内部均匀发热，当加热或冷却达到热平衡后，则表面具有恒定温度，那末就可假定棒内径向温度梯度是二次方的关系，因而折射率和热应力沿径向的变化规律亦为平方关系。在脉冲泵浦系统中，主要是研究泵浦脉冲时间内的热效应。理论和实验研究表明，泵浦脉冲通常在0.2～0.5ms之间，在此期间器件中的热传导可忽略不计。因此在单次脉冲器件工作中，激光工作物质的光学畸变仅由吸收不均匀泵浦光产生的温度梯度所引起。而在重复脉冲泵浦系统中，器件的热效应是由不均匀泵浦与冷却引起温度梯度的积累效应所致。其中哪些效应起主要影响，则取决于脉冲间隔时间与激光棒的热弛豫时间常数之比。本章将重点讨论连续器件的热效应和单次脉冲器件的热效应。对高重复率器件和低重复率器件的热效应，在一定条件下可分别用连续工作和单次脉冲工作的结果来处理。

一、连续激光器的热效应

激光器的晶体棒，在运转过程中，一方面受到光泵辐照加热的影响，同时又受到棒侧面周围流过冷却液的冷却影响，因此在棒内形成一定的不均匀热场分布和温度分布，从而导致棒的动态光学均匀性发生一定的变化。继后产生热应力，应力双折射以及热透镜效应。

1. 温度梯度效应

实际激光器内晶体棒的热场分布是十分复杂的。为了理论分析的简便起见，必须作一定的

简化假设：一是激光棒被均匀泵浦，即内部受热均匀，棒周围散热情况相同；二是激光棒的长径比较大，冷却剂均匀冷却棒的整个侧面，沿棒轴向（流速方向）的温度梯度可以忽略。可以认为，热流主要是沿棒的径向传导。在稳定情况下，从一维热传导方程

$$\frac{d^2T}{dr^2}+\frac{1}{r}\frac{dT}{dr}+\frac{Q}{K}=0 \tag{7-1}$$

可解圆柱棒中径向分布。式中 K 为棒的热导率单位为（瓦 / 厘米 · 度）；Q 为棒内单位时间单位体积产生的热量；r 为径向任一点离棒轴的距离。

由（7-1）式的边界条件：当 $r=r_0$ 时，激光棒表面的温度为 $T(r_0)$，r_0 是棒的半径。由此可解得，沿激光棒半径方向任意一点的温度

$$T(r)=T(r_0)+\frac{Q}{4K}(r_0^2-r^2) \tag{7-2}$$

这个式子表明，棒内温度沿径向的分布是抛物线状的，如图 7-1 所示，棒中心温度最高，而且在不同 r 值处的等温面均为同轴圆柱面。棒内部的温度梯度不是棒表面温度 $T(r_0)$ 的函数。单位体积产生的热量可表示为

$$Q=\frac{Pa}{\pi r_0^2 l} \tag{7-3}$$

式中　P_a 为棒耗散的全部热量；l 为棒长。棒表面（$r=r_0$）与棒中心（$r=0$）的温度差为

$$T(0)-T(r_0)=\frac{P_a}{4\pi Kl} \tag{7-4}$$

激光棒内部耗散的热能，要由冷却介质带走，因而棒和流动液体间的热交换产生棒表面和冷却液之间的温差。在稳态条件下，激光棒内部耗散的热能必等于冷却液从表面带走的热能，其计算式为

$$P_a=2\pi r_0 lh[T(r_0)-T_F] \tag{7-5}$$

式中　h 是表面传热系数；T_F 是冷却介质温度。用 $F=2\pi r_0 l$ 表示棒的表面积时，有

$$T(r_0)-T_F=\frac{P_a}{Fh} \tag{7-6}$$

由（7-4）式和（7-6）式解得棒中心处的温度为

$$T(0)=T_F+P_a(\frac{1}{4\pi Kl}+\frac{1}{Fh}) \tag{7-7}$$

因此根据棒的尺寸及相应的系统和材料参数，即可由（7-7）式计算晶体内的热分布。参数 h 是利用图 7-2 给出水的热交换系数和流速的关系求得。

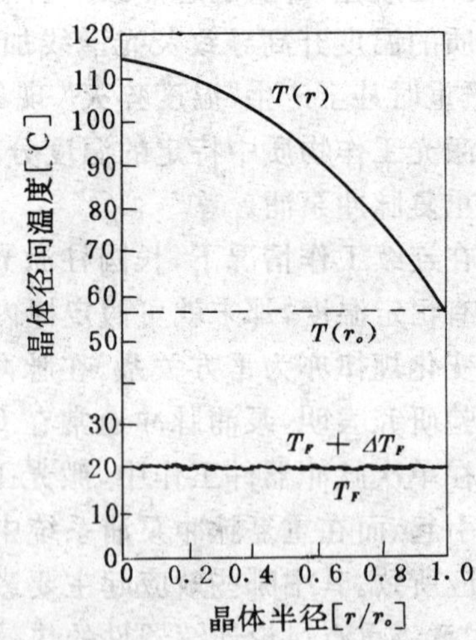

图 7-1　Nd:YAG 晶体中径向温度分布和半径的关系。T_F 为进入冷却液套装置的冷却液温度，ΔT_F 为轴向温度梯度，$T(r_0)$ 为棒表面温度

图 7-1 所示曲线为根据（7-7）式计算的 Nd:YAG 激光棒中径向温度分布的一个实例。激光器的泵浦输入功率是 12kW，激光输出功率 200～250W。激光器棒长 $l=7.5$cm，棒半径 $r_0=0.32$cm，冷却液套内半径 $r_F=0.7$cm，Nd:YAG 耗散的功率 $P_a=600$W，冷却介质流量 $m=143$g/s，进入腔的流体温度 $T_F=20$°C，由图 7-1 可知，晶体中心最高温度是 114°C。晶体中心和表面间高达 57°C 的温度梯度，表明材料中存在着较大的应力。

2. 热应力双折射

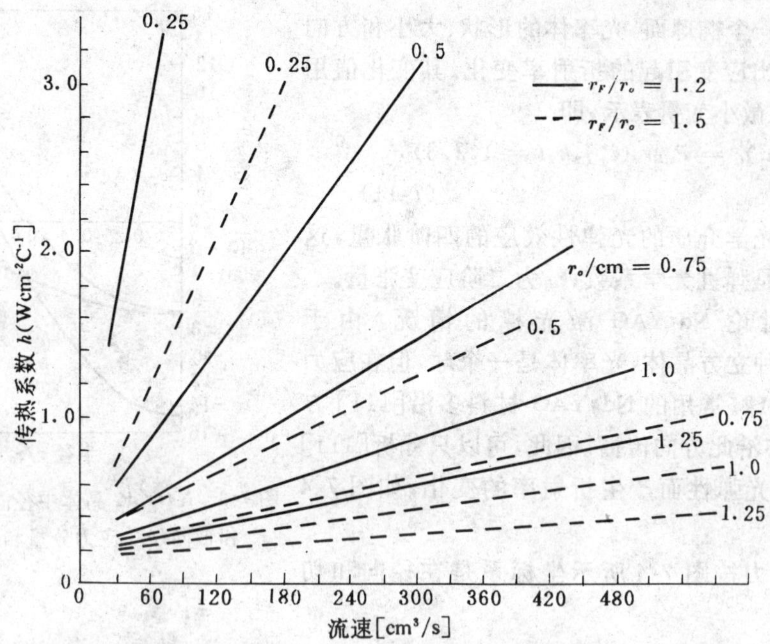

图 7-2　棒表面传热系数 h 和流速的关系。参变量为棒的半径 r_0 和冷却液套内径 r_F

激光棒内热应力产生的主要原因是棒内径向温度分布不均匀。较热的材料内层和较冷的外部区域相互作用产生机械应力。对于自由端的各向同性圆柱棒在无外力作用下，其热应力的径向、切向和轴向分量分别为

$$\sigma_r(r) = QS(r^2 - r_0^2) \tag{7-8a}$$

$$\sigma_\phi(r) = QS(3r^2 - r_0^2) \tag{7-8b}$$

$$\sigma_Z(r) = 2QS(2r^2 - r_0^2) \tag{7-8c}$$

式中

$$S = \alpha E[16(1 - v)]^{-1} \tag{7-9}$$

E 为杨氏模量；v 为泊松比；α 为晶体热膨胀系数。各应力分量 σ_r、σ_ϕ、σ_Z 为正时，表示材料的拉伸应力；为负时，表示材料的压应力。棒内沿半径方向各点的应力分布与半径 r 之间亦为抛物线关系，棒中心总是受压应力。由于靠近棒中心的体膨胀较四周大，故棒表面（$r = r_0$）径向应力 σ_r 为零，切向应力 σ_ϕ 及轴向应力 σ_z 为拉伸应力。

图 7-3 给出了 Nd:YAG 激光棒中应力与半径的关系，其温度分布如图 7-1 所示。由这些曲线可以看出，最大应力发生在棒的中心和表面处。对于 Nd:YAG 晶体，其抗拉强度为 1800～2100kg/cm²，一般棒所承受的应力可达其极限强度的 75%。随着棒中耗散功率的增加，棒表面张力的增加会超过棒的抗张强度，引起激光棒的碎裂。因此，确定在什么功率下会发生这种情况是很有意义的。利用(7-8b)和(7-8c)式，把两个应力分量 $\sigma_z(r_0)$ 和 $\sigma_\Phi(r_0)$ 向量相加后，可得

$$\sigma_{\max} = \frac{(2)^{r_2}\alpha E}{8\pi k(1 - v)} \frac{P_a}{l} \tag{7-10}$$

由(7-10)式可知，激光棒表面张力同激光材料物理常数有关，并同材料单位长度的耗散功率有关，而同横截面无关。

激光棒内温度分布不均匀产生热应力，从而引起热应变，进而通过光弹性效应产生激光材料折射率的不均匀变化，使各向同性材料变成各向异性，导致热应力双折射，或者使各向异性材料原有的双折射特性发生变化。

光学介质的折射率特性是由光率体描述，绝大多数情况下它是一个椭球面，光率体的形状、大小和方向的微小变化给出应变引起的折射率变化。其变化值用系数$(1/n^2)_{ij}$的微小变量表示，即

$$\Delta(1/n^2)_{ij} = P_{ijkl}\varepsilon_{kl}(i,j,k,l = 1,2,3) \tag{7-11}$$

式中　P_{ijkl}为光学介质的光弹性效应的四阶张量，这个张量的要素是弹性光学系数；ε_{kl}为二阶应变张量。

下面仅讨论 Nd:YAG 激光棒的情况。由于 Nd:YAG 是一种立方晶体，光率体是一个球，但在应力作用下变为椭球。常用的 Nd:YAG 材料多沿[111]方向生长，激光亦沿此方向传播。因此，可以只分析[111]面内因热应变光弹性而产生折射率的变化，如图 7-4 所示。

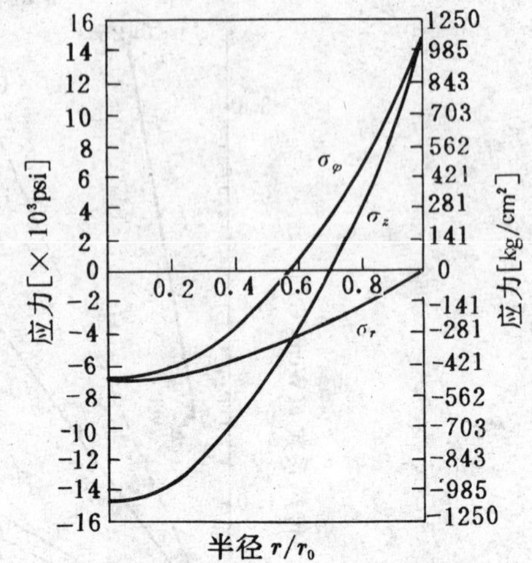

图 7-3　Nd:YAG 晶体中径向(σ_r)，切向(σ_ϕ)和轴向(σ_z)应力分量和半径的关系

因横向应力按图 7-4 所示坐标系是在径向和切

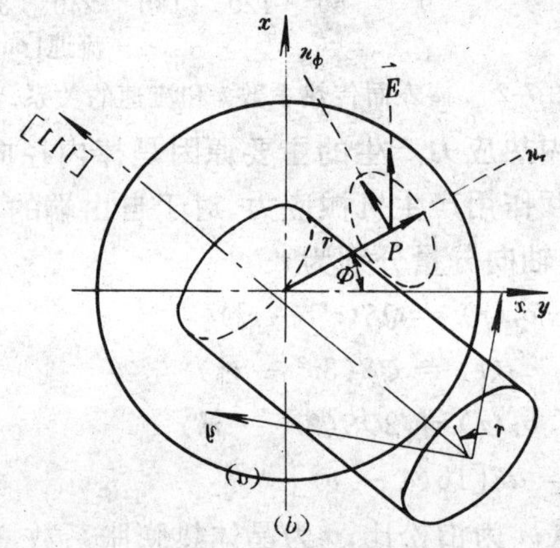

图 7-4　(a)Nd:YAG 棒的轴向；(b) 在垂直于棒轴的平面内，具有热应力 Nd:YAG 的光率体的取向。

向，故局部的折射面的轴也处这两个方向。在圆柱坐标系中，因热应变光弹性导致径向及切向折射率的变化量是

$$\Delta n_r = -\frac{1}{2}n_0^3\frac{\alpha Q}{k}C_r r^2 \tag{7-12a}$$

$$\Delta n_\phi = -\frac{1}{2}n_0^3\frac{\alpha Q}{k}C_\phi r^2 \tag{7-12b}$$

式中　Δn_r和Δn_ϕ分别为由热应变光弹性引起径向及切向折射率的变化量；C_r和C_ϕ为 Nd:YAG 光弹性系数所决定的函数的系数。

$$C_r = \frac{(17v-7)P_{11} + (31v-17)P_{12} + 8(v+1)P_{44}}{4\delta(v-1)}$$

$$C_4 = \frac{(10v-6)P_{11} + 2(11v-5)P_{12}}{32(v-1)}$$

激光棒的热致双折射由式(7-12a)和(7-12b)确定：

$$\Delta n_r - \Delta n_\phi = n_0^3\frac{\alpha Q}{K}C_B r^2 \tag{7-13}$$

式中

$$C_B = \frac{1+v}{4\delta(1-v)}(P_{11} - P_{12} + 4P_{44}) \tag{7-14}$$

若将Nd:YAG的光弹性系数和材料参数值$P_{11} = -0.029$、$P_{12} = +0.0091$、$P_{44} = -0.0615$、$v = 0.3$、$\alpha = 7.9 \times 10^{-6}/°C$、$K = 0.11W/cm°C$、$n_0 = 1.82$代入式(7-12)～(7-14)，可得$C_r = 0.017$、$C_\phi = -0.0025$、$C_B = -0.0097$，及

$$\Delta n_r = (-2.8 \times 10^{-6})Qr^2$$

$$\Delta n_\phi = (0.4 \times 10^{-6})Qr^2$$

$$\Delta n_r - \Delta n_\phi = (-3.2 \times 10^{-6})Qr^2$$

式中　Q的单位为W/cm^3；r的单位为cm。

这里应说明，由于激光棒内任意一点处折射率严格来说是与光的偏振方向有关，因此任意线偏振光入射，在经过不同区域时，将变成不同参量和状态的椭圆偏振光，从而使通过整个棒后的光束总的偏振状态变得非常复杂并且与空间位置有关，这对于要求以线偏振光运转的电光调Q器件来说是显然不利的。

(3) 热透镜效应

由激光棒内的热不均匀(热梯度)与热应变光弹性引起的折射率不均匀变化的总结果，是使得整个晶体棒类似一个正的会聚透镜的作用，这就是激光棒的热透镜效应。棒内折射率的空间分布可以表示为

$$n(r) = n_0 + \Delta n(r)_T + \Delta n(r)_E \tag{7-14b}$$

式中　$n(r)$为棒内折射率的径向变化量；n_0为激光棒中心处的折射率；$\Delta n(r)_T$为不均匀温度分布引起折射率变化；$\Delta n(r)_E$为热应变光弹引起的折射率变化。

由于棒内温度分布不均匀引起径向折射率随温度的变化可表示为

$$\Delta n(r)_T = [T(r) - T(0)]\frac{dn}{dT} \tag{7-15}$$

式中$\frac{dn}{dT}$为折射率温度系数。将式(7-2)、(7-3)和(7-4)代入式(7-5)，可得

$$\Delta n(r)_T = \frac{Q}{4K}\frac{dn}{dT}r^2 \tag{7-16}$$

将式(7-12a)和(7-12b)的Δn_r和Δn_ϕ统一写为

$$\Delta n(r)_E = \Delta n_{r,\phi} = -\frac{1}{2}n_0^3\frac{\alpha Q}{k}C_{r,\phi}r^2 \tag{7-17}$$

再将(7-16)、(7-17)式代入(7-14)式，可得

$$n(r) = n(0) - \frac{Q}{4K}\frac{dn}{dT}r^2 - \frac{1}{2}n_0^3\frac{\alpha Q}{K}C_{r,\phi}r^2 \tag{7-18}$$

此式说明激光棒内径向任意一点处的折射率分布。在棒中心处的折射率$n(0) = n_0$故(7-18)式可改写成

$$n(r) = n_0[1 - \frac{Q}{2kn_0}(\frac{1}{2}\frac{dn}{dT} + n_0^3\alpha C_{r,\phi})r^2]$$

$$= n_0[1 - \frac{n_2}{2n_0}r^2] \tag{7-19}$$

式中，$n_2 = \frac{Q}{k}(\frac{1}{2}\frac{dn}{dT} + n_0^3\alpha C_{r,\phi})$，称为热透镜效应系数。由(7-19)式可知，激光棒由于热效应其折射率沿径向呈抛物线分布。在n_2较小、棒较短的情况下，激光束通过这种热不均匀介质的情况与通过透镜的情况十分相似，并可用焦矩表示：

$$f_{r,\phi} = \frac{1}{n_2 l}$$

或

$$f_{r,\phi}=\frac{K}{Ql}(\frac{1}{2}\frac{dn}{dT}+\alpha C_{r,\phi}n_0^3)^{-1} \tag{7-20}$$

热应变引起的折射率变化同光的偏振有关，因此光弹性系数 $C_{r,\phi}$ 有两个值，一个是偏振光的径向分量，另一个是偏振光的切向分量。由式(7-20) 表示的热焦距包含有热致双折射的影响，故沿径向偏振和沿切向偏振的光波具有不同焦距值，又称双焦距效应。

激光棒因温度分布不均匀分布及热应变光弹引起的透镜效应外，还应包括端面效应引起的棒的热焦距。所谓端面效应是指棒端面平面度的外形畸变，它不是由于整根棒的膨胀不均匀，而是端面附近局部区域发生的长度变化造成的。这个区域中心长度 l_0 近似等于棒的半径 r_0，即 $l_0=r_0$。棒端面长度的变化量为

$$\Delta l(r)=\alpha_0 l_0[T(r)-T(0)] \tag{7-21}$$

式中　l_0 为端面发生膨胀时棒的长度；α_0 为热膨胀系数。将 $l_0=r_0$ 和式(7-2)、(7-4)的结果代入上式，可得

$$\Delta l(r)=-\alpha_0 r_0\frac{Qr^2}{4k} \tag{7-22}$$

由上式可见，因端面效应棒端面由平面变为抛物面。当激光棒半径 r_0 较小时，抛物面可近似为一个球面。该球面是以 $r=0$ 处抛物面的曲率半径 R 为半径。根据几何关系可知

$$R=\frac{2K}{\alpha r_0 Q} \tag{7-23}$$

根据几何光学薄透镜公式，可得到由端面效应引起的棒等效焦距为

$$f''=\frac{R}{2(n_0-1)}=K[\alpha Q r_0(n_0-1)]^{-1} \tag{7-24}$$

至此，可以得到由棒的温度梯度引起的折射率的变化和内部热应力引起的折射率变化，以及棒端面曲率畸变产生的端面效应热焦距的综合效应，由式(7-20) 和(7-24) 得到激光棒的综合热透镜焦距为

$$f=\frac{KA}{P_a}[\frac{1}{2}\frac{dn}{dT}+\alpha C_{r,\phi}n_0^3+\frac{\alpha r_0(n_0-1)}{l}]^{-1} \tag{7-25}$$

式中　$A=\pi r^2$ 为棒的面积；Pa 为棒耗散的全部热量。若将适合于 Nd:YAG 的材料参数代入式(7-25) 式则可发现；折射率随温度的变化是构成热透镜的主要因素(方括号中第一项)；折射率随热应力光弹引起的热透镜焦距变化约 20%(第二项)；棒伸长引起的端面曲率效应小于 6%(第三项)。

由式(7-25) 可知，在忽略端面曲率效应之后，焦距与材料常数和棒的横截面积 A 成正比，而与棒中的热耗散功率 P_a 成反比。若材料内部均匀发热。根据式(7-25) 圆柱形激光棒的焦距可以写成

$$f=MP_{in}^{-1} \tag{7-26}$$

式中 M 表示与棒材料的物理和几何参数以及效率因素 η 有关的常数。此效率因素就是棒内作为热所耗散的功率与电输入功率之比，即 $\eta=P_a/P_{in}$。

为讨论方便引入激光棒灵敏度，定义为

$$d(1/f)/dP_{in}=M^{-1} \tag{7-27}$$

灵敏度因素描述了激光棒光焦度 $1/f$ 随输入能量变化的大小。激光系统在实际运转时，棒的热输入随电源的起伏、灯的老化、综合的系统变化而改变，因此也改变了棒的光焦度。灵敏度系数说明激光棒对这些参数变化的灵敏程度。设计者必须保证谐振腔的设计，即使有些起伏也能保持激光束在规定范围内。对于 Φ 为 0.63cm 的 Nd:YAG 棒，假定泵灯的电输入功率 5% 以热的形

式耗散于棒内，则每瓦光泵能量的浮动将会引起热透镜发生 0.5×10^{-3} 屈光度的变化。若采用对热不灵敏腔则可减少这种影响。

二、单次脉冲激光器

激光棒用单次泵浦脉冲进行泵浦时，将建立瞬时热分布，这就是棒在快速泵浦引起加热过程之后接着缓慢地恢复到热平衡的结果。图 7-5 以图解形式表示光泵浦圆柱形激光棒内径向温度分布随时间的变化情况。

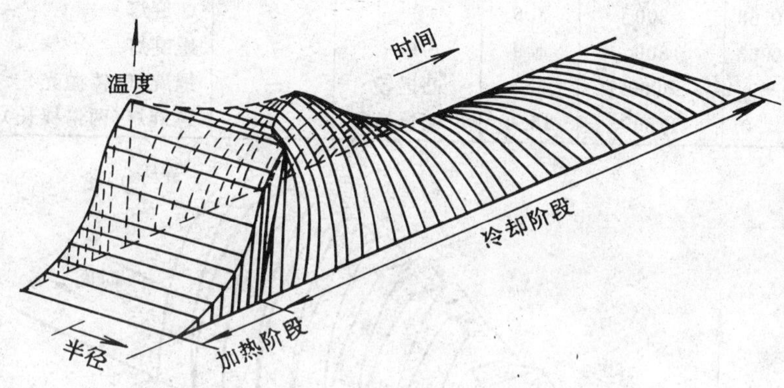

图 7-5　圆柱形激光棒内单次输入脉冲的热弛豫

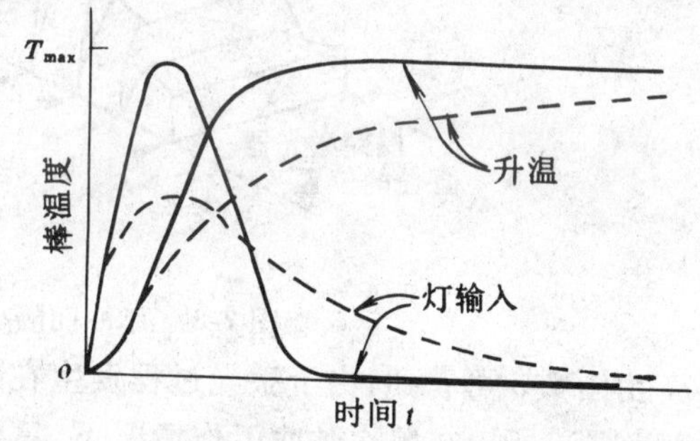

图 7-6　不同灯输入脉冲形状时激光棒的温升

在泵浦光脉冲期间，激光晶体吸收能量。若棒对泵浦辐射的吸收在整个泵浦截面内是均匀的，则在泵浦脉冲结束时，棒的温度比冷却剂温度均匀地升高

$$\Delta T = \frac{Q}{CV\rho} \tag{7-28}$$

式中　Q 为消耗在棒内的热能；C 为比热；V 为激光棒体积；ρ 为激光材料的密度。消耗在棒中的热能

$$Q = \int_0^\infty P(t)dt \tag{7-29}$$

式中 $P(t)$ 为泵浦功率的脉冲形状。

图 7-6 示出了泵浦光脉冲的形状决定了激光棒内的瞬时温升，随后缓慢地趋于热平衡。

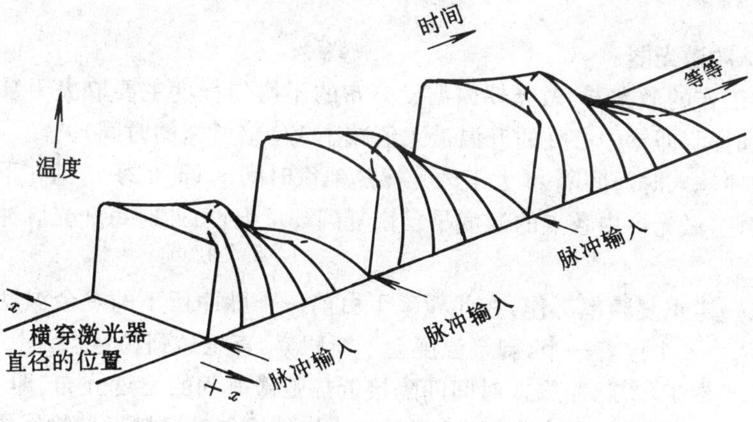

图 7-7　脉冲输入间隔接近热弛豫时间时固体圆柱内的热弛豫

表 7-1 单脉冲泵浦终止时棒内温度变化

材料	长 × 直径 (厘米)	输入能量 (焦耳)	温度 (℃)	温度分布	光程增加 (波长数)	光泵形状
钕玻璃	15 × 1.5	7000	6.4	凹面负透镜	10	直线灯
红宝石	15 × 1.5	7000	15.3	凹面负透镜	32	直线灯
红宝石	7.5 × 0.6	1250	4.0	凸透镜	10	螺旋灯
红宝石	6.3 × 0.63	800	3.5	—	8	螺旋灯
钕玻璃	6.3 × 0.63	800	4.9	—	7	螺旋灯
红宝石	5 × 0.69	5000	6.7	凸透镜	—	螺旋灯(棒抛光)
钕玻璃	7.5 × 1.0	11500	15.0	凹透镜	9	螺旋灯(两倍棒长)

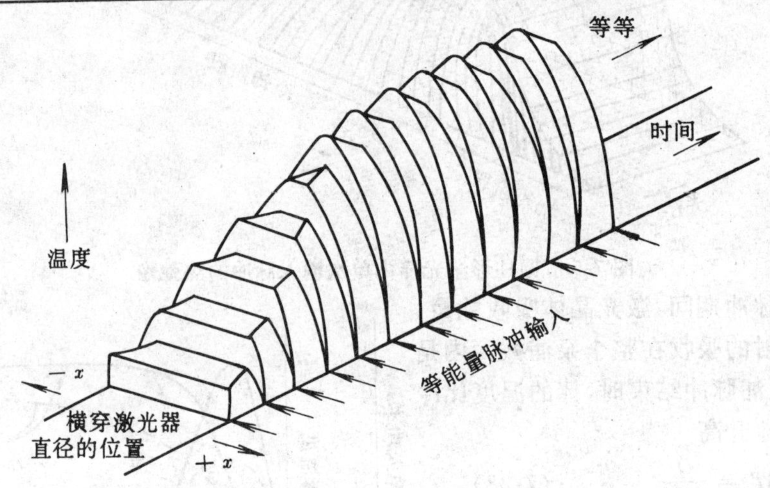

图 7-8 脉冲间隔小于热弛豫时间时的热累积

由图 7-5 可看到，由于激光过程发生在泵浦脉冲周期的中间或光脉冲末段的某一瞬间(调 Q 激光器)。所以在单次脉冲工作情况下，只要考虑光泵浦脉冲期间的热致光学畸变，而冷却段时间内，最后冷却到均一温度，它的热效应对激光过程是没有影响的。若能确定激光的瞬时棒内温度分布 $T(r)$，则单脉冲情况下的热效应便可以用分析连续激光情况的方法进行分析。

表 7-1 列出了实验得到的各种激光棒和泵浦装置在泵浦结束时发生的温度升高和光程长度变化的情况。

三、重复率脉冲激光器

重复率脉冲工作的激光器，激光棒内温度分布的不均匀程度主要取决于泵浦脉冲间隔与激光棒的热弛豫时间(即棒中心处的升温最大值减小 $1/e$ 倍所需的时间)。

如果泵浦脉冲输入时间间隔 Δt 大于激光棒热弛豫时间 τ，即 $\Delta t > \tau$，则在下一个泵浦脉冲作用于激光棒之前，激光棒内各点的温度早已恢复到环境温度。此时每一光脉冲的作用可以按单脉冲情况分析。

若激光器以一定重复频率工作，在此频率下由前一个脉冲留下的剩余温度分布会使激光棒发生升温。如脉冲一个接着一个，剩余温度会不断积累，直至达到稳定态。图 7-7 表示激光器以十分低的重复频率工作，脉冲输入时间间隔接近热弛豫时间的温度分布，即 $\Delta t \approx \tau$。此时在脉冲之间，剩余温度并没有完全消除，泵浦源引起的初始均匀升温接近抛物线的温度分布。

若脉冲间隔小于棒的热弛豫时间($\Delta t < \tau$)，此时，激光棒内的剩余温度来不及均匀地恢复

到常温状态，后一光脉冲对激光棒的作用将叠加在前一光脉冲作用的残余温度分布的基础之上，产生新的温度分布，如图 7-8 所示。随着泵浦光脉冲数的增加，激光棒很快建立起稳定的工作条件，即径向流出棒外的热量等于进入棒内的总热量。在瞬态过程中，圆棒通过若干径向热分布区域达到稳态平衡。在极端情况下，也就是当脉冲间隔与棒的热弛豫时间相比短得可以忽略不计时，即 $\Delta t \ll \tau$，则棒内的不均匀温度分布完全与连续泵浦情况相同，分析计算时可以采用重复光脉冲的平均输入功率。

第二节　激光器的冷却

固体激光器件的总体效率（输出激光光能与灯输入电能之比）都是比较低的，一般约为 0.5～3% 之间。由此可见绝大部分输入能量最终都变为由灯、聚光腔和激光棒吸收的热能，从而促使器件的这些基本组成部分的温度升高。当温升超过各基本组成部分正常工作的温度范围，器件就不能维持正常的运转。为了确保激光器正常而又稳定的运转，必须采取必要的措施尽可能避免热效应的影响。目前较成熟可行的主要措施有冷却、光学补偿和采用非圆柱形的工作物质等。冷却着重于降低激光棒的整体温度；光学补偿用于改善热不均匀造成的影响；采用非圆柱形工作物质同时达到上述两种效果。

一、冷却技术

固体激光器的冷却有液体冷却、气体冷却及传导冷却等几种方法，而以液体冷却为最常用。

1. 液体冷却

液体主要用途是要带走激光棒、泵浦灯和聚光腔中所产生的大量热能，而达到冷却的目的。采用液体冷却的冷却剂应具有热容量大、密度大、凝固点低、粘度小、导热率大、体膨胀系数小的特点，且在 0.35 至 2.7μm 的光谱范围内透明。此外，还应有不易爆炸、不易燃烧，对金属和胶等无腐蚀作用及良好的化学稳定性。表 7-2 列出了国外固体激光器常用的冷却液特性。

表 7-2　各种冷却液室温特性

参　　量	水	水 60% 甲醇 40%	碳氟化合物 FC-104	乙烯乙二醇 50% 水 50%	氟利昂
热容量(卡/克·度)	1.0	0.84	0.24	0.79	0.24
粘度(克/厘米·秒)	1×10^{-2}	0.8×10^{-2}	1.4×10^{-2}	3×10^{-2}	4.1×10^{-2}
热传导系数(卡/厘米·秒·度)	1.36×10^{-3}	0.91×10^{-3}	0.33×10^{-3}	1.01×10^{-3}	0.16×10^{-3}
密度(克/厘米^3)	1	0.905	1.79	1.06	1.76
N_{pr} 数	7.4	7.4	10.2	23.5	61.5
体膨胀系数(1/度)	0.643×10^{-4}	4.14×10^{-4}	9×10^{-4}	5.7×10^{-4}	6.4×10^{-4}
沸点(度)	100	65	104	110	194
冰点(度)	0	−29	−62	−36	−94

从单纯热交换考虑，水是目前最好和最常用的冷却液，它与其它冷却液相比，比热和热导率最高，粘度最低，化学稳定性好，不易被强紫外辐射所分解等优点。但普通自来水一般皆含有矿物质，沉淀后容易污染激光器并阻塞管道，故常以蒸馏水或去离子水作为冷却水。但水的冰点为 0℃，不适用于野外工作的军用激光器，可采用表 7-2 所列的水与其他低冰点的有机液（如

甲醇或乙二醇）的混合液做冷却液。但这些化合物的水溶液易被强紫外光所分解，产生沉淀物使 溶液透明度降低。同时，激励光源发出的短于 0.4μm 的紫外辐射，会使激光晶体发热或产生有害的色心，因此需采取一定的滤光措施使紫外辐射不进入晶体棒之内。通常采用的方法有：

滤光液法　目前所用冷却液为具有滤紫外性能的某些盐类的水溶液。常用的是浓度在 0.3～1% 的重铬酸钾水溶液或浓度在 1～2% 的亚硝酸钠水溶液，基本上能滤掉 <0.4μm 的光辐射，而对有用的灯的光辐射吸收较小。但运转时间长时，也易被强紫外分解而产生有害污染物。

滤 光玻璃法　采用既能吸收有害的紫外辐射，同时又能透过有用光泵辐射 的玻璃料制成激光棒水冷套管，或者制成玻璃片置于聚光腔内灯与棒之间，而仍用纯净的水做冷却液。这是一种有效的滤光方法，适合上述要求的玻璃料，国内牌号有 JB4 或 JB5 型硒镉有色（黄色）玻璃，它们基本上可滤掉 <0.5μm 的辐射，其结构表示在图 7-9 和图 7-10。

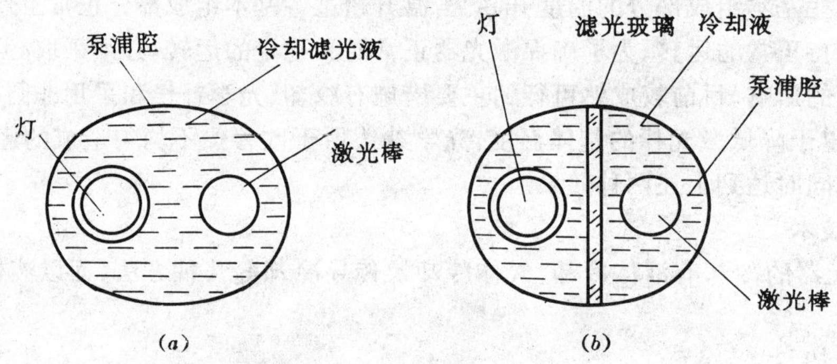

图 7-9　全腔冷却示意图

选择反射聚光腔法　在前一章已介绍过，金的紫 外反射率较低，因此可减少入射到晶体内的有害紫 外辐射。此外，还可采用介质膜反射聚光腔，使真空镀的介质膜在大约为 0.5～0.9μm 的有用光泵光谱 区域内具有高反射能力，而在紫外和其他红外区具 有高透过能力，从而能有效滤掉入射到激光晶体棒 内有害或无用辐射。然而此法在工艺技术上需进一步解决。液体冷却方式有全腔整体冷却、分别冷却两种，分别介绍如下：

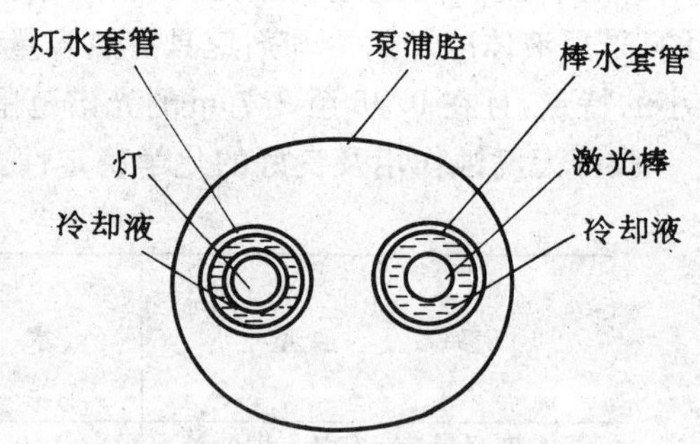

图 7-10　分别冷却示意图

全腔整体冷却　如图 7-9 所示，优点是结构简单、紧凑、效率高。冷却液与棒、灯及泵浦腔反射面直接接触，冷却效果好。如冷却液具有滤光作用，则棒、灯和腔易受冷却液的沉淀物所污染，导致激光输出下降，因而需定期清洗。为克服此缺点可在腔内加入滤光玻璃板，如图(*b*) 所示，但这样会加大器件的外形尺寸，增加重量。

分别冷却方式　其特点是晶体棒、灯和聚光腔通冷却液，其结构如图 7-10 所示。其优点是冷却能力强、棒、灯、聚光器及附属冷却系统便于分别拆卸和冷却液流量调整。并且防止了对泵浦反射表面的污染。缺点是流动管道和封接环节比较多，系统较为复杂，玻璃套管的吸收影响光泵效率。此种方法适用于较大功率输出的器件。

2. 空气或气体冷却

一般适用于较低平均功率的激光器，尤其是便携式激光系统，有时候采用强迫空气冷却激光棒和泵浦灯。在小型军用固体激光器件中，用空气，氮气等流动气体作为冷却介质。冷却激光头所需的空气流速要根据耗散的热量和沿空气流的最大温差来确定，对于 20℃，一个大气压的标准情况，需要的流量 f_v(升／分）为 $49P\Delta T$(W/℃)。式中，f_v 为空气流量，ΔT 为入口空气和排出空气的温差，式中的数字因子包含了空气的热特性。

3. 传导冷却

激光棒紧贴热传导体，如紫铜将热量传递给散热器而实现冷却。其特点是结构简单、重量轻、不易损坏，适用于小型空间应用的固体激光器。激光棒可用机械方法固定，胶合或焊接在散热器上，为确保激光棒和散热器之间有良好的热传导，使激光棒整体温度均匀一致，典型结构如图 7-11 所示。Nd:YAG 棒焊在热膨胀系数与之非常匹配的纯铌底座上。为实现紧密均匀接触，激光棒及铌表面皆镀以镍、金，然后进行铟焊。

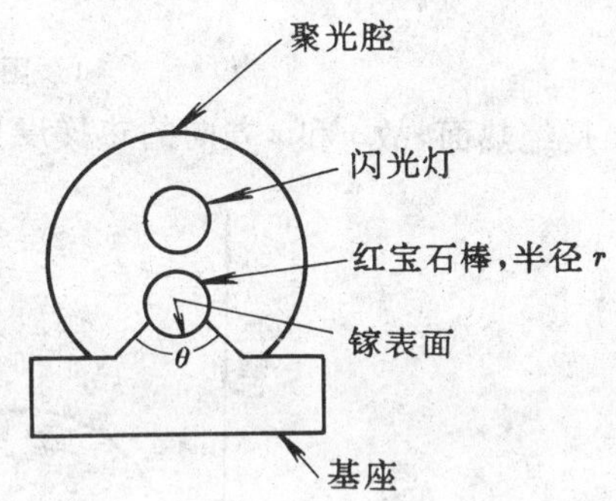

图 7-11　传导冷却激光棒的典型结构

目前激光棒内热能亦可用半导体微型致冷器冷却，其效果是相当好的。

二、光学补偿方法

采用冷却方法虽可带走激光器内大量的热能，但并不能消除激光棒内的热不均匀分布，以及由此产生的热双折射和热透镜效应。利用光学补偿方法，可以抵消由热双折射和热透镜效产生的不利影响，从而改善激光束质量。热透镜效应的补偿可以用在光学谐振腔内加类透镜的分析方法。

热双折射的光学补偿原理，是将两根热效应基本相同的激光棒串接放置，其间再置以 $\frac{\lambda}{2}$ 石英旋光片互相补偿来实现的。

三、采用非圆柱激光工作物质

采用非圆柱激光工作物，如众所周知的盘形、片形和 Z 字形激光器，其目的，一是在给定激光材料体积情况下增加冷却表面，进而降低激光工作物质的整体温度。二是改变热流方向，使折射率梯度方向与激光传播方向一致，使热流产生的折射率梯度对激光束影响减至最小。下面讨论三种非圆柱状激光器：

盘状激光器　这种激光器又称为分段或轴向梯度激光器。激光材料的形状为圆形片、方形片或椭圆形片，盘状片的放置形式可以与光轴垂直，或与光轴成布儒斯特角，或盘状片之间按 Z 形排列，如图 6-24，所示。平行排列的各片之间留有 0.5～1mm 间隔以有利冷却。采用片状工作物质，以利于增加散热面积又使热能沿光轴方向流动，从而避免或大为减弱热透镜效应与应力双折射。如果盘状片的排列与光轴垂直，则各片表面应镀增透膜，或采用折射率与工作物质匹配的冷却液。以布儒斯特角放置的盘状版激光器的优点是可以直接用水冷却，而钕玻璃盘状片激光器需用重水 D_2O 冷却。因为水在 1.06μm 光辐射的吸收系数大，约为 $0.1cm^{-1}$，而重水为 $0.008cm^{-1}$。盘状片必须是高质量的抛光平面，以减小散射损耗。

盘状片布儒斯特角激光器主要用于发展钕玻璃激光放大器，以达到非常高峰值功率和相对低的平均功率。目前，盘状片激光放大器的孔径已达到 74cm。

锯齿形光路板条状激光器　把固体激光工作物质做成截面为短形的板条，端面与底面有一定角度，两端面平行，如图 7-12 所示。板条的上下(y 方向）两面为加冷却的光学抛光的泵浦面。激光束沿晶体板条长 度以锯齿形式在两个大光学面上进行全内反射。晶体两侧面(x 方向）

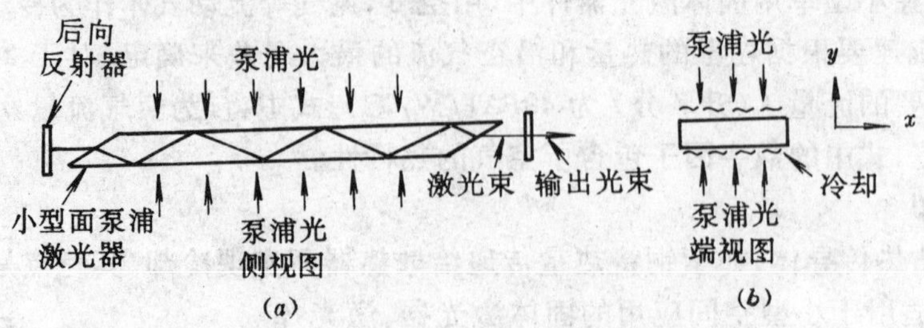

图 7-12　锯齿形光路板条状激光器

是绝热面，故 x 和 z 方向的热梯度可忽略，使板条中形成一维对称的热分布，温度从板条中心平

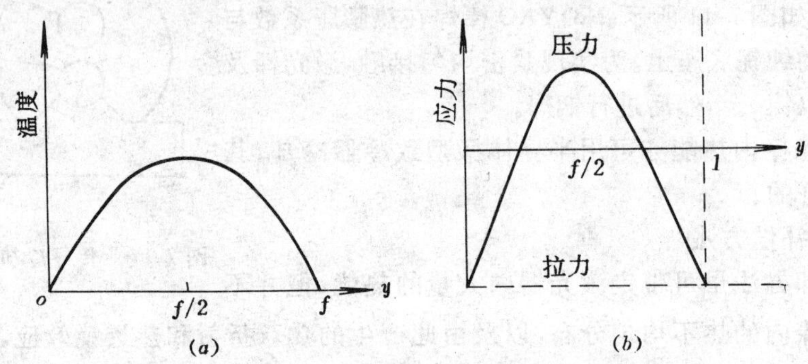

图 7-13　板条状激光晶体中温度和应力分布

面到外表面按抛物线降低，如图 7-13 所(a)示。当激光束在板条的两个全反射面之间作锯齿形传输时，光束的波前从一个面传输到另一个面，通过相同的温度梯度。这样，不会因温度引起的折射率变化而导致光学畸度。所以，在理想的基质材料情况下，这种结构的热畸变可以得到充分的补偿。板条状激光器的优点是利用光束在其中锯齿形光路传输及板条几何结构的对称性，消除一阶热聚焦和应力聚焦及退偏效应。下面对板条内的温度和应力分布作初步分析。

图 7-12 中，z 轴与板条的光轴重合，设板条状激光介质受到均匀泵浦，板条的两个全反射面($y=\pm t/2$)面上冷却是均匀的，(t 为板的厚度)，$x=(\pm \omega/2)$ 面上的绝热是良好的，(ω 为板的宽度)，并且板条长 L 是无限大。所以 X 和 Z 方向的热梯度可忽略，只需考虑一维方向的热梯度，即温度和应力只是 y 的函数。在这些条件下，假定温度分布为抛物线轮廓，如图 7-13(a) 所示。用一维热传导方程求解，这时厚度方向的温度分布为

$$T(Y)=\frac{Qt^2}{8K}\left[\frac{1}{3}-\left(\frac{2y}{t}\right)^2\right] \tag{7-30}$$

式中　K 为激光晶体的热导率；Q 为单位体积均匀发热的速率。由此可知板的厚度中心和板表面的最大温度差为

$$\Delta T=\frac{t^2}{8K}Q \tag{7-31}$$

对理想情况下的板条介质其长度和宽度方向的应力分别由下式给出

$$\sigma_{xx}=\sigma_{zz} \tag{7-32}$$

$$\sigma_{xx}=\frac{Q}{2M_S}\left[y^2-\frac{t^2}{12}\right] \tag{7-33}$$

式中　$M_S=(1-v)K/\alpha E$ 为材料的参数，v 为泊松比，α 为晶体热膨胀系数，E 为杨氏模量；σ_{xx} 为负值时表示为压应力，为正值时表示为拉伸应力。由式(7-33)可知，板表面为拉伸应力，中心为压 应力，在表面 $y=\frac{t}{2}$ 处拉伸应力

$$\sigma_s = \frac{\alpha E t^2}{12(1-\nu)K} Q \tag{7-34}$$

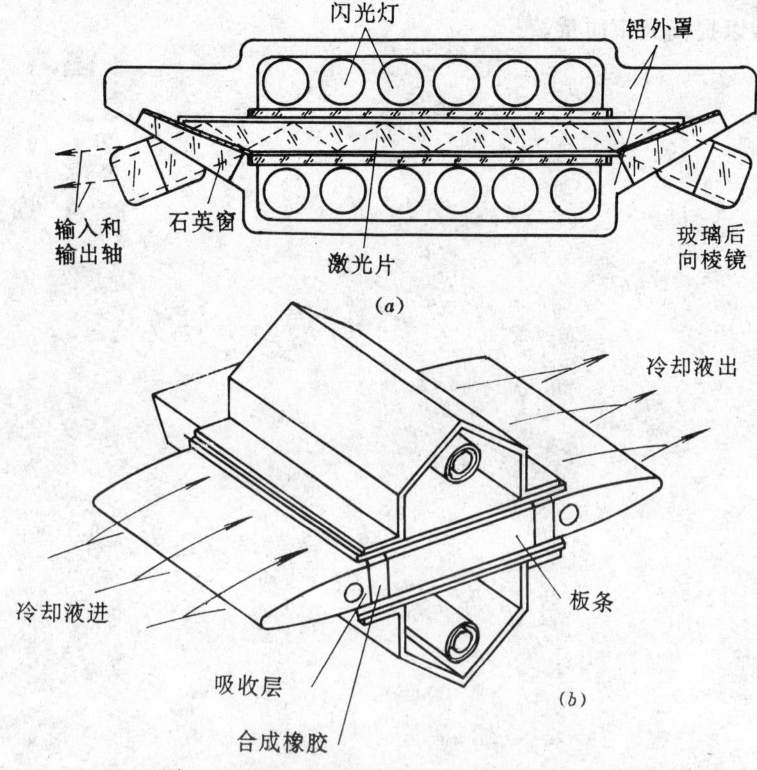

图 7-14　锯齿形光路板条激光器两种不同结构设计。

(a) 多灯泵浦；(b) 单灯泵浦

板内的应力分布如在图 7-13(b) 所示。

经推导，板条晶体能承受的最大应力而不断裂；所允许的单位长度吸收的热功率为

$$\frac{P_a}{l} = 12\sigma_{max}\frac{(1-\nu)K}{\alpha E}\left(\frac{w}{t}\right) \tag{7-35}$$

式中$\frac{w}{t}$是有限板条的纵横比，对单位长度吸收的热功率相同，比较棒和板的表面应力。由式(7-10) 和(7-35) 可得

$$\frac{(P_a/l)\text{ 棒}}{(P_a/l)\text{ 板}} = \frac{2\pi}{3}\left(\frac{t}{w}\right) \tag{7-36}$$

由此可见，板条的纵横比大于 2，它承受功率的能力相对比棒好。

综上所述，对理想的假设边界条件，温度梯度是一维的，并且对板条中心平面对称。光束从一个泵浦面到另一个泵浦面，经过一个温度梯度大小相等、方向相反的过程。这样就可补偿板条的热效应，而且光束呈锯齿形，每一光线都经过相同的位相延迟，从而可减少或补偿热畸变，改善光束质量。由于激活介质内光路为锯齿形，这就增加了光束的增益长度，提高了激活介质的利用率，也就提高了器件的效率，增大了输出功率。目前板条状 Nd:YAG 激光器的平均输出功率达 1kW。

锯齿形光路板条激光器的两种不同结构设计表示在图 7-14 中，图(a) 表示连续工作 Nd:YAG 激光器，板条的尺寸为 $127\times15\times6\text{mm}^3$，用 12 支泵浦灯泵浦，产生的多模光束功率为 250W，TEM_{00} 模光束功率为 15W；图(b) 是单灯泵浦，灯是沿着板的轴向放在板的两边。

为了获得较高的光束质量和效率，针对板条介质的特殊形状，可采用柱面镜谐振腔。输出

镜为平面镜，全反镜为凹面柱面镜，在宽的方向利用凹面镜，使其在此方向形成稳定腔，增加输出功率；而在厚度方向上，通过锯齿形光路补偿了热效应，在此方向采用平行平面介稳腔来获得小的光束发散角，以提高光束质量。

第八章　固体激光器光学谐振腔

本章主要讨论固体激光器光学谐振腔几何参数、腔模参数和工程应用中的计算方法。在稳定振荡条件下，谐振腔的几何参数与腔内振荡模的参数之间有确定对应的关系。研究谐振腔的几何参数与腔内模参数的关系，而且主要讨论基模 TEM_{00} 模的高斯光束参数与谐振腔几何参数的关系。固体激光器运转时，激光工作物质因热效应可呈类透镜作用。研究此类介质对激光束的变换及输出束参数，为了在一定程度上减小由激光棒热畸变或其它某种因素产生输出光束的变化，可采用热稳腔，从而使腔内模参数的变动不灵敏。

本章还简单介绍固体激光器特殊选择的反射镜曲率和在腔内插入望远镜谐振腔的几何参数和模参数。

第一节　光学谐振腔的模参数

固体激光器的光学谐振腔中除了两端反射镜外，腔内还可能包括均匀及非均匀传播介质。考虑激光工作物质的热透镜效应，可以将激光棒近似等效为 $f = 1/(n_2 l)$ 的薄透镜，或精确视为类透镜系数 n_2 的类透镜介质。与振腔内只含有一种均匀传播介质的简单谐振腔类比，上述各种谐 谐振腔称为复杂谐振腔。对于复杂谐振腔，仍可根据自洽原理导出谐振腔的稳定条件。设有一谐振腔如图 8-1 所示，谐振腔的反射镜为 M_1 和 M_2，其曲率半径分别为 R_1 和 R_2，该腔内传播介质的变换矩阵为

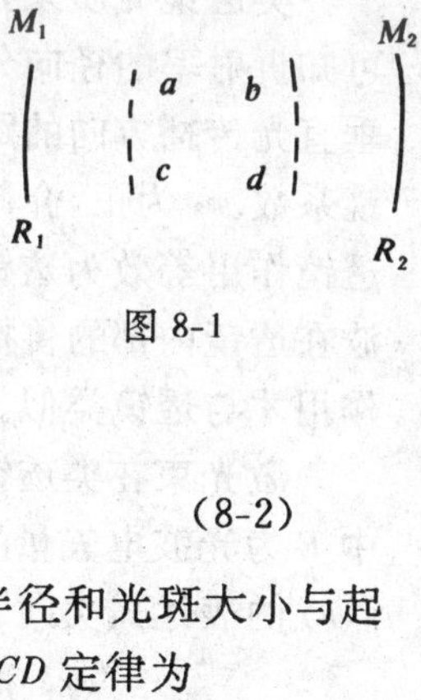

$$\begin{bmatrix} a & b \\ c & d \end{bmatrix} = \begin{bmatrix} a_m & b_m \\ c_m & d_m \end{bmatrix} \cdots\cdots \begin{bmatrix} a_2 & b_2 \\ c_2 & d_2 \end{bmatrix} \begin{bmatrix} a_1 & b_1 \\ c_1 & d_1 \end{bmatrix} \tag{8-1}$$

图 8-1

激光束在此谐振腔内往返一次的变换矩阵为

$$\begin{bmatrix} A & B \\ C & D \end{bmatrix} = \begin{bmatrix} 1 & 0 \\ -2/R_2 & 1 \end{bmatrix} \begin{bmatrix} d & b \\ c & a \end{bmatrix} \begin{bmatrix} 1 & 0 \\ -2/R_1 & 1 \end{bmatrix} \begin{bmatrix} a & b \\ c & d \end{bmatrix} \tag{8-2}$$

由于在稳定谐振腔中，光束循环一周应复原，叫自洽，即光束波面的曲率半径和光斑大小与起始光束相同。激光束在谐振腔内循环一周的自洽条件，按复参数传输的 $ABCD$ 定律为

$$q_1 = \frac{Aq_1 + B}{Cq_1 + D} \tag{8-3}$$

式中　$ABCD$ 为(8-2)式的矩阵元素；q_1 为激光束在反射镜 M_1 表面处的复光束参数。解(8-3)式可得

$$\frac{1}{q_1} = \frac{-(A-D) + \sqrt{(A-D)^2 + 4BC}}{2B} \tag{8-4}$$

由于光路可逆，光学变换矩阵一般应满足：$AD - BC = 1$ 则式(8-4)可改写为

$$\frac{1}{q_1} = \frac{D-A}{2B} \pm i\sqrt{\frac{4-(A+D)^2}{4B^2}}$$

$$= \frac{1}{R} - i\frac{\lambda_0}{n\pi W_1^2} \tag{8-5}$$

式中　R_1 为激光束在反射镜 M_1 表面处的波面曲率半径；W_1 为激光束在 M_1 镜面处的光斑半

径；λ_0 为激光在真空中的波长；n 为 M_1 镜面处介质的折射率。

若激光束在谐振腔内稳定存在，光斑 W_1 应具有确定的实数值，即(8-5) 式中 $(A+D)^2-4<0$。因此，可以导出谐振腔的稳定性条件为 $|\frac{A+D}{2}|\leqslant 1$。将(8-2) 式求得的各矩阵元 A、D 值代入，可得

$$0\leqslant(a-\frac{b}{R_1})(d-\frac{b}{R_2})\leqslant 1 \tag{8-6}$$

设 $G_1=a-\frac{b}{R_1}$，$G_2=d-\frac{b}{R_2}$ 称为谐振腔的 G 参数，则(8-6) 式可写成 $0\leqslant G_1G_2\leqslant 1$。

(8-6) 式给出根据最小损耗条件选择谐振腔几何参数的判别式，即谐振腔的稳定性条件，通常是根据经验选定谐振腔参数并用此条件加以验算。

已知谐振验腔的几何参数，从(8-5) 式求得高斯光束在所选参考虑面上波面曲率半径和光斑半径。例如，反射镜 M_1 镜面处的波面曲率半径 R_1 和光斑半径 W_1 为

$$\left.\begin{aligned} R_1&=\frac{2B}{D-A}\\ W_1^2&=\frac{\lambda_0}{n\pi}\frac{2B}{\sqrt{4-(A+D)^2}}\end{aligned}\right\} \tag{8-7}$$

由于参考面是任意选取的，所以通过这两式可求得谐振腔中任意部位的光束参数 R 及 W 值。

第二节　类透镜介质对激光束的变换

类透镜介质系指其折射率在垂直光传播方向与坐标成平方关系的光学介质。由(7-19) 式可知折射率的径向分布为 $n(r)=n_0(1-n_2r^2/2n_0)$。式中：n_0 为介质内最大或最小的折射率；r 为垂直光传播方向的距离，坐标原点$(r=0)$一般选在折射率为 n_0 点处；n_2 为比例常数，称为类透镜系数。n_2 为正，介质具有会聚透镜性质；n_2 为负，则具有发散透镜性质。通常将工作物质的热透镜作用等效为透镜，这是一种近似处理方法。实际上，光波在类透镜介质内的传播规律与光波在透镜内部的传播规律是不相同的。只有类透镜系数较小时，此类介质对光波的会聚或发散作用才与透镜类似。故称为类透镜介质。

激光束在类透镜介质内的传播规律可由解电磁场的标量方程 $\nabla^2E+K^2(r)E=0$ 求出。式中 E 为光波电矢量的复幅度，用波矢表示类透镜介质 $K(r)=K(0)[1-K_2r^2/2K(0)]$ 形式与 $n(r)$ 的表达式类同，则波动方程的基模(TEM_{00} 模）解为

$$\begin{aligned} E(r,\theta,z)&=E_0\frac{W_0}{W(z)}\exp\{-i[kz-n(z)]-ikr^2/q(z)\}\\ &=E_0\frac{W_0}{W(z)}\exp\{-i[kz-n(z)]-r^2[\frac{1}{W^2(z)}-\frac{ik}{iR(z)}]\}\end{aligned} \tag{8-8}$$

式中　$k=\frac{2\pi n}{\lambda_0}$；$r=(x^2+y^2)^{1/2}$；复参数为

$\frac{1}{q(z)}=\frac{1}{R(z)}-\frac{i\lambda_0}{n_0\pi W^2(z)}$ 厚度为 l 的类透镜介质对激光束的变换矩阵为

$$\begin{bmatrix}A & B\\ C & D\end{bmatrix}=\begin{bmatrix}\cos(\sqrt{k_2/k}) & \sqrt{k/k_2}\sin(\sqrt{k_2/k})z\\ -\sqrt{k_2/k}\sin(\sqrt{k_2/k})Z & \cos(\sqrt{k_2/k})z\end{bmatrix} \tag{8-9}$$

激光束在类透镜介质内的变化规律为：

$$q(z)=\frac{\cos[(\sqrt{k_2/k})z]q_0+\sqrt{k/k_2}\sin[(\sqrt{k_2/k})z]}{-\sqrt{k_2/k}\sin[(\sqrt{K_2/k})z]q_0+\cos[(\sqrt{k_2/k})z]} \tag{8-10}$$

式中坐标原点选在某束腰处，即 $q(z=0)=q_0$。

将(8-10)式展开为 $1/q(z)$ 的实部及虚部，可得激光束在类透镜介质内传播时光斑尺寸及波面曲率半径随传播距离的变化规律为：

$$R(z)=\frac{1}{1-\frac{k_2}{k}q_0^2}\sqrt{\frac{k}{k_2}}\mathrm{tg}(\sqrt{\frac{k}{k_2}}z)\left[1+\frac{q_0^2}{\frac{k}{k_0}\mathrm{tg}^2(\sqrt{\frac{k_2}{k}}z)}\right] \tag{8-11}$$

$$\begin{aligned}W^2(z)&=W_0^2[\cos^2(\sqrt{\frac{k_2}{k}}z)+\frac{k}{k_2q_0^2}\sin^2(\sqrt{\frac{k_2}{k}}z)]\\&=W_0^2[1+(\frac{k}{k_2q_0^2}-1)\sin^2(\sqrt{\frac{k_2}{k}}z)]\end{aligned} \tag{8-12}$$

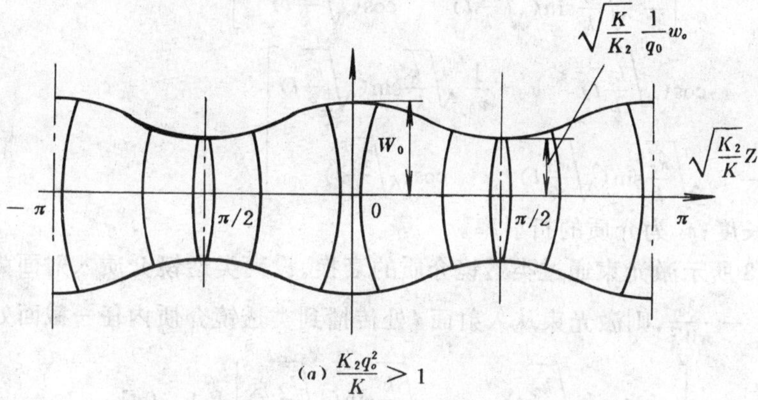

(a) $\frac{K_2q_0^2}{K}>1$

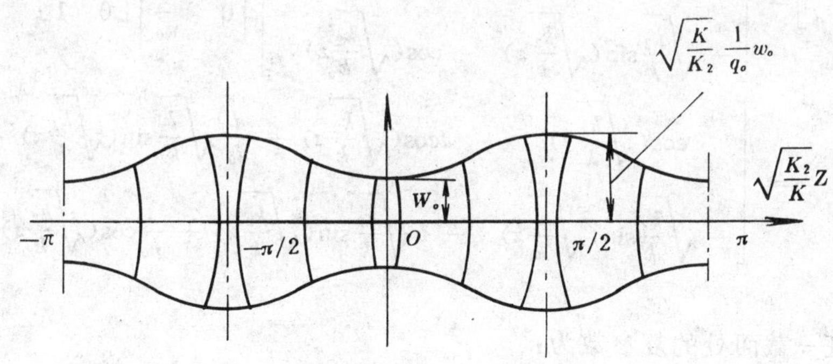

(b) $\frac{K_2q_o^2}{K}<1$

图 8-2　激光束在类透镜介质内的传播

并表示于图 8-2 中。由(8-11) 和(8-12) 式可知，类透镜介质内的光束形状与类透镜系数 K_2 及初始光斑半径 W_0 的关系很大。若 k_2 较大，初始束腰复参数 q_0 也较大，使 $k_2q_0^2/k>1$，则激光束光斑半径 $W(z)$ 在 $|z|\leqslant\frac{k}{k_2}\frac{\pi}{2}$ 的范围内随 $|Z|$ 减小。波面的 $R(z)$ 取负值并随 z 减小。当 $z=\sqrt{\frac{k}{k_2}}\mathrm{acrtg}(\sqrt{\frac{k_2}{k}}q_0)$ 时，$R(z)$ 为极小值。在 $|Z|=\sqrt{\frac{k}{k_2}}\frac{\pi}{2}$ 处，$W(\frac{\pi}{2}\sqrt{\frac{k}{k_2}})=\sqrt{\frac{k}{k_2}}\frac{W_0}{q_0}$，$R(\sqrt{\frac{k}{k_2}}\frac{\pi}{2})=\infty$。光场的变化规律如图 8-2(a) 所示。

若初始值 $k_2q_0/k<1$，变化规律如图 8-2(b)。其结果也可理解为 $k_2q_0/k>1$，只是相当于Z的

值在$\sqrt{k/k_2}\,\frac{\pi}{2}\leqslant|z|\leqslant\sqrt{\frac{k}{k_2}}\pi$之间。一般说，若类透镜介质较长，激光束参数将以$\sqrt{\frac{k}{k_2}}2\pi$为周期在介质内周期性地变化。激光束在类透镜光导纤维内的传播即为这种情况。对于大多数激光工作物质，由热效应及其它原因造成的类透镜系数k_2值均很小，约为$10^{-4}\sim10^{-5}\text{cm}^{-2}$，且其长度有限，激光束参数甚至不可能完成一个周期变化。

由于类透镜介质在谐振腔总取有限值，其变换矩阵中还应考虑介质的两个端面的变换作用。此时的变换矩阵为：

$$\begin{bmatrix} a' & b' \\ c' & d' \end{bmatrix}=\begin{bmatrix} 1 & 0 \\ 0 & n_0 \end{bmatrix}\begin{bmatrix} \cos(\sqrt{\frac{k_2}{k}}l) & \sqrt{\frac{k}{k_2}}\sin(\sqrt{\frac{k_2}{k}}l) \\ -\sqrt{\frac{k_2}{k}}\sin(\sqrt{\frac{k_2}{k}}l) & \cos(\sqrt{\frac{k_2}{k}}l) \end{bmatrix}\begin{bmatrix} 1 & 0 \\ 1 & 1/n_0 \end{bmatrix}$$

$$=\begin{bmatrix} \cos(\sqrt{\frac{k_2}{k}}l) & \frac{1}{n_0}\sqrt{\frac{k}{k_0}}\sin(\sqrt{\frac{k_2}{k}}l) \\ -n_0\sqrt{\frac{k_2}{k}}\sin(\sqrt{\frac{k_2}{k}}l) & \cos(\sqrt{\frac{k_2}{k}}l) \end{bmatrix} \tag{8-13}$$

式中　l为介质的长度；n_0为介质的折射率。

现讨论如图8-3所示激光束通过类透镜介质的衰换。设离类透镜介质入射面为d处，激光束的复参数$\frac{1}{q_1}=\frac{1}{R_1}-\frac{i\lambda_0}{\pi W_1^2}$，则激光束从入射面$d$处传播到类透镜介质内任一截面处的矩阵为：

$$\begin{bmatrix} a & b \\ c & d \end{bmatrix}=\begin{bmatrix} \cos(\sqrt{\frac{k_2}{k}}z) & \sqrt{\frac{k}{k_2}}\sin(\sqrt{\frac{k_2}{k}}z) \\ -\sqrt{\frac{k_2}{k}}\sin(\sqrt{\frac{k_2}{k}}z) & \cos(\sqrt{\frac{k_2}{k}}z) \end{bmatrix}\begin{bmatrix} 1 & 0 \\ 0 & \frac{1}{n_0} \end{bmatrix}\begin{bmatrix} 1 & d \\ 0 & 1 \end{bmatrix}$$

$$=\begin{bmatrix} \cos(\sqrt{\frac{k_2}{k}}z) & d\cos(\sqrt{\frac{k_2}{k}}z)+\frac{d}{n_0}\sqrt{\frac{k}{k_2}}\sin(\sqrt{\frac{k_2}{k}}z) \\ -\sqrt{\frac{k_2}{k}}\sin(\sqrt{\frac{k_2}{k}}z) & -d\sqrt{\frac{k_2}{k}}\sin(\sqrt{\frac{k_2}{k}}z)+\frac{1}{n_0}\cos(\sqrt{\frac{k_2}{k}}z) \end{bmatrix} \tag{8-14}$$

则类透镜介质内任一截面处的复参数为：

$$\frac{1}{q(z)}=\frac{-\sqrt{\frac{k_2}{k}}\sin(\sqrt{\frac{k_2}{k}}z)+\frac{1}{n_0q_1}\cos(\sqrt{\frac{k_2}{k}}z)-\frac{d}{q_1}\sqrt{\frac{k_2}{k}}\sin(\sqrt{\frac{k_2}{k}}z)}{\cos(\sqrt{\frac{k_2}{k}}z)+\frac{1}{n_0q_1}\sqrt{\frac{k}{k_2}}\sin(\sqrt{\frac{k_2}{k}}z)+\frac{d}{q_1}\cos(\sqrt{\frac{k_2}{k}}z)} \tag{8-15}$$

由此可得到相应的光斑半径为：

$$W_{(z)}^2=W_1^2\left\{\left[(1+\frac{d}{R_1}\cos(\sqrt{\frac{k_2}{k}}z)+\frac{1}{n_0R_1}\sqrt{\frac{k}{k_2}}\sin(\sqrt{\frac{k_2}{k}}z)\right]^2\right.$$
$$\left.+\left[\frac{1}{n_0}\sqrt{\frac{k}{k_2}}\sin(\sqrt{\frac{k_2}{k}}z)+d\cos(\sqrt{\frac{k_2}{k}}z)\right]^2\left(\frac{\lambda_0}{\pi W_1^2}\right)^2\right\} \tag{8-16}$$

波面曲率半径

$$R(z)=\left\{[(1+\frac{d}{R_1}\cos(\sqrt{\frac{k_2}{k}}z)+\frac{1}{n_0R_1}\sqrt{\frac{k}{k_2}}\sin(\sqrt{\frac{k_2}{k}}z)]^2\right.$$

$$
\begin{aligned}
&+\left[\frac{1}{n_0}\sqrt{\frac{k}{k_2}}\sin\left(\sqrt{\frac{k_2}{k}}z\right)+d\cos\left(\sqrt{\frac{k_2}{k}}z\right)\right]^2\left(\frac{\lambda_0}{\pi W_1^2}\right)\Bigg\} \\
&\Bigg\{\left[\left(\frac{k}{n_0^2k_2}-d^2\right)\sqrt{\frac{k_2}{k}}\,\frac{1}{2}\sin\left(\sqrt{\frac{k_2}{k}}2z\right)+\frac{d}{n_0}\cos\left(\sqrt{\frac{k_2}{k}}2z\right)\right]\left(\frac{\lambda_0}{\pi W_1^2}\right)^2 \\
&+\left[\frac{k}{n_0^2R_1^2k_2}-\frac{2d}{R_1}-1\right]\frac{1}{2}\sqrt{\frac{k_2}{k}}\sin\left(\sqrt{\frac{k_2}{k}}2z\right) \\
&+\left(\frac{1}{n_0R_1}+\frac{d}{n_0R_1^2}\right)\cos\left(\sqrt{\frac{k_2}{k}}2z\right)\Bigg\}^{-1} \qquad (8\text{-}17)
\end{aligned}
$$

(a) $n=n_o(1-\frac{K_2}{2K}r^2)$ K_2 为负具有发散透镜性质

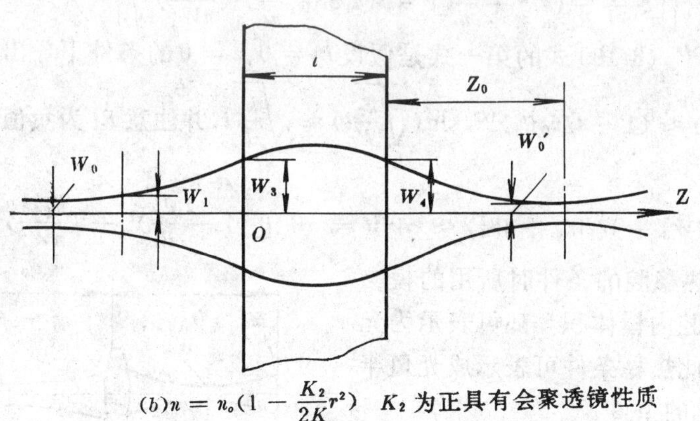

(b) $n=n_o(1-\frac{K_2}{2K}r^2)$ K_2 为正具有会聚透镜性质

图 8-3　类透镜介质对激光束的变换

第三节　热稳腔

固体激光器工作中，由于光泵输入功率的变化、泵灯放电过程的波动等原因使激光棒的热焦距扰动，因而造成光束发散角和模体积不稳定、输出波动等缺点，严重影响激光器的正常使用。

一、热稳条件

瑞士人斯蒂芬(J·Steffen)等人首先提出了热稳腔的概念。这是指激光器在一定温度变化范围内，腔内模参数能保持不变。

斯蒂芬的热稳腔适用于低重复率、介质热效应不很严重的激光器，其腔结构如图 8-4 所示。图中，M_2 为谐振腔的全反射镜，M_1 为输出反射镜（凹凸镜），R_1 为 M_1 的内表面曲率半径，R_5

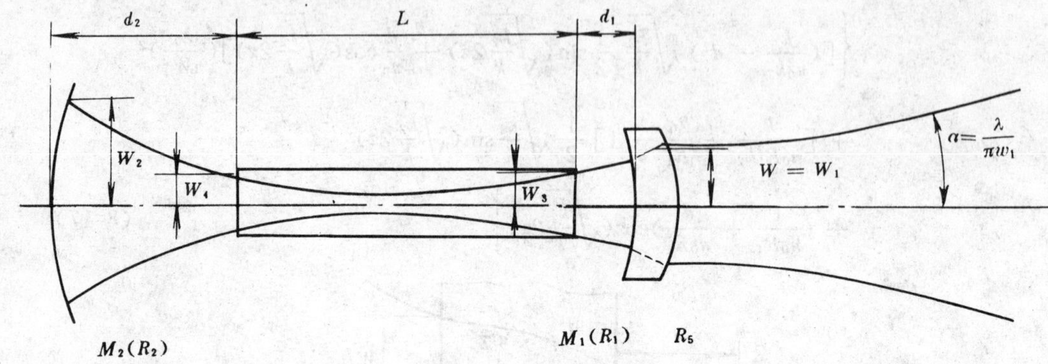

图 8-4　热不灵敏腔

为 M_1 的外表面曲率半径，R_1 与 R_5 之间的关系为 $R_5 = R_1(n-1)/n$，n 为输出透镜的折射率。R_5 与 R_1 的关系保证腔内激光束经输出镜变换后，束腰位于输出镜处（输出镜将波面 R_1 变为平面波），因此，输出激光束的远场发散角为 $\theta_1 = \lambda_0/\pi W_1$。利用激光棒的自孔径选模而获得 TEM_{00} 模。腔内各截面处的激光束光斑半径的近似关系可由(8-16)式求出。棒两端面上的光斑半径为：

$$\left.\begin{aligned} W_3^2 &= W_1^2\left[\left(1-\frac{d_1}{R_1}\right)^2+\left(\frac{d_1\lambda_0}{\pi W_1^2}\right)^2\right] \\ W_4^2 &= W_1^2\left\{\left[\xi-\frac{1}{R_1}\left(d_1\xi+\frac{l}{n_0}\right)\right]^2+\left(d_1\xi+\frac{l}{n_0}\right)^2\left(\frac{\lambda_0}{\pi W_1^2}\right)^2\right\} \end{aligned}\right\} \tag{8-18}$$

式中 $\xi = (1-l/n_0f')^{1/2}$。(8-18)式的第一式是假设 $k_2 = 0$、$z = 0$ 的条件下导出的的。第二式的推导是假定 $\cos\left(\sqrt{\frac{k_2}{k}}l\right) \approx (1-l/n_0f')^{1/2}$、$\sin\left(\sqrt{\frac{k_2}{k}}l\right) \approx \sqrt{\frac{k_2}{k}}l$，并注意 R_1 为负值。激光棒内的模体积为

$$V = \frac{\pi l}{3}(W_3^2+W_3W_4+W_4^2) \approx \pi W_3^2 l = \pi W_1^2 l\left[\left(1-\frac{d_1}{R_1}\right)^2+\left(\frac{d_1\lambda_0}{\pi W_1^2}\right)^2\right] \tag{8-19}$$

斯蒂芬等人定义热稳腔的条件时所用的模参数为光束发散角 θ_1 与腔内模体积 V 都可表示为光斑半径 W_1 的函数。因此热稳条件可表示成光斑半径 W_1 不随热浮动变化的条件。

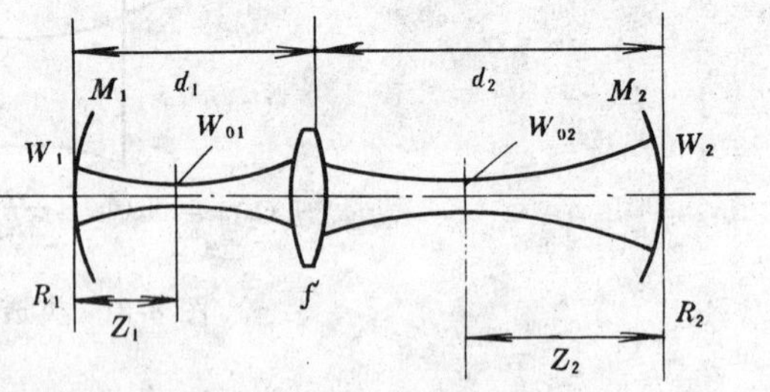

图 8-5　含有透镜的谐振腔

为推导出热稳条件，将工作物质的类透镜作用集中为焦距 f'（即热焦距）的薄透镜，d_1 和 d_2 表示两反射镜 M_1、M_2 与透镜之间距离，如图 8-5 所示。

谐振腔内含有介质的变换矩阵为

$$\begin{bmatrix} a & b \\ c & d \end{bmatrix} = \begin{bmatrix} -1 & d_2 \\ 0 & 1 \end{bmatrix}\begin{bmatrix} 1 & 0 \\ -\frac{1}{f'} & 1 \end{bmatrix}\begin{bmatrix} 1 & d_1 \\ 0 & 1 \end{bmatrix}$$

$$= \begin{bmatrix} 1-d_1/f' & d_1+d_2-\frac{d_1d_2}{f'} \\ -\frac{1}{f'} & 1-\frac{d_1}{f'} \end{bmatrix}$$

则谐振腔的 G 参数为

$$\left.\begin{aligned} G_1 &= a - b/R_1 = 1 - d_2/f' - b/R_1 \\ G_2 &= d - b/R_2 = 1 - d_1/f' - b/R_2 \\ b &= d_1 + d_2 - d_1 d_2/f' \end{aligned}\right\} \tag{8-20}$$

根据(8-7)式可求得在反射镜 R_1、R_2 上 TEM_{00} 模光斑半径 W_1、W_2 与 G 参数的关系为

$$\left.\begin{aligned} W_1^2 &= \frac{\lambda_0 b}{\pi}\left[\frac{G_2}{G_1(1-G_1G_2)}\right]^{1/2} \\ W_2^2 &= \frac{\lambda_0 b}{\pi}\left[\frac{G_1}{G_2(1-G_1G_2)}\right]^{1/2} \end{aligned}\right\} \tag{8-21}$$

由此可将热稳条件表示为 $d\theta_1/df' = 0, dV/df' = 0$。实际上,只在求 $dW_1/df' = 0$,因为 W_1 是 G_1、G_2、b 及 f' 的复合函数,所以

$$\frac{dW_1}{df'} = \frac{\partial W_1}{\partial G_1}\frac{\partial G_1}{\partial f'} + \frac{\partial W_1}{\partial G_2}\frac{\partial G_2}{\partial f'} + \frac{\partial W_1}{\partial b}\frac{\partial b}{\partial f'} \tag{8-22}$$

下面讨论将 $\frac{dW_1}{df'} = 0$ 的条件变为求 $\frac{dW_1}{df'}\frac{f'}{W_1} = 0$ 的条件。将(8-20)和(8-21)式代入(8-22)式并写成

$$\frac{dW_1}{df'}\frac{f'}{W_1} = \frac{d_2^2}{4f'b}\frac{2G_2 - \frac{1}{G_1} + \frac{1}{G_2}(\frac{d_1}{d_2})^2 + 2\frac{d_1}{d_2}}{1 - G_1G_2} \tag{8-23}$$

所以,$dW/df' = 0$ 的条件为:

$$\frac{1}{G} = 2G_2 + \frac{1}{G_2}(\frac{d_1}{d_2})^2 + 2\frac{d_1}{d_2} \tag{8-24}$$

由上式可知,若采用 $d_1 = 0$ 的谐振腔参数,则热稳条件为 $G_1G_2 = \frac{1}{2}$。这是斯蒂芬等人导出的,在特定条件($d_1 = 0$)下得到,不能随便搬用。

若对于 $d_1 \neq 0$,但 d_1 值很小或 $d_1/d_2 \approx 0$ 的谐振腔,作为工程近似计算还是可用的。此时虽不能完全实现热稳条件,但对热敏感程度大为降低,即激光棒尽可能靠近输出反射镜,这样可得到较稳定的输出。

其他热扰动引起腔长 L、反射镜曲率半径 R_1、R_2 的变化对模参数的影响讨论如下:

若 $d_1 = 0$,则 $b = d_2$,(8-23)式可写成

$$\frac{dW_1}{df'}\frac{f'}{W_1} = \frac{d_2}{4f'}\frac{2G_1G_2 - 1}{G_1(1-G_1G_2)} \tag{8-25}$$

由此可知热透镜焦距 f' 的变化对光斑 W_1 的影响将正比于腔长 d_2 并反比于热焦距 f'。

在热稳腔条件下,光斑 W_1、W_2 与谐振腔 G 参数的关系为

$$W_1^2 = \frac{\lambda_0 b}{\pi}\frac{1}{G_1} \qquad W_2^2 = \frac{\lambda_0 b}{\pi}\frac{1}{G_2} \tag{8-26}$$

现应用热稳条件分析几个实际应用的固体激光器谐振腔。

(1) 高重复率 YAG 激光热稳腔如图 8-6(a)所示。图中:YAG 激光棒的直径 $d = 5$ 毫米;某种特定输入功率下的热焦距 $f' = 6$ 米;腔长 $L = 0.8$ 米。根据经验及结构需要取 W_1 的最佳值为 $W_1 = 1.25$ 毫米约为($\frac{d}{4}$),$d_1 = 0.1$ 米,$d_2 = 0.7$ 米,棒尽可能靠近输出反射镜。据上述已知条件可求出满足模参数($W_1 = 1.25$ 毫米)热稳腔的参数。具体计算设计可以由图 8-6(b)等效谐振腔得到:

由热稳条件 $G_1G_2 = \frac{1}{2}$ 及(8-26)式可得

$$G_1 = \frac{\lambda_0 b}{\pi W_1^2} \approx \frac{\lambda_0}{\pi W_1^2}(d_1 + d_2) = 0.16$$

$$G_2 = \frac{1}{2G} = 3.12,$$

$$W_2 = 0.28\text{毫米}$$

由(8-20)式求出 $R_1 = 1.1$ 米，$R_2 = 0.36$ 米。为了完全满足热稳条件，使 $d_1 = 0$，可将 R_1 直接修磨在 YAG 棒的表面，修磨曲率半径应 nR_1，以利于反射镜 M_1 就和棒的端面组合在一起。

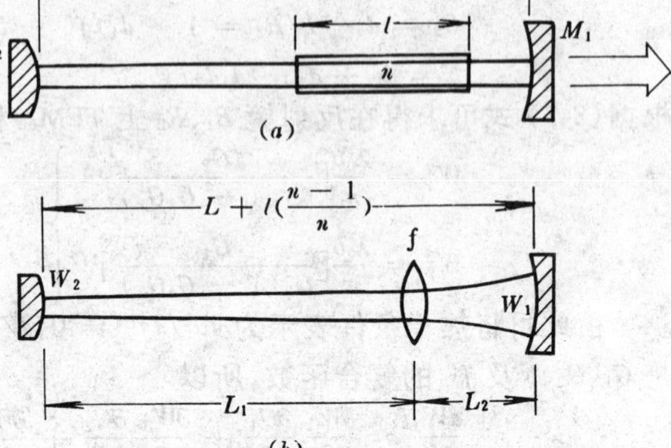

图 8-6 凹凸谐振腔盒(a)激光棒(b)等效腔

(2) 用于 YAG 倍频激光器的光学谐振腔如图 8-7 所示。激光棒尺寸 $\Phi 4.8 \times 100$ 毫米，热焦距 $f' = 1$ 米。计算要求：

倍频晶体内激光束的最小光斑半径 $W_{01} = 0.065$ 毫米，$2\pi W_{01}^2/\lambda_0 = 26$ 毫米；实现自孔径选模，使棒内最大光斑半径等于 1/4 棒直径，即 $W_{02} = 1.2$ 毫米；棒内模体积最大；满足热不灵敏条件。

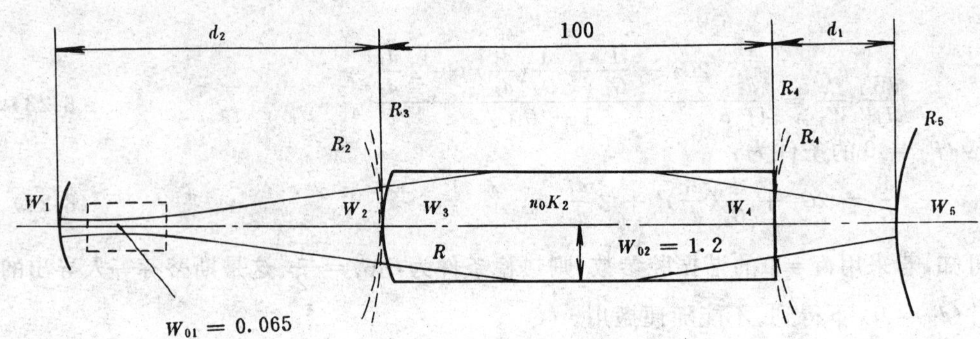

图 8-7 YAG 倍频激光器的热不灵敏腔

假设激光棒内的光束形状如图 8-7 所示最大束腰光斑 W_{02} 位于棒中部。采用分段法计算步骤如下：

(a) 计算激光棒内的光束参数

根据 $f' = 1/n_2 l$ 求出 $n_2 = 10^{-5}$ 毫米$^{-2}$，$n_0 = 1.82\ \frac{k_2}{k} = \frac{n_2}{n_0} = 6 \times 10^{-6}$ 毫米$^{-2}$

由 $W_{02} = 1.2$ 毫米知 $q_{02} = \frac{\pi W_{02}^2 \cdot n_0}{\lambda_0} = 8122$ 毫米。由(8-11)和(8-12)两式的近似式可求得

$$R_3 = R_4 = -\frac{1}{\sqrt{\frac{k_2}{k}}\operatorname{tg}\left(\sqrt{\frac{k_2}{k}}\ \frac{l}{2}\right)} = -3600\text{毫米}$$

$$W_3 = W_4 = W_{02}\cos\left(\sqrt{\frac{k_2}{k}}\ \frac{l}{2}\right) = 1.19\text{毫米}$$

(b) 根据热不灵敏条件($G_1G_2 = \frac{1}{2}$)决定由 R_1、R_2 组成的假想谐振腔参数并满足 $W_{01} = 0.065$ 毫米，且 $W_2 = W_3$。设此腔内无类透镜介质，所以 $f = \infty$，$b \approx d_2$ 则 $G_1 = g_1$，$G_2 = g_2$。由(8-26)式可求得

$$W_2^2 = \frac{\lambda_0 d_2}{\pi}\ \frac{1}{g_2}$$

根据腔内高斯光束计算方法，可求得束腰 W_{01}：

$$W_{01}^2 = \frac{\lambda_0 d_2}{\pi} \frac{g_2}{2g_2^2 - 2g_2 - 1}$$

解此两联立式，得

$$g_2 = \frac{-1 - \sqrt{(\frac{\pi W_2^2}{\lambda_0})/\frac{\pi W_{01}^2}{\lambda_0}) - 1}}{(\frac{\pi W_2^2}{\lambda_0}/\frac{\pi W_{01}^2}{\lambda_0}) - 2}$$

$$d_2 = g_2 \frac{\pi W_2^2}{\lambda_0}$$

算得：$\pi W_2^2/\lambda_0 = \pi W_3^2/\lambda_0 \approx 4.95$ 毫米，$\pi W_{01}/\lambda_0 = 13.5$ 毫米；$g_2 = -0.052$，$g_1 = 1/2g_2 = -9.56$；$d_2 = 217.3$ 毫米；$R_1 = d_2/(1-g_1) = 20.4$ 毫米；$R_2 = d_2/(1-g_2) = 206.6$ 毫米。束腰离开两反射镜 R_1、R_2 的距离分别为：

$$z_1 = \frac{d_2 g_2 (1-g_1)}{g_1 + g_2 - 2g_1 g_2} \approx 11.24 \text{ 毫米}$$

$$z_2 = d_2 - z_1 = 206.1 \text{ 毫米}$$

(c) 计算端面曲率半径 R，实现 R 端面两相邻空间模的匹配，根据模匹配原则，得

$$W_2 = W_3 \qquad \frac{1}{R_2} = -\frac{n_0 - 1}{R} + \frac{n_0}{R}$$

也可写成

$$R = (n_0 - 1)\frac{R_2 R_3}{n_0 R_2 - R_3}$$

由此可算得激光棒的端面修改后的曲率半径 $R = 189$ 毫米。

(d) 计算反射镜 M_5 的曲率半径 R_5 及光斑半径 W_5。利用公式(8-16)、(8-17)，并令 $z = 0$，$n_0 = 1$ 则

$$R_5 = \frac{(1 + \frac{d_1}{R'})^2 (\frac{\pi W_4^2}{\lambda_0})^2 + d_1^2}{d_1 + (1 + \frac{d_1}{R'})\frac{1}{R'}(\frac{\pi W_4^2}{\lambda_0})^2}$$

$$W_5^2 = W_4^2 [1 + \frac{d_1}{R'} + d_1^2 (\frac{\lambda_0}{\pi W_4^2})^2]$$

设 $d_1 = 100$ 毫米，$R'_4 = -\frac{R_4}{n_0} = -1981.3$ 毫米，$W_4 = 1.19$ 毫米代入上两式求得 $R_5 = -1880$ 毫米。选负值有利于总腔长的减小($W_5 = 1.13$ 毫米)。

按斯蒂芬热稳条件($G_1 G_2 = \frac{1}{2}$)构成的光学谐振腔，对固体激光器的 TEM_{00} 模工作提供了很大的优越性。与其它腔型比较，这种谐振腔获得的效率较高，对扰动的灵敏度小并且结构紧凑。但按此热稳条件设计的腔，只对某种特殊的焦距补偿是有效的。为了获得固体激光器大的基模体积和好的稳定性以抵御热透镜波动的影响，可利用特殊选择的反射镜曲率和在腔内插入望远镜可做到这一点。

下面分别讨论麦格尼(V. Magni)凹凸腔和望远镜腔。

二、凹－凸谐振腔

麦格尼(V. Magni)的研究表明：对于某一已知的谐振腔，当激光棒的焦距变化时，总存在两个稳定的区域；采用棒的动力学光焦度表示，这两个区域的宽度是相同的；在激光棒中基模的模体与宽度成反比；就反射镜的准直误差而论，这两个区域有不同的失调灵敏度。

为了描述谐振腔的参量。引入三个新的变量 u_1、u_2 和 x，且定义为

$$u_1 = d_1(1 - \frac{d_1}{R_1}), u_2 = d_2(1 - \frac{d_2}{R_2}), x = \frac{1}{f'} - \frac{1}{d_1} - \frac{1}{d_2} \tag{8-27}$$

将上述参数代入(8-20)式,得

$$G_1 = -\frac{d_2}{d_1}(1 + xu_1) \qquad G_2 = -\frac{d_1}{d_2}(1 + xu_2) \tag{8-28}$$

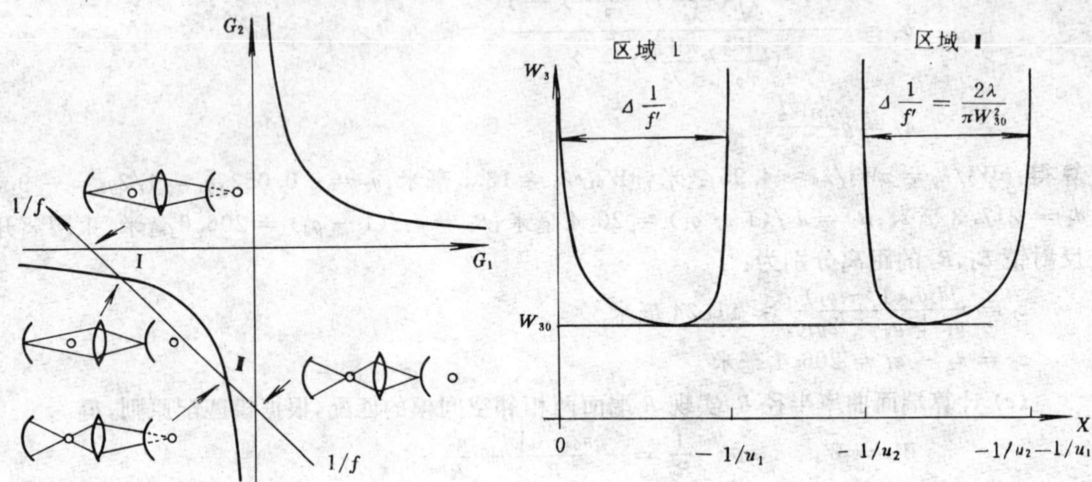

图 8-8 凹 — 凸谐振腔稳定区边缘的稳定图和模轮廓直线 $1/f'$ 表示含内透镜可变的谐振腔

图 8-9 激光棒内光斑 W_{30} 与棒的光焦度的关系

于是,可知稳定性区:$0 < (1 + xu_1)(1 + xu_2) < 1$。消去(8-28)式中的 x,合并后得到 G_1 和 G_2 的线性关系:

$$G_2 = (\frac{d_1}{d_2})^2 \frac{u_2}{u_1} G_1 + \frac{d_1}{d_2}(\frac{u_2}{u_1} - 1) \tag{8-29}$$

此式说明腔的 G 参数是光焦度 $1/f'$ 的线性函数。直线与轴以及与双曲线 $G_1G_2 = 1$ 的交点定义了两个不同的稳定区,如图 8-9 所示的 Ⅰ 和 Ⅱ。区域 Ⅰ 和 Ⅱ 有相同的宽度用 x 表示,说明在图 8-9 中。当 $x = 0$ 时,G_1,G_2 都小于零,故直线一定在第三象限。

腔镜 M_1 和 M_2 上的光斑半径 W_1 和 W_2 表示在(8-21)式中。利用高斯光束传播定理,得到透镜上的光斑半径

$$W_3^2 = \frac{\lambda_0}{\pi}\left[\frac{4u_1u_2G_1G_2 + (u_1 - u_2)^2}{(1 - G_1G_2)G_1G_2}\right] \tag{8-30a}$$

$$= \frac{\lambda_0}{\pi} \frac{|2xu_1u_2 + u_1 + u_2|}{[(1 - G_1G_2)G_1G_2]^{1/2}} \tag{8-30b}$$

式(8-30)表明在 $G_1G_2 = 1$ 和 $G_1G_2 = 0$ 的临界点即在稳定区的边缘,光斑尺寸 W_3 都趋向无穷大,这表示在稳定区内 W_3 总存在着最小值 W_{30}。见图 8-9,参数 W_{30} 就是激光棒主平面上的光斑尺寸,在两个稳定区中 W_{30} 是相同的。用 x 表示的两个区域的宽度是相同的如 $\frac{1}{\Delta f'}$,由(8-27)式得到

$$|\frac{1}{\Delta f'}| = |\Delta x| = \min(|\frac{1}{u_1}|, |\frac{1}{u_2}|) \tag{8-31}$$

热稳腔的设计思想是:在 W_3 的最小值 W_{30} 处将对应于激活模体积对热扰动的稳定性,即

$$\frac{dW_3}{d(1/f')} = \frac{dW_3}{dx} = 0 \tag{8-32}$$

利用(8-28)式和(8-30)式易获得 W_3 对 x 求导数并解此方程,可得热稳条件

$$G_1G_2 = \frac{1}{2}(1 - \frac{u_2}{u_1}) \qquad |u_1| > |u_2| \tag{8-33}$$

如果 $|u_2| > |u_1|$，只要把上式中下标 1,2 交换。将式(8-33) 代入到(8-30a) 式可得透镜上最小光斑尺寸为

$$W_{30}^2 = \frac{2\lambda}{\pi}|u_1| \qquad |u_1| > |u_2| \tag{8-34}$$

利用(8-31) 式则上式可进一步简化，得到稳定区的宽度和透镜上最小光斑尺寸的关系

$$W_{30}^2 = \frac{2\lambda}{\pi}\frac{1}{|\Delta f'|} \tag{8-35}$$

当棒中的光斑尺寸对焦距变化不灵敏时，激光棒中模体积与稳定区的宽度以及与输入到灯功率的变化范围成反比。这样谐振腔可维持稳定。在图 8-9 中，两个稳定区的中心为

$$x_I = -\frac{1}{2u_1} \quad x_{II} = -\frac{1}{u_2} - \frac{1}{u_1} \tag{8-36}$$

以上分析的是热焦距 f' 波动时腔模体积的稳定性问题。仅考虑此一项是不够的，还需考虑谐振腔机械稳定性导致的失准直灵敏度。从这两方面评价腔的稳定性是完全的。

据分析，区域 I 中心的失准直灵敏度可表示为：

$$S_{1/2} = \frac{1}{W_{30}}\frac{2d_1d_2}{(4d_1^2 + d_2^2)^{1/2}} \tag{8-37}$$

一种非常近似的处理是：假定谐振腔损耗增加大约10%。时，腔镜的倾斜角为 $1/S_{1/2}$。可以发现反射镜容许的偏差为区域 I 比区域 II 高。$S_{1/2}$ 即为反射镜容许的偏差。热稳腔的设计原则是：(1)W_{30} 尽可能大，以获得大的模体，从而使激光器获得高效率；(2) 腔模体积对热焦矩的变化尽可能不灵敏，以求热稳效果；(3) 腔几何扰动引起的失准直灵敏度尽可能小。

谐振腔设计任务是：激光棒的焦距 $f_{1/2}$(稳定区中心的焦距)，激光材料中的光斑尺寸 W_{30} 及谐振腔的总长 L。用这些给定的参数，最终确定腔结构参数，反射镜的曲率半径 R_1 和 R_2，两个反射镜离棒的两个主面的距离 d_1 和 d_2，以及灵敏度参数。

在图 8-10 中表示最佳揩振腔距离 L，反射镜曲率$\frac{1}{R_1}$和$\frac{1}{R_2}$ 以及失准直灵敏度对光焦度 $f'_{1/2}$ 的曲线，只画出了少数几个 W_{30} 值对应的曲线。如给定棒的焦距和模尺寸，从这些图上能够得到反射镜的曲率半径和棒的位置。

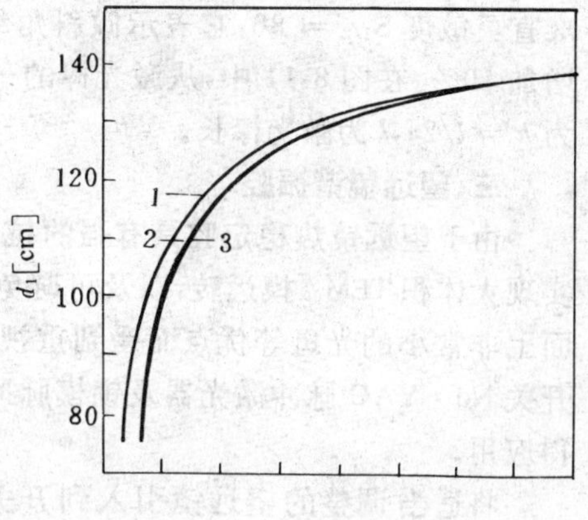

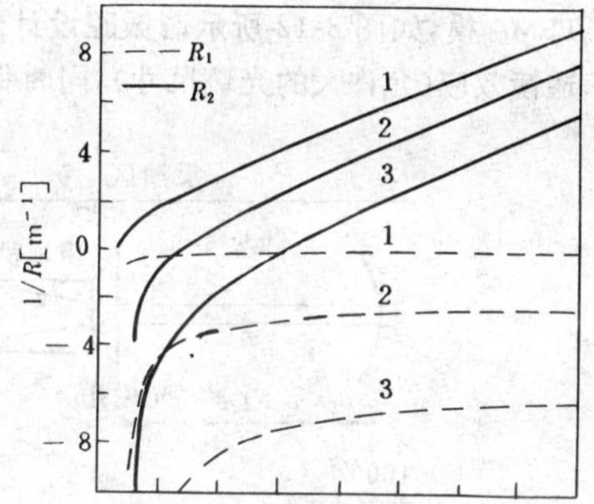

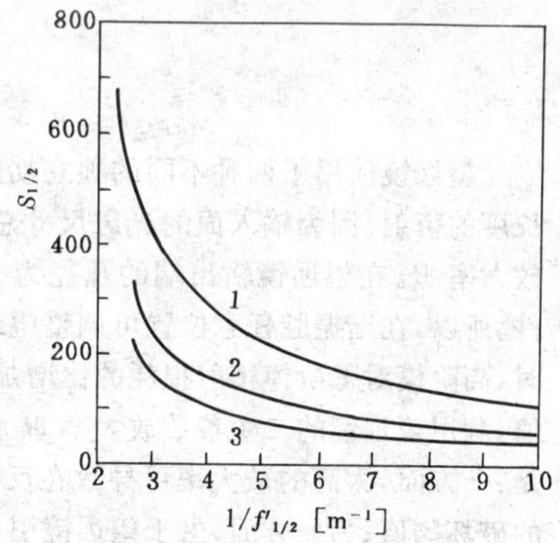

图 8-10 凹－凸谐振腔 距离 d_1，反射镜曲率 $1/R_1$ 和 $1/R_2$ 以及失准直灵敏度 $S_{1/2}$ 对光焦度 $1/f'$ 的关系曲线。腔长 $L = 150$ 厘米，波长 $\lambda = 1.064$ 微米，曲线对应三个不同的光斑尺寸 $W_{30} = 1,2,3$ 毫米

图 8-11 所示为强聚焦棒的谐振腔，它是根据图 8-10 给出的数据得到的。设：激活介质中的模半径为 $W_{30} = 3$mm，对直径为 6mm 的激光棒，这是最佳模半径，腔长为 150cm。

焦距 $f' = 17$cm($1/f' = 6$m^{-1})，得到 $R_1 = -14$m，$R_2 = 55$cm 和 $d_1 = 130$cm。谐振腔的失

准直灵敏度 $S_{1/2}=80$，它表示倾斜角约 12mrad，损耗将增加 10%。在图 8-11 中，从激光棒的一端到主面的距离为 $h=l/2n$，l 为激光棒长。

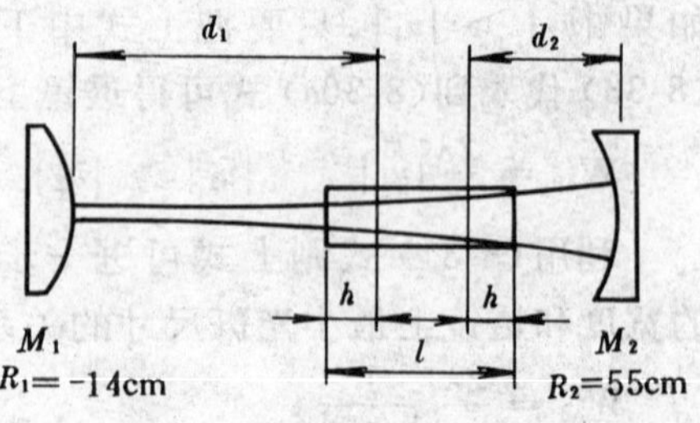

图 8-11　强聚焦棒的稳腔

三、望远镜谐振腔

由于望远镜热稳定腔具有强的抗热效应扰动性，能实现大体积 TEM_{00} 模运转，以及可避免在凹－凸反射镜面上非常小的光斑等优点而受到重视，它已在重复率 Q 开关 Nd：YAG 脉冲激光器及锁模脉冲激光器等方面获得应用。

将适当调整的望远镜引入到开关 Nd：YAG 激光器谐振腔，并能可靠地工作于大模体 TEM_{00} 模，如图 8-12 所示谐振腔设计的基本原理是选择一个望远镜调整到能补偿激光棒的热透镜效应（允许大的光斑尺寸），同时保证光斑尺寸对热透镜焦距的波动不灵敏。

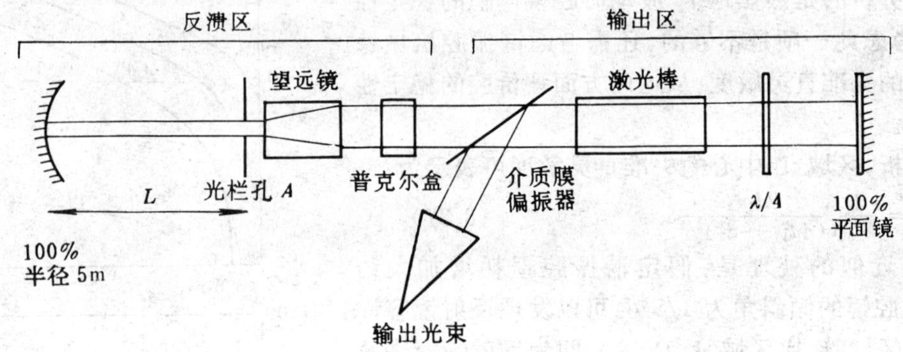

图 8-12　含有望远镜的谐振腔

望远镜使用了两种不同的独立功能。第一，由于望远镜减小了光束的尺寸，而增加了单位长度的衍射。因为输入面的光斑尺寸总是与激光棒的直径相同，衍射不变，只依赖于望远镜的放大率 M。在望远镜输出端的孔径为 D/M，D 是激光棒的直径。第二，望远镜是焦距可变的部件。所以，在谐振腔任意位置可调整望远镜，使其在稳定图上是稳定的。当望远镜输出光束下降时，高阶模对低阶模衍射损耗的比增加，通过调整望远镜保证在某阶模之上的那些模达不到阈值。利用望远镜的二个参数放大率 M 和焦距 f 控制选模，使其中的任何一个足以达到选模。但是：一方面，太高的放大率可导致在反馈光束中非常高的功率密度，从而就可能超过光学元件的破坏阈值；另一方面，由于望远镜引入，则不可避免地存在非共轴安装误差，导致激光阈值非常高。要确保最佳工作必须建立正确的平衡关系。

望远镜腔的基本结构如图 8-13 所示，图中：f_1、f_2 构成具有适当离焦量 δ 的望远镜系统，它们的焦距为 f_1、f_2，放大率为 $M=-f_2/f_1$；f_R 为激光棒的热透镜焦距，望远镜的光学筒长为 $f_1+f_2+\delta$，由于可方便地通过对 δ 的调节实现腔稳定状态的选择，故谐振腔一般采用平行平面腔，即 $R_1=R_2=\infty$。

为简便起见，放大率为 M 的短望远镜（$f_2=-Mf_1$）放置在接近于用热焦距 f_R 描述的激光棒以及具有等效焦距 f_M 的一个谐振腔反射镜处，见图 8-13(a)。

望远镜的小离焦量有两方面的影响：改变光斑尺寸和波面曲率半径。利用下式，可用调焦望远镜达到补偿激光棒热透镜焦距 f_R：

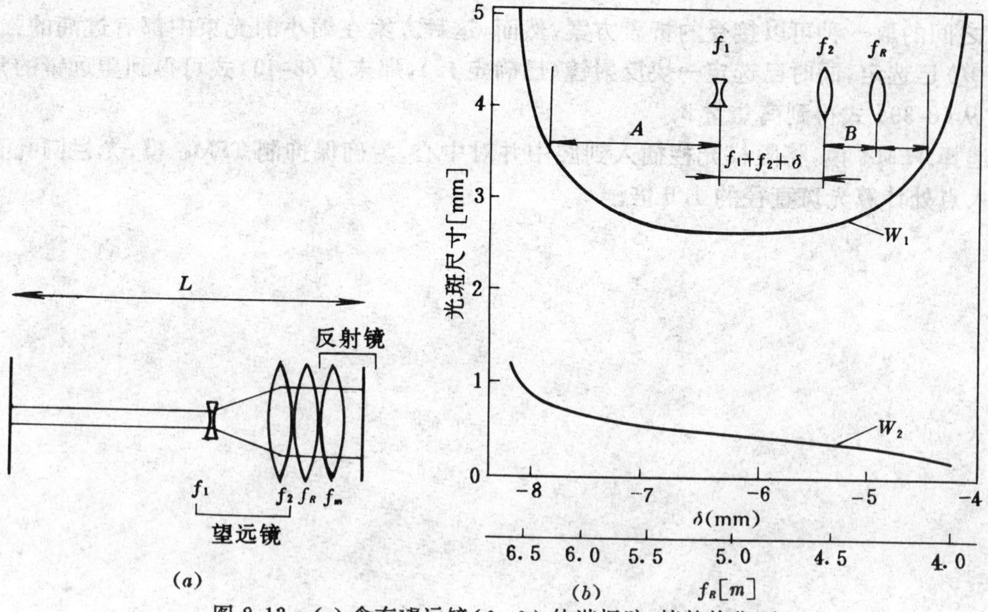

图 8-13 (a) 含有望远镜(f_1,f_2) 的谐振腔,棒的热焦距 f_R,等效曲率反射镜(f_M);(b) 激光棒的光斑尺寸 W_1,左边反射镜的光斑尺寸 W_2 是望远镜离焦量与激光棒热焦距 f_R 的函数。

$$-\frac{1}{f_T}=\frac{1}{f_R}+\frac{1}{f_M} \tag{8-38}$$

$$\frac{1}{f_T}=\frac{\delta}{f_2} \tag{8-39}$$

是有小离焦量 δ 的望远镜光焦度。(8-38) 式右边是激光棒和反射镜的组合光焦度。

设计时必须选择望远镜的放大率,使 f_R 变化时,光斑尺寸最不灵敏。可利用下式:

$$\frac{1}{2M^2L}=\frac{1}{f_T}+\frac{1}{f_R}+\frac{1}{f_M} \tag{8-40}$$

得到激光棒的光斑尺寸

$$W_1=M(2L\lambda/\pi)^{1/2} \tag{8-41}$$

在腔内引入正确调整望远镜,可在激光棒中维持同样大的模体积,但其腔长减小 M^2 倍。这种方法的主要限制是,在减小光束时光学元件将经受高强度辐射,故有较大的损坏危险。

图 8-13(b) 示出了关键性的研究结果,当 f_R 固定时,激光棒中的光斑尺寸 W_1、左边反射镜光斑尺寸 W_2 对望远镜离焦量 δ 的关系曲线。或当 δ 固定在 -6.2mm 时,参数 W_1、W_2 与 f_R 的关系曲线。有一激光器的参数是 $A=0.55$m,$B=0.37$m,$C=0.16$m,$f_1=-0.05$m,$f_2=0.20$m,$M=4$。

图中曲线表示的主要特点是激光棒中光斑尺寸存在宽的最小值,它意味着光斑尺寸对 δ 的不灵敏性。如反射镜曲率和望远镜装置(即 f_M 和 f_T 为常数)已确定,一些参数可从(8-40) 式和(8-41) 式得到,故图 8-13(b) 亦表示光斑尺寸对 f_R 的关系曲线。由此图可见,曲线的最小值意味着 f_R 波动的不灵敏性。所以,希望工作点在最小值的底部,同时望远镜必须有一个正确的离焦量 δ,以保证正常工作。

谐振腔设计时,主要选择的参数是激光棒的光斑尺寸 W_1,腔长 L 和放大率 M。假定 f_R 是已知的,而这些参数通常确定方法是,用 He-Ne 激光通过激光棒,并在所希望的泵浦水平上,测量光束的束腰。

由于 W_1 已定,故 L 和 M 值的选择是根据(8-41) 式,就是在小 M 和一个不大的 L 或小的 L

和大 M 之间的取一种可以接受的折衷方案。然而，这种方案在缩小的光束中都有过高的强度。当 L(和 M) 已选定，同时已选定一块反射镜(已确定 f_M)，那末从(8-40)式可得到望远镜的焦距 f_T，同时从(8-39)式得到离焦量 δ。

为选择 TEM_{00} 模，将限模光栏插入到腔中并对中心。为确保抑制 TEM_{01} 模，光栏圆孔直径应是插入点处计算光斑直径的 1.5 倍。

第九章　固体激光器输出特性

本篇前几章讨论了固体激光器的几个组成部分及其特性，本章主要分析固体激光器的基本特性和输出参数，如激光的输出功率、能量、效率以及光谱特性，并给出实验曲线。

第一节　激光器阈值点工作情况

本节讨论激光振荡器的阈值条件，它是由反射率分别为 R_1 和 R_2 的两个反射镜和长度为 l 的 激活物质组成。设在激光工作物质中，单位长度的增益为 g。每次通过这种增益介质时，辐射强度增大 exp(gl) 倍，每次由反射损耗的能量为 $1 - R_1$ 或 $1 - R_2$。在激光器中，必须使光在增益介质中来回一次所产生的增益足以补偿光在介质来回传播中光的各种损耗，这样才形成激光。所以，激光器实现振荡所需要的最低条件即为阈值条件，可表示为：

$$R_1 R_2 \exp(g - \alpha) 2l \tag{9-1}$$

式中 α 为除反射镜以外的每单位长度上平均损耗系数。(9-1) 式可改写作

$$g = \alpha - \frac{1}{2l}\ln(R_1 R_2) \tag{9-2}$$

若引入总平均损耗系数

$$\alpha_{tot} = \alpha - \frac{1}{2l}\ln(R_1 R_2) \tag{9-3}$$

则(9-2) 式又可改写为

$$g = \alpha_{tot} \tag{9-4}$$

由此式可知，单位长度的增益必须超过单位长度上的损耗，才能形成激光振荡。

在光学谐振腔中可使用品质因素 Q 值来表征腔或系统的特性。Q 定义为储存在谐振腔内的能量与单位角频率 ω_0 内谐振腔消耗功率之比。用这种方法定义的谐振腔 Q 值为：

$$Q = 2\pi\left[1 - \exp\left(\frac{-T_0}{\tau_c}\right)\right]^{-1}$$

$$\approx \frac{2\pi\tau_c}{T_0} = 2\pi v_0 \tau_c \tag{9-5}$$

式中 $\omega_0 = 2\pi v_0 = 2\pi / T_0$。

损耗机理除了限制振荡外，还会引起频率增宽，在强度降低到最大值的一半时，谐振腔的线宽

$$\Delta v = (2\pi\tau_c) \tag{9-6}$$

若把此式代入(9-5) 式，可得

$$Q = \frac{v_0}{\Delta v} \tag{9-7}$$

辐射的衰减时间常数 τ_c 亦可以定义为谐振腔内光子的平均寿命。腔内的光子在被散射、吸收或以其它形式消失于光学系统之前，在腔内将有一平均寿命。若把 τ_c 与每次往返的相对功率损耗 ε 联系起来，则得

$$\varepsilon = \frac{t_R}{\tau_c} \tag{9-8}$$

式中，$t_R = 2l/C$ 是光子在光程为 l 的介质腔中往返的时间。由(9-1)式可得

$$2gl = \ln(R_1R_2)^{-1} + 2\alpha l \tag{9-9}$$

此式是激光振荡器的稳态远转条件，右边是每次往返总的相对功率损耗。由(9-4)式可知 $2gl = \varepsilon = t_R/\tau_c$，因此

$$\tau_c = \frac{2l}{C}[\ln(R_1R_2)^{-1} + 2\alpha l]^{-1} \tag{9-10}$$

(9-9)式右边为系统损耗，包括谐振腔输出镜损耗($-\ln R_1$)、增益介质的内部损耗($2\alpha l$)，此外还有谐振腔内光学零件上的反射、散射、吸收以及衍射损耗等。为方便起见，将除介质内部损耗外的所有非输出损耗集中为一个参数，并作为谐振腔全反射镜的漏出损耗 L_M，而使全反射镜的反射率 R_2 减少为 $R_2 = 1 - L_M$。通常 L_M 不会超过百分之几，所以 $\ln(1 - L_M) \approx L_M$。再把所有损耗合一起，便有 $L_{tot} = 2\alpha l + L_M$。因而可将阈值条件(9-1)式表示为 $2g_0l = L_{tot} - \ln R_1$。在 $R_1 \approx 1$ 的情况下，近似有 $-\ln R_1 = T$，T 为输出镜的透过率。所以

$$2g_0l = L_{tot} + T \tag{9-11}$$

从而(9-10)式可简化为：

$$\tau_c = \frac{2l}{C(L_{tot} - \ln R_1)} \tag{9-12}$$

在典型的脉冲激光器中，输出镜的透过率约为50%，而总损耗约为10%。假设腔长为50cm，则腔内光子的寿命 $\tau_c = 5.5$ns。在Nd：YAG连续激光器中，输出镜反射率的典型值为90%，因此在其它参数相同的情况下，可得 $\tau_c \approx 17$ns。

三能级放大介质中光子密度的速率方程为：

$$\frac{d\varphi}{dt} = C\varphi\sigma_{21}\Delta n - \frac{\varphi}{\tau_c} + S \tag{9-13}$$

式中　φ 为光子密度；Δn 为粒子数反转密度 $\Delta n = n_2 - g_2n_1/g_1$；$\sigma_{21}$ 为受激发射截面；S 为自发辐射叠加于激光发射的速率，此因子很小可忽略。由此方程可看到，在激光发射开始时光子密度的变化速率必须或大于零。因此，对于激光阈值处的持续振荡，必须满足$\frac{d\varphi}{dt} = 0$。由此可从(9-13)式求得阈值时所需的粒子数反转密度为：

$$\Delta n \geqslant \frac{1}{C\sigma_{21}\tau_c}，\text{而 } \Delta n = n_2 - g_2n_1/g_1 \tag{9-14}$$

可用基本激光参数来描述阈值条件，因为受激发射截面

$$\sigma_{21}(v_S) = \frac{A_{21}\lambda_0^2}{8\pi n^2}g(v_S, v_0) \tag{9-15}$$

式中 A_{21} 为自发辐射爱因斯坦系数，$A_{21} = 1/\tau_{21}$ 是自发辐射寿命 τ_{21} 的倒数。注意此式中的 n 为介质的折射率，介质中的光速为 $C = C_0/n$，C_0 为真空中光速，$g(v_S, v_0)$ 为线型函数。

将(9-15)式代入(9-14)式，得

$$n_2 - \frac{g_2n_1}{g_1} > \frac{\tau_{21}8\pi v^2}{\tau_cC^3g(v_S, v_0)} \tag{9-16}$$

据分析线型函数 $g(v_S, v_0)$ 和受激发射截面 σ 在原子谱线中心最大。由(9-16)式可以定性地看出，激光器输出线宽与原子系统线宽的关系。由噪声产生的持振荡将在谐振频率附近出现，因为只有在窄光谱区峰值处的放大才足以弥补所有损耗。因此，激光器输出将是尖峰，其线宽比原子线宽窄得多。

由此式也能看出，粒子数反转因较强的泵浦功率而增加时，激光线宽将随之增宽，这是因为阈值条件现在能满足远离中心的 $g(v_S, v_0)$ 值。原子谱线中心处的阈值条件可将线型函数分布曲线的峰值代入(9-16)式而得。如果 $g(v_S, v_0)$ 具有洛伦兹线型，在 γ_S 中心最大值一半处的全

宽为 $\Delta\gamma$，将 $g(v_0)=2/\pi\Delta v$ 并代(9-16)式，得

$$n_2-\frac{g_2n_1}{g_1}>\frac{\tau_{21}4\pi^2\Delta v v_0^2}{\tau_C C^3} \tag{9-17}$$

对于高斯线型，则 $g(v_0)=2(\pi/\ln 2)^{1/2}/\pi\Delta v$，于是起始振荡条件为：

$n_2-\dfrac{g_2n_1}{g_1}>\tau_{21}4\pi^2\Delta v v_0^2/\tau_c C^3(\pi\ln 2)^{1/2}$。

由(9-17)式可看到阈值反转密度与工作基本参数间的关系。要达到低阈值反转，激光物质的原子线宽 Δv 应很窄，而且激光腔和晶体内的附加损 耗应减到最小，以便提高光子的寿命 τ_c。增高输出反射镜的反射率将使 τ_c 增大，从而降低激光阈值。不过这也将降低激光器耦合输出的有效辐射。关于最佳输出耦合问题将在本章第四节讨论。

现讨论激光器在阈值条件下工作所要求的泵浦速率 W_r(秒$^{-1}$)。首先讨论三能级系统情况图 I-2：

根据三能级系统速率方程

$$\frac{d(\Delta n)}{dt}=W_P(n_{tot}-\Delta n)-\gamma\Delta n\varphi\sigma_{21}C-\frac{\Delta n+n_{tot}(\gamma-1)}{\tau_f} \tag{9-18}$$

式中 $W_P=\eta_0W_{13}$，η_0 为荧光量子效率，W_{13} 为粒子从能级 1 至 3 的泵浦速率，它正比于输入功率；σ_{21} 为受激发射截面；$\tau_f\approx\tau_{21}$ 为荧光寿命；介质内激活离了的总粒子数密度 $n_{tot}\approx n_1+n_2$，$\gamma=1+g_2/g_1$。在阈值或阈值附近工作时，光子密度 φ 很小，可忽略不计，即 $\varphi=0$。

在稳态情况下，$d(\Delta n)/dt=0$，即激光器通常工作情况，由(9-18)式得到对三级系统的相对反转粒子数密度

$$\frac{\Delta n}{n_{tot}}=\frac{W_P\tau_{21}-g_2/g_1}{W_P\tau_f+1} \tag{9-19}$$

对于四能级系统，其速率方程为

$$\frac{d(\Delta n)}{dt}=W_P(n_{tot}-\Delta n)-\Delta n\varphi\sigma_{21}C-\frac{\Delta n}{\tau_f} \tag{9-20}$$

根据同样理由，在阈值条件下，式中 $\varphi=0$ 并假设稳态工作条件($d(\Delta n)/dt=0$)，得

$$\frac{\Delta n}{n_{tot}}=\frac{W_P\tau_f}{W_P\tau_f+1}\approx W_P\tau_f \tag{9-21}$$

对四能级系统，由(9-21)可看到，只要泵浦速率 $W_P>0$，即能达到粒子数反转。显然，若其它因素相同，四能级激光系统的泵浦功率阈值比三能级系统的要低。而三能级系统，为了达到粒子数反转，要求泵浦速率 $W_P>g_2/\tau_{21}g_1$。同时四能级材料的自发辐射寿命对获得阈值反转没有影响，而在三能级材料中达到阈值所需要的泵浦速率与 τ_{21} 成反比。因此，对三能级激光器只有荧光寿命长的材料才有意义。

下面讨论为维持阈值运转所需泵浦输入的最小功率

当泵浦功率刚好使振荡器工作在阈值上，则在三能级系统中激光上能级的最小阈值粒子数密度 $n_2\approx n_1\approx n_{tot}/2$。激光上能级的粒子数将全部导致自发辐射跃迁而产生荧光功率

$$P_f\approx\frac{hv_0n_{tot}}{2\tau_f} \tag{9-22}$$

在四能级系统中，由于激光上能级的粒子数密度 $n_2\approx\Delta n_{th}$，阈值条件下自发辐射产生的荧光功率为

$$P_f=\frac{hv_0\Delta n_{th}}{2\tau_f} \tag{9-23}$$

要连续保持临界反转，上激光能级的荧光损耗必须由泵浦能量来补充。为补偿由自发辐射而引起的激光能级上粒子数损耗所需吸收的泵浦功率为：

$$P_{ab} = \frac{v_P P_f}{v_0 \eta_0} = \frac{P_f}{\eta_1} \tag{9-24}$$

式中 v_p/v_0 表示泵浦带能量 hvp 和激光能量 hv_0 之比，η_0 为泵浦效率。泵浦功率和荧光功率间的差值代表释放给晶格的热功率。

第二节　增益饱和

在增益介质中由自发辐射引发的光信号沿谐振腔的轴线方向来回反射，若每一次来回通过激活介质产生的增益超过系统的损耗，此种由谐振腔造成的正反馈放大处于非稳定状态，那一些满足谐振条件的光辐射就会很快形成。由于受激辐射跃迁消耗了激光上能级的粒子数，使增益降低，这个过程叫做增益饱和。直至光信号在介质中来回通过一次所获得的增益达到与系统损耗平衡时，即达到了稳态运转条件，当超过阈值时，谐振腔内就建立起受激辐射和光子密度。若远高于阈值之上，即谐振腔内光子密度很大，此时据(9-18)式可知，光子密度增加，$d(\Delta n)/dt$ 降低。当粒子数反转稳定在某一值时，就达到了稳态。此时泵浦源提供的向上跃迁等于受激辐射和自发辐射引起的向下跃迁。在有强光子密度 φ 的情况下 $d(\Delta n)/dt = 0$，由(9-18)式便可得稳态条件下三能级系统的相对反转粒子数密度为：

$$\frac{\Delta n}{n_{tot}} = \frac{W_P\tau_f - g_2/g_1}{W_P\tau_f + \gamma C\sigma_{21}\varphi\tau_f + 1} \tag{9-25}$$

此式表示激光器在阈值条件以上工作时，由于受激辐射的形成，在腔内建立了高光子密度 φ 时的稳态反转粒子密度。

根据增益系数的定义是受激发射截面和反转粒子数密度之积。由此可得到饱和增益系数又称大信增益系数，即

$$g = \sigma_{21}\Delta n = \sigma_{21} n_{tot} \frac{W_P\tau_f - g_2/g_1}{W_P\tau_f + \gamma C\sigma_{21}\varphi\tau_f + 1} \tag{9-26}$$

对应于 $\varphi \approx 0$ 时的增益系数称为小信号增益系数，由(9-26)式得

$$g_0 = \sigma_{21} n_{tot} \frac{W_P\tau_f - g_2/g_1}{W_P\tau_f + 1} \tag{9-27}$$

比较(9-26)和(9-27)两式，可得

$$g = g_0\left(1 + \frac{\gamma C\sigma_{21}\varphi\tau_f}{W_P\tau_f + 1}\right)^{-1} \tag{9-28}$$

可用系统中的功率密度 I 代表光子密度 φ，由于 $I = C\varphi hv_0$，故饱和增益

$$g = \frac{g_0}{1 + I/I_S} \tag{9-29}$$

式中 I_S 称为饱和功率密度(又称饱和参量)，对三能级系统为：

$$I_S = \frac{hv_0(W_P\tau_f + 1)}{\sigma_{21}\tau_f(1 + g_2\ g_1)} \tag{9-30}$$

由(9-27)式可看出，小信号增益系数与激光介质的参数以及传输到介质内的泵浦功率大小有关，而饱和(或大信号)增益系数还依赖于谐振腔内的功率密度。在稳态的建立过程中，随着腔内功率密度的增长，增益系数按(9-29)式的规律下降。当 $I = I_S$ 时，饱和增益为小信号增益的一半，增益与损耗达到平衡，系统处于稳态振荡。

对于四能级系统根据同样的理论，在稳态情况下($d(\Delta n)/dt = 0$)，由(9-20式)得

$$\frac{\Delta n}{n_{tot}} = \frac{W_P\tau_f}{W_P\tau_f + C\sigma_{21}\varphi\tau_f + 1} \tag{9-31}$$

按增益系数的定义，同样可得到与(9-29)式形式相同的饱和增益系数表示式。由于四能级通常 $W_P \ll 1/\tau_f$，饱和参量 I_S 可表示为：

$$I_S = \frac{h\nu_0(1 + W_P\tau_f)}{\sigma_{21}\tau_f} \approx \frac{h\nu_0}{\sigma_{21}\tau_f} \tag{9-32}$$

例 Nd：YAG 晶体，已知光子能量 $h\nu_0 = 1.86 \times 10^{-19}\mathrm{W \cdot s}$；相应于激光增益谱线轮廓中心频率处的发射截面 $\sigma_0 = 8.8 \times 10^{-19}\mathrm{cm^2}$；荧光寿命 $\tau_f = 230\mu s$，即可由(9-32)式计算得饱和参量 $I_S = 920\mathrm{W/cm^2}$。

上述关于增益饱和的分析是对跃迁谱线增为均匀谱线增宽和非均匀谱线增宽的介质所作出的。在均匀增宽的介质中，饱和过程是使整个增益谱线轮廓成比例地下降。而在非均匀谱线增宽的介质中，增益饱和通常表现出典型的"空穴"效应。这个结果是在忽略了交叉弛豫的情况下得到的，交叉弛豫是指基质中激活离子与晶格(或分子)振动的相互作用，使高能态粒子在增益谱线轮廓内频率的转移过程。在国体激光工作物质中，红宝石激光器具有均匀谱线增宽，而在钕玻璃中，激活离子与基质静电场的相互作用导致非均匀谱线增宽，由于其交叉弛豫非常快($\sim 10^{-12}S$)，在受激跃过过程中不同频率的高能态粒子频繁地相互转移，其饱和增益现象与均匀增宽介质一致。

第三节　激光器的循环功率

本节描述腔内"循环功率"的方法，给出腔内平均功率密度与激光输出功率的关系。

对于单程通过的激光放大器，在增益介质中每点(x)的功率密度的变化率可以写成如下方程：

$$\frac{dI(x)}{dx} = \frac{g_0 I(x)}{1 + I(x)/I_S} - \alpha I(x) \tag{9-33}$$

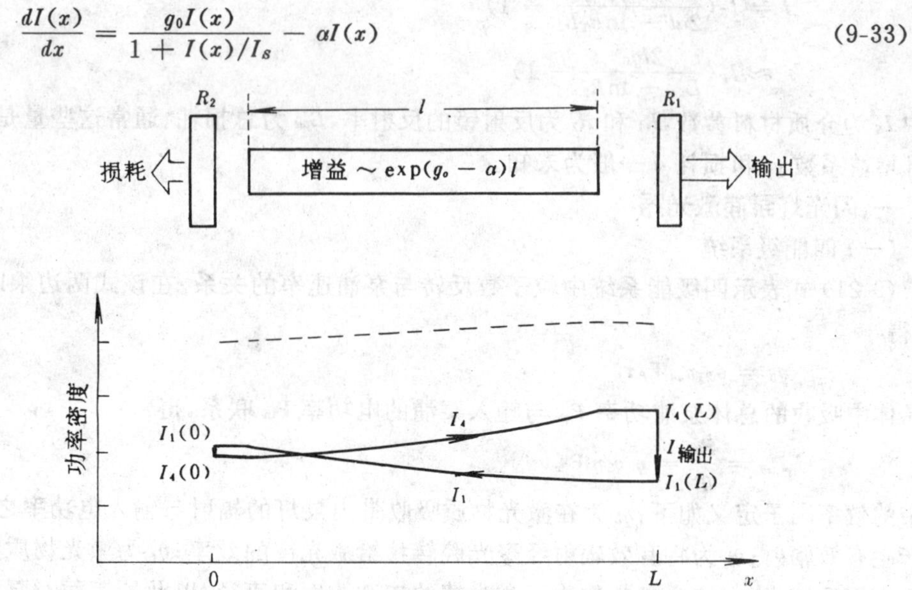

图 9-1　激光振荡器的循环功率

现在讨论两束波经相反方向通过放大器的情况，如图 9-1 所示。饱和参量 I_S 是介质内总功率密度的函数，因此两个分离光束的增益方程可写成

$$\frac{dI_{1,4}(x)}{dx} = \frac{\mp g_0 I_{1,4}(x)}{1 + [I_1(x) + I_4(x)]/I_S} \pm \alpha I_{1,4}(x) \tag{9-34}$$

式中 $dI_1(x)/dx$ 取负号，是由于 $I_1(x)$ 沿 x 正方向下降。因为在受激发射过程中，$I_1(x)$ 和 $I_4(x)$ 两列波共用相同的激活离子，所以(9-34)式表示的两个方程是相关的。将第一方程乘 $I_4(x)$，第二

方程乘以 $I_1(x)$ 并相加，得 $\frac{d}{dx}[I_1(x)I_4(x)] = 0$。此式表明 $I_1(x)$ 和 $I_4(x)$ 之积为一常数，它们的合成应为几何平均值，即 $I = [I_1(x)I_4(x)]^{1/2}$ 为一个常数。

假设将两反射镜置于激光棒的两端，使 R_2 位于 $x = 0$ 处，R_1 位于 $x = l$ 处。其中 R_1 和 R_2 为反射镜反射率，则

$$\frac{I_1(l)}{I_4(l)} = R_1 \text{ 和 } I_4(l) = \frac{I}{(R_1)^{1/2}} \tag{9-35}$$

式中 $I_4(l)$ 和 $I_1(l)$ 分别是输出反射镜处入射光束和反射光束的功率密度，所以激光输出功率为

$$P_{out} = A[I_4(l) - I_1(l)] \tag{9-36}$$

式中 A 为激光棒的横截面。将式(9-35) 和(9-36) 联立，得

$$P_{out} = AI(1 - R_1)(R_1)^{-1/2} \tag{9-37}$$

此方程式把振荡器的输出功率与光学谐振腔内的几何平均功率密度 I 联系起来。当 R_1 接近于 1 时，可简写为 $P_{out} \approx \mathrm{AIT}$。

第四节　激光器的输出 —— 输入计算

激光振荡的建立是由于噪声迅速增加引起的结果。由于辐射通量的增加，导致增益系数下降，最后稳定在 $g = g_0/(1 + I/I_S)$ 要求的数值。将((9-9) 式代入上式得到谐振腔内的稳态功率密度

$$I = I_S\left(\frac{2lg_0}{2\alpha l - \ln R_1R_2} - 1\right)$$

$$\approx I_S\left(\frac{2lg_0}{L_{tot} - \ln R_2} - 1\right) \tag{9-38}$$

式中 I_S 为介质材料参数，R_1 和 R_2 为反射镜的反射率，L_{tot} 为总损耗。通常这些量是已知的，而小信号增益系数 g_0 和损耗 α 一般为未知。

一、闪光灯泵浦激光器

(一) 四能级系统

(9-21) 式表示四级能系统中粒子数反转与泵浦速率的关系。在该式两边乘以受激发射截面，得

$$g_0 = \sigma_{21} n_{tot} W_P \tau_f \tag{9-39}$$

将晶体中吸收的总体泵浦功率 P_{ab} 与输入泵浦的电功率 $\mathrm{P_{in}}$ 联系，得

$$P_{ab} = \frac{P_f}{\eta_1} = \eta_2\eta_3\eta_4 \mathrm{P_{in}} \tag{9-40}$$

式中的效率因子定义如下：η_2 为在激光物质吸收带内泵灯的辐射与输入电功率之比，即 η_2 是确实产生有效辐射；η_3 为将有效辐射经聚光腔转移给激光棒的效率；η_4 为激光物质实际吸收的那部份有用泵浦光，η_4 这个参数取决于激光棒的掺杂浓度和直径，以及棒表面对泵浦光的反射损耗，式(9-40) 右边的所有参数是与激光器设计有关的系统参数。联立式(9-19)(9-21)(9-39) 和(9-40)，则小信号增益系数可用灯和阈值输入为功率 P_{th} 表示为：

$$g_0 = \frac{\sigma_{21}\tau_f\eta_1\eta_2\eta_3\eta_4 P_{th}}{h\upsilon_0 V} \tag{9-41}$$

在引入激光棒的小信号单程增益 $\ln G_0 = g_o l$ 后，(9-41) 式可改写成：

$$\ln G_0 = g_o l = K\mathrm{P_{th}} \tag{9-42}$$

$$K = \frac{\eta_1\eta_2\eta_3\eta_4}{I_S A}$$

式中 G_0 单程增益；K 为泵浦系数；A 为激光棒横截面的面积。

阈值时灯的输入功率 P_{th}，可把(9-42)式中的 K 代入(9-11)式，得

$$P_{th} \approx \frac{L_{tot} - \ln R_1}{2K} \tag{9-43}$$

将式(9-43)改写为 $-\ln R_1 = 2KP_{th} - L_{tot}$。如用两块不同反射率 R_1' 和 R_1'' 的输出反射镜，分别使器件运转在阈值条件下，测出它们所对应的泵灯输入功率 P_{th}' 和 P_{th}''，则由此方程可确定该振荡器的 K 和 L_{tot} 值，即

$$K = \frac{\ln(R_1'/R_1'')}{2(P_{th}'' - P_{th}')} \tag{9-44}$$

$$L_{tot} = \frac{P_{tot}''\ln(R_1') - P_{th}'(\ln R_1'')}{P_{th}'' - P_{th}'} \tag{9-45}$$

如果绘出 P_{th} 相对于 $-\ln R_1$ 的关系曲线，则从(9-43)式的转移式可知曲线的斜率为：

$$\frac{d(-\ln R_1)}{dP_{th}} = 2K \tag{9-46}$$

将直线外推到 $P_{th} = 0$，即可得到谐振腔内的光学损耗 $\ln R_1 = L_{tot}$。

如果去除谐振腔的一个反射镜，以致不能产生激光，$\varphi \approx 0$，则(9-42)式中的 P_{th} 即可写作 P_{in}，P_{in} 为泵灯的输入功率。当系统的 K 值已知，即可绘出小信号单程增益系数 g_0 或单程增益 G_0 与泵灯的输入功率 P_{in} 的关系。

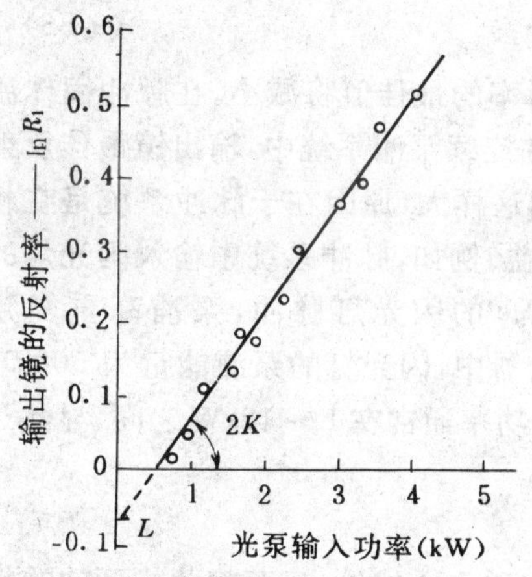

图 9-2 阈值输入功率和输出镜反射率的关系

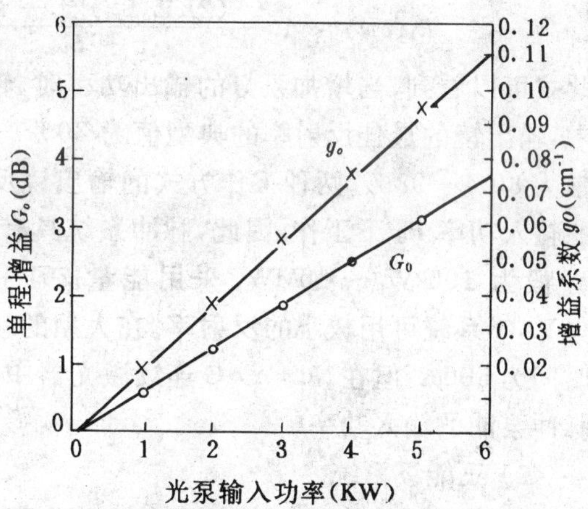

图 9-3 单程增益和增益系数与灯输入功率的关系

一个 Nd：YAG 连续激光器，晶体棒的尺寸为 $\Phi 6.2 \times 75$ 毫米，在不同反射率 R_1 的输出反射镜情况下，$-\ln R_1$ 与泵灯阈值输入功率 P_{th} 的函数关系如图 9-2 所示。由图可以得出：对于该激光器，$K = 72 \times 10^{-6} W^{-1}$，$L_{tot} = 0.075$。根据已知的 K 值和棒长 l，由(9-42)式可绘出小信号增益系数或单程增益的与灯输入功率的关系，如图 9-15 所示。由图可以看出，当灯的输入功率为 12kw 时，单程增益 $G_0 = 3.8$dB，小信号增益系数 $g_0 = 0.11\text{cm}^{-1}$。这对于基态粒子数密度 $n_0 = 6 \times 10^{19}\text{cm}^{-3}$，以及对受激发射截面 $\sigma_0 = 8.8 \times 10^{-19}\text{cm}^2$ 的 Nd：YAG 晶体说，反转粒子数密度约为基态粒子数密度的 0.2%。

现在讨论大于阈值的工作情况。将(9-42)和(9-29)式代入(9-11)式，得

$$\frac{2KP_{in}}{1 + I/I_S} = \mathrm{L_{tot}} - \ln R_1 \tag{9-47}$$

此式用大于阈值的输入功率 P_{in} 代替输入灯的阈值功率 P_{th}。根据(9-37)式，循环功率密度 I 可用输出功率 P_{th} 表示，即得激光输出功率表达式

$$P_{out} = \eta_S (P_{in} - P_{th}) \tag{9-48}$$

式中　P_{th} 为达到阈值所需灯的输入功率

$$P_{th} = (L_{tot} - \ln R_1)/2K \tag{9-49}$$

η_S 称为激光器输出的斜率效率，

$$\eta_S = K I_S A \eta_{cou} \tag{9-50}$$

$$\eta_{cou} = 2(1 - R_1)/R^{1/2}(L_{tot} - \ln R_1) \tag{9-51}$$

η_{cou} 称为输出耦合效率。

由上述三式可以看出，当腔内由于反射、散射和吸收引起的光学损耗 L_{tot} 较大时，阈值输入功率将增加，耦合效率 η_{cou} 下降，因而使斜率效率 η_S 降低。又因为，泵浦系数 K 与斜率效率成正比，而和阈值输入功率成反比，故 K 值大或系统效率高，斜率效率高，阈值低。若把 K 的表示式代入(9-50) 式(9-42) 式，则可得激光器斜率效率的表达式：

$$\eta_S = \eta_1 \eta_2 \eta_3 \eta_4 \eta_{cou} \tag{9-52}$$

由 此可见，系统的斜率效率 η_S 是该系统中所有各个环节上的转换效率的乘积。输出耦合效率 η_{cou} 可通过适当选择输出镜反射率而达到最佳值。

利用(9-48) 式对 R_1 求极大值，可确定使激光器输出功率达到最大值时的最佳耦合反射率：

$$R_1(ept) \approx 1 - \frac{(2K\mathrm{P}_{\mathrm{in}} L_{tot})^{1/2} - L_{tot}}{1 + L_{tot}} \tag{9-53}$$

由此式可以看到，当增加泵灯的输出功率时，输出镜反射率的最佳值将减小。在脉冲固体激光器中，输出镜的最佳反射率的典型值为 30%—50%，而在连续泵浦系统中，输出镜最佳反射率通常为 80%—98%。两种工作方式的输出镜反射率差别这样大，原因在于脉冲系统是在相当高的输入功率 P_{in} 下工作，因此，脉冲系统具有较高的增益。例如，脉冲系统中输入闪光灯的功率一般为 100kW ～ 10MW。采用能量 20J 和脉宽 200μs 的闪光灯脉冲，泵浦高重复频率 Nd：YAG 系统可用较小的反射率。在大型的钕玻璃激光器中，闪光灯的泵浦能量为 5000J，持续时间为 500μs。但在 Nd：YAG 连续激光器中，灯的输入功率通常在 1 ～ 12kW 之间，显然远低于脉冲泵浦的输入功率。

(二) 三能级系统

三能级系统的粒子数密度反转与泵浦速率的关系由(9-19) 式给出。若将此式两边乘以受激发射截面 σ_{21}，则得

$$g_0 = \frac{\alpha_0}{g_2/g_1} \frac{W_P \tau_f - (g_2/g_1)}{W_P \tau_f + 1} \tag{9-54}$$

式中 $\alpha_0 = \sigma_{21}(g_2/g_1)n_{tot}$ 为所有原子都处于基态时激光介质材料的吸收系数。在无泵浦时，(9-54) 式可简化为 $g_0 = -\alpha_0$。

假设泵浦速率 W_P 是灯输入功率 P_{in} 的线性函数，即

$$W_P \tau_f = K\mathrm{P}_{\mathrm{in}} \tag{9-55}$$

将此式代入(9-54) 式，为使分析简化，假设 $g_2 = g_1$，于是

$$g_0 = \frac{\alpha_0(K\mathrm{P}_{\mathrm{in}} - 1)}{KP_{in} + 1} \tag{9-56}$$

前节所述谐振腔内循环功率推导的方程适用于三能级和四能级系统。将(9-54) 式代入(9-30) 式得到三能级系统的饱和密度 I_S 为：

$$I_S = \frac{h\nu_0}{\sigma_{21}\tau_f} \frac{1}{(1 - g_0 g_2/\alpha_0 g_1)} \tag{9-57}$$

将式(9-38),(9-56)和(9-57)联立,考虑三能级系统材料在阈值时有 $W_P\tau_f = KP_{th} \approx 1$ 获得激光输出和输入功率的关系式,其形式与(9-48)式和(9-52)式相同,现在输出耦合效率应为:

$$\eta_{cou} = \frac{(1-L_M)(1-R_1)}{(L_{tot}-\ln R_1)(R_1)^{1/2}} \tag{9-58}$$

式中 $L_M = (L_{tot}-\ln R_1)/2l\alpha_0$,而阈值输入功率

$$P_{th} = \frac{(1+L_M)}{K(1-L_M)} \tag{9-59}$$

因子 K、系统的增益以及损耗 L_{tot} 均可由阈值输入功率和斜率效率计算:

$$L_{tot} = A + \ln R_1 \text{ 和 } K = \frac{2l\alpha_0 + A}{P_{th}(2l\alpha_0 - A)} \tag{9-60}$$

式中 $$A = \left[\frac{\eta_S P_{th}(R_1)^{1/2}}{P_f(1-R_1)} - \frac{1}{2l\alpha_0}\right]^{-1}$$

在这些表达式中,η_S,P_{th},R_1 和 l 均系可测参数,而 P_f 和 α_0 必须根据基本的介质材料参数计算

比较(9-59)和(9-43)式,可非常明显地看出,三能级系统和四能级系统两者具有较大的差别。在没有吸收损耗($L_{tot}=0$)和耦合损耗($R_1=1$)的四能级系统中,阈值 $P_{th}=0$。在三能级系统中,阈值为 $P_{th}=K^{-1}$ 或 $P_{th}=P_{in}=P_f/\eta_1\eta_2\eta_3\eta_4$ 这是达到粒子数反转所需的输入功率。由上述两式还可看到,改变反射率 R_1 对三能级系统阈值的影响比对四能级系统的小得多。

上述讨论只对稳态运输的激光器适用,即连续工作或泵浦脉冲宽度大于荧光寿命的脉冲泵浦系统。但在脉冲泵浦的激光器中,泵浦脉冲宽度常小于荧光寿命 τ_f。可以忽略泵浦时间内的自发辐射损失。如红宝石这种三能级系统,通常是用1毫秒长的脉冲泵浦,它较之3毫秒的荧光寿命要短。在这种情况下用反转时上能级中储存的能量 E_{ui} 来代替反转时的荧光功率 P_f,而且用灯的输入能量 E_{in} 代替输入功率 P_{in}。用适于四能级系统的表达式 $g_0=(K/l)E_{in}$ 和适于三能级系统的方程式(9-56)一起绘出 g_0 与 E_{in} 的关系曲线,表示在图9-4中。图中选择的参数为 $K=10^{-3}\text{J}^{-1}$,$L=15\text{cm}$,$\alpha_0=0.2\text{cm}^{-1}$。

应当指出,普通脉冲振荡器的输出不是平滑脉冲,而是一系列不规则的尖峰,因此,以上所计算的参数是对整个脉冲长度积分获得的平均值。

二、激光二极管泵浦固体激光器

下面讨论激光二极管泵浦固体激光器及其对系统输出产生影响的主要因素。

半导体激光二极管的输入电能转换成固体介质输出激光能量,通常可以方便地用以下3个参数说明。

(1) 激光二极管列阵的输入电能转换成泵浦辐射,即激光二极管的效率 η_D;

(2) 泵浦辐射转换成增益介质的激光上能级的能量(上能态效率 η_u);

(3) 上能态储存的能量转换成有用的激光输出能量(即输出效率 η_{out})。

根据上述定义,可以写出

$$E_{out} = \eta_D\eta_u\eta_{out}E_{EL} \tag{9-61}$$

式中 E_{out} 为激光输出能量;E_{EL} 为输入给激光二极管列阵的电能。下面讨论与这些效率有关的诸因素。

激光二极管效率 从激光器设计者观点看,η_D 参数决定于激光二极管列阵的制造过程。

上能态效率 假定无受激辐射,激光上能级粒子数变化的速率为:

$$\frac{dN_u}{dt} = N_2W_P - \frac{N_u}{\tau_{sp}} \tag{9-62}$$

式中 N_u 和 N_l 为上能态和基态的粒子数密度;W_P 为泵浦速率;τ_{sp} 为上能级自发辐射衰减速率。在稳定态情况下,上能级的粒子数密度为

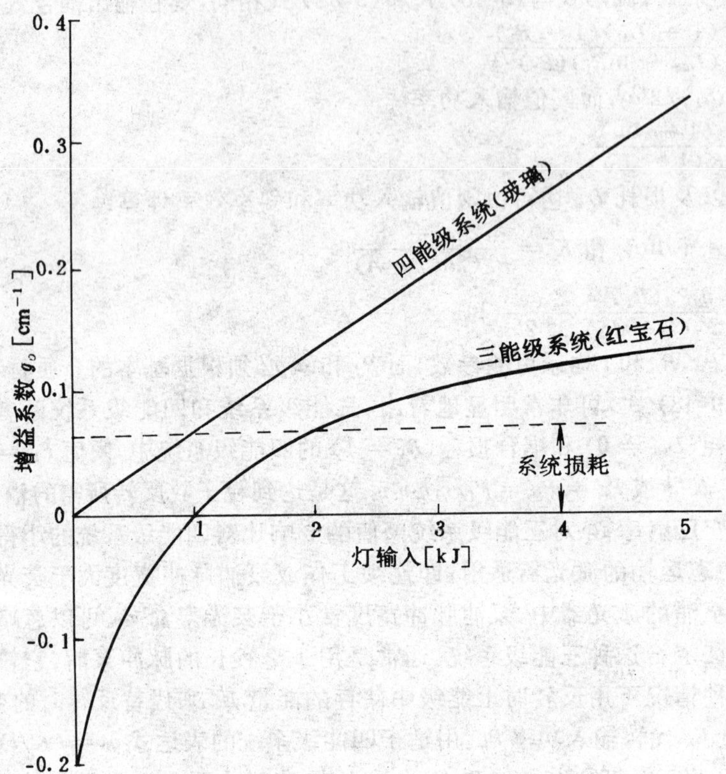

图 9-4　四能级和三能级系统的增益与灯输入的关系

$$N_u = N_l W_P \tau_{sp} \tag{9-63}$$

激光上能级贮存的能量密度为：

$$E_S = h\nu_L N_u \tag{9-64}$$

式中 $h\nu_L$ 为固体激光器输出的每一个光子能量。

总的吸收的泵浦功率 P_{abs} 可以用上能态的粒子数密度和泵浦速率来表示，如

$$P_{abs} = N_L W_P h\nu_D v \tag{9-65}$$

式中　$h\nu_D$ 为激光二极管泵浦光的每个光子的能量；V 为固体激光介质的体积。将式(9-63) 和(9-65) 联合后代入(9-64) 式，得到激光上能级贮存的能量密度。

$$E_S = (\frac{h\nu_L}{h\nu_D})(\frac{\tau_{sp}}{V})P_{abs} \tag{9-66}$$

固体激光器吸收的泵浦功率与激光二极管输出功率 P_D 的关系为：

$$P_{abs} = P_D[1 - \exp(-\alpha_D L)](1 - r) \tag{9-67}$$

式中　α_D 为固体激光介质中，二极管辐射波长处的吸收系数；L 为介质中泵浦辐射的光程长度；r 概括为泵浦源和固体介质之间引起的反射损耗。引入 P_D 值参数 $P_D = E_D/t_D$，式中 E_D 和 t_D 分别表示激光二极管每个脉冲的能量和脉冲宽度，并将(9-67) 式代入(9-66) 式，得

$$E_{st} = (\frac{h\nu_L}{h\nu_D})(\frac{\tau_{sp}}{t_D})[1 - \exp(-\alpha_D l)](1 - r)E_D \tag{9-68}$$

然后，再引入激光上能级贮存的总能量 E_{st} 来代替能量密度

$$E_{st} = E_S V \tag{9-69}$$

现简单说明(9-68) 式各项意义：第一项是 Stokes 效率，它是根据光辐射和光泵辐射光子能量比

来计算，即

$$\eta_v = v_L/v_D \tag{9-70}$$

第二项表示在 Q 开关脉冲提取功率之前，剩余部分的泵浦功率。

$$\eta_P = \tau_{sp}/t_D \tag{9-71}$$

如泵浦脉冲比荧光寿命长，则增益下降，这是由于自发辐射而使激光上能级的粒子耗尽之故；(9-68) 式最后两项，决定于从泵浦列阵到激活介质的转换效率：

$$\eta_T = [1 - \exp(-\alpha_D l)](1 - r) \tag{9-72}$$

即使在列阵温度变化时，只要激活介质的厚度足够吸收激光二极管辐射，就可获得高效率。在激活介质边缘，反射损耗和漏　　损耗用参数 r 表示，为了能量的有效转换，r 必须减至最小。方程式(9-68) 可表示为

$$E_{st} = \eta_v \eta_P \eta_T \eta_Q E_D \quad 或 \quad E_{ST} = \eta_u E_D \tag{9--3}$$

于是 $\eta_u = \eta_v \eta_P \eta_T \eta_Q$　(9-74)

把量子效率 η_Q 加到上面的方程，η_Q 表示泵浦光子到达激光上能级的部分。

输出效率　贮存在激光上能态的能量转变成有用的激光输出依赖于下列因素：

在上能态反转密度的情况下，通常用充满因子 η_B 表示谐振腔模的空间交迭。由于放大的自发辐射(ASE) 损耗，将减少有效的贮存能量。ASE 损耗用因子 η_F 表示。

在 Q 开关工作时，由脉冲提取的贮存能量数依赖于在阈值之上的反转。用 η_{ex} 表示输出的能量 部份。在谐振腔中，由于散射，吸收或反射引起的光学损耗 L_{tot} 进一步减少了激光输出。于是有

$$\eta_R = \frac{1}{l + L_{tot}/(1 - R_1)} \tag{9-75}$$

式中 R_1 为输出反射镜的反射率，把上面讨论的效率因子组合在一起

$$\eta_{out} = \eta_B \eta_F \eta_{ex} \eta_R \tag{9-76}$$

所以

$$E_{out} = \eta_{out} E_{st} \tag{9-77}$$

第五节　激光器的输出特性及实例

本章前面几节讨论的都是激光器的稳态特性，本节主要考虑瞬态或动态特性中的某些现象。

一、弛豫振荡

固体激光器中最主要的瞬态效应是弛豫振荡现象。

闪光灯泵浦的红宝石和许多其它脉冲固体激光器的输出是极不规则的时间函数。对脉冲激光器，光泵浦时间常小于工作物质的荧光寿命，激光器工作于非稳定状态下，其激光输出是由一连串不规则振荡的短脉冲(或称为尖峰) 构成的，其包络规律受到泵浦光强的影响。通常各个短脉冲的持续时间约为 0.1 ～ 1μs，各短脉冲之间的间隔为 5 ～ 10μs 左右。光泵越强，间隔越小，短脉冲个数增多，但其包络的峰值不会有所增加。这是由于增益的饱和过程使反转粒子数不能大量积累的缘故。图 9-5 是实测得到的钕玻璃脉冲激光器的输出波形，图形下面的正弦曲线为周期 50μs 的时标。

现在用图 9-6 来解释峰值形成的现象。。当激光泵浦源刚开始接通时，腔内存在适当频率

的光子可忽略不计。泵浦辐射使受激原子线性增加，并达到粒子数反转。

虽然在稳态振荡条件下，激光上能级的粒子数 N_2 决不可能高于 N_{2th}（阈值条件下），但在瞬态条件下泵浦能够使 N_2 高于阈值，因为这时尚未建立激光振荡，腔内还不存在使 N_2 下降的受激辐射。

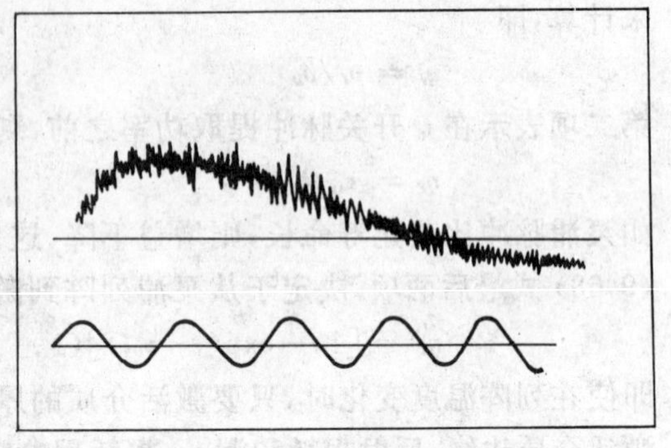

图 9-5　脉冲激光器输出的尖峰结构

实际上，激光振荡直到 N_2 超过 N_{2th} 之后才开始建立，所以，激光器内的往返净增益超过 1。随后，由于 N_2 远大于 N_{2th}，振荡很快建立，使光子通

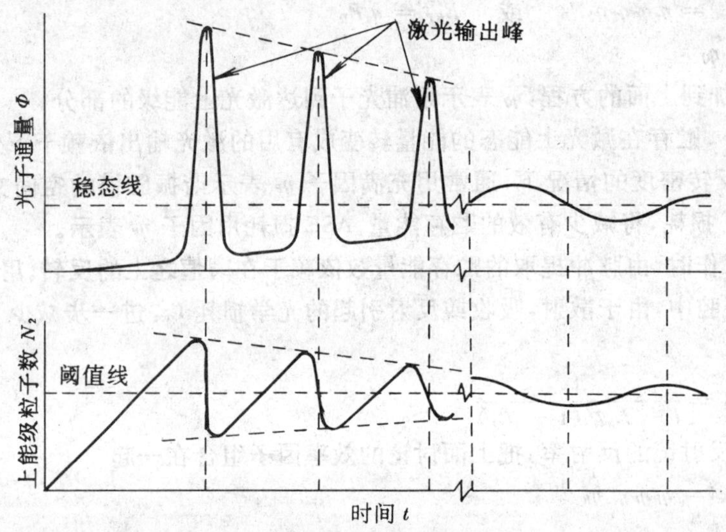

图 9-6　激光振荡器的峰值特性

量 φ 值显著地超出特定泵浦功率下的稳态值。

但是，当 $\varphi(t)$ 变得很大时，由于受激发射而使上能级源子的消耗速率变得相当大，实际上它远大于泵浦速率 W_P。结果，上能级粒子数 $N_2(t)$ 通过一个最大值，然后，由于辐射密度较大而迅速下降。粒子数 $N_2(t)$ 下降到低于阈值 N_{2th} 之后，激光腔内的净增益变成小于 1，因而在激光腔内的振荡开始消失。

一旦辐射降低到低于固有的稳定值，受激辐射又变小，从而完成这种弛豫过程的一个循环。此时，泵浦过程开始使粒子数 N_2 向上回升再次通过阈值，这样就使另一次激光脉冲产生，并且系统可以重复进行完全相同的或十分类似的循环特性。

现在再使用速率方程，解释这些曲线，在泵浦脉开始时，由于光子密度低，假设感应发射可忽略不计。此时，(9-17) 式中的 φ 项可略去，可写成

$$\frac{d\Delta n}{dt} = W_P n_{tot} \tag{9-78}$$

因此，在大的峰值脉冲产生之前，粒子数反转随时间线性地增加。随着光子密度的增大，受激辐射占主要，并且对于一个短脉冲宽度，泵浦效应可以忽略不计。因此，在实际的峰值脉冲过程中，速率方程可以写成

$$\frac{d\Delta n}{dt} = -\gamma C\sigma_{21}\varphi\Delta n, \quad \frac{d\varphi}{dt} = C\sigma_{21}(\Delta n)\varphi \tag{9-79}$$

上式中忽略了(9－18)和(9-13)式中的过剩粒子数泵浦速率和腔损耗速率。这样，可得到光子密度随时间上升，而粒子数反转随时间下降。当粒子数下降到阈值 Δn_{th} 时，光子数密度达到峰值。在反转达到最小值时，获得 $\gamma \Delta n \sigma_{21} \varphi \approx W_P n_{tot}$，此时泵浦能够维持现有的小粒子数反转。重复这种循环，就形成另一峰值。这种粒子数反转阈值 Δn_{th} 呈锯齿状起伏。随着时间的推移峰值变小，曲线变成阻尼正弦波。

在许多实际的固体激光器中，这种尖峰消失得非常缓慢，从而持续在整个泵浦周期内。此外，激光器中存在的机械和热冲击以及其它干扰，均会使这种峰值状态不断重复激励，使其成为非阻尼，不会被抑制到稳态。根据模结构，谐振腔设计以及泵浦功率等系统参数的不同，这种峰值可能是极不规则的。也可能是规则的。

连续泵浦的激光器工作于稳态过程中，其激光输出是一个稳定值。但实际输出也有起伏，这是由于自发辐射的量子噪声，以及外界干扰，如泵浦源的波动、机械振动、温度条件等的变化均会引起激光的弛豫振荡、模式变化等，从而造成激光输出的起伏。

固体激光器的尖峰抑制应用于某些希望激光输出脉冲平滑而调幅很小场合中。常用的方法有主动反馈和被动反馈等，主动反馈法是从激光器的输出中取样，利用光电元件接收，并产生与激光起伏变化相一致的电信号，然后以此电信号去控制置于谐振腔内的光电开关(如普克尔盒，克尔盒等)。为了获得满意的尖峰和涨落的抑制，探测器和光开关之间的延迟时间必须比尖峰宽度小得多。因为单个尖峰的脉宽约为 0.1-1μs，所以要求反馈系统的带宽至少20-50MHz。被动反馈法则是在激光谐振腔内放置对光强变化敏感的液体，如在红宝石激光器的谐振腔内放置一个盛有苯的盒子。激光强电场能影响苯分子的排列方向，使之对光的散射能力发生变化。光越强，苯的散射损耗越大，从而达到消除脉冲尖峰的目的。

二、激光输出的光谱特性

固体激光器工作时，腔内无任何选择元件，则通常都是工作于多模振荡，表现为空间上离轴模振荡的产生(多横模)，以及纵向上多个频率组分的振荡(多纵模)。多模振荡器输出频谱的特点：激光不是严格单色光，是由一系列比较窄的振荡谱线元(许多分离频率)组合而成。

通常对于均匀加宽的 Nd：YAG 和红宝石，以及非均匀加宽的钕玻璃激光振荡器都表现为多纵模振荡。这是由于激光模式的驻波结构，导致空间反转粒子数的不均匀，而反转粒子数在空间的弛豫是很慢的($\approx 10^{-4}s$)，从而造成空间的空穴，即，当以频率 ν_0 的振荡模起振后，整个激光棒内各处的光能密度是不均匀的，形成一个驻波场，波复处的能量密度最大，因而受激儿率最大，消耗的反转粒了数最多，表现为空穴，使增益下降；而在波节处的能量密度最小，因而受激儿率最小，消耗的反转粒子数很少，且又因那些空间上相邻的高能态离子和处于基态的离子之间能量转移很慢，这就使波节处仍具有高的增益。其它振荡频率的纵模驻波场波腹和波节位置与频率 ν_0 的振荡模驻波场并不重合，在它们的波腹位置上仍可能有较高的反转粒子数，使这些纵模具有较高的增益而起振。

产生振荡的纵模数目与工作物质的荧光线宽、谐振腔的尺寸、器件阈值和光泵输入水平有关。固体激光器的增益线宽通常较大，所包含满足阈值条件的谐振频率极多。图 9-7 所示为红宝石激光器输出的频率成分。红宝石激光器和 Nd：YAG 激光器输出的激光线宽约为 0.3～0.5Å，有一无选模的红宝石激光器，腔长为 75cm，半功率点线宽约 0.5Å，激光谱线的包络中约有 160 个纵模，模式谱线相互间隔 0.003Å。

钕玻璃激光器比红宝石和 Nd：YAG 激光器具有更宽的增益曲线，产生振荡的纵模会更多，激光谱线更亮，通常比红宝石的激光线宽高两个数量级以上。图 9-8 示出钕玻玻璃激光器

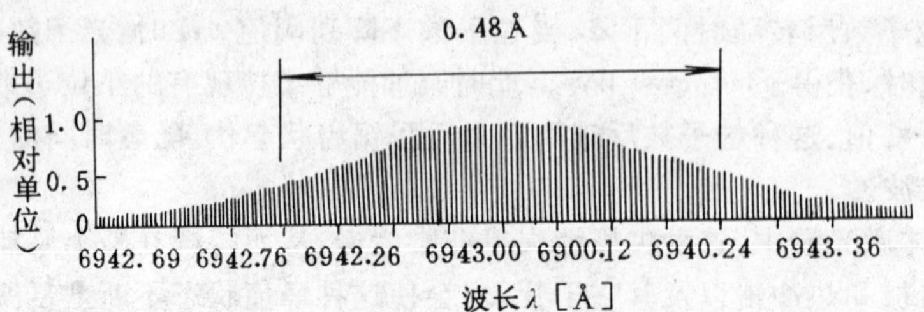

图 9-7　未选模的红宝石激光器的输出光谱线

随光泵输入水平的增高时激光线宽增加的典型实验曲线。

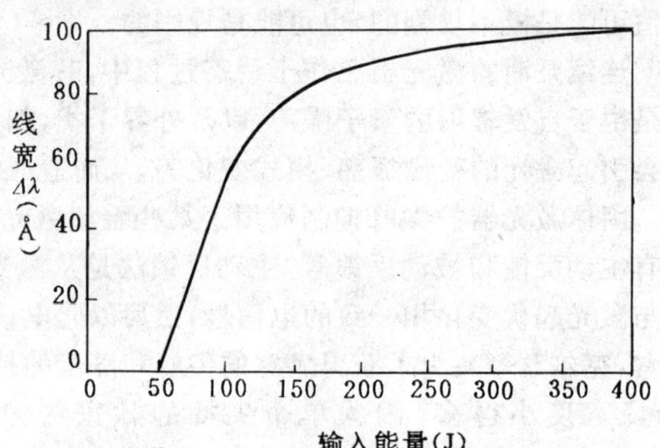

图 9-8　钕玻璃的激光线宽

激光器的光谱特性经常用带宽、线宽、纵模数和相干长度来描述。现介绍这些量之间的关系。

若激光器输出是单横模又是单纵模，则激光器的带宽为$\Delta v = C/2LF$，式中F是光学谐振腔的精细度。若激光发射K个纵模，则二边缘模式间的带宽为：

$$\Delta v = \frac{(K-1)C}{2L} \text{ 或 } \Delta\lambda = \frac{(K-1)\lambda^2}{2L} \tag{9-80}$$

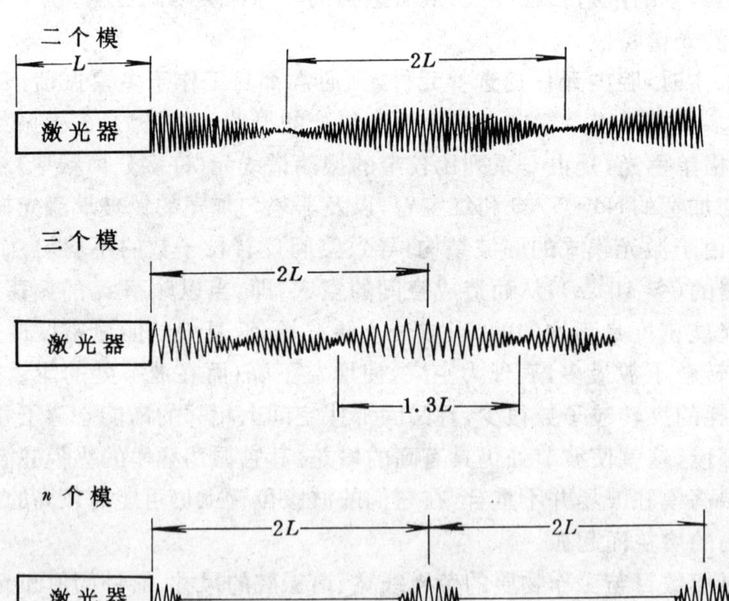

图 9-9　有 2 个、3 个和 n 个纵模的激光器输出示意图

对激光器所发射的分立的完全相关波给予强调制，即波长对应于二个相邻纵模的二个行波进行叠加。

这种情况在图 9-9 中作了说明：二个波互相干涉，产生行波波节；发现这些波节间距恰好是腔长的二倍。亦即，这样一个激光器的输出二倍腔长的频率（$\upsilon_m = C/2L$）调制。

若激光器发射三个完全相关的波长，则输出受到更强的调制，然而最大值仍然相互间隔为二倍腔长。相长干涉的区间反比于振荡模的数目，故当完全相关模的数目增加时，它就变得更窄。

多模振荡器的各个振荡模充分消耗了反转粒子数，因而输出能量大，但激光谱线宽，相干性差，这对于某些应用是不利的；然而正是由于它包含的模式多，经锁模后可以得到更窄的脉冲，故在一些激光应用中，当要求单模输出时，则需要采用选模措施。

三、典型固体激光器的工作特性

1. 红宝石激光器

现在研究Φ0.95×10.4cm红宝石棒（掺铬0.05%）组成的振荡器的性能。光学谐振腔由间距为71cm的两块平面镜构成。在阈值附近系统的性能与输出耦合的关系表示在图9-10。由图中曲线可看出，这种系统当反射镜反射率约50%时为最佳。此时，器件的阈值较低，腔内光能密度较大，同时耦合效率也较高，使激光输出最强，总效率亦较高。若反射率大大高于此值，则输出输入曲线的斜率很低。反之，若反射率明显地低于50%，则阈值就很高。阈值附近曲线的弯曲是由非均匀泵浦引起的。由于棒表面比中心吸收更多的泵浦光，所以产生的激光为环状结构。当输入能量稍高时，棒的整个截面开始发射激光。

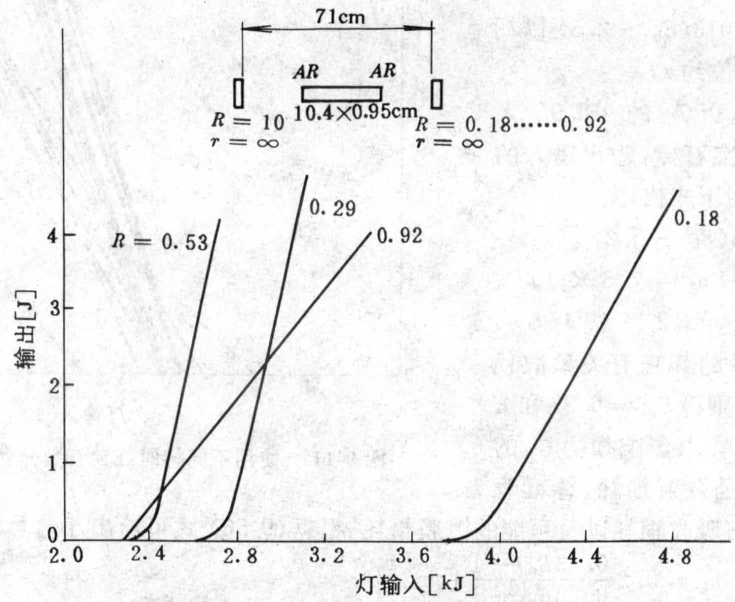

图 9-10　以输出耦合为参数，红宝石激光器的输出特性

图 9-11 示出了在较高输入能量和最佳输出耦合条件下工作的同一红宝石脉冲固光器使用不同参数的红宝石棒时的性能。由图可知，晶体棒的掺杂浓度、横截面直径以及光泵闪光灯持续时间 T_P 对器件输出能量的影响。

掺杂浓度比较高的晶体棒，在输入相同时可得到较高的输出能量和效率，这是由于棒的激活吸收高的缘故；但是，若棒的掺杂过高，会使晶体光学质量下降、损耗增加、阈值升高、输出和效率降低。

晶体棒横截面直径大时，输出能量大，效率高。这是由于直径较大的棒在泵浦腔内可以截获更多的泵浦光，同时泵浦光进入晶体棒后的吸收较充分，因而效率高。但棒的直径过大，则无益而有害。

当光泵闪光时间加长，例如 $T_P = 5\text{ms}$，会使光泵辐射功率密度降低，并使工作物质的自发辐射增加。因而激光输出减小，效率降低。

掺 C_r^{3+} 0.03% 的 $\Phi 1.4 \times 10.4\text{cm}$ 的红宝石棒，斜率效率为 1.3%，光泵阈值输入能量为 2.5kJ，其输出性能可用下式描述：

$$E_{out} = 0.013(E_{in} - 2.5)\ [kJ]$$

式中 E_{in} 的单位约 kJ。

掺 C_r^{+3} 0.05% 的 $\Phi 0.95 \times 10.4\text{cm}$ 的红宝石棒，输出输入的典型曲线可用下式描述：

$$E_{out} = 0.0075(E_{in} - 2.2)\ [\text{kJ}]$$

若将斜率效率 $\eta_S = 7.5 \times 10^{-3}$、阈值能量 $E_{th} = 2.2 \times 10^3\text{J}$，$\alpha_0 = 0.2\text{cm}^{-1}$ 及棒的其它有关参数代入(9-60)式，则得 $L_{tot} = 0.27$ 和 $K = 7.3 \times 10^{-4}\text{J}^{-1}$。影响损耗 L_{tot} 的最重要因素是散射损耗，棒套管引起的红宝石吸收损耗以及可能的镀膜损耗。根据(9-56)式可给出小信号增益系数：

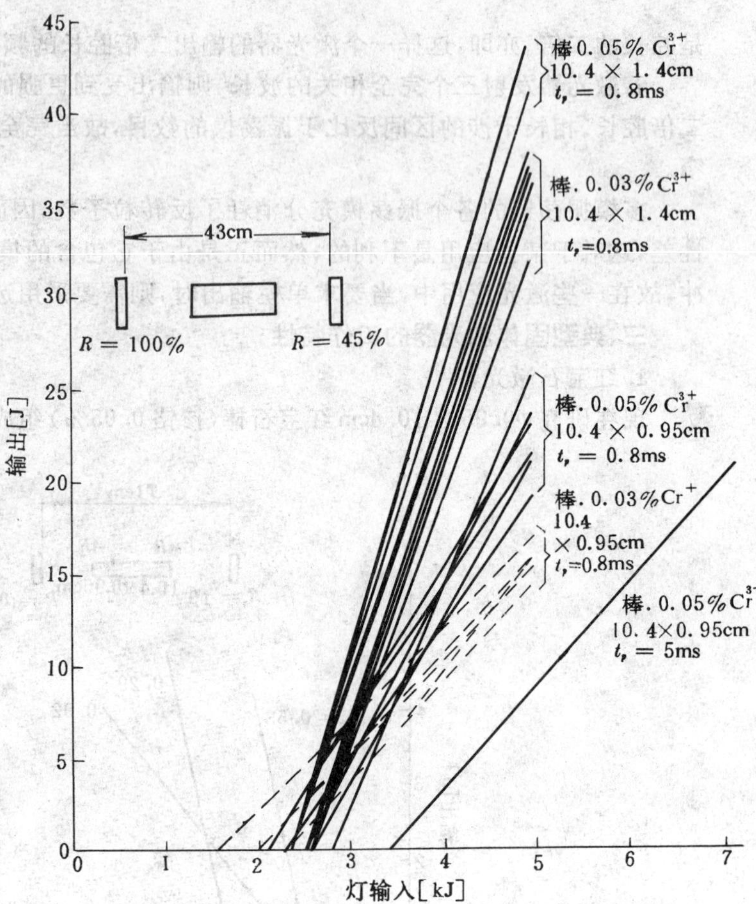

图 9-11　使用不同棒时红宝石激光器的输出性能

$$g_0 = 0.2\frac{0.73E_{in} - 1}{0.73E_{in} + 1}\ [\text{cm}^{-1}]$$

在最大能量为 5kJ，此棒的小信号增益系数 $g_0 = 0.11\text{cm}^{-1}$，单程增益 $G_0 = \exp(g_0 l) = 3.3$。

红宝石脉冲激光器的斜率效率通常在 0.5 ~ 1.5% 之间。由于三能级系统的器件阈值高，光泵输入与阈值输入之比(E_{in}/E_{th}) 比较低，例如 1.5 ~ 2，通常红宝石激光器的总效率较低约为 0.2 ~ 0.8%。

2. 钕玻璃激光器

钕玻璃激光器用螺旋灯泵浦的水冷钕玻璃脉冲激光器的典型性能表示在图 9-12 中，即用几根不同光学质量的钕玻璃棒所得到的一组实验曲线。钕玻璃棒尺寸为 $\Phi 1.2 \times 15\text{cm}$，输出能量通常为 50J 左右。棒的平均阈值为 1.5kJ，斜率效率为 2%，最大输入时的总效率 1.4%。

钕玻璃脉冲激光器的斜率效率通常在 1 ~ 4%，总效率为 0.5 ~ 2%。

3. Nd：YAG 激光器

图 9-13 表示出 Nd：YAG 连续激光器的输出性能。棒的尺寸为 $\Phi 0.6 \times 7.5\text{cm}$，用 85% 反射率的输出反射镜获得了最高的输出。由此曲线可看到，斜率效率 $\eta_S = 0.026$，外推阈值 $P_{th} = 2.8\text{kW}$。图 9-2 表示不同输出镜反射率时，测得的达到激光阈值所需的灯输入功率，根据(9-43)到(9-46)式可获得阈值输入功率与 $\ln(1/R_1)$ 的线性关系，从这一测量结果得出泵浦系数 $K =$

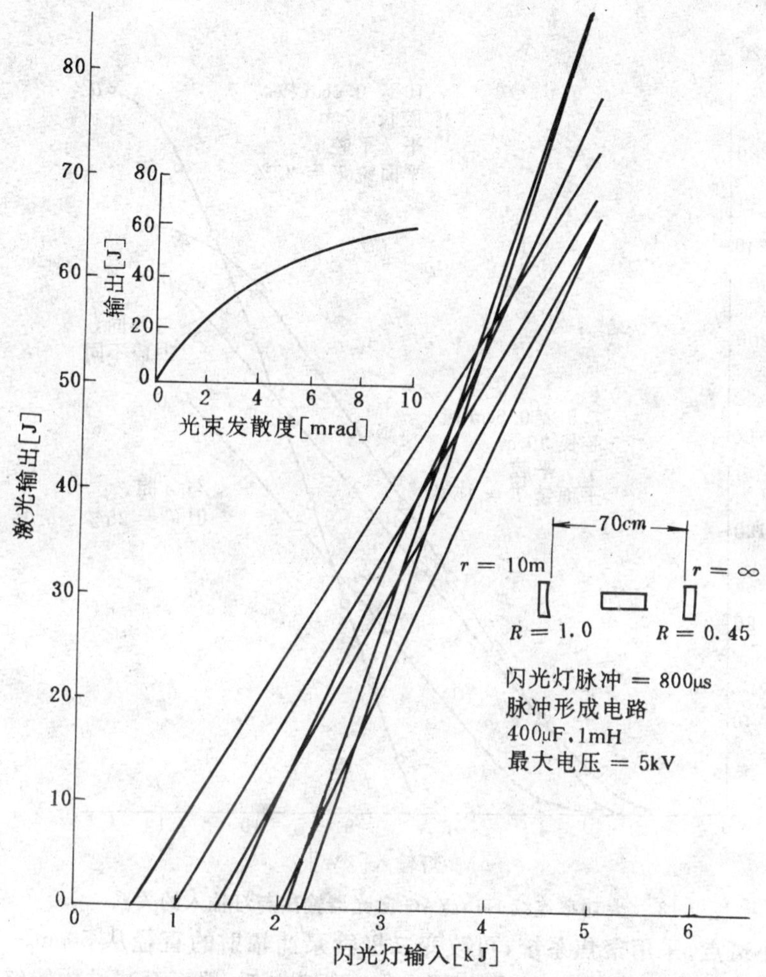

图 9-12 用螺旋闪光灯泵浦的 Φ1.2 × 15cm 钕玻璃棒的性能(泵浦长度 10cm)

插图:平均光束发散度与输出能量的关系

$72 \times 10^{-6}\text{W}^{-1}$,综合损耗 $L_{tot} = 0.075$。用这二个已知数据,就可绘出小信号增益系数或单程棒增益与灯输入功率的关系,如图 9-3 所示。

用(9-23)式可算出激光器的阈值点总的荧光输出。若 $V = 2.3\text{cm}^3$,$\tau_f = 230\mu\text{s}$,$h\nu = 1.86 \times 10^{-19}\text{ws}$ 和 $\Delta n_{th} = 1.1 \times 10^{16}\text{cm}^3$,则得 $P_f = 20\text{W}$。

如果测得 $\eta_0 = 0.026$、$K = 72 \times 10^{-6}\text{W}$、$A = 0.31\text{cm}^2$、$L_{tot} = 0.075$、$R_1 = 0.85$,则根据(9-50)式,可求得 $I_S = 810\text{W/cm}^2$。

将 K、I_S、A 和 L_{tot} 数值代入(9-48)~(9-51)式,可在不同灯输入功率下计算输出功率与输出反射镜反射率的关系。计算结果示于图 9-26 中。由图看出,反射镜的最佳反射率有一相当宽的最大值。沿虚线确定的反射镜,在不同输入功率下均能给出最高输出功率。这条曲线亦可由(9-53)式求得。

4. 激光二极管泵浦固体激光器

采用激光二极管泵浦固体激光器比弧光灯泵浦更吸引人,这主要是基态离子的有效激励非常接近于激光上能级。它除了有极好的光谱匹配之外,激光二极管的输出可以准直和聚焦。

激光二极管泵浦固体激光器通常采用端面泵浦,即激光二极管列阵辐射的激光聚焦在固

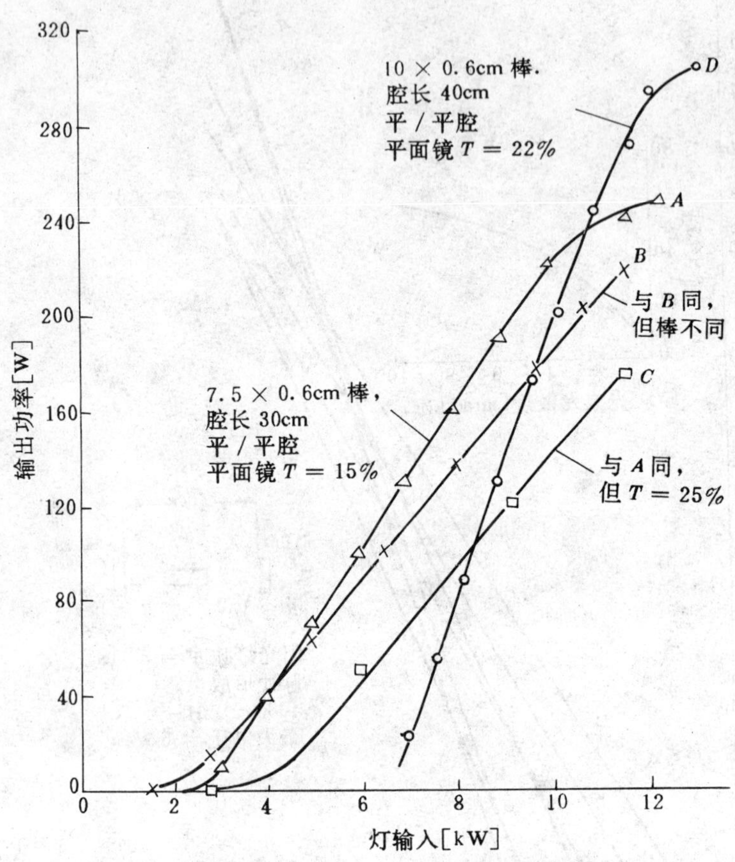

图 9-13　大功率连续 Nd：YAG 激光器输出与灯输入的关系

体棒端面的一个小斑点。采用聚焦系统,可改变二极管泵浦辐射的直径从 50μm——100μm,以便与 TEM_{00} 模的直径相一致。泵浦辐射能较深地透入到棒内部。端面泵浦结构能够最大地利用来自激光二极管的能量。

利用纵向泵浦结构,可使激光二极管激励的模体能够很好地与 TEM_{00} 激光模体相匹配。采用自孔径选模方法获得 TEM_{00} 模输出。

在图 9-15 所示实验装置中,采用单光谱 GaAlAs 激光二极管列阵,在波长 0.810μm 输出功率约 200mW,电光转换效率约 20%,泵浦光束经光学系统聚焦在长 1cm、直径 0.5cm 掺杂浓渡 1%。Nd：YAG 晶体棒上。采用平凹谐振腔结构,Nd：YAG 棒的泵浦端面镀 1.06μm 高反射模及对 0.810μm 减反射膜。输出耦合镜曲率半径为 5m 凹面镜,反射率在 1.06μm 波长上为 95%,总体效率达到前所未有的数值(高达 7%)。

这种结构与侧面泵浦激光棒比较,具有许多优点:(1) 吸收长度长,能够吸收全部泵浦光;(2) 能够聚焦激光束为达到有效激发而所需要提供的光强;(3) 能够调整光束使与获得最佳模匹配相一致。

图 9-16 表明在模匹配的情况下,光子转换效率接近于量子效率(泵浦波长与激光波长之比),对于输入功率 W,泵浦光斑尺寸约 50μm(假设单程损耗为 1%,$\sigma = 7.6 \times 10^{19} cm^2$)

图 9-17 表示输入电功率与输出功率的关系,该激光器结构表示在图 9-15 中。我们可看到输入 1W 电功率,能得到 Nd：YAG 输出 70mW,相当于激光二极管的电—光转换效率约 20%,光—光转换效率约 35%。

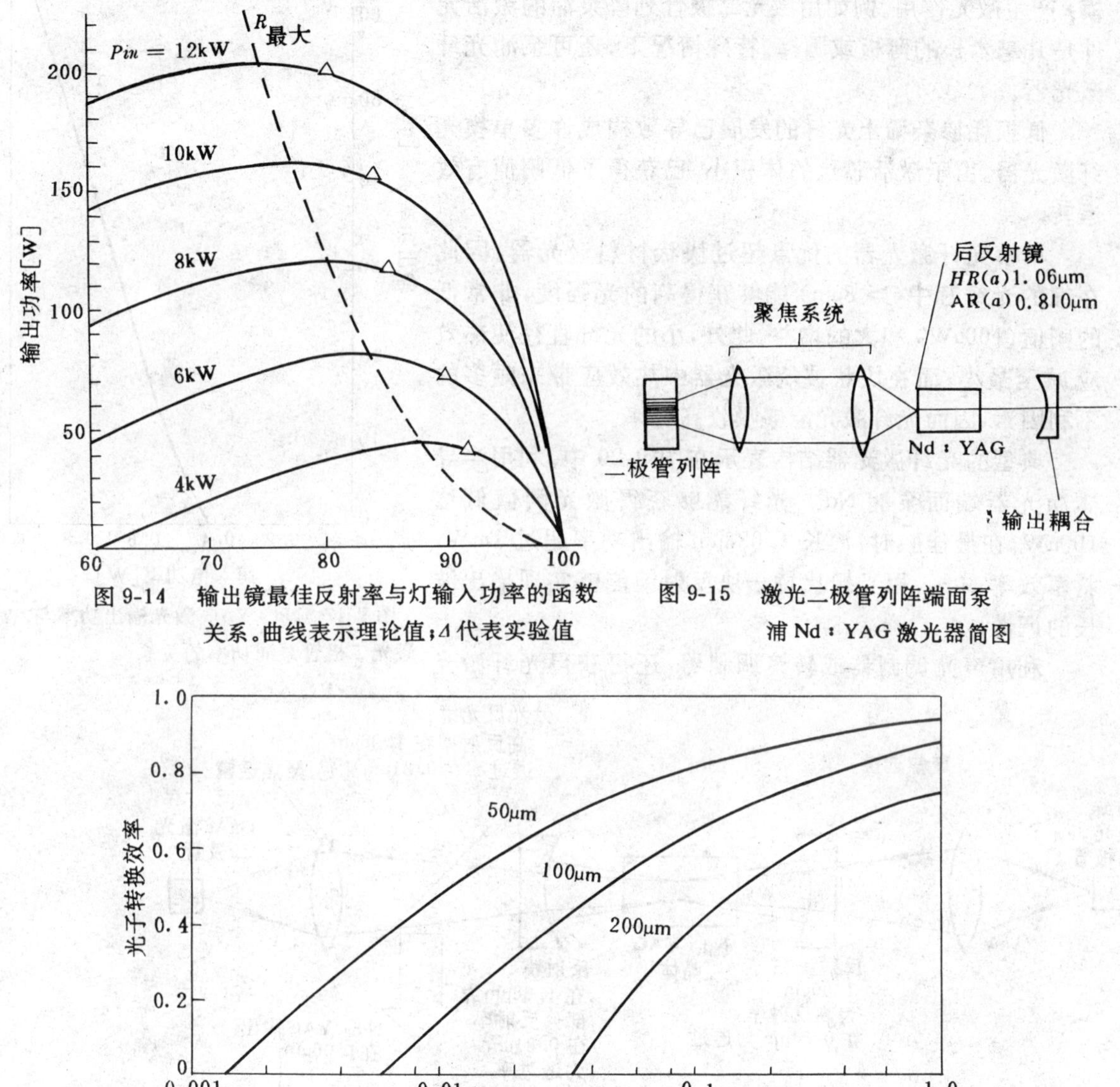

图 9-14　输出镜最佳反射率与灯输入功率的函数关系。曲线表示理论值；Δ 代表实验值

图 9-15　激光二极管列阵端面泵浦 Nd：YAG 激光器简图

图 9-16　对不同的聚焦泵浦光斑尺寸光子转换率和泵浦功率的关系

正像上面提到的那样，为了达到较高的性能，在激光二极管列阵泵浦固体激光器的设计中，应考虑二个关键要素，即激活介质的纵向泵浦和激光谐振腔设计，以便使泵浦区和 TEM_{00} 模体很好地交迭。为了获得高的输出功率，采用纵向双端面泵浦装置如图 9-18 所示，将两个激光二极管列阵的输出功率通过偏振耦合技术而使有用泵浦功率提高一倍。

激光二极管端面泵浦连续运转的激光器已扩展到许多激光材料。图 9-19 列出了三种激光器 Nd：BEL、Nd：YAG 和 Nd：YVO_4 输出作一对比。Nd：YVO_4 激光输出清楚地表明，不管它的光学损耗较大以及荧光寿命短(95μs)它的阈值是最低的。这种激光器的总效率是 12%，这是已报道的固体激光器中最高值。由图 9-19 可看到，1W 的电输入功率可获得 120mW 的输出功率。

最近几年，已成功地用激光二极管端面泵浦许多固体激光材料以及固体激光组合器件（如 Q 开关、倍频和锁模）产生激光作用。例如用激光二极管列阵泵浦的激活元件是几毫米长的薄板或圆棒。特殊情况下，还可泵浦光纤激光器。

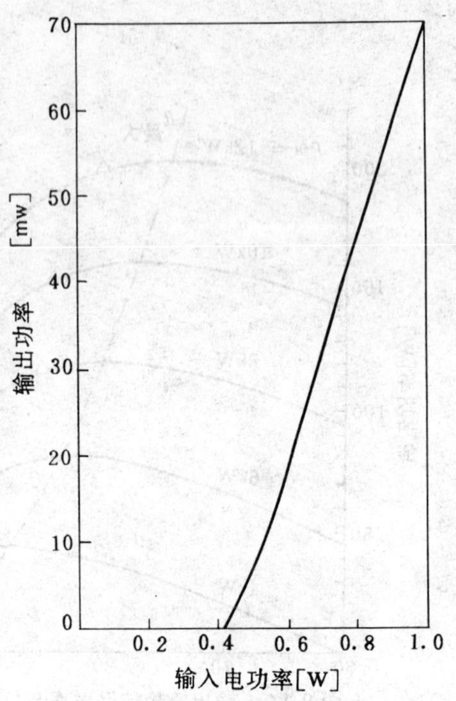

图 9-17 Nd：YAG 激光输出功率与激光二极管泵浦功率的关系

低损耗掺杂稀土光纤的发展已导致构成许多单模光纤激光器。由于激活芯丝的体积小，已获得了低阈值有效运转。

单模光纤激光器的优点超过块状材料激光器。因此在细的光纤芯中（> 8μm）能够获得高的光强度，非常低的阈值（100μW）和大的增益。此外，小的光纤直径使热效应减至最小，而在块状玻璃激光器中热效应带来颇多的不利因素，因而光纤激光能够吸收高功率。

典型的光纤激光器结构表示在图 9-20 中。利用半导体激光器端面泵浦 Nd^{3+} 光纤能够获得激光阈值低达 100μW。在最佳腔时，波长 1.088μm 输出功率超过 1mW，斜率效率 30%，用光栅代替一块反射镜能够实现输出波长的调谐。

利用声光调制器或转镜调制器，还可获得光纤激光器的 Q 开关作用，并可获得几瓦的峰值功率，脉冲范围自 50ns 至 1μs。

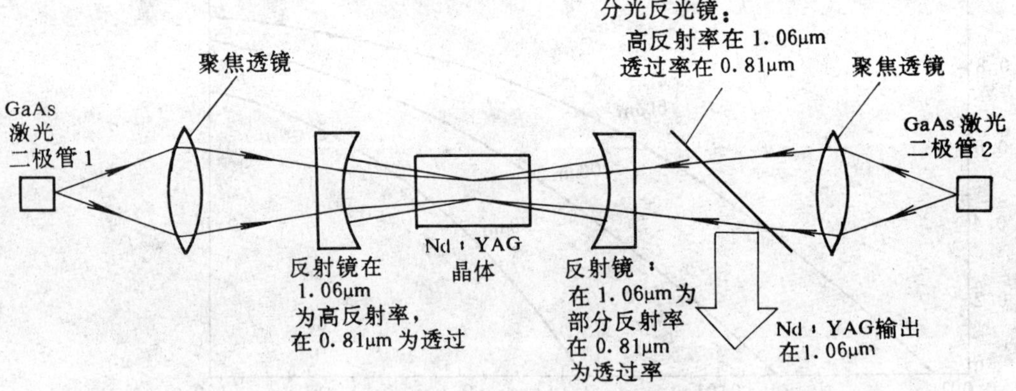

图 9-18 用二个 GaAlAs 激光二极管列阵端面泵浦 Nd：YAG 晶体

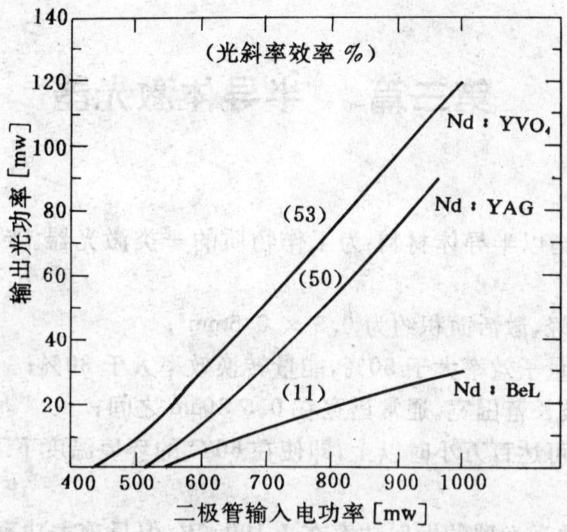

图 9-19　激光输出与泵浦二极管电输入功率的关系

(*a*)

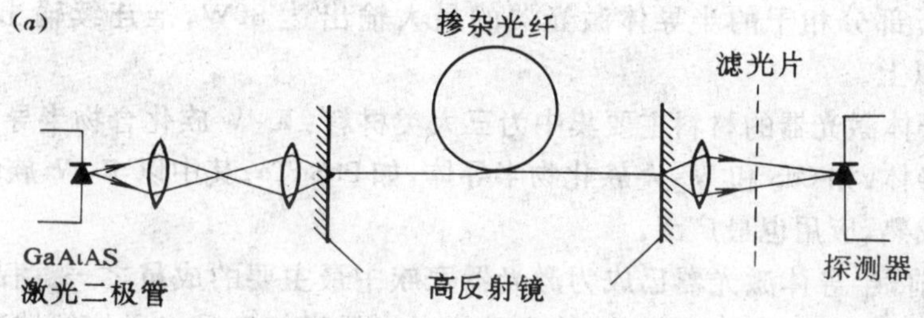

(*b*)

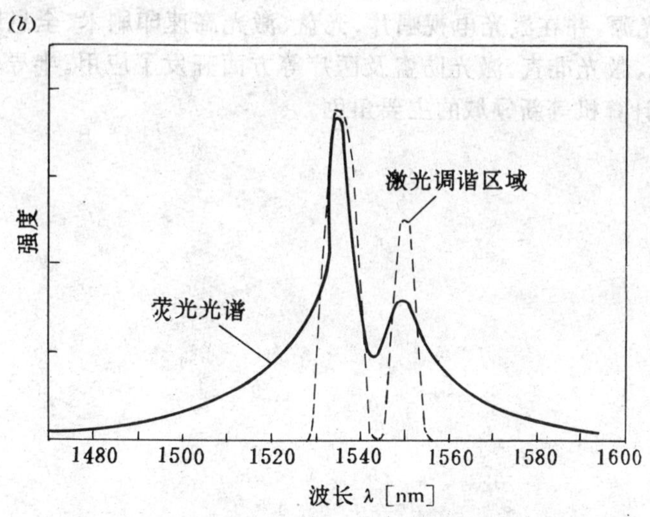

图 9-20　激光二极管泵浦单模光纤激光器。

(*a*) 实验装置(*b*)E_r^{3+} 掺杂单模光纤激光器激光调谐范围和荧光光谱。

第三篇　半导体激光器

半导体激光器是指以半导体材料 为工作物质的一类激光器。半导体激光器的主要特点有：

(1) 超小型、重量轻，激活面积约为 $0.5 \times 0.5mm^2$；

(2) 效率高、微分量子效率大于 50%，能量转换效率大于 30%；

(3) 发射的激光波长范围宽。通常谱宽在 0。5-30μm 之间；

(4) 使用寿命长，可达百万小时以上，即使在 60℃ 的环境温度下工作，寿命也可达 20 万小时以上；

(5) 普通的半导体激光器的发射功率在 1-100mW，但目前大功率半导体激光器的发展极为迅速，一维相干的大功率半导体激光器连续输出已达 500mW，二维相干列阵器件的输出功率达 1W。部分相干的半导体激光器的最大输出达 80W，准连续输出为 300W，脉冲输出达 1000W 以上。

半导体激光器的材料主要集中为三大类材料：Ⅲ-Ⅴ 族化合物半导体，如 GaAs；Ⅱ-Ⅵ 族化合物半导体，如 CdS 和 Ⅳ-Ⅵ 族化物半导体，如 PbSnTe。其中以 Ⅲ-Ⅴ 族的合物半导体材料研制开发最成熟，应用也最广泛。

目前，半导体激光器已成为激光器家族中最主要的成员之一。商品化器件的年产量已达 5000 万只以上，产值达几亿美元，半导体激光器目前已是光通信领域中发展最快和最为重要的 光纤通信的光源，并在激光电视唱片、光盘、激光高速印刷术、全息照相、文字记录、数码显示、办公自动化、激光准直、激光防盗及医疗等方面开发了应用。半导体激光器还是光信息处理、光存储和光计算机等新领域的主要角色。

第十章　半导体激光器的工作原理

半导体激光器产生激光的机理，与气体和固体激光器是基本相同的，即必须建立特定激光能态间的粒子数反转，并有合适的光学谐振腔。但由于半导体材料物质结构的特异性和半导体材料中电子运动的特殊性，其产生激光的具体过程又有着许多特殊之处。本章主要讨论半导体能带结构、电子运动规律、载流子的复合场致发光过程，以此阐明同质结激光器产生激光的机理。

第一节　半导体的能带结构

半导体激光材料的能带结构分析是基于能带论和半导体电子论，本节仅给出其中与描述产生激光机理有关的能带结构的一些基本概念。

一、半导体导带、禁带、满带和“空穴”

半导体材料属晶体结构，晶体中的原子呈周期性排列，图 10-1 是最常采用的半导体激光材料 GaAs 的晶格结构。这种结构属金刚石结构，其中每个原子都位于由 4 个最近邻的相同原子所构成的 4 面体的中心。晶体中形成原子按一定周期排列的结合力称为“共价键”，例如，GaAs 晶体，Ⅲ 族的 Ga 原子电子组态为 $4S^2 4P^1$，有 3 个价电子；Ⅴ 族的 As原子的电子组态为 $4S^2 4P^3$，有 5 个价电子。当 Ga 和 As 构成晶体时，Ga 从 As 上获取一个电子，成为 Ga^-，而 As 成为正离子 As^+ 这些正、负离子与相邻的离子间以自旋相反的两个电子形成共价键，而构成原子按一定周期排列的 GaAs 晶体。

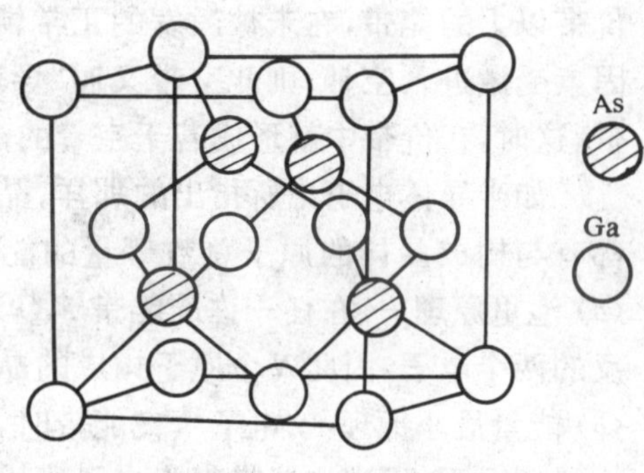

图 10-1　GaAs 晶体结构

晶体中电子的运动状态与单个原子时的运动情况有很大差异。由于晶体中，原子间的距离很近，电子不仅受到所属原子核的作用，同时也受到相邻原子的作用，并且，由于晶体中各原子靠得很近，也将产生相邻原子的电子轨道相互重迭的现象，通过轨道重迭，电子可从一个原子迁移到相邻原子上去，又从相邻的原子迁移到较远或更远的原子上去，从而实现电子在整个晶体中的运动。由于晶体中的电子属所有原子所“共有”，电子的这种运动状态称为“共有化运动”，这就是晶体内电子运动的特点。

半导体电子论指出：晶体中的电子兼有原子运动和共化有运动，但只有原子的外层电子的共有化特征才是明显的，内层电子的情况仍和在单独原子中一样，并且，电子在原子间的迁移仅能发生于能量相同的轨道之间。

能带理论指出：当 N 个原子相接近形成晶体时，由于共有化运动，原来单个原子中每一个允许能级分裂成 N 个与原来能级很接近的新能级。例如，每立方厘米的锗晶体中有 4×10^{22} 个原子，则单位立方厘米中，原有的每一个能级要分裂成 4×10^{22} 个能级、分裂之后，电子便以某一新能级的能量，在晶体点阵的周期性场中运动。两个新能级简距离很小，只有 10^{-2}eV 量级，因而这些密集的新能级可认为是连续的，通常把这N个新能级具有的能量范围称作“能带”。不同能带之间可以有一定的间隔，在这个间隔范围内电子不能处于稳定能态，实际上形成一个禁区，称为“禁带”，这“禁带”的宽度用 E_g 来表示。相邻的能带，也可以有部分重迭。

图 10-2 表示了电子轨道、能级和能带之间的对应关系。由价电子能级分裂而成的能带叫做“价带”。在温度很低时，半导体材料的价带都由电子所填满，因此，“价带”也称作“满带”。在

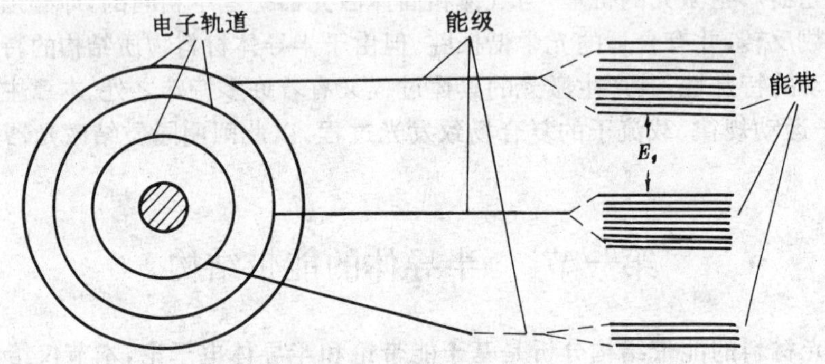

图 10-2　电子轨道和能级、能带之对应关系

价带以上的能带，在未被激发的正常情况下，往往没有电子填入而称为“空带”。当电子因某种因素受激进入空带，则此空带又叫“导带”。温度较高时，有可能把价带中的一些电子激发到导带，这时，在价带中就形成若干空着的能态，称为“空穴”。

如半导体电子论所指出的那样，晶体中电子只能处于一些准许的能带之中，而每一能带中都有与构成晶体的原子总数等量的能级数。晶体中电子填充能带时必须服从下述两个原理：(*a*) 泡里原理 — 在任一许准能带 $E_n(k)$ 中，由 n 和 k 所确定的一个能级上最多只能填充自旋相反的两个电子，因此N个原子构成的晶体中，每一个准许能带可能容纳的电子数最多为 $2N$ 个；(*b*) 能量最小原理 — 电子填充能带时，总是从最低的能带、最小能量的能级开始填充。因此，在一般情况下，下准许能带都为电子所填满，而较上面的能带则只被价电子所填充。

二、本征型、P 型和 N 型半导体

纯净的、不含杂质的半导体称为本征半导体或 i 型半导体。在本征半导体中，导带电子数和价带空穴数相等，并且，这些自由电子和空穴由热运动而产生的，其数量很少。

在本征半导体中掺入有用的杂质原子，例如在 Ⅲ-Ⅴ 族化合物GaAs中掺入少量的 Ⅵ 族元素 Te 以取代晶体中的 As 原子。就会在导带下面形成杂质能级，如图 10-3(*a*) 所示。杂质能级上的电子很容易跑到导带中去，这类杂质称为“施主杂质”或“N 型杂质”，而这个过程称为施主杂

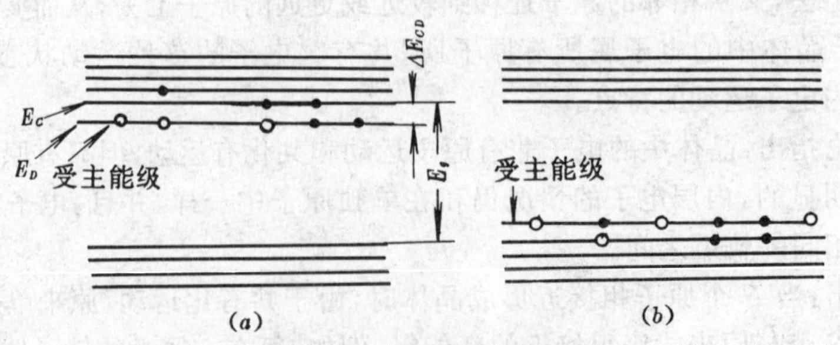

图 10-3　半导体的杂质能级

质的“电离”。设导带的底能级为 Mc，杂质能级为 E_D，ΔE_{CD} 即为施主电离能，GaAs 中的 Te 的电

离能仅为 0.003eV，比 GaAs 的禁带宽度($E_g = 1.43$eV) 要小得多。掺施主杂质的半导体称为电子型型半导体或 N 型半导体。

如果在本征半导体GaAs中掺入 Ⅱ 族Zn，这时，Zn原子将取代Ga原子，就会在价带上面形成受主杂质能级，如图 10-3(*b*) 所示。这类杂质称为"受主杂质"或"P型杂质"。价带的电子可以跑到受主能级上去，从而在价带中产生许多空穴，这过程称为受主杂质的"电离"，GaAs 中受主杂质 Zn 的电离能为 0.024eV，掺受主杂质的半导体称为空穴型半导体或 P 型半导体。

低掺杂半导体的杂质能级是一些位于禁带中的分立能级，而当掺杂浓度很高时，由于杂质原子间的相互作用，分立的能级就将发展为杂质能带。杂质浓度愈高，杂质能带也愈宽，甚至与导带或价带等能带成一片，犹如原来能带的拖尾，称之为"带尾"。这样在高掺杂半导体中禁带宽度将减小。

掺杂使半导体导电能力极大提高，当给半导体加上电压，电场就驱使电子或空穴运动，而形成电流。通常把电子和空穴都叫做载流子，并把 N 型半导体中的电子称为多数载流子，称空穴为少数载流子；把 P 型半导体中的空穴称为多数载流子，称电子为少数载流子。掺杂浓度愈高，载流子浓度也愈高，半导体的导电能力也就愈强。通常掺杂半导体中的截流子浓度达 $10^{18\text{-}19}/\text{cm}^3$ 量级。

第二节　载流子的统计分布与载流子的迁移、复合

一、载流子的统计分布

统计物理学指出：满足泡里原理的电子集团，遵循费米一狄拉克统计规律，即在热平衡条件下，一个电子占据能量为 E 的能级几率是：

$$f_e(E) = \frac{1}{1 + e^{\frac{E - E_F}{KT}}} \tag{10-1}$$

式中　K 为波尔兹曼常数；T 为热平衡时的绝对温度；E_F 为费米能级。(10-1) 式表明，对于某一温度 T，能级 E 上的电子占据的几率唯一地由费米能级 E_F 所确定。

费米能级 E_F 的物理概念可由图 10-4 加以说明。图中示出了不同掺杂半导体的电子填充能级和电子、空穴的分布情况，阴影线的部分表示该处的能级已被电子所填满，电子在该处能级上的占据几率为 100%，即 $f_e(E) = 1$，空心圆圈表示价带中的空穴，实心圆点表示导带中的电子。对于重掺杂P型半导体，由于存在受主杂质，在热运动激励下，价带中的电子可以很容易地跑到受主能级上去，而在价带中留下大量的空穴，因此相当于电子填充水平较低。相反，对于重

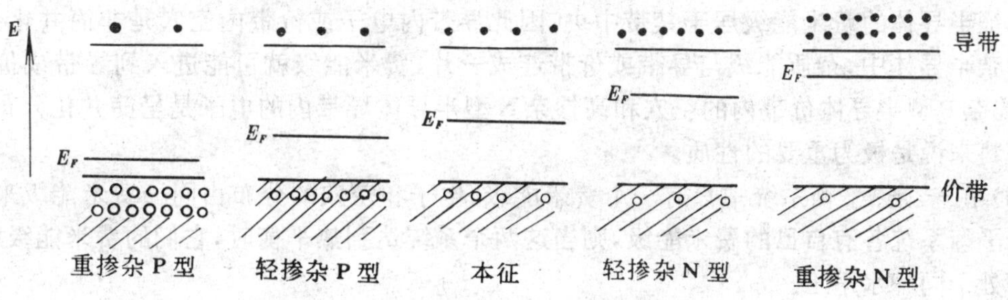

图 10-4　电子、空穴的分布和费米能级

掺杂N型半导体，在热激励下，施主能级上的电子大量地跑到导带中去了。另一方面，当电子存

在热运动时，电子并不是完全由低到高地先填满低的能级，再填更高的能级，即电了在未完全填满价带的能级的情况下，就可能有一部分填到更高的导带中去了。如图所示，在P型和i型半导体的导带中出现电子，在N型半导体的价带中出现了空穴。根据电子在能级上的统计分布规律，在各种类型的半导体中，从价带到导带电子填充各能级的几率将从 100% 逐渐降到零；所谓 费米能级 E_F 是指电子填充几率为 50% 这样一个能级，即在(10-1) 式中，当 $E = E_F$ 时，有 $f_e(E_F) = \frac{1}{2}$。

一个电子占据能级的几率 $f_e(E)$ 也称为费米分布函数，费米分布函数的曲线形状如图 10-5 所示。费米分布函数有如下的重要特性：

(1) 当 E_F 确定后，$f_e(E)$ 是温度 T 的函数，即温度 T 对半导体能级上的载流子分布有很大影响，图中给出了 $T_3 > T_2 > T_1$ 时分布函数曲线的变化情况。

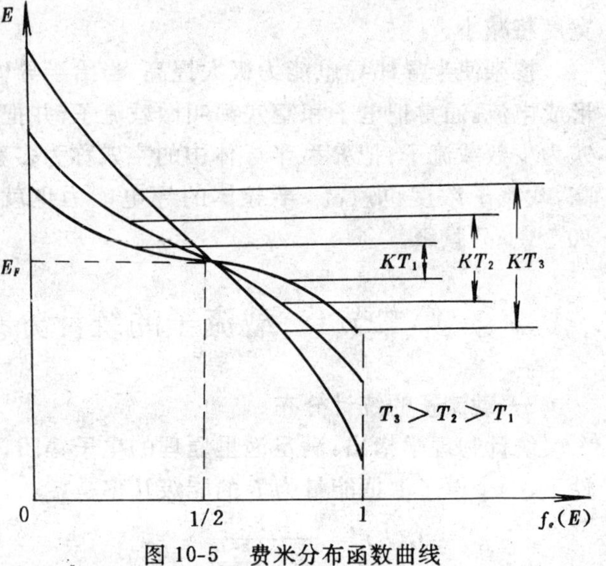

图 10-5 费米分布函数曲线

(2) $E > E_F$、$E - E_F >> KT$ 时，有以下关系：

$$f_e(E) = e^{-\frac{E-E_F}{KT}} = e^{\frac{E_F}{KT}} \cdot e^{-\frac{E}{KT}} \quad (10\text{-}2)$$

空穴占据能级的几率 $f_h(E)$ 相应地可用 $1 - f_e(E)$ 表示，于是

$$1 - f_e(E) = f_h(E) = \frac{1}{1 + e^{\frac{E_F - E}{KT}}} \quad (10\text{-}3)$$

在上述条件下，$f_h(E) \approx 1$，式(10-2) 表明：对于电子的费米分布函数，可用波尔兹曼分布来近似代替；在同样的条件下，由(10－3) 式可见，空穴的分布则严格服从费米分布规律(10-3)。

(3) 当 $E < E_F$，且 $E_F - E \gg KT$ 时，有 $f_e(E) \approx 1$，而对于空穴，此时有

$$f_h(E) = e^{\frac{-E_F}{KT}} \cdot e^{\frac{E}{KT}} \quad (10\text{-}4)$$

表明其分布服从波尔兹曼分布律。

遵守波尔兹曼分布律的统计分布称为非简并化分布，即当载流子对能级的占据几率很小时呈非简并化布分。严格服从费米分布律的统计分布称为简并化分布，即载流子对能级的占据几率甚大时，则分布呈简并化分布，这时能级上几乎为载流子所填满，并受泡里原理限制。

本征半导体的费米能级居于禁带中央，因此导带内电子或价带内空穴是非简并化分布的在高掺杂半导体中，杂质能级与导带或价带连成一片，费米能级就可能进入到导带或价带，因此，高掺杂P型半导体价带内的空穴和高掺杂N型半导体导带内的电子是呈简并化分布。这对激光材料来说是极为重要的性质。

(4) 在一个热平衡系统中只有一个费米能级，电子和空穴的分布由同一费米能级来描述，若两个平衡系统各有自已的费米能级，则当这两个系统达到热平衡时，它们的费米能级应趋于相等而处于同一水平上。

(5) 当半导体材料的费米分布函数已知时，即可求得导带内电子密度 n 等有关参量：

$$n = \int_{E_C}^{E_{fop}} N(E) f_e(E) \mathrm{d}E \quad (10\text{-}5)$$

式中　E_{top} 是导带顶能级的能量；E_C 是导带底能级的能量；$N(E)$ 是导带中的能态密度。

二、载流子的迁移、复合

1.载流子的迁移率

半导体的电导率取决于其中的载流子浓度，同时，还与载流子的迁移率有关。所谓迁移率即是一个用以描述晶体中载流子导电运动的物理量。当无外加电场作用时，晶体中的载流子作完全无规则运动，不断地与晶格发生碰撞而改变运动方向，并不表现出电流效应；当有外加电场作用时，载流子在晶体中除上述无规则运动外，还出现在电场加速作用下形成的定向运动，因此电子将以这两种运动的合成运动所得到的平均速度 $\bar{v}_n$ 逆电场方向运动而形成电流。这种合成运动称为载流子的“漂移运动”，速度 $\bar{v}_n$ 称为漂移速度。漂移速度 $\bar{v}_n$ 与外加的电强度 E 成正比，即 $\bar{v}_n = \mu_n E$，μ_n 为电子的迁移率。类似地，空穴的漂移速度 $\bar{v}_p$ 和外加电场 E 之间的关系为 $\bar{v}_p = \mu_p E$，μ_p 是空穴的迁移率。

对于不同类型的半导体可分别写出其电导率和载流子迁移率。

(1)N 型半导体　设导带电子浓度为 n，并忽略少数载流子空穴作用，则在外加电场 E 作用下形成的电流可写成

$$ne\bar{v}_n = ne\mu_n E \tag{10-6}$$

式中 e 为电子电荷。由欧姆定律，上式可写成

$$j_n = \sigma_n E \tag{10-7}$$

式中 $\sigma_n = n_e e\mu_n$，称作 N 型半导体的电导率。

(2)P 型半导体　P 型半导体的电导率

$$\sigma_p = pe\mu_p \tag{10-8}$$

式中 p 是 P 型半导体中空穴的浓度。

(3)i 型半导体　i 型半导体的导带电子浓度和价带空穴浓度相等、在外电场作用下，两者对电流都有贡献，且两者的电流方向相同，为此，电导率 σ_i 可写为

$$\sigma_i = \sigma_n + \sigma_p = ne(\mu_n + \mu_p) = pe(\mu_n + \mu_p) \tag{10-9}$$

2.载流子的复合

载流子在运动过程中，不仅与晶格原子发生碰撞，而且载流子之间也将发生相互碰撞。当电子与空穴相碰时，电子跳到空穴位置上而处于束缚状态，于是 电子 - 空穴对随之消失，这种现象称为载流子复合。半导体中的电子和空穴一方面不断复合而消失，另一方面又由于热运动的起伏而不断激发而产生，当温度一定，且无任何外界能量激发时，单位时间内电子 - 空穴对的复合率等于其产生率，而使得晶体中总的载流子浓度保持不变。这种状态称为平衡态，对应的载流子称为平衡载流子。当有外界能量作用时，例如用光照、电注入或电子束激励时，会使半导体中的电子 - 空穴对产生率超过复合率，这时就形成载流子浓度的偏离平衡时的分布，称为非平衡分布，对应的过剩的载流子称为非平衡载流子。一旦外界能量撤除，过剩的载流子就会通过复合而逐渐消失，使系统又恢复到平衡态分布。从非平衡态恢复到平衡态分布的时间，称为非平衡载流子的寿命，用 τ 表示，τ 与晶体结构有关。图 10-6 表示了光照的 N 型半导体产生非平衡载流子过程。

半导体中载流子复合机构有“直接复合”和“间接复合”两大类。按其复合发生的位置还可分为体内复合和表面复合。载流子复合时将以 3 种方式释放多余的能量：(*a*) 发射光子 - 即复合时伴有光的发射，也称为光跃迁；(*b*) 发射声子 - 给晶格振动的热能，也称为热跃迁；(*c*) 载流子之间的能量交换。

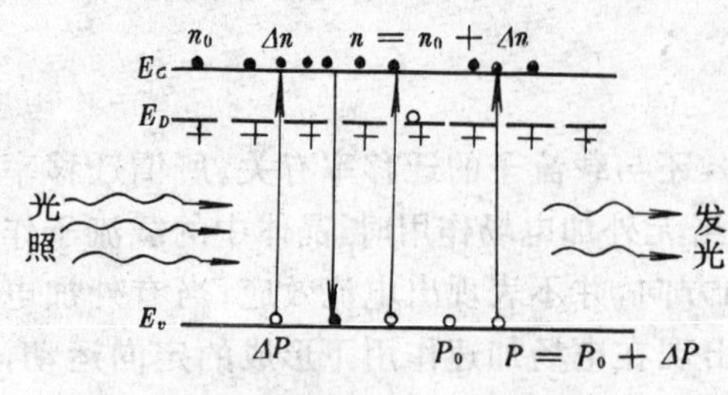

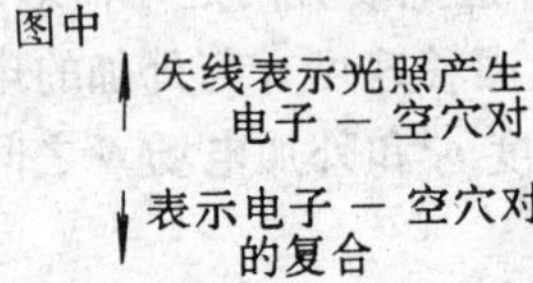

图 10-6 光照 N 型半导体产生非平衡载流子示意图

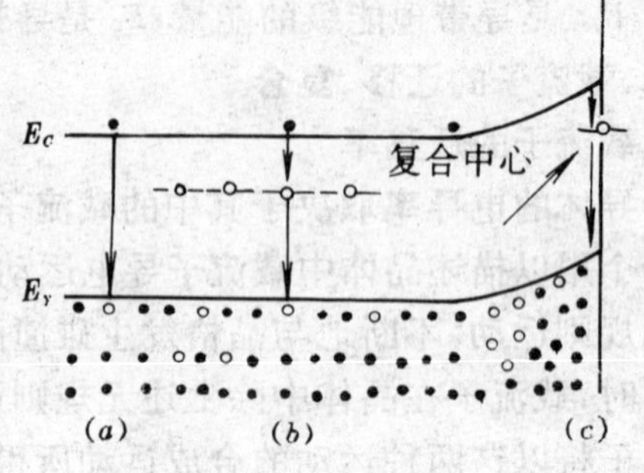

•电子 ∘空穴

(a) 直接复合

(b) 间接(体内)复合

(c) 间接(表面)复合

图 10-7 半导体中载流子的复合机构

图 10-7 给出了几种典型载流子的复合情况。

(1) 直接复合

直接复合是指导带电子直接跃入价带和空穴复合，如图 10-8 所示。设 n、p 分别表示导带电子和价带空穴浓度，令 r 为一个电子与空穴相碰复合而消失的复合几率，则单位时间、单位体积内电子 - 空穴对的复合率 $R = rnp$。

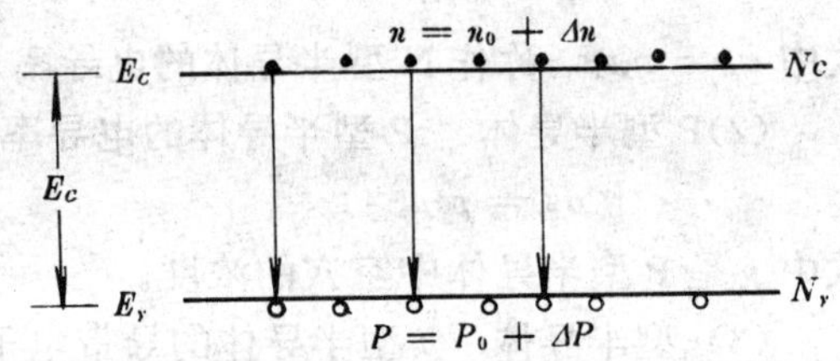

图 10-8 直接复合过程

在电子 - 空穴对复合而消失的同时，由于热激发等作用，半导体中又不断产生电子 - 空穴对、在非简并情况下，可近似认为单位时间、单位体积内电子 - 空穴对的产生率 Q 在整个过程中基本相同，即 Q 只与温度有关，而与载流子浓度 n、p 无关。又由于如前所述，在平衡态下，产生率 Q 必定等于复合率 R，因此，当以平衡时的载流子浓度 n_0、p_0 代替 n、p，则产生率 Q 可写成：

$$Q = rn_0p_0 = rn_i^2 \tag{10-10}$$

式中 $n_i^2 = n_0p_0$，n_i 是半导体中的本征电子浓度。

当半导体内出现非平衡载流子，且 $\Delta n = \Delta p$ 时（Δn、Δp 分别是过剩的电子和空穴浓度），则电子和空穴浓度分别是

$$n = n_0 + \Delta n, p = p_0 + \Delta p$$

此时，载流子的复合率应大于产生率。因此，非平衡载流子的复合率 R_u 就应为总的复合率与产生率之差，即

$$R_u = R - Q \tag{10-11}$$

将(10-10)式代入，并注意到 $\Delta n = \Delta p$，得

$$R_u = r[\Delta p(n_0 + p_0) + (\Delta p)^2] \tag{10-12}$$

非平衡载流子又可用非平衡载流子的寿命 τ 表示，即

$$R_u = \Delta P/\tau \tag{10-13}$$

比较(10-12)和(10 － 13)两式，得

$$\tau = 1/r[(n_0 + p_0) + \Delta p] \tag{10-14}$$

若外界的载流子注入较小时，即 $\Delta p \ll n_0 + p_0$ 时，上式可近似为

$$\tau \approx 1/r(n_0 + p_0)$$

对于掺杂半 导体，n_0 与 p_0 相差甚大，因此，非平衡载流子的寿命是与多数载流子浓度成反比的。半导体材料的电导率愈高，则载流子寿命愈短。

若外界的注入为大注入，即 $\Delta p \gg n_0 + p_0$ 时，则有 $\tau \doteq 1/r \cdot \Delta p$，此时非平衡载流子的寿命随浓度而改变。

(2) 间接复合

半导体中的杂质原子和晶格缺陷会在禁带中形成能级，这些能级可能会成为载流子的“复合中心”。如果在表面形成这样的能级，则称为“表面态”、“表面能级”或“塔姆”能级。半导体中

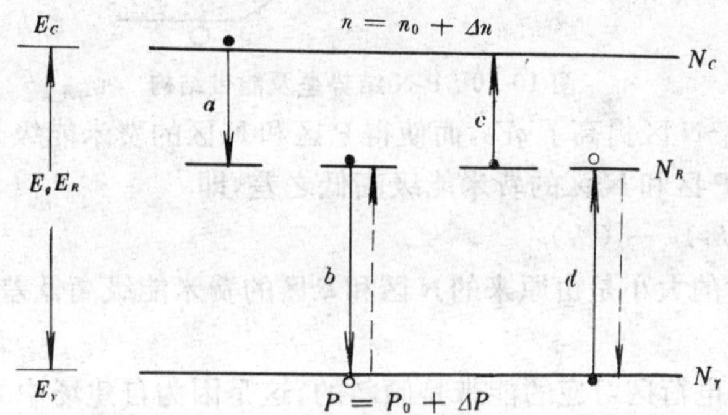

图 10-9　间接复合过程

的电子和空穴通过这些复合中心或表面态的复合统称为间接复合，图 10-9 给出了这种间接复合过程的 4 个基本过程：(a) 电子被中心俘获；(b) 中心俘获空穴；(c) 电子的产生；(d) 空穴的产生。这些过程的综合结果决定了非平衡载流子的复合率及其寿命。以下将给出有关结果。

由半导体电子论可导出，在仅考虑小注入，即 $\Delta p \ll n_0$ 的情况下，且满足条件 $\Delta p = \Delta n$ 时，非平衡载流子的复合率 R_u 及其寿命 τ 分别是

$$R_u = \frac{N_R r_n r_p \Delta p(n_0 + p_0)}{r_n(n_0 + n_1) + r_p(p_0 + p_1)} \tag{10-15}$$

$$\tau = \frac{(n_0 + n_1)/v_R r_P + (p_0 + p_1)/N_R r_n}{n_0 + p_0} \tag{10-16}$$

式中

$$n_1 = N_C e^{(E_R - E_C)/KT}$$

$$p_1 = N_v e^{(E_V - E_R)/KT} \tag{10-17}$$

其中 n_1、p_1 分别表示费米能级 E_F 与复合中心能级 E_R 重合时，导带电子和价带空穴浓度；N_R 为复合中心浓度；N_C、N_v 分别是导带和价带的有效能级密度；r_n、r_p 分别是电子和空穴的俘获系数。

第三节　P-N 结的能带结构

在一块半导体晶体的不同部位掺入不同的杂质原子，使它的一部分是 P 型的，另一部分是 N 型的，则在它们的交界处便形成 P-N 结。

一、平衡状态 P-N 结的能带结构

在热平衡时，P-N 结的 P 区和 N 区高低不同的费米能级最终将达到相同的水平，如图 10-10所示。当 P 型和 N 型两种半导体材料相接触时，在交界处，P 型的一侧的空穴就会向 N 型一侧扩散，而 N 型一侧的电子将向 P 型的一侧扩散，结果在交界面两侧就形成空间电荷区，称为自建场，其电场方向自 N 区指向 P 区，即 P 区对 N 区有一负电位，用 $-V_D$ 表示，通常称作为 P-N 结的势垒高度。这时 P 区所有能级的电子都有了附加的位能 qV_D（这里 q 是电子电荷）。结果

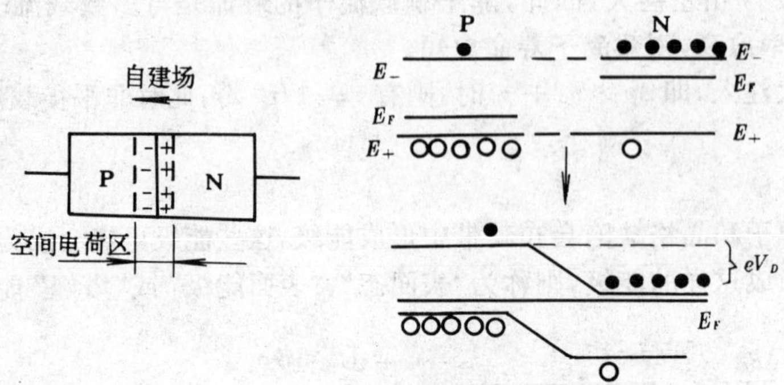

图 10-10 P-N 结势垒及能带结构

整个 P 区的能带相对于 N 区提高了 qV_D，而使得 P 区和 N 区的费米能级 E_F 恰好达到同一高度。因此，qV_D 就等于原来 P 区和 N 区的费米能级高低之差，即

$$qV_D = (E_F)_N - (E_F)_P \tag{10-18}$$

即，P-N 结势垒高度 V_D 的大小是由原来的 N 区和 P 区的费米能级高低差所决定，也就是由两边掺杂浓度决定。

在能带图中，空间电荷区对应的能带是倾斜的，这是因为自建场中的每一点都有一定的电位 $V(x)$，其能带相应地抬高 $-qV_D$。空间电荷区自 N 到 P 的电子的势能 W 的增大规律为：

$$W = -qV(x) = qEX \tag{10-19}$$

当自建场的电场强度 E 为常量时，W 与位移 X 呈线性关系，因此能带是以倾斜的直线关系变化的。

二、加正向电压时 P-N 结能带结构

给 P-N 结加上正向电压 V 时，原来的自建场将被削弱，势垒降低，如图 10-11 所示。如 N 区

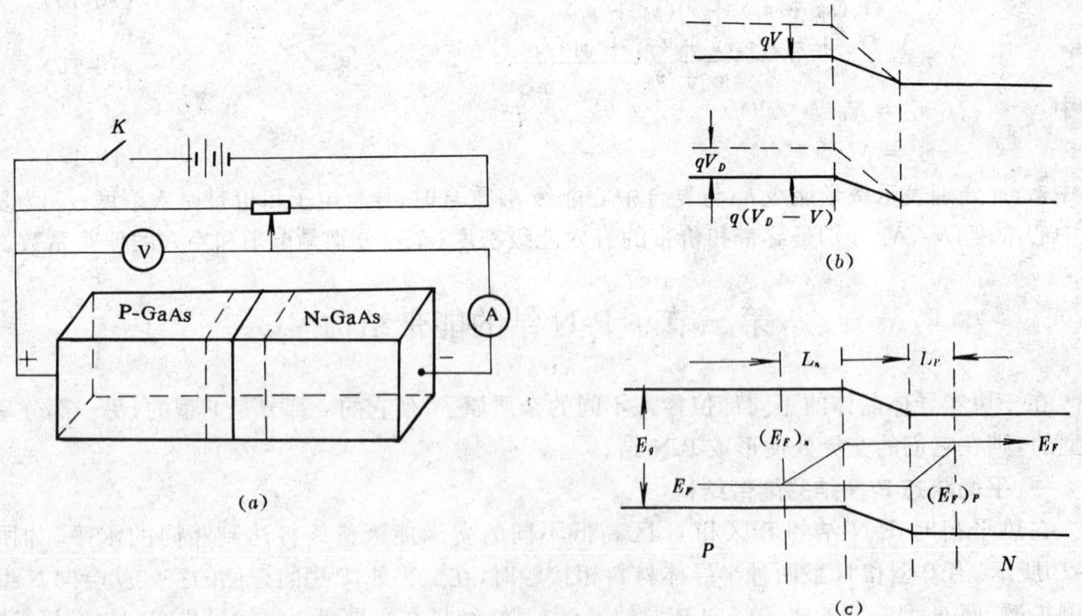

图 10-11 加正向电压时的 P-N 结能带

一边能带不动，则 P 区能带将向下移动，下降幅度为 qV，破坏了原来的平衡，引起多数载流子流

入对方，使得P区和N区内少数载流子比原平衡时增加，这些增多的少数载流子称为"非平衡载流子"。此时费米能级将发生变化，称非平衡状态下的费米能级为"准费米能级"。电子的准费米能级$(E_F)_n$和空穴的准费米能级$(E_F)_P$分别描述电子和空穴的分布。对于P区而言，由于空穴是多数载流子，所以$(E_F)_P$变化不大，而$(E_F)_n$则由于少数载流子电子的注入而发生明显变化；对N区来说，恰恰相反，是$(E_F)_p$变化大而$(E_F)_n$变化不大。从图(e)可见，在P区$(E_F)_n$是倾斜的，这是由于在P-N结中的电子分布并不是均匀的，而是处于向P区扩散的运动中，当电子注入P区后不断与P区的空穴复合而减少，直到非平衡载流子全部复合掉为止。在离P-N结一个扩散长度以外的地方，载流子浓度又回到原来的平衡状态，因此$(E_F)_P$与$(E_F)_n$重合，重新变成统一的费米能级。同理，N区中的$(E_F)_P$的变化情况可同样分析。

通常称少数载流子扩散到对方的平均距离为"扩散长度"L，L与载流子的扩散系数D和寿命τ的大小有关，用L_n、L_p分别表示电了和空穴的扩散长度，有关系式：

$$\left.\begin{aligned} L_n &= \sqrt{D_e\tau} = (KT/e)^{\frac{1}{2}}(\mu e\cdot\tau)^{\frac{1}{2}} \\ L_p &= \sqrt{D_p\tau} = (KT/e)^{\frac{1}{2}}(\mu_p\tau)^{\frac{1}{2}} \end{aligned}\right\} \tag{10-20}$$

对于GaAs，在室温下：$(KT/e) = 0.026\text{eV}$；电子迁移率$\mu_e = 400\text{cm}^2/\text{vs}$；空穴迁移率$\mu_p = 400\text{cm}^2/\text{vs}$寿命$\tau \approx 3\times10^{-9}\text{s}$，则可估算出$L_n \approx 5\mu\text{m}$，$L_p = 1.7\mu\text{m}$。

在扩散长度范围内，注入到P区的电子将与P区的空穴复合而发光，所发射的光子能量基本上等于禁带宽度E_g，由于$L_n > L_p$，复合发光的区域将偏向P区一侧。

第四节　注入式同质结半导体激光器的工作原理

本节以GaAs半导体激光器为例，讨论同质结激光器的工作原理。

一、注入式GaAs同质结半导体激光器的结构

这是于1962年最早研制成的半导体激光器，"同质结"是指其结构，即P-N结由同一种材料的P型和N型构成。"注入式"是指激光器的泵浦方式，即直接给半导体的P-N结加正向电压，注入电流。其他三种泵浦方式是电子束激励、光激励和碰撞电离激励。

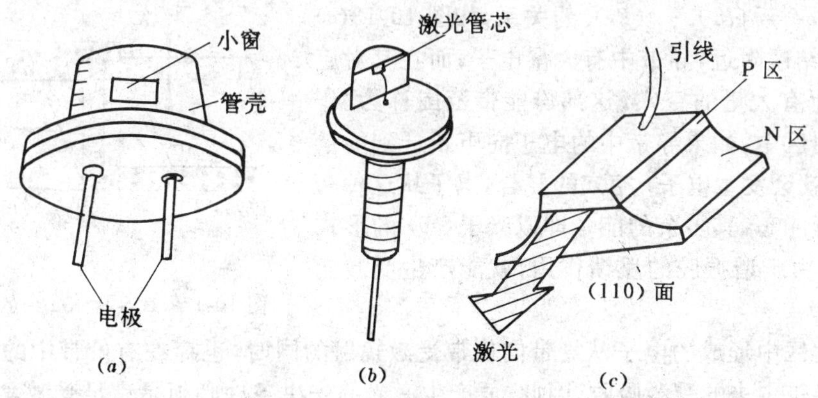

图10-12　GaAs的典型结构

图10-12(a)是GaAs激光器的典型结构。激光器的实际尺寸很小，形似半导体二极管，在外壳上有一个输出激光的小窗口，管下端是用来外接注入源的电极。图10-12(b)是激光器管座内的管芯结构，管芯有长方形、台面积、电极条形等多种形状。图10-12(c)示出了台面形管芯

的结构外型，管芯的典型尺寸是长 0.25mm、宽 0.15mm、厚 0.1mm 的长方体，P-N 结的厚度仅几十微米。P-N 结的制作方式通常是在 N 型 GaAs 衬底上生长一层 P 型 GaAs 的薄层而形成 P-N 结。薄层的生长方法主要有扩散法和外延法。

扩散法是把 N 型半导体晶体按一定晶面方向切片，经过磨平、抛光、化学腐蚀等工序，把它与受主杂质一同在高真空室中加温，使受主杂质掺入到晶片中而形成 P-N 结。

外延法又分液相处延法、气相外延法和分子束外延法 3 种，其中最常用的是液相外延法。它是把切好的晶片放在通有纯氢保护气的炉内，在高温下把掺杂液体倒在晶片上，经过一定的冷却过程后，在晶片上便生长出与基底相反型号的材料，即在生长单晶处生成 P-N 结。

半导体激光器谐振腔最常用的是由垂直于 P-N 结的两个严格相互平行的(100) 解理面构成的 F-P 谐振腔。半导体材料的折射率都很高，如 GaAs 的折射率 $\eta = 3.6$，因此两个解理面在不镀膜的情况下，也能获得 32% 的反射率。为了提高输出功率和降低工作电流，一般也使其中的一个反射面镀上全反射膜。如果对激光器振荡模式结构有一定要求，则需采用其他结构形式的谐振腔，例如短腔、斜腔、"*S*" 腔、分布反馈腔等。

二、粒子数反转分布条件

半导体的粒子数反转分布是指载流子的反转分布。通常情况下，半导体的电子总是从低能态的价带填充起，填满价带后才填充到高能态的导带；空穴则相反。若用光或电注入的方法使在 P-N 结附近形成大量的非平衡载流子，在较其复合寿命短的时间内，电子在导带、空穴在价带分别达到平衡，则在此注入区中，简并化分布的导带电子和价带空穴就处于相对反转分布的状态。

只有在重掺杂的 GaAs 中才能形成载流子的反转分布。图 10-13(*a*) 示的重掺杂 GaAs，在未受外加电压时的能带结构如图 10-13(*b*) 所示，费米能级分别进入导带和价带，eV_D 是势垒高度。当外加电压、注入电流时，则其势垒高度下降为 $e(V_D - V)$，外加电压使两区的费米能级发生偏离，并有 $eV = (E_F)_n - (E_F)_p$ 的关系，如图 10-13(*c*) 所示，在 P-N 结区附近，导带中有大量电子，而在其对应的价带中则留有大量的空穴，这部份能带范围称为"作用区"。在作用区中，如果导带中的电子向下跃迁到能量较低的价带，就会发生电子 - 空穴的复合，电子从这种高能态返回到低能态，其多余的能量即以光子($h\nu$) 的形式辐射出去，再由于谐振腔的反馈作用，就能产生受激光辐射。

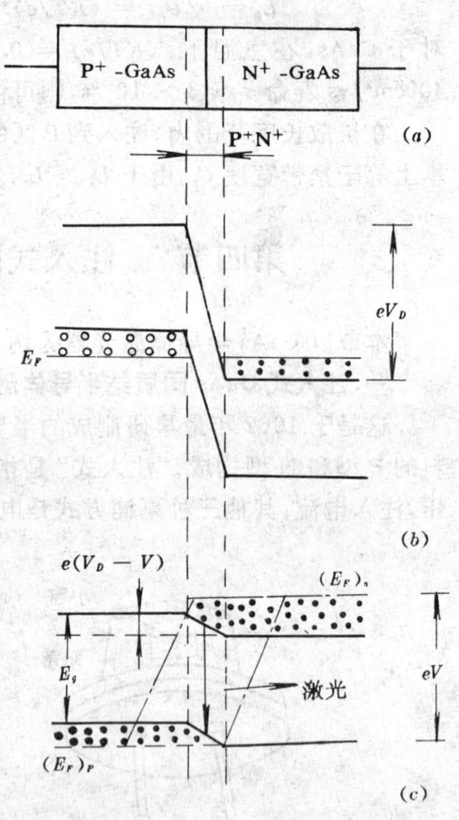

图 10-13 P⁺-N⁺ GaAs 的能带结构

但在作用区中形成的电子从导带向价带受激辐射的同时，也存在有价带中的电子吸收光子而跃迁到导带中去的受激吸收。因此，要产生激光的先决条件必须是满足受激发射光子的速率大于受激吸收光子的速率。

设单位时间、单位体积中因受激发射而增加的光子数为 dn_r/dt，它与导带能级 E 上的电子数 n_e、价带能级$(E + h\nu)$ 上空穴数 n_h、腔中辐射能量密度 $\rho(\nu,z)$ 参量有关，即

$$\frac{dn_r}{dt} = B_{cv} \cdot n_e \cdot n_h \cdot \rho(v \cdot z) \tag{10-21}$$

式中B_{cv}是受激发射系数,Z是光行进方向,v是光频率。其中n_e、n_h还可用能级密度$N(E)$和费米分布函数$f_e(E)$表示成

$$\left.\begin{aligned} n_e &= N_C(E) f_{ec}(E) \\ n_h &= N_v(E-hv)[1-f_{ev}(E-hv)] \end{aligned}\right\} \tag{10-22}$$

式中　$N_C(E)$是导带中能量E的能级密度;$N_v(E-hv)$是价带中能量为$(E-hv)$的能级密度;$f_{ev}(E)$是导带中电子在能级E上的占有几率,$f_{ev}(E-hv)$是价带中电子在能级$(E-hv)$上的占有几率。将上式代入(10-21)式中,则有

$$\frac{dn_r}{dt} = B_{cv} N_c(E) f_{ec}(E) \cdot N_v(E-hv)[1-f_{ev}(E-hv)]\rho(v \cdot z) \tag{10-23}$$

另一方面,受激吸收光子的速率$\frac{dn_a}{dt}$也应是与$N_v(E-hv)$、$f_{ev}(E-hv)$、$\rho(v,z)$等参量有关,即

$$\frac{dn_a}{dt} = B_{vc} N_c(E)[1-f_{bc}(E)] \cdot N_v(E-hv) f_{ev}(E-hv)\rho(v.z) \tag{10-24}$$

式中B_{vc}是受激吸收爱因斯坦系数,根据激光原理,有关系$B_{vc}=B_{cv}$。

要使受激发射大于受激吸收,应有

$$\frac{dn}{dt} = \frac{dn_r}{dt} - \frac{dn_a}{dt} > 0 \tag{10-25}$$

将(10-24)和(10-23)两式代入(10-25)式,得

$$\frac{dn}{dt} = B_{vc} N_c(E) N_v(E-hv)\rho(v.z)[f_{cv}(E) - f_{ev}(E-hv)] \tag{10-26}$$

要使上式$\frac{dn}{dt}>0$,即要求

$$f_{ec}(E) - f_{ev}(E-hv) > 0 \tag{10-27}$$

由费米分布函数定义式(10-1),对$f_{ec}(E)$和$f_{ev}(E-hv)$可分别写出:

$$\left.\begin{aligned} f_{ec}(E) &= \frac{1}{1+\exp\dfrac{E-(E_F)_n}{KT}} \\ f_{ev}(E) &= \frac{1}{1+\exp\dfrac{E-(E_F)_n}{KT}} \end{aligned}\right\} \tag{10-28}$$

式中$(E_F)_n$和$(E_F)_p$分别是导带内和价带内的费米能级。将(10-28)式代入(10-26)式后,可得

$$(E_F)_n - (E_F)_p > hv \tag{10-29}$$

(10-29)式即是同质结半导体激光器的载流子反转分布条件,它表明:(1)导带能级为电子占据的几率,应大于价带能级电子占据的几率,此时就将实现在导带底部和价带顶部与辐射跃迁相连系的能量范围内的粒子数反分转分布;(2)发射的光子能量基本上等于禁带宽度E_g,因此非平衡电子和空穴的准费米能级之差应大于E_g,即要求电子和空穴的准费米能级要分别进入导带和价带,也就是说,P-N结两边的P区和N区必须是高掺杂的;(3)要求所加的正向偏压V必须足够大,因为$(E_F)_n-(E_F)_p=QV$(Q是电荷量),$hv \approx E_g$关系,所以要求:

$$V > \frac{E_g}{Q} \tag{10-30}$$

三、阈值条件

实现载流子反转分布是激光器的先决条件,而要在谐振腔内形成激光振荡,还必须满足激

光器的阈值条件，即光在谐振腔内来回传播一周过程中，增益必须等于或大于腔内的各种损耗。

图 10-14 所示是同质结 GaAs 激光器工作原理。设沿 z 方向传播的光强为 $I(\nu、z)$，经距离 dz 后，光强总变化量

$$dI(\nu、z) = (G - \alpha)I(\nu、z)dz \tag{10-31}$$

式中 G 为增益函数；α 为损耗。由积分

$$\int_{I(\nu,0)}^{I(\nu,z)} \frac{dI(\nu、z)}{I(\nu、z)} = (G - \alpha)\int_0^z dz$$

得

$$I(\nu、z) = I(\nu、0)e^{(G-\alpha)z} \tag{10-32}$$

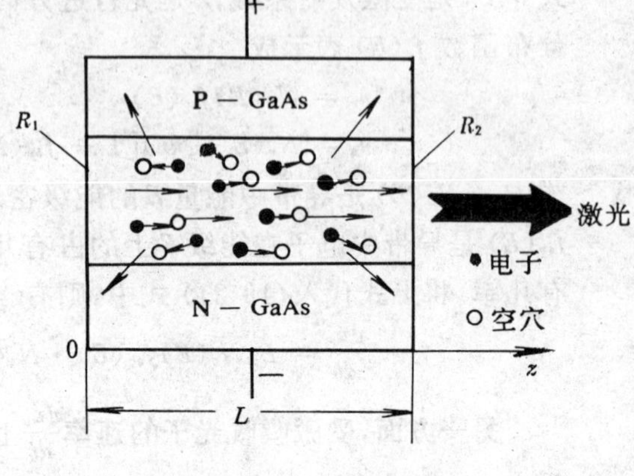

图 10-14　同质结 GaAs 工作原理图

设谐振腔两镜的反射率分别为 R_1 和 R_2，则光在腔内往返一周后光强为：

$$R_1R_2I(\nu、0)e^{(G-\alpha)2L} = I_{2L}$$

式中 L 是 P-N 结区的长度；在阈值附近，G 可视作常数；设定起始光强 $I(\nu、0)$ 与传播一周后的光强 I_{2L} 相等。而有

$$e^{(G-\alpha)2L}R_1 \cdot R_2 = 1 \tag{10-33}$$

此即为形成激光振荡的阈值条件。此式还可改写为：

$$G = \alpha + \frac{1}{2L}\ln\frac{1}{R_1R_2} \tag{10-34}$$

表明增益系数必须等于或大于某一数值才能形成激光。

半导体激光器的增益系数 G 的表达式可由以下过程导出：由(10-26)式知

$$d\rho(\nu、z) = \frac{dn}{dt}\cdot h\nu = B_{vc}N_c(E)N_v(E - h\nu)\rho(\nu、z)[f_{ec}(E) - f_{ec}(E - h\nu)]\cdot h\nu \tag{10-35}$$

引入线型函数 $\varnothing(\nu)$，则光强增加量 dI 为

$$dI(\nu、z) = \frac{d\rho(\nu、z)}{dt}dz \tag{10-36}$$

将(10-35)式代入(10-36)式，并注意到 $I(\nu、z) = \frac{c}{n}\rho(\nu、z)$，得

$$G = \frac{dI(\nu、z)}{I(\nu、z)dz} = N_c(E)N_v(E - h\nu)[f_{ec}(E) - f_{ev}(E - h\nu)]B_{vc}h\nu\varnothing(\nu)\frac{n}{c} \tag{10-37}$$

P-N 结 GaAs 激光器的泵浦是加正向电流。当正向电流密度达到阈值 J_{th} 后，即形成激光。

G 与正向电流密度 J 的关系为：

$$G = \beta J \tag{10-38}$$

式中 β 是增益因子。当 $J = J_{th}$ 时，则(10-34)式，有

$$J_{th} = \frac{1}{\beta}(\alpha + \frac{1}{2L}\ln\frac{1}{R_1R_2}) \tag{10-34}$$

室温时同质结 GaAs 激光器的 J_{th} 约为 $3 \sim 5 \times 10^4 A/cm^2$，影响 J_{th} 的主要因素是

(1)J_{th} 与激光器的具体结构及备制工艺密切相关，典型的参量数值为 $\beta = 2 - 4cm/kA$，α

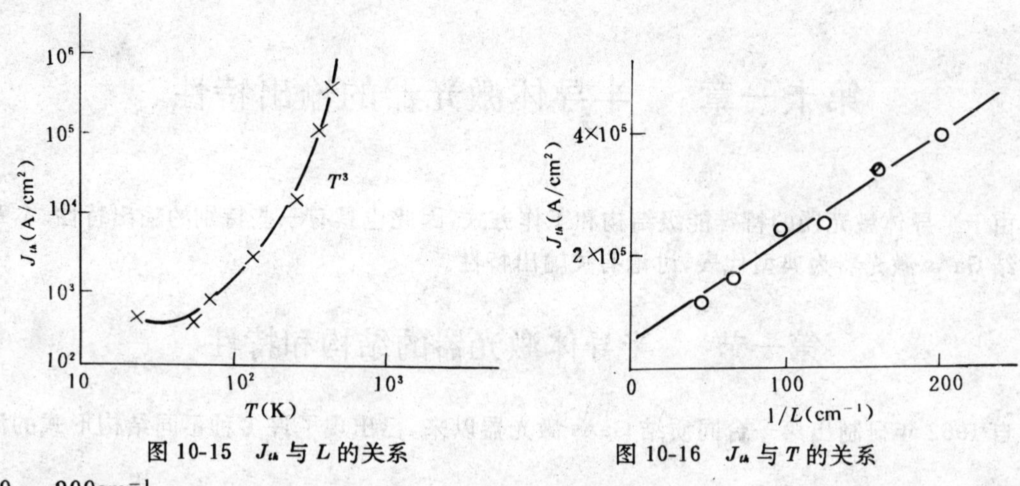

图 10-15　J_{th} 与 L 的关系　　　图 10-16　J_{th} 与 T 的关系

$= 60 - 200\text{cm}^{-1}$。

(2) 如图 10-15 所示，$J_{th} \propto \dfrac{1}{L}$，即 J_{th} 与 P-N 结长度 L 成反比。

(3) 图 10-16 示出了 J_{th} 与工作温度 T 的关系。当 T 低于 77K 时，J_{th} 随 T 的变化缓慢，当 $T \gg$ 77K，J_{th} 按 T^3 比例上升。J_{th} 随 T 变化的主要因素是增益因子的作用。

(4)J_{th} 与反射率 R_1、R_2 有关，通常用作腔反射镜的两个解理面的 R_1 和 R_2，约为 32%。若使其中一个面镀全反膜($R = 1$)，则可使因了 $\ln \dfrac{1}{R_1 R_2}$ 的值从 2-28 减为 1.14，从而使 J_{th} 明显降低。

第十一章　半导体激光器的输出特性

由于半导体激光器的特殊能级结构和工作方式，因此也具有一些特别的输出特性。本章以同质结 GaAs 激光器为典型代表，讨论有关输出特性。

第一节　半导体激光器的结构和特性

自 1962 年研制出第一台同质结 GaAs 激光器以来，已出现了许多种不同结构形式的激光器。

在垂直于 P-N 结方向上，最早的结构是同质结结构，如 GaAs-P-N 结，之后，就大量采用异质结结构，即 P-N 结是由异种材料构成的，如 AlGaAs/GaAs 异质结 InGaAsP/InP 异质结，并先后制成了单异质结(SH)、双异质结(DH)、大光腔(LOC)、四异质结(FH)、分离限制(SCH)、单量子阱(SQW)、多量子阱(MQW) 等结构，使激光器的阈值电流从早期的每平方厘米几十安培降到每平方厘米几个毫安。其中的大光腔和分离限制激光器，电流限制区小于光学限制区，增大了有效的发光面积，而降低了发光区的功率密度，使单管的输出功率就达到几百毫瓦。

在平行于 P-N 结的方向上，最早的是宽接触结构，器件的工作电流大，发热严重，只能脉冲工作。而后，研制了各种条形结构，使电流只从有限的条形中流经有源区，既降低了阈值电流，又实现了连续工作。条形结构分增益波导条形和折射率波导条形两大类，增益波导条形原理是利用电注入到较窄的条形中，使其增益大于损耗而实现激光辐射，最常用的构型有氧化物条形、质子轰击条形、台面条形等。折射率波导条形原理是利用不同异质结材料折射率的差异，使有源区的上下左右四个方向上都埋在折射率低于有源区折射率的限制层中，形成折射率波导结构，从而在四个方向上都实现载流子限制和光学限制。这类器件的阈值电流较低，并能有效地控制模式，可以获得单横模和单纵模的运转，其主要结构有：掩埋异质结(BH)、P 型衬底掩埋弯月型(PBC) 等。

在激光束的发射方向上，已研制出采用端面镀膜、无吸收镜面、解理耦合腔(C^3)、分布反馈腔(DFB)、分布布拉格反射腔(DBR)、外腔等结构，对提高器件的相干性、模式特性和输出功率等方面都起了重要作用。在 DFB、C^3、DBR 等结构中是利用两个光学腔或有源区内外的光栅进行选模，可以获得单纵模(或动态单纵模) 工作，因而特别适用于长距离相干通信。对于端面镀膜和无吸收镜面的采用，旨在提高光腔的反馈能力和减少损耗以提高输出功率。

近年来，在大功率半导体激光器的研制中已得到很大的进展，连续或准连续输出功率达几百瓦，脉冲功率达上千瓦。已有的大功率半导体激光器构型主要包括：闪烁状自对准弯曲有源区激光器和宽条自对准弯曲有源区激光器、多条多波长激光器、线性锁相列阵、Y 形耦合列阵、激光器棒、二维激光器列阵、二维激光棒迭层堆等。

第二节　输出功率和转换效率

半导体激光器输出功率水平的提高相当迅速。小功率器件输出功率水平在几毫瓦到几十毫瓦，而大功率器件，如列阵器件的连续输出功率已达数百瓦，脉冲达上千瓦。

标 志半导体激光器质量水平的一个重要特征是转换效率。转换效率通常用："量子效率"和"功率效率"来量度。

功率效率的定义：

$$\eta_p = \frac{P_{ex}}{IV + I^2 r} \tag{11-1}$$

式中 P_{ex} 发射的激光功率；I 是工作电流；V 为器件的正向压降；r 为串联电阻。

内量子效率 η_i 的定义：

$$\eta_i = \frac{\text{有源区内每秒发射的光子数}}{\text{有源区内每秒注入的电子 - 空穴对数}} \tag{11-2}$$

注入到有源区中的电子 - 空穴对复合发光而产生光子，其中的一部分光在腔内即被消耗掉，能发射出去的光子数目减少。因此，定义外量子效率

$$\eta_{ex} = \frac{\text{激光区每秒发射的光子数}}{\text{有源区每秒注入的电子 - 空穴对数}} = \frac{P_{ex}/h\nu}{I/e}$$

因为 $h\nu \approx E_g \approx eV$，所以

$$\eta_{ex} = \frac{P_{ex}}{IV} \tag{11-3}$$

图 11-1 所示是不同温度下激光器输出功率随电流 I 的变化关系。当 $I < I_{th}$ 时，$P_{ex} \approx 0$；当 $I > I_{th}$ 时，P_{ex} 直线上升，所以外量子效率 η_{ex} 是电流的函数，用它来描述、比较器件的效率是不方便的。图中直线的斜率

$$\eta_L = \frac{P_{ex} - P_{th}}{I - I_{th}}$$

与电流 I 无关，如果用外微分量子效率来表述时，可改写为：

$$\eta_D = \frac{(P_{ex} - P_{th})/h\nu}{(I - I_{th})/e} \approx \frac{P_{ex}/h\nu}{I - I_{th}/e} = \frac{P_{ex}}{(I - I_{th})/V} \tag{11-4}$$

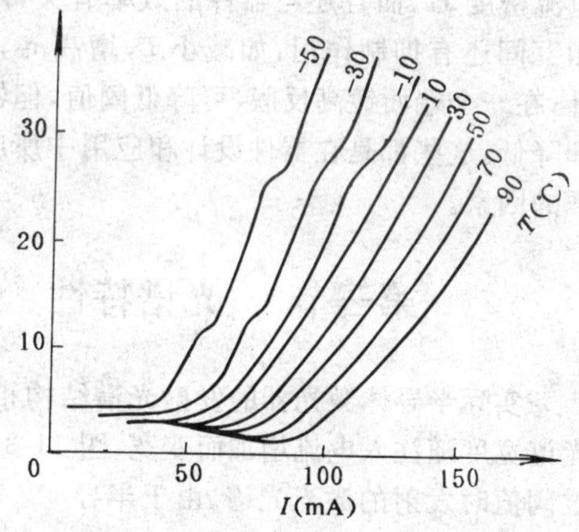

图 11-1　不同温度下激光器的 P_{ex}-I 曲线

式中 η_D 是外微分量子效率，η_D 与电流 I 无关，仅仅是温度的函数，并且由图可见，其对温度的变化也不甚敏感。因此，实际上都采用外微分量子效率来表示某一温度下的器件转换效率。

外微分量子效率 η_D 还有助于分析器件各参数之间的定量关系。当器件的泵浦水平高出阈值时，有源区内的受激功率

$$P_i = \eta_i \frac{I - I_{th}}{e} h\nu \tag{11-5}$$

在 P_i 中，有一部分损耗在腔内，其余部分从腔端输出。若腔内的总损耗为 $\alpha + \frac{1}{2L}\ln\frac{1}{R_1 R_2}$ 时，则从端面输出的功率

$$P_{ex} = P_i \frac{\frac{1}{2L}\ln\frac{1}{R_1 R_2}}{\alpha + \frac{1}{2L}\ln\frac{1}{R_1 R_2}} \tag{11-6}$$

将上式代入(11-4)式，得

$$\eta_D = \eta_i \frac{\ln \frac{1}{R_1 R_2}}{2\alpha L + \ln \frac{1}{R_1 R_2}} \tag{11-7}$$

取倒数：

$$\frac{1}{\eta_D} = \frac{1}{\eta_i} + \frac{2\alpha}{\eta_i \ln \frac{1}{R_1 R_2}} L \tag{11-8}$$

由此可见 η_D 与 L 成反比。图 11-2 是基于(11-7)式得出 η_D 与 L 实测的关系曲线。若已知 R_1、R_2，则测出直线斜率 $\mathrm{tg}\alpha$ 和截距 b 后，即可解得

$$\alpha = \frac{1}{2b} \ln \frac{1}{R_1 R_2} \mathrm{tg}\alpha \tag{11-9}$$

或者，根据测得的 η_i、η_D，则(11-8)式化简，得

$$\alpha = \left(\frac{\eta_i}{\eta_D} - 1\right) \ln\left(\frac{1}{R_1 R_2}\right) / 2L \tag{11-10}$$

式(11-10)表明，腔长 L 和反射率 R 不仅影响阈值电流密度 J_{th}，而且还与器件的效率有关，两种影响相互间还有抑制作用，如减小 L，增高 η_D，但 J_{th} 上升；在一个端面镀高反膜，可降低阈值，但器件效率却降低。这些都是在器件设计和应用中所应综合考虑的因素。

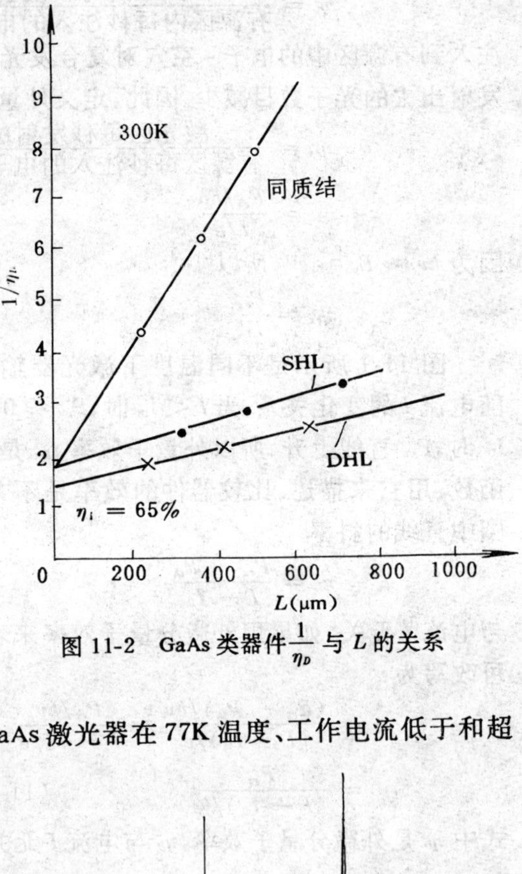

图 11-2 GaAs 类器件 $\frac{1}{\eta_D}$ 与 L 的关系

第三节 光谱特性

实际半导体激光器的发射光谱结构相当复杂。光谱宽度随注入电流增加而变宽、图 11-3 所示是 GaAs 激光器在 77K 温度、工作电流低于和超过阈值时发射的激光光谱。由于半导体的受激辐射发生于由许多子能级组成的导带与价带之间，因此，其激光线宽较之气体和固体激光器要宽得多。如 GaAs 激光器在 77K 下，发射的谱线宽度为几埃，而在室温时为几十埃。这表明，其单色性较差。因此，要获得窄的线宽，必须采用一些持殊构型，如分布反馈激光器的线宽只有 1 埃左右。

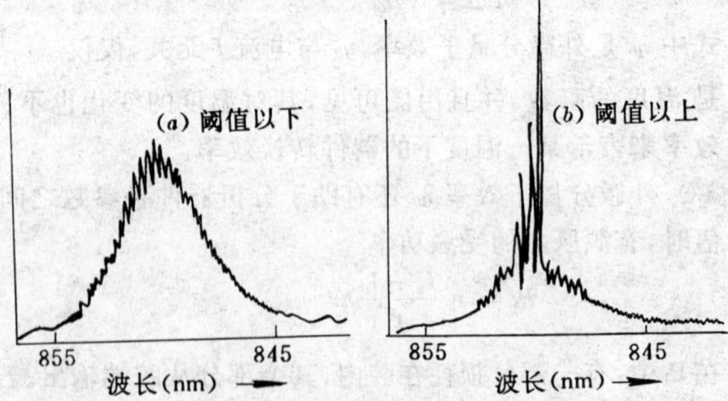

图 11-3 超过阈值电流时 GaAs 发射光谱

图 11-3 还表明，发射光谱同时出现多个振荡模，即多纵模，并随电流的增加纵模数也增加。这些振荡与下式表示的模相对应

$$m\lambda = 2Ln \tag{11-11}$$

式中 λ 为波长；n 是半导体材料折射率；L 是振腔腔长；$m = 1, 2, 3, \cdots\cdots$。相邻两个振荡模的波

长间隔

$$\Delta\lambda=\frac{\lambda^2}{2nl(1-\frac{\lambda}{n}\frac{\partial n}{\partial\lambda})} \tag{11-12}$$

振荡模的波长与温度有关，这是因为材料的折射率 n 是温度 T 的函数，温度变化 ΔT，振荡波长变化

$$\delta\lambda=\frac{\frac{\lambda}{n}(\frac{\partial n}{\partial\lambda})_\lambda}{1-\frac{\lambda}{n}(\frac{\partial n}{\partial\lambda})_T}\Delta T \tag{11-13}$$

对于 GaAs 激光器，$\frac{\partial n}{\partial T}\approx 2.9\times10^{-4}K^{-1}$不同振荡波长的温度函数 $\partial n/\partial T$ 也不一样。比较在 77K 工作的GaAs激光器，温度升高时自然发射峰向长波方向移动的变化率是 0.12nm/K；而 840mm 处振荡模的位移变化率只有 0。064nm/K。因此，当温度升高时波长较短的模停止振荡，而波长较长的模强度增大。这表示，只有波长接近自然发射尖峰的那些谐振模被激发，在增益足够大时实现激光振荡。

第四节　激光模式与光束发散角

半导体激光器最为潜在的应用场合是用作光纤通信、信息处理及集成光路中的激光源，而这些应用场合对激光模式均有较高的要求。为了保证与光波导有高效率的耦合，以获得好的传输效果，往往要求激光器单模运转。同质结器件一般难以实现单模运转。采用双导质结条形器件，可实现横模控制，而纵模的控制就必须采用分布反馈激光器和外腔式结构形式。

对于实际应用，了解激光器输出光束的空间分布特征是极为重要的。由于半导体激光器的谐振腔反射镜很小，而使得其激光束的方向性较之其他典型的激光器要差得多，如图 11-4 所示，由于有源区厚度与条宽之比差异很大，使得光束的水平方向和垂直方向发散角的差异也很大，水平方向光束发散角半宽度给为 5°，垂直方向约为 30°。

实际上，半导体结型激光器相当于一个如图 11-4 所示的矩形波导腔。光波在腔内的六个面间反射形成驻波。沿谐振腔轴向 Z 的光强分布是纵模，垂直于该方向的分布是横模。类似气体激光器，半导体激光器的模也用一个纵模指数 q 和两个横模指数 m、n 来表征。

光束发散角取决于激光器的横模特性，图 11-6 示出了与空间辐射特性有关的参数，y 轴平行于结平面，x 轴垂直于结平面。图中示出的是基横模的辐射场，激光在结平面方向的发散角半宽度为 θ_{11}，垂直于结平面方向的发散角半宽度为 $\theta_\perp$。

一、垂直方向发散角 Q⊥

1. 当激光器的有源区厚度较大($d=2\mu m$)时，其辐射图形可近似看作窄缝衍射图形。由单缝衍射角宽度公式得

$$\theta_1\approx 2\frac{\lambda}{d} \tag{11-14}$$

2. 根据杜姆克导出的公式，对于异质结器件当有源区厚度 $d\leqslant 0.1\mu m$ 时，可用下面的近似式计算：

$$\theta_\perp\approx\frac{Ad/\lambda}{1+[A/1.2][d/\lambda]^2} \tag{11-15}$$

式中 $A=4.05(n_1^2-n_2^2)$，其中 n_2 为有源区的折射率，n_1 为异质结边界的折射率突变值。

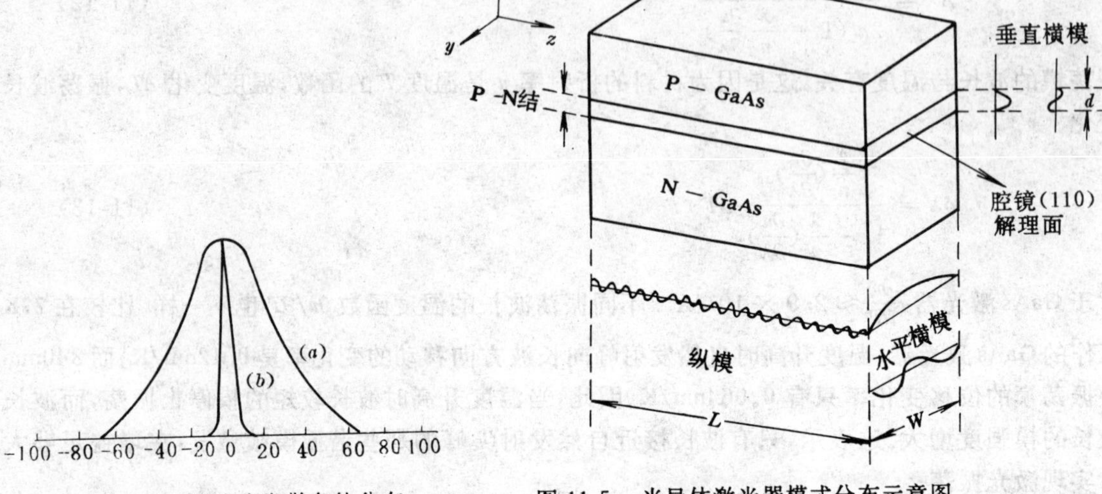

图 11-4 激光束发散角的分布

(a)— 垂直方向;(b)— 水平方向

图 11-5 半导体激光器模式分布示意图

对于(AlGa)As 双异质结激光器,异质结间距很窄时,上式可简化为

$$\theta_{\perp} \approx 20d\Delta x/\lambda(\text{弧度}) \quad (11\text{-}16)$$

式中,Δx 是复合区与对称双异质结结构的外限制区之间的 Al 原子比之差。

二、平行方向的发射角 θ_{11}

当在结区的水平(宽度)方向尺寸 W 较小时,则基模束宽

$$\theta_{\prime} \approx \lambda/\omega \quad (11\text{-}17)$$

例如:当 $\omega = 1\mu m$、$\lambda = 0.8\mu m$,则 $\theta_{\prime} \approx 0.8rad = 45°$。由于 Y 方向传播模式的数目随有源区厚度和两个侧面腔壁介电系数突变的增大而增大,也随 Y 方向的条宽 ω 增大而增多。因此,器件在 Y 方向往往出现高阶模式的振荡,这时仍用基模发散角计算公式,计算结果的误差会很大,所以一般借助于实验。

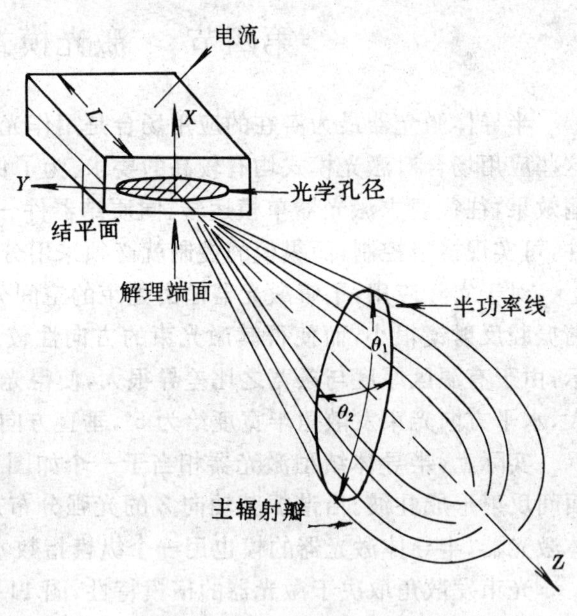

图 11-6 激光束的空间特性

三、光纤耦合效率

由于半导体激光器的发散角很大,因此,在实际应用中往往需使激光聚焦或准直,特别是用光导纤维来传输激光时,必须考虑光纤与激光器之间的耦合。

根据折射率分布的不同,光导纤维分成两类,突变光纤和缓变光纤。突变光纤的内层折射率 n_1 略高于外层折射率 n_2,且内外层折射率是阶跃的;缓变光的折射率成抛物线分布,即

$$n = n_1[1 - (x^2/a^2)(\Delta n/n_1)] \quad (11\text{-}18)$$

设光纤的全反射临界角所对应的端面入射角为

$$\theta_C = \sin^{-1}(n_1^2 - n_2^2)^{1/2} \quad (11\text{-}19)$$

则只有激光对光纤的入射角 $\theta \leqslant \theta_C$ 时，激光才能进入光纤，称 $\sin\theta_C = (n_1^2 - n_2^2)^{1/2}$ 为光纤的数值孔经 NA。对突变光纤，若 $\Delta n = n_1 - n_2 = 0.006$ 时，$n_2 \doteq 1.5$，则 $NA \doteq (2n_2\Delta n)^{1/2} = 0.14$。

当激光发光面尺寸小于光纤芯径，并且激光源紧靠光纤放置时，耦合效率

$$\eta_e = \frac{\int_0^{\theta_C} I(\theta)\sin\theta d\theta}{\int_0^{\frac{\pi}{2}} I(\theta)\sin\theta d\theta} \tag{11-20}$$

式中 $I(\theta)$ 为 θ 方向的光强。对于端面发射的激光器，耦合效率很低，如对 $NA \approx 0.1$ 的突变光纤的效率约为 -3dB 左右。

利用透镜将光聚焦到光纤上，能明显提高激光器的耦合效率。例如，将光纤的末端熔成一个小球，以形成一个球形透镜，可使耦合效率提高一倍。

第十二章　异质结半导体激光器

在半导体激光器的发展过程中，围绕着的主要问题是降低阈值电流密度、实现室温连续工作以及单模、窄线宽等等。理论分析和实验研究表明，同质结激光器难以得到低阈值电流和实现室温连续工作。为此，在同质结的基础上发展了异质结激光器，从而大大提高了半导体激光器的实际应用价值。

第一节　异质结的形式和能带结构

同质结GaAs半导体激光器是在同种材料GaAs晶片上构成P-N结。而在GaAs晶片的一侧生长GaAs，另一侧为异种材料GaAlAs所构成的"结"，称为"异质结"。若一个激光器中仅有一个异质结，则称为单异质结(SH)器件；若有两个异质结，就称为双异质结(DH)器件，如图12-1所示。此外，目前还发展了含有更多异质结的器件，如四异质结(FH)半导体激光器。

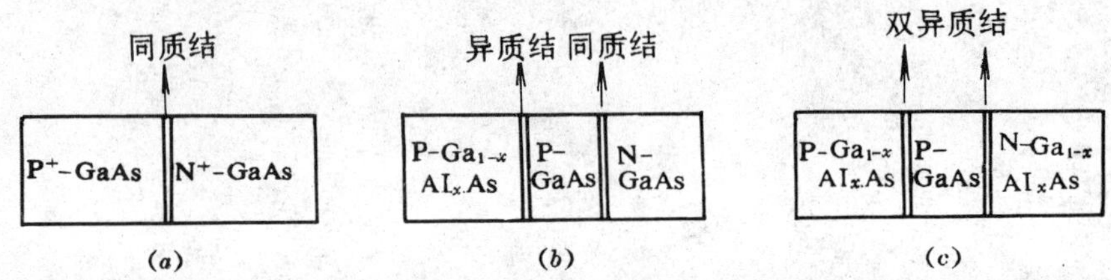

图12-1　同质结与异质结的比较

为提高激光器的性能，对构成异质结的两种半导体材料有如下技术要求：(1)为获得高的势垒，要求两种材料的禁带宽度相差较大。如室温下：GaAs的$E_g \approx 1.35$eV，而GaAlAs材料的$E_g = 1.86$eV；(2)两种材料的晶格常数应尽可能相等，以尽量减少表面态的出现。因为表面态往往形成复合中心，有碍载流子向结区注入，影响激光发射。一般情况下，若晶格常数相差4%时，就会产生10^{14}个表面态。GaAs-$Ga_{1-x}Al_xAs$异质结这两种材料，在300K室温下，晶格常数分别为5.654Å和5.66Å，两者仅差0.7%，实验证明，在这种异质结处，载流子的复合损耗甚微；(3)为使有较高的发光效率，要求$Ga_{1-x}Al_xAs$也是竖直跃迁型材料。对于$Ga_{1-x}Al_xAs$材料，若含Al量超过35%，竖直跃迁就改变为发光效率很低的间接跃迁，所以一般x控制在30%左右。

异质结可分为同型和异型两种，如图3-1(*b*)和(*c*)左边的那个异质结，由N-N或P-P组成同型异质结。如图12-1(*c*)右边的那个异质结，由P-N组成异型的异质结。

异质结的能带结构理论可参见有关专著(参考文献9)，这里将给出有关的定性的说明。图11-2示出了平衡状态下(未加正向电压时)异质结的能带结构，其中图(*a*)是与图12-1(*b*)或(*c*)的一个异质结相对应；图(*b*)为P-$Ga_{1-x}Al_xAs$与N-GaAs异质结能带结构；图(*c*)是与图12-1的另一个异质结相对应的能带结构图。通常认为，禁带宽度不同的两种材料构成"结"时，在界面处导带和价带都突变，分别以ΔE_c和ΔE_v表示。在CaAs-$Ga_{1-x}Al_xAs$异质结中，实验表明，$\Delta E_v \approx 0$，而ΔE_c却等于两种材料禁带宽度之差，当$x = 0.3$时，$\Delta E_c \approx 0.4$eV。

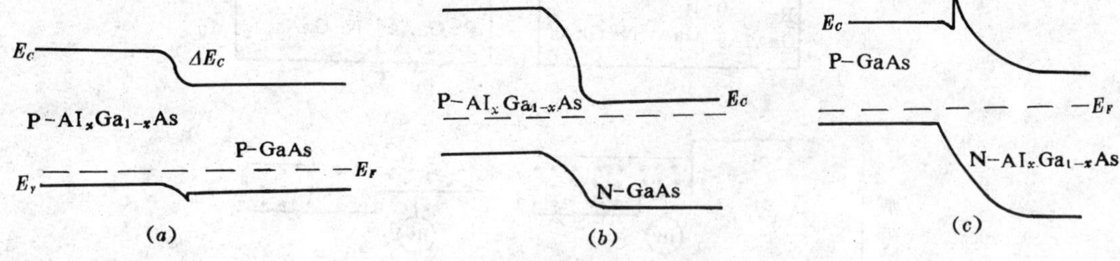

图 12-2 平衡时异质结能带图

加正向电压时的非平衡态的异质结能带的结构将分别在以下的 SH 结和 DH 结中讨论。

第二节 单异质结(SH) 激光器

GaAs-GaAlAs 单异质结激光器通常采用液相外延(LEP) 技术制备，或者直接在 N-GaAs 衬底上生长激活层 P-GaAs 和形成异质结的 P-GaAlAs 外界层；或者是在 N-GaAs 衬底上，在 1000℃ 温度下，生长一层掺有 Zn 的 P-GaAlAs 层。

一、单异质结激光器的工作原理

图 11-3(a) 所示为加正向电压时，单异质结的能带结构，为了比较，在图(b) 中也示出了同质结的能带结构。

单异质结与同质结激光器相比，最主要的特点之一是降低了激光器的阈值电流密度。其内在原因，可作以下分析：首先，对于同质结，有源区的宽度基本上等于电子的扩散长度，并偏向 P 区一侧，并且由于加于同质结的正向电压较高，空穴向 N 区注入发光的现象也不可忽略，因而使有源区更宽，要在如此宽的区域中满足阈值条件，就必需有很大的正向激励电流。第二个原因是有源区内的自由载流子浓度低于邻近区域，因此使得的有源区的折射率高于邻近区域，而出现“波导效应”，即光波被限制在波导区内传播，如图 11-4 所示光波在三层介质板波导中传输的情形。在介质板中传播的电磁波模式可以视作是沿 Z 轴传播并与 Z 轴成某一角度的平面波组成，如图中平面波与 Z 轴成 θ 角传播。当 θ 比临界角大时，平面波在界面处全反射，使在 x 方向建立起驻波，但在 Z 方向则为行波，以倾角 θ 传播的平面波总被限制在波导区 d_3 内传播。显然，n_3 与 n_1、n_2 的差值越大，全反射临界角就越小，漏泄过边界的光波损耗也越小。但同质结波导折射率的差很小，典型数值仅为 0.1%—1%，因此在有源区内传播的光波具有较大的漏泄损耗。正是上述两个原因，使得同质结激光器，在室温下脉冲工作的阈值电流密度高达 $3-5\times 10^4 A/cm^2$。

异质结时的情况不同，如图 11-3 所示，由于 P-GaAs 和 P-GaAlAs 构成的异质结在导带内形成势垒，注入载流子基本上都积累在 P-GaAs 的导带中，即异质结的势垒限制了电子的扩散；另一方面，由于异质结处有明显的折射率突变(达 5%)，也使得光波导的漏泄损耗降低。这两个因素就使单异质结激光器的阈值电流密度降低至 $8\times 10^3 A/cm^2$。

由此可见，在 SH 中，P-P 异质结的作用是限制载流子的扩散，使电子扩散长度减小，即减小了有源区的宽度。在SH 器件中，有源区(P-GaAs) 的宽度 d 值是关键因素。图 12-5 示出了典型的 SH 的阈值电流密度 J_{th} 与 d 值的关系。图中表明，当 $d\approx 2\mu m$ 时，就可得到最低的 J_{th}，其原因可定性地解释为：若 d 值过大，，则异质结对载流子的限制作用减弱；若 d 值过小，则在非对称波导内光波传输损耗加大。因此，对于单异质结激光器，d 值的典型取值范围为 2 — 2.5μm 之间。

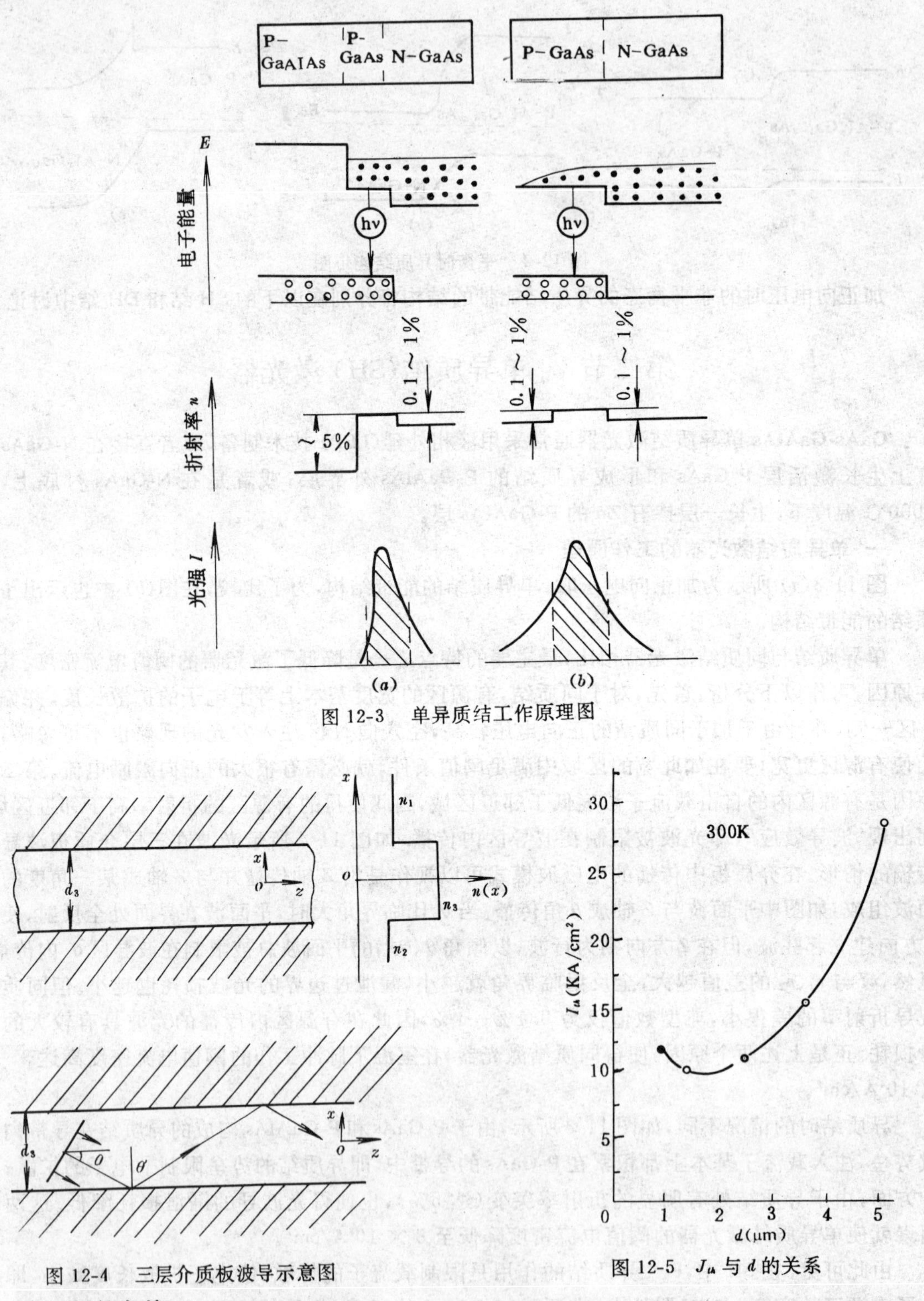

图 12-3　单异质结工作原理图

图 12-4　三层介质板波导示意图

图 12-5　J_{th} 与 d 的关系

二、阈值条件

实验表明，单异质结激光器的 I_{th} 的表达式具有与(10-39)式相同的形式：图 12-6 表示了单异质结的 J_{th} 与反射率 R 的关系，图中上面一条斜线的 $\alpha = 33\text{cm}^{-1}$，$\beta = 38 \times 10^{-3}\text{cm/A}$；下面一条线的 $\alpha = 24\text{cm}^{-1}$，$\beta = 39 \times 10^{-3}\text{cm/A}$。

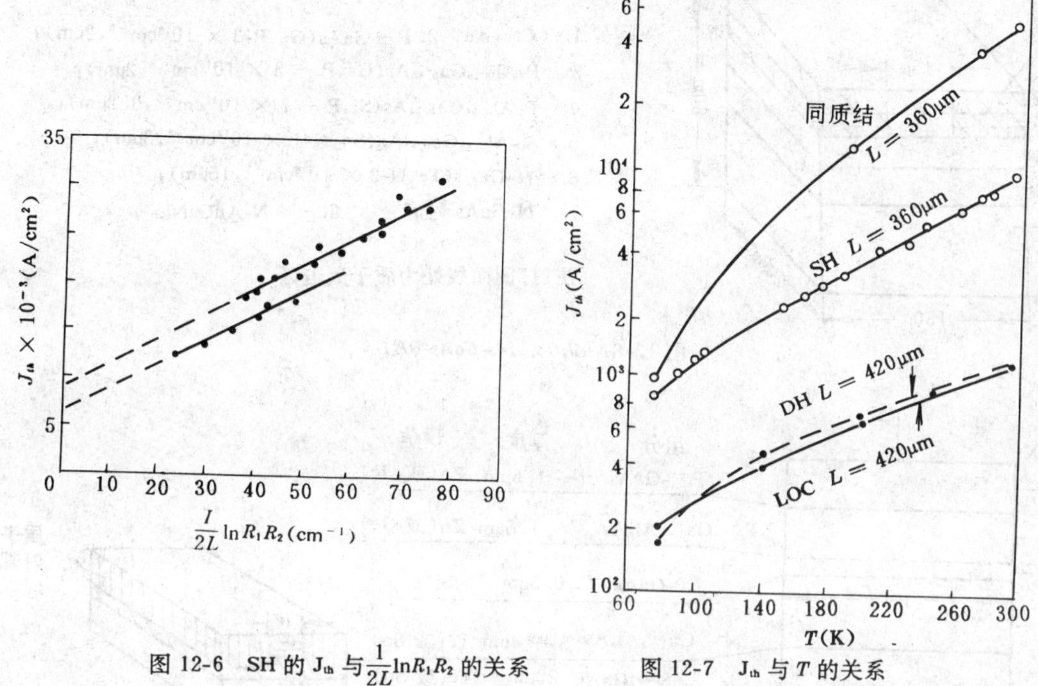

图 12-6 SH 的 J_{th} 与 $\frac{1}{2L}\ln R_1R_2$ 的关系　　图 12-7 J_{th} 与 T 的关系

阈值电流密度 J_{th} 还与温度 T 有关。温度 T 在 77-300K 之间变化时，大多数的异质结器件，J_{th} 的增加为 6-10 倍；而同质结的 J_{th} 却将增加 40-60 倍。图 12-7 给出了同样采用液相处延法制备的异质结及同质结 GaAs 激光器的 J_{th} 与温度 T 的关系。

第三节　双异质结(DH) 激光器

单异质结激光器的阈值电流密度虽比同质结明显减小，但仍较高，所以单异质结器件通常用作脉冲器件，其脉冲功率达数十瓦，寿命可高达数万小时。

在当今重点发展的光通信或光信息处理等应用场合中，需用室温连续工作的激光器，这就使双异质结激光器(DHL) 得以迅速的发展。

一、双异质结激光器的结构形式

图 12-8 所示为 DHL 的典型结构及参数，其阈值电流密度 $J_{th} = 2 \times 10^3 A/cm^2$，输出波长为 8200-8800 Å。DHL 通常以 P-GaAs 作为有源层的 GaAs/GaAlAs 的外延片，也有以 GaAlAs 作为有源层的 GaAlAs/GaAs 的 DHL。

图 12-9 所示是典型的 GaAs/GaAlAs 的外延片断面结构参数，其中，N-GaAs 衬底和第 4 层 P-GaAs 是为在它上面制作欧姆接触电极而设置的，这种结构叫宽接触型结构。由于工作区域 W 的增宽，有源区的截面积增大，而导致工作电流大、发热多、温升高、不利于室温连续运转的要求。

图 12-10 所示为典型的质子轰击条形结构的 DHL，其工作性能比宽接触型结构大为改善，这种激光器件是利用高能质子流的轰击来改变外延片局部区城的电阻率而制成的。先是用直径 12-20μm 的金丝或钨丝把外延片沿腔轴方向掩蔽起来，然后用 300-600keV 质子流轰击其余

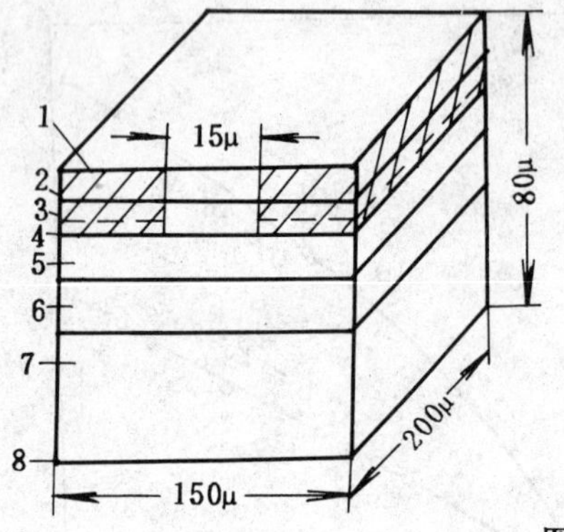

1. Cr、Au 2. P－GaAs(Ge,P-3 × $10^{18}cm^{-3}$,2μm)；
3. P-$Al_{0.35}Ga_{0.65}As$(Ge,P － 3 × $10^{18}cm^{-3}$,2μm)；
4. P-$Al_{0.06}Ga_{0.94}As$(Si,P － 7 × $10^{17}cm^{-3}$,0.2μm)；
5. N-$Al_{0.35}Ga_{0.65}As$(Sn,N-1 × $10^{17}cm^{-3}$,3μm)；
6. N-GaAs(Te,N-2 × $10^{18}cm^{-3}$,15μm)；
7. N-GaAs 衬底； 8. N-AuGeNi.

注：打剖面线处为质子轰击区

图 12-8 *$Al_xGa_{1-x}As$-GaAs-DHL*

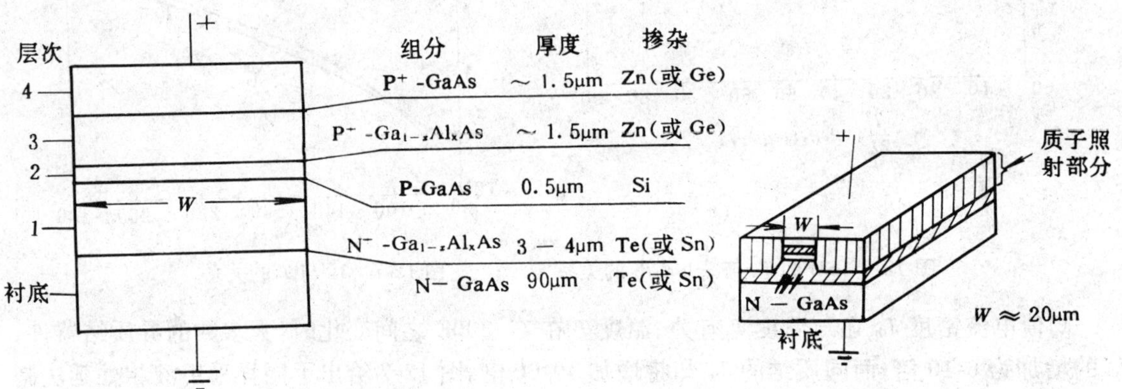

图 12-9 DHL 结构断面示意图

图 12-10 质子轰击条形 DHL

部分，使被轰击部分的电阻率增高两个数量级以上，除去掩蔽物，装上电极即制成条形器件。

由于条形器件工作区域宽度 W 的减小，使得对应相同的阈值电流密度 J_{th} 所需的工作电流成倍地减小，一般远低于 500mA，因此温升小，还由于在这种器件中，产生热量的发射区有一部分是埋在无源半导体体内，而使其散热效果也得到改善，条形器件还有两个优点：(1)DHL 的光辐射发射面的面积较小，而使得光辐射与低数值孔径(直径 $d \leqslant 100\mu m$) 的光纤耦合问题简化；(2) 因为有源区很小，从而增加了获得低缺陷有源区的可能性，有助于提高器件长期工作的可能性。

条形器件的制备工艺和结构型式也是多种多样的。图 11-11 示出了各种条形结构的剖面图，其中：

(*a*) 称氧化物隔离条形，也称电极条形。在最上面的 P-GaAs 外延层上复盖一层氧化膜，如 SiO_2 膜，用光刻工艺刻成宽 10-15μm 的条。然后再做上电极。

(*b*) 称为结条形。用掩蔽扩散法在宽度 3-4.5μm 条形两侧扩散 Zn，扩散深度一直到第一层 N-$Ga_{1-x}Al_xAs$ 层。这样，在器件内就形成两个并联的 P-N 结，一个在条形区内，另一个在条形区以外。

(*c*) 称为台面条形。用掩蔽光刻法将外延层腐蚀成宽 40-80μm 的条形，深度一般到第一层 N-$Ga_{1-x}Al_xAs$ 层，然后在条形区域复盖上氧化物并装上电极。

(*d*) 为掩埋式条形。采用两次外延技术制备，使作用区 P-GaAs 四面都处于 $Ga_{1-x}Al_xAs$ 层的包围之中，这种结构的条宽可以做得很窄(1μm) (*e*) 称为质子轰击条形(已有前述)。

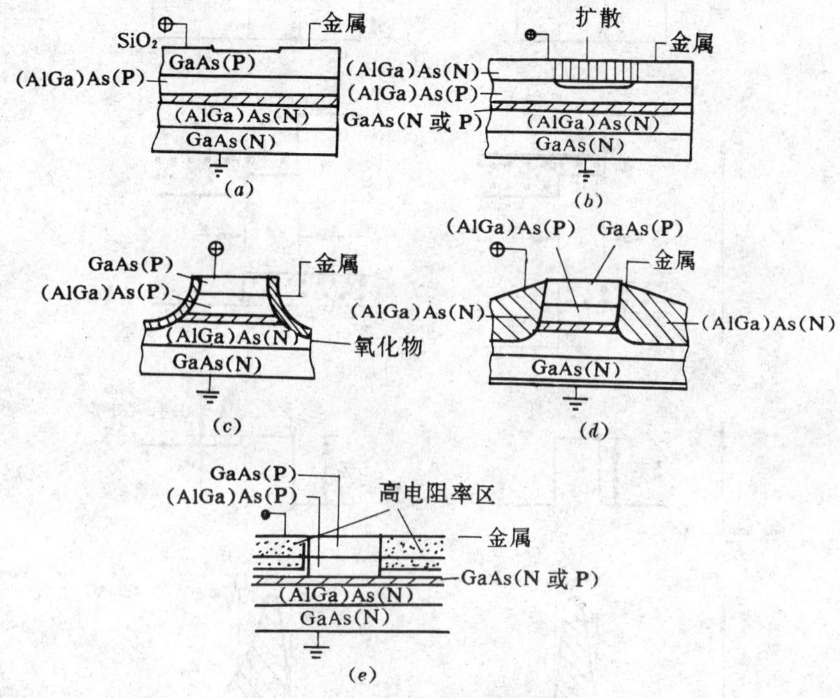

图 12-11　各种条形结构剖面图

理论分析表明:在一定条件下,J_{th} 与有源区厚度 d 成正比,显然 d 值愈小,载流子密度愈高,增益也愈高。实验表明,在 $d > 0.3\mu m$ 以上时,J_{th} 与 d 成线性关系,但从 $d = 0.3\mu m$ 开始,这种减小变得缓慢,出现了非线性段,若再继续减小 d 值,J_{th} 不再下降。一般认为,这主要是由于 d 小于光波波长,在光波导传播时,由于光的衍射作用使损耗增大的缘故。目前,条形结构的 DHL 的 J_{th} 最小已达数百 A/cm^2,其工作波段为 8000-8800Å。

二、DHL 的能带结构

要使半导体激光器实现室温下连续运转,应解决的关键问题是:提高器件的增益和解决温升的问题。以下分析 DHL 的能带结构特点。

图 12-6(*a*) 所示为加正向电时,DHL 的能带结构(为比较起见,在图(*b*) 中也示出了单异质结的能带结构),器件中形成有 P-P 和 P-N 两种异质结,激活区为 P-GaAs,其厚度 $d = 0.5\mu m$。因此,注入激活区内的非平衡载流子 - 电子和空穴将分别受到异质结势垒的限制,而使得载流子的浓度大为提高,反转粒子数就愈多,增益也就愈高。另一方面,由于两个异质结的折射率差 Δn 都较大,使光波导的传播损耗也大为减小。综合以上两个原因,使 DHL 的 J_{th} 大大减小。GaAs/GaAlAs 的 DHL 的 J_{th} 的典型数值为:在 77K 低温下,$J_{th} = 10^2 A/cm^2$;在 300K 的宝温下,$J_{th} = 10^2 - 10^3 A/cm^2$,即室温下,DHL 的 J_{th} 要比 SH 器件的 J_{th} 低 2 个数量级。

三、室温下的连续工作条件

为使激光器能在室温下连续工作,在降低阈值电流密度的同时,还必须解决器件的温升问题,所能采用的主要办法是采用条形结构和提高外延片质量等。以下讨论连续工作条件。

1. 温升和热阻

连续运转时,激光器所消耗的电功率为:

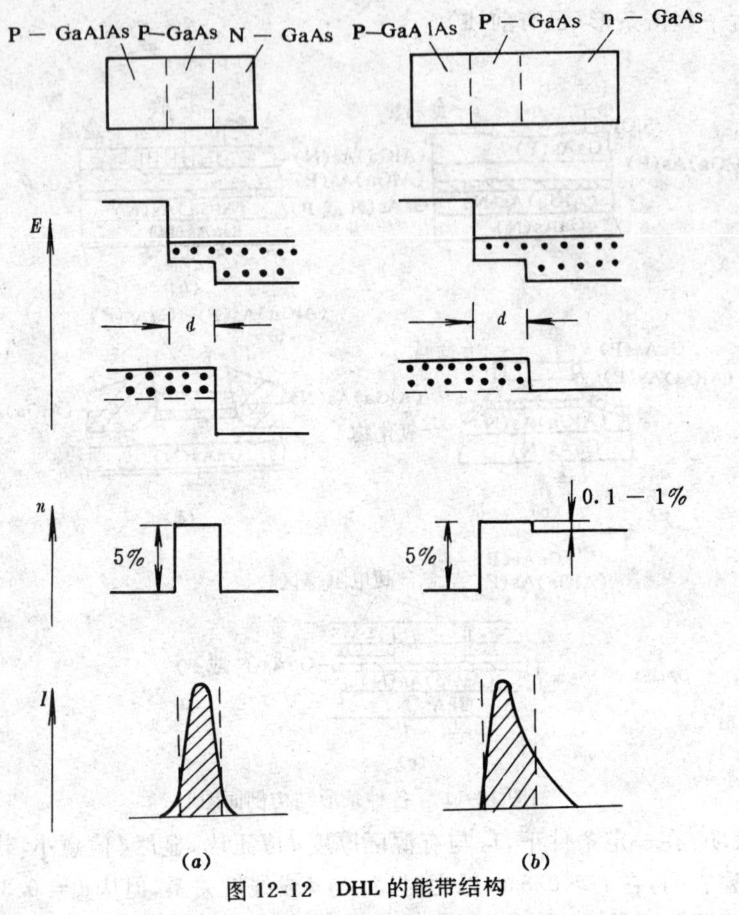

图 12-12 DHL 的能带结构

$$P = IV + I^2R_S \tag{12-1}$$

式中 V 为结区的压降；R_S 为器件的等效串联电阻值。平衡时结区的温升为：

$$\Delta T = R_TP = R_T(IV + I^2R_S) \tag{12-2}$$

式中，R_T 为器件的热阻。

2. 阈值电流 I_{th} 与温度 T 的近似关系式

在所有的半导体激光器中，I_{th} 均随温度的升高而增加，I_{th} 与温度 T 的关系，通常用如下近似公式表示：

$$I_{th} \propto \exp(T/T_0) \tag{12-3}$$

式中，T_0 在室温附近，通常取 40K-100K。

3. 连续工作区

给定不同的比例系数，由近似式(12-3)，可分别画出曲线，如图 12-13 所示。另一方面，设器件散热器的温度(称为热漏温度) 为 T_S，若直流电流 I 通过激光器时。当器件工作时，发热使结区温升 ΔT，则结区温度 $T = T_S + \Delta T = T_S + (VI + R_SI^2)R_T$，即 T 是 I 的函数，在图中同时画出了 ΔT 和 J(工作电流密度) 的关系曲线，满足连续工作条件($I > I_{th}$) 者皆落在两条曲线相交的阴影区内，此阴影区即称为连续工作区。

设器件的工作电流密度为 J，结区面积为 S，则温度 T 还可表示为

$$\begin{aligned} T &= T_S + (VI + R_SSJ^2)R_tS \\ &= T_S + (VJ + r_SJ^2)r_T \end{aligned} \tag{12-4}$$

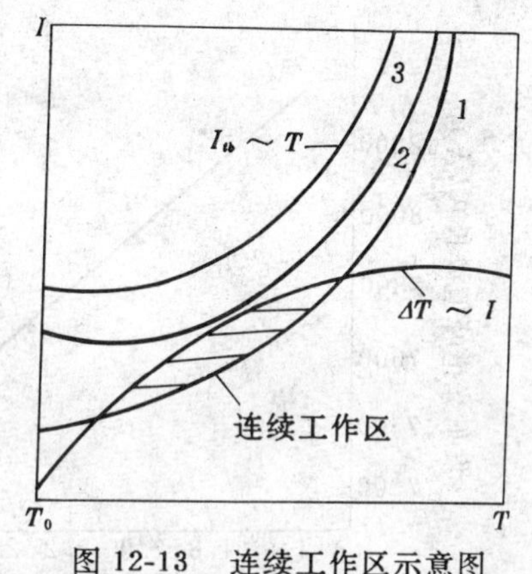

图 12-13 连续工作区示意图

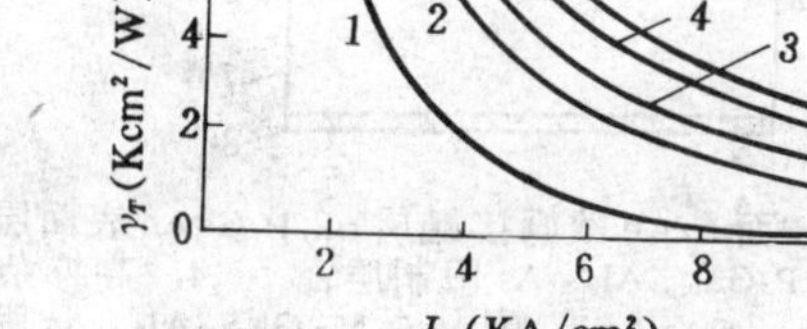

图 12-14 DHL 室温连续工作条件

式中 $r_S = R_S S; r_T = R_T S$。在连续工作的临界状态有 J = J_{th}，则(11-3)式可改写为：

$$J_{th} = J_o \exp\frac{T_S + (VJ_{th} + r_S T_i^2)r_T}{T_0} \tag{12-5}$$

(12-5)式表示在某一热漏温度 T_S 时，连续工作所必须满足的条件。如给定一个 r_S 值，则 J_{th} 和 r_T 有确定的对应关系，可得如图 12-14 所示的一组曲线，其条件是：$T_0 = 128\mathrm{K}, T_S = 300\mathrm{K}, V = 1.5\mathrm{V}$ 图中分别 r_S 为：1 为 5×10^{-4}；2 为 1×10^{-4}；3 为 5×10^{-5}；曲线 4 为 1×10^{-5}；5 为 5×10^{-6}。曲线左方为连续工作区，曲线上的点代表连续工作临界状态条件。落在曲线右方的激光器则不能连续工作。图 12-3 表明，决定器件能否室温连续工作要看 J_{th}、r_S 和 r_T 三个基本参数。为要实现室温连续工作，要求：(*a*) 阈值低，即要求器件结构设计合理、外延制备工艺精良；(*b*) 串联电阻小(这主要通过外延和欧姆接触工艺来达到)；(*c*) 热阻小，即需要将激活区两侧的 P-GaAl 和 N-GaAlAs 层都做得很薄，并要求激光器与散热器有良好的接触。采用条形结构可以改善散热条件，有利于室温连续工作。

四、DHL 的粒子数反转和阈值条件

与同质结相比，由于双异质结器件比较容易获得高的非平衡载流子浓度。因此，激活区及其两侧的材料都不一定需要重掺杂，就可以实现粒子数反转分布条件 $(E_F)_n - (E_F)_P > h\nu$。实验研究表明，具有重掺杂 GaAs：S_i 复合区的 DHL 的阈值条件，与同质结及单异质结一样，符合关系式：$J_{th} = \frac{1}{\beta}(\alpha + \frac{1}{2L}\ln\frac{1}{R_1R_2})$，$\beta = 2.1\times10^{-2}\mathrm{cm/A}$，$\alpha = 15\mathrm{cm^{-1}}$ 与同质结相比，DHL 的 β 值要高一个数量级，而 α 却低一个数量级，所以室温时，DHL 的阈值电流密度就要比同质结器件低 2 个数量级。

第四节　可见光波段的双异质结激光器(DHL)

可见光波段的半导体激光器是目前半导体激光器发展的重要方向。已研制成的可见光激光器，主要有室温连续运转的 GaAlAs 双异质结激光器，发射波长为 7600-7800Å 的红光波段，输出功率已达数百毫瓦水平。

图 12-15 所示为可见光 GaAlAs DHL 的剖面图，其有源层 $Ga_{1-x}Al_xAs$ 通过改变 Al 的含量可得到不同波长的可见光输出。当 Al 的含量 X 从 0.37-0.11 时，室温下可获得激光波长为 6000-8000Å 的可见光辐射，图 12-15 是有源层配方中固定 GaAs 的称量为毫克，通过改变 Al 称量可测得的 19 个样品的波长而作出的曲线，Al 含量愈大，波长愈短，这种器件的 J_{th} =

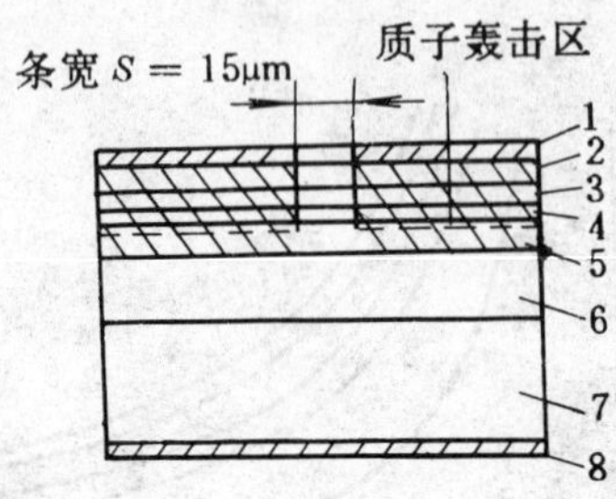

1. P面 CrAu 欧姆接触层；2. P-GaAs 表面层 3. P-$Ga_{0.47}Al_{0.53}As$ 限制层； 4. 高掺杂 $Ga_{0.83}Al_{0.17}As$ 有源层；5. N-$Ga_{0.47}Al_{0.53}As$ 限制层；6. N-$Ga_{0.9}Al_{0.1}As$ 过渡层；7. N-GaAs 衬底；8. N面 AuGeNi 欧姆接触。

图 12-15 可见光 GaAlAsDHL 内部结构示意图

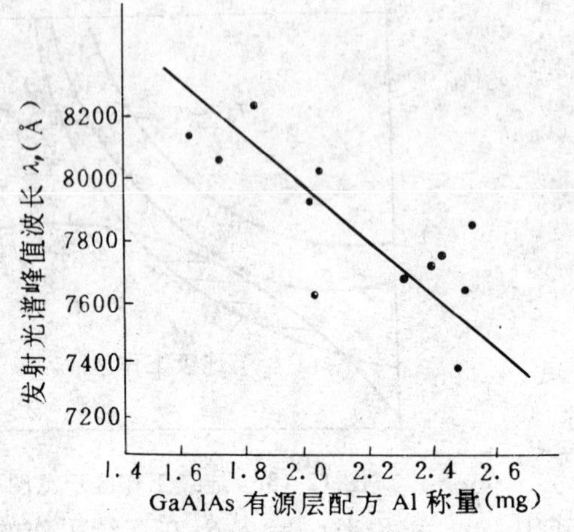

图 12-16 可见光 GaAlAs 激光器有源层中 Al 含量与波长关系

$1200A/cm^2$，最低阈值电流 $I_{th}=46mA$。

目前也已研制成输出波长在蓝光波段(3900Å-4200Å)的波长可调谐的半导体激光器。实质上它是利用二次谐波效应把输出波长在红外波段的激光转换成蓝色相干光的系统，即把二次谐波元件与激光器结合成一体，形成输出蓝光波段的激光器。二次谐波元件是用焦磷酸通过质子交换，在非线性光学常数较大的铌酸锂衬底上形成光波导型二次谐波元件，可获得1-2%的谐波转换效率。

第五节 1.2-1.7μm 波长的双异质结激光器(DHL)

红外 1.2-1.7μm 波长的 DHL 对光纤通信技术的发展有特别的重要性，其主要特点有：

(1) 光纤损耗低。光纤传输光波时，传输损耗与光波波长密切相关，例如，光波长 $\lambda=9000$Å 时，石英光纤的传输损耗一般为几个 dB/km，而在 $\lambda=1.3\mu m$ 时，低至 0.5dB/km；在 1.55μm 时，则可低至 0.2dB/km。

(2) 光纤色散小。对于波长 λ，光谱宽度为 $\Delta\lambda$ 的光脉冲，通过长度为 L 的光纤之后，其单位长度的脉冲展宽为

$$\frac{\Delta t}{L}=\frac{1}{C}\left(\frac{\Delta\lambda}{\lambda}\right)\lambda^2\left(\frac{d^2n}{d\lambda^2}\right) \qquad (12\text{-}6)$$

式中$\frac{d^2n}{d\lambda^2}$为材料色散的一阶导数，它随波长的增长而降低，如图 12-17 所示。在 $\lambda=0.8\mu m$ 处，材料的色散比 1.1μm 处要大 2 倍，估算表明，$\lambda=0.8\mu m$ 时，$\Delta t/L\approx3.75ns/km$；当 $\lambda=1.1\mu m$，$\Delta t/L=1.3ns/km$。

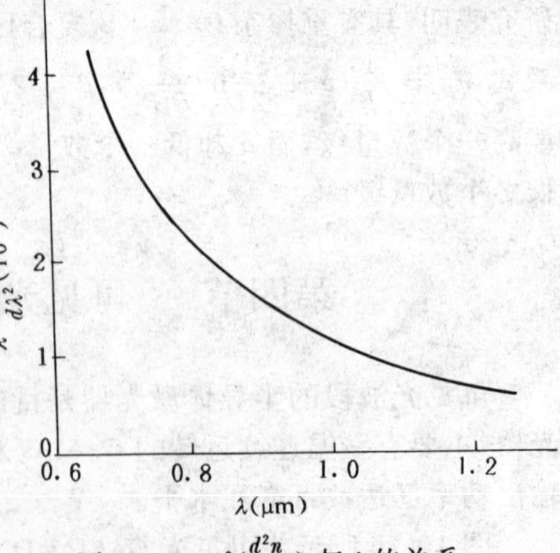

图 12-17 $\lambda^2\left(\frac{d^2n}{d\lambda^2}\right)$ 与 λ 的关系

脉冲展宽是对数据转输速率的基本限制。采用 δ 脉冲输入，如果该脉冲传播距离 L 之后增

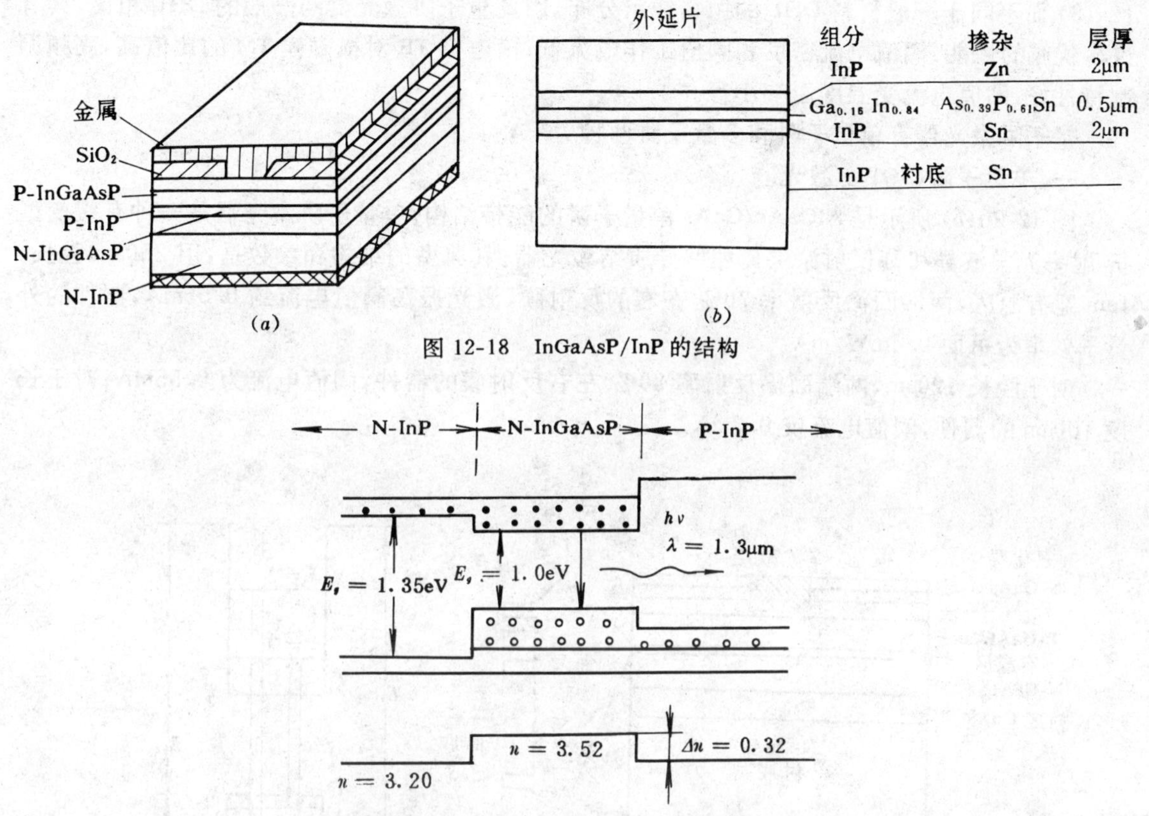

图 12-18　InGaAsP/InP 的结构

图 12-19　InGaAsP 的能带图和折射率分布

长 Δt，那么每秒钟的最大数据率（比特／秒）就近似为$(2\Delta t)^{-1}$。

(3) 对眼睛安全。人眼对波长大于 1.4μm 的辐射的最大容许量，是波长小于 1.4μm 的辐射的近 1000 倍。

(4) 大气中的穿透性能好。波长 $\lambda = 1.6\mu m$ 附近的光穿透烟雾的能力比 0.85μm 的光波要大得多。在卫星和军事的应用中，这是一个极为重要的特点。

目前，运转于这个波段且发展较为成熟的器件是 InGaAsP/InP 的双异质结激光器，它是以四元合金 $Ga_xIn_{1-x}As_yP_{1-y}$ 作为激光层的介质，四元合金与 InP 构成异质结，发射的激光波长范围是 1.02-1.32μm。

图 12-18 所示是 InGaAsP/InP DHL 的条形结构和剖面图。图 12-19 是它的能带结构和光波导边界折射率跃变的情况。这种器件的增益因子、损耗系数的阈值电流密度等参量均可由前述的表达式描述。实验得出的几个典型值是 $\alpha = 68cm^{-1}$，$\beta = 30cm/kA$，$T_0 = 60 - 100K$，在条宽 $W = 5\mu m$，$I_{th} = 310mA$。

第六节　量子阱半导体激光器

量子阱激光器是一种由厚度 10μm 或更薄的超薄层的量子阱结构作为有源区的异质结半导体激光器。在量子阱结构的薄层内，电子和空穴在垂直于薄层厚度方向(Z)的运动被限制于相当于德布罗意波长 L_D 的长度范围内，并且导致了电子和空穴的 Z 方向能量的量子化，形成子能带结构。正是由于这种量子化，而形成量子阱激光器载流子的态密度按照阶状分布（图

12-19）而不同于一般材料 DHL 的抛物线状分布。因此量子阱激光器与一般的 DHL 相比，具有许多优越的性能：阈值电流密度和阈值工作电流低，横电模 TE 对横磁模 TM 的比值高，高频调制特性好，阈值电流受温度影响小等。

量子阱激光器有单量子阱和多量子阱两种

一、单量子阱(SQW) 激光器

图 12-20(*b*) 所示是 AlGaAs/GaAs 单量子阱的能带结构。单量子阱激光器是一种有缓变型折 射率光学波导和高反射涂层掩埋型异质结激光器。其典型的结构和参数是：用 250μm 腔长，1μm 宽有源区，两端面涂反射率 70% 左右的反射膜，激光振荡阈值电流约 0.95mA，器件的外量子效率为每面 0.4mW/mA。

对于腔长 120μm，两端面涂反射率 80% 左右反射膜的器件，阈值电流为 0.55mA；对于长度 100μm 的器件，阈值电流仅 0.3mA。

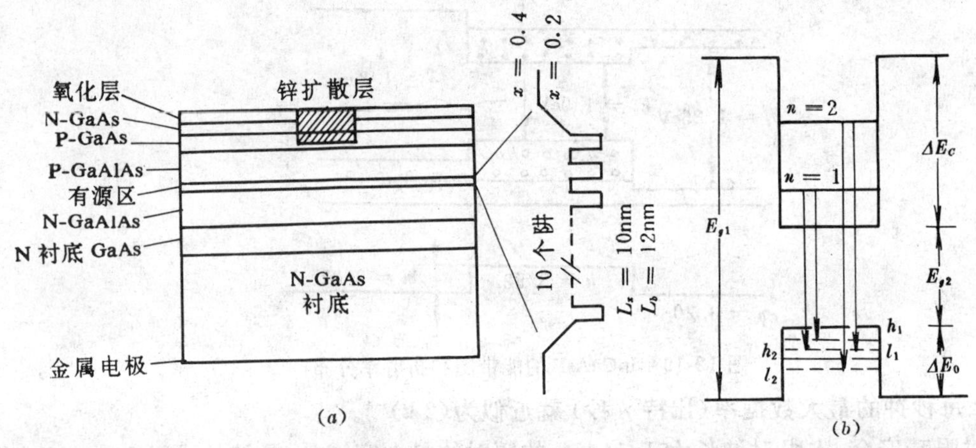

图 12-20　量子阱激光器结构图

二、多量子阱(MQW) 激光器

图 12-20(*a*) 所示是 GaAlAs/GaAs 多量子阱激光器的结构。当势垒层 Lb 较厚时，相邻量子阱间的电子相互作用可以忽略，因此，其能级结构分析可按如图(*b*) 所示的单量子阱的情况处理。

多量子阱激光器的制备过程是：采用分子束外延法，取向为(100)、在 N-GaAs：Si(*n*：$1\times10^{18}cm^{-3}$) 的衬底上，首先生长一层 1.5μm 厚的 N-GaAs：Si(*n*：$1\times10^{18}cm^{-3}$) 缓冲层以得到平整完好的晶格结构。然后依次生长：1.5μm 厚的 N-$Al_{0.4}Ga_{0.6}As$：Si(n：$1\times10^{18}cm^{-3}$) 光限制层，0.2μm 厚不故意掺杂的多量子阱结构的有源层，0.5μm 厚 P-$Al_{0.4}Ga_{0.6}As$：Be(P：$1\times10^{18}cm^{-3}$) 光限制层，以及重掺杂 1μm 厚 P-GaAs：Be 顶层，以便形成良好的欧姆接触。此外，在顶层上生长 N-GaAs：Be(n：$5\times10^{18}cm^{-3}$) 作为电注入的隔离层，以制成 P-N 结隔离条形结构。

图(*a*) 也示出了多量子阱有源层结构。阱的材料为 GaAs，势垒层材料为 $Al_{0.2}Ga_{0.8}As$，阱的数目为 5-10 个，阱的宽度 *Lz* 和势垒高度 *Lb* 分别为 10nm 左右。

目 前，国内研制的条形结构 GaAlAs/GaAs 多量子阱激光器达到的水平为：室温连续工作，阈值电流高度为 980A/cm²，宽度为 8μm，最低阈值电流 28mA，阱宽 10nm，发射波长 8520Å，输出功率大于 15mw，单面微分量子效率约 24%。

第七节　大光腔(LOC)半导体激光器

GaAs/AlGaAs 大光腔半导体激光器是在单异质结和双异质结激光器的基础上发展起来的新型激光器，它兼有 DHL 阈值电流低和 SHL 输出功率大的优点，适用于要求大功率脉冲运转的场合。

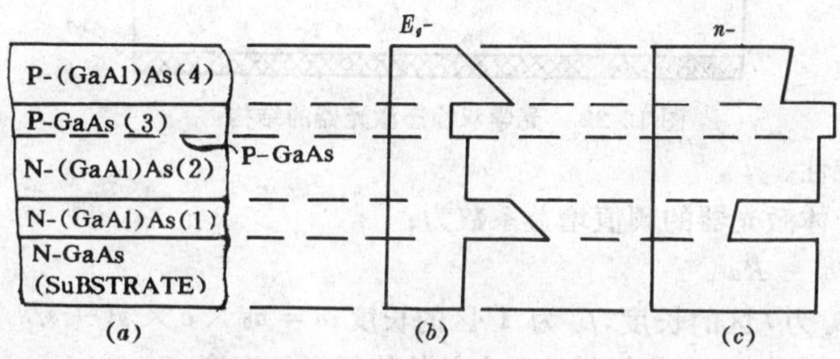

图 12-21　大光腔(LOC)构造示意图

图 12-21(a)、(b)、(c) 分别示出了 LOC 激光器各层结构剖面、禁带宽度和折射率。LOC 激光器是由两个异质结壁中夹着一个同质结（或单异质结）构成的，有源区是 Si 和 Zn 双掺杂近补偿 P 型区，厚度 d_3 为 0.5 ～ 1μm，其中 Si 是施主杂质、Zn 是受主杂质，双掺杂和重掺杂有助于提高 LOC 激光器的增益和效率，有源区的狭窄有利于提高增益和降低 J_{th}。

为了降低腔内的光功率密度，以提高光破坏阈值，要求光波导谐振腔截面积大（大光腔），由此，由厚度为 d_3 的有源区和厚度为 d_2(0.5 － 30μm) 的波导区共同组成宽度为 $W = d_2 + d_3$ 的光输出波导，d_2 为轻掺杂的 N 区，该层的禁带宽度比有源区的禁带宽，这样有源区的受激光子能量就低于波导区的吸收能量，使 d_2 层对 d_3 层的辐射“透明”，另外使 d_2 层的折射率稍低于有源区，而又比相邻的 N-GaAlAs 层的折射率高得多，这样，有源区的光辐射则很容易“漏泄”到波导区 d_2 层中，用禁带宽度更大的(1)、(4) 区做波导壁，置于输出波导 W 的两侧，对光子和载流子进行严密限制。采用 LOC 结构后，可使阈值电流降低到 3-9A，而输出功率可提高 8-15W。

LOC 激光器的阈值电流密度

$$J_{th} = (d_2 + d_3)J_0/\eta_i \tag{12-7}$$

式中，J_0 是有源区厚度为 1μm 时取得一定增益系数的电流密度，η_i 为量子效率。

第八节　光学双稳态半导体激光器

光学双稳态半导体激光器是基于半导体材料具有很大的非线性折射率系数而导致的非线性效应使激光器呈现或高或低两种稳定透明状态的激光器，也称为半导体激光器光学双稳态器件。

图 12-22 是双稳态激光器的结构图，其中：1 是金属电极；2 是 N-AlGaAs 限制层；3 是 N-GaAs 衬底层；4 是金属电极；5 是 P-GaAs 有源层；6 是限制层；7 是 P － GaAs 接触层；8 是氧化物绝缘层。谐振腔内的介质分为两个区：Ⅰ 区是增益区；Ⅱ 是可饱和吸收区，可饱和吸收区有两个工作状态，当腔内的光子密度为零时，它的吸收系数最大，即处于吸收状态；当腔内的光子密度很大时，其吸收系数非常小，即处于透明状态。正是这两个状态的存在，决定了激光器具有

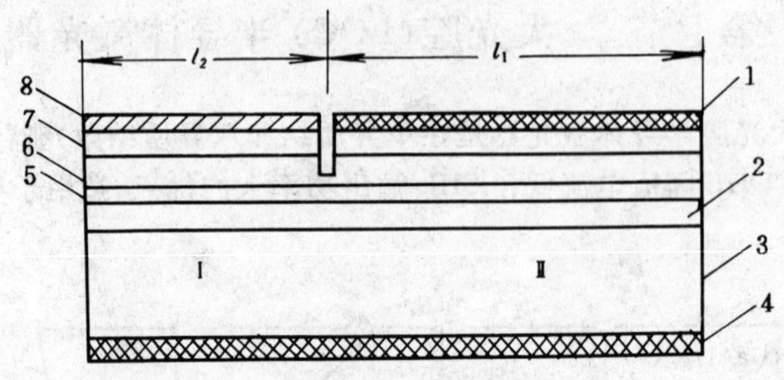

图 12-22　光学双稳态激光器的结构

光学双稳态的工作特性。

光学双稳态半导体激光器的阈值增益系数为：

$$G_{th} = G_0 - Ka \tag{12-8}$$

式中　$K = L_2/L_1$，L_1 为 I 区的长度，L_2 为 Ⅰ 区的长度；$a = a_0 \times e \times p(-s/s_0)$，$a_0$ 是腔内光子密度趋于零时的吸收系数，S_0 为与材料性质有关的特征光子密度，$S = a(J - J_0)$，a 为与材料性质和激光器结构有关的常数，J 为名义工作电流密度，J_0 为名义阈值电流密度；G_0 为 Ⅰ 区处于透明状态，即器件相当于普通半导体激光器时腔内的光子密度和增益系数，$G_0 = \beta(J_0 - J') = \beta(J - J' - S/a)$，$\beta$ 是名义增益因子，J' 是名义透明电流密度。

第十三章　其他类型的半导体激光器

由于光纤通信、光信息处理、集成光学的迅速发展，对半导体激光器的输出特性，诸如激光模式、光束空间分布、波长范围等参量提出了更高要求。在应用中的迫切需求，也促使了一系列新型的半导体激光器的不断地开发、发展和日趋完善。在本章中，将介绍近年来发展的一些新型激光器，如分布反馈式激光器、外腔式激光器、可调谐激光器、锁相激光器列阵等。

第一节　分布反馈式(DFB)半导体激光器

分布反馈(DFB)式半导体激光器与普通激光 器的最大差别是：其腔内的光反馈是利用周期结构(或衍射光栅)的布喇格反射而建立的，而不再用解理面来做光反馈，因而这种激光器符合了集成光路的把调制器、开关、光波导和光源共同制作在一块单片上的需要，而引起人们的极大兴趣。这种激光器的另一个优点是易于获得单模单频输出，容易与光纤和调制器耦合。

一、DFB 的工作原理

分布反馈的实现是基于布喇格衍射原理，在一半导体晶体的表面上，做成周期性的波纹形

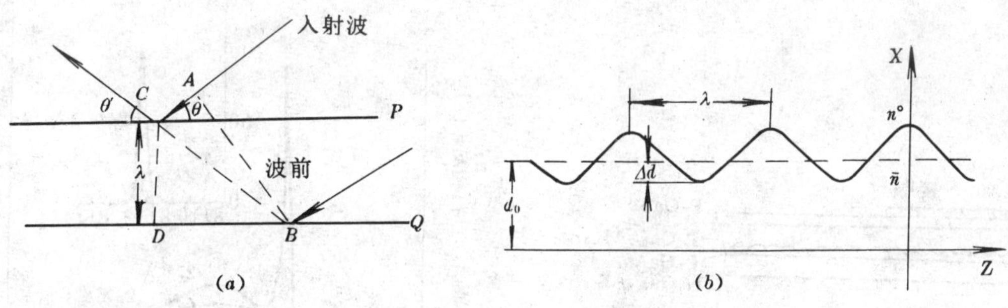

图 13-1　分布反馈原理示意图

状，如图 13-1(*b*) 所示，设波纹的周期为 Λ，如图 13-1(*a*) 所示，一束平面波沿界面成 θ 角方向入射时，平面波将被波纹所衍射，按布喇格衍射原理，衍射角 $\theta' = \theta$，入射平面波在界面 B、C 点反射后，产生光程差

$$\Delta l = BC - AC = 2\Lambda\sin\theta' \tag{13-1}$$

若光程差 Δl 是波长入的整数倍时，则衍射波彼此加强。于是有

$$2\Lambda\sin\theta' = m\lambda \tag{13-2}$$

式中 m 为正整数，可取 0，1，2，…，称为衍射级序。由于在介质内部前、后向传播的光波都可认为有 $\theta' = \theta = 90°$ 的关系，因而上式又可改写成

$$2\Lambda = m\lambda/n \tag{13-3}$$

式中 n 为半导体介质的折射率。式 12-3 表明，由于波纹光栅提供反馈的结果，使前向和后向两种 光波得到了相互耦合，如图(*a*) 所示由于晶体表面的波效结构的作用，使光波在介质中能自左向右或自右向左来回反射，即实现了腔内的光反馈，起到了没有两端腔反射镜的谐振腔作

用。当介质内实现粒子数反转时，光波在来回的反馈中不断得以加强，一旦增益满足振荡阈值条件后即可形成激光。DFB 激光器的输出激光频率，完全由波纹结构周期 Λ 所决定。

在 DFB 激光器中，激活层的波纹结构如图 13-1(b) 所示，由于周期波纹的存在，其激活层的厚度被周期性地调制，其厚度 d 可表示为

$$d(z) = d_0 + \Delta d\cos(2\beta_0 z) \tag{13-4}$$

式中　d_0 是激活层介质的平均厚度，Δd 为厚度的调制幅度，β_0 由布喇格条件给出，即 $\beta_0 = 2\pi q/\lambda_b$，其中 q 为纵模指数，λ_b 为满足布喇格条件的波长(即满足关系式 13-3 式)。

波纹结构的作用，就是为了使介质的折射率 n 和增益系数 g 作周期性变化，即

$$\left.\begin{aligned} n(z) &= \bar{n} + n_0\cos(2\beta_0 z) \\ g(z) &= \bar{g} + g_0\cos(2\beta_0 z) \end{aligned}\right\} \tag{13-5}$$

式中　$\bar{n}$、$\bar{g}$ 分别是介质折射率和增益系数的平均值；n_0 和 g_0 分别表示它们的调制幅度。

根据电动力学原理，可以导出 DFB 结构的辐射场的共振频谱、阈值增益、振幅分布和模式花样等一系列特征。DFB 结构与普通结构相比，虽然纵模间隔仍为 $C/2L$(L 为波纹光栅总长度)，但是，由于不同纵模达到激射所需要的阈值增益却不相同，其中最低次模所要求的阈值增益最低，因此，在一定增益值下，只能激发起最低次模，从而可使 DFB 激光器获得比普通激光器窄得多的谱线输出。

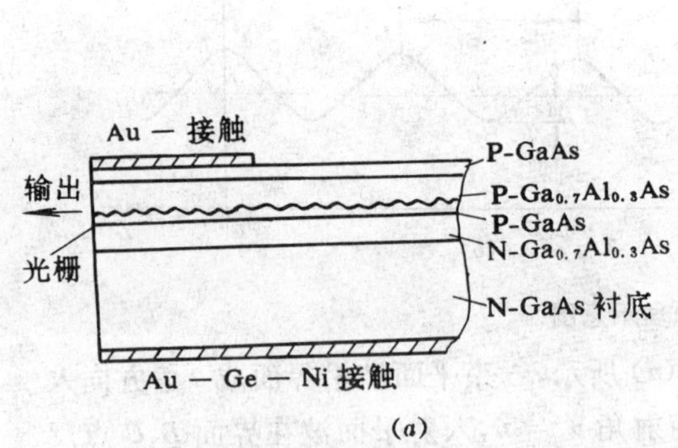

(a)

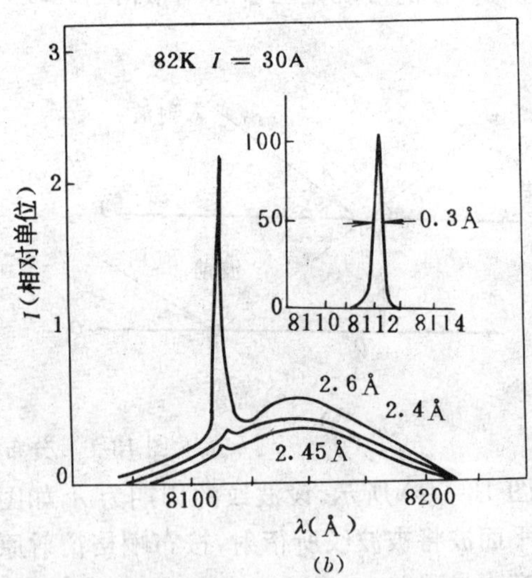

(b)

图 13-2　DFBL 剖面结构及其发射光谱

二、DFB 激光器的结构形式和工作特性

图 13-2(a) 示出了典型 GaAs-GaAlAs DFB 激光器的结构剖面图。在有源区 P-GaAs 一侧刻制光栅(可用全息照相法或离子刻蚀法制作)，周期 Λ 为 3416Å，光栅深度为 900Å 左右，做成条形结构，条宽 50μm，有源区厚 1.3μm，$L = 630\mu m$。图 13-2(b) 示出了在 $T = 82K$ 时，采用 50ns 脉冲测得的单纵模发射光谱，阈值电流密度 $J_{th} = 9kA/cm^2$，阈值工作电流 2.6A，光谱峰值在 8112Å 处，线宽为 0.3Å，输出线偏振光，偏振面平行于结平面。波长随温度的变化为 0.5Å/K。

目前已发展出一些性能更为优越的 DFB 器件。

三、分布布喇格反射式激光器

上述的 DFB 激光器中的波纹光栅是直接刻制在激活区上，而使光损耗大，器件发光效率低，工作寿命缩短，通常只能脉冲方式工作，为改进这种不足，由此发展如图 13-3 所示的分布布刺格反射(DBR)式激光器。DBR 激光器的主要特点是：将激活区与波纹光栅分开，因而可减小损耗，提高发光效率、降低阈值电流，实现室温连续工作。

从图可见，DBR 结构中，激活区 P-GaAs 与波纹光栅分开。这种器件的 $J_{th} = 3.5kA/cm^2$，激光波长 8900 Å，线宽小于 0.1 Å。

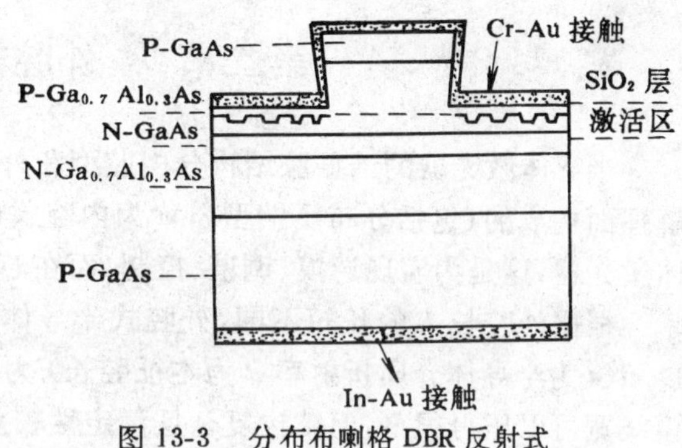

图 13-3 分布布喇格 DBR 反射式激光器结构示意图

四、分布反馈双波导平面埋入式半导体激光

图 13-4 所示为分布反馈双波导平面埋入式半导体激光器的结构图，这种激光器的有源层和形成分布反馈的光栅层也为分层两体结构，它们都采用 In-Ga-As-P 化合物制造，如图所示，在有源层及光栅层上做成凹陷状的双波导，光栅层的作用是建立光反馈，采用双波导平面埋入结构是为了使注入的电流高效率地导入有源层，在激光器的一个端面上涂上氮化硅，用控制端面的反射系数。

采用这种结构形式的激光器的能量转换效率高达 35%，室温下连续运转输出功率 50mW 以上，激光波长 1.3μm。

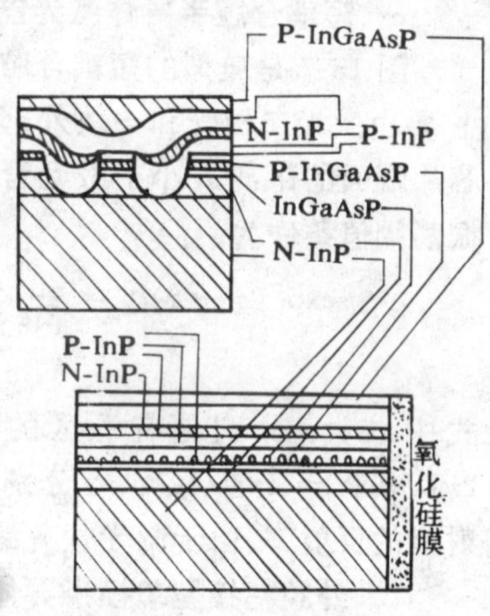

图 13-4 分布反馈双波导平面埋入式激光器结构

五、$\frac{\lambda}{4}$ 位移分布反馈半导体激光器

图 13-5 所示为 λ/4 位移分布反馈半导体激光器的结构示意图，这种激光器的特点是衍射光栅的右半部与左半部的峰与谷逆转，即在中央处衍射光栅的相位错开半个周期，通过衍射光栅产生的反射，在两倍于周期的波长(布喇格波长)处为最强，形成激光振荡。

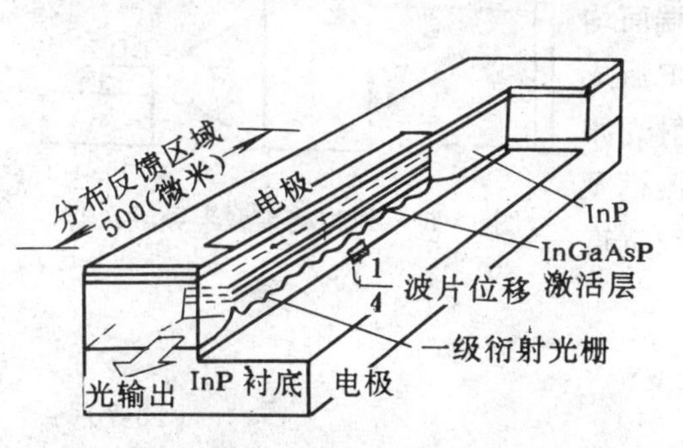

图 13-5 λ/4 位移 DFB 激光器结构

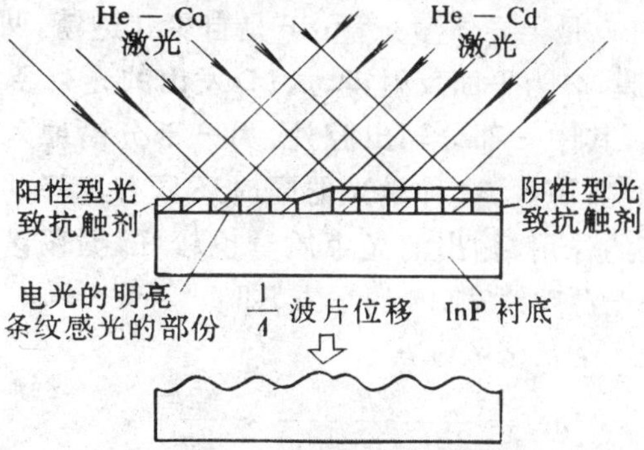

He — Cd 激光　He — Cd 激光
阳性型光致抗触剂　阴性型光致抗触剂
电光的明亮条纹感光的部份　$\frac{1}{4}$ 波片位移　InP 衬底

图 13-6 DFB 内衬结构

衍射光栅引入 λ/4 波长位移的技术之一是：将阴性型和阳性型光致抗蚀剂同时曝光而制作，如图 13-6 所示，在 InP 衬底右半部形成阴性型光致抗蚀剂，在衬底的左半部形成阳性型光致抗蚀剂，对两侧均匀地作双光束干涉曝光，由于阴性与阳性型光致抗蚀剂的感光性质相反，

所以，右半部和左半部的蚀峰与蚀谷（即光栅的槽面与槽底）相反。从而即可获得 $\lambda/4$ 波长位移的衍射光栅。

第二节　外腔式半导体激光器

半导体激光器的谐振腔结构分内腔型和外腔型两种。如前述，谐振腔由芯片前后两个自然解理面构成的（包括分布反馈型），称为内腔式（也称本征腔），、而本节所要讨论的外腔式半导体激光器，这是为实现选摸、调谐、控制，而在芯片之外附加反馈元件，以构成外腔结构。

根据外腔长 L 的长短不同，外腔式半导体激光器可分为长外腔和短外腔两种，一般称：$L \gg nl$（n 为半导体介质折射率，l 为本征腔长）为长外腔；称 $L \leqslant nl$ 为短外腔。长外腔的优点是选模线宽可以压得很窄，但结构复杂且稳定性较差；短外腔的特点是结构小巧，易于稳定运行。根据外腔反馈元件的不同，外腔又可分为：平面腔、凹面腔、光纤腔、色散腔等等。以下讨论一些典型的外腔半导体激光器。

一、短耦合腔半导体激光器

图 13-7 是典型的短耦合腔半导体激光器结构示意图，它主要由激光二极管和一块外部反射镜组成，反射镜与半导体芯片端面的距离 L 小于激光管的本征腔长 nl，这种激光器的振荡阈值条件为：

$$\exp[(g-a)l]=\frac{1+R_2R_3\exp(i\phi_0)}{R_1\exp(i\phi_1)[R_2+R_3\exp(i\phi_0)]} \tag{13-6}$$

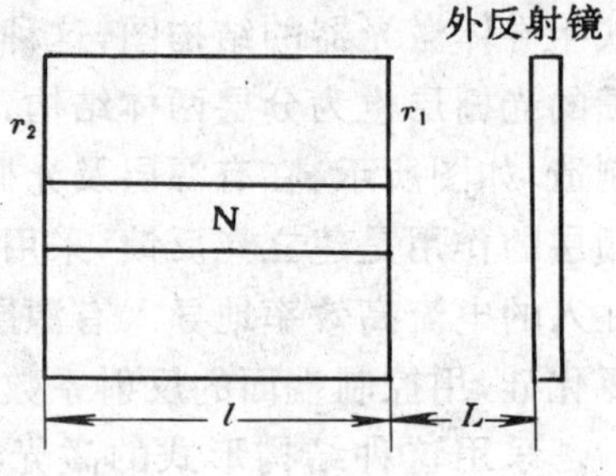

图 13-7　短耦合腔半导体激光器

式中　g、a 分别是有源区的增益和光学损耗系数；$\phi_0=2\pi L/\lambda$；$\phi_1=4\pi nl/\lambda$；R_1、R_2 分别是芯片两端的反射率；R_3 是反射镜的反射率。由于激光管有源区截面很小，而激光发散角又较大，所以 R_3 通常很小。

二、外腔粘接型单模半导体激光器

图 13-8 示出了外腔粘接型半导体激光器结构图，它是采用粘接技术，把激光管和外腔反射镜粘合在一起，使用时不再需要调整谐振腔。

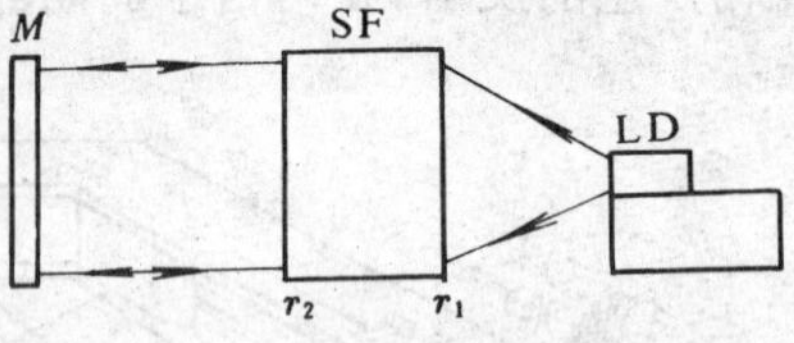

图中LD是半导体激光管；SF是自聚焦透镜，两端面均镀有增透膜；M 为平面反射镜。从LD发出的光束经SF后成为平行光，其中一部分输出腔外，另一部分沿原入射光路返回 LD 的有源区。这种激光器同时还具有选择共振模及压缩线宽的作用，输出的光束质量也较好，振荡谱线宽度 Δv 正比于无源腔线宽 Δv_c 的平方，即

图 13-8　外腔粘接型半导激光器

$$\Delta v \propto (\Delta v_c)^2$$

$$\Delta v_c=\frac{c\beta}{2\pi(l_3+n_1l_1)}\approx\frac{2\beta}{2\pi l_3} \tag{13-7}$$

式中　β 是激光管单程光学损耗，它基本上等于输出反射镜的透过率；l_1 是激光管两解理面的距离；n_1 是材料折射率；c 为光速；$l_3=n_0(l_2-l_0)+n_2l_0$，l_0 是 SF 的长度，l_2 是反射面 r_2 到 M 的距离，n_2 是 SF 的折射率，n_0 是空气折射率。在采用这种外腔结构后激光器输出的谱线宽度 Δv_{out} 与内腔式激光器的激光谱线宽使 Δv_{in} 原比值为

$$\frac{\Delta v_{out}}{\Delta v_{in}} = (\frac{n_1 l_1}{l_3})^2 \tag{13-8}$$

由于 $l_3 \gg l_1 h_1$，所以使激光谱线宽度得到明显的压缩。

三、C^3(解理耦合腔)激光器

解理耦合腔(Cleaved-Coupled-Cavity)激光器简称C^3激光器，在1982年首次研制成功。这种激光器能以高重复频率脉冲工作，脉冲重复频年率达GHz以上，并且，光脉冲的波长能够用电子学方法在ns时间内从一个波长切换到另一个波长。

C^3激光器也属短外腔结构，图13-9示出了这种激光器的结构。它是将普通半导体激光器沿着端面平行的晶面解理，形成长度略有不同的两个较短的激光器，两个激光器之间存在模式的耦合作用，故称作解理耦合腔。比如，对于250μm长的GaAlAsP激光器，可以分成长度为130μm、120μm的两个激光器，分离出来的每个激光器都像是一个通常的半导体激光器，它们两个端面将起着F-P干涉仪谐振腔反射镜的作用。这样，激光器就只保持器件长度为半波长整数倍那些激光模式，而抑制了所有其他模式。

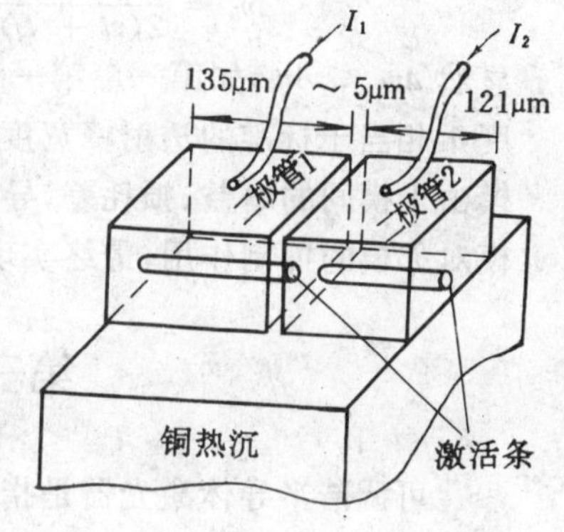

图13-9 C^3激光器的结构

由于解理是对固定在衬底薄膜上的原始激光管进行的，因此，形成的两个短的器件的有源层将是精确地相互对准的(它们之间将有5μm的空气隙)。因为两个分离的激光器的长度略有差别，这两个耦合激光腔的F-P模式间隔也就不相同。因此，两个激光器只有少数的模可以重迭。比如，当两个激光器长度相差10%时，则两个激光器就只有1/10的F-P模重合、耦合腔激光系统只有在它们相重迭的模上才能够产生激光振荡。

C^3激光器的两个激光器的腔长比为4∶1左右。两个激光器的解理槽宽为$\lambda/4$，C^3激光器能够输出稳定的单模激光。

四、色散腔半导体激光器

色散腔半导体激光器是指以光栅等色散元件构成的外腔式激光器。图13-10所示是光栅

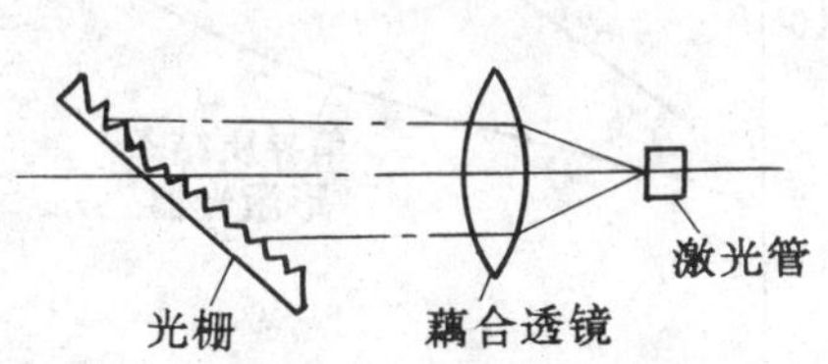

图13-10 光栅色散腔半导体激光器

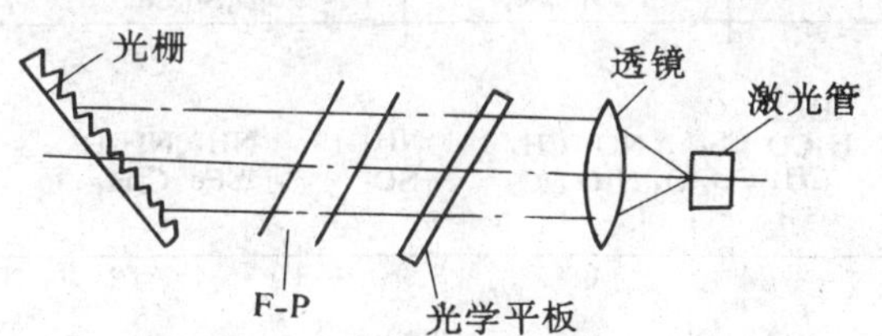

图13-11 复杂外腔半导体激光器

腔半导体激光器的装置图，改变光栅的入射角来实现调谐。实际的外腔半导体激光器在腔内往往还插入标准具、透镜、棱镜、腔长补偿板等光学元件。图13-11是一个用于单模光纤通信系统的发射光源装置，转动光学平板，即可微调腔长，实现稳频。

图13-10所示的光栅腔激光器中的光栅为自准直(Littrow)光栅，有关光栅腔的调谐原理已可见第三章第二节关于“可调谐CO_2激光器”的讨论。对于光栅腔激光器，光栅可被看作是作选择性反射的平面反射镜，选择反射的波长范围是

$$\delta_\lambda = \frac{d\cos\alpha\omega}{kf} \tag{13-9}$$

式中 d为光栅常数；α为反射光与光栅法线的夹角；ω为激光管有源区尺寸；k为光栅衍射的级次；f为透镜的焦距。一般可以做到δ_λ仅约0.5Å的数值。外腔式器件可以等效为具有长短

腔的复合腔，有关复合腔的分析可参见第三章第六节中“可调谐CO_2波导激光器”中的叙述。在这里，短腔由激光管的两个解理面构成，短腔腔长为l，则其纵模简隔为：

$$\Delta v_1 = C/2nl \tag{13-10}$$

复合腔的长腔由光栅和激光管的一个外端面构成，腔长$L = L' + l$，式中L'为激光管内端面与光栅之间的沿光轴的长度。长腔的纵模间隔

$$\Delta v_L = \frac{C}{2(nl + L)} \tag{13-11}$$

显然$\Delta v_L < \Delta v_1$，如第一篇第一章第三节中关于选单纵模的讨论。在这里，光栅的选择性反射宽度δ_λ相当于标准的透射峰宽度$\Delta v_{1/2}$，只有在这个δ_λ宽度内的纵模才能振荡，在δ_λ内的长短腔纵模由于模间的增益、损耗差，导致本质上是均匀展宽的光谱增益曲线的饱和而加强了优先振荡模对邻模的抑制作用，最终实现单纵模运转。

第三节　可调谐半导体激光器

可调谐半导体激光器是指输出波长可以在较宽的波长范围内连续调谐的半导体激光器。

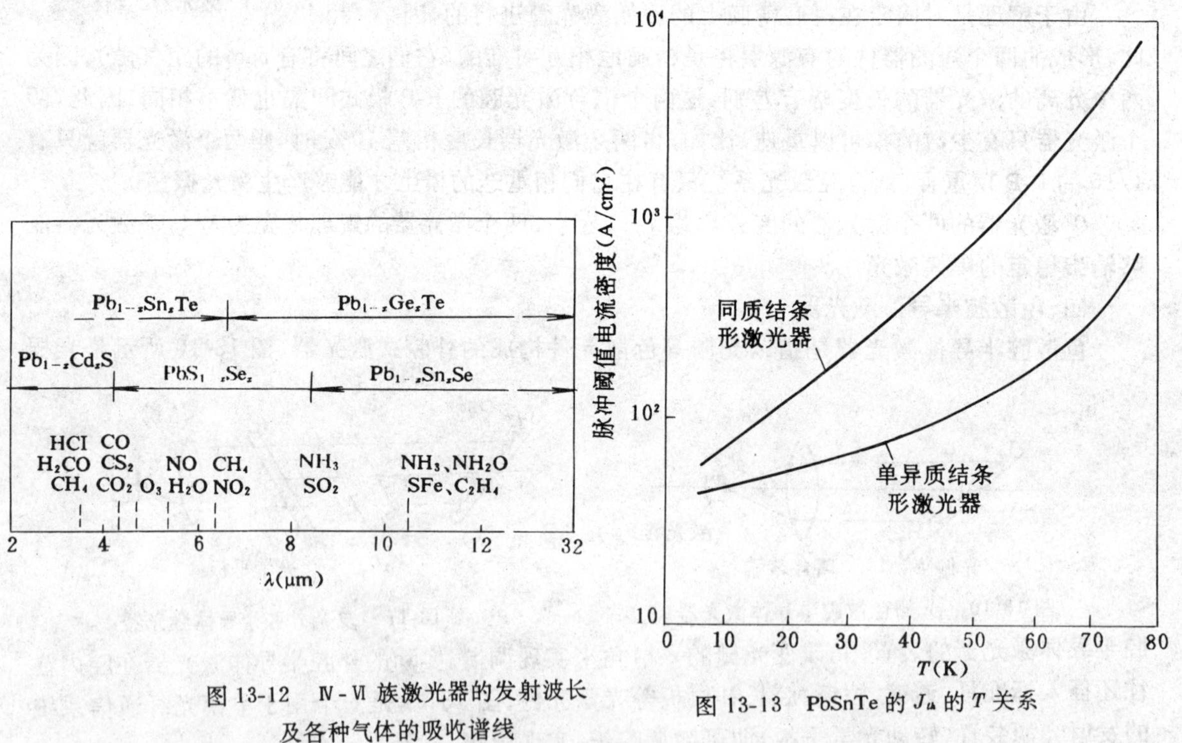

图 13-12　Ⅳ-Ⅵ 族激光器的发射波长及各种气体的吸收谱线

图 13-13　PbSnTe 的 J_{th} 的 T 关系

用于可调谐半导体激光器的工作物质有很多，主要是 Ⅳ-Ⅵ 族化合物和 Ⅲ-Ⅴ 族化合物，诸如 GaAs，InP，GaAlAs，GaAsP，PbTe，PbS，ZnS 以及 PbSSe 和 PbSnTe 等，其中，最后的两种材料是目前研究和应用最多的材料。采用这两种材料的半导体激光器发射的波长在 0.32-45μm 范围。

实现激光器波长调谐，主要通过二种途经：第一种方法是通过改变半导体材料的合金的成分而使其发射波长得到改变；第二种方法是改变激光器的外界因素，如实施加于器件上的压

力、温度、电流、磁场的改变来实现对其输出波长的调谐。图 13-12 给出了 Ⅳ-Ⅵ 族半导体激光器的光谱复盖范围和各种气体的有关吸收系数，这些器件特别适用于大气污染检测仪器中的应用。

目前已经制成并实际投入使用的可调谐半导体激光器有很多种，其中包括 $Pb_{0.88}Sn_{0.12}Te$ 的同质结器件、$Pb_{0.88}Sn_{0.12}Te/PbTe$ 单异质结器件、$Pb_{0.782}Sn_{0.218}Te/PbTe$ 双异质结器件以及 PbSSe 材料的异质结器件等，图 13-13 示出了前两种器件的脉冲阈值电流密度与温度的关系。

对于 $Pb_{0.782}Sn_{0.218}Te/PbTe$ 双异质结激光器，改变注入电流，便可改变结温，从而实现在 8.54 — 15.9μm 波长区间内的调谐、这种器件直到 114K 的温度下都能连续工作，连续工作的输出功率在毫瓦量级。

PbSSe 材料的异质结器件的晶格匹配比 PbSnTe 系统更为优越。图 13-14 示出了 $PbS_{0.72}Se_{0.28}/PbS_{0.78}Se_{0.22}$ 单异质结半导体激光器发射波长随温度的变化关系，图中同时也表示出用这种激光器检测出的各种气体的吸收线。

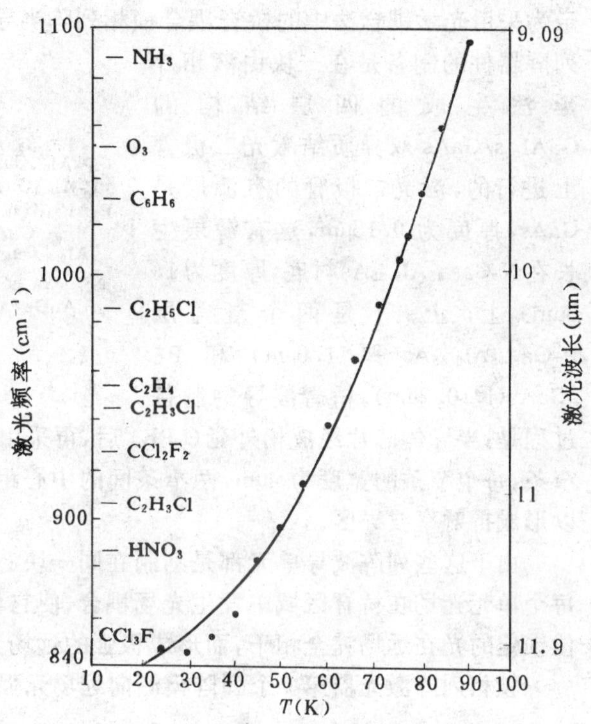

图 13-14 PbSSe 激射波长及气体吸收谱线

此外，基于受激自旋反转喇曼散射效应而制成的自旋反转喇曼激光器也是可调谐半导体激光器，如 InSb 自旋反转喇曼激光器，调谐范围 5—14μm，峰值功率达 10^3W；HgCdTe 自旋反转喇曼激光器，调谐范围 9.6—10.2μm，峰值功率 1W。它们都以 CO_2 激光为泵浦源，并都置于外磁场中，有关这类激光器的结构、工作原理和工作特性在第四篇中讨论。

第四节　锁相列阵半导体激光器

将多个条形半导体激光器集成在一起的激光系统称为列阵半导体激光器。列阵半导体激光器是目前发展大功率半导体激光器的最主要的途径，它不仅可获得相当高的输出功率，而且可获得单模振荡输出，并且使激光束散角也大为降低。

从耦合方式来看，可分为线性列阵(包括锁相列阵)和丫型耦合列阵。从列阵元的排列来看，可分为一维列阵和多维列阵。

实际中的半导体列阵器件的制备，是采用一系列的半导体晶片的制作工艺，将许多个单条的激光二极管集成在同一块蕊片上。例如，将 100 多个单元条形激光二极管集成一块蕊片上，每个单元的条宽为 6μm，两个单元条形的中心距为 10μm，由于单元之间的距离很小，每个单元发出的光与相邻单元发出的光相交迭，使其相位特性相互一致，即可以实现锁模。这样，不仅可使输出功率大大提高，而且，可获得极高的远场光功率密度分布。丫形耦合列阵是将原先相互平行的一个条形改为丫形结构，使每个条形都与邻近的条形互相连接起来，这样，更有利于控制模式和相位，而实现远场的单光瓣的激光输出。

一维半导体列阵的进一步发展是二维列阵，多个二维激光器列阵的组合即组成激光器棒，而多个激光器棒的组合又可集成为二维的激光器棒列阵迭层堆。例如，将 33 条激光器棒迭在一起，组成有 33000 个单元组合的迭层堆，可使得准连续输出功率 300W 功率密度为 3.6kw/cm²，脉冲工作时，功率达千瓦以上。

对于线性列阵器件的锁相耦合方式主要有光学漏泄耦合和注入锁定等几种。图 13-15 所示为采用光学耦合法中的桥脊耦合锁相列阵半导体激光器的芯片结构剖面图。桥脊耦合锁相列阵器件的制备是在一块由液相外延法生成的四层结构的 GaAlAs/GaAs 双异质结激光二极管上进行的，激光二极管的有源层是 GaAs，厚度为 0.15μm，这有源层生长在 N-$Ga_{0.65}Al_{0.35}As$ 衬底（厚度为 1.5μm）上，上、下是两个复盖层 P-$Ga_{0.65}Al_{0.35}As$（厚 1.0μm）和 P^+-GaAs（厚 0.2μm）。桥脊波导的制备过程是：半导体芯片经液相外延（LPE）后，再采用光刻法和化学浸蚀法，在有源层中形成 10 个窄条，每个窄条的宽度为 4μm，两窄条间的中心距为 8μm。有源层和金属涂层间隔为 0.3μm，足以形成折射率波导区。

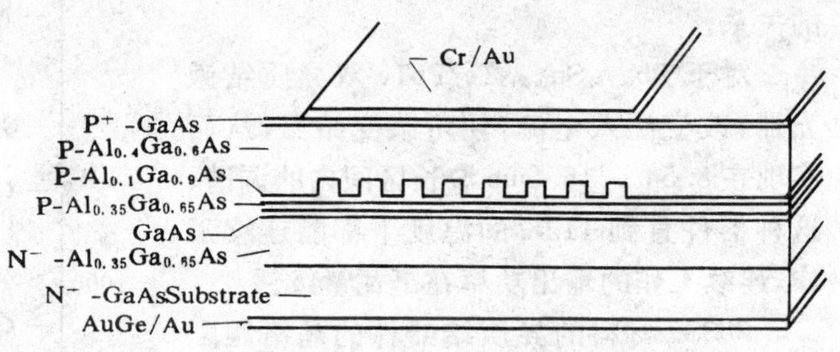

图 13-15 锁相列阵半导体激光器

由于这些列阵波导单元都是刻制在同一块芯片上，并且这些波导元又是被同时均匀泵浦，每个单元光场在桥脊区域中发生光场耦合，使它们以相互固定的相位运转，这些单元输出的相位锁定的光在远场完全相干，而形成极强的远场光强分布。

锁相列阵激光器第 v 个列阵模侧向远场光强分布为：

$$I_v(\theta) \propto f(\theta) \frac{\sin^2\left[D(N_3+1)u/2+\frac{v\pi}{2}\right]}{\left[\sin^2(Du/2)-\sin^2\left(\frac{\pi v}{2}\right)(N_3+1)\right]^2} \tag{13-12}$$

式中 $f(\theta)$ 为单条形激光器的侧向远场分布函数；$u=k_0\sin\theta$；D 是条形间隔；N_3 是列阵耦合工作模数。

采用锁相列阵工作方式后，激光器系统的输出波长，相对于它们是分立时的输出波长发生了移动，列阵模 v 的波长 λ_v 相对于分立器件波长 λ_0 的位称变化率为

$$\frac{\lambda_v-\lambda_0}{\lambda_r}=-\left[\mathrm{Im}(\delta_v)/\mathrm{Im}(r)\right] \tag{13-13}$$

式中 r 是分立器件的传播常数，δ_v 是列阵结构的传播常数相对于分立条形结构的偏离值。因为 $I_m(\delta_v)<0$，所以，列阵振荡波长将向长波方向移动。

锁相列阵激光器第 v 个列阵模的增益为

$$G_r = 2\mathrm{Re}[\delta_v + r] \tag{12-14}$$

因为 $\delta_v-\delta_{v+1}>0$，所以 $G_{v+1}>G_v$，即高阶列阵模的增益高于低阶列阵模，因此，高阶模往往会首先激发，对于条形间隔 D 值比较大的情况，不同列阵模的增益相对很小，激光器列阵系统很容易出现多模运转，使输出的光束特性变差；当 D 值取得比较小时，就比较容易获得单模运转。

目前，这种如图所示的一维相干的单条折射率波导激光器列阵，当有源区采用单量子阱结构时，室温运转连续输出功率已达 2-3W，并且在平行于结面方向的远场发散角也只有 0.7°。

第四篇　液体激光器及其他激光器

本篇将讨论以有机染料溶液为工作物质的染料激光器和以无机液体为工作物质的无机液体激光器，其中特别是染料激光器，因具有很宽的输出波长调谐范围以及极好的输出光束质量，已成为实际应用中最重要的激光器之一，此外，本篇还将介绍几种正在研究发展中的新颖激光器，例如，自由电子激光器，化学激光器等，这些激光器具有特殊的工作原理和工作特性，并正展示着独特应用的发展前景。

第十四章　液体激光器

液体激光器有两类，即有机化合物（染料）液体激光器和无机化合物液体激光器（简称无机液体激光器），这两类激光器工作物质虽都是液体，但它们的工作机理、工作特性和应用场合有很大的差别，本章将重点讨论染料激光器的激光机理、工作特性，以及激光器的结构形式和运转方式、调谐方式。

第一节　染料激光器的工作原理

染料激光器是以有机染料为工作物质的激光器。1966 年用红宝石激光器泵浦花青类染料首次获得激光辐射，此后染料激光器获得迅速的发展，染料激光器所具有的主要优越性能是：输出的激光波长可以在很宽的范围内连续调谐，调谐范围宽达紫外（3400Å）→ 近红外（1200Å），染料激光器输出的激光谱线宽度很窄，在采用腔棱镜或“F-P”标准具调制措施后，可获得 10 ～ 50MHz 线宽的激光，若再用特殊的稳频措施后，激光谱线宽度还可以进一步压缩到几兆赫，目前，染料激光器产生的超短光脉冲的时间宽度已压缩到几纳秒，若利用锁模技术还可以获得从皮秒（10^{-12}s）到飞秒（10^{-15}s）量级的激光脉冲。

染料激光器每个脉冲的激光能量可达数十焦耳量级，峰值功率达几百兆瓦，激光能量转换效率高达 50%，染料激光器已在光化学、光生物学、光谱学、全息照相、光通信、同位素分离、激光医学、大气和电离层光化学等方面获得日益广泛的应用。

染料激光器的工作物质是有机染料溶液，激活粒子是有机染料分子，基质是溶剂。

一、染料分子的结构和能级

1．染料分子的结构和种类

染料是一种有机化合物，研究表明，与激光有效的染料都含有一条交替的单键和双键的碳原子链 — 共轭双键构成的致色系统、图 14-1，是　　吨类的若丹明 -6G 和香豆素 2 的分子结构式，图中的每个六角形中，角顶未标元素符号者均为碳原子 C。

染料分子的荧光波长主要取决于碳原子链的长度，链长则产生的荧光波长也长，但链过

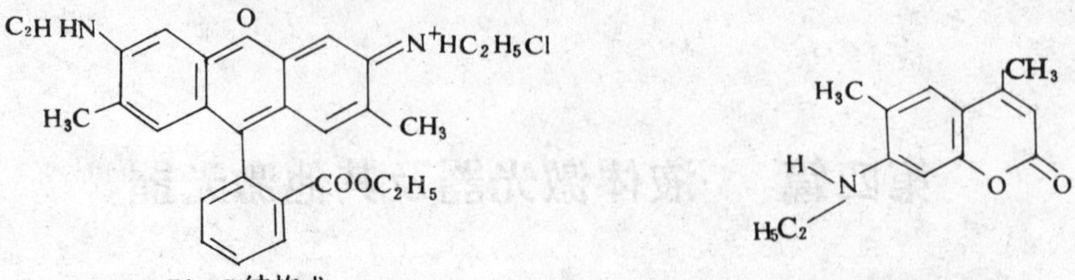

Rh6G结构式

香豆素2结构式

图 14-1　若丹明 -6G 和香豆素 2 的分子结构

长，就会变得不稳定而容易断裂。迄今为止，已发现的有实用价值的激光染料有上百种，其受激辐射波长已复盖由紫外(321nm) 到近红外(1.3μm) 的范围，表 14-1 给出各种重要染料及其激光的波长范围。

表 14-1　重要的各种染料及其激光的波长范围

染料	2000　4000　6000　8000　10000 Å
闪光染料	
香豆素	
亮黄胺吖黄素	
呫吨	
恶嗪	
花青	

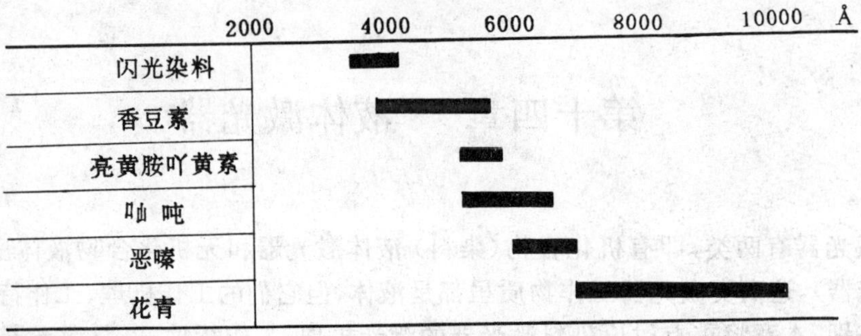

其中几个常用的染料说明如下：

(1) 吐吨类激光染料

大多数染料激光器采用吐吨类染料，其中最为重要的是若丹明 6G(Rh-6G)，若丹明 B(Rh-B)和荧光素的衍生物，它们的激光波长复盖范围是 500 — 700nm，主要为“红光区”，通常称为红色染料。这些染料都可溶于水，但会出现聚集现象。

吐吨类染料的主要吸收带在 540 — 600nm 之间。若丹明的吸收极大值波长与溶剂有密切关系，并且荧光极大值的波长位置相对于吸收值位置有一斯托克斯位移，若丹明染料的位移值为 20nm。

(2) 香豆素激光染料

香豆素激光染料的激光辐射波长为 39nm 到 540nm 的蓝绿波段，其中应用最广的几种及其激光中心波长是：香豆素 120(440nm)、香豆素 2(450nm)、香豆素 1(480nm)、香豆素 102(500nm)、香豆素 30(540nm)、香豆素 6(510nm) 等，它们是通过香豆素的一个氨基或羟基在位置 7 上取代衍生而形成的，香豆素染料的吸收波长的最大值位置与荧光发射波长的最大值位置之间也存在斯托克斯位移，位移量在 60-110nm 范围。

(3) 恶嗪激光染料

恶嗪类激光染料与吐吨类染料一样，其三重态产额很低。同时，由于单重态的基态 S_0 与激发态 S_1 之间的能量差比较小，端基上氢振动的影响比吐吨类染料更为突出，因此，用氘化醇作溶剂能够显著增加荧光量子效率。其中，恶嗪 1 在使用二氯甲烷、1,2- 二氯苯或 α、α、α- 三氯甲苯等溶剂时，荧光量子效率很高，与 Rh-6G 相接近。

恶嗪染料的荧光发射波长与吸收波长的斯托克斯位移量在 30 ～ 70nm 范围，恶嗪染料的激光波长在 600 ～ 690nm 波段，其中较重要的几种和激光中心波长为：恶嗪 118(630nm)；恶嗪

4(680nm)；恶嗪 1(715nm)；恶嗪 9(645nm)。

(4) 花青类染料

花青类染料是染料家族中的长波段类染料激光辐射波长复盖在 600nm 到 1.3μm 范围，其中较重要的染料及其激光中心波长有：亮绿(759nm)；叶绿素(759nm)；碘化 3,3′- 二乙恶羰花青(541nm)；隐化青(745nm)；溴化 1,1′- 二乙基 -4,4′ 羰花青(745nm)；碘化 3,3′- 二乙噻三羰花青(816nm)；氯铝酞花青(762nm)；碘化 1,1′- 二乙基 -4,4′- 三羰花青(1000nm)。

2. 染料分子的能级

染料分子是一个由很多个原子组成的复杂大分子系统，染料分子的能级机构一般用"自由电子模型"简化地予以说明。在原理上通常称：电子云(原子核外电子运动的轨迹几率云)在 X 轴向重迭构成的共价键为 σ 键，对应的电子称作 σ 电子；而称在 Y 方向上、下对称地重迭的电子云构成的共价键为 π 键，对应的电子称为 π 电子，也叫做自由电子，显然，π 电子的波函数是上、下对称的，染料分子的许多 π 键联结起来构成大 π 键，因此染料分子具有许多 π 电子，正是由于 π 电子的活性，激光染料才对近紫外至近红外波段内的光具有强烈的吸收作用。

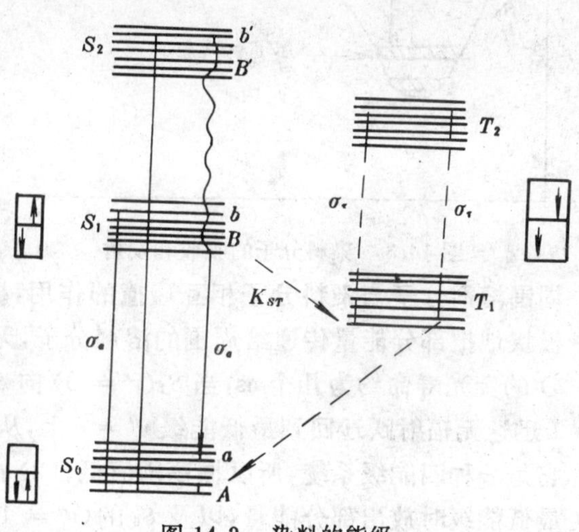

图 14-2　染料的能级

图 14-2 是染料分子的能级结构图，染料分子的能级分布，主要由共轭键中的 π 电子所处的状态所决定，设一个具有 $2N$ 个自由电子的染料分子，其 $2N$ 个电子将占满分子的 N 个最低能级，每个能级为自旋相反的两个电子所占椐，形成总自旋角动量为零的分子态，称为单态，具有最低能态的单态为分子的基态，记作 S_0。当处于基态 S_0 的电子吸收泵浦光子能量后，两个自旋相反的电子的其中之一被激发到较高能态上去，若激发后电子的自旋方向没有改变，则称这种情况为激发单态，并记：S_1 为第一激发单态；S_2 为第二激发单态；…… 若激发后电子的自旋方向翻转，即形成总自旋 $S=1$ 的状态，并且，由于染料分子是一个大分子，存在着较大的轨道磁矩和重原子效应，为此在磁场中，总自旋又可形成与磁场平行、反平行和垂直的三重状态，称为三重态，记作 T，并按其能态的高低，再分别记作第 1 三重态 T_1，第 2 三重态 T_2……，对应于每个激发单态都存在一个激发三重态，并且能量十分相近。

一个典型的染料分子由五十多个原子组成，分子的每个电子态都有一组振 - 转能级，其振动方式十分繁多，分子的电子态之间的能量间隔为 10^4cm^{-1} 量级，振动态之间的能量间隔为 10^3cm^{-1} 量级，而每一振动态转动能级之间的间隔为 10cm^{-1} 量级。又由于染料分子在溶液中与溶剂分子等的碰撞而引起的谱线加宽，最终在整个振动能级所决定的光谱区域内形成准连续的宽带结构，正是这种能级结构的特点，而使得染料激光器有可能获得波长的连续、大范围调谐和获得飞秒(10^{-15}s) 级的超短光脉冲，

二、染料的吸收和发射过程

1　染料分子的吸收和荧光

图 14-3 是染料分子的部份能级图，分子的每个电子态由振动能级的位能曲线表示，纵座标 E_v 为分子的振动能量，横座标 r 为振动原子的距离，当光泵浦染料时，处于基态 S_0 的最低振动态 $v=o$ 的分子吸收光子能量并跃迁到激发态 S_1 中的较高振动态 $v'=1,2,3,\cdots$ 上去，由于

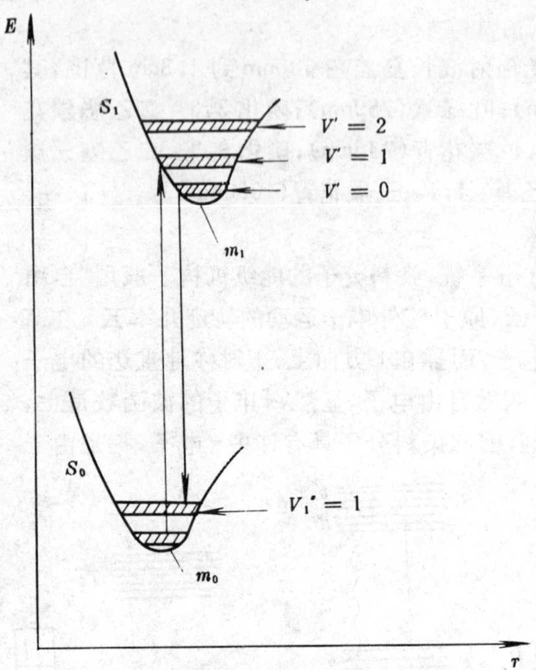

图 14-3 染料分子的吸收和发射

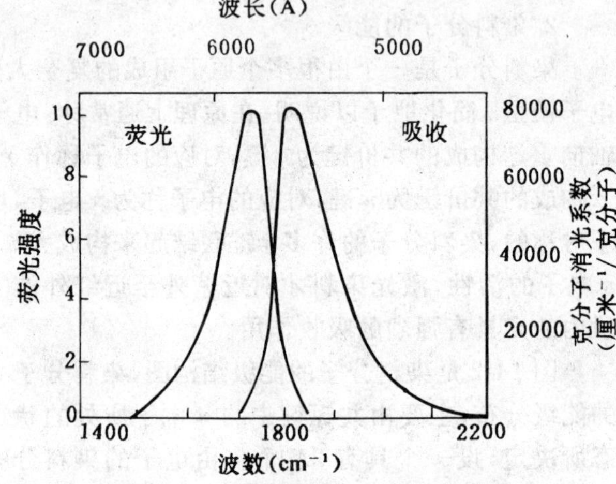

图 14-4 染料的吸收 — 荧光光谱图

周围溶剂分子与染料分子相互碰撞的作用,振动分子在这些较高振动态上的寿命仅为 10^{-12}s,极快地把部分能量传递给周围的溶剂分子,无辐射地弛豫到 S_1 的最低能级($\nu'=o$)上,$S_1(\nu'=o)$ 的荧光寿命约为几个 ns,当 $S_1(\nu'=0)$ 向 S_0 的较高振动能级跃迁时,即发射荧光,并从 $\nu''=1$ 迅速无辐射跃迁回到最低能级 $\nu''=o$ 上,从上述的单态 $S_1\rightarrow S_0$ 的吸收和发射过程可知:(1)它是一种四能级系统,所以振荡阈值低;(2) 由于在 S_1、S_2 的较高振动能级无辐射弛豫到 S_1 的最低能级时放出部分能量,以及 S_0 的($\nu''=1$)→($\nu''=0$)的无辐射弛豫,因此,染料分子发射的荧光波长较之吸收波长向长波方向有一移动,称为斯托克斯移动,如图 14-4 所示,为Rh-B的荧光和吸收光谱图。

2. 三重态的"陷阱"作用及其解决方法

(1)"系际交叉"和"陷阱"作用

染料与其他工作物质不同的是,它具有单态和三重态两套性质不同的能级机构,处于 S_1 态的分子向 S_0 态跃迁发射荧光,荧光寿命 $\tau=5\times10^{-9}$s,而同时,S_1 态的分子也可能无辐射跃迁到比其能级稍低的三重态 T_1 上,从 $S_1\rightarrow T_1$ 的跃迁称为"系际交叉",系际交叉的速率约为 $K^{-1}=5\times10^{-8}$s,而根据跃迁选择定则($\Delta S=0$),从 T_1、T_2 到 S_0 的跃迁属自旋禁戒跃迁,因此,T_1 的寿命较长,约为 $\tau_T=10^{-3}$s 量级,三重态 T 实际上起着一个"陷阱"的作用,这是因为:(1)T_1 夺走了部分处于 S_1 态的粒子,使 $S_1\rightarrow S_0$ 跃迁的反转粒子数大量减少;(2)T_1 的寿命较长,故在 T_1 上能积累大量粒子数,$T_1\rightarrow T_2$ 还产生受激吸收,更为严重的是 $T_1\rightarrow T_2$ 的吸收带中的某些波长恰好与 $S_1\rightarrow S_0$ 跃迁的荧光带重迭,从而降低荧光效率和导致荧光猝灭,因此,系际交叉的存在对染料产生受激辐射是极为不利的。

(2) 消除方法

(Ⅰ)染料的选用

影响系际交叉速度的参数有自旋磁矩和轨道磁矩的耦合、重原子效应等。为此,选用轨道磁矩较小的染料，其三重态的效率就比较低，如吖定黄中的三重态效率达 20%，而轨道磁矩小的若丹明 6G 的三重态效率仅 1%。

（Ⅱ）加三重态猝灭剂

重原子效应是指染料分子中取代氢原子的那些重原子场里的 π 电子随原子序数增高而使其自旋反转几率增大，从而影响系际交叉速度。要实现连续发射激光，必须设法减少三重态的影响，减少影响的方法之一是在染料中加入三重态猝灭剂，以缩短 π 电子的寿命。

（Ⅲ）采用窄的光脉冲泵浦方式

由于系际交叉速度比 $S_1 \rightarrow S_0$ 的激光跃迁速度慢达一个数量级，因此可以采用脉宽窄、前沿陡的光脉冲泵浦染料，使染料分子在 T_1 态积聚之前就完成激光振荡。

（Ⅳ）快速喷流技术

对于连续波输出的染料激光器，采用高速喷流技术，使在 T_1 积聚以前，染料高速流过激活区，这是一种最有实效的方法。

三、染料的溶剂

染料激光器的工作物质是有机染料溶液，激活粒子是染料分子，基质是溶剂。溶剂决定着激活粒子的环境，对染料分子的吸收和发射光谱、荧光寿命、量子效率、弛豫特性，以及染料分子的温度猝灭、浓度猝灭等都有影响，因此，对一定的染料必须选择合适的溶剂。一方面要考虑到溶剂对染料的溶解度，溶解度高，激活粒子数密度就越大，对应的输出能量也大，另一方面还应着重考虑溶剂的种类、浓度、温度、粘度等物化特性对上述激活粒子的激光参量的影响，在表 14-2 列出了若干种主要的染料、溶剂浓度，输出的激光波长。

表 14-2　激光染料、溶剂及输出波长

有机染料名称	溶　剂	浓　度（克分子／升）	调谐范围 Å
POPOP	四氢呋喃	5×10^{-4}	4109.8—4487.1
四甲基伞形酮	乙　醇	1×10^{-2}	4109.8—4487.1
香豆素	乙　醇	1×10^{-2}	3900—5400
荧光素钠	乙　醇	5×10^{-2}	5158.5—5431.8
二氯荧光素	乙　醇	1×10^{-2}	5390.2—5741.2
若丹明 6G	乙　醇	8×10^{-4}	5640.2—6071.8
若丹明 B	乙　醇	2×10^{-3}	5952.5—6427.4
甲酚紫	乙　醇	2×10^{-2}	6472.8—6928.1
耐尔兰	乙　醇		6472.8—7121.1
隐花青	甘　油		$\lambda_{峰}$:7450
氯-铝酞花青	二甲亚枫乙醇		$\lambda_{峰}$:7615
碘化 1,1′-二乙基-44′-喹啉三碳花青	醋　酸		$\lambda_{峰}$:1000

第二节　脉冲染料激光器

脉冲染料激光器采用窄的光脉冲泵浦，脉冲染料激光器具有输出激光的峰值功率高、能量转换效率高和结构简单、使用方便等优点。

一、粒子数速率方程

与其他激光器相类似，要求得脉冲染料激光器输出的激光脉冲宽度等动态特性，就必须求解速率方程。

采用窄的光脉冲泵浦染料时，染料分子的第一激发单态 S_1 粒子数 N_1 的速率程为

$$\frac{dN_1}{dt} = N_0(\sigma_{AP}I_P + \sigma_{AL}I_L) - N_1\tau_1^{-1} - N_1\sigma_e I_L - N_1(\sigma'_{AP} + \sigma_{AL}I_L) + N_2\tau_2^{-1} \tag{14-1}$$

三重态 T_1 的粒子数 N_T 的速率方程为：

$$dN_T/dt = N_1K_{ST} - N_T\tau_T^{-1} \tag{14-2}$$

激光光子密度 I_L 净增加的速率方程为：

$$dI_L/dt = (N_1\sigma_B - N_0\sigma_{AL} - N_1\sigma'_{AL})I_L \tag{14-3}$$

$$N_0 + N_1 + N_T = N \tag{14-4}$$

以上四式中　N_0 是处于 S_0 态的粒子数密度；I_P 是泵浦光子密度；I_L 是受激发射光子密度；σ_{AP} 和 σ_{AL} 分别是吸收 I_P 和 I_L 从 $S_0 \to S_1$ 的吸收跃迁截面；σ_E 是从 $S_1 \to S_0$ 的受激发射截面；σ'_{AP} 和 σ'_{AL} 分别是吸收 I_P 和 I_L 从 $S_1 \to S_2$ 的吸收截面 $\tau_1^{-1} = \tau_R^{-1} + K_{ss} + K_{ST}$；$\tau_K^{-1}$ 是自发辐射速率；K_{ss} 是从 $S_1 - S_0$ 的无辐射跃迁速率；K_{ST} 是从 $S_1 \to T_1$ 的跃迁速率；τ_2 是从 $S_2 \to S_1$ 的跃迁速率，$\tau_2 \approx 10^{11}$s，因此从 $S_1 - S_2$ 的粒子又会立即返回 S_1 态；τ_T 是 T_1 的驰豫时间。

二、受激光放大条件

脉冲泵浦的染料激光器，为使受三重态 T 的影响尽可能小，而要求泵浦光脉冲的上升时间足够地快，当泵浦光脉冲的上升时间 t_R 满足下面要求：

$$t_R < [2\sigma_{AL}/(\sigma_E K_{ST})] \tag{14-5}$$

就可忽略三重态的影响，对于通常的 $K_{ST} \approx 10^7$/s，$\sigma_E/\sigma_{AL} \approx 10$ 的激光染料，上式要求 $t_R < 10^{-6}$s 量级，而一般脉冲染料激光器的泵浦光脉冲宽度仅为 1 — 20ns，因此，通常忽略三重态的作用，并且在这种条件下，把染料分子的能级系统进一步简化看作为由 S_0 和 S_1 组成的宽带二能级系统，并据此，推导出激光器的受激光放大条件。

由激光原理知，对二能级系统增益系数的定义为

$$G(\nu) = N_1\sigma_E(\nu) - N_0\sigma_a(\nu) \tag{14-6}$$

其中
$$\left.\begin{aligned} \sigma_E(\nu) &= h\nu n/c \cdot B_{10}(\nu) \\ \sigma_a(\nu) &= h\nu n/c \cdot B_{01}(\nu) \end{aligned}\right\} \tag{14-7}$$

式中　e_E 和 σ_a 分别是从 $S_1 \to S_0$ 的受激辐射截面和从 $S_0 \to S_1$ 的吸收跃迁截面；B_{01} 和 B_{10} 分别是受激吸收和受激发射的爱因斯坦系数；n 为染料的折射率；c 是光速。设 $S_0 \to S_1$ 之间的能级间隔为 $h\nu$。泵浦光的频率为 ν_P，发射光的频率为 ν_E，并且在 S_0 和 S_1 态内的热平衡时间远短于 S_1 态的寿命，因此，S_0 和 S_1 态的各子能级上粒子分布符合波耳兹曼分布律，即

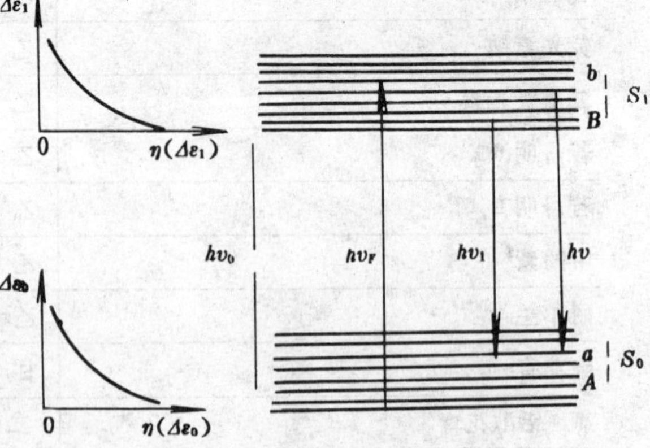

图 14-5　简化二能级系统

$$\eta_i(\Delta\varepsilon_i) = c_i g_i(\Delta\varepsilon_i)\exp(-\frac{\Delta\varepsilon_i}{kT}) \tag{14-8}$$

式中　C_i 为归一化因子；$g_i(\Delta\varepsilon_i)$ 为能级简并度；i 表示 S_0 或 S_1 中第 i 个子能级；K 为波尔兹曼常

数;T 为染料溶液温度。可以根据(14-8)式将(14-7)式改写为

$$\left.\begin{aligned}\sigma_e(\nu) &= \int \sigma_e(\Delta\varepsilon_1 \cdot \nu) \cdot \eta_1(\Delta\varepsilon_1) d(\Delta\varepsilon_1) \\ \sigma_a(\nu) &= \int \sigma_a(\Delta\varepsilon_0 \cdot \nu) \eta_0(\Delta\varepsilon_0) d(\Delta\varepsilon_0)\end{aligned}\right\} \tag{14-9}$$

再将爱因斯坦公式 $g_1 B_{10} = g_0 B_{01}$ 代入(14-7)式,得

$$\delta_e(\Delta\varepsilon_1 \cdot \nu) \cdot g_1(\Delta\varepsilon_1) = \delta_a(\Delta\varepsilon_0 \cdot \nu) \cdot g_o(\Delta\varepsilon_0) \tag{14-10}$$

式中,设 S_0 能级带宽的能量为 $\Delta\varepsilon_0$,S_1 能级带宽的能量为 $\Delta\varepsilon_1$,并有:

$$h\nu_0 + \Delta\varepsilon_1 = h\nu + \Delta\varepsilon_0 \tag{14-11}$$

因此,$\Delta\varepsilon_1 = \Delta\varepsilon_0 + h(\nu - \nu_0)$(图 14-5),由(14 - 6)式可知,当 $G(\nu) \geqslant 0$ 时,才可能获得受激光放大。由此可得出实现受激光放大的条件为:

$$\frac{N_1}{N_0} > \frac{\sigma_a(\nu)}{\sigma_e(\nu)} \tag{14-12}$$

设归一化因子 $C_1 = C_0$,由(14-9)—(14-11)式化简并积分,得

$$\frac{\sigma_a(\nu)}{\sigma_e(\nu)} = \exp\left[-\frac{h(\nu_0 - \nu)}{kT}\right] \tag{14-13}$$

或

$$\frac{N_1}{N_0} > \exp\left[-\frac{h(\nu_0 - \nu)}{kT}\right] \tag{14-14}$$

由上式可见,若在 $\nu \geqslant \nu_0$ 的条件下要获得受激放大,须满足 S_1 与 S_0 之间净反转分布,但由于染料受激发射的频率 ν_g 恒小于 ν_0,所以(14-14)式中 e 的指数为负数。这就表明,即使在 $N_1 \ll N_0$ 的情况下,也能产生受激放大,这是宽带二能级系统区别于窄带二能级系统的重要之点。

染料的 $h(\nu_0 - \nu)$ 一般在 0.1 ~ 0.3eV 范围内,将典型值 0.17eV 代入上式,得 $N_1 > 1.4 \times 10^{-3} N_0$,这正是染料激光器增益高、阈值低的物理本质所在。

三、脉冲染料激光器

根据泵浦光源的不同,脉冲染料激光器一般分为两类,一类是激光泵浦的,另一类是用脉冲氙灯泵浦的。这一节重点分析激光泵浦脉冲染料激光器。

1. 激光泵浦脉冲染料激光器

(1) 泵浦激光源

用作泵浦染料的脉冲激光,最常采用的有氮激光、准分子激光和脉冲 N_d^{3+}:YAG 的二倍频或三倍频激光。用这种泵浦方式可以获得峰值功率高和谱线宽度窄的染料激光,表 13-2 给出了这几种泵浦源激光器的名称和性能。

表 14-3　几种激光泵浦光源及其性能

名　　称	泵浦光波长	调谐范围	脉冲宽度	脉冲能量	重重率
氮　分　子	337nm	370 ~ 900nm	10^{-9}s	约 5mJ	~ 100Hz
YAG 及其倍频光	1.6μm,532nm 355nm,266nm	300—1400nm	10^{-8}s	约 100mJ	~ 20Hz 左右
准　分　子	紫　　外	217—970nm	10^{-8}s	约 10mJ	~ 100Hz

(2) 泵浦方式

采用激光作泵浦源时，有纵向和横向泵浦染料物质这两种工作方式，纵向泵浦又分为轴向泵浦和离轴纵向泵浦两种形式，图 14-6 分别给出这几种泵浦方式，纵向还是横向泵浦方式的选择，主要取决于泵浦光束的空间分布，目前较多采用的是横向泵浦，因为横向泵浦方式的均匀性较好。纵向泵浦方式较适用于光束截面为圆形的泵浦光束，但由于泵浦光强度随染料的吸收而沿通光方向不断衰减，故易造成轴向激活粒子数密度的不均匀性。

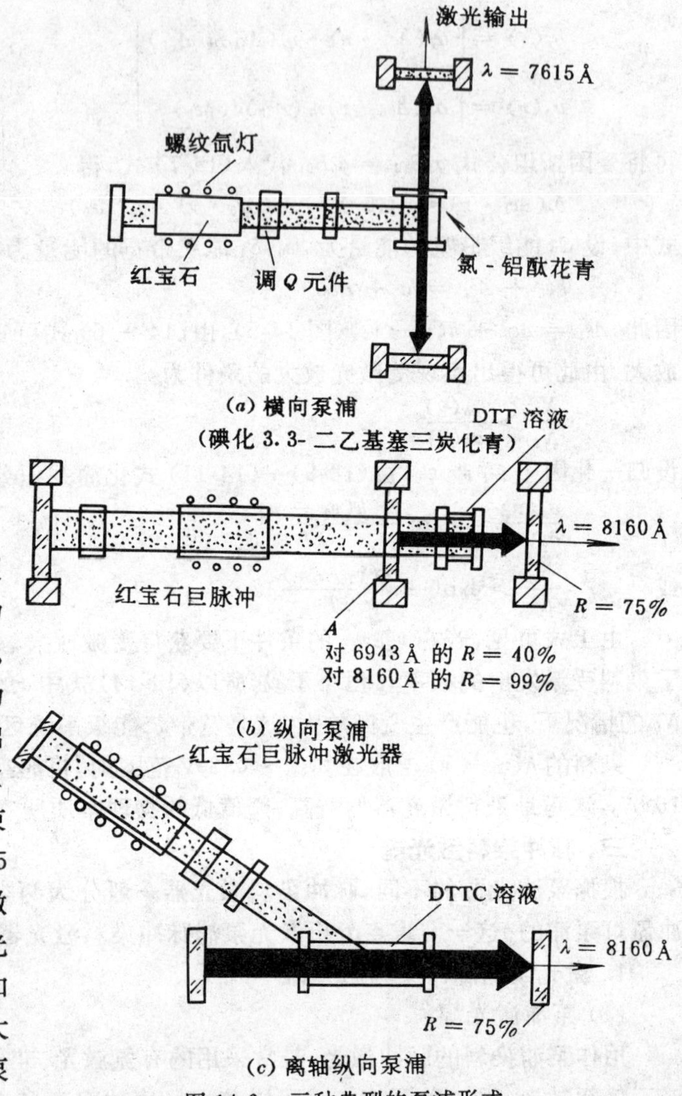

图 14-6 三种典型的泵浦形式

在采用横向泵浦方式时，根据泵浦激光束的截面形状不同，又可分为两种不同的结构形式，如图 14-7 所示。图(*a*) 是矩形光斑形，泵浦光束光斑为矩形的情况，如 N_2 分子激光器的输出光斑多为矩形，光斑尺寸一般为 $5 \times 15\text{mm}^2$ 或 $3 \times 30\text{mm}^2$，矩形的泵浦光束经一柱面会聚透镜而会聚成宽约 0.15 − 0.3mm 的细焦线，染料池中的受激细线即为谐振腔的轴。图(*b*) 是圆形光斑形式，泵浦光斑为圆形时的情况，如 YAG、红宝石等激光器输出的光斑大多为直径 3-8mm 圆斑，在采用横向泵浦形式时，先使圆形泵浦光束通过一凹柱面镜而在水平方向发散扩束，然后再用水平的凸柱面镜将其会聚成细长的水平细焦线。在有些装置中，也采用扩束望远镜先将圆形泵浦光束扩束，然后用凸柱面镜会聚成一根细焦线，焦线的长度应与染料池的通光长度相一致。

此外，染料池的通光面不应与光轴相垂直，而应有一小倾角(3 − 5°)，以防止因染料的增益高而造成端面反射引起的寄生振荡。

(3) 典型的两种激光泵浦脉冲染料激光器

(Ⅰ)N_2 激光泵浦可调谐染料激光器

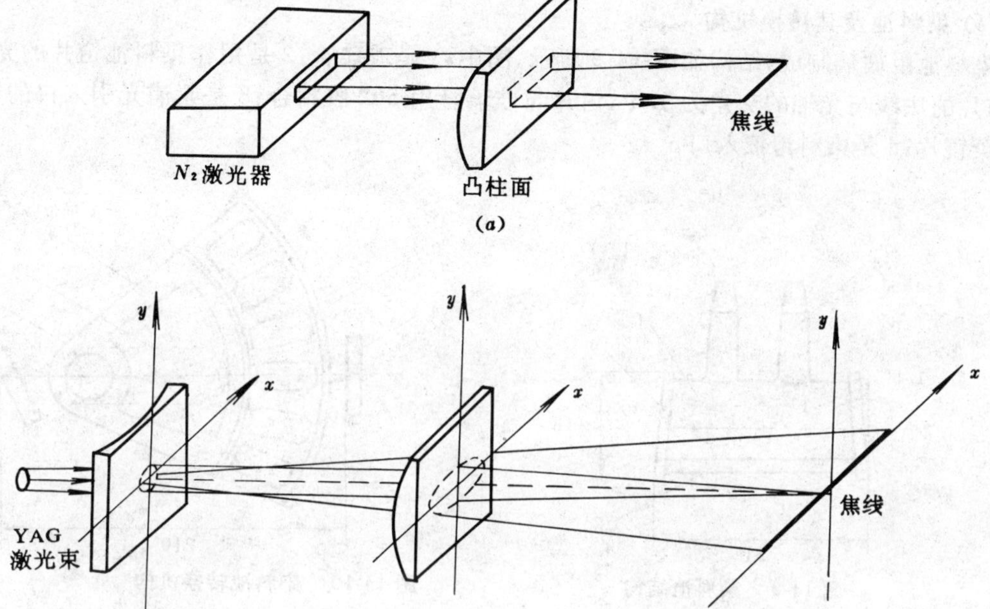

图 14-7　泵浦光斑状及其光学变换

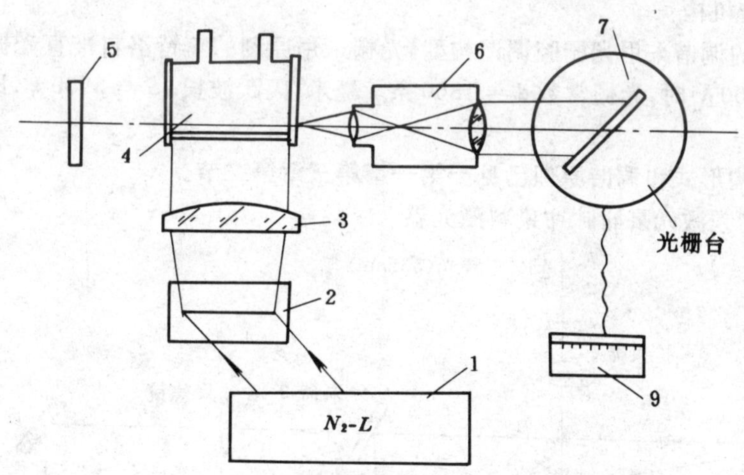

图 14-8　氮分子泵浦可调谐染料激光器原理示意图

图 14-8 是 N_2 分子激光泵浦可调谐染料激光器装置示意图，图中：由 N_2 分子激光器横向泵浦，泵浦光经镀铝的反射镜 2 偏转 90°，通过石英柱面镜 3 聚焦在染料池 4 内；染料激光器的谐振腔由反射率($R = 50\%$)的宽带介质膜反射镜 5 和李特洛光栅 7 组成；谐振腔中的扩束镜 6 的作用，一方面是为了防止集中的激光能量可能损坏光栅，另一方面是为了增加光栅的使用面积，以提高器件的分辨率及增加输出的激光能量；鼓轮 9 用以转动光栅，实现输出波长的调谐。更换染料池中的染料种类便可获得表 14-3 内前几种染料的调谐性能。

作为一种实际运行的激光器，这里给出图 14-8 所示装置主要部件的一些参数：

(a) N_2 分子激光器参数

输出波长：3371 Å；输出能量：2mJ/puls；脉冲宽度：4ns，重复频率 1-30 次 /s；发散角：72.7mrad。

(*b*) 染料池及其转换机构

染料池由玻璃制成，结构如图 14-9 所示。图中：1 是玻璃管；2 是用作染料池窗片的光学镜片，窗片的法线与光轴的交角为 1.5°，窗片与玻璃管用 502 胶粘合；3 是泵浦光引入口的窗片，为石英镜片；4 是染料溶液入口。

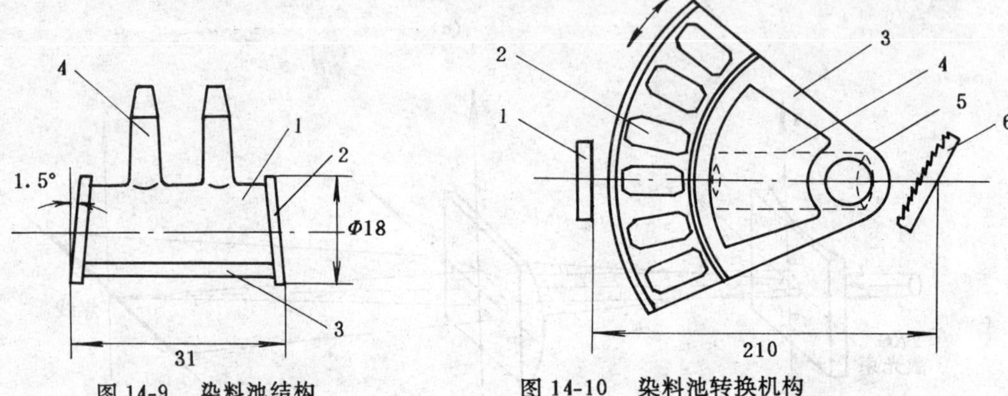

图 14-9 染料池结构 图 14-10 染料池转换机构

图 14-9 是染料池的扇形转换机构。图中：1 是谐振腔镜片；2 是染料池底座；3 是扇形板；4 是扩束望远镜；5 是扇形板的转动轴；6 是光栅。当扇形板绕转轴 5 转动时，可以依次使不同的染料池定位于谐振腔的轴线上。

(*c*) 波长调谐机构

激光器波长的调谐采用光栅腔调谐构型，光栅采用原刻的李特洛自准直光栅，当波长工作区域为 4000—8000 Å 时，光栅常数 $d = 1800$ 条 / 毫米，闪跃波长 $\lambda\alpha = 5500$ Å，即(闪跃角 $\alpha = 29°42'$)。

光栅腔的结构形式和调谐原理已见于第一篇第三章第二节。

(Ⅰ) YAG 倍频激光泵浦脉冲染料激光器

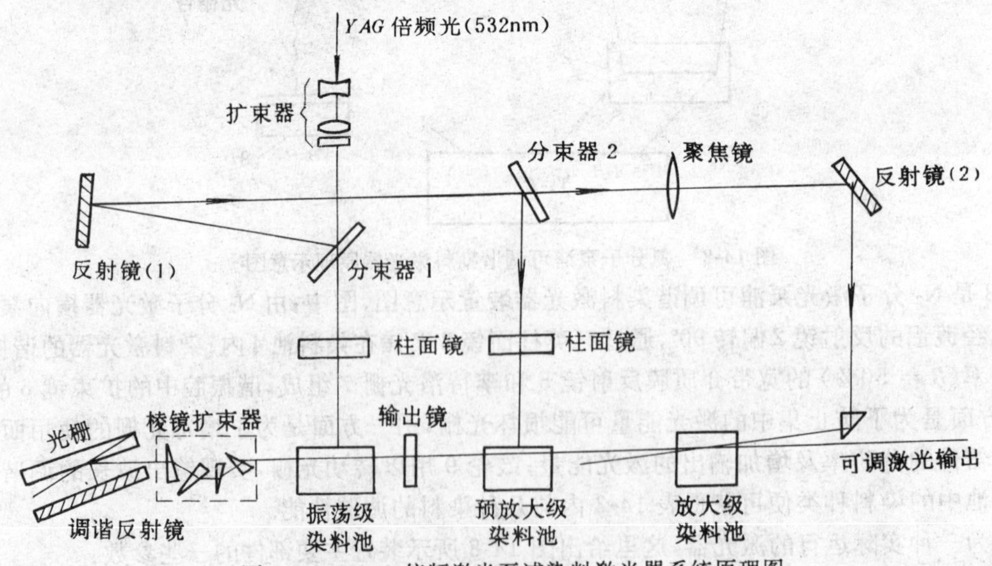

图 14-11 YAG 倍频激光泵浦染料激光器系统原理图

图 14-11 为 YAG 倍频激光泵浦的染料激光器系统原理图，波长为 532nm 的 YAG 倍频光通过扩束望远镜扩束后，经分束器 1 分光，一小部分直接去泵浦振荡级染料池，另一部分经反射

镜(1)反射,又经分束器2,将光束分别作为预放级和放大级的泵浦源。振荡级采用横向泵浦,激光谐振腔由输出镜(平面镜)和调谐反射镜组成,腔内激光振荡以布儒斯特角入射,经四棱镜扩大20倍,以宽光束转入射到光栅上,经光栅分光,输出的衍射光由调谐反射镜反馈回腔内,转动调谐反射镜,即能获得不同波长的激光振荡,达到调谐的目的。

最后,由振荡级输出的激光经预放级和放大级的染料放大,形成可调谐窄线宽的高功率脉冲激光输出。图示激光器的输出特性指标为:调谐范围为5700Å-6200Å;谱线宽度为1Å;总转换效率$\geqslant 15\%$;发散角1-5mrad。

脉冲染料激光器的腔内调谐、扩束的方法和元件对器件的性能有十分密切的关系,以下将分别讨论有关调谐和扩束的原理和性能。

(4) 染料激光器的调谐原理与调谐方式

染料激光器的激光波长调谐原理是基于染料分子中存在的自吸收现象。染料分子是属于四能级激光系统,在染料分子的吸收和发射过程中,其荧光发射带一般是吸收带的镜反射象,当染料分子的吸收带和荧光带之间的重迭变大时,吸收带向长波方向移动,这种吸收带长波部分对荧光再吸收的结果导致荧光峰值向长波方向移动。因此,可以通过改变染料溶液的浓度、染料种类、温度、光程、谐振腔的Q值等参数来改变吸收带和荧光带间的迭合程度,从而实现激光波长的调谐。

以上的措施只能粗略地选择激光波长,当需要精密地调谐激光波长和获得窄的线宽时,就要使用有色散能力的谐振腔。应用较广泛的色散腔主要有四类:(1)含有空间波长分选器件的谐振腔;(2)含有干涉波长甄选器件的谐振腔;(3)含有转动色散元件的谐振腔;(4)有选择反射率能力的分布反馈谐振腔。

用以腔内的波长选择的色散元件主要包括:光栅、棱镜、标准具、双折射滤光片、分布反馈装置等。以下将分析各种调谐方法。

(Ⅰ)光栅调谐

这种谐振腔由一块衍射光栅和一块反射镜组成,利用光栅的色散特性,使谐振腔依次对不同的波长相应地有不同的Q值,激光振荡发生在Q值最大时对应的波长值,在第一篇第三章第二节中已分析过这种光栅腔的调谐原理,选择的激光波长λ与对应的光栅入射角i有$\lambda = 2d\sin i$关系。光栅谐振腔输出的激光谱线宽度

$$\Delta\lambda = (2d\cos i/m)\Delta\theta \qquad (14\text{-}15)$$

式中　m是光栅的衍射级;d是光栅常数;$\Delta\theta$是光束对光栅的发散角;i是腔内光束对光栅的入射角。

由14-15式可见,增大入射角i,可使输出线宽变窄,但光栅的衍射效率是随i的增大而减小,即随着i的增大,腔内光学损耗也将增大,例如,对于1级衍射,当入射角$i \approx 89°$时,衍射效率便小于1%,一种解决此矛盾的方法是在腔内加光束扩束器,当扩束器把光束发散角$\Delta\theta$减小10倍而在其他工作条件相同的情况下,其输出的谱线宽压缩10倍,即扩束器的采用可使得在相同线宽的要求下,减小入射角i,从而减小了腔内光学损耗,而有利于提高激光器的输出功率和能量转换效率。

光栅调谐的主要缺点是插入损耗较大,达10-30%。装置结构如图3-15所示。

(Ⅱ)棱镜调谐

图14-12是棱镜调谐原理图,谐振腔内的色散棱镜用以调谐染料激光器的振荡波长,棱镜的插入损耗比光栅小。

采用腔内棱镜调谐的激光器输出的激光谱线线宽 $\Delta\lambda_P$ 近似为

$$\Delta\lambda_P \approx \frac{\Delta\theta}{4}\left(\frac{dn}{d\lambda}\right) \qquad (14\text{-}16)$$

式中 $\Delta\theta$ 是激光束的发散角，$dn/d\lambda$ 是棱镜材料的色散率，当棱镜以布儒斯特角安置时 $dn/d\lambda = \frac{1}{2}\cdot\frac{dd}{d\lambda}$，其中 $dd/d\lambda$ 是棱镜的角色散率，典型的连续泵浦染料激光器在用单块棱镜调谐时得到的谱线宽度约为 1.0nm，采用多块棱镜串联使用可使线宽更窄，如，N 个棱镜串联使用，其谱线宽度

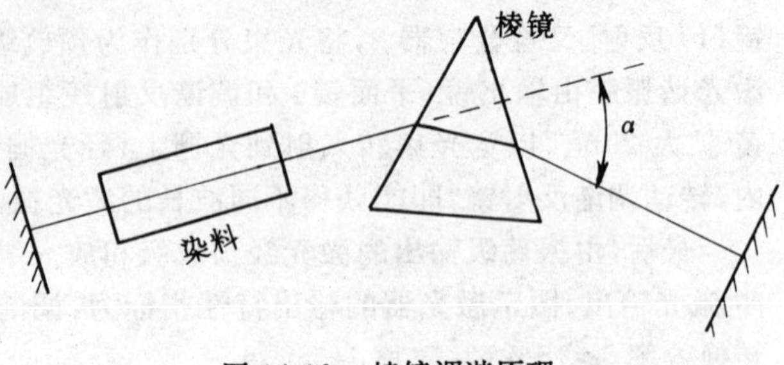

图 14-12　棱镜调谐原理

$$\Delta\lambda'_P = \frac{1}{N}(\Delta\lambda_P) \qquad (14\text{-}17)$$

(Ⅲ) Fabry-Perot 标准具调谐

采用 F-P 标准具可实现在小光谱范围内的精细调谐。图 14-13 是 F-P 标准具调谐原理图，标准具的厚度为 d，折射率为 n，其法线方向与谐振腔光轴的交角为 α，在 m 级光谱中透过率最大的波长 λ 由下式给出：

$$m\lambda = 2d/(n\cos\alpha') \qquad (14\text{-}18)$$

式中　α' 是折射角，它由折射定律 $n\sin\alpha' = \sin\alpha$ 决定。当把 F-P 标准具从垂直于谐振腔光轴位置($\alpha = 0$) 转过 β 角度时，波长移动量

$$\Delta\lambda_S = (1 - \cos\beta)\lambda_0 \qquad (14\text{-}19)$$

式中　λ_0 是 $\alpha = 0$ 时的波长值，它由(14-18) 式给出。

F-P 标准具还具有压缩谱线线宽的作用。对于发散角为 $\Delta\theta$ 的激光束，得到的谱线宽度

$$\Delta\lambda_P = \lambda\Delta\theta\tan\alpha' \qquad (14\text{-}20)$$

能够获得的最小光谱线宽度

$$\Delta\lambda_{\min} = \lambda\Delta\theta\tan\left(\frac{a}{2}\right) \qquad (14\text{-}21)$$

式中，a 是染料池的孔径与从 F-P 标准具到它最近的染料池端面的距离比值。

为了避免在染料分子荧光谱线范围内同时发生多个波长振荡，在单独使用 F-P 标准具调谐时，要求它有很大的自由光谱区，这势必增加标准具的厚度，因此，通常标准具是与色散率比

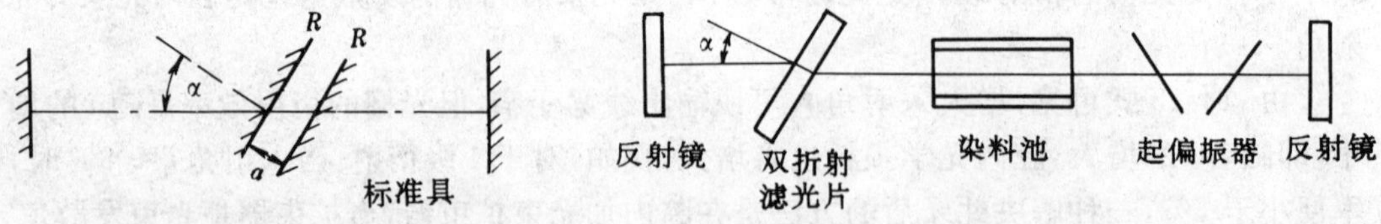

图 14-13　F-P 标准具调谐　　　图 14-14　双折射滤光片调谐

它低的其他色散元件（棱镜或光栅等）联用，这样可以减小对标准具自由光谱区的要求。

(Ⅳ) 双折射滤光片调谐

这是一种直接利用电控调谐的方法，调谐装置如图 14-14 所示，双折射滤光片是利奥特滤光片的改进型。当一束偏振光入射到双折射晶体后分成不同相位延迟的 o 光和 e 光，当 o 光与 e 光的相位差等于 2π 的整数倍时，对特定的波长才有最大的线偏振光透射率。因此，通过改变光束在晶体的入射角，如在通光面内旋转晶体，最大透过率的波长也随之而改变，从而实现对激

光振荡波长的调谐。

可以用单片、双片或三片双折射晶体做成调谐元件。三片的组合，调谐范围与单片相同，但得到的谱线宽度为单片时的 1/3。

（V）分布反馈谐振腔调谐

分布反馈谐振腔调谐系统是与上述几种方法不同的调谐装置，它不是依靠外加的光栅，而是利用两束光在染料溶液内干涉建立的光栅结构，实现激光振荡波长的调谐。

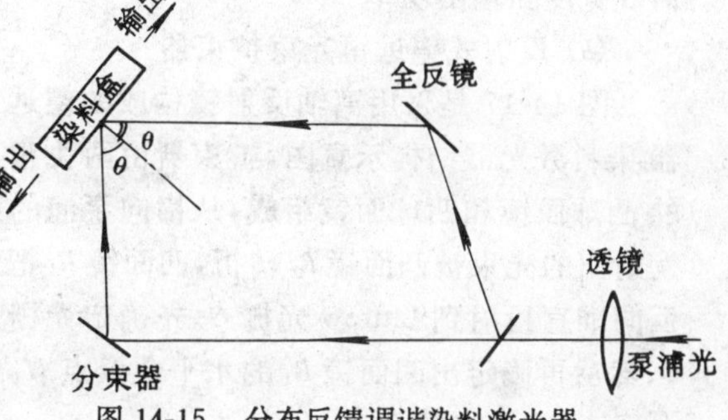

图 14-15　分布反馈调谐染料激光器

图 14-15 是利用分布反馈实现调谐的工作原理图，泵浦光束经分束器分为两束光，它们在染料溶液内发生干涉，形成光栅结构。激光器的输出波长 λ_0 由下式给出：

$$\lambda_0 = \lambda_P n/\sin\theta \tag{14-22}$$

式中　2θ 是两束入射泵浦光在染料溶液内的夹角；n 是染料溶液折射率；λ_P 是泵浦光波长。改变夹角 θ 或折射率 n，便可实现激光器的振荡波长的调谐。

激光器的输出谱线宽度，由下式给出：

$$\Delta\lambda = (\lambda_0^2/4\pi nL)\ln G \tag{14-23}$$

式中　L 是溶液的长度；G 是增益（公式的适用条件为增益较阈值大二倍时）。对于典型的参数值，$\Delta\lambda \approx 0.01\text{nm}$，远小于光栅调谐时输出的线宽。

(5) 染料激光器的腔内扩束原理与方式

脉冲染料激光器通常都在腔内设置扩束器。扩束器的主要功能是：提高激光器的输出功率，压缩激光谱线宽度和提高信噪比，同时也可以降低在腔内选频元件上光功率密度，以避免发生光学损伤。

光束扩束器的结构形式基本上可分成以下四类：

（I）望远镜式光束扩束器

望远镜式光束扩束器有两种结构形式：

(a). 开普勒式望远镜光束扩束器

图 14-16 是采用开普勒式望远镜光束扩束器的激光器结构示意图，这是目前商品脉冲染料激光器中最常用的光束扩束器。当光栅采用李特洛结构时，得激光谱线宽度

$$\Delta\lambda_P = \lambda^2/(2\pi\omega_2 \text{tg}\phi) \tag{14-24}$$

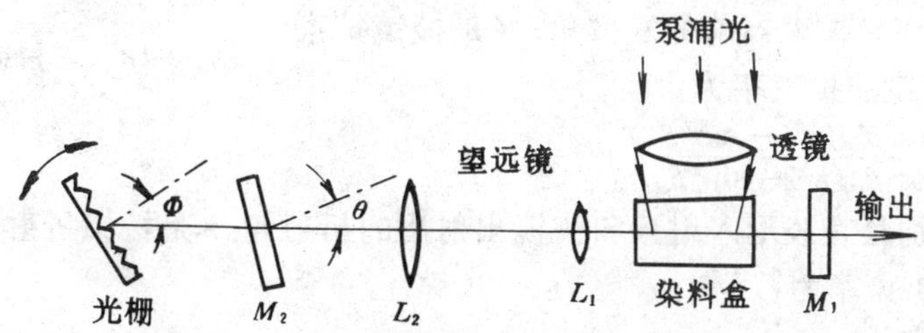

图 14-16　开普勒望远镜扩束器染料激光器结构示意图

式中　ω_2 是经望远镜变换后的谐振腔光腰半径。ω_2 与原泵浦光束束腰半径 ω_1 的关系为

$$\omega_2^2 = \left(\frac{f_2}{f_1}\right)^2\left[\omega_1^2 + (f_1 - d_1)^2\left(\frac{\lambda}{\pi\omega_1}\right)^2\right] \tag{14-25}$$

式中　d 是透镜 L_1 与染料盒的距离；f_1、f_2 是两块透镜 L_1、L_2 的焦距。

开普勒望远镜扩束器的主要缺点是：增加了激光谐振腔的长度，增加了光学元件反射面数目，从而使腔内光学损耗增加；其次是容易产生寄生振荡，调准要求较高，在调谐不好时会影响光束质量、谱线宽度和输出功率。

(b) 反射式望远镜光束扩束器

图 14-17 是采用离轴反射镜构成的望远镜扩束器染料激光器结构示意图，扩束器由两块相互离轴的凸球面镜和凹球面镜组成，从横向泵浦的染料盒发射出的光束被凸面镜 R_2 转折，凹面镜 R_1 把该光束反向准直投射到 Littrow 光栅 G。先确定光栅入射角 Φ，然后再确定出凹面镜 R_1 的水平会聚点 H_1 和垂直会聚点 V_1 的位置：

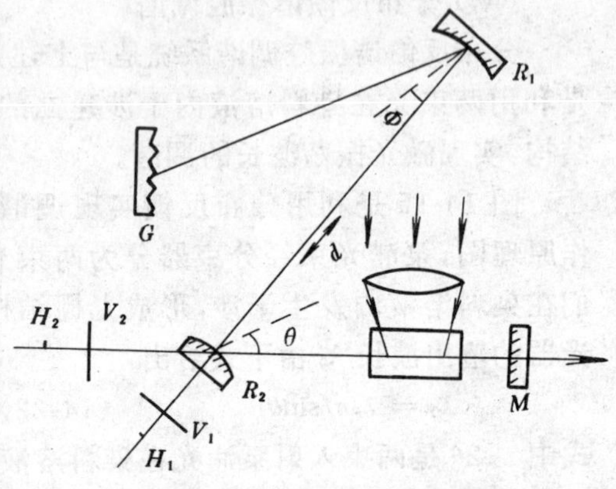

图 14-17　反射式望远镜扩束器

$$H_1 = \frac{R_1}{2\cos\Phi} \tag{14-26}$$

$$V_1 = \frac{R_1\cos\Phi}{2} \tag{14-27}$$

θ 角由下式给出：

$$\cos\theta = [-2(H_1 - V_1) \pm \sqrt{4(H_1 - V_1) + 4R_2^2}]/2R_2 \tag{14-28}$$

式中的 R_1、R_2 分别是反射镜 R_1、R_2 的表面曲率半径，距离 d 由下式给出：

$$d = H_1 - (R_2/2\cos\theta) \tag{14-29}$$

这种扩束器的主要缺点是：由于两块反射镜是离轴安置的，故必然产生球差和象散，但只要按上述几式适当选择有关参数时，象差可得到校正。

(Ⅰ) 棱镜扩束器

棱镜扩束器由消色散或非消色散棱镜构成，图 14-18 是使用消色散单棱镜扩束器染料激光器示意图。由于棱镜的角色散等于零，所以当由它与光栅组成谐振腔时，就只需考虑光栅的角色散，得到的激光光谱线线宽为：

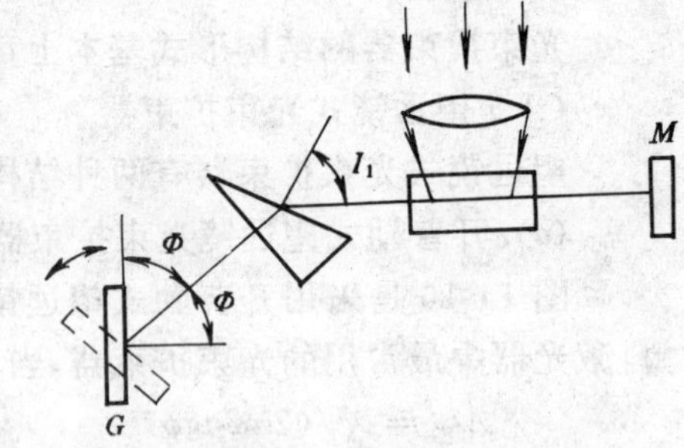

图 14-18　单棱镜扩束器染料激光器

$$\Delta\lambda_P = \frac{\Delta\theta}{M}\frac{\lambda}{2\mathrm{tg}\Phi} \tag{14-30}$$

式中　$\Delta\theta$ 是激光束在扩束器前的发散角；M 是棱镜扩束器的扩束率。单棱镜的扩束率为：

$$M = \left[\frac{\cos^2\beta_{out}(n^2 - \sin^2\beta_{in})}{\cos^2\beta_{in}(n^2 - \sin^2\beta_{out})}\right]^{1/2} \tag{14-31}$$

式中　β_{in}、β_{out} 分别是在棱形入射角和棱镜出射出的折射角；n 是棱镜折射率。由 N 个棱镜系统构成的扩束器的扩束率为：

$$M = \prod_{i}^{1-N} M_1 \tag{14-32}$$

如果棱镜系统不是消色散的，对于单棱镜扩束器，当 λ 射角 β_{in} 增大到使棱镜的色散与光栅色散可相比较时，能够得到的谱线线宽为：

$$\Delta\lambda'_P = \frac{\Delta\theta}{M}\left(\frac{\lambda}{2\mathrm{tg}\phi} \pm \frac{1}{2(\frac{dn}{d\lambda})\mathrm{tg}\beta_{out}}\right) \tag{14-33}$$

式中 $dn/d\lambda$ 是棱镜色散率。$\pm$ 号是由光栅安放的方向来决定：按图 14-18 实线安置光栅时，用"+"号；按虚线的位置安放光栅时，取"—"号。

角色散双棱镜的角色散是：

$$\left(\frac{d\phi}{d\lambda}\right)_P = \frac{2\sin\beta_{in}}{(n^2 - \sin\beta_{in})^{1/2}}\left[\frac{n\cos\beta_{in}}{(n^2 - \sin^2\beta_{in})^{1/2}} + 1\right]\frac{dn}{d\lambda} \tag{14-34}$$

双棱镜扩束器能够得到的谱线宽度是

$$\Delta\lambda'_P = \frac{\lambda}{\pi M\omega_1}\left[\left(\frac{d\phi}{d\lambda}\right)_P + \left(\frac{d\phi}{d\lambda}\right)_G\right]^{-1} \tag{14-35}$$

式中 $\left(\frac{d\phi}{d\lambda}\right)_G = \frac{2\mathrm{tg}\phi}{\lambda}$ 是光栅的角色散；ω_1 是光束在第一块透镜的宽度。

对于由消色散双棱镜组成的扩束器系统在设计棱镜系统时，应首先选择棱镜材料和入射角 β_1。当以最小偏向角入射时，由下式定出第一块棱镜的顶角 A_1：

$$\sin\beta_1 = n\sin A_1 \tag{14-36}$$

式中，β_1 是第一块棱镜的入射角。选择 β_1 的原则是使其值尽量大，以期获得较大的扩束率，但 β_1 过大，引入的反射损失也大。然后，由下式定出第二块棱镜的顶角 A_2：

$$A_2 = \sin^{-1}[\tan A_1/(1 + n^2\tan^2 A_1)^{1/2}] \tag{14-37}$$

当两块棱镜的顶角满足(14-36)和(14-37)两式的条件时，光束从扩束器出射方向与波长无关。

(Ⅲ) 掠入射光栅 — 反射镜组合扩束器

图 14-19是由反射镜 M_2 和光栅 G 组合扩束器的染料激光器结构图，反射镜 M_1 是宽带反射镜，反射镜 M_2 是调谐元件，光栅 G 是扩束元件。为了避免形成高阶次光谱重迭，反射镜 M_2 与光栅 G 的相对位置应安置成只允许某一级次衍射光能够到达镜 M_2。当在光栅的入射角 θ_0 接近 90° 的近掠入射情况下，光栅 G 具有明显的扩束作用。例如，当 $\theta_0 = 89°$、$\phi_0 = 0°$ 时，扩束率 $M = \frac{\cos\phi_0}{\cos\theta_0} = 58$，采用这种扩束器系统的激光器得激光谱线宽度

$$\Delta\lambda_P = \frac{\sqrt{2}\,\lambda^2}{\pi l(\sin\theta_0 + \sin\phi)} \tag{14-38}$$

式中 l、θ_0、ϕ 等参数的含义由图 14-19 所示。图中，d_2 在衍射极限的情况下等于端利长度，即 $d_2 = \pi\omega_0^2/\lambda$，$\omega_0$ 是腔内光腰半径。

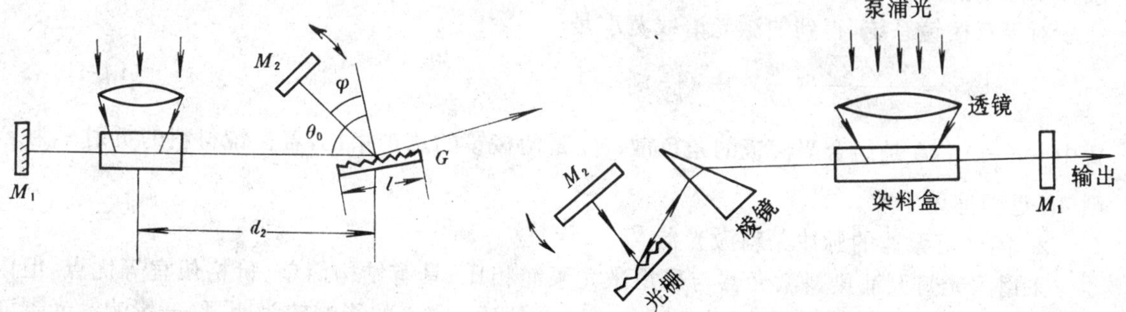

图 14-19 掠入射光栅—反射镜组合扩束器系统　　图 14-20 单棱镜 - 光栅组合

(Ⅳ) 掠入射光栅 -Littrow 光栅组合扩束器

当用 Littrow 光栅代替图 14-19 中的反射镜 M_2 时，即构成双光栅组合扩束器，其中掠入射

光栅 G 用作扩束，Littrow 光栅 G_L 是作为调谐用。经 G 的另级衍射光逸出腔外损耗掉，一级衍射光射向 G_L，G_L 按 Littrow 条件，按原路使衍射光返回谐振腔内，依靠扩束光栅的色散和调谐光栅的色散的共同作用使输出激光谱线变窄。采用这种扩束器系统的染料激光器的输出谱线宽度是

$$\Delta\lambda_P = \frac{\lambda\sqrt{\lambda/L}}{M(\mathrm{tg}\phi_1 + \mathrm{tg}\phi_2 + \frac{1}{\cos\phi_2})} \tag{14-39}$$

式中　ϕ_1 和 ϕ_2 分别是扩束光栅 G 和 Littrow 光栅 G_L 的衍射角；L 是染料激光器腔长；M 是光栅扩束比

$$M = \cos\phi_2/\cos\beta_2$$

式中　β_2 是光栅 G 的入射角

（V）棱镜－光栅组合扩束器

这是由棱镜扩束器和掠入射光栅扩束器组合成的扩束器，因而具有比前几种扩束器更大的扩束率。图 14-20 和图 14-21 分别是单棱镜和双棱镜的两种结构形式。

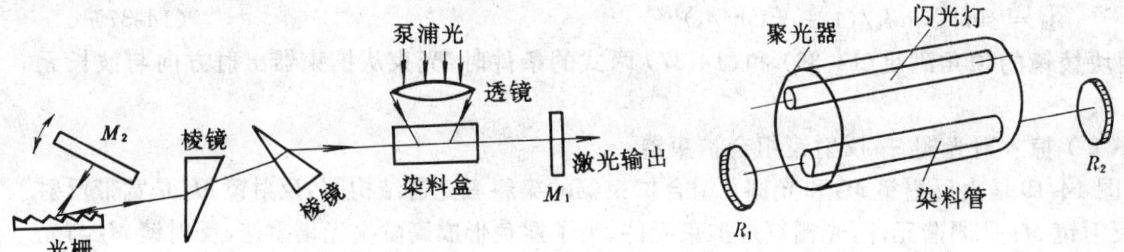

图 14-21　双棱镜－光栅组合　　图 14-22　闪光灯泵浦激光器典型结构

对于单棱镜系统，它所得的激光谱线宽度为：

$$\Delta\lambda_{P1} = \frac{2\sqrt{2}\lambda}{\pi M_1 \pi_1}[(\frac{d\phi}{d\lambda})_G + (\frac{d\phi}{d\lambda})_P]^{-1} \tag{14-40}$$

式中　ω_1 是入射到第一块棱镜前表面的光束宽度，$(\frac{d\phi}{d\lambda})_G$ 和 $(\frac{d\phi}{d\lambda})_P$ 分别是光栅和棱镜的角色散，M_1 是棱镜的扩束比。

对于双棱镜系统，得到的激光谱线宽度是

$$\Delta\lambda_{P2} = \frac{2\sqrt{2}\lambda}{\pi M_2 \omega_1}[(\frac{d\phi}{d\lambda})_G + (\frac{d\phi}{d\lambda})_{P1+P2}]^{-2} \tag{14-41}$$

式中　$(\frac{d\phi}{d\lambda})_{P1+P2}$ 是组合双棱镜的角色散；M_2 是两棱镜的总扩束比，若棱镜材料的折射率为 n，则 M_2 近似地等于 n^2。

2. 闪光灯泵浦的脉冲染料激光器

采用闪光灯泵浦染料激光器与采用激光泵浦相比，具有结构简单、价格便宜等优点，但闪光 灯发射的光脉冲宽度较宽，约为 10^{-4} — 10^{-6}s，因而三重态的影响较为明显 — 影响激光器效率。此外，闪光灯的寿命 也较短。

图 14-22 是闪光灯泵浦染料激光器的典型结构，此结构非常类似于 YAG、红宝石、钕玻璃等固体激光器。闪光灯也采用固体激光器的充氙直管灯，要求闪光灯的闪光上升时间更快和光脉冲持续时间更短。一个如图所示的典型结构实例是：采用 $\phi3.5 \times 100$mm 的脉冲闪光灯双灯

泵浦结构，石英染料管的尺寸为$\phi 3.5\times 100$mm，平面输出镜R_1在5900Å的透过率为60%，全反镜R_2的曲率为1m。当单脉冲输入能量为16J时，输出激光能量为53mj，对应的效率为3%。当激光器的重复频率为40Hz时，平均输出功率达2.2W。

激光器的腔内调谐方法可采用上述已介绍的各种波长调谐和扩束构型。

第三节 连续工作染料激光器

一、染料激光器连续工作的条件

由于染料分子所具有的单态和三重态两套不同性质的能级结构，使得只有在单态的受激发射大于三重态T的吸收时，才有可能产生激光，即必须符合

$$\sigma_e N_1 > \sigma_T N_T \tag{14-42}$$

关系式中 σ_e是S_1态→S_0态的激发发射截面；N_1是S_1态的粒子数密度；σ_T是三重态T_1的激发截面；N_T是T_1的粒子数密度。在稳态时，三重态的弛豫速率N_T/τ_T必须等于能级的系际交叉$K_{ST}N_1$所增加的速率，即

$$N_T/\tau_T = K_{ST}N_1 \tag{14-43}$$

将上式代入(14-42)式，得

$$\tau_T < \frac{\sigma_e}{\sigma_T K_{ST}} \tag{14-44}$$

式中 τ_T是T_1的寿命；K_{ST}是$S_1\to T_1$的能级系际交叉速率。对于典型的染料，$\sigma_e/\sigma_T\approx 10$，因此，由上式可以得到染料激光器连续工作所必须满足的条件：

$$K_{ST}\tau_T < 10 \tag{14-45}$$

这表明，要使激光器能连续工作，就要求K_{ST}和τ_T都尽量地小，它们的乘积不超过10。

因此，要使染料激光器获得连续运行的最有效的方法是采用高速喷流技术，使染料溶液高速流过激活区。这样，一方面可以把在T态积集之前或T态上已积集粒子数的溶液更换掉，另一方面可以解决溶液热梯度问题，使激光器能稳定工作。因此，连续工作的染料激光器都必须备有循环冷却染料溶液的装置，溶液的流速、一般取为10-100m/s。

二、连续染料激光器的阈值泵浦功率密度

由激光原理，激光振荡的阈值条件为：

$$R_1(\nu)R_2(\nu)e^{2G_{th}(\nu)l} = 1 \tag{14-46}$$

式中 $R_1(\nu)$、$R_2(\nu)$分别是谐振腔对振荡频率ν的反射率；l是染料液层厚度；$G_{th}(\nu)$是小信号阈值增益系数。由上式，有

$$G_{th} = \frac{\ln R_1(\nu)R_2(\nu)}{2l} \tag{14-47}$$

对于染料的增益系数可表示成

$$G(\nu) = \sigma_e(\nu)N_1 - \sigma_a(\nu)N_0 - \sigma_T(\nu)N_T \tag{14-48}$$

式中 $\sigma_e(\nu)$和N_1分别是S_1态的受激发射截面和粒子数密度；σ_a和N_0分别是S_0态的吸收跃迁截面和粒子数密度，考虑到(14-43)式中的$N_T = K_{ST}\tau_T N_1$关系，有

$$\begin{aligned}\sigma_e(\nu)N_1 - \sigma_T(\nu)N_T &= [\sigma_e(\nu) - K_{ST}\tau_T\sigma_T(\nu)]N_1 \\ &= \sigma_{ef}N_1\end{aligned} \tag{14-49}$$

式中的σ_{ef}称为有效辐射截面。(14-48)式可改写为：

$$G(\nu) = \sigma_{ef}(\nu)N_1 - \sigma_a(\nu)N_0 \tag{14-50}$$

因为，染料单位体积内的总分子数 $N = N_1 + N_0 + N_T$，并且，在阈值时令 $N_1 = N_{th}$，N_{th} 表示 S_1 态的阈值粒子数密度，联立(13-47)和(13-48)两式，可得

$$\frac{N_{th}}{N} = [\sigma_0(\nu) + \frac{\gamma}{N}]/\sigma_{ef}(\nu) + \sigma_0(\nu)[1 + \mu] \tag{14-51}$$

式中 $\gamma = \frac{\ln R_1(\nu) R_2(\nu)}{2l}$； $\mu = K_{ST}\tau_T$。

阈值泵浦功率密度 P_{th}/A 的表达式为：

$$P_{th}/A = N_{th}\tau^{-1}h\nu_P \cdot l \ (\mathrm{W/cm^2}) \tag{14-52}$$

式中 A 是泵浦光在染料液处的截面积；ν_P 是泵浦光频率；h 是普朗克常数。

按谐振腔和泵浦方法的不同，连续染料激光器有多种构型。以下将分别介绍两种最常见的形式：三镜折迭腔染料激光器和四镜环形腔染料激光器。

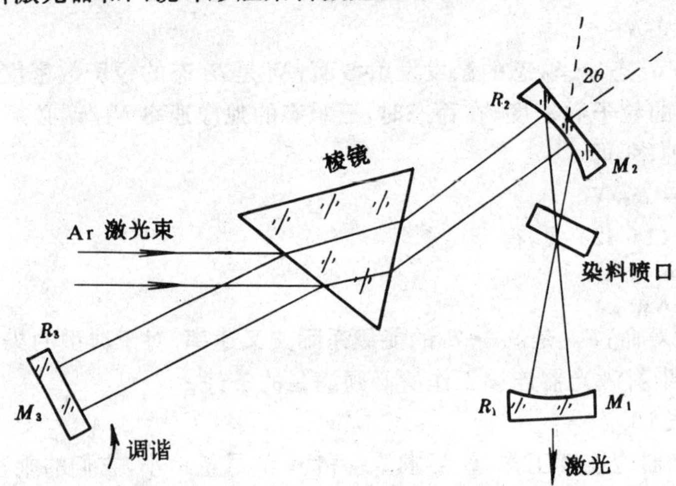

图 14-23　三镜折叠式纵向泵浦染料激光器原理图

三、三镜折迭腔连续波染料激光器

图 14-23 是典型的三镜折迭腔构型的纵向泵浦染料激光器结构原理图。由全反射镜 M_3、转折反射镜 M_2 和输出镜 M_1 构成三镜折迭腔。采用 Ar^+ 激光作染料的连续泵浦，泵浦光由三棱镜耦合进谐振腔内，染料喷流置于镜 M_2 与 M_1 构成的折迭臂的束腰处，以使有高的泵浦光功率密度，喷流面与折迭臂光轴成布儒斯特角，以保持最小的染料喷流插入损耗。

三镜折迭腔染料激光器的设计的重点之一是三镜折迭腔的光学参量设计，以下作较详细的分析。

1. 复合腔(折迭腔)的光学设计

图 14-23 所示的三镜折迭腔实际上等效为三镜复合驻波腔，即折迭反射镜 M_2 相当于置于由镜 M_1 和 M_2 构成的普通二镜腔中的一块薄透镜，焦距 $f = R_2/2$，R_2 是折迭反射镜 M_2 的曲率半径，如图 14-24(a) 所示。

复合腔是指除了二块端镜外，腔内含有其他光学元件、均匀或非均匀传播介质的谐振腔，如上述的三镜折迭腔就是一种内含一块薄透镜的最简单的复合腔，复合腔不仅在染料激光器中经常使用，也广泛地应用于气体激 光器和固体激光器中，因此，这里的讨论对各种激光器具有普遍意义。

对于三镜或多镜复合腔，原则上可由自洽原理导出谐振腔的各个光束参数，这种处理方法将在后面的“环形腔”光学设计中讨论，这里将介绍一种“模象原理”分析法，这种方法对处理

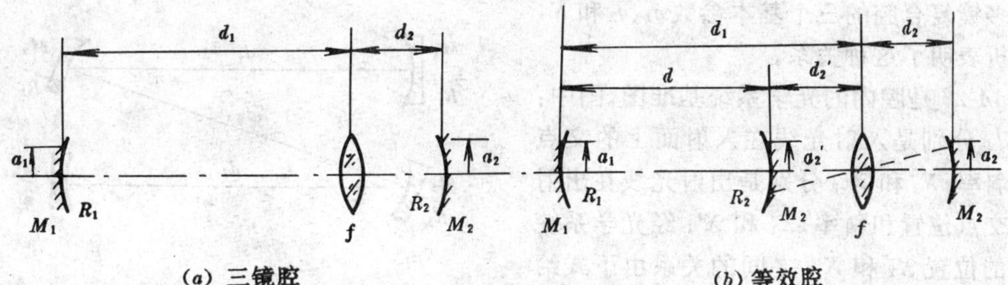

图 14-24　三镜复合腔与等效的空腔

多镜的复合驻波腔特别方便。

"模象原理"的基本方法是：运用光腔中光学系统对振荡模的成象原理，把复合腔等效为具有新结构参数的二镜空腔。

(Ⅰ) 三镜复合腔

如图 14-24(a) 所示的三镜腔，镜 M_1 到透镜 f 的距离为 d_1，镜 M_2 到 f 的距离为 d_2 如果我们从镜 M_1 的位置，通过透镜 f 观察镜 M_2，则所以看到，镜 M_2 被透镜 f 成象于 M'_2 的位置，由几何光学成象公式有

$$\frac{1}{d'_2} - \frac{1}{d} = \frac{1}{f} \quad \text{即}\ d'_2 = \frac{fd_2}{d_2 - f} \tag{14-53}$$

由图 14-24(b)，镜 M_2 象的尺寸 a'_2 与 M_2 本身尺寸 a_2 之间的关系为：

$$\frac{a_2}{a'_2} = \frac{-d_2}{d'_2} = 1 - \frac{d_2}{f} \tag{14-54}$$

这样，镜 M_2 的象 M'_2 与镜 M_1 所组成的腔是一个等效的空腔(即腔内不含光学元件)，空腔的几何参数是

$$N = \frac{a_1 a_2}{d\lambda}, g_1 = \frac{a_1}{a'_2}\left(1 - \frac{d}{R_1}\right) \tag{14-55}$$

式中　a_1 是镜 M_1 的尺寸；λ 是光波长；N 是腔菲涅尔数；R_1 是镜 M_1 的曲率半径。同样，可写出几何参数

$$g_2 = \frac{a_2}{a'_1}\left(1 - \frac{d}{R_2}\right) \tag{14-56}$$

式中　a'_1 是镜 M_1 被 f 所成像 M'_1 的尺寸；R_2 是镜 M_2 的曲率半径。令 $a_1 = a_2 = a$，并令 $d_0 = d_1 + d_2 - (d_2 d_1/f)$，整理(14-53)→(14-56)诸式后，得到三镜复合腔，即图 14-23 所示三镜折迭腔的基本参数：

$$\left.\begin{aligned} N &= \frac{a^2}{\lambda d_0} \\ g_1 &= 1 - \frac{d_2}{f} - \frac{d_0}{R_1} \\ g_2 &= 1 - \frac{d_1}{f} - \frac{d_0}{R_2} \end{aligned}\right\} \tag{14-57}$$

(Ⅰ) 多镜复合腔

对于腔内含多块光学元件所构成的多镜复合腔，如图 14-25 所示的相当于内含多块薄透镜的多臂折迭腔，通常是把腔内的多块光学元件看作为一个光学系统。首先写出此光学系统的光线传输矩阵，求得该光学系统的光学参数(焦距、主面位置等)，然后再按上述的"模象原理"求出等效空腔的几何参数，并进而可求得两端镜面上的光束参数，再利用高斯光束的传播规律，求得腔内各处的光束参数。而事实上，只要写出腔内光学系统的传输矩阵，即可直接由矩阵

元写出多镜复合腔的三个基本参数 g_1、g_2 和 N，以下分析表明了这种关系。

图 14-26 是腔内的光学系统基准图。图中：X_1 和 X'_1 分别是入射光线在入射面上的交点位置和斜率；X_2 和 X'_2 分别是出射光线在出射面上的交点位置和斜率。X_1 和 X'_1 经光学系统变换后的位置 X_2 和 X'_2 之间的关系由下式给出：

$$\left.\begin{aligned} X_2 &= ax_1 + bX'_1 \\ X'_2 &= cx_1 + dX'_1 \end{aligned}\right\} \tag{14-58}$$

上式的矩阵形式为：

$$\begin{bmatrix} X_2 \\ X'_2 \end{bmatrix} = \begin{bmatrix} a & b \\ c & d \end{bmatrix} \begin{bmatrix} X_1 \\ X'_1 \end{bmatrix} \tag{14-59}$$

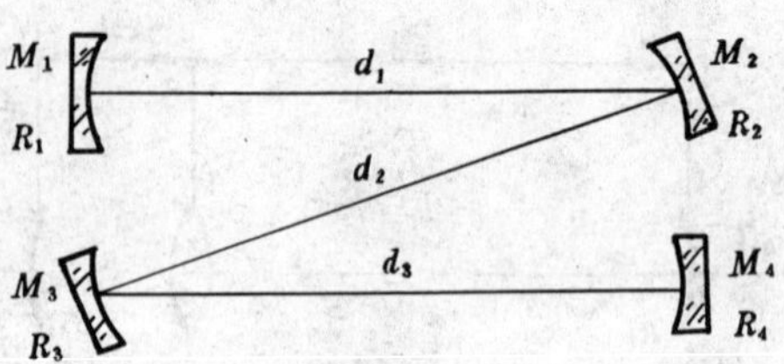

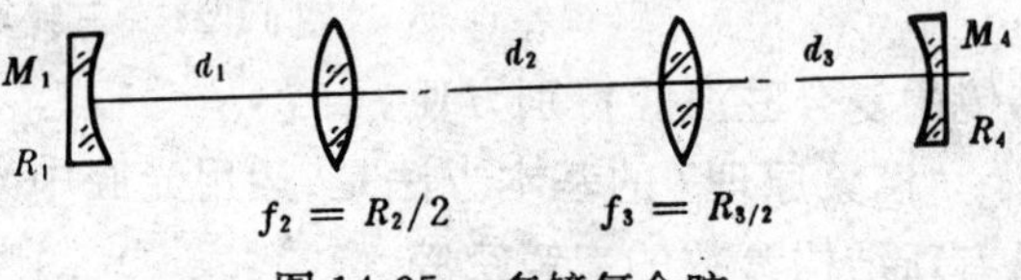

图 14-25　多镜复合腔

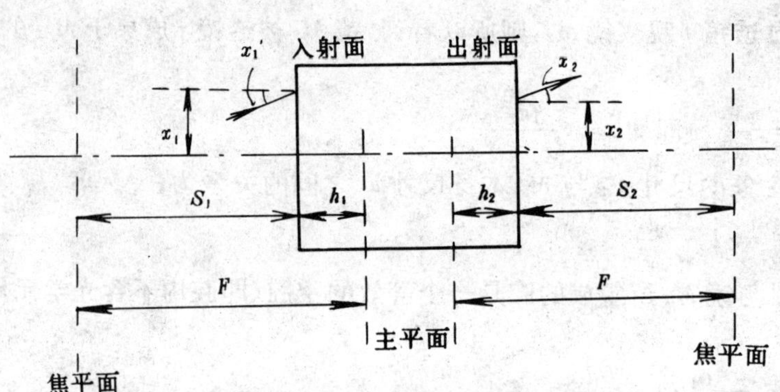

图 14-26　腔内光学系统基准图

式中，$\begin{bmatrix} a & b \\ c & d \end{bmatrix}$是光学系统的传输矩阵。

令出射光线平行于光轴，即 $X'_2 = 0$，则物方焦点位于入射面的左方，焦点到入射面的距离

$$S_1 = \left.\frac{X_1}{X'_1}\right|_{X'_2=0} = \frac{-d}{c} \tag{14-60}$$

令入射光线平行于光轴，即 $X'_1 = 0$，则象方焦平面位于出射面的右方，它到出射面的距离

$$S_2 = -\left.\frac{X_2}{X'_2}\right|_{X'_1=0} = \frac{-a}{c} \tag{14-61}$$

再分别令 $X'_2 = 0$、$X'_1 = 0$，由几何光学公式可以得到主平面到入射面和出射面的距离 h_1 和 h_2：

$$\left.\begin{aligned} h_1 &= \left.\frac{X_2 - X_1}{X'_1}\right|_{X'_2=0} = \frac{d-1}{c} \\ h_2 &= \left.\frac{X_2 - X_1}{X'_2}\right|_{X'_1=0} = \frac{a-1}{c} \end{aligned}\right. \tag{14-62}$$

光学系统的焦距

$$F = S_1 + h_1 = S_2 + h_2 = \left.\frac{X_2}{X'_1}\right|_{X'_2=0} = -\left.\frac{X_1}{X'_2}\right|_{X'_1=0} = 0 \tag{14-63}$$

将(14-60)到(14-62)式代入到(14-63)式，得

$$F = \frac{bc - ab}{c} \tag{14-64}$$

由于系统的物方和象方处于同一介质中，必有 $ab - bc = 1$ 关系，所以有

$$F = -\frac{1}{c} \tag{14-65}$$

上述的(14-62)和(14-65)两式即是腔内光学系统光学参数与腔内传输矩阵元之间的关系式。显然，上述两式中的 h_1、h_2、F 对应于三镜腔中的 d_1、d_2 和 f，因此，联立求解(14-57)、(14-62)和(14-65)三个关系式，即可得到多镜复合腔的三个基本几何参数：

$$\left.\begin{aligned} N &= \frac{{}^{*}a^2}{\lambda b} \quad (^{*}a\text{表示放电管半径}) \\ g_1 &= a - \frac{b}{R_1} \\ g_2 &= d - \frac{b}{R_2} \end{aligned}\right\} \tag{14-66}$$

因此，只要写出腔内光学系统的光线传输矩阵，就可利用(14-66)式直接写出多镜复合腔的几何参数。

(Ⅲ)复合腔的光束参数

对于多镜复合腔，都可由上述的三个基本几何参数 g_1、g_2 和 N 而求出复合腔的各个光束参数。

复合腔的稳定条件，仍由下式规定：

$$0 \leqslant g_1 g_2 \leqslant 1 \tag{14-67}$$

复合腔两端镜面上的光斑尺寸 ω_1 和 ω_2 为：

$$\omega_1^2 = \frac{\lambda \cdot b}{\pi}\left[\frac{g_2}{g_1(1-g_1g_2)}\right]^{1/2} \tag{14-68}$$

$$\omega_2^2 = \frac{\lambda \cdot b}{\pi}\left[\frac{g_1}{g_2(1-g_1g_2)}\right]^{1/2} \tag{14-69}$$

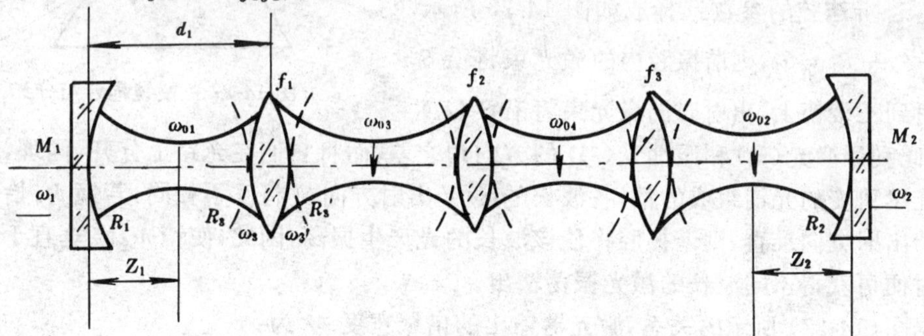

图 14-26　复合腔内的光束轮廓

如图 14-26 所示，根据高斯光束的传播规律，复合腔内各处的光束参数可由下列关系式给出：

$$\omega_{01}^2 = \frac{\lambda \cdot b}{\pi} \cdot \frac{[g_1g_2(1-g_1g_2)]^{1/2}}{g_1 + a^2 g_2 - 2ag_1g_2} \tag{14-70}$$

$$Z_1 = \frac{bg_2(a-g_1)}{g_1 + a^2 g_2 - 2ag_1g_2} \tag{14-71}$$

$$\omega_{02}^2 = \frac{\lambda \cdot b}{\pi} \frac{[g_1g_2(1-g_1g_2)]^{1/2}}{d^2 g_1 + g_2 - 2dg_1g_2} \tag{14-72}$$

$$Z_2 = \frac{bg_1(d-g_2)}{g_2 + d^2 g_1 - 2dg_1g_2} \tag{14-73}$$

$$\omega_3^2(z) = \omega_1^2\left[\left(1-\frac{d_1}{R_1}\right)^2 + \left(d_1\frac{\lambda}{\pi\omega_1^2}\right)^2\right] \tag{14-74}$$

$$R_3(z) = d_1\left[1 + \left(\frac{\pi\omega_{01}^2}{\lambda(d_1 - z_1)}\right)^2\right] \tag{14-75}$$

由于是薄透镜，故光斑是连续的，因此对于透镜 f_3 右方，光斑 $\omega'_3 = \omega_3$，而波面 R'_3 则由 R_3 经 f_3 变换而得：

$$\frac{1}{R'_3} + \frac{1}{R_3} = \frac{1}{f_3} \tag{14-76}$$

腔内其他各处光束尺寸，可由此类推。

2. 折迭腔连续波激光器的泵浦方式

如图 13-23 所示，采用纵向泵浦方式，即在染料喷流处泵浦光的轴线与染料激光轴线相重合，连续泵浦光束通过三棱镜耦合进谐振腔，若 $R_2 < 2l_1$，在镜 M_1 和 M_2 之间存在泵浦光的最小光斑，即高斯光束束腰 ω'_0，在镜 M_2 离泵浦光源甚远，当满足 $L \gg R/2$ 时，其中 L 是 M_2 与泵浦光束腰 ω_0 的间距，则有

$$\omega'_0 = \frac{R_2}{2L}\omega_0 \tag{14-77}$$

显然，R_2 越小，泵浦光的截面积 $A = \pi\omega_0'^2$ 也越小，可获得较高的泵浦光功率密度，因此设计时，应使 A 与染料池的通光口径相匹配。

3. 激光器的调谐方式

谐振腔中的三棱镜具有耦合泵浦光和调谐振荡波长的双重作用。如图 14-27 所示，当一束白光 S 入射到棱镜上，由于偏向角 D 是波长 λ 的函数，即 $D = f(\lambda)$，波长越短，材料的折射率就越高，偏向角 D 也就越大，因此，如果沿 $S''(\lambda_2)$ 反方向入射一束平行的泵浦光，通过三棱镜后将沿 S 方向出射，这时，若折迭腔的参数选择成如图 14-23 所示的那样：$\frac{R_2}{2} + R_1 = l_1$，则谐振腔内的激光束将沿 S 方向投射到三棱镜上，出射时的激光束将沿 $S'(\lambda_1)$ 方向，因此利用激光(λ_1)和泵浦光(λ_2)的方向角之差，而将它们在光路上分开，同理，若激光是由波长连续可变的光谱组成的话，各波长的激光出射方向 S' 将互不相同，若镜 M_3 恰与某一激光波长的出射方向准直，则谐振腔将使该波长的光产生振荡，因此，使镜 M_3 绕垂直于图面的轴线转动时便可获得不同波长的激光振荡输出。

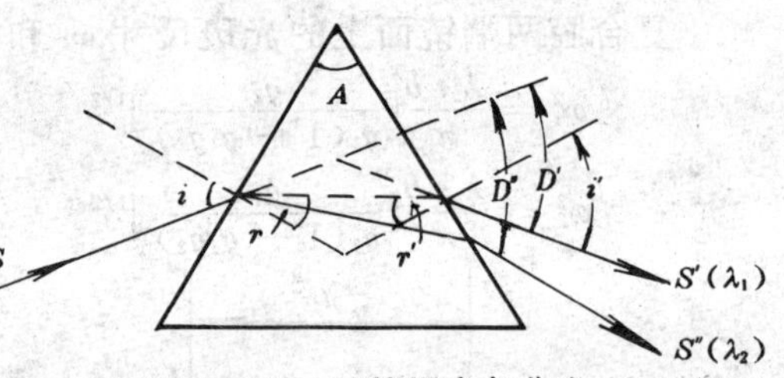

图 14-27　棱镜耦合与分光

根据图(14-27)所示的关系，激光器输出的谱线宽度 $\Delta\lambda$ 为：

$$\Delta\lambda = \frac{\theta}{\omega_\lambda} = \frac{\sqrt{1 - n\sin^2\frac{A}{2}}}{2\sin\frac{A}{2}\frac{dn}{d\lambda}} \cdot \theta \tag{14-78}$$

式中　A 是三棱镜顶角；ω_λ 是棱镜的角色散率；D' 是方向角；θ 为 D' 的变化量；n 是棱镜材料对某一光波长的折射率。若 $\theta = 1\text{mrad}$，$A = 60°$，在可见光区，查出玻璃材料的 $dn/d\lambda$，并将有关数据代入(14-78)式，即可算得 $\Delta\lambda \approx 10\,\text{Å}$，因此，用棱镜色散来选择激光波长是一种粗选法，所获得的谱线宽度较大。

四、连续波可调谐环形染料激光器

以下将以目前较为先进的连续波可调谐环形染料激光器(美国光谱物理公司生产的 380A 型)为实例，讨论这种激光器的基本原理和光腔设计方法。

1. 基本原理

上述采用三镜折迭腔构型的染料激光器存在一些不足之处：(1) 折迭腔中振荡光波的形式为驻波，由于驻波场的波节处存在着未饱和的增益区，随着泵浦能量的增大，会导致从这增益区内获得增益的其他模式达到振荡阈值而振荡，因此，为获得单频运行，就要增加腔内标准具的锐度，使腔内的插入损耗增大，从而使器件的转换效率降低；(2) 染料分子的跃迁机制属均匀加宽，具有较强的模式竞争能力，易获得单频运转，但折迭腔的"空间烧孔"效应会削弱这种模式竞争能力。

采用环形腔结构的激光器能有效地避免上述的不足，环形腔通常是指能提供多边形振荡回路的谐振腔。采用环形腔形式并在光路中加入单向器，即可实现单向行波振荡，消除折迭驻波腔中的"空间烧孔"效应，从而提高单频振荡的效率，并且，也提高了模式竞争能力，使整个激活介质都可贡献于单频振荡模高功率输出。

2. 环形激光腔的结构和设计

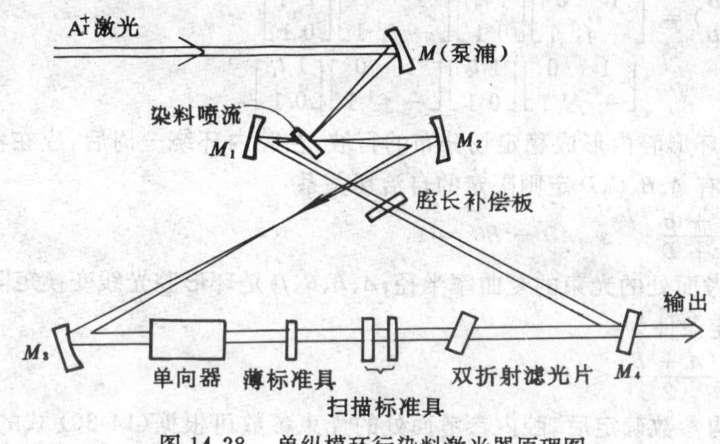

图 14-28　单纵模环行染料激光器原理图

(1) 光路结构

图 14-28 为连续波环形染料激光器的结构原理图。

(2) 环形腔的光学设计

图 14-28 是典型的由四块反射镜(M_1、M_2、M_3、M_4) 构成的"8"字形环形腔，前面所讨论的谐振腔有一个共同的特点，即它们都具有"起点"和"终点"，谐振腔的反馈都在起点和终点处发生，腔内的电磁场形成一个驻波，所以可统称为"驻波谐振腔"。环形腔则不同，它不具有起点和终点，腔内的电磁场也不能形成"驻波"而表现为一个"行波"此时谐振腔的反馈是行波场从一个方向上多次通过工作物质而成，环形腔的光路构成一个闭合环路，因此它必然是一个多元件组成的谐振腔。

关于环形腔的光学处理，可采用上述多镜复合腔的处理方法，关键是首先要选定一个参考面，再把环形腔按其光线传输方向展开为透镜序列。从等效透镜周期序列的角度来看，环形腔与驻波腔是无区别的，因此，关于驻波腔的很多讨论，都可以移入环形腔中。例如谐振腔的稳定条件、光束特征、场分布、衍射损耗等都可以按驻波腔同样方法来处理，但由于环形腔中形成的是环形光路，因此，它也具有很多不同于驻波腔的性质，例如环形腔中的本征频谱就不同于驻波腔

由图 14-29 所示，选定一个参考面，例如选在 M_1 附近后，对于这种环形光路可以展开为沿顺时针方向排列或沿逆时针方向排列的两种透镜周期序列，为此，在同一个环形腔中，可能存

在有方向相反的两种波，分别称为正向波和倒向波，这不仅使得环形激光器在两个方向上同时输出激光，而且这两种相向波相互影响，就使得激光器的工作状态发生波动，且对使用也不方便，因此实际应用中，总是在环形光路中插入单向器，使激光器单向环路运转。

对于单向环路运转的环形腔，选定 M_1 处为参考面，即可写出按光线环行方向（如顺时针方

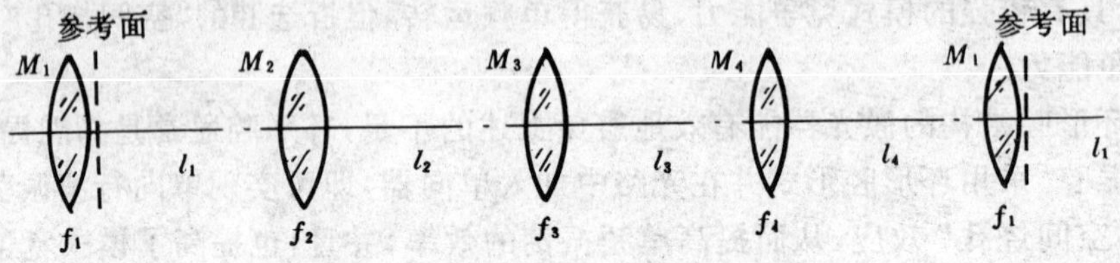

图 14-29　环形腔正向波的透镜周期序列

向）环绕一周的正向波的变换矩阵

$$T_C=\begin{pmatrix}AB\\CD\end{pmatrix}=\begin{bmatrix}1 & 0\\ -f_1^{-1} & 1\end{bmatrix}\begin{bmatrix}1 & l_4\\ 0 & 1\end{bmatrix}\begin{bmatrix}1 & 0\\ -f_4^{-1} & 1\end{bmatrix}\begin{bmatrix}1 & l_3\\ 0 & 1\end{bmatrix}$$

$$\begin{bmatrix}1 & 0\\ -f_3^{-1} & 1\end{bmatrix}\begin{bmatrix}1 & l_2\\ 0 & 1\end{bmatrix}\begin{bmatrix}1 & 0\\ -f_2^{-1} & 1\end{bmatrix}\begin{bmatrix}1 & l_1\\ 0 & 1\end{bmatrix} \tag{14-79}$$

按自洽场原理，在环形腔内形成稳定场分布的行波，在腔内环绕一周后，应在参考面处重现原来的场分布，即应有 A、B、C、D 定则限定的自洽场关系：

$$q_1=\frac{Aq_1+B}{Cq_1+D}\qquad AD-BC=1, \tag{14-80}$$

式中　q_1 是在参考面处的光束的复曲率半径；A、B、C、D 是环形腔光线变换矩阵的矩阵元。

环形腔的稳定条件为：

$$-1\leqslant\frac{(A+B)}{2}\leqslant 1 \tag{14-81}$$

环形腔的结构参数确定后，腔内参考面处的光束参数可根据(14-80)式的条件，由下式给出：

$$\frac{1}{q_1}=\frac{D-A}{2B}\pm i\sqrt{\frac{4-(A+D)^2}{4B^2}}=\frac{1}{R'_1}-\frac{i\lambda_0}{\pi\omega_1{}^2} \tag{14-82}$$

即

$$R'_1=\frac{2B}{(D-A)} \tag{14-83}$$

$$\omega_1=\left(\frac{\lambda_0}{\pi}\right)^{1/2}\frac{|B|^{1/2}}{\left[1-\left(D+\frac{A}{2}\right)^2\right]^{1/4}} \tag{14-84}$$

在求出参考面处的光束参数 R'_1 和 ω_1 后，腔内其他各处的光束参数即可由高斯光束传播律求出，即

$$q_1=\frac{aq_1+b}{cq_1+d} \tag{14-85}$$

式中 a、b、c、d 分别是环形腔内光线不满一个环绕周期传输路程内的光束变换矩阵元。

(3)"8"字形环形腔的结构参数

作为一个实例，以下给出图 14-28 所示的"8"字形环形腔的结构参数，读者可用上述的公式(14-80)-(14-85)来计算环形腔内的光束参数：

各块反射镜的曲率平径：

$$M_P=53.48\text{mm},M_1=38\text{mm},M_2=100\text{mm},M_3=250\text{mm},M_4=\infty。$$

各块反射镜的间距：

$$M_1M_2=85\text{mm},M_2M_3=365\text{mm}$$

$M_1M_4 = 309\text{mm}, M_3M_4 = 539\text{mm}$。

3. 环形激光器的工作原理

如图 14-28 所示，在 M_1M_2 臂中，染料喷流以布儒斯特角插入谐振腔内，A_r^+ 激光器发射的泵浦光束经泵浦镜 M_P 会聚后，泵浦染料喷流，泵浦光束腰与环形腔内振荡光束光腰相重合，腰斑尺寸 26μm.

M_3M_4 臂为准直臂，光束直径为 1.3mm，放置单向器和选频元件。在 M_2M_3 臂中，有束腰，束腰处放置倍频晶体。镜 M_4 是激光器的输出镜。

腔内各种光学元件的工作原理如下：

(1) 单向器

单向器的功能是抑制倒向波，单向器由不可逆法拉第偏振面旋转器（磁旋光）和不可逆石

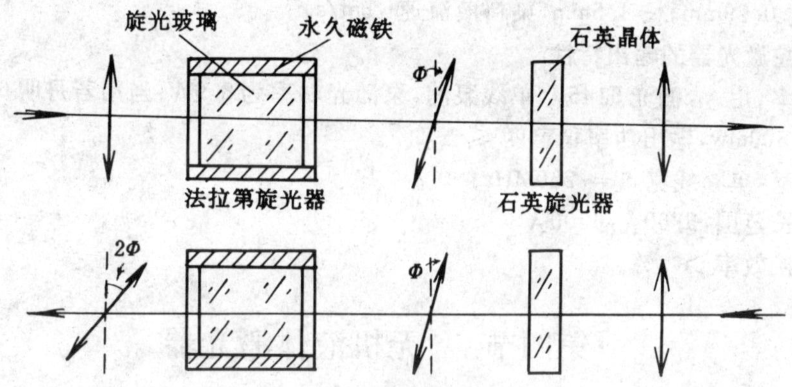

图 14-30　单向器原理

英晶体偏振面旋转器（晶体旋光）组合而成，工作原理如图 14-30 所示。

(Ⅰ) 法拉第旋光器

由旋光玻璃上下加永久磁铁组合而成，偏振面的旋转角度 ϕ 由下式给出：

$$\phi_{磁} = VLB \tag{14-86}$$

式中　V 是维录德常数（分 / 厘米、高斯）；L 是旋光玻璃长度（厘米）；B 是轴面磁场。由于偏振面的旋转方向取决于磁场方向，所以这种旋光器是不可逆的。

(Ⅱ) 石英晶体旋光器

这也是一种不可逆旋光器，偏振面的旋转方向与光线方向有关，偏振面旋转角度为：

$$\phi_{晶} = \alpha d \tag{14-87}$$

式中　α 是旋光率（度 / 毫米）；d 是石英片厚度（毫米）。在设计单向器时，应使 $\phi_{磁} = \phi_{晶}$，这样当光线由左 → 右时，旋转角相消，而由右 → 左时，旋转角相加，为 2ϕ 由于染料喷流面的插入布儒斯特角方向是按自左 → 右光线方向设计，因此对自右 → 左的光线，又有 2ϕ 的偏转角，所以有较大的反射损耗、而被抑制。

(2) 双折射滤光片

双折射滤光片是激光器的调谐元件，是用石英晶片制成，其调谐原理已在前述晶片厚度为 0.51mm，双折射差（$n_o - n_e$）为 9×10^{-3}，对应于 5600Å-6300Å 的调谐范围，晶片的旋转角为 21°。晶片以布儒斯特角插入腔内，晶片的晶轴平行于晶面，调谐过程是使晶片绕表面法线旋转。

(3) 标准具

标准具的作用是选单纵模。该装置采用了三种标准具:(Ⅰ)静态标准具-由熔融石英制成,厚度为4mm,反射率 $R=30\%$,自由光谱区为25GHz;(Ⅱ)薄标准具-也是由熔融石英制成,厚度为0.11mm,不镀膜,自由光谱区为900GHz;(Ⅲ)扫描标准具-由压电陶瓷分隔的标准具,参数为空气间隔 $d=2$mm,反射率 $R=30\%$,自由光谱区为750GHz。

在行波腔中,只有波长的整数倍等于腔长的纵模才能振荡,要实现单频扫描,谐振腔的频率和扫描标准具的透过峰中心必须同时改变,谐振腔频率的改变是通过改变 M_1、M_4 臂中腔长补偿板的角度,即改变腔长来实现,而扫描标准具透过峰的移动是靠改变标准具镜片的间距实现。

(4) 染料激光器的循环系统

染料液喷流面呈光学平面,平面度<1个光圈,两平面的平行度<20″;喷咀一般用不锈钢片制成,缝宽0.29mm,长4.5mm,染料液流速15m/s。

4. 环形腔激光器的输出特性

输出功率:用 A_r^+ 激光5145Å单线泵浦,泵浦光功率为3.9W;当用若丹明6G染料时,单频输出功率为500mw,输出功率稳定度≤±1%。

输出线宽:单频线宽 $\delta_\nu=250$MHz;

调谐波长范围:5700Å-6200Å

空腔转换效率>2%。

第四节　无机液体激光器

一、激光机理

无机液体激光器产生激光的机理类似于玻璃激光器,在掺钕的无机液体激光器中,激活粒子也是 Nd^{3+},不同之处其基质是无机液体(不是玻璃),因此它的有关激光性能与钕玻璃激光器基本一致。目前性能较好的无机液体激光器主要有两种:

1. Nd^{3+}:$POCl3+SnCl_4+P_2O_3Cl_4$ 无机液体激光器

以此种无机液体为基质的工作物质中,Nd^{3+} 含量为0.3-0.5%克分子浓度,$POcl_3$:$SnCl_4$:$P_2O_3Cl_4=7:1:2$(体积比)其中三氯氧磷($POCl_3$)是溶剂,这种溶剂能使稀土离子在其中很好地发光。四氯化锡($SnCl_4$)的加入可使其混合物对稀土盐有极大的溶解能力。此种无机液体的发光效率高达2%,且流动性好,毒性和腐蚀性都较小。

2. Nd^{3t}:$SeOCl_2+SnCl_4$ 无机液体激光器

其中 $SeOCl_2$ 是溶剂,$SnCl_4$ 是助溶剂,其混合液能使氧化钕、氯化钕等化合物溶解,而且Nd以 Nd^{3+} 的形式存在于溶液中。由于这种无机溶液的吸收带不在 Nd^{3+} 的吸收带和激光波长1.06μm范围内,故有很好的透明度。此外,这种液体激光器具有阈值低和能量转换效率高的优点,但 $SeOCl_2$ 的毒性和腐蚀性很大,粘性高,流动性差,因而在使用上受到限制。

二、无机液体激光器的结构和特性

图14-31是无机液体激光器的典型结构图,其结构十分类似于钕玻璃激光器。无机液体激光器的主要优点是:易于获得大功率能量输出;掺钕浓度高;易制备体积大、光学质量高的工作物质;无机液体制备简单、成本低。这种激光器的主要缺点是:热膨胀系数大,因此不能高重频工作;由于溶液具有毒性和腐蚀性,使用不方便。

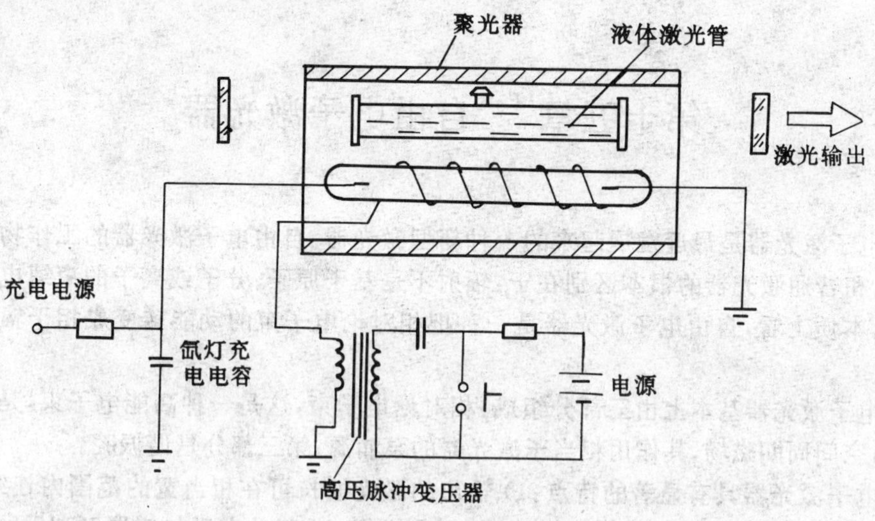

图 14-31　无机液体激光器

第十五章　自由电子激光器

自由电子激光器是最近发展起来的一种新型激光器。自由电子激光器的工作物质是自由电子束，它和普通激光器的根本区别在于：辐射不是基于原子、分子或离子的束缚电子能级间的跃迁。从本质上看，自由电子激光器是一种把相对论电子束的动能转变成相干辐射能的装置。

自由电子激光器基本上由三部分组成：相对论电子束，这是一种高能电子束，是激光器的工作物质；空间周期磁场，其作用相当于激光器的泵浦源；第三部分是谐振腔。

自由电子激光器具有显著的特点：1）输出的激光波长可在相当宽的范围内连续调谐，原则上可从厘米波一直调谐到真空紫外，甚至 x 光的波段，在目前电子加速器可利用的能量范围内，已实现的调谐范围是 100nm-1mm；2）由于自由电子激光器的工作物质是电子束本身，而不是固体、液体或气体等物质，因而它不会出现自聚焦、自击穿等非线性光学损伤现象，只要电子能量足够大，就可以获得极高的光功率输出；3）具有极高的能量转换效率，理论上可高达 50%，目前实验中已做到 10%。

自由电子受激辐射的概念早在 50 年代初就已提出，直到 1974 年才首次实现受激辐射，自此以后，有关理论和实验的研究得到不断的发展和显著的进展。可以预料，由于自由电子激光器所具有的重要特性，它将在同位素分离、激光核聚变、光化学、微波雷达、激光光谱等方面具有重大潜在应用前景。目前，自由电子激光器仍处于试验阶段，离实际应用尚有相当一段距离。

第一节　自由电子激光器的工作原理

一、电子束辐射机构

电磁辐射理论表明，自由电子在介质中作匀速运动或在真空中作加速运动都会辐射出电磁波，电子运动的形式和条件的不同，其辐射的形式也不同。重要的辐射效应有：

（1）切连柯夫辐射　指相对论电子通过介质或在介质附近产生的辐射。产生辐射的条件是电子束在介质中运动的群速度大于电磁波的相速度。电磁波在折射率 $n>1$ 的介质中传播时，相速度 $v=c/n$，比光速 c 小，所以，对于相对论电子束，产生切连柯夫辐射的条件是满足的。

（2）Smith-Purcell 辐射　当用高能电子束掠射过导体光栅时，也将产生光波辐射。这种辐射产生的物理机制是：单色光被衍射光栅衍射过程中会形成少量消散的表面波，这种波沿光栅表面传播，其相速度小于光速 c。当用高能电子束以平行于慢波相速度方向掠射过光栅时，如果电子速度与慢波相速度接近相等，则电子束与慢波的纵向场发生强烈相互作用，这时光栅表面所限定的半空间中全部电磁模由入射波、反射波、衍射波和消散的表面波组成，依靠表面波与电子束之间的能量交换，使得电磁模增长，亦即使入射的光辐射得到放大。

（3）轫致辐射　相对论电子在受到阻力作减速运动时产生的辐射。

（4）回旋共振辐射　电子在均匀磁场中作回旋运动时产生的辐射，电子振荡频率为

$$\omega \approx eH_0/(m_0c\gamma) \tag{15-1}$$

式中　H_0 是磁场强度；e 和 m_0 分别是电子电荷和电子静止质量；γ 是相对论因子。

(5) 沟道辐射　相对论电子在晶体的周期磁场中运动产生的辐射，其脉冲频率 $\omega = \omega_0\gamma^{-1/2}$。

二、基本理论

在特定条件下，自由电子辐射的能量大小与受激辐射几率、增益以及空间的场有关，计算这些参量，并确定影响各种参量的基本因素是自由电子辐射理论研究的主要课题。自由电子激光器理论可以分为三种类型：单粒子理论、非线性理论和量子理论。

1. 单粒子理论

单粒子理论模型的基本思想是：用单电子代替电子束，不考虑自由电子间的相互作用。在空间周期磁场和平面电磁场存在的情况下，通过求解单电子经典洛伦兹方程，获得描述自由电子通过空间周期磁场的运动方程 -“单摆方程”：

$$\Phi = -\Omega^2\sin\phi$$

$$\Omega = \frac{2e^2E_0B_0}{m_0^2C\gamma_e^2} \tag{15-2}$$

式中　E_0 是辐射电场强度；B_0 是空间周期磁场强度；$\gamma_e = (1-\beta^2)^{1/2}$；$\beta = v/c$；$v$ 是电子运动速度；C 是光速；ϕ 是相对论电子在空间周期磁场中和在激光辐射场中运动的总相位。

利用振动理论中的相平面概念，按照单摆方程，可获得自由电子运动性质。这种理论简单、直观，有助于对自由电子辐射的理解。

2 非线性理论

用无碰撞 Boltzman 方程描述电子束的运动，用 Maxwell 方程描述电磁场的运动，然后用电流密度方程加以耦合。在小信号的条件下，用微扰级数展开求解方程；在强信号条件下，把 Boltzman 方程用谐波展开，并变换成准 Bloch 方程，进行数值求解。由此所获得的结果表明，自由电子把能量交给辐射场而产生“反冲”，由于“反冲”电子降低速度，因而速度分布加宽，速度过低的电子将不能和电磁场相互作用，而导致增益饱和。

基于这种理论所建立的激光器是非线性力自由电子激光器，它是把一束单色电子束注入到另一束由别的激光器输出的激光束中，使在光电场中的作用下自由电子的动能转换成受激辐射能。如图 15-1 所示，在强激光束的中心注入能量为 ε_e、能量发散量为 $\Delta\varepsilon_e$、持续时间为 τ_e 的电子束，假定激光脉冲与电子束的相互作用时间为 τ，激光脉宽为 τ_L，并设 $\tau \gg \tau_L$，那么，在相互作用时间 τ 后，激光束的放大率为：

$$\beta = N\varepsilon_K/E_L \tag{15-3}$$

式中　$N = \frac{\gamma^2C}{|e|}(\frac{m_o}{2\Delta\varepsilon_e})I_0$，是电子束中的电子数目，$I_0$ 是电子束流密度；$E_L = I\pi\gamma\tau_L$，是放大前激光脉冲的能量；ε_K 是在激光辐射场中电子运动的平均动能。这种激光器不用加外空间周期磁场，在特殊的能量分布条件下，可获得高达 90% 的能量转换效率。

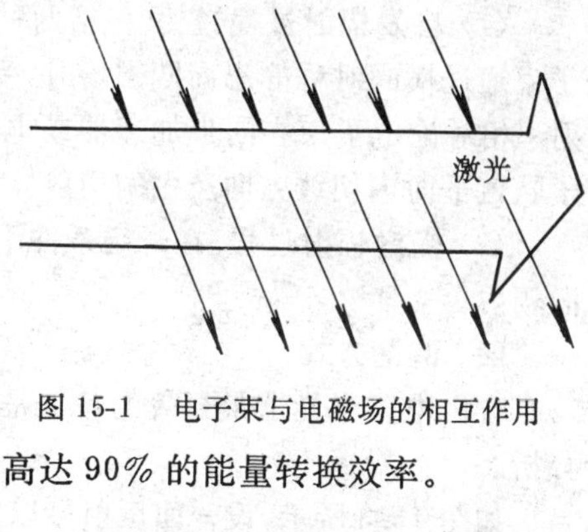

图 15-1　电子束与电磁场的相互作用

3. 量子理论

用量子场理论分析自由电子激光器的输出特性，按量子场理论的解释，激光上能态是由一个快电子和来自周期磁场的一个虚光子所组成，激光产生过程可以用图 15-2 所示的 Feynmen 型图解表示通过光子的散射过程，散射辐射可以建立足够高的能量，从而更进一步激发散射，直至达到激光阈值。

三、粒子数反转与辐射过程

1. 粒子数反转

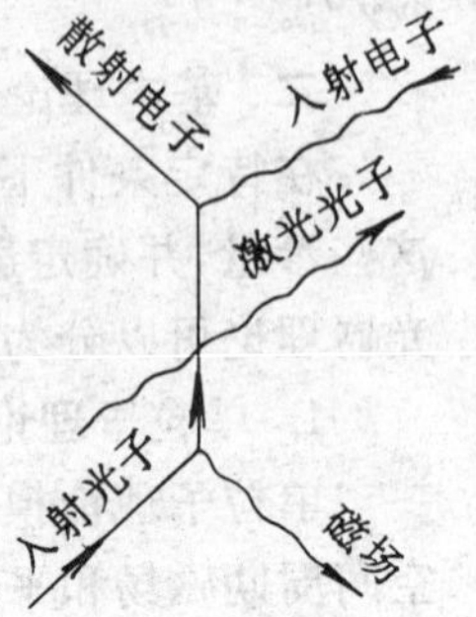

自由电子激光器的粒子数反转过程，按量子场理论模型，可以看作为：当两个电子态满足能量和动量守恒定律时，在这两个电子态之间便可以发生从高电子态 b 到低电子态 a 的辐射跃迁，或者从较低电子态 a 到较高电子态 b 的吸收跃迁。电子从 K_{zb} 能态跃迁到 K_{za} 能态时发射的光子能量是

$$\varepsilon k_{zb} - \varepsilon k_{za} = h\nu \tag{15-4}$$

其波数为 $$k_{zb} - k_{za} = q \tag{15-5}$$

式中下标 z 表示光波沿 z 方向传播，假定 $K_z = K_{zb}$ 处的电子分配数目大于 $K_z = K_{za}$ 处的电子数目，即

$$f_0(k_{zb}) > f_0(k_{za}) \tag{15-6}$$

图 15-2
激光产生过程

则辐射跃迁几率大于吸收跃迁，这时候可以观察到 $K_z = K_{zb}$ 与 $K_a = K_{za}$ 状态的电子与辐射场相互作用，使辐射获得净放大的现象，这样的状态称为自由电子激光器的粒子数反转状态。

2. 自由电子产生辐射的条件

在量子场理论模型中，自由电子与辐射场一阶相互作用是：一个电子从初态 $1i>$ 到终态 $1f>$ 的辐射跃迁，跃迁几率与相互作用哈密顿函数矩阵元的平方成正比，而只有在满足能量和动量守恒定律时，这些跃迁矩阵元才会不为零：

$$\varepsilon_i - \varepsilon_f = h\nu \tag{15-7}$$

$$k_i - k_f = q \tag{15-8}$$

式中　ε_i 和 ε_f 分别是电子始态和终态的能量；k_i 和 k_f 分别是电子始态和终态的波数。

在自由空间中，上述两个条件式不能同时满足，也不会出现电子束的群速度超过光速的情况，因此它们唯一的解为零解，即 $\nu = q = 0$。为了同时满足上述两个条件式，必须在电子电磁波系统中引入微扰。

3. 辐射过程

自由电子激光器的激光工作过程中包含两种基本辐射过程：

(1) 自发辐射过程。它又包括两种辐射效应 (a) 磁致辐射效应 - 从加速器出射的相对论电子束通过横向对称静态周期磁场时，受到洛伦兹力作用而加速运动，从而产生辐射；(b) 同步辐射 - 相对论电子束在同步加速器或电子贮存环中，受磁场作用的电子产生离心加速度而在电子轨道平面内切线方向产生的衍射。

(2) 受激辐射过程。在一定条件下，在电子束内产生的自发辐射被电子受激散射而形成受激辐射。

四、调谐方式

自由电子激光器最显著的特征是频率宽范围连续可调谐。对其频率调谐特性可以作如下分析。

如图 15-3 所示，设一面反射镜以相对论速度 v 沿 z 轴向着入射光运动，入射光和反射光的频率和波矢分别是 ω_i、k_i 和 ω_r、k_r，由洛伦兹变换可知，在电子坐标系上观察到的光频率分别为：

入射光频率 $\omega'_i = \gamma(\omega_i + vk_i)$

$= \gamma(1+\beta)\omega_i$

反射光频率 $\omega'_r = \gamma(\omega_r - vk_r)$

$= \gamma(1-\beta)\omega_r$

因为 $\omega'_i = \omega'_r$，所以

$$\omega_r = \left(\frac{1+\beta}{1-\beta}\right)\omega_i \approx 4\gamma^2\omega_i \qquad (15\text{-}9)$$

式中 $\gamma = (1-\beta^2)^{1/2}$。从(15-9)式可见，改变反射镜的运动速度，便可获得不同频率的光波，一束沿轴向磁场运动的相对论电子束可以看成是这样的一面镜子，因此改变相对论电子束的运动速度，便可实现对光频率的调谐。

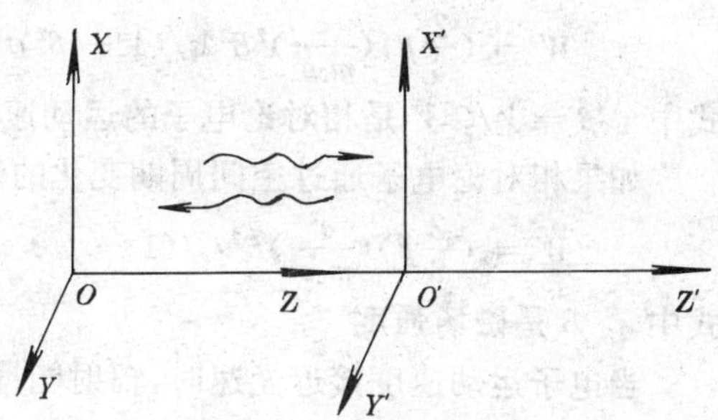

图 15-3　光波的运动

如果电子束是在空间周期磁场中运动，电子就会作正弦波运动(图 15-4)，在前进方向最远处，可观察到电子辐射的正弦波单色光。假定磁场的周期为 λ_z，电子每隔 λ_z 发出一个同样的光信号，这样电子在经过 λ_g 的时间内，辐射出的光信号前进了 $C\lambda_g/v_z$ 这里 v_z 是电子沿 z 方向的运动速度。如果在与电子前进方向成 θ 角的方向上观察，不连续的信号间隔是：

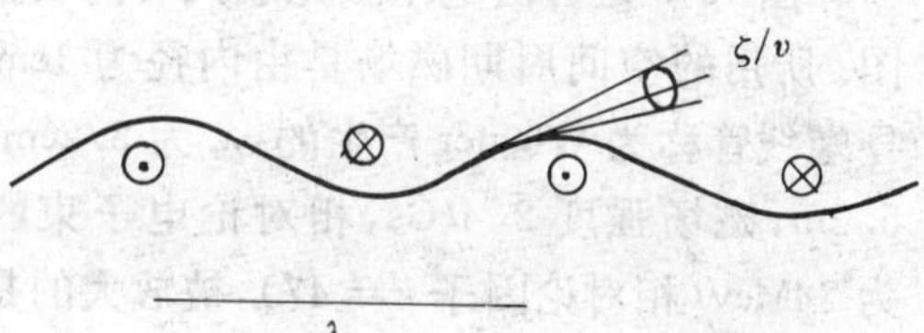

图 15-4　一个高速电子通过摆动器时的辐射

$$\lambda = C\lambda_g/v_z - \lambda_g\cos\theta \qquad (15\text{-}10)$$

这就是相对论电子辐射的基波波长，式中 λ_g 是场的空间周期长度。

相对论电子的运动速度 V 包含 V_z、V_x、V_y 三个速度分量。因此，V 要比 V_z 大些，这样上式中的 V_z 应由 V 代替，当所用的磁场取如下形式时

$$\begin{aligned} B_x &= b_w\sin(2\pi z/\lambda_g) \\ B_y &= b_w\cos(2\pi z/\lambda_g) \\ B_z &= 0 \end{aligned} \qquad (15\text{-}11)$$

可以求得 V_z 与 V 的关系式，最后求得的电子辐射波长

$$\lambda_L = \lambda_g(1 + K^2 + \gamma^2\theta^2) \qquad (15\text{-}12)$$

用频率表示为　$\omega_l = 2\gamma^2\omega_0/(1 + K^2 + \gamma^2\theta^2)$　(15-13)

式中　K 是无量钢参数 $K = \dfrac{eB_w\lambda g}{2\pi m_0c^2} = 0.09337B_0\lambda_g$(高斯、厘米)；$\omega_0 = 2\pi c/\lambda_g$，是在静止座标系中观察到电子螺线运动的频率。(15-12)和(15-13)两式表明，改变相对论电子速度，或者改变磁场的周期长度，就可实现调谐电子辐射的波长。

第二节　磁韧致自由电子激光放大器和自由电子激光器

一、磁韧致自由电子激光放大器

第一台自由电子激光放大器是由 Madey 小组在 1975 年首先研制成功，其工作原理是基于两种基本效应，一是由 H · Motz 提出的，相对论电子通过空间周期变化的电场或磁场时，将辐射电磁波的磁韧致辐射效应；二是描述光子与自由电子碰撞，使光子的频率与方向发生变化的康普顿散射效应。

磁韧致辐射机制可由以下分析给出：设电场强度为 E，其空间长度变化的周期为 λ_g，则相对论电子辐射能量

$$W = (\frac{2}{3}\beta)(\frac{e}{m_0c^2})^2E^2\lambda_q/(1-\beta^2) \tag{15-14}$$

式中 $\beta = V/C$，V 是相对论电子的运动速度；C 是光速。

如果相对论电子通过空间周期变化的静磁场时，则相对论电子产生的辐射能量

$$W = (\frac{2}{3}\beta)(\frac{e^2}{m_0c^2})B^2\lambda_q/(1-\beta^2) \tag{15-15}$$

式中 B 是磁场强度

当电子运动速度接近光速时，辐射能量主要集中在频率

$$\omega = 2\pi\beta c/\lambda_q(1-\beta) \tag{15-16}$$

上，辐射能量具有一定的方向性，发散角 $\Delta\theta = m_0c^2/\varepsilon$，$\varepsilon$ 是电子束的能量。

图 15-5 是自由电子激光放大器的装置示意图。所用的空间周期磁场是由内径为 1cm 的超导螺线管称为 Wiggler 产生的，λ_q 为 3.2cm，全长 5.2m，磁场强度 2.4kGs，相对论电子束的能量为 24Mev（相对论因子 $\nu = 47$），被放大的是沿螺线管轴线通过的波长为 10.6μm 的 CO_2 激光。结果表明可获得 7% 的放大率。

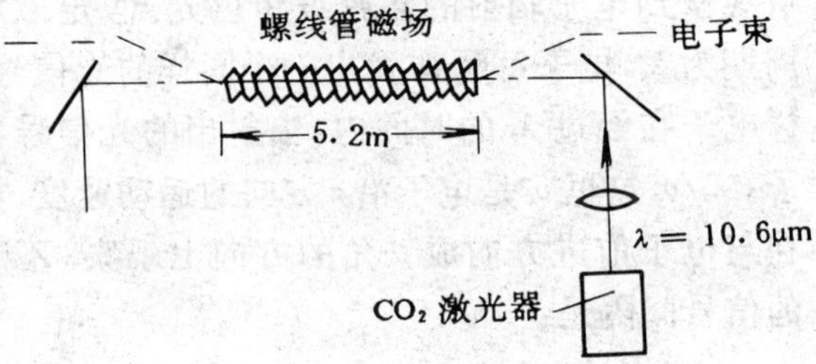

螺线管磁场
电子束
5.2m
$\lambda = 10.6\mu m$
CO_2 激光器

图 15-5 自由电子激光放大器

二、磁韧致自由电子激光器

图 14-6 是磁韧致自由电子激光器原理图，它是在 1976 年，由 Madey 小组在上述激光放大器两端安装谐振腔后构成的，输出镜透过率为

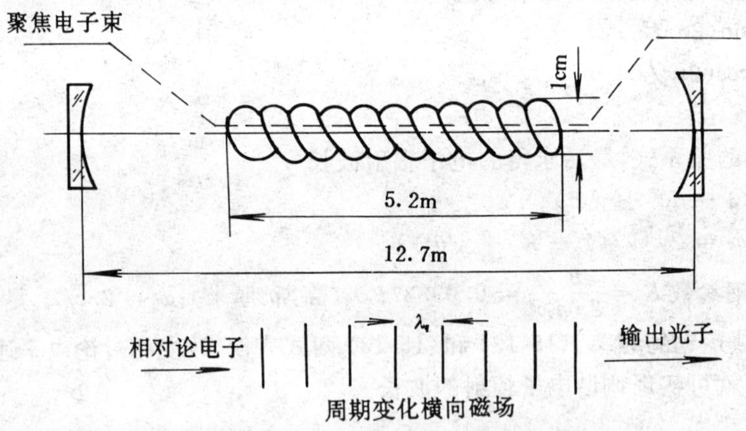

图 15-6 自由电子激光器原理图

15%，腔长为 12.7m，由直线加速器产生的 43.5MeV 的高能电子脉冲由螺线管一端引入，另一端导出，每个高能电子脉冲经过螺线管摆动器时会自发发射出光子并与电子一起向前传播，电子出了摆动器后，传播路经弯曲向远处射去，而光辐射则被反射镜反射回摆动器，与下一个相对论电子束脉冲相互作用，光的强度便得到放大，这样，光脉冲在两反射镜间往返传播并获得增益，达到激光阈值后，即实现了激光振荡。

相对论电子通过空间周期 λ_q 的静磁场，在产生辐射的同时，电子的平均动能也发生相应的变化量：

$$\Delta v m_0 c^2 = [\gamma(t) - \gamma_0] m o c^2 \tag{15-17}$$

式中 γ_0 是初始相对论因子；$\gamma(t)$ 是进入周期磁场后 t 时刻的相对论因子，通过求解单摆方程

(14-15) 可求得它的值。用体积 V 内的辐射能量除以电子束平均动能变化量 $\Delta\gamma m_o c^2$，便可得到这种磁韧致和康普顿型自由电子激光器的增益

$$G(t) = \frac{4e^2 B_0^2 \rho_e \lambda_g}{(\Delta\omega\gamma m_o c)^3}\left[1 - \cos(\Delta\omega t) - \frac{1}{2}\Delta\omega t\sin\Delta\omega t\right] \tag{15-18}$$

式中　ρ_e 是体积 V 内相对论电子密度；B_0 是空间周期磁场的振幅；λ_g 是空间周期；$\Delta\omega = \beta_0 k_g C - \omega_r(1-\beta_0)$，$k_g = 2\pi/\lambda_g$；$\beta_0 C$ 是电子受扰动时沿磁场轴向运动的速度；ω_r 是辐射频率。当电子处于共振能量状态（$\Delta\omega = 0$）时，则在任何时候都不能得到增益；当偏离共振状态时，增益以频率 $\Delta\omega$ 波动，并且有小的、与时间 t 成正比的、逐渐增强的振幅，在有限长度 $N\lambda_g$ 的磁场中，增益在固定时间：隔 $T = N\lambda_g/\beta_0 C$ 中演变，选择激振条件

$$\Delta\omega = 2.6056T^{-1} \tag{15-19}$$

可以获得最大增益，在这种工作条件下，增益 G 不再波动，而以不断增长的斜率一直增加到它的最大值。

激光振荡的波长 λ_s 为：

$$\lambda_s = \frac{\lambda_g}{2r^2}\left[1 + \left(\frac{1}{2\pi}\right)^2 \frac{\lambda_g^2 r_o}{m_o c^2}B^2\right]\left(1 \pm \frac{h\nu}{\gamma m_o c^2}\right) \tag{15-20}$$

相对频率宽度为

$$\Delta\nu/\nu = \lambda_s/2L = 1/2n \tag{15-21}$$

式中　r_o 是电子经典半径；m_o 是电子静止质量；B 是 Wiggler 的磁场强度；$\Delta\nu$ 是自发辐射线宽；ν 是输出激光的频率；γ 是相对论因子；L 是作用区长度；n 是磁场的周期数。(15-20) 式中的"±"号分别表示：计算发射波长时取"+"号，计算吸收波长时取"−"号。

实验中所用的 CO_2 激光由 $TEACO_2$ 输出，CO_2 激光束在通向周期磁场相互作用区的入口被聚焦到 3.3mm，使 10.2mm 铜管中的 EH_{11} 波导模获得激发，图 15-6 所示的自由电子激光器获得了如下实验结果：激光输出波长 3.417μm，平均功率 0.36W，峰值功率 7×10^3W。

第三节　Smith-Purcell 自由电子激光器

一、基本工作原理

Smith-Purcell 自由电子激光器基于 Smith-Purcell 辐射效应，图 15-7 是这种激光器的工作原理图，电子束由左边射入，并靠近光栅沿 Z 方向传播，单色平面波在垂直于光栅刻槽平面入射到光栅上，入射光与 X 轴成 θ 角。在入射波和反射波的行程中放置反射镜构成谐振腔。当电磁波相速度 ω/k_m 等于电子速度 βC 时，平行于 Z 方向的高能电子束与 m 次表面谐波发生共振，共振条件为

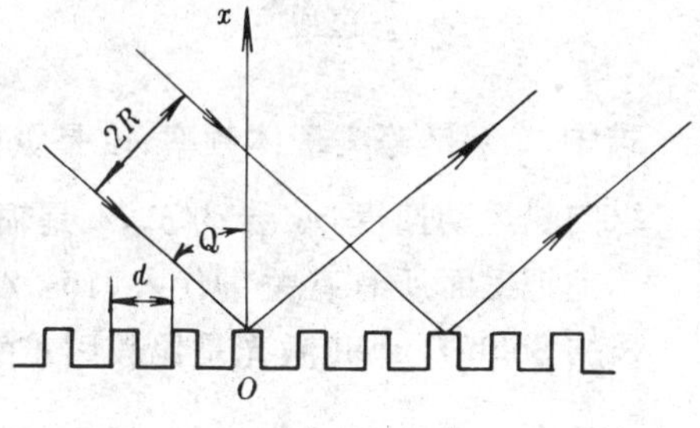

图 15-7　Smith-Purcell 辐射原理

$$\sin\theta + \xi = \beta^{-1} \tag{15-22}$$

式中　$\xi = m\lambda/d$，d 是光栅常数；$\beta = v/c$，v 是电子运动速度，c 是光束。因为 $\beta < 1$，所以只有当 $(k^2 - k_m^2) < 0$ 时才发生共振，并且共振表面谐波将沿光栅法线方向消散，式中

$$k_m = k\sin\theta + \frac{2m\pi}{\lambda} \tag{15-23}$$

其中 k 是波矢，$k = 2\pi/\lambda$。

二、激光阈值条件

在光辐射照射范围内，入射的相对论电子对光辐射放大因子极大值为

$$G_m = \frac{2\pi eIR^3hE^2f_{max}}{\lambda m_0C^2\omega^{3/2}} \tag{15-24}$$

式中　$I = NeV$ 是电子束电流；R 为光束半径；h 是共振谐波与入射波的能量比值；E 是反射波（入射波）的电场振幅，即谐振腔内振荡电场的振幅；λ 是光波波长；m 是电子质量；f_{max} 是吸收谱的峰值；$\omega = 2\gamma(\gamma-1)^{1/2}\xi - (\gamma^2-1)\xi^2 - 1$；$\gamma$ 是相对论因子；$\xi = m\lambda/d$。当 G_m 等于光腔内的能量损耗率 $(kC/Q)u$ 时，激光器达到振荡阈值，式中 Q 是激光器谐振腔的品质因子，$u = \frac{1}{2}\varepsilon_0E^2\pi k^2e$，是存储在腔模中的能量。由此可以求得阈值振荡所需的电子束电流强度

$$I_{th} = \frac{\pi\varepsilon_0mc^2l\omega^{3/2}}{2ef_{max}RQh} = 1.3\times10^3(l\omega^{3/2})(RQh)^{-1} \tag{15-25}$$

式中　I_{th} 的单位是 A；l 是腔长。当 $\xi = 2$ 时，I_{th} 最小。

对电子束能量单色性的要求是，$\Delta\gamma$ 应满足

$$\Delta\gamma < (\frac{\lambda}{L})(\gamma^2-1)^{3/2} \tag{15-26}$$

条件式中，$L = 2R/\cos\theta$，为光束在光栅 Z 方向的长度。

三、激光器的增益

Smith-Purcell 自由电子激光器的增益由下式给出

$$G = \frac{\varepsilon}{2\gamma_0^3}k_mS\omega K_D^2I_m\{G'(\xi_m)\} \tag{15-27}$$

式中　ε 是介质的介电常数；S 是相互作用截面积；$G'(\xi_m)$ 是色散函数；k_m 是相互作用阻抗，即

$$k_m = \frac{|E_{zm}|^2}{2k_mP} \tag{15-28}$$

式中　E_{zm} 是空间谐波 m 的电场强度；P 审电磁模态功率；k_m 是不存在相互作用时电磁波空间谐波 m 的传播常数，

$$k_m = K_{zr} + \frac{2m\pi}{\lambda_g} \tag{15-29}$$

式中　λ_g 是空间周期；$k_{zr} = \frac{2\pi}{\lambda}\cos\theta$ 是与光栅成 θ 角传播的辐射模传播常数的 Z 分量。(15-27) 式中的 K_D 是德拜波数，

$$K_D^2 = \frac{2\omega_P^2}{v_{th}^2} \tag{15-30}$$

式中　ω_P 是等离子体频率；v_{th} 是纵向速度延伸量 $v_{th} = \frac{1}{2}(v_{th})_i^2/(\gamma_0^3v_0)$，其中 $(v_{th})i$ 是电子束初始纵向热运动速度，$v_0 = \omega/K_m$，ω 是辐射频率。

把上面所有有关量代入 (15-27) 式，可看到增益 G 与辐射频率成反比，这意味着获得短波长的 Snith-Purcell 激光是比较困难的。

第四节　横电磁波泵浦自由电子激光器

这是一种用强横电磁波代替空间周期静磁场做泵浦源的自由电子激光器，泵浦辐射可以是由远红外自由电子激光器提供的，图 15-8 是激光器结构原理图，由 1 — 输出的单色电子束与空间周期磁场 2 —（摆动器）相互作用，产生红外激光辐射 3，它的波长 $\lambda_P = \lambda_g/2\gamma^2$（$\lambda_g$ 是磁场周期，γ 是相对论因子），在区域 4，激光辐射与电子束相互作用，产生波长比较短的激光辐射（波长 $\lambda = \lambda_r/4\gamma^2$），5 是电子收集器，激光器的增益为

$$G_m = \alpha P_eB_P^2\lambda^{3/2}\lambda_P^{5/2}N^3 \tag{15-31}$$

式中　P_e 是电子密度；N 是在相互作用区泵浦波的周期数目；B_P 是泵浦波磁场有效值；λ_P 是泵浦波波长；λ 是波长；α 是常数。

为使自发辐射谱不发生非均匀展宽，对电子束的要求是

(1) 电子能量均匀性 $\Delta\gamma/\gamma \leqslant 1/2N$；

(2) 电子束发散角 $\theta \leqslant (\lambda/v\lambda_P)^{1/2}$；

(3) 电子束最大束径

$$R \leqslant \omega_0(\frac{1}{4N})(2\pi m_0 c/e\lambda_P B_P)^2。$$

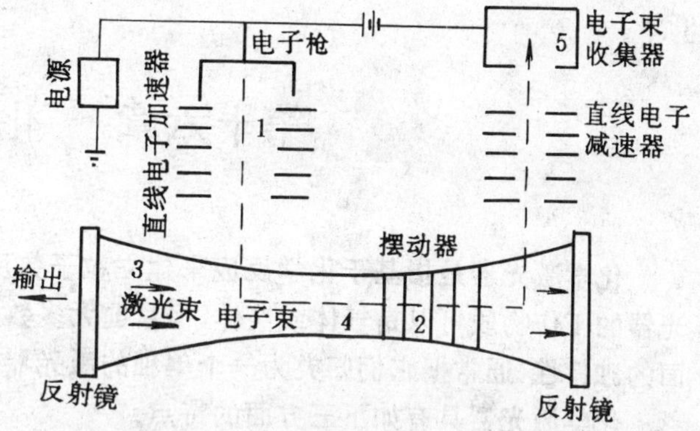

图 15-8　横电磁波泵浦自由电子激光器

第五节　受激喇曼型自由电子激光器

这种激光器的工作原理是基于相对论电子束在空间周期磁场中运动时发生的受激喇曼散射效应，输出的激光波长在远红外区，激光频率由下式给出

$$\omega_s = \frac{2\pi v/\lambda_q - \omega_P/\gamma}{1-\beta} \tag{15-32}$$

式中　$\gamma = (1-\beta^2)^{-1}, \beta = v/c; \omega_P = (4\pi\rho_e e^2/\gamma m_0)^{1/2}$，$\rho_e$ 是电子密度；激光器的增益

$$G = [(eB_\perp/m_0)^2 \omega_P L^2 \lambda_q / 4\pi\gamma C^5]^{1/2} \tag{15-33}$$

式中　L 是相互作用长度；$B_\perp$ 是磁场振幅径向分量。

第十六章　化学激光器

化学激光器是指基于化学反应来建立粒子数反转而产生受激辐射的一类激光器。化学激光器的工作物质可以是气体或液体，但目前大多数是用气体，由于化学激光器在激励方式等方面的独特性，通常把它们归类为一个单独的激光器分支。

化学激光器具有如下三方面的特点：

(1) 将化学能直接转换成激光。化学激光器与通常的固体、气体、液体或半导体激光器不同原则上不需要外加的电源或光源作为激发源，而是利用工作物质本身化学反应中释放出来的能量作为激发能。现有的大部分化学激光器工作时，虽然也要用闪光灯或放电方式供给一部分能量，但这仅是为了引发化学反应。因此，在某些特殊的应用场合，例如在高山、野外缺乏电源的地方，化学激光器就展示出独特的优势。

(2) 输出的激光波长丰富，化学激光器的工作物质可能是原来参加化学反应的成分，也可能是反应过程中新形成的原子、分子、离子或不稳定的多原子自由基等。通过化学反应能发射激光的工作物质也是多种多样的，因此，化学激光器输出的激光波长相当丰富，从紫外到红外，一直进入微米波段。

(3) 高功率、高能量激光输出。由于在化学反应中蕴藏着巨大的能量，因此化学激光器是最有希望获得巨大功率输出的一种激光器。例如氟化氢化学激光器，每公斤氢和氟作用就能产生 1.3×10^7 焦耳的能量。

化学激光器在许多领域中具有广阔的应用前景，特别是在要求大功率的场合，如同位素分离、激光武器等方面，利用氟化氘(DF) 激光器击落靶机已见报导。鉴于应用的需要，化学激光器本身在种类上、结构上、性能上也在不断的发展和完善之中，在这一章中，将介绍两种典型的化学激光器：氟化氢(HF) 激光器和光解碘原子(I) 激光器。

第一节　氟化氢(HF) 化学激光器

一、粒子数反转机理和激光跃迁过程

HF 激光器的工作物质是 H_2 和 F_2，激光机理是利用 $F+H_2$ 或 $H+F_2$ 反应生成的激发态 HF 分子而产生 2.6 ~ 3.6μm 的激光辐射。

根据化学原理，氢和氟相互作用时，有如下的连锁反应过程：

$$F+H_2\rightarrow HF^*(v\leqslant3)+H-31.5\quad(千卡/克分子)\tag{16-1}$$

$$H+F_2\rightarrow HF^*(v\leqslant9)+F-98\quad(千卡/克分子)\tag{16-2}$$

式中　HF^* 表示激发态 HF 分子；-31.5 千卡 / 克分子和 -98 克分子 / 克分子是反应过程中释放出来的能量。化学反应获得的 60% 以上能量是以 HF^* 分子振动能形式释放出来的。由于 HF^* 分子振动的方式较多，根据振动能的大小可将振动能划分为 $v=0,1,2,\cdots\cdots$ 等许多等级，在(16-1) 式中的 $v\leqslant3$ 表示该放热反应所激发的 HF^* 振动能态不会大于 3，而(16-2) 式中的 $v\leqslant10$) 表示该种放热反应所激发的 HF^* 振动态最高可达 10。

图 15-1 表示 $F+H_2\rightarrow HF^*(v\leqslant3)$ 反应过程中振动能级的跃迁关系，图中，$n(v)$ 表示振动

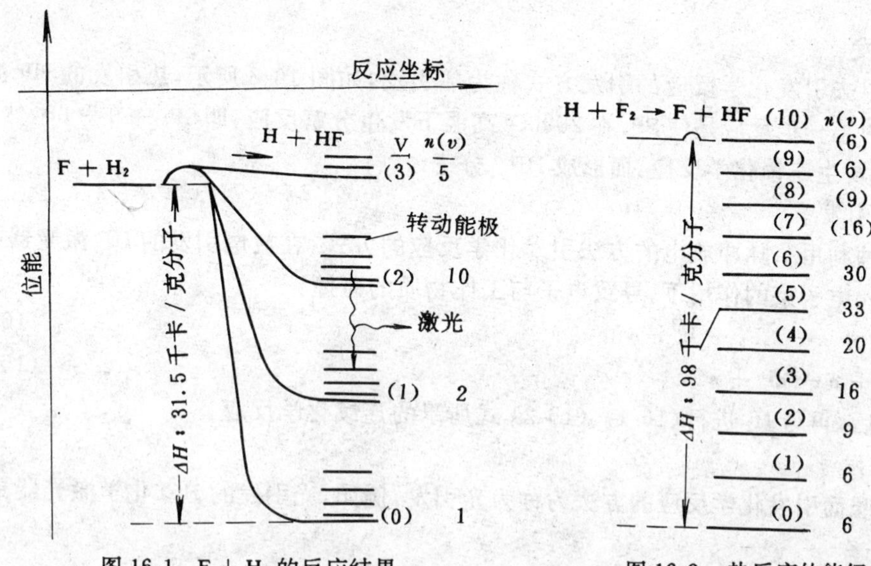

图 16-1　$F + H_2$ 的反应结果　　　　图 16-2　热反应的能级

能级 v 所具有的相对粒子数，由于驰豫速度不同，各振动能级所占有的粒子数是不同的，其中 $(v = 2)$ 能级上的粒子数最多，因此，$(v = 2) \rightarrow (v = 1)$ 的跃迁具有最大的增益。化学反应的结果形成 HF^* 的机制可作如下说明：当间隔距离较大的 F-H_2 相互作用时，由于 F 的高电子亲和力以及电子的质量很轻，便能迅速形成 HF 键；而质子较重，在化学反应形成 HF 键时，F 和 H 两元素的质子之间的间距还来不及达到平衡位置（HF 的基态），而是大于平衡位置。偏离平衡位置越远，相应的振动能级就越高。

(16-1) 和 (16-2) 两式表明，$H + F_2$ 反应时所获得的反应能量高于 $F + H_2$ 反应的两倍、化学上称 $H + F_2$ 的反应为热反应，而称 $F + H_2$ 的反应为冷反应。热反应可使 HF^* 激发到更高的振动能级。图 16-2 是各振动能级的的相对粒子数分布。

HF 激光器在许多波长上都可以产生受激辐射，这些振－转能级之间跃迁得到的激光波长分布在 2.7μm-3.3μm 的近红外波段内。输出波长丰富的原因是：(1) 联级现象，设能级 $v = 2 \rightarrow 1$ 产生跃迁，则能级 2 的粒子数将被抽空和造成能级 1 上粒子数积聚，结果在 3 － 2，1 － 0 能级间就可产生受激跃迁；(2) 由于每个振动能级又包含有许多转动能级，因此，即使两振动能级间没有形成粒子数反转，在某些转动能级间仍可产生部分反转现象。

二、引发方式

化学激光器的引发方式有许多种，常用的引发化学反应的方式有化学引发、热引发、放电引发和光引发四种。

1. 化学引发

利用一种化学反应去引发所需的另一种化学反应。这种引发方式的化学激光器一般不再需要其他的泵浦源，因此又称作纯化学激光器。

对于化学引发的 HF 激光器，是首先使 F 和 NO（一氧化氮）混合，然后再与 H_2 气混合，产生激发态 HF^*：

$$F_2 + NO \rightarrow NOF + F \tag{16-3}$$

$$H_2 + F \rightarrow HF^* + H - 31.5 \quad (\text{千卡 / 克分子}) \tag{16-4}$$

此后，F_2 和 H_2 本身便会连续发生 (16-1) 和 (16-2) 两式所示的化学反应，最后由 HF^* 产生激光。在上述的整个反应过程中，化学反应的第一步，F_2 和 NO 发生化学作用形成 F 原子的化学反应起引发作用，故称之为引发化学反应。

2. 热引发

利用高温去引发化学反应的引发方式称为热引发，如图 16-3 所示，热引发的 HF 激光器。得到 F 原子的第一步反应是使 SF_6 在 2000C° 高温下发生分解反应，即 $SF_6 \rightarrow S + 6F$，然后，F 原子再与 H_2 气发生连锁化学反应，而形成 HF^* 分子

3. 放电引发

这是一种利用窄脉冲放电的方法引发化学反应的方式，在放电引发的 HF 激光器中，在脉冲放电或注入电子束的作用下，导致电子与工作物质的碰撞：

$$SF_6 + e \rightarrow SF_5 + F + e \tag{16-5}$$

$$F_2 + e \rightarrow 2F + e \tag{16-6}$$

生成 F 原子后，再与 H_2 进行(16-1)、(16-2) 式所示的连续化学反应。

4. 光引发

利用光照而引发化学反应的方法为称为光引发，例如，光引发的 HCl 化学激光器具有如下的反应过程：

$$Cl_2 \xrightarrow{\text{光照}} 2Cl \tag{16-7}$$

$$H + Cl_2 \rightarrow Cl^* + H \tag{16-8}$$

$$H + Cl_2 \rightarrow Cl^* + Cl \tag{16-9}$$

式中，HCl^* 表示激发态 HCl 分子。

三、HF 激光器

HF 化学激光器具有两种工作方式，即连续输出的脉冲输出。

1. 连续波 HF 化学激光器

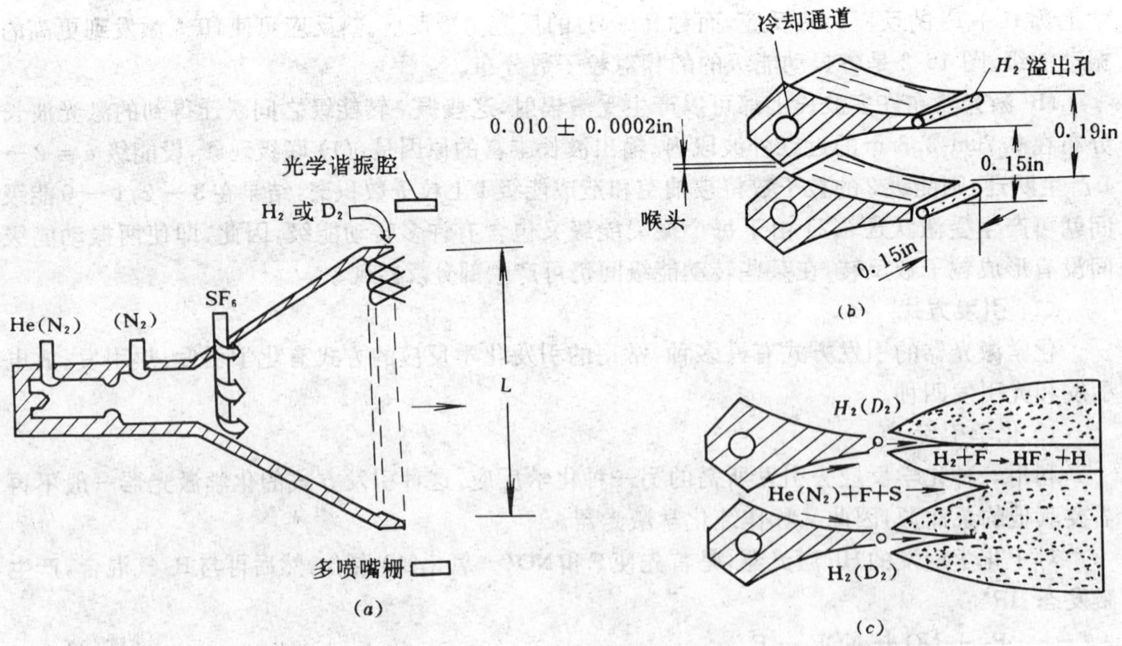

图 16-3　CW-HF 激光器原理图

图 16-3(*a*) 是热引发的连续波 HF 化学激光器的原理图。高温的 N_2 和 He 气在向前流动过程中引入 SF_6，SF_6 在 2000C° 的高温 N_2 气中发生化学分解反应：

$$SF_6 \rightarrow 6F + S \tag{16-10}$$

在 N_2 和 SF_6 的混合室中气体的总气压高达 900 毛左右，高温高压的混合气流通过喷管时产生膨胀。由于喷咀的喉头极窄(图 16-3(*b*))，气流的速度将被加速到数倍音速(约 4 倍马赫数)，而气压则迅速降至几个毛，混合气体的温度也迅速降低。在这种低温高速流动的环境条件下，注入 H_2 气，并使其与含有 F 原子的气体混合(图 16-3(c))，产生 F-H 的连锁化学反应，形成 HF 的 $v = 2$ 和 $v = 1$ 能级间的粒子数反转，如(16-1) 和(16-2) 两式所示，在气流下游的横向适当位置设置光学谐振腔，便能产生受激振荡。由于这是一种高功率输出的激光器，为此通常要用非稳光学谐振腔构型。

其他的几种化学激光器，如 DF(氟化氘) 化学激光器、HBr(溴化氢) 化学激光器、CO 化学激光器、超声 HCl 化学激光器等的工作原理和器件的结构形式都十分类似于图 16-3 所示的 HF 化学激光器。

2. 脉冲 HF 化学激光器

脉冲 HF 化学激光器通常采用脉冲放电或注入电子束的方式引发 F 和 H 发生化学反应脉冲放电方式类似于 TEA-CO_2 激光器，电子束注入方式类似于准分子激光器。

第二节　碘原子激光器

一、碘原子激光器的激光跃迁

碘原子激光器输出的激光波长为 1.315μm，激光跃迁发生在 I 原子激光态 $^2P_{3/2}$ 和基态 $^2P_{3/2}$ 之间，相应的跃迁几率 *A* 见表 16-1

表 16-1　I 原子跃迁几率

跃　　迁	3—4	3—3	3—2	2—3	2—2	2—1
$A(s^{+})$	5	2.1	0.6	2.4	3.0	2.3

激光能级 $^2P_{1/2}$ 的总跃迁几率 $A = 7.7s^{-1}$，但受激发射截面特别大，对于 2700P_a 的 C_3F_2I，受激发射截面高达 $6 \times 10^{-22}m^2$，比钕玻璃的受激发射截面还高 2 个数量级，与 CO_2 分子 00^01 能级的受激发射截面同个数量级，因此激光增益很高，达到 106dB/m，极容易产生超辐射。

把碘原子激光器归类于化学激光器，是因为形成激发态碘原子的方式不同于通常的原子激光器。目前，已获实际运转的碘原子激光器主要是采用两种方式泵浦，分别称为光分解碘原子激光器和化学泵浦碘 - 氧激光器。

二、光分解碘原子激光器

某些气体或气体的混合物，在光的作用下会发生分解反应并产生激光，称这种激光器为光分解激光器，由于光分解激光器的激发能不是化学能，而是光能，因此严格来说不属于化学激光器，但通常都将其归入化学激光器类别，光分解碘原子激光器是典型的光分解激光器。

碘原子激光器的工作物质一般采用烷基碘 RI 或它的同类物，如 CH_3I、CF_3I、C_3F_7I 等，这些物质的吸收光谱中心在 2700Å-2800Å 之间，吸收带宽约 500Å，因此，这些物质在强紫外光(2500Å-2900Å) 的光子照射下发生下述反应：

$$CF_3I \xrightarrow{\text{光照}} CF_3 + I^*(5^2P_{1/2}) \tag{16-11}$$

$$I^*(5^2P_{1/2}) \rightarrow I(5^2P_{3/2}) + h\nu \tag{16-12}$$

反应中释放的光子 $h\nu$ 所对应的波长为 1.315μm。上式的跃迁是磁偶极子跃迁，激发态 $I^*(5^2P_{1/2})$ 的寿命非常长，约为 130ms，而基态 $^2P_{3/2}$ 的寿命约为 100μs 因此，激光器的放大系数特别高，在不用反射镜时，一米长的激光管也能得到 500W 的超辐射输出。所以，碘原子激光器与 YAG 激光器一样，很适宜作激光放大器。

图 16-4 是光分解碘原子激光器的工作原理图。泵浦光源是闪光灯，气体碘激光管和闪光

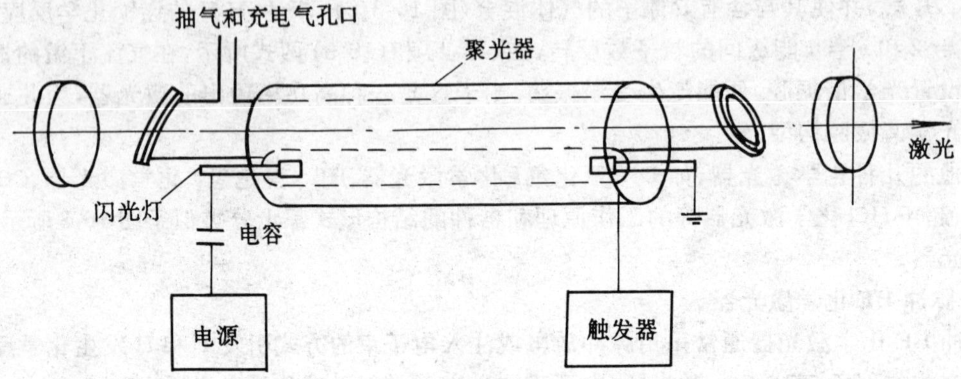

图 16-4　光分解碘原子激光器示意图

灯分别位于椭圆柱聚光器的两条焦线上。由于碘原子激光器的工作物质是气体，故均匀性好，光学损伤小，且较易选择最佳工作参数和工作状态，工作物质的成本低，制备比钕玻璃方便，因此作为大功率激光器或激光放大器比钕玻璃激光器更为优越。

三、化学泵浦碘—氧激光器

这种激光器输出 1.315μm 波长，其激光跃迁也是产生于 I 的激发态 $^2P_{1/2}$ 和基态 $^2P_{3/2}$ 之间。激发态 I^* 的泵浦能量是通过 O_2 分子的激发态 $O_2^*(^1\Delta)$ 提供的，激光器的工作过程是

$$O_2(^1\Delta) + I \rightleftharpoons O_2(^3\Sigma) + I^* \tag{16-13}$$

式中，$O_2(^3\Sigma)$ 是 O_2 分子基态。

激发态氧分子 $O_2^*(^1\Delta)$ 的形成是通过氯与碱的过氧化氢溶液化学反应过程

$$H_2O_2 + 2NaOH + Cl_2 \rightarrow 2NaCl + 2H_2O + O_2^*(^1\Delta) \tag{16-14}$$

这种激光器的增益系数为 $2 \times 10^{-2}m^{-1}$，激发态氧分子 $O_2(^1\Delta)$ 的能量利用率约为 35%。

第十七章　其他的激光器

除了在第一篇到第四篇中已介绍过的众多激光器以外，还有其他很多种激光器，以下将简要介绍其中一些具有特殊运行方式和应用前景的激光器。

第一节　X射线激光器

这是一种尚处于实验阶段的发展中的激光器，输出的激光波长在 X 射线波段（10^{-1} Å — 10^{2} Å）由于发射 X 射线波段的能级跃迁速率相当快，能级平均寿命比发射可见光的能级寿命短 10^{8} 倍以上，因此这种激光器要求极短的泵浦功率，相应地，要求达到激光振荡阈值所需要的泵浦功率也比可见光激光器高 10^{8} 倍以上。据计算估计，要得到输出波长为 1nm 的 X 射线激光器，若采用光泵浦的方式，则需要光功率密度约为 10^{16}W/cm^{2} 的 X 射线源。此外，由于 X 射线对所有的材料的反射率都是很低的，为此，较难构成品质因子 Q 值比较高的谐振腔。

X 射线激光器主要采用光泵浦形式，有两种 X 射线泵浦源，一种是小型核爆炸产生的 X 射线；一种是利用高功率激光器发出的激光束打在靶材料上产生的 X 射线，据报导，在 1985 年，已首次在实验室获得 X 射线激光，采用小型核爆炸产生的 X 射线源泵浦，输出波长 64Å，峰值功率为几百兆瓦。

X 射线激光的实现将对原子尺寸的物质结构的研究产生突破性的进展，用 X 射线激光进行观察，能直接形成物质的原子结构全息图，从而可直接观察到这些复杂结构中的原子排列。

第二节　受激喇曼散射激光器

这是一种基于受激喇曼散射效应建立的激光器，输出的激光波长分布从紫外直到近红外。

一、基本原理和工作物质

喇曼散射效应的实质是光子与微观粒子（质子、分子、电子、声子等）发生的非弹性碰撞所引起的光散射，对于自发的喇曼散射，在散射过程中，入射光子与介质相互作用，由于介质吸收或放出声子而改变了散射光子的频率，光子的频率向下移，并产生声子，称为斯托克斯频移；光子的频率向上移，并吸收声子，称为反斯托克斯频移。由于入射光子是被介质的热振动声子所散射，因此形成的散射光子（称为斯托克斯光子）是非相干的。

当用激光照射某些工作介质时，会产生受激喇曼散射。受激喇曼散射的本质是入射的相干光子（激光）被介质的受激相干声子所散射，而形成相干的散射光子，其散射的过程是：当一个相干光子入射到介质中，光子与介质的热振动声子相碰撞，形成一个斯托克斯光子并放出一个声子，这个声子即为受激声子，这受激声子再与其他入射的相干光子相碰撞，又增添新的受激声子，如此进行，即可形成相干的声波，正由于入射光波是相干的，散射声波也是相干的，所以散射的光波也是相干的。

能产生受激喇曼散射的工作物质相当多，因此，这类激光器的输出波长也相当丰富，并可在宽范围内调谐。工作物质有三类：① 液体：如苯、硝基苯、二硫化碳、四氯化碳等；② 固体：如金刚石、方解石、半导体等；③ 气体：如 H_2、N_2、D_2、CH_4 等，对于气体，要求气压高达几十或几百大气压时才能形成受激散射。

二、自旋反转喇曼激光器

目前，一种较重要的并已具实用价值的喇曼激光器是自旋反转喇曼激光器，其激光机理是受激自旋喇曼散射，这种激光器的工作介质是半导体 InSb(锑化铟)，用 TEA-CO_2 激光器的脉冲激光泵浦，或以连续波激光作连续泵浦，工作介质在低温下置于磁场中，激光受到自旋反转跃迁的电子的散射。其工作机理是：若处于磁场中的微观粒子系统中的电子自旋取向不同，则系统所取的能态也不同，因此，处于磁场中 InSb 导带的电子在泵浦入射激光的作用下，产生与其

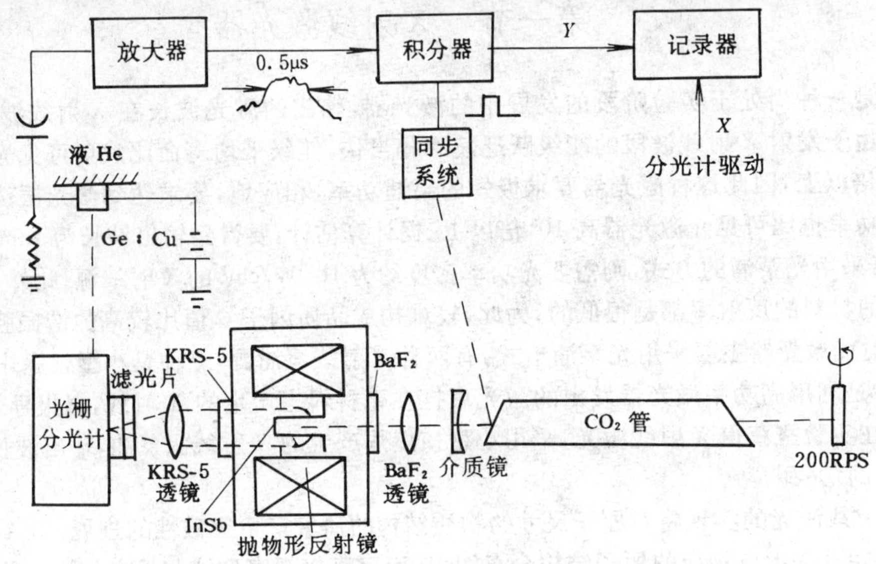

图 17-1　受激自旋反转喇曼散射激光器工作原理

原来自旋方向相反的能级跃迁，这种光散射称为受激自旋反转喇曼散射。

图 17-1 是自旋反转喇曼激光器工作原理图，磁场强度为 $1wb/m^2$，谐振腔由 KRS-5 和 BaF_2 两晶片组成，置于腔内的 InSb 介质在 CO_2 激光泵浦下，产生受激自旋反转喇曼散射增益，当增益大于腔内的各种可能的损耗时，就可以形成激光振荡。

在 10.6μm 波长的 CO_2 激光泵浦下，可获得 13-17μm 可调谐输出，在 5.3μm 的 CO 激光或 CO_2 倍频激光的泵浦下，可获 5-6μm 的可调谐输出，在 NH_3(氨) 激光器的 12.8μm 激光泵浦下，可获 14-17μm 的可调谐输出。采用限模和稳频措施时，可使输出线宽度压缩到 $1kH_z$，能量转换效率 30-50%。

除了 InSb 以外，在 T_e-Cd-Hg、Te — Pb-Sn、InAs 及 CaS 等半导体晶体中也实现了受激自旋反转曼散射。

目前基于受激散射效应的激光器已成为产生连续可调激光及扩展激光波段范围的一类重要激光器，并已在分子结构、同位素分离、分子鉴别、物态变化研究、生物化学及固体结构等方面得到广泛的应用。

第三节　光学参量振荡器

这是一种基于光学参量放大的原理而建立的激光器。光学参量振荡器是一种重要的可调

谐激光器，它具有调谐范围宽、能任意连续调谐和峰值功率高等特点，目前已实现从 0.4μm 到 16μm 范围内的调谐。

光学参量振荡器的工作介质是(二阶) 非线性晶体，主要有 KDP(磷酸二氢钾)、ADP(磷酸二氢铵)$LiNbO_3$(铌酸锂)、$LiIO_3$(碘酸锂)、CdSe(硒化镉)、Ag_3AsS_3(淡红银矿) 等。

光学参量振荡器的泵浦激光源主要包括：钕玻璃或 Na^{3+}：YAG 的 1.06μm、二次谐波 0.532μm、三次谐波 0.35μm、四次谐波 0.266μm，红宝石激光器的 0.6943μm、二次谐波 0.342μm，HF 激光器的 2.87μm，Nd：$CaWO_4$ 激光器的 1.065μm 等波长的激光，泵浦光的峰值功率在 1kW-10MW 范围，脉宽在 2ns-200ns 范围，能量转换效率为 1%-40%。

光学参量振荡器在原理上与微波参量放大器很相似，光学参量放大实质上是产生差频光波的谐频过程，即在差频产生的过程中，每湮灭一个高频光子，同时要产生两个低频光子。在此过程中，这两个低频光波都获得增益。如图 17-2 所示，将一束强的高频光波 w_p(泵浦光) 和一束弱低频光波 w_s(信号波) 同时射入谐振腔内的非线性晶体中，由于晶体的二阶非线性效应，则可以产生差频光波 w_i(空闲波)，同时弱的信号波 w_s 被放大，当增益超过腔内的各种可能的损耗时，在腔内就可以建立起信号波 w_s 与空闲波 w_i 的振荡。这就是光学参量振荡器。

光学参量振荡器的谐振腔可以同时对信号波和空闲波振荡，且都有比较高的 Q 值，称为双共振参量振荡器(DRO)；也可以只对其中的一个波共振，即只对其中的一个波有高的 Q 值，称为单共振光学参量振荡器(SRO)。

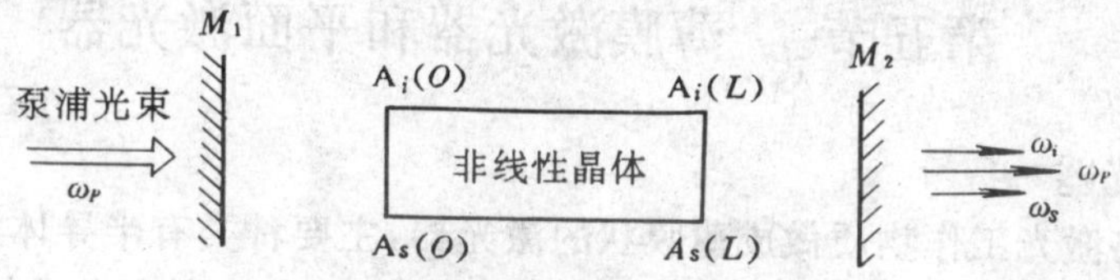

图 17-2　光学参量振荡器原理图

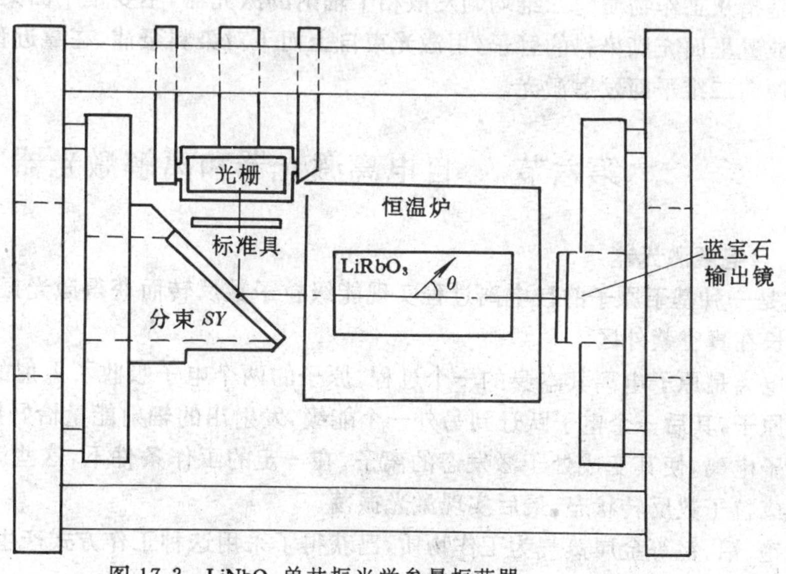

图 17-3　$LiNbO_3$ 单共振光学参量振荡器

图 17-3 是 $LiNbO_3$ 单共振光学参量振荡器的结构图，其中输出镜为蓝宝石镜片，另一块反射镜为压缩振荡器的输出线宽而由标准具、双折射滤光片和光栅所替代；采用波长 1.06μm 的

激光泵浦，使参量振荡器的输出波长在 1.4-4.2μm 范围内调谐，输出的谱线宽度被压缩到 0.075cm^{-1}。

光学参量振荡器的调谐可采用多种方法：(1) 采用波长可调谐的激光器为泵浦光源；(2) 更换非线性晶体；(3) 温度调谐－改变非线性晶体的温度；(4) 角度调谐－改变非线性晶体的角度；(5) 电场调谐－改变加在非线性晶体上的电场(基于电光效应) 实现调谐；(6) 压力调谐－改变加在非线性晶体上的压力(基于光弹效应) 以实现调谐。

第四节　终端声子激光器

这是利用晶体的声子振动边带产生激光振荡的激光器，振动边带是伴随电子跃迁发生的一个或多个晶格声子的发射。这也是一种重要的可调谐激光器，以脉冲或连续方式工作。主要有 Cr^{3+}：$BeAl_2O_4$ 激光器(输出波长为 701-794nm)，Ni^{2+}：MgF_2(输出波长：1.61-1.74μm)，Co^{2+}：MgF_2(输出波长 1.03-2.08μm)，Ni^{2+}：MgO(输出波长 1.32μm) 等。

其中特别重要的是 Cr^{3+}：$BeAl_2O_4$ 激光器，称为金绿宝石激光器。其激活离子是 Cr^{3+}，属四能系统，具有阈值低、物理性能和光学性能好，可在室温下工作。连续运转时，功率达几十瓦，脉冲工作时，输出能量达 10 焦耳，脉宽为 25ns。

第五节　薄膜激光器和平面激光器

一、薄膜激光器

这是一种将激光工作物质做成薄膜状的激光器，主要种类有半导体激光器、分装在染料膜中的染料激光器、各种分布反馈激光器、钕玻璃薄膜激光器和掺钕氧化镧钇薄膜激光器等。

二、平面激光器

这是指从工作物质向二维均匀发散相干辐射的激光器，主要是平面染料激光器。在石英平面板上放置里面充满染料的管子，用激光束自上而下对染料泵浦，在靠近管底一薄层的染料经光泵后便向二维平面发射激光。

第六节　自电离激光器和离解激光器

一、自电离激光器

这是一种基于原子的自电离过程实现能级粒子数反转而获得激光振荡的激光器，输出的激光波长在真空紫外区。

自电离是原子电离其本身的一个过程。原子的两个电子吸收了入射的光能量而变成双激发态的原子，其后一个电子跃迁到另外一个能级，发射出的辐射能量恰好把另一个已处在激发态的原子电离，使其变成处于激发态的离子。在一定的工作条件下，这些激发态离子在离子能级上形成粒子数反转状态，最后实现激光振荡。

以铯、铝、钇等金属蒸气为工作物质，已获得了采用这种工作方式产生的激光。

二、离解激光器

离解激光器的工作机理是：以激发态惰性气体原子的激发能离解某些气体分子，在离解的产物中形成能级的粒子数反射，并实现激光振荡。已实现激光运转的工作物质是含有惰性气体

原子的 Cl_2、Br_2、N_2、C_2 等混合气体，在辉光放电条件下形成激发态的 Cl、Br、N、C 原子，它们在一定的工作条件下建立起能级的粒子数反转，最后形成激光振荡。

第七节　光纤激光器

光纤激光器是指以光纤为基质掺入某些激活离子做成工作物质，或者是利用光纤本身的非线性效应制作成的一类激光器。Nd_2O_3 的光纤激光器是于 1963 年首先研制成功。

光纤激光器是一种新颖的有源光纤器件。它的主要特点是：(1) 光纤的芯经很小(10－15μm)，光纤内易形成高的泵浦光功率密度，且单模状态下激光与泵浦光可充分耦合，因此光纤激光器的能量转换效率高，激光阈值低；(2) 工作物质可以做得很长，因此可获得很高的总增益；(3) 腔镜可直接镀在光纤端面，或采用定向耦合器方式构成谐振腔，且由于光纤具有良好的柔绕性，而可以设计成相当紧凑的激光器构型；(4) 光纤基质具有很宽的荧光光谱，并且还具有相当多的可调参数和选择性，因此，光纤激光器可以获得相当宽的调谐范围和好积的单色性。

一、光纤激光器的类型

按照光纤材料的种类，光纤激光器可分成以下几种类型：(1) 晶体光纤激光器　工作物质是激光晶体光纤，主要有红宝石单晶光纤激光器和 Nd^{3+}：YAG 单晶光纤激光器等；(2) 非线性光学型光纤激光器　主要有受激喇曼散射(SRS)光纤激光器和受激布里渊散射(SBS)光纤激光器；(3) 稀土类掺杂光纤激光器　光纤的基质材料是玻璃，向光纤中掺杂稀土类元素离子使之激活，而制成光纤激光器；(4) 塑料光纤激光器　向塑料光纤芯部或包层内掺入激光染料而制成光纤激光器。

在上述的各类光纤激光器中，稀土类掺杂光纤激光器向世最早，目前发展也最为迅速，并有望最早进入实用化阶段，而成为固体和半导体激光器的有力竞争者。特别是稀土类掺杂光纤激光器的工作波长恰好能与光纤通信的几个重要窗口相匹配(例如，E_r^{3+} 掺杂光纤激光器的 $\lambda = 1537$nm 波长恰与光纤通信的第三窗口 $\lambda = 1540$nm 相匹配)，且与半导体激光放大器相比，光纤激光放大器的插入损耗低，增益特性与光波偏振态无关，易于与普通单模光纤直接耦合并且信号间交叉串扰极小，因此，已在大容量长蹴光纤通信及多路通信系统中显示出诱人的应用前景。光纤激光器的迅速发展是基于近年来的光纤技术(拉晶体光纤技术、稀土掺杂光纤技术、单模低损耗光纤和光纤耦合技术等)和大功率半导体激光技术的突破性进展。特别是采用半导体激光二极管(*LD*)作为泵浦源，以其小体积和高效率为光纤激光器的实用化奠定了基础。

目前，光纤激光器正在向实用化阶段进展之中，已见有连续输出功率几百毫瓦，峰值功率为几百瓦，单模线宽为 2MHz 的光纤激光器的研究报导。

二、光纤中的激光过程

图 17-4 是光纤激光器原理图。由激光工作介质、谐振腔和泵浦源组成。激光介质为掺杂光纤或晶体光纤，谐振腔是由反射镜 M_1 和 M_2 构成的"*F-P*"腔，泵浦源为大功率激光二极管(*LD*)。当泵浦光通过光纤时，光纤内的工作粒子被激活，并进行受激辐射过程。而要形成稳定的激光振荡，则必须满足两个条件：一是必须建立粒子数反转分布，因此要求泵浦光所提供的能量在数值上应超过激光上能级的能量，即泵浦光光子的频率必须大于激光光子的频率；二是应有合适的光学谐振腔，以提供适宜的振荡正反馈。上述两个条件表明，在特定条件下，光纤中的激光过程有特定的阈值，只有泵浦超过阈值时才能形成激光，因此，光纤激光器对泵浦光的

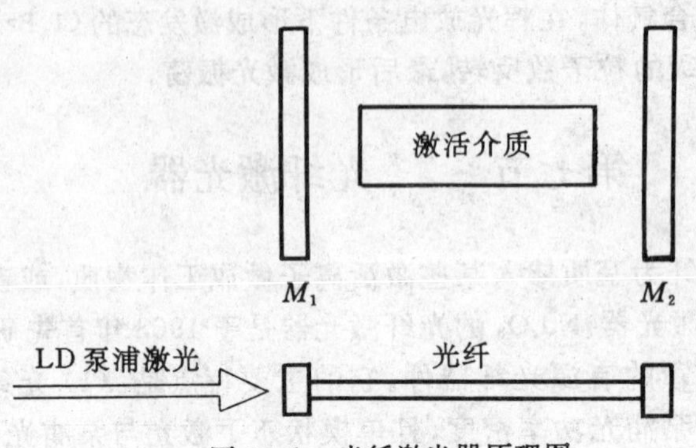

图 17-4　光纤激光器原理图

波长和功率密度以及谐振腔的构型都有特定的要求。

三、振荡频率

光纤激光器的谐振腔通常多是在光纤两端面抛光后镀膜而构成的。光纤腔内振荡模的振荡频率由下式给出：

$$v_{nmq} = \frac{C}{2\pi n_1 a}\left\{\left[(2\pi q - \Delta\Phi_{nm}) - \frac{a}{2L}\right]^2 + u_{nm}^2\right\}^{1/2} \tag{17-1}$$

式中　u_{nm} 是 HE 模第 n 阶模特征方程第 m 个根；C 是光速；$\Delta\Phi_{nm} = 2\pi q - \frac{2L}{a}(n_1^2 ka^2 - u_{nm}^2)^{1/2}$，$k = 2\pi/\lambda$，$\lambda$ 为激光波长，n_1 为光纤的折射率，L 为光纤长度，a 为光纤半径。

四、光纤激光谐振腔

1. *F-P* 光纤谐振腔

图 17-5 所示是"*F-P*"腔构型的环形光纤谐振腔。通常反射面 M_1 和 M_2 直接镀在光纤两个端面上。*F-P* 腔腔体长度 L 为激光波长的整数位，且当谐振频率间隔为自由光谱区（*FSR*）时，就会产生谐振。这里，$FSR = C/2nL$，L 也即是光纤的长度，n 是光纤的折射率，C 是光速。由于激活的光纤介质有很宽的增益分布区域，能引起的激光振荡是多谱线的，谱线间隔即为 *FSR*。光纤激光器中采用最多的谐振腔构型就是 *F-P* 腔。除此外，近来还出现以下的一些特殊的谐振腔构型。

2. 环形光纤谐振腔

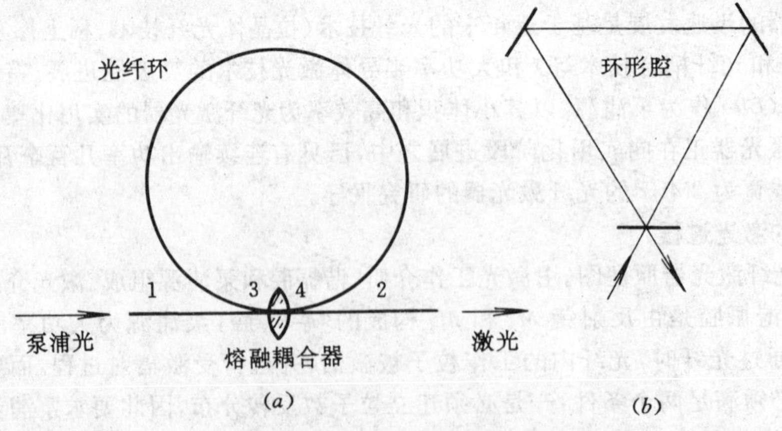

图 17-5　环形光纤谐振腔

图 17-5(*a*) 所示为环形光纤谐振腔。由光纤定向耦合器构成。将耦合器的两个臂（即图中

的 3,4）连接起来形成光的环形传输回路。图(*b*) 是等效光路。耦合器起到了腔镜的反馈作用，而构成环形谐振腔。耦合器的分束比相当于腔镜的反射率，它们决定了谐振腔的精细度，要求有高的精细度就必须选择低的耦合比。一个实例：以掺 Nd^{3+} 光纤为工作物质，光纤的环形直径为 70cm，采用熔融耦合器，耦合比为 10：1。

3. 环路反射器光纤谐振腔

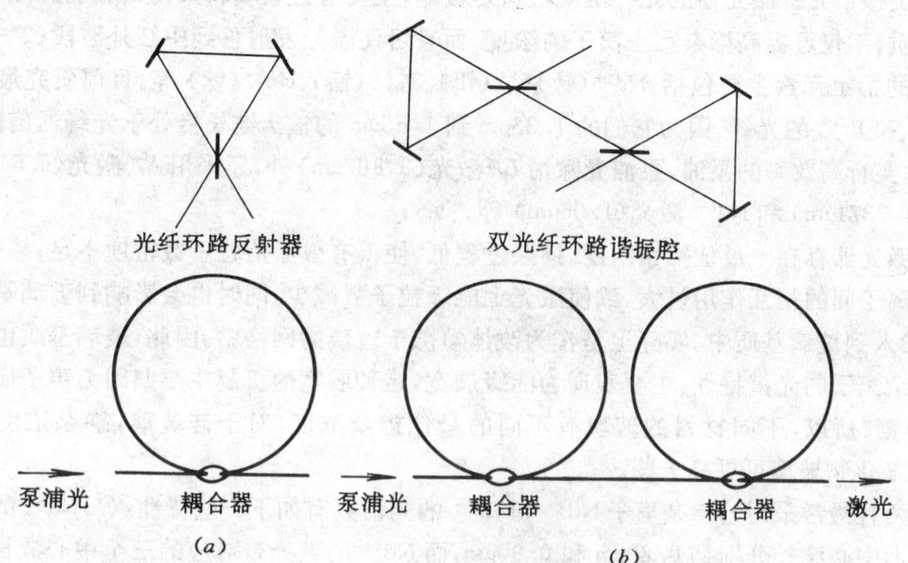

图 17-6　环形反射器光纤谐振腔

图 17-6(*a*) 所示是环路反射器和它的等效光路。如果输入光纤功率为 P_i，耦合比为 k，在不计耦合损耗时透射光功率 Pt 和反射光功率 Pr 则分别为：

$$\begin{aligned} Pt &= (1-2k)^2 Pi \\ Pr &\doteq 4k(1-k)Pi \end{aligned} \tag{17-2}$$

因为不计耦合损耗，所以有 $Pt + Pr = Pi$ 关系。当 $k=0$ 或 1 时，反射率 $r=0$，当 $k=1/2$ 时，$r=1$。因此，一个光纤环路可视作是一个分布式光纤反射器，当把这样的两个环路按图(*b*) 方式连接起来就可构成为一个光纤谐振腔。图(*b*) 也给出了这谐振腔的等效光路，图中的两个光纤耦合器起到腔镜的反馈作用。研究表明，以掺 Nd^{3+} 光纤为介质的双环光纤激光器，(全长 4.88m)，用 806μm 的 *LD* 激光泵浦，其激光阈值仅为 0.47mW。

4. Fox-Smith 光纤谐振腔

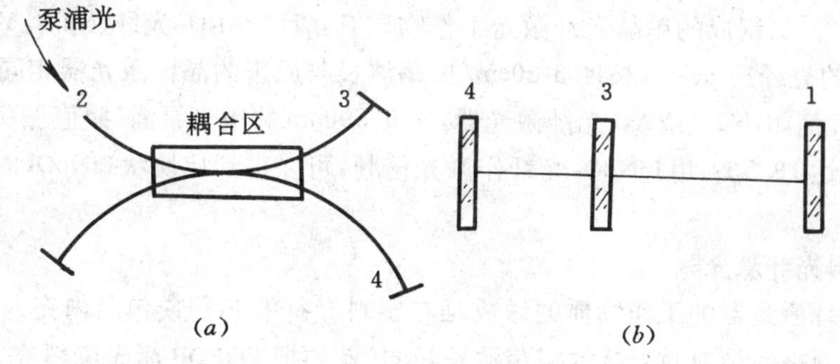

图 17-7　Fox-Smith 光纤谐振腔

图 17-7(*a*) 所示为 Fox-Smith 谐振腔。它是由光纤端面的介质镜和光纤定向耦合器组合成

的复合谐振腔。其中1与3构成“子腔”，相当于“F-P”腔，然后再与4构成复合腔。图(b)是复合腔的等效光路。关于这种复合腔的分析已见于第一篇第三章第六节中的描述。由于复合腔具有控制纵模的作用，因此这种谐振腔可获得窄带宽的激光输出。

五、稀土类掺杂光纤激光器

稀土类掺杂光纤激光器的光纤基质材料是玻璃，主要有硅玻璃和氟化物玻璃。特别是氟化物玻璃基质，不仅可提高掺杂稀土离子的浓度，而且可使激光发射移到中红外波段(2－3μm)。用以掺杂的稀土元素主要包括：Nd^{3+}(钕)E_r^{3+}(铒)、$T_m{}^{3+}$(铥)、Ho^{3+}(钬)等。目前研究最集中的是掺Nd^{3+}和Er^{3+}的光纤，因为它们的1.33μm到1.55μm的输出波长恰处于光纤通信窗口，而且可用LD实行高效率的泵浦。泵浦光除用LD激光(0.807μm)外，还采用A_r^+激光(0.5145μm)、N_2激光(0.3371μm)和Nd^{3+}激光(1.06μm)等。

光纤激光器存在一最佳掺杂浓度。掺杂过程低，使得有效激活粒子数密度不足；掺杂过高，使会相邻离子间的相互作用过大，致使激光上能级粒子数减少，同时也会影响到玻璃基质的结构。离子掺入到玻璃基质中，实际上是作为改体填隙于玻璃的网格中。因此，玻璃基质也会影响和改变掺杂离子的光谱特性，主要表现为能级展宽，这种展宽的机制主要归因为声子展宽和基质电场展宽。所以，不同材料的玻璃有不同的最佳掺杂浓度，对于硅玻璃，掺杂浓度为几百ppm，对于氟化物玻璃可更高一些。

对于两种最常采用的掺杂离子Nd^{3+}和Er^{3+}的光谱具有如下一些特性：(1)Nd^{3+}的吸收带对应的两上中心波长分别是0.80μm和0.90μm，而Nd^{3+}的荧光带对应的三个中心波长分别是0.90、1.06和1.35μm，因此可在这三个波长上获得激光/其中0.90μm处的荧光带与吸收带交迭，属三能级系统。而1.06和1.35μm处没有交迭，属四能级系统，具有较低的激光阈值；(2)Er^{3+}的吸收带对应有三个中心波长0.8、0.98和1.55μm，其荧光谱带的中心波长为1.55μm，属三能级系统。由于这两种离子均在0.80μm处有吸收带，因此，就能采用LD的0.80μm激光实行有效的匹配泵浦。

在光纤谐振腔内插入光开关元件，可实现光纤激光器的Q脉冲运转，对掺Nd^{3+}激光器，在1.06μm波长上，获得200ns的激光输出脉宽，对于掺Er^{3+}的激光器，在1.55μm波长上，获得32ns的激光输出脉宽。当在光纤谐振腔内插入锁模脉冲发生器和双折射滤波器，即可实现锁模和可调谐运转，例如，对于掺Nd^{3+}的光纤，调谐范围是0.9-0.95μm和1.07-1.14μm。

六、单晶光纤激光器

单晶光纤激光器的工作物质是单晶光纤。单晶光纤的制作是用CO_2激光把激光晶体熔化后再拉成光纤。已制成的单晶光纤激光工作物质有：Cr^{3+}：Al_2O_3光纤、Nd^{3+}：YAG光纤和$LiNbO_3$光纤。它们的直径约60μm，长度3-20cm. 振荡波长与原来的晶体激光器相同，但具有更高的能量转换效率。例如，Nd^{3+}：YAG光纤激光器，用0.590nm的激光泵浦(阈值振荡功率3.7mW)，能量转换效率达10.5%。用$LiNbO_3$光纤作激光倍频，可以得到比块状$LiNbO_3$时高30倍的倍频效率。

七、塑料光纤激光器

塑料光纤激光器的工作物质的做成是在塑料光纤的芯部或包层内充入激光染料。输出的激光波长与原来的染料激光器的振荡波长相同。例如把POPOP激光染料充入聚苯乙烯做芯(n＝1.6)、用聚异丁烯酸甲酯(n_0＝1.48)做包层的塑料光纤中而制成的激光工作物质，采用N_2分子激光(0.3371μm)泵浦，能获得在410-440nm波长范围内调谐的激光振荡。

八、光纤喇曼激光器

这是利用光纤内的非线性光学效应而制成的激光器。目前主要有基于激光在光纤内产生受激喇曼散射的光纤喇曼激光器和基于激光在光纤内产生的受激布里渊散射的光纤布里渊激光器。

光纤喇曼激光器的光纤通常为二氧化硅光纤，斯托克斯喇曼位移量为 $44 \times 10^3 m^{-1}$；在波长 1μm 处的激光喇曼增益系数为 $1 \times 10^{-9} m^{-1}W^{-1}$，使用长度为 1km 的光纤，输入 1w 的泵浦光功率可获得大于 20dB 的喇曼增益。改变芯部掺入的物质成份，还可获得不同的激光振荡波长。例如，掺入 GeO_2，用 1.06μm 的激光泵浦，获得 1.12μm 的喇曼激光输出；掺入 P_2O_3，也用 1.06μm 的激光泵浦，获得 1.25μm 的激光输出。

对于单模光纤，产生受激刺曼散射的泵浦阈值功率为：

$$P_{th} \doteq \frac{16A}{G_R L} \ (\mathrm{W}) \tag{17-3}$$

式中 A 是光纤芯有效截面积；G_R 是峰值喇曼增益；L 是光纤的有效长度，$L = (1 - e^{-\alpha l})/\alpha$，1 是光纤实际长度，$\alpha$ 为光纤线性衰减系数。对于重复频率为 6kHz、脉宽 20ns 的泵浦光，泵浦平均阈值功率为：

$$\overline{P}_{th} = 1.4 \times 10^{-4} \frac{16A}{G_R L} \ (\mathrm{W}) \tag{17-4}$$

参考文献

1. 蔡伯荣,王瑞丰,魏光辉等. 激光器件. 湖南科技出版社,1981
2. 徐荣甫,刘敬海. 激光器件与技术教程. 北京工业学院出版社,1986
3. 雷仕湛. 激光技术手册. 科学出版社,1992
4.《激光器件专集》编写组. 中国激光. 上海科技出版社,1990
5.《固体激光导论》编写组. 固体激光导论. 上海人民出版社,1975
6. 赫光生,雷仕湛. 激光器设计基础. 上海科学技术出版社,1979
7. Yariv Aa. Quantum Electronics (3rd ed). John Wiley & Sons, Inc USA,1989
8. M. 玻恩,E. 沃耳夫著,杨葭荪等译. 光学原理. 科学出版社,1978
9. 黄昆. 半导体物理学. 科学出版社,1958
10. 周炳昆,高以智,陈倜嵘等. 激光原理. 国防工业出版社,1984